广视角·全方位·多品种

权威·前沿·原创

皮书系列为
"十二五"国家重点图书出版规划项目

妇女发展蓝皮书

BLUE BOOK OF
WOMEN DEVELOPMENT

中国妇女发展报告
No.5

REPORT ON WOMEN DEVELOPMENT IN CHINA
No.5

妇女/社会性别学学科建设与发展

Disciplinary Building and Development of Women's/gender Studies

主　编／王金玲
副主编／杨国才　畅引婷　张　健

社会科学文献出版社
SOCIAL SCIENCES ACADEMIC PRESS（CHINA）

图书在版编目（CIP）数据

中国妇女发展报告. 5，妇女/社会性别学学科建设与发展/
王金玲主编. —北京：社会科学文献出版社，2014.9
（妇女发展蓝皮书）
ISBN 978 - 7 - 5097 - 6296 - 7

Ⅰ.①中… Ⅱ.①王… Ⅲ.①妇女工作 - 研究报告 - 中国
②妇女学 - 研究报告 - 中国 ③性别差异 - 研究报告 - 中国
Ⅳ.①D442.6 ②C913.68 ③B844

中国版本图书馆 CIP 数据核字（2014）第 171529 号

妇女发展蓝皮书
中国妇女发展报告 No. 5
　　——妇女/社会性别学学科建设与发展

主　　编／王金玲
副 主 编／杨国才　畅引婷　张　健

出 版 人／谢寿光
出 版 者／社会科学文献出版社
地　　址／北京市西城区北三环中路甲 29 号院 3 号楼华龙大厦
邮政编码／100029

责任部门／社会政法分社（010）59367156　　　　责任编辑／赵慧英
电子信箱／shekebu@ ssap. cn　　　　　　　　　责任校对／岳宗华　王立华
项目统筹／王　绯　　　　　　　　　　　　　　责任印制／岳　阳
经　　销／社会科学文献出版社市场营销中心（010）59367081　59367089
读者服务／读者服务中心（010）59367028

印　　装／北京季蜂印刷有限公司
开　　本／787mm×1092mm　1/16　　　　　　印　　张／34.75
版　　次／2014 年 9 月第 1 版　　　　　　　　字　　数／565 千字
印　　次／2014 年 9 月第 1 次印刷
书　　号／ISBN 978 - 7 - 5097 - 6296 - 7
定　　价／148.00 元

衷心感谢

浙江省社会科学院

妇女/社会性别学学科发展网络

美国福特基金会

社会性别与发展在中国网络（GAD 网络）

香港乐施会

对本项目的大呼支持与帮助！

摘　要

　　妇女/社会性别学是一门新兴的学科。自 1980 年代，尤其是 1995 年北京世妇会以来，中国的妇女/社会性别学的学科建设与发展取得了显著的成就，形成了自己的发展特色，积累了自己的发展经验，发挥了自己的发展优势，凝聚了自己的发展能力，拓展了自己的发展空间，成长起自己的发展力量，逐步构建着具有本土特色的妇女/社会性别学学科知识和方法。

　　本书建构了针对中国的妇女/社会性别学的学科评估指标，对中国 1980 年代，尤其是'95 世妇会以来的妇女/社会性别学状况进行了回顾和评估，梳理出了相关的建设和发展特征，并对今后中国妇女/社会性别学的发展提出了具有针对性的建议。

Abstract

Women's/gender studies are an emerging discipline. Since 1980s, especially the 1995 U. N. Fourth World Conference on Women (UNFWCW) held in Beijing, women's/gender studies in China has gained a strong impetus to disciplinary building made remarkable achievements, revealed development characteristics, formed development experience, achieved development advantages, increased development capacity, expanded development space, gathered development strength, and gradually built indigenous disciplinary knowledge and methodologies.

The book constructs disciplinary assessment indicators for women's/gender studies in China, reviews and evaluates the development status of women's/gender studies since 1980s, especially the 1995 UNFWCW, analyzes the relevant characteristics of the construction and progress, provides suggestions for the future development of women's/gender studies in China.

目录

B Ⅰ　总报告

B.1　中国的妇女/社会性别学评估指标及评估 …………… 王金玲 / 001

B Ⅱ　妇女/社会性别学的学科进展

B.2　从意识觉醒到社会关照：中国妇女学的发展（1995～2011）

………………………………… 王金玲　王　平 / 043

B.3　妇女/社会性别学的学科制度与建制建设 ……… 韩贺南　陈政宏 / 066

B.4　妇女/社会性别学在人文科学领域的开拓与进展 ………… 畅引婷 / 097

B.5　妇女/社会性别学在社会科学领域的推进 ……… 杨国才　张瞿纯纯 / 109

B.6　妇女/社会性别美术学/体育学的学科建设 ……………… 张　健 / 127

B Ⅲ　分支领域的进展

B.7　妇女/社会性别社会学 ……………………………… 林晓珊 / 135

B.8　妇女/社会性别人口学 ……………… 晏月平　罗　淳　张爱琳 / 175

B.9　妇女/社会性别法学 ………………………… 王　俊　姜瑶瑶 / 200

B.10　妇女/社会性别经济学 …………………………… 石红梅 / 217

B.11　妇女/社会性别政治学 ·············· 魏开琼 / 236

B.12　妇女/社会性别健康学 ········ 方　菁　张　桔　张开宁 / 251

B.13　妇女/社会性别文学 ·········· 林丹娅　郭　焱　田　丹 / 264

B.14　妇女/社会性别史学 ·············· 胥　莉　畅引婷 / 294

B.15　妇女/社会性别教育学 ············ 郑新蓉　黄　河 / 336

B.16　女性主义哲学 ·················· 肖　巍　朱晓佳 / 361

B.17　妇女/社会性别美术学 ······ 潘宏艳　谢少强　祝　玲　赵　希 / 380

B.18　妇女/社会性别体育学 ················ 倪湘宏 / 406

B Ⅳ　附录

B.19　最早提出妇女学的人 ··············· 邓伟志 / 428

B.20　妇女研究学科化的百年历程 ··········· 邓伟志 / 432

B.21　从妇女研究到性别研究
　　　——李小江教授访谈录 ··········· 刘　宁　刘晓丽 / 437

B.22　妇女/社会性别研究学科建设述评（2006～2010 年）
　　　 ························· 陈　方 / 461

B.23　女子院校女性学学科建设回顾 ··········· 黄　河 / 474

B.24　全国妇联　中国妇女研究会妇女研究优秀成果奖一览表 ········ / 484

B.25　中国妇女研究会妇女/性别研究优秀博士、硕士学位
　　　论文奖一览表 ························· / 497

B.26　妇女/社会性别学学科发展网络（Network of Women/
　　　Gender Studies）简介 ··················· / 518

B.27　妇女/社会性别学学科发展网络个人会员相关课程
　　　开设一览表 ························· / 521

B.28　妇女/社会性别学学科发展网络资助课程一览表 ············· / 529

B.29 妇女/社会性别学学科发展网络优秀课程奖一览表 ················· / 531

B.30 妇女/社会性别学学科发展网络优秀科研成果奖一览表 ········· / 533

B.31 妇女/社会性别学学科发展网络资助出版《妇女与性别研究

参考书系》入选著作一览表 ··············· / 535

B.32 妇女/社会性别学学科发展网络子网络一览表 ···············/ 536

B.33 后记 ······································· / 537

皮书数据库阅读使用指南

CONTENTS

B I General Report

B.1 The Indicators and Evaluation for Women's/Gender Studies in China

Wang Jinling / 001

B II The Disciplinary Development of Women's/Gender Studies

B.2 From Conscious Awakening to Social Concern: Development of Women Studies in China from 1995 to 2011 *Wang Jinling, Wang Ping* / 043

B.3 The Disciplinary Institution and Organizational Building of Women's/ Gender Studies *Han Henan, Chen Zhenghong* / 066

B.4 The Exploration and Progress of Women's/Gender Studies in Humanities

Chang Yinting / 097

B.5 The Exploration and Progress of Women's/Gender Studies in Social Sciences *Yang Guocai, Zhang Quchunchun* / 109

B.6 The Disciplinary Building of Women's/Gender Studies in Arts / Physical Education *Zhang Jian* / 127

B III   The Progress of Women's / Gender Studies in Branch Disciplines

B.7   Women's/Gender Perspective in Sociology   *Lin Xiaoshan* / 135

B.8   Women's/Gender Perspective in Demography
                    Yan Yueping, Luo Chun and Zhang Ailin / 175

B.9   Women's/Gender Perspective in Law   *Wang Jun, Jiang Yaoyao* / 200

B.10   Women's/Gender Perspective in Economics   *Shi Hongmei* / 217

B.11   Women's/Gender Perspective in Political Science   *Wei Kaiqiong* / 236

B.12   Women's/Gender Perspective in Health Sciences
                    Fang Jing, Zhang Jie and Zhang Kaining / 251

B.13   Women's/Gender Perspective in Literature
                    Lin Danya, Guo Yan and Tian Dan / 264

B.14   Women's/Gender Perspective in Historiography   *Xu Li, Chang Yinting* / 294

B.15   Women's/Gender Perspective in Pedagogy   *Zheng Xinrong, Huang He* / 336

B.16   Feminist Philosophy   *Xiao Wei, Zhu Xiaojia* / 361

B.17   Women's/Gender Perspective in Fine Arts
                    Pan Hongyan, Xie Shaoqiang, Zhu Ling and Zhao Xi / 380

B.18   Women's/Gender Perspective in Physical Education   *Ni Xianghong* / 406

B IV   Appendices

B.19   Who First Proposed the Women's Studies   *Deng Weizhi* / 428

B.20   A Hundred Years of the Disciplinary Building of Women's Studies
                    Deng Weizhi / 432

B.21   From Women's Studies to Gender Studies: Interview with Professor
       Li Xiaojiang   *Liu Ning, Liu Xiaoli* / 437

B.22 Commentary on the Disciplinary Building of Women's/Gender
Studies from 2006 to 2010   *Chen Fang* / 461

B.23 Review of the History of Women's Studies in Women's Colleges
Huang He / 474

B.24 List of Winners of the Outstanding Achievement Award in Women's
Studies by All China Women's Federation and Chinese Women's
Research Society   / 484

B.25 List of Winners of the Outstanding Doctoral Dissertation and Master
Thesis Award by All China Women's Federation and Chinese
Women's Research Society   / 497

B.26 Brief Introduction to the Network for Women's/ Gender Studies   / 518

B.27 List of Related Courses in Individual Members of the Network for
Women's/ Gender Studies   / 521

B.28 List of Courses Funded by the Network for Women's/ Gender Studies
/ 529

B.29 List of Winners of the Outstanding Course Award by the Network for
Women's/ Gender Studies   / 531

B.30 List of Winners of the Outstanding Research Achievement Award by
the Network for Women's/ Gender Studies   / 533

B.31 List of Selected Works of "A Series of Reference Books for Women's/
Gender Studies" Funded by the Network for Women's/ Gender Studies
/ 535

B.32 List of Subnetworks of the Network for Women's/ Gender Studies
/ 536

B.33 Postscript   / 537

总 报 告

General Report

B.1

中国的妇女/社会性别学
评估指标及评估

王金玲*

摘 要：

近十几年来，中国的妇女/社会性别学有了较大的发展。因此，总结妇女/社会性别学学科建设的经验，梳理妇女/社会性别学学科发展的成果，进而构建妇女/社会性别学学科评估指标及指标体系，对其进行全面、综合的评估具有充分的条件，也是势在必行的。根据国家教育部学科评估的原则，基于中国妇女/社会性别学学科建设与发展的现状和需求，关注中国的妇女/社会性别学学科特有的"知识的行动化和行动的知识化"的特质以

* 王金玲，毕业于杭州大学（今浙江大学）历史系，研究员/教授。现任浙江省社会科学院社会学所所长、妇女与家庭研究中心主任；中国社会学会副会长；全国妇联妇女/性别研究与培训基地主任；浙江省社科院社会发展重点学科首席专家；浙江师范大学法政学院教授，女性社会学硕士生导师。主要从事社会发展、性别社会学和婚姻家庭研究。

及跨学科、多学科、跨领域的学科特征和本土特征，笔者建立了包含 8 个一级指标、28 个二级指标、88 个三级指标在内的妇女/社会性别学评估指标体系，并以此为标准，对中国的妇女/社会性别学科进行了评估，得出了相关的结论。认为就总体而言，中国的妇女/社会性别学已走过了"前学科"阶段，在较大程度上成为一门真正独立的学科，并植根于学科之林，拥有了自己的一席之地。

关键词：

妇女/社会性别学　学科评估　指标与指标体系

在中国，有关妇女议题的研究和课程设置应该始于古代。如，古代中医中有关妇科、产科的论述及教学，在当今世界卫生组织有关"人的健康"的定义中，就是有关"妇女健康"的研究与教育，且属于一种集天、地、人于一体的、涉及自然科学、人文科学和社会科学的多学科和跨学科的研究与教育。当然，更多地关注妇女的生活苦难性、被压迫性以及主体性和能动性，更多地强调以妇女的立场、妇女的视角进行观察和思考，更多地关注妇女自我意识的觉醒，形成相关教学内容，开展女子教育，进而推进妇女解放以及妇女更多地参与有关妇女问题的研究、争取自身解放是近代中国蓬勃兴起的新现象。尽管当时主要由于知识分子以男性为主，形成了主要由以男性知识分子为主体的男性精英们呼吁和推动"解放妇女"，较少由妇女自主自发地推动"自我解放"——"妇女解放"的态势。如，陈独秀对"三纲五常"的抨击、康有为对女子缠足的反对、梁启超对新女学的呼吁、金天翮通过《女界钟》对女权的倡导，等等。[①]

伴随着包括女权主义在内的各种西方思想的涌入，平等、自由、民主观念的萌发与建立，在"五四"运动前后及 1920～1930 年代，中国形成了妇女研究的第一个高潮期。妇女权利——如受教育权、工作权、经济权、选举权、婚

---

① 陈东原：《中国妇女生活史》，上海商务印书馆、上海文艺出版社，1928/1990，影印本。

姻自主权（包括择偶权、离婚权、不婚权）等——及对解放妇女的倡导在当时成为学界、政界、社会大众讨论、争辩的一大热门话题，出现了一大批具有男女平等思想、倡导女权的文章，以及相关的研究专著。如，吴虞的《女权平议》①、李大钊的《战后之妇人问题》②、向警予的《女子解放与改造的商榷》③、鲁迅的《我之节烈观》④、胡适的《李超传》⑤、郭妙然的《女子教育的三个时期》⑥、李汉俊的《女子怎样才能得到经济独立》⑦、陈东原的《中国妇女生活史》⑧、梁乙真的《中国妇女文学史纲》⑨和陈顾远的《中国婚姻史》等。⑩

与1950～1970年代的妇女研究更多地倾向于妇女工作和妇女解放运动的研究不同，1980年代以来，作为改革开放和社会转型的重要产品之一，与妇女的主体意识和性别意识的日益觉醒和提升相伴随，中国的妇女研究进入了一个学术化发展的新阶段。尤其在1995年北京召开的联合国第四次世界妇女大会的推进下，近十几年来，妇女/社会性别研究在学术探讨、课程建设、社会行动三个层面全面推进、深入发展，逐渐成为一门显学，日益确立起自己的学科地位，扩展着自己的学科空间。作为1980～1990年代中国妇女研究第二次

① 吴虞：《女权平议》，1917年6月1日，载中华全国妇女联合会妇女运动历史研究室主编《五四时期妇女问题文选》，生活·读书·新知三联书店，1981。
② 李大钊：《战后之妇人问题》，《新青年》1919年第6卷第2号，载中华全国妇女联合会妇女运动历史研究室主编《五四时期妇女问题文选》，生活·读书·新知三联书店，1981。
③ 向警予：《女子解放与改造的商榷》，《少年中国》1920年第2卷第2期，载中华全国妇女联合会妇女运动历史研究室主编《五四时期妇女问题文选》，生活·读书·新知三联书店，1981。
④ 鲁迅：《我之节烈观》，《新青年》1918年第5卷第2号，载中华全国妇女联合会妇女运动历史研究室主编《五四时期妇女问题文选》，生活·读书·新知三联书店，1981。
⑤ 胡适：《李超传》，《新潮》1919年第2卷第2号，载中华全国妇女联合会妇女运动历史研究室主编《五四时期妇女问题文选》，生活·读书·新知三联书店，1981。
⑥ 郭妙然：《女子教育的三个时期》，《新妇女》1920年第3卷第4号，载中华全国妇女联合会妇女运动历史研究室主编《五四时期妇女问题文选》，生活·读书·新知三联书店，1981。
⑦ 李汉俊：《女子怎样才能得到经济独立》，《民国日报》1921年8月17日，载中华全国妇女联合会妇女运动历史研究室主编《五四时期妇女问题文选》，生活·读书·新知三联书店，1981。
⑧ 陈东原：《中国妇女生活史》，上海商务印书馆、上海文艺出版社，1928/1990，影印本。
⑨ 梁乙真：《中国妇女文学史纲》，开明书店，1932。
⑩ 陈顾远：《中国婚姻史》，上海商务印书馆，1936。

高潮兴起并持续发展的一个重要结果，2000年以来，有关妇女/社会性别的学术研究、课程教学、社会行动凝集在一起，形成了一种学科化力量，全面推进了中国的妇女/社会性别学学科建设和发展的进程。

回溯中国妇女/社会性别学的学科建设与发展之路，邓伟志教授在1982年最先公开提出"妇女学"的概念，呼吁建设中国的"妇女学"；① 1986年，第二届全国妇女理论研讨会专门设立了"妇女学"专题进行讨论；而践行"妇女学"学科建设的第一人是李小江教授。她于1980年代主编并由河南人民出版社出版的《妇女研究丛书》涉及哲学、政治学、法学、经济学、历史学、性学、伦理学、心理学、文学、行为科学等诸多学科，"作者都是以本学科为基础转向妇女研究的中青年学者"，"力图为社会中妇女问题的解决提供理论依据和认识背景，并为建设中国妇女学奠定一定的学科基础。"② 以本丛书的编写为基础，河南《妇女生活》杂志社和郑州大学妇女研究中心联合举办了"妇女学学科建设座谈会"，李小江教授在会上提出了自己有关"妇女学"范畴和本土妇女学建设路径、特征的观点。③ 而1994～2000年由李小江、朱虹、董秀玉主编，生活·读书·新知三联书店出版的《性别与中国》丛书进一步推动了妇女学学科建设的进程。尤其是第四辑《批判与重建》一书，直接讨论了妇女学及其分支学科/领域，如女性主义科学、妇女史、妇女教育学、妇女人口学、女性主义文学批评、女性社会学、妇女心理学、生育健康、高校女生体育课程、性别与农业教育等的建设，直至今天，仍对中国的妇女学和相关分支学科的建设与发展发挥着重要的影响。

1994年以后，在中国，妇女/社会性别学的建设与发展得到了相关国家政策的有力支持。1994年2月，《中华人民共和国执行〈到2000年提高妇女地位内罗毕前瞻性战略〉国家报告》明确指出："2000年前逐步在大学开设妇女学选修课。"2000年国务院颁布的《中国妇女发展纲要（2001～2010年)》明

---

① 邓伟志：《妇女问题杂谈》，《解放日报》1982年11月26日。
② 陶铁柱、谭深：《男女同步时代的理论探索——妇女学学科建设座谈会综述》，《社会学研究》1987年第6期。
③ 陶铁柱、谭深：《男女同步时代的理论探索——妇女学学科建设座谈会综述》，《社会学研究》1987年第6期。

确提出："在课程、教育内容和教学方法改革中，把社会性别意识纳入教师培训课程，在高等教育相关专业中开设妇女学、马克思主义妇女观、社会性别与发展等课程，增强教育者和被教育者的社会性别意识。"2010年国务院颁布的《中国妇女发展纲要（2011~2020年）》进一步规定，"妇女与教育"的主要目标包括"高等学校女性学课程普及程度提高"和"性别平等原则和理念在各级各类教育课程标准及教学过程中得到充分体现"两大内容。

在国家政策的大力支持下，基于社会和学生的需求，通过学者和教师的主体性努力，在以美国福特基金会为主的国际基金会的技术支持和经费资助下，中国的妇女/社会性别学学科建设在1995年以后进入加速发展期。尤其在2005年以后，发展的速度更快，发展的空间更广阔，发展的深度也更深入。

其中，就学术研究而言，1995~2011年共发表社会科学类和人文艺术类相关论文14360篇，其中核心期刊登载数为3872篇，占26.96%，为总平均数的两倍多。而研究的主题涵盖马克思主义、社会科学总论、哲学、宗教、政治、法律、经济、文化教育、语言文字、艺术、历史地理、文学等各个社会及人文艺术科学领域；[1] 2011年度，《国家社科基金指南》中列入了33个与妇女/社会性别研究相关的选题方向；获得资助的项目中，与妇女/社会性别相关的项目为33项，资助金额为505万元。[2]

就课程设置而言，除已有的妇科学、产科学、男科学等医学课程外，人文社会科学领域及自然科学领域的课程建设不断扩展与深化。从全国性的妇女/社会性别学学科发展网络提供的资料看，妇女学的主干课程已形成基本框架，全国数百所高校开设了妇女/社会性别相关课程和/或包括妇女/社会性别内容、具有妇女/社会性别视角的课程，涉及社会科学、人文科学、艺术体育科学、医学、农学、工学、管理学等学科，涵盖重点高校、一般高校和高职高专等各类高校，包括了全校必修课、专业必修课、全校选修课、专业选修课、讲座等各个层次。

---

① 王金玲、王平：《从意识的觉醒到社会关照：中国妇女学的发展（1995~2011）》，《云南民族大学学报》（哲学社会科学版）2012年第6期。

② 全国妇联研究所编《2011年度国家社会科学基金评审结果公布，33项与妇女/性别研究相关课题获批立项》，《研究信息简报》2011年第4期。

就学科建制而言，原有的医学领域继续保留，在人文社科领域，1998年，北京大学首先在社会学专业中设立了女性学硕士研究方向。之后，东北师范大学、云南民族大学等高校也相继在相关的专业中设立了与妇女/性别研究相关的硕士研究方向；2002年，中华女子学院成立了全国第一个女性学系；2005年，北京大学率先设立了女性学硕士学位点，使女性学正式成为社会学一级学科下的一个二级学科。2006年初，教育部批准增设女性学本科专业，从当年秋季学期开始，中华女子学院首批招收了31名女性学专业本科生。至此，女性学获得了学士、硕士学位的授予权，这是一个学科成为独立学科的重要标志。①

此外，在不少高校的哲学、文学、史学、社会学、教育学等一级学科中，也设有与妇女/社会性别研究相关的硕士、博士研究方向。如，清华大学的女性主义伦理学博士研究方向、厦门大学的女性社会学博士研究方向、南开大学的妇女近代史博士研究方向、中国人民大学性与性别的人类学研究博士研究方向、浙江师范大学的女性社会学硕士研究方向等。

尤其需要指出的是，在中国，少数民族妇女/社会性别学的学术研究、课程教学、社会行动自妇女/社会性别学学科建设开创之始，就一直得到重视，成为不可或缺的重要组成部分，而少数民族高校、少数民族教师更是少数民族妇女/社会性别学学科建设的重要中坚力量。如，在全国妇联、中国妇女研究会两批共33个"妇女/性别研究与培训基地"中，少数民族高校就有三个：中央民族大学（第一批）、云南民族大学（第一批）、延边大学（第二批）。中央民族大学中国妇女古代史精品课程在社会上引起极大反响；云南民族大学少数民族妇女文化和少数民族妇女发展的研究独树一帜；延边大学妇女研究中心对朝鲜族女企业家的培训是妇女/社会性别学学术研究为社会服务的榜样。

就组织建设而言，目前较大的全国性组织机构主要有两个，第一个是综合程度最高、规模最大的组织——中国妇女研究会。成立于1999年的中国妇女

---

① 魏国英：《我国女性学学科制度建设的进展与问题》，《中国高等教育》2006年第24期。中华女子学院女性学系首届招生人数原文为15名，经核实为31名。本文按核实数修改原文数——笔者注。

研究会至 2011 年底有来自高校、科研机构、党校、妇联、政府研究部门等的团体会员 115 个。① 中国妇女研究会的第三届理事中，具有高级职称的学者占 61%，为博士生导师者有 32 人。② 第二个是以在全国推进妇女/社会性别学的学科建设与发展为工作重点与核心的妇女/社会性别学学科发展网络。该网络为不挂靠任何机构的非政府组织，其第一笔工作经费来自美国福特基金会的资助，目前主要通过自筹经费开展工作。截至 2011 年底，该网络已有来自高校、科研机构、党校、妇联及其他企事业单位的团体、个人会员 2000 余人/个，在全国设立了 25 个学科子网络和地区子网络。

而以中华医学会妇科学分会、中国文学会女性文学委员会、中国社会学会性别社会学专业委员会等为代表的学术专业委员会，以青年女经济学者小组等为代表的学者合作体，以高校女性学学科建设协作组③等为代表的教学联合体等也在各自的学科领域和教学工作中发挥着必不可少的重要作用。

就专业刊物而言，除原有的医学类专业刊物外，1992 年创刊的《妇女研究论丛》是第一本全国性的妇女研究专业类学术刊物。目前，该刊已成为妇女/性别研究领域最高层面的专业学术刊物，也在主流学界中确立了自己的学术地位。此外，《中华女子学院学报》等女子学院学报、《思想战线》（云南大学学报）、《云南民族大学学报》、《山西师大学报》、《宁波市委党校学报》等高校、党校的学术刊物也先后设立了有关妇女/性别研究的栏目，定期或不定期发表相关论文。而《人大报刊复印资料·妇女研究》作为高层次专业学术性转载类刊物，已成为妇女/性别研究精品的汇集之地；《中国社会科学文摘》作为人文社会科学领域最高层次的学术性转载刊物，对妇女/社会性别相关论文的转载不断增多，表明主流学界对妇女/社会性别研究学术性的肯定不断扩展与深化。

综上所述，就总体而言，中国的妇女/社会性别学学科的建设与发展已从

---

① 王金玲、王平：《从意识的觉醒到社会关照：中国妇女学的发展（1995～2011）》，《云南民族大学学报》（哲学社会科学版）2012 年第 6 期。

② 见本书附录：陈方：《妇女/性别研究学科建设述评》。

③ 高校女性学学科建设协作组在 2001 年由北京大学、东北师范大学、云南民族大学等 24 所高校妇女中心联合成立。参见魏国英《我国女性学学科制度建设的进展与问题》，《中国高等教育》2006 年第 24 期。

"前学科"阶段进入了"学科"阶段,具备了学科评估的充要条件,达到了可以进行学科评估的水平,形成了进行学科评估的必要性。因此,对其进行学科评估是可行的,也是必须的。

一 评估指标

著名社会学家费孝通先生认为:"建设一门学科要有学科的结构,其实也是一种社会结构","我把它形象地称为'五脏六腑',即建立一门学科至少要包括五个部门和六门基本课程"。就社会学而言,"这五个部门是:(1)学会组织,这是一门学科的群众性组织;(2)专业研究机构,它应当在社会学研究上起带头、协调、交流作用;(3)各大学的社会学系,这是专门培养社会学工作者的场所,只有办好教育机构,才能不断有做社会学工作的人才;(4)要有图书资料中心,大家相互交换社会学方面的科研成果、调查资料,还要能够查找各方面包括国外对社会学研究有用的书籍、报刊及其它资料,所以一定要有一个信息综合、交流的场所。这方面,新兴的网络技术又给我们提供了很好的条件;(5)出版机构,包括刊物、丛书、教材和通俗读物"。[1] "而六门基本课程是:社会学概论、社会调查方法、社会心理学、经济社会学、比较社会学、西方社会学理论"。[2]

中国的学科评估工作始于2002年。当年,教育部学位与研究生教育发展中心按照国务院学位委员会和教育部颁布的《授予博士、硕士学位和培养研究生的学科、专业目录》,首次在全国对除军事学门类以外的全部81个一级学科进行了整体水平评估,并根据评估结果进行排名,至2009年,已完成两轮评估。该评估采取了"主观评价与客观评价相结合、以客观评价为主"的指标体系。这一指标体系与国际上主流的教育机构排名评估体系接轨,同时结合中国学科建设的实际情况,与国家级重要评估项目相关指标体系的要点保持相对一致,指标体系中的"学术队伍""科学研究"和"人才培养"三

---

[1] 费孝通:《关于社会学的学科、教材建设问题》,《西北民族研究》2001年第2期。

[2] 李强:《发展中国社会学,费孝通居功至伟》,人民网:http://culture.people.com.cn/GB/22226/47424/47426/334956.htmt,2013年10月6日下载。

项一级指标为客观指标，反映该学科的整体水平；"学术声誉"一级指标为主观指标，反映该学科的学术成就及在学术界的影响力。具体指标体系如表1所示。而为加强对不同学科门类的分类评估，体现其门类特色，该指标体系又进一步分为"人文社科""理学""工学""农学""医学""管理学"六类，各门类指标体系在保持基本结构一致的前提下，具体指标有所不同，以使相关指标既能反映不同学科门类的特色，又保持评估体系框架的一致性。①

表1　学科评估指标体系

一级指标	二级指标	三级指标
学术队伍	教师情况	专职教师及研究人员总数
		具有博士学位人员占专职教师及研究人员比例
	专家情况	中国科学院、工程院院士数(仅对设立院士的学科门类)
		长江学者、国家杰出青年基金获得者数
		百千万人才工程一二层次入选者、教育部跨世纪人才、新世纪人才数
科学研究	科研基础	国家重点学科、国家重点实验室、国防科技重点实验室、国家工程技术研究中心、国家工程研究中心、教育部人文社科基地数
		省部级重点学科、省部级重点实验室、省级人文社科基地数
	获奖专利	获国家三大奖、教育部高校人文社科优秀成果奖数
		获省级三大奖及"最高奖"、省级哲学(人文)社科成果奖数，以及获中华医学科技奖、中华中医药科技奖数
		获发明专利数(仅对"工学、农学、医学"门类)
	论文专著	CSCD 或 CSSCI 收录论文数
		人均 CSCD 或 CSSCI 收录论文数
		SCI、SSCI、AHCI、EI 及 MEDLINE 收录论文数
		人均 SCI、SSCI、AHCI、EI 及 MEDLINE 收录论文数
		出版学术专著数
	科研项目	境内国家级科研项目经费
		境外合作科研项目经费
		境内国家级及境外合作科研项目数
		人均科研经费

---

① 教育部学位与研究生教育发展中心：《学科评估工作简介》，《中国研究生》2009 年第 1 期。

续表

一级指标	二级指标	三级指标
人才培养	奖励情况	获国家优秀教学成果奖数
		获全国优秀博士学位论文及提名论文数
	学生情况	授予博士学位数
		授予硕士学位数
		目前在校攻读博士、硕士学位的留学生数
学术声誉	学术声誉	学术声誉

原注：指标体系中，各指标的权重采用"专家咨询法"确定。即在学术声誉调查的同时，征求专家对指标权重的意见，再综合处理后得到权重数。

与成熟学科和已明晰分类的传统学科相比，妇女/社会性别学无疑是一门新兴的、正在不断成长的学科，并且具有明显的多学科性和跨学科性，包括了人文社会科学诸学科，如哲学、历史、文学、经济、社会、法律等，形成了理、工、农、医、管理等学科中诸多的分支学科和领域，如性别与心理、性别与科技、性别与建筑、性别与管理、性别与生态、妇科学、产科学、男科学、性别与灾害、性别与战争、性别与性等，也已产生了不少得到公认的理论或理念，如中国传统的中医妇科学理论、女性主义心理学理论、女性主义生态学理论、女性主义空间设计理念等，乃至在军事学的学术研究中，性别也正在成为一个重要的分析视角。而妇女/社会性别学自身也十分强调知识的行动化与行动的知识化，注重将妇女/社会性别经验上升为知识，妇女/社会性别知识为社会服务。此外，有关妇女/社会性别学学科的评估是对整个学科及分支学科的评估，而不是对具体高校中具体学科状况的评估。因此，笔者力图设立能更准确、清晰地评估妇女/社会性别学发展的评估指标，进而形成一个更全面、合理，更综合性的指标体系。

据此，针对一门已获得并力图更广泛深入获得学术界公认、已在现有教育体制内并将进一步在这一体制内运行的学科，笔者在设立妇女/社会性别学学科评估指标时，采用的原则为教育部学科评估的原则，即"主观评估与客观评估相结合、以客观评估为主"，并根据中国妇女/社会性别学学科建设与发展的现状和需求，本学科具有的"知识的行动化、行动的知识化"的本土特质，以及社会—文化领域研究/教学的多学科、跨学科发展现状，以促进本学科发展为导向，以费孝通先生关于学科建设的基本构件、教育部学科评估指标体系和国际上主流的学科评估体系为三大基础，将（1）学术组织、（2）专业研究与教学机构、（3）信息资料中心和媒体、（4）学术队伍、（5）学术研究、（6）课程开设、（7）人才培养、（8）学术声誉与社会贡献作为8大基本指标，即一级指标，下设28个二级指标、88个三级指标，构成妇女/社会性别学评估体系。其中，前7个一级指标基本是客观指标，第8个一级指标中客观指标和主观指标兼顾。

这一指标体系以"学术组织"和"专业研究与教学机构"评估本学科的组织资源，以"信息资料中心和媒体"评估本学科的资料和信息资源，以"学术队伍"评估本学科的人才资源，以"学术研究""课程开设"和"人才培养"评估本学科教学、科研和学科力量的产出，以"学术声誉与社会贡献"评估本学科的学术和社会影响力，并以对这8项内容的评估综合成对本学科建设状况与发展趋势的总体评估。

需说明的是，第一，本指标体系是基于《中国妇女发展蓝皮书NO.5》对中国妇女/社会性别学科建设与发展进行评估的需要而提出的一个个人设想。由于中国尚无对这一学科的评估指标及评估指标体系，而本书对中国妇女/社会性别学科的评估又必须依据一套指标体系，笔者虽功力不到，也不得已而勉力为之。其中难免有诸多不足之处，包括权重的设置也需弥补完善。此为抛砖引玉，期待在大家的共同努力下，构建一个更全面合理，更具综合性的中国妇女/社会性别学科评估体系。

第二，如前所述，这一指标体系主要用于对妇女/社会性别学及其分支学科的总体评估，而非如教育部《学科评估体系》是对具体某一高校中某一学科的评估。因此，在"论文专著""科研项目"二级指标中取消了有关人均数的三级指标。

第三，在中国，不少群团组织、民间机构和非政府组织中有从事妇女/社会性别研究的部门和/或专门的研究人员/项目，如妇联系统的研究所/室及陕西妇源会、北京红枫妇女热线、原中国法学会反对针对妇女的家庭暴力项目组等的相关研究人员及其承担的研究项目，其学术研究成果在妇女/社会性别研究中占有一席之地，有的达到了较高的专业水平；在不少妇女/社会性别组织，

包括非政府组织的网站中，设有专门的研究资料库，是研究人员，包括专业研究人员进行学术研究时不可或缺的信息、资料来源；不少妇女/社会性别组织，包括非政府组织的工作人员在高校兼职教授妇女/社会性别学或相关课程。从中国实际出发，本指标体系也将上述相关内容列入评估指标。

第四，考虑到与教育部评估指标规定的一致性，"学术刊物""论文专著"中的三级指标只限于纸质版本，不包括电子出版物；出版机构限定为国家批准的出版机构。

第五，"学术声誉与社会贡献"的三级指标引入了国外高等教育学科评估中常用的非文献计量指标中的相关指标（另一些指标分散于前七个指标中）及相关理念，① 并由此将教育部《学科评估指标体系》中的"学术声誉"这一指标内容具体化了。

具体的指标及指标体系如表2。

表2 中国的妇女/社会性别学科评估指标体系

一级指标	二级指标	三级指标
学术组织	全国性学术组织	全国性学术组织,包括教学类、研究类以及含科研/教学部门/人员/项目的社会类、综合类等组织的数量,成员(含团体成员与个人成员)数,在全国的学术地位
	地区性学术组织	地区性学术组织,包括教学类、研究类以及含科研/教学部门/人员/项目的社会类、综合类等组织的数量,地区分布,成员数(含团体成员与个人成员),在本地区的学术地位
	学科专业性学术组织	学科专业性学术组织,包括教学类、研究类以及含科研/教学部门/人员/项目的社会类、综合类等组织的数量,分布,成员(含团体成员与个人成员)数,在本学科中的学术地位

---

① 国外高等教育学科评估中"常用非文献计量指标包括科研人员数量、科研时间、外部资金、研究生数量、荣誉和奖励、演讲、国际访问等七个方面；适用于社会人文科学的非文献计量指标主要包括与校外机构合作研究的方案等以及其他没有衍生出版物的学术研究活动，如学术会议上的专题演讲、组织承办相关会议、期刊编辑、学术团体（机构）中的相关兼职、学术评估领域的专家组成员，以及学术科研在媒体普及传播方面所做出的贡献；适用于艺术学科的非文献计量指标主要指涉艺术学科的'具有可论证的科研创造性工作'，包括视觉艺术家、工艺家的展览，建筑师和设计师的建筑或创造，剧作家、舞蹈家、演员、音乐家的公开演出等内容"。（翁震宇：《学科评估体系中"非文献计量指标"的引入与实践——以"艺术学"门类学科为例》，《中国高等教育评估》2012年第3期）

续表

一级指标	二级指标	三级指标
专业研究与教学机构	高校（含高职、高专）中的专业研究与教学机构	各级各类高校（含高职、高专）中相关的系、所、中心等专门的研究和/或教学机构数量,工作设施配备,工作经费来源及数额,专职工作人员数,专业分布,学位授予权
	科研院所	各级各类科研院所中相关的所、室、中心等专门的研究和/或教学机构数量,工作设施配备,工作经费来源及数额,专职工作人员数,专业分布,学位授予权
	群团组织、民间机构和非政府组织	各级各类群团组织、民间机构或非政府组织中相关所、室、组、项目等专门的研究和/或教学机构数量,工作设施配备,工作经费来源及数额,专职工作人员数,专业分布
信息资料中心与媒体	信息资料中心	各级各类研究机构、教学机构、学术组织及行动组织中专门的信息资料中心、图书馆(室)等的数量,资料/文献量,资料/文献使用率,资料/文献的专业分布及年代分布,基础设施配备,经费来源与数量,专职工作人员数
		各级各类研究机构、教学机构、学术组织及行动组织信息资料中心、图书馆(室)等中有关妇女/性别研究资料/文献的数量,资料/文献使用率,资料/文献专业分布及年代分布,在资料/文献总量中的比例
	网站	有关妇女/性别研究和教学的专门网站的数量、点击率
		在其他网站中有关妇女/性别研究和教学栏目的设置数、点击率
		专门网站和栏目中有关妇女/性别研究和教学信息、资料等的挂网数,挂网信息和资料等的专业分布
		专职网管人员的人数、网站容量、经费来源及数额
	学术刊物	专门的妇女/社会性别研究学术期刊数及年出刊数、每期页码数
		设立了有关妇女/性别研究专门栏目的专业学术刊物数及栏目数、页码数、本栏目页码数在总页码数中的比例
		以书代刊的学术刊物中专门的妇女/性别研究学术刊物数及出刊数、每期页码数
		设立了有关妇女/性别研究专门栏目的以书代刊专业学术期刊数及年栏目数、页码数、本栏目页码在总页码数中的比例
		每年发表3篇及以上妇女/性别研究论文的学术期刊数、相关论文的页码数及在总页码数中的比例
		已总计发表了20篇及以上或每年至少发表1篇有关妇女/性别研究论文的学术刊物数、相关论文的页码数及在总页码数中的比例
	出版机构	专业的妇女出版社数量;已出版妇女/性别研究学术专著、专题丛书/系列书等的种数;出版的年份
		已出版妇女/性别研究学术专著、专题丛书/系列书等的出版社数,出版的书籍种数,出版的年份

续表

一级指标	二级指标	三级指标
学术队伍	一般情况	从事妇女/性别课程教学的教师和从事妇女/性别研究人员的数量,以及其中专职教师和研究人员的比例
		其中具有博士学位者的比例及在专职人员中的比例
	专家情况	副高及以上职称者的人数及所占比例
		博士生导师、硕士生导师人数及所占比例
		国务院特殊津贴获得者数及所占比例
		中国科学院、中国工程院院士人数及所占比例(仅对设立院士的学科门类)
		长江学者、国家杰出青年基金获得者人数及所占比例
		百千万人才工程一、二层次入选者,教育部跨世纪人才,新世纪人才人数及所占比例
		省级突出贡献专家称号获得者人数及所占比例
学术研究	科研基础	妇女/性别研究领域的国家重点学科、国家重点实验室、国防科技重点实验室、国家工程技术研究中心、国家工程研究中心、教育部人文社科基地数量、全国妇联妇女/性别研究与培训基地的数量
		妇女/性别研究领域的省部级重点学科、省部级重点实验室、省级人文社科基地的数量
		高校/研究机构中妇女/性别研究中心的数量、研究人员数,其中专职研究人员所占比例;科研设备配置;科研经费数额及来源
	获奖、专利	妇女/性别研究领域的国家三大奖(国家自然科学奖、国家技术发明奖、国家科技进步奖)及"最高奖"(国家最高科学技术奖)获奖数、省级哲学人文社科成果奖获奖数、全国妇联妇女研究成果奖的获奖数,以及妇女/性别研究领域的中华医学科技奖、中华中医药科技奖获奖数
		与妇女/性别相关的发明专利获得数(仅对工学、农学、医学门类)
	论文、专著	在国家批准的刊物上发表论文数,其中 CSI 或 CSSCI 刊物发表数及所占比例
		在国家批准的刊物上发表的论文数占论文总数的比例,其中 CSI 或 CSSCI 刊物发表的占比与总体占比的比较
		在境外有正式出版号的刊物上发表论文数,其中 SCI、SSCI、AHCI、EL 及 MEDLINE 刊物发表数及所占比例
		每年境外有正式出版号刊物上的论文的境内作者在这些刊物上发表论文数占其论文总数的比例,其中 SCI、SSCI、AHCI、EL 及 MEDLINE 刊物发表数的占比与境内作者其他专业论文相关占比的比较
		有关妇女/性别研究的硕博士学位论文数及在总体中所占比例
		出版学术著作数、专业分布,以及在学术著作出版总数、专业学术专著出版总数中所占的比例

续表

一级指标	二级指标	三级指标
学术研究	论文、专著	出版教材数、专业分布及使用率
	科研项目	境内国家、省部级科研项目立项数及经费数额
		境外资助、合作、委托科研项目数及经费数额
		国际机构资助、合作、委托科研项目数及经费数额
		境内各级各类政府机构、企事业单位、非政府组织资助、合作、委托项目数及经费数额
课程开设	课程总数	开设妇女/社会性别学及相关课程的高校(含高职高专)、科研院所数,开设课程数,开课教师/科研人员数
		开设相关课程的高校(含高职高专)和科研院所在高校(含高职高专)和科研院所总体中所占比例,相关课程在所在高校(含高职高专)和科研院所总课程数中所占比例
	课程类型	全校必修课、专业必修课、全校选修课、专业选修课、讲座数及分布
	课程层次	高职/高专课程数
		大学本科课程数
		硕士生课程数
		博士生课程数
	学科分布	人文社会科学学科开课数
		理学学科开课数
		工学学科开课数
		农学学科开课数
		医学学科开课数
		艺术、体育学科开课数
		管理学科开课数
		军事学科开课数
		综合性课程数
		妇女/社会性别学科开课数
人才培养	奖励情况	获国家、省部级优秀教学成果奖数,在总奖数中所占比例及专业分布
		获全国优秀博士学位论文及提名论文数,在优秀论文总数、提名总数中所占比例及专业分布
		获全国妇女/性别研究优秀硕士博士学位论文数、专业分布
	学位点及专业方向	学士学位
		硕士学位或专业方向
		博士学位或专业方向
		博士后流动站、工作站或专业方向
	学生情况	授予学士学位数
		授予硕士学位数
		授予博士学位数

续表

一级指标	二级指标	三级指标
学术声誉 与社会贡献	境外声誉	学术性境外出访数及专业分布
		接待境外专业学术机构/组织、专家访问数及专业分布
		在境外学术会议上作专题演讲或主旨发言数及专业分布
	举办学术 研讨会	组织、承办国际研讨会数及专业分布
		组织、承办全国性（含两岸三地）研讨会数及专业分布
		在本专业国际性最高层次研讨会上举办相关论坛数及专业分布
		在本专业全国性最高层次研讨会上举办相关论坛数及专业分布
	社会职务	以妇女/性别研究者身份在学术期刊中担任相关职务人数、任职类型与层级、专业分布
		以妇女/性别研究者身份在学术团体中担任相关职务人数、任职类型与层级、专业分布
		以妇女/性别研究者身份在企业（包括经济企业和社会企业）、事业单位及非政府组织中担任相关职务人数、任职类型与层级、专业分布
		以妇女/性别研究者身份担任学术评估领域专家组（机构）成员数、任职类型与层级、专业分布
	学术传播	学术研究成果在媒体中的传播
		学术研究成果的普及性宣传
	科研成果 社会化	基于妇女/性别学术研究的提案、议案、建言献策、调研报告、对策建议数及倡导效果
		基于妇女/性别学术研究的规划设计及效果
		基于妇女/性别学术研究的展览、演出、体育活动及社会反响和效果

二 总体评估

以上述妇女/社会性别学科评估指标体系为依据，对妇女/社会性别学科总体状况进行评估的结果如下（当然，由于数据的不完整，这一评估只是粗略的评估，其结果也难免有不少疏漏和短缺之处，所提供的只是中国的妇女/社会性别学科目前大致的概况）。

（一）学术组织

第一，目前有两大全国性综合学术组织：中国妇女研究会和妇女/社会性别学学科发展网络。其中，前者有团体会员 115 个，在全国具有较高的学术地位；后者有包括团体会员和个人会员在内的会员 2000 余人，已在全国，尤其在高校系统确立了一定的学术地位。

第二，全国各省、市、自治区均建立了省级综合性研究机构——妇女研究会，不少省、市、自治区中还建立了地市一级的妇女研究会，这些研究会均在当地妇女/社会性别研究领域拥有较高的学术地位。而妇女/社会性别学学科发展网络下属的 12 个地区性子网络（湖南、广西、浙江、广东、东北三省、山东、江西、福建、四川、江苏、新疆、河南）也已成为推进当地妇女/社会性别研究和课程建设不可或缺的重要力量。

第三，据不完全统计，目前，女性文学、性别社会学已分别在主流学科的全国性学术组织中建立了自己的学术组织：前者为中国现当代文学学会女性文学委员会，后者为中国社会学会性别社会学专业委员会。在经济学、传媒学、发展研究等领域，青年女经济学者小组等学术共同体和女性传媒监测小组、社会性别与发展在中国网络（GAD 网络）等非政府组织在各自的领域发挥着重要的作用。而妇女/社会性别学学科发展网络下属的 10 个学科性子网络（哲学、妇女史、文化研究、政治学、社会学、心理学、民族学、教育学、传媒学、法律）也已成为在本专业中推进妇女/社会性别学术研究和课程建设不可或缺的重要力量。

（二）专业研究与教学机构

第一，1998 年，北京大学设立了女性学硕士研究方向；2002 年，中华女子学院设立了女性学系，并在美国露丝基金会的资助下，与香港中文大学性别研究中心、美国密歇根大学妇女学系一起，开办了"妇女/性别研究学士后学位研究生班"（2002～2004 年），毕业的学生被授予了香港大学性别研究学士后学位；2005 年，北京大学在社会学专业下设立了女性学硕士学位点；2006 年，教育部批准增设女性学本科专业，中华女子学院开始招收女性学专业本科生。至此，女性学已获得了学士、硕士学位授予权。

第二，据不完全统计，至 2010 年，全国已有 60 余所高校建立了妇女/社

会性别研究机构。① 其中，北京大学、延边大学、南京师范大学金陵女子学院、中华女子学院、东北师范大学、中国传媒大学、厦门大学等高校的妇女研究中心为有专职工作人员、经费、办公场所和设施的实体研究机构。

第三，据不完全统计，目前全国社科院系统设有妇女/社会性别研究机构的共九家：中国社科院、浙江社科院、云南社科院、山东社科院、江西社科院、河北社科院、北京社科院、江苏社科院、上海社科院，研究人员和工作人员基本均为兼职。其中，浙江社科院社会学所/妇女与家庭研究中心和浙江师范大学法政学院合招社会学硕士专业女性社会学研究方向硕士生。

第四，据估计，目前中国大大小小包括登记注册和不登记注册的妇女/社会性别群团组织、民间机构和非政府组织有千余个。其中以全国妇联为最大，其下设地（市）级妇女组织435个，各级机关事业单位妇女工作委员会（含高校妇女组织）7.3万个，女职工委员会23万余个。自1980年代以后，行业性、联谊性、服务性、研究性、综合性妇女非政府组织纷纷成立，在国家层面，有全总女职工委员会、中国地质学会女地质工作者委员会、中国女法官协会、中国女检察官协会、中国女摄影家协会、中国女企业家协会、中华基督教女青年会、中国女科技工作者联谊会、中国老区建设促进会妇女委员会、中国人才研究会妇女人才工作委员会、欧美同学会妇女委员会、中国女医师协会、中国城市规划协会女城市规划师委员会、中国旅游协会妇女旅游委员会、中国市长协会女市长分会②及中国心理卫生协会妇女健康与发展专业委员会等。此外，还有不少跨行业、跨地区的妇女民间机构和非政府组织，如北京红枫妇女心理咨询服务中心（原红枫妇女热线）、北京农家女文化发展中心、北京众泽妇女法律咨询中心（原北京大学法学院妇女法律研究与服务中心）、反家暴网络/北京帆葆（原中国法学会反对针对妇女的家庭暴力网络）、东西方相遇小组、妇女传媒监测网络、社会性别与发展在中国网络（GAD网络）、陕西妇源

---

① 魏国英：《我国女性学学科制度建设的进展与问题》，《中国高等教育》2006年第11期；魏国英：《从女性研究到女性学学科建设——高校女性学发展脉络》，《山东女子学院学报》2012年第6期。

② 佚名：《非政府妇女组织》，中国网2004年10月13日，http：//www.china.com.cn/zhuanti2005/txt/2004 - 10/131content_ 56792，2013年10月10日下载。

会、河南省社区教育研究中心、同语、智同北京等。其中，全国妇联设有妇女研究所，不少省市自治区妇联设有妇女研究室，而在其他妇女群团组织、民间机构和非政府组织中，也有不少设有专门的研究室（组）、研究人员承担相关的科研项目。其中，设有专门研究室（组）和研究人员，承担较多科研项目或有较多学术成果发表的组织有北京红枫妇女心理咨询服务中心、北京众泽妇女法律咨询中心、北京农家女文化发展中心、反家暴网络/北京帆葆、妇女传媒监测网络、陕西妇源会、智同北京等。

此外，全国妇联、中国妇女研究会分别于 2006 年（第一批）和 2012 年（第二批）设立的全国妇联、中国妇女研究会妇女/性别研究与培训基地在推进妇女/社会性别学科的发展中也是一支重要的力量。

（三）信息资料中心与媒体

第一，在信息资料中心方面。首先，目前中国最大的妇女/性别研究信息资料中心为中华女子学院下属的"中国女性图书馆"。该图书馆成立于 2011 年，集妇女/社会性别研究的纸质图书、电子文献、多媒体音像资料、专业网站为一体，目前已藏有正式印本出版物万余册，研究报告、会议论文、信息资料、妇女口述史资料等非正式印本出版物 600 余册。此外，还备有专业期刊、电子资源数据库等资源，涉及人文社会科学的所有领域及生态学、心理学、医学等自然科学领域，而"中国妇女口述史"项目已成为该馆独具特色的一大亮点。该图书馆是中国妇女/社会性别研究与教学领域综合性最强、数量最多的文献资料中心，借阅者包括校内外学者、师生和其他读者。① 此外，全国妇联妇女研究所、浙江社科院妇女与家庭研究中心等专门的研究机构及一些高校的妇女中心也建有专门的文献资料室，藏书量为数百至数千册不等，主要供本机构/校人员借阅。

其次，在中国国家图书馆、省及地市级图书馆等公共图书馆、各高校图书馆、社会科学研究机构图书馆及不少非政府组织图书资料室的藏书中，均有有关妇女/社会性别研究方面的中文和外文藏书。如，在中国国家图书馆数字图书馆

---

① 该资料由中华女子学院中国女性图书馆工作人员李慧波提供，特此感谢！

的中文藏书中，以"妇女"为搜索词，获得245部图书信息；以"性别"为搜索词，获得950部图书信息。① 反家暴网络/北京帆葆的资料室中，有关反对针对妇女的暴力、妇女法律、妇女权利等方面的专业书籍也达千余册之多。

第二，在网站及博物馆方面。目前作为妇女/社会性别研究（含教学）信息和资料储存、交流、发布主载体之一的妇女/社会性别网站大致可分为以下四类：一类是国务院妇女儿童工作委员会网站及从全国妇联到地方妇联的各级妇联网站，如国务院妇女儿童工作委员会网站（http：//www. nwccw. gov. cn）、全国妇联网站"中国妇女网"（http：//www. women. org. cn）、陕西省妇联主办的"西部妇女网"（http：//www. westwomen. org. cn）等。此类网站基本上均设有"文献资料"栏目，上传妇女代表大会资料、有关妇女的法律和政策文件及领导讲话等。不少网站还专门设有"学术交流""专家观点"之类的栏目，登载相关论文或消息报道，成为学者们有关妇女工作、中国妇女运动史、妇女法律与政策等相关研究的主要知识/信息来源之一。一类是全国妇联妇女研究所/中国妇女研究会主办的"中国妇女研究网"（http：//www. wsic. ac. cn）。该网站设有"政策法规""研究课题""研究成果""图书资料"等栏目，文献资料综合性较强，也较全面，已成为妇女/社会性别研究与教学参考资料不可或缺的主要来源。一类是学科型、行动型妇女非政府组织网站，如"妇女/社会性别学学科发展网络"网站（http：//www. chinagender. org）、"社会性别与发展在中国网络（GAD）"网站（http：//www. china - gad. org）、北京帆葆/反家暴网络网站（http：//www. stopdv - china. org）、妇女传媒监测网络网站（http：//www. genderwatch. cn）、北京众泽妇女法律咨询服务中心网站（http：//www. woman - legalaid. org. cn）、陕西妇源会性别发展培训中心网站（http：//www. gdschina. org）等均设有文献资料专栏。此类专栏的文献资料专业性较强，以国内外新的信息和文献为主，是学者和教师了解国内外专业新资料和新信息的重要窗口。一类是相关高校妇女/社会性别中心等的网站，如北京语言大学性别文化研究网（http：//www. xb. whyj. cn）、中山大学性别教育论坛（http：//genders. sysn. edu. cn）、中国传媒大学媒介与女性研究中心网站

① 检索日期均为2013年10月23日。

（http：//mgi. cuc. edu. cn）、中国人民大学性社会学研究所网站（http：//www. sex – study. org）等。此类网站的文献资料大多以本学科、本专业的学术性或教学类文献资料为主，为本专业学者和教师进行理论研究与教学提供了重要的学术/技术支持。而随着新媒体技术的发展及其影响力的扩大，近两年来，微信/易信公众号等所载的相关研究文章和信息逐渐进入研究者和教师的视野，学术作用正在不断增大。

此外，自1990年代下半期以来，不断涌现的从国家到民间、从综合性到专门性的各类妇女/社会性别博物馆——如中国妇女博物馆、陕西师范大学妇女文化博物馆、位于江苏的江南水乡妇女服饰博物馆、中国性文化博物馆、位于浙江宁海的十里红妆博物馆等——也已成为妇女/性别研究与教学信息资料中心的重要组成部分，为妇女/性别研究提供了不可多得的物质资料和信息。

在上述四类网站中，为政府有关部门/机构下属部门或由其主管、主办的网站一般都设有专职网站管理人员，网站管理与运作经费是本部门/机构行政经费的组成部分；高校妇女/性别研究中心和妇女非政府组织网站管理人员中，有的为专职，有的为兼职，少部分网站的管理与运作经费被列入主管部门预算，大多数网站则需通过项目自筹。而各类博物馆中，无论是政府或政府有关部门所属、主管或主办的博物馆还是民办博物馆，一般均有专职人员，但就经费而言，前者一般列入政府或有关部门预算，后者大多数依靠自筹，即使那些获得政府一定补助的民办博物馆，其日常运作经费中的大部分也需要自我筹集。

第三，在学术刊物方面。目前，在人文社科领域，《妇女研究论丛》是妇女/社会性别研究领域最权威的综合性专业学术期刊。该刊创刊于1992年，是国内外公开发行的国家级学术刊物，由中国妇女研究会/全国妇联研究所主办，为双月刊，2010年，每期扩版为112页。而《中华女子学院学报》等女子学院学报也是刊发人文社科类妇女/性别研究论文的主要载体。除此之外，《社会学研究》等专业学术期刊，《浙江学刊》等社科院主办的综合性学术期刊，《云南民族大学学报》（哲学社会科学版）、《山西师大学报》（社会科学版）、《宁波市委党校学报》等高校/党校主办的学报等都曾或一直辟有关于妇女/社会性别研究的栏目，《人口研究》等专业或综合性刊物/学报会经常刊登有关

妇女/社会性别研究的论文。此外，以《人大复印资料·妇女研究》为代表的《人大复印资料》及《中国社会科学文摘》《高等教育文摘》等权威性转载刊物也以专刊、专栏形式或经常性转载妇女/性别研究论文。

在自然科学领域，《中国妇幼保健》《中国计划生育学》《生殖避孕》《中华妇产科》《中国实用妇科与产科》《实用妇产科》《现代妇产科进展》等医学类期刊和《心理科学》《心理学报》《心理发展与教育》《心理学动态》等心理学类期刊是发表妇女/性别研究的两大主要载体，尤其是前者。而在非医学类和心理学类自然科学期刊，如《纺织学报》《贵州农业科学》《资源科学》《生态科学》《中国微生物学》《自动化学报》等专业类/综合性学术期刊中，有关妇女/性别研究的论文也时有所见。

此外，近十余年来，国内也有或曾有一些以书代刊的妇女/性别研究公开出版物，如杜芳琴主编、天津人民出版社出版的《社会性别》，荒林主编、广西师范大学出版社出版的《中国女性主义》，王红旗主编、中国文联出版社出版的《中国女性文化》，罗萍主编、武汉大学出版社出版的《女性论坛》等。而北京大学中外妇女问题研究中心自1992年开始编辑、内部发行的刊物《妇女研究动态》至2012年已编印发行了44期，被国家图书馆收藏。而在一些以书代刊的其他学术出版物，如周晓虹主编、社会科学文献出版社出版的《中国研究》中，妇女/性别也往往作为一个重要议题，受到广泛关注。

第四，在出版机构方面。中国妇女出版社是目前国内妇女/性别研究最专业的综合性出版社，妇女/性别研究著作是其出版物中最重要的组成部分。该出版社成立于1981年，已累计出版图书3000余种。此外，以社会科学文献出版社为代表的专业学术出版社、以生活·读书·新知三联书店为代表的综合性出版社、以广西师范大学出版社为代表的大学出版社也出版了诸多妇女/性别研究类著作，与中国妇女出版社一起，构成国内人文社科类妇女/性别学专业著作出版机构的主体。

专著书系是出版社出版物中的重中之重，也是某一专业学术研究水平的集中体现，因此历来为出版社和学界所重视。从人文社科类妇女/性别研究学术专著系列的出版历程看，最早出版妇女/性别研究专著丛书的是河南人民出版社：李小江主编的《妇女研究丛书》于1988年由河南人民出版社出版。自

1990 年代以后，出版妇女/性别研究专著系列的出版社逐渐增加，出版的妇女/性别研究专著系列也不断增多，2000 年以后形成雨后春笋之势，不少出版社出版了妇女/性别研究学术专著丛书（包括译著），在学术界产生了较大的影响。其中包括生活·读书·新知三联书店于 1994～2000 年出版的李小江、朱虹、董秀玉主编的《性别与中国》丛书；时事出版社于 2000 年出版的《性社会学》系列（含译著）；当代中国出版社于 2002 年出版的、刘伯红主编的《中—加妇女法项目》丛书；江苏人民出版社于 2002 年出版的、大连大学性别研究中心主持的《性别论坛》丛书；中国社会科学出版社于 2003 年出版的、反映中国法学会"反对针对妇女的家庭暴力对策研究与干预"项目各项成果的《反对家庭暴力理论与实践》丛书；天津人民出版社于 2003 年出版的、以杜芳琴和王政为编委会总负责人的《妇女与社会性别学》书系（含译著）；社会科学文献出版社于 2004 年出版的冯媛、黄长奇主编的《走进社会性别：方法、实践与反思》（译著），于 2004 年出版的《现代社会学文库·性社会学译丛》；民族出版社于 2007 年出版的李育红、刘曼元主编的《西北少数民族女性/性别研究》丛书；九州出版社于 2007 年出版的荣维毅、荒林主编的《海峡两岸女性主义学术论丛》丛书；广西师范大学出版社于 2010 年出版的《女性人类学译丛》（译著）；以及江苏人民出版社自 2003 年开始陆续出版的《海外中国研究丛书·女性系列》丛书（译著），社会科学文献出版社自 2005 年后连续出版的由谭琳主编的《妇女绿皮书——中国性别平等与妇女发展报告》系列书、由王金玲主编的《妇女发展蓝皮书——中国妇女发展报告》系列书及由韩湘景主编的《中国女性生活状况报告》系列书；等等。

此外，不少出版社出版的其他专业/综合性丛书/系列书中，也将妇女/性别研究专著（含译著）包括于其中。如，中央编译局于 1999 年出版的《新世纪学术译丛》中，有肖巍所译、美国学者卡罗琳·吉利根所著的《不同的声音——心理学理论与妇女发展》一书；人民文学出版社于 2001 年出版的《猫头鹰学术译丛》中，有马爱农所译、印度学者布塔利亚·乌瓦什所著的《沉默的另一面》一书；社会科学文献出版社出版的《地方社会科学院学术精品书系·浙江社会科学院学术精品书系》中，妇女/性别也一直是重要的选题。

而在自然科学领域，人民卫生出版社、知识出版社、中国环境科学出版社

等国家级专业性或综合性出版社及一些高校出版社也出版了不少妇女/性别类学术专著，如《妇女保健学》（人民卫生出版社，2007）、《妇女炎症·中医治疗学》（人民卫生出版社，2003）、《美国妇女自我保健经典：我们的身体，我们自己》（译著，知识出版社，2008）、《妇女在中国科技发展中的地位及其面临的机会与挑战》（中国环境科学出版社，2008）、《实用妇女保健学》（中国协和医科大学出版社，2006）、《妇女环境和职业保健》（中国协和医科大学出版社，2008）、《中老年妇女保健与疾病预防》（第二军医大学出版社，2005）等。

（四）学术队伍

第一，据不完全统计，目前，在设有有关妇女/社会性别研究中心的高校/科研机构/党校中，均有从事妇女/社会性别学教学和/或研究的教师/科研人员，而未成立妇女/社会性别中心的高校/科研机构/党校中，也有不少人以个体或群体/项目组的形式从事妇女/社会性别研究，开设妇女/社会性别学相关课程。当然，无论前者还是后者，专职从事妇女/社会性别学教学/研究者都只是少数。在妇联系统的研究所/室中，也有一批从事妇女/社会性别研究的研究人员，这些专职从事妇女/社会性别研究的研究人员中，也有一些人在高校担任兼职教师，教授妇女/社会性别学相关课程。在不少非政府组织，尤其是妇女非政府组织中，也有一些从事妇女/社会性别研究的研究人员，其中也有一些人应邀进入高校成为兼职教师或开办相关讲座。当然，非政府组织中的研究人员中大多数为兼业从事妇女/社会性别学术研究。此外，在各类医学类大学中，妇科学、产科学等是必备的专业，有专门的教师教授专门的课程、从事专门的研究。由此，据不完全统计，目前，全国从事妇女/性别学及相关学科教学与学术研究者（包括专业和兼业）至少有两万人。

第二，仅据全国性的妇女/社会性别学学科发展网络统计，截至2012年10月，在作为个人会员的从事妇女/性别学及相关课程教学的大专院校教师中，副高级职称及以上者占80%以上。而截至2013年10月，在中国妇女研究会主办的"中国妇女研究网"（http：//www. wsic. ac. cn/）的"妇女研究学者"专栏中公布的副高级职称学者为87人，其中硕博士生导师占50%左右。

（五）学术研究

第一，在科研基础方面。首先，目前妇女/性别学科尚无国家重点实验室，但有省级重点实验室，如浙江大学、浙江省女性生殖健康研究重点实验室（2005年建立）。①

其次，在教育部2007年公布的一级学科国家重点学科中，没有与妇女/性别相关的学科，但在二级学科国家重点学科中，与妇女/性别相关的有三个学科：（1）皮肤病与性病学（北京大学、北京协和医学院——清华大学医学部、清华大学、中国医科大学、安徽医科大学、第四军医大学）；（2）外科学（泌尿外科）（北京大学、天津医科大学、华中科技大学、西安交通大学）；（3）妇产科学（北京大学、北京协和医学院——清华大学医学部、清华大学、复旦大学、山东大学、华中科技大学、四川大学）。在国家重点培育学科中，与妇女/性别相关的有三个学科：（1）皮肤病与性病学（西安交通大学）；（2）妇产科学（浙江大学）；（3）中医妇科学（黑龙江中医药大学、成都中医药大学）。② 以上均为自然科学中的医学类，人文和社会科学的二级重点学科中无与妇女/性别相关的学科。省级重点学科的态势亦如此，在自然科学的医学类领域有与妇女/性别相关的省级重点学科，如吉林大学的妇产科学，③ 但在人文社科领域，尚无与妇女/性别相关的省级重点学科。

再次，教育部人文社科基地和省级人文社科基地中尚无专门的妇女/性别学及相关学科基地。

又次，至2012年，全国妇联已在全国设立了两批共32个"妇女/性别研究与培训基地"，涉及高校、社科院、党校、妇联四大系统。

最后，对中国妇女研究会网站（http://www.wsic.ac.cn/）的"相关研究机构"栏目所载名单进行统计，截至2013年10月28日，全国高校/研究机

---

① http://wenku.baidu.com/view/86ee5083d4d8d/5ab/234eea.htm，2012年10月28日下载。

② 中华人民共和国教育部：《教育部关于公布国家重点学科名单的通知》之附件，2007，http://www.moe.edu.cn/publicfiles/business/htmcfiles/moe/cmsmedia/userFiles/File/2008/04/26/2008042619/2008042619_094341.xis，2013年10月28日下载。

③ http://cer.jlu.edu.cn/cer/bencandy.php? hd－11Rid＝680，2013年10月28日下载。

构中共设有64家妇女/性别研究机构。但从笔者掌握的情况看，这些机构大多为"无专门办公室、无专职人员、无专项经费"的"三无"机构，办公地点大多设在负责人的办公室中，教师与研究人员大多为兼业从事妇女/性别教学和/或研究，机构主要依靠项目经费开展工作。

第二，在获奖、专利方面。首先，作为国家"三大奖"的国家自然科学奖、国家技术发明奖、国家科技进步奖及"最高奖"——国家最高科学技术奖中尚无专门的有关妇女/性别的项目。

其次，在各省省级哲学人文社科成果奖中，均有若干妇女/性别类研究成果获奖。如，浙江省第14届（2008年）哲学人文社会科学奖二等奖有"云南/广西籍未成年被拐卖/骗妇女儿童流入地个案研究报告"（论文），[1]浙江省第15届（2010年）哲学人文社会科学奖三等奖有"激进的女权主义：英国妇女社会政治同盟参政运动研究"（专著），[2]四川省第15次（2012年）社会科学优秀成果二等奖有"灾害管理的社会性别分析：倡导与政策创新——以汶川地震应急救援和恢复重建为案例"（专著）。[3]

再次，中华医学科技奖、中华中医药科技奖中也不乏有关妇女/性别的成果/项目。如，获2012年中华医学科技奖的"全国艾滋病综合防治示范区"项目、"经血传播的HIV感染流行特征及其防控措施的建立与研究"成果，[4]获2009年度中华中医药学会科技奖的"攻毒散结法防治宫颈HPV感染及其相关病变的临床应用与机制探讨"成果等。[5]

最后，全国妇联、中国妇女研究会"妇女研究优秀成果奖"自2004年成立以来已两次颁奖。其中，第一届（2004）"妇女研究优秀成果奖"有专著类15项、论文类19项、调研报告类17项、学术普及和教材类12项，共

---

[1] http: //m. doc88. com/p - 5825 - 46877340. html, 2013年10月29日下载。

[2] 浙江社科网，http: //www. zjskw. 80v. cn/upload. aduin/20101224/17/% c9% e7% BF，2013年10月29日下载。

[3] 四川省新闻网，http: //scnews. newscc. org/system/2012/10/19/017650525. shtml，2013年10月29日下载。

[4] 中华人民共和国科技部网站，http: //www. nosta. gov. cn/web/datail1. aspx? mennld = 33. e. connent. ID = 957，2013年10月29日下载。

[5] 中华中医药学会网站，http: //www. cacm. org. cn，2013年10月29日下载。

计63项;① 第二届（2010）"妇女研究优秀成果奖"有专著类19项、论文类30项、调研报告类18项、学术普及和教材类3项、工具书类3项、译著类1项，共计74项（详见附录B24）。②

在已获得国家批准备案的发明专利中，也有一些是与妇女和男性相关的专利。以"妇女""女性""男子""男性"为搜索项，分别对中国知网专利数据库（http：//dbpub. cnki. net）进行检索，结果显示，至2013年11月15日，名称中分别含有上述四个"词语"的专利分别为878项、1171项、81项和1131项，共计3261项（含发明专利、外观设计专利、实用新型专利），占总数（8936383项）的0.04%。

第三，论文专著方面。首先，就期刊论文而言，分别以"妇女""女性""男子""男性"为主题词③对中国期刊网（www. cnki. net）全文期刊库的检索显示，自检索期最初年限1949年至2013年11月15日检索日，"妇女"主题下共获论文130176篇。其中，核心期刊为53618篇，占41.19%，SSCI来源期刊论文为9517篇，占7.31%，SCI来源期刊论文108篇，占0.08%。在"女性"主题下共获论文292472篇。其中，核心期刊论文为107327篇，占36.70%，SSCI来源期刊论文为13547篇，占4.63%，SCI来源期刊论文为305篇，占0.10%。"男子"主题下共有论文25969篇，其中，核心期刊论文为10756篇，占41.42%，SSCI来源期刊论文为3937篇，占15.16%，SCI来源期刊论文为30篇，占0.12%。"男性"主题下共有论文239732篇，其中，核心期刊论文为98825篇，占41.22%，SSCI期刊论文为4858篇，占2.03%，SCI来源期刊论文为193篇，占0.08%。四者合计，以"妇女""女性""男子""男性"为主题的论文共计688349篇，其中，核心期刊论文为270526

---

① 《全国妇联、中国妇女研究会第一届妇女研究优秀成果名单》，《妇女研究论丛》2004年第6期。
② 《全国妇联、中国妇女研究会第二届妇女研究优秀成果名单》，《妇女研究论丛》2010年第5期。
③ 因"性别"一词也可用于指涉植物、动物的性别，检索结果需做大量的甄别工作。因出版时间的迫近，本文只以"妇女""女性""男子""男性"这四个人类性别专词作为主题词进行检索，以获取具有代表性的结果，有关妇女/性别研究成果当更多，期待以后进一步的工作。以下亦同。

篇，占 39.3%，SSCI 期刊来源论文为 31859 篇，占 4.63%，SCI 期刊来源论文为 636 篇，占 0.09%。这表明，就总体而言，妇女/社会性别研究的期刊论文具有较高的水平——核心期刊论文占比较高，为近四成，但进入作为人文社会科学和自然科学研究高层次论文发表地的人文社会科学引文索引期刊（SSCI）和自然科学引文索引期刊（SCI）的论文所占比例仍很低：前者不足 3%，后者甚至不足 1%。

从篇数的分布看，以"妇女""女性""男子""男性"为主题的期刊论文从 1949 年至 2013 年 11 月 15 日检索日的分布如表 3 所示。从该表可见，妇女/社会性别研究在 1980 年代以后呈现不断增长的态势，并在 2010 年以后达到新的高度。

表3　以"妇女""女性""男子""男性"为主题的论文年度分布表

单位：篇

年份	篇数				年份	篇数				年份	篇数			
	妇女	女性	男子	男性		妇女	女性	男子	男性		妇女	女性	男子	男性
1949	1	0	1	0	1972	30	37	4	37	1993	2404	6626	507	7457
1950	7	0	1	1	1973	48	85	22	95	1994	3680	7235	767	7680
1951	34	2	8	5	1974	139	207	17	247	1995	4916	8534	777	8674
1852	35	4	8	3	1975	217	299	29	359	1996	4102	8927	724	9274
1953	18	8	6	9	1976	171	354	32	454	1997	3432	7270	646	7280
1954	31	14	12	18	1977	204	406	34	505	1998	3955	8965	670	9118
1955	41	32	18	47	1978	246	640	42	784	1999	3936	9250	702	8935
1956	81	32	20	53	1979	413	801	122	990	2000	3677	6426	680	6244
1957	94	76	25	108	1980	638	1255	195	1517	2001	3608	6504	750	4866
1958	228	142	34	203	1981	817	1615	271	1902	2002	3999	7553	786	5566
1959	275	208	64	303	1982	955	1927	305	2378	2003	4353	8578	1008	6237
1960	250	205	44	289	1983	1019	2067	341	2460	2004	4201	9047	1050	6112
1961	60	107	16	135	1984	1223	2289	353	2797	2005	4879	11521	275	7651
1962	58	141	15	196	1985	1373	2821	421	3532	2006	5467	12346	1218	8487
1963	75	204	15	245	1986	1486	3420	417	4081	2007	5962	14478	1227	9243
1964	94	256	29	371	1987	1777	3730	440	4406	2008	6655	15617	1538	9498
1965	110	345	18	483	1988	1777	4212	473	5094	2009	6920	16557	1410	10104
1966	59	188	3	244	1989	1766	4478	494	5251	2010	7783	18455	1473	11426
1967	1	0	0	0	1990	1852	4636	516	5366	2011	9310	22398	1457	14284

年份	篇数				年份	篇数				年份	篇数			
	妇女	女性	男子	男性		妇女	女性	男子	男性		妇女	女性	男子	男性
1970	4	8	0	3	1991	1989	4781	461	5628	2012	9078	22960	1543	14651
1971	16	11	0	10	1992	2208	5654	534	6374	2013（至11月15日）	5939	15528	901	9962

数据来源："妇女"主题论文数据来源于中国期刊网之中国期刊全文数据库（http：//epub. cnki. net/kns/result. aspx？dbprefix = CJFQ），2013 年 11 月 15 日下载。

"女性"主题论文数据来源于中国期刊网之中国期刊全文数据库（http：//epub. cnki. net/kns/brief/result. aspx？dbprefix = CJFQ），2013 年 11 月 15 日下载。

"男性"主题论文数据来源于中国期刊网之中国期刊全文数据库（http：//epub. cnki. net/kns/brief/result. aspx？dbprefix = CJFQ），2013 年 11 月 15 日下载。

"男子"主题论文数据来源于中国期刊网之中国期刊全文数据库（http：//epub. cnki. net/kns/result. aspx？dbprefix = CJFQ），2013 年 11 月 15 日下载。

其次，就硕博士学位论文而言，以"妇女""女性""男子""男性"为主题词对中国期刊网（www. cnki. net）的硕博士学位论文库的检索显示，自检索期最初年限 1984 年至 2013 年 11 月 17 日检索日，"妇女"主题下共获博士学位论文 1553 篇，硕士学位论文 32072 篇，共计 33625 篇；"女性"主题下共获博士学位论文 4760 篇，硕士学位论文 35492 篇，共计 40252 篇；"男子"主题下获博士学位论文 224 篇，硕士学位论文 50229 篇，共计 50453 篇；"男性"主题下获博士学位论文 3873 篇，硕士学位论文 54323 篇，共计 58196 篇。"妇女""女性""男子""男性"四个主题的硕博士学位论文相加，博士学位论文为 10410 篇，占博士学位论文总数（214673 篇）的 4.85%；硕士学位论文为 172116 篇，占硕士学位论文总数（1815656 篇）的 9.48%；共计 182526 篇，占硕博士学位论文总数（2030329 篇）的 8.99%（见表 4）。① 就总体来说，妇女/社会性别主题的硕博士学位论文在所有硕博士学位论文中的占比均不高，低于 10%。但相比较而言，硕士学位论文中的妇女/社会性别主题论文占比近 10%，高于博士学位论文，差距为 4.63 个百分点。

---

① 硕博士学位论文篇数数据来自中国期刊网的硕博士学位论文库，http：//epub. cnki. net/kns/brief/result. aspx？dbPrefix = CPMD，2013 年 11 月 17 日下载。其中，博士论文数和硕士论文数为检索所得，总数为笔者计算所得。

表4　妇女/性别硕博士学位论文数

单位：篇

主题	博士论文	硕士论文	总计
妇女	1553	32072	33625
女性	4760	35492	40252
男子	224	50229	50453
男性	3873	54323	58196
总计	10410	172116	182526

再次，就著作而言，以中文著作（含译著）为例，在中国国家图书馆数字图书馆（www.nlc.gov.cn）的联机公共目录查询系统之中文文献库（http：//opac.nlc.gov.cn）中，以"妇女""女性""男子""男性"为主题词查询，分别得到6958部（妇女）、15413部（女性）、234部（男子）、2530部（男性）著作，[①]共计25135部，涉及妇女运动、哲学、历史学、文学、教育学、经济学、社会学、政治学、法学、医学、艺术学、人才学、心理学、心理咨询、生活方式、妇女保健、男子保健、性学、宗教学、管理学、体育学、妇女学等诸多领域。

最后，就科研项目而言，在基金资助方面，从中国期刊网（www.cnki.net）中国期刊全文数据库的"基金"分类数据看，在期刊库所定1949年的起始日至2013年11月17日检索日，以"妇女""女性""男子""男性"为主题词分别检索，结果显示，标明基金资助的"妇女"主题的论文为3237篇，"女性"主题的论文为9071篇，"男子"主题的论文为408篇，"男性"主题的论文为7784篇，共计20500篇，占期刊论文总篇数（689288篇）的2.97%。其中，标明基金资助的"妇女"主题论文占"妇女"主题论文总数（130251篇）的2.49%，标明基金资助的"女性"主题论文占"女性"主题论文总数（292777篇）的3.10%——标明基金资助的妇女/女性主题论文（12308篇）在妇女/女性主题论文总数（423028篇）中的总占比为2.91%；标明基金资助的"男子"主题论文占"男子"主题

① http：//opac.nlc.gov.cn，2013年11月17日下载。

论文总数（26973篇）的1.51%，标明基金资助的"男性"主题论文占"男性"主题论文总数（239287篇）的3.25%——标明基金资助的男子/男性主题论文（8192篇）在男子/男性主题论文总数（266260篇）中的总占比为3.08%。① 而两性主题论文相比，妇女/女性主题论文的基金项目占比微低，但差距很小。

就基金类型看，在标明基金资助的相关论文（20464篇）中，国家级基金资助项目论文共13176篇，占64.39%；省级基金资助项目论文共5418篇，占26.43%；部级基金资助项目论文共1095篇，占5.35%；国际基金资助项目论文共775篇，占3.78%。相比之下，一是国家级基金资助占比最大，且为大多数；省级基金资助居二，占比近1/3，两者构成基金资助项目论文的主体；二是来自政府（包括各级政府及相关部门）的资助构成妇女/性别研究资助基金的基本面。具体项目分布参见表5和表6。

表5 以"妇女""女性"为主题词的基金资助论文分布表

单位：篇

基金类型	论文数		基金类型	论文数	
	妇女	女性		妇女	女性
国家基金			**省级及省属部门基金**		
国家自然科学基金	835	2884	广东省医学科研基金	122	246
国家社会科学基金	573	1297	广东省自然科学基金	84	192
国家科技攻关计划	193	491	湖南省社会科学基金	57	182
国家科技支撑计划	223	420	上海市重点学科建设基金	40	180
国家重点基础研究发展计划（973计划）	82	242	湖南省教委科研基金	40	181
国家高科技研究发展计划（863计划）	26	224	上海科技发展基金	31	147
中国博士后科学基金	30	136	广西科学基金	51	115
跨世纪优秀人才培养计划	36	105	北京市自然科学基金	29	108
全国教育科学规划	—	79	浙江省教委科研基金	—	102
小计	1998	5878	江苏省教育厅人文社会科学研究基金	26	95

① 各主题论文数为检索所得，总数及占比为笔者计算所得。

续表

基金类型	论文数		基金类型	论文数	
	妇女	女性		妇女	女性
部级基金			山东省自然科学基金	30	82
高等学校博士学科点专项科研基金	43	139	浙江省医药卫生科研基金	26	82
卫生部科学研究基金	63	99	江苏省自然科学基金	24	80
教育部留学回国人员科研启动基金	37	87	北京市科技计划项目	—	79
卫生部部属（管）医疗机构临床学科重点项目建设专项基金	—	57	辽宁省教育厅高校科研基金	—	78
国家计划生育委员会基金	50	—	云南省自然科学基金	—	75
小计	193	382	吉林省科技发展计划基金	23	72
国际组织基金			陕西省教委基金	—	67
美国中华医学基金	—	138	河南省科技攻关计划	27	64
世界卫生组织基金	70	82	辽宁省科学技术基金	25	—
美国国立卫生研究院基金	—	62	四川省卫生厅科研基金	30	66
联合国儿童基金会	60	—	广东省科技攻关计划	30	61
美国福特基金会	37	—	黑龙江省自然科学基金	21	59
小计	167	282	河南省科委基金	—	64
			湖南省科委基金	—	52
			广东省中医药管理局基金	29	—
			辽宁省医药卫生科研基金	26	—
			山东省卫生厅基金	20	—
			广西壮族自治区科技攻关计划	25	—
			江苏省科委社会发展基金	22	—
			新疆维吾尔自治区自然科学基金	21	
			安徽省教育厅科研基金	20	
			小计	879	2529

总计:3237（妇女）;9071（女性）

数据来源："妇女"主题论文数据来源于中国期刊数据库（http：//epub. cnki. net/kns/brief/result. aspx？dbPrefix = CJFQ），2013 年 11 月 15 日下载。

"女性"主题论文数据来源于中国期刊数据库（http：//epub. cnki. net/kns/result. aspx？dbPrefix = CJFQ），2013 年 11 月 15 日下载。

表6 以"男子""男性"为主题词的基金资助论文分布表

单位：篇

基金类型	论文数		基金类型	篇数	
	男子	男性		男子	男性
国家基金			**省级及省属部门基金**		
国家自然科学基金	93	2860	上海市重点学科建设基金	26	122
国家社会科学基金	47	568	上海科技发展基金	15	161
国家科技攻关计划	32	475	上海市科技攻关计划	12	—
国家科技支撑计划	29	406	湖南省教委科研基金	9	82
国家重点基础研究发展计划（973计划）	4	318	内蒙古自治区自然科学基金	7	—
国家高科技研究发展计划（863计划）	—	285	浙江省教委科研基金	7	60
中国博士后科学基金	10	81	湖北省教委科研基金	7	—
跨世纪优秀人才培养计划		91	广东省自然科学基金	6	221
全国教育科学规划	7	—	湖南省社会科学基金	7	
科技基础性工作专项计划	4		安徽省高等学校青年教师科研资助项目	6	
小计	226	5084	上海市自然科学基金	5	—
部级基金			河北省科技攻关计划	4	
高等学校博士学科点专项科研基金	5	116	湖北省自然科学基金	4	
卫生部科学研究基金	5	111	上海市青年科技启明星计划	3	
教育部留学回国人员科研启动基金	3	88	贵州省科学技术基金	3	
解放军总后勤部卫生部基金	—	125	贵州省优秀科技教育人才省长专项基金	3	
国家体育总局体育科学、软科学研究项目	11	—	四川省科委科研基金	3	
教育部科学技术研究项目	4	52	福建省教委科研基金	3	
小计	28	492	甘肃省自然科学基金	3	
国际组织基金			江苏省教育厅人文社会科学研究基金	3	
美国中华医学发展基金	—	165	河南省科技攻关计划	3	—
世界卫生组织基金	4	74	安徽省教育厅高校科研基金	3	
美国国立卫生研究院基金	—	83	黑龙江省科技攻关计划	2	
小计	4	322	北京市科技计划项目	3	80
			辽宁省教育厅高校科研基金	3	78

基金类型	论文数		基金类型	篇数	
	男子	男性		男子	男性
			广东省医学科研基金	—	265
			北京市自然科学基金	—	102
			广西壮族自治区科学基金	—	90
			江苏省自然科学基金	—	85
			吉林省科技发展计划基金	—	70
			广东省科技攻关计划	—	72
			山东省自然科学基金	—	70
			浙江省医药卫生科研基金	—	70
			云南省自然科学基金	—	64
			湖南省科委基金	—	52
			福建省自然科学基金	—	48
			广东省中医药管理局基金	—	47
			山东省卫生厅基金	—	47
			小计	150	1886

总计:408(男子);7784(男性)

数据来源:"男性"主题论文数据来源:http://epub. cnki. net/kns/brief/result. aspx? dbPrefix = CJFQ,2013 年 11 月 15 日下载。

"男子"主题论文数据来源:http://epub. cnki. net/kns/brief/result. aspx? dbPrefix = CJFQ,2013 年 11 月 15 日下载。

(六)课程建设

据不完全统计,目前国内教授和/或开设过妇女/社会性别学及相关课程的高校为 1000 余所。除原有的在医科类高校开设的医学类课程,如妇科产科课程外,仅从全国性的妇女/社会性别学学科发展网络中填写了授课信息的 153 位个人会员所填写的信息看(参见附录 B27),开设课程的高校(含高职高专)包括重点高校、一般高校、高职院校,综合性高校、理工农医类高校、艺术体育类高校等;开设的课程涵盖妇女学/女性学/社会性别概论、人文社会科学各学科及自然科学中的医学、建筑学、心理学、统计学及管理学等学科门类,通识课和专业课等层次,必修课(全校必修课、专业必修课)、选修课(全校公选课、专业选修课)、讲座(系列讲座、单个讲座)等类型,博士研究生课程、硕士研究生课程、本科生课程、高职高专生课程、培训班课程等层次。

从笔者所掌握的情况看，在妇女/社会性别学及相关学科的课程中，本科生课程、选修课课程占多数；以史学、妇女文学为代表的人文学科课程、以女性/妇女社会学为代表的社会科学学科课程、以妇女学/女性学概论为代表的妇女/社会性别学概论课程及以妇产科、男科为代表的医学类课程四者构成课程主体。选修的学生少则30余人，多则800余人。不少跨学科的课程，如同性恋研究、身体研究、性健康研究、性与性别研究等课程往往能引起学生的极大兴趣，听课的学生不仅有选修者，更有想选修但因名额限制未选修成功者，有时会出现听课学生多到课堂挤不下不得不"移师"会场继续上课的现象。

2006～2010年，妇女/社会性别学学科发展网络共资助了22门妇女/社会性别学及相关学科课程，涉及妇女学、社会性别研究、文学、哲学、史学、社会学、法学、民族学、医学、教育学、体育学、犯罪学、心理学等学科（见附录B28）。其中，厦门大学中文系林丹娅教授的"女性文学"课程将课堂教学与社会行动、校园行动结合在一起，注重学生的参与性、历史的反思性和文化的多样性，创新教学方法，以话剧《美人计》、民族歌舞剧《风语》的创作与演出作为教学的组成部分，为中国的妇女/社会性别课程教学乃至整个教学法的改革提供了一种崭新的思路和经验。

（七）人才培养

第一，在奖励方面。首先，国内目前除女子院校外，只有少数高校将妇女/社会性别学课程作为核心/主流课程，就总体而言，妇女/社会性别学课程较难获得国家级或省部级教学成果奖。鉴于此，妇女/社会性别学学科发展网络分别于2009年和2011年进行了两次全国性的妇女/社会性别学优秀课程评选活动，共有34门课程、36位教师和两个课程组获奖，获奖课程涉及妇女/社会性别学、历史学、社会学、文学/文化研究、思想政治教育、民族学、语言学、法学、美学等人文社会科学学科，体育学学科及医学、心理学等自然科学学科（参见附录B29）。通过大会授奖、经验交流、课程挂网等，这两次评选有效地提升了妇女/社会性别学课程教师的自信心，凝聚了妇女/社会性别学课程的师资力量，促进了妇女/社会性别学课程的建设与发展。

其次，检索显示，教育部评选的全国优秀博士学位论文及提名论文中尚无妇女/社会性别主题的论文。为推动妇女/社会性别学研究，促进妇女/社会性别研究领域青年学者的成长，2010～2013 年，中国妇女研究会进行了四次妇女/性别研究优秀博士、硕士学位论文评选活动，共有 56 篇博士学位论文、61 篇硕士学位论文，共计 117 篇博硕士学位论文获奖（参见附录 B25），涉及哲学、文学、史学、经济、法学、社会学、政治学、教育学、健康研究、民族学、人类学、传媒学等人文社会科学专业及电子显微学等自然科学专业。①

第二，在学位点及专业方向、学生情况方面。如前所述，北京大学经国务院学位办公室批准，于 1998 年率先在社会学硕士专业中设立了女性学硕士研究方向，至 2006 年毕业了 9 届学生；2005 年底，北京大学又在社会学系设立了女性学硕士学位点招收硕士生，女性学正式成为社会学一级学科下的一个二级学科。② 2002 年，中华女子学院成立女性学系。2002～2004 年，与香港中文大学、美国密歇根大学合办"女性学"学士后研究生班，毕业生均获香港中文大学女性学学士后文凭。2006 年初，经教育部批准，本科专业中增设"女性学"专业，中华女子学院招收了第一批女性学本科专业学生，共 31 人。2010 年，首届女性学本科生毕业，均获得女性学学士学位。同年，中华女子学院的女性学专业被教育部列为本科一批次招生专业。至 2012 年，女性学系共招 6 届、237 位学生，毕业 4 届，共 116 位学生。③

至 2008 年上半年，全国已在 30 所大学和研究所设立的 40 多个硕士学位点和 14 个博士学位点中，分别招收妇女/女性和性别研究方向的硕士研究生和博士研究生。这些学位点包括哲学、文学、史学、法学、经济学、管理学、教育学和医学八大学科门类；除北京大学 2006 年设立了女性学专业硕士点外，南京师范大学金陵女子学院于 2007 年设立了女性教育学专业硕士点；厦门大学公共管理学院于 2008 年设立了女性研究专业硕士点。④ 此后，妇女/社会性别学学位教育进一步扩展，设立女性学系和相关硕士专业方向和博士专业方向

---

① 获奖论文目录由全国妇联妇女研究所吴菁提供，特此感谢！
② 魏国英：《我国女性学学科制度建设的进展与问题》，《中国高等教育》2006 年第 4 期。
③ 本资料由中华女子学院女性学系副主任黄河提供，特此感谢！
④ 陈方：《中国女性学领域与学位教育》，《中华女子学院学报》2008 年第 6 期。

的高校、高校中设立的相关硕士专业/博士专业方向不断增加。如，厦门大学公共管理学院的女性社会学博士专业方向、河南大学文学院女性文学博士专业方向、陕西师范大学文学院性别文化与文学批评博士专业方向、中华女子学院女性学系与东北师范大学联合设立的女性社会学硕士专业方向等。继中华女子学院之后，南京大学金陵女子学院于2011年成立女性学系；湖南女子大学也于2011年获教育部批准招收女性学专业本科生，并于2012年招收了首届女性学本科生，成为全国第二所设立女性学本科专业并招生的高校。至2012年，妇女/社会性别专业的硕士点及设有妇女/社会性别专业研究方向的硕士点和博士点共计107个，包括83个硕士学位点/专业方向，24个博士专业方向。[①]

（八）学术声誉和社会贡献

随着妇女/性别研究广泛深入地展开，随着性别平等意识不断主流化，妇女/社会性别研究的社会影响日益扩大，社会贡献不断增长，学术地位也不断提高。

首先，在中国妇女研究会的组织下，2004年和2010年，有关妇女非政府组织和专家分别对中国政府执行联合国《消除对妇女一切形式歧视公约》的情况进行了评估，撰写了《消歧公约》影子报告（《中国妇女非政府组织紫皮书》），并将影子报告提交给联合国消除对妇女一切歧视委员会，作为来自妇女的一种评估和建议。

其次，全国性的综合性组织定期或不定期举办学术研讨会，如，中国妇女研究会每年召开全国性的研讨会，为来自高校、社科院、党校、妇联及其他机构的学者广泛深入地探讨妇女/性别议题搭建了良好的平台。2009年的研讨会作为国际性研讨会，以"全球背景下的性别平等与社会转型：基于全球的、跨国的及各国的现实与视角"为主题，来自中国、美国、澳大利亚、英国等国家的学者共100余人参会，分享研究成果。妇女/社会性别学学科发展网络分别于2009年和2011年召开了全国性的学术研讨会，并在2009年的研讨会上设立了学生论坛。每次均有来自高校、研究机构、妇联的研究者、教师、学

---

① 陈方：《中国女性学学科建设述评》，在"性别平等与高校女性学学科繁荣"学术研讨会上的发言，2012年11月6日，云南民族大学。

生六十余人参会，交流研究成果，分享研究心得；参加"学生论坛"的教师还对学生的参会论文进行了点评。两次研讨会共评选出优秀论文46篇（见附录B30）。

除了全国性的综合性组织外，不少专业性及地区性的学会也定期或不定期举办相关的研讨会/论坛。如，中华医学会妇产科学会及下属学科组中的妇科内分泌学组、妇科内镜学组、妇科病理学组、产科学组、妊娠学组、绝经学组、女性盆底学组等都定期召开全国性的学术研讨会，计划生育学组也于2013年召开了第一次学术研讨会；中国性学会自1994年成立以来，至2013年，除举办年会外，已举办了八次性医学学术研讨会、五届全国青少年性健康教育交流研讨会；中华医学会男科分会、中华中医药学会男科分会等也分别定期召开相关的学术研讨会，从不同角度对妇女/性别相关议题进行讨论，交流科研成果；中国文学学会女性文学分会定期召开中国女性文学研讨会；中国社会学会性别社会学专业委员会自成立后，每年在全国社会学年会上举办"性别论坛"，该论坛目前已成为中国社会学年会的品牌论坛；各省的妇女研究会、妇产科分会、性学会分会、男科分会等也或每年或定期或不定期召开学术研讨会，讨论相关的议题，有的会议还向政府有关部门提出有针对性的政策建议。

再次，在社会学、文学、人口学等学科的全国性学会中，均有以妇女/性别研究者的身份担任理事、常务理事者；在国家社科基金评审专家库和专家组成员中，妇女/性别研究者均占有一定的比例；而在非政府组织，尤其是妇女非政府组织的理事会/董事会等领导层中，从事妇女/性别研究与教学者也为数不少，有的妇女非政府组织，如妇女/社会性别学学科发展网络、社会性别与发展在中国网络（GAD网络）等的领导层成员均为妇女/性别研究/教学/行动者。

又次，《中国妇女报》、《妇女研究论丛》、中国妇女网、中国妇女研究网及许多非政府组织的网站都辟有专栏，定期或不定期发表、介绍、转载妇女/性别研究学术成果，中国知网的期刊全文数据库、硕博士论文数据库、会议论文库等数据库中有关妇女/性别研究的学术论文，也有为数不少的阅读数和下载数，有的阅读率/下载率较高。

最后，1980年代开始，尤其是1995年以后，无论在全国还是地区层面，人大代表和政协委员在人民代表大会和政协会议上提交的有关妇女/性别议题的提案、议案不断增加，质量不断提高，有不少专家的建议经人大代表提出议案，成为国家政策或进入全国人大立法讨论议题。如，王金玲于1986年在全国首次提出的"建立妇女生育基金"的建议，经全国人大代表提出议案，1990年代在全国二百多个市成为政府政策，至今已作为"妇女生育保险"在国家层面成为职工基本社会保障的组成部分；经反家暴网络及相关专家的多年努力，在各地《反对家庭暴力条例》纷纷建立和实施的基础上，国家层面的《反对家庭暴力法》已进入立法讨论过程。

除了人大代表的提案和政协委员的议案外，妇女/性别研究的专家学者们还通过其他各种途径，在各个层面或向政府建言献策，或为政府决策提供有用的基础性资料，在政府制定性别平等的政策、促进妇女发展中发挥了重要的作用。如，在1990年、2000年和2010年，全国妇联与国家统计局联合开展了三次中国妇女社会地位调查，形成了一批有重要价值的数据，并以数据为依据，向党中央、国务院及相关部委提交了调研报告，为相关政策的修改、出台和实施提供了重要依据；2007年，中国妇女研究会"重点针对《物权法》和《促进就业法》的草案，召开专家讨论会，提出既有性别视角，又注重立法技术和可操作性的修改建议，以此为基础在'两会'上提交的提案和议案，得到了全国人大和政府有关部门的重视和采纳"。[①] 全国妇联妇女研究所"课题组结合第三期中国妇女社会地位调查数据，形成有关高层女性人才成长专题报告；以5省市15次不同类型的座谈会和部分典型人员的个案访谈为基础，形成'科技领域女性高层人才成长状况与发展对策'研究报告，为相关政策建议提供了有说服力的参考依据"。[②]

此外，也有许多基于妇女/性别研究的社会行动，如反对拐卖妇女儿童、反对性骚扰、预防艾滋病、妇女热线、妇女反贫困、妇女健康促进等，取得了良好的社会效益，改善了妇女的生存状况，促进了妇女的发展，推进了性别平等。

---

① 顾秀莲：《在中国妇女研究会第三届会员大会上的工作报告》，2010，中国妇女研究网，2013年11月10日下载。
② 中国妇女研究会办公室：《中国妇女研究会2011年工作总结和2012年工作思路》，2011，中国妇女研究网，2013年11月10日下载。

三 结论

以上的评估虽然粗略，但从中仍然可见，就总体而言，在中国，妇女/社会性别学已逐渐摆脱作为传统学科的附属、构件或组成体的身份，转型为一门新兴的学科。这门学科以全面建设新的性别和谐社会为目标，以性别平等、性别公正、性别合作为认识论基础，重视将妇女及其他弱势性别群体的经验提炼、上升为知识并将其纳入主流的知识传承体系，同时进一步建构新的知识论和知识体系；关注社会性别视角和性别平等立场在不同学科领域的渗透和跨学科融合，努力推进行动的知识化和知识的行动化，发展特有的学科性和本土性。今天中国的妇女/社会性别学正不断呈现并强化其独立的学科范畴、领域和体系以及鲜明的学科特征和本土特色，产生了诸多的学科成果和较强的社会效益。

因此可以说，中国的妇女/社会性别学已走过了"前学科"阶段，成为一门真正的、独立的学科，并植根于学科之林，拥有了自己的一席之地。当然，中国的妇女/社会性别学的学科化还有诸多不足，面临诸多挑战，但也正由于诸多不足和挑战的存在，中国的妇女/社会性别学拥有较大的发展空间、较强大的发展潜力和动力，以及较多的发展机会，能够作为一个新兴的、发展中的学科实现更快更好的成长，迈向学科化的新高度。

参考文献

［1］费孝通：《关于社会学的学科、教材建设问题》，《西北民族研究》2001 年第 2 期。

［2］张伟江：《关于高等院校学科建设特点和评估指标的思考》，《上海教育评估研究》2013 年第 1 期。

［3］翁震宇：《学科评估体系中"非文献计量指标"的引入与实践——以"艺术学"门类学科为例》，《中国高等教育评估》2012 年第 3 期。

［4］高艳：《改进的主成分分析方法在学科建设中的应用》，哈尔滨工程大学理学硕士

学位论文，2011，中国知网硕博士学位论文库，2013 年 9 月 5 日下载。

[5] 李娟、李晓旭、程兰芳：《基于科学发展观的新型重点学科评估体系的构建》，《学位与研究生教育》2009 年第 10 期。

[6] 古瑶：《高校学科建设评估指标体系的构建》，《学位与研究生教育》2007 年第 5 期。

[7] 刘小强：《高等教育学学科分析：学科学的视角》，《高等教育研究》2007 年第 7 期。

[8] 胡尊利、李秀兵：《对我国学科建设评价的若干思考》，《陕西师范大学学报》（哲学社会科学版）2007 年第 36 卷专辑。

[9] 谢菊、叶绍梁：《对文科学科评估指标体系的思考和建议——对人文社会科学学科评估可行性的再思考》，《中国高等教育研究》2005 年第 4 期。

[10] 佚名：《2006 年学科评估指标体系》，《中国高教研究》2006 年第 4 期。

[11] 笪可宁、李向辉、高治军：《学科水平的模糊综合评价法及其应用》，《学位与研究生教育》2006 年第 6 期。

[12] 王金玲、王平：《从意识觉醒到社会关照：中国妇女学的发展（1995～2011 年）》，《云南民族大学学报》（哲学社会科学版）2012 年第 6 期。

[13] 王金玲、姜佳将：《妇女/社会性别学课程建设新进展和新经验——"第二届全国妇女/社会性别学课程建设与发展经验研讨会"综述》，《妇女研究论丛》2011 年第 6 期。

[14] 畅引婷：《中国妇女与性别学科的发展演变与本土特征》，《晋阳学刊》2009 年第 1 期。

[15] 罗婷、胡桂香：《改革开放以来中国女子院校妇女/性别学科建设回顾》，《中华女子学院学报》2009 年第 1 期。

[16] 杜芳琴：《三十年回眸：妇女/性别史研究和学科建设在中国大陆的发展》，《山西师范大学学报》（社会科学版）2008 年第 6 期。

[17] 黄河：《女子院校女性学学科建设回顾》，《妇女研究论丛》2008 年第 6 期。

[18] 陈方：《关于中国女性学学科建设的几点思考》，《妇女研究论丛》2006 年第 3 期。

[19] 刘宁、刘晓丽：《从妇女研究到性别研究——李小江教授访谈录》，《晋阳学刊》2007 年第 6 期。

[20] 魏国英：《我国女性学学科制度建设的进展与问题》，《中国高等教育》2006 年第 24 期。

[21] 魏国英：《跨越式发展与本土经验——女性学学科建设的十年回顾》，《妇女研究论丛》2006 年第 1 期。

[22] 刘伯红：《中国妇女研究十年回顾》，《中华女子学院学报》2005 年第 4 期。

[23] 孙晓梅：《中国妇女学学科与课程建设研究综述》，《妇女研究论丛》1999 年第 4 期。

［24］李小江：《妇女研究的缘起、发展及现状——兼谈妇女学学科建设问题》《陕西师范大学学报》（哲学社会科学版）1998年第4期。

［25］姜秀花：《"调门高"与"圈子小"?：中国妇女研究评价》，《妇女研究论丛》1998年第1期。

［26］教育部学位与研究生教育中心：《学科评估工作简介》，《中国研究生》2009年第1期。

［27］谭琳、吴菁、李亚妮：《将妇女/性别研究进一步纳入国家哲学社会科学研究的主流》，《妇女研究论丛》2005年增刊。

妇女/社会性别学的
学科进展

The Disciplinary Development of Women's / Gender Studies

B.2

从意识觉醒到社会关照：中国妇女学的
发展 （1995～2011）*

本文是对自 1995 年北京世妇会以来中国妇女学学术领域发展和
学科建设的回顾。基于对 17 年来妇女学相关学术论文发表情
况，以及高校中妇女学相关课程的设置与教学现状的分析，笔

* 这一学科的英语名称为：women's studies。在中国有 “妇女学” “女性学” 等不同命名。鉴于
“女性学” 的命名有性别本质主义的嫌疑，笔者坚持使用 “妇女学” 的命名。本文曾发表于
《云南民族大学学报》（哲学社会科学版）2012 年第 6 期。

** 王金玲，毕业于杭州大学（今浙江大学）历史系，研究员/教授，现任浙江省社会科学院社会学
所所长、妇女与家庭研究中心主任；中国社会学会副会长；全国妇联妇女/性别研究与培训基地
主任；浙江省社科院社会发展重点学科首席专家；浙江师范大学法政学院教授，女性社会学硕
士生导师。主要从事社会发展、性别社会学和婚姻家庭研究。王平，男，毕业于复旦大学，浙
江社会科学院社会学所副研究员。主要从事社会发展、教育及性别社会学研究。

者评价了中国妇女学的整体发展态势；根据学科发展的重要事件、组织特征、学术地位、课程与教学等因素，检视了妇女学在中国推进知识发展的三个时期，并论述了这三个时期中国妇女学在理论、组织、研究与实践三个维度上的本土化过程与成就。

关键词：

妇女/社会性别学　学科建设　本土化

妇女学是女性主义和妇女解放运动在学术、教育和思想界的成功产物。中国妇女学起步于 20 世纪 80 年代中期，至今已经走过近 30 年的曲折发展历程。回顾历史，中国妇女学的发展始终受到两方面作用力的推动和影响：一方面，发端于 20 世纪 60 年代后期的西方妇女学通过学术交流和项目支持等方式，不断向中国妇女学界引介各种相对成熟的概念、方法和课程体系；另一方面，本土的学者、教师、学生也在中国社会转型的宏大背景下，深入剖析中国妇女生存发展的现实问题和存续于文化、历史和制度中的性别偏见，为形成跨学科的妇女学本土知识和方法体系贡献力量。

经过初期的探索与积淀，尤其在 1995 年在北京召开的第四次世界妇女大会的推动下，17 年来中国妇女学有了突破性的发展，不仅诞生了一大批研究更为深入、理论更趋成熟、方法更为适用的学术成果，原先分别发轫于社会学、政治学、文学和历史学等学科的女性主义研究也逐渐通过融合借鉴，形成了突破原有学科藩篱的综合性的妇女学学科体系。中国妇女学正在以前所未有的态势获得学界同人和社会大众的认可，在学术、教育及社会领域发挥着推动性别平等、促进社会正义的作用。中国妇女学已从社会性别意识与女性主义理论的最初觉醒，转型为集多学科领域为一体，从社会性别和女性主义视角关照社会各方面的综合性学科。

一　整体发展态势

在发展的早期，学者们已经认识到妇女学是一门综合性很强的新兴学科，跨学科、多学科研究是其最典型的特点。[①] 与海外妇女学学科发展进程相似，中国的妇女学学科发展也是在女性主义社会学、政治学、史学和文学四个领域孤立地进行的。促成不同学科进行交流与合作的主要动因，是对妇女现实问题的共同关注，以及学术和社会行动领域的联盟。而随着妇女学学科理论日臻成熟完善，以及研究者们对女性主义方法论的反思，妇女学研究逐渐成长为一门以女性主义为价值立场，以推动普遍性的性别平等为理念，以全社会为研究对象的相对独立的学科领域。[②]

根据青井和夫对社会科学学科分类的矩阵划分，[③] 可以说，中国妇女学已从以特殊性的妇女问题为研究对象"纵向划分"的学科，逐渐转变为以社会性别与女性主义为主要理论视角，反思和批判各类性别不平等观念和现象，力图全面构建性别平等社会的"横向划分"的学科。这一转变不仅使妇女学研究跳出了一定程度上由男子主导的"旧"认知模式和知识框架，而且使妇女学的研究范畴在本质上得到了解放。受到妇女学相关理论和研究范式的浸润和影响，社会科学领域、乃至于部分自然科学领域的研究者开始在更广泛的学科空间中进行妇女学或与妇女学相关的研究。

以下，本文将以中国期刊网（www. cnki. net）中国期刊全文数据库为主要索引来源，分析1995～2011年妇女学及其分支领域研究论文的数量、内容，以及妇女/社会性别学学科发展网络（http：//www. chinagender. org）统计的关于各大专院校开设妇女学相关课程的数据，借以说明17年来中国妇女学研究发展的态势。

（一）论文的数量与内容构成

笔者在1995～2011年的中国期刊全文数据库中，以或然逻辑选择了"妇女学""女性学""妇女研究""女性研究""社会性别""女性主义"等6个妇

---

① 陶铁柱、谭深：《男女同步时代的理论探究——"妇女学学科建设座谈会"综述》，《社会学研究》1987年第6期；李敏：《谈谈妇女学》，《社会》1984年第3期；孙晓梅：《中国的妇女学研究》，《中华女子学院学报》1996年第2期。

② 王金玲：《社会学视野下的女性研究：十五年来的建构与发展》，《社会学研究》2000年第1期。

③ 青井和夫：《社会学原理》，华夏出版社，2002，第8页。

女学核心研究术语作为关键词,在社会科学和人文艺术学科大类中检索到论文共计 14339 篇,其中核心期刊 4136 篇。就总体而言,妇女学研究相关论文中核心期刊登载数所占比例为社会科学类、人文艺术类学科论文核心期刊登载数平均比例的两倍多(28.84%∶13.27%),可见,发表论文的学术水平整体较高。

在总体数量上,随着妇女学相关理论和研究范式在各学科领域中的影响日益扩大,妇女学研究相关论文的发表数量呈现较快增长态势(如图 1)。1995~2011 年,妇女学相关论文在全部期刊中的发表数量增加了 13 倍多,在核心期刊中的数量增加了 7 倍多。

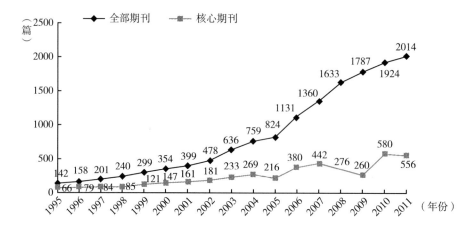

图1 社会科学及人文艺术学科中妇女学相关论文发表情况(1995~2011 年)

从论文主题分布的领域来看,妇女文学、妇女社会学、妇女政治学、妇女教育学和妇女史学在已发表的论文中占有较大比例。根据中国期刊网按中图分类法划分的论文所属领域,1995~2011 年妇女学相关论文在全部期刊中的分布结构如图 2 所示。其中,妇女文学之所以在各类论文中占有近半的比例,一方面是因为女性主义运动在文学和艺术领域已成为不可忽视的力量,另一方面是因为文学研究具有更为灵活广泛的研究面向和研究素材,可以比较便捷地将其他领域妇女研究的理论和学术成果运用于本领域的研究之中。而由于妇女研究的两大传统核心领域——"妇女问题"和"妇女运动"分别归属于妇女社会学与妇女政治学的研究范畴,因此,在社会学和政治学领域与妇女学相关的论文的发表数量也相对较多。此外,在自然科学中以生态女性主义和女性主义空间设计为代表的新兴研究领域在 17 年间也出现了数十篇高水平的论文，这标志着女性主义科学哲学已经逐渐超越初期在科学哲学和科学史范畴内的理论研究，进入更为广泛的自然科学研究领域，为中国妇女学研究开拓了全新的研究面向和研究范式。

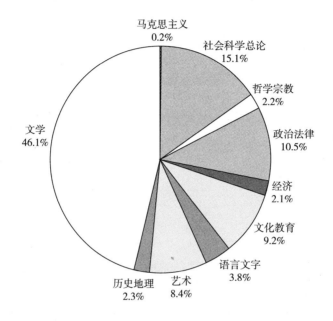

图 2 妇女学研究相关论文的分布结构（1995～2011 年）

从论文研究的议题来看，相关论文侧重于三大类与妇女发展紧密相关的议题。第一类主要关注妇女在社会生活各个领域所遭遇的基于性别身份的特殊问题，涉及经济、教育、健康、参政议政等各方面；第二类主要关注弱势妇女群体的特殊问题，包括女童、老年妇女、少数民族妇女和贫困妇女群体的发展等内容；第三类主要关注制度、组织和学科方面与妇女发展相关的普遍性议题，包括从体制机制着手提升妇女地位，促进妇女组织发展和妇女学学科建设等。以'95世妇会《北京行动纲领》所划分的 12 个关键领域为基础，并考查中国妇女生存发展和妇女运动的实际状况，笔者将妇女学研究划分为以下 16 个议题，[①] 以此

---

① 王金玲：《从边缘走向主流：女性/性别社会学的发展（2001～2005）》，《浙江学刊》2006 年第 6 期。

对 1995～2011 年核心期刊上刊登的妇女学相关论文进行进一步分析（见表 1）。

表 1　核心期刊中妇女学相关论文的研究议题（1995～2011 年）

研究议题	关键词	论文数量	近 5 年数量
（1）妇女与经济（包括就业）	"经济""就业""劳动力市场"	153	80
（2）妇女与文化（包括传媒和宗教）	"媒介""媒体""宗教"	108	53
（3）妇女与环境	"环境""可持续发展"	106	59
（4）妇女与教育/培训	"教育""培训"	285	164
（5）妇女与健康	"保健""生殖""健康"	80	23
（6）妇女与参政	"政治""决策""参政"	212	111
（7）婚姻与家庭	"婚姻""家庭"	238	135
（8）妇女与法律/权利	"权利""人权""法律"	105	73
（9）反对针对妇女的暴力	"暴力"	58	32
（10）女童	"儿童""女童"	27	7
（11）老年妇女	"老年""老龄""养老"	14	10
（12）民族/族裔妇女	"少数民族"	43	21
（13）妇女与贫困	"贫困"	20	6
（14）提高妇女地位的机制	"地位""机制""主流化"	236	158
（15）妇女组织与工作	"组织""妇联"	61	31
（16）妇女学学科建设	"学科建设""课程体系"	79	34

　　通过上述统计发现，核心期刊中妇女学相关论文的议题主要集中在妇女生存与发展所面临的障碍和问题方面。妇女的劳动权、健康权、受教育权、参政权、免遭暴力侵害和婚姻家庭幸福等与妇女生存发展紧密相关的权益仍是妇女学研究和倡导的重点。但与中国妇女学发展早期有关妇女权益问题的研究有很大不同，近 5 年来的妇女学研究不仅数量有显著增长，更重要的是能够更加熟练和具有反思性地使用社会性别和女性主义的相关理论与方法，而不是"不由自主地回到传统的性别认知与文化中去"。[①] 这也展现了中国妇女学的研究者们在经历了意识觉醒后，能够更加自信和成熟地反思和关照妇女发展的现实问题。

---

① 杜芳琴：《妇女学在中国高校：研究、课程和机制》，《云南民族大学学报》（哲学社会科学版）2006 年第 5 期。

（二）高校妇女学相关课程设置与教学

作为妇女学学科建设的重要方面，妇女学相关课程在高校中的设立与发展不仅标志着妇女学在知识和教育领域的影响日益扩大，更是为学科发展提供了知识传承的机制保障和薪火相传的人力资源保障。在学科发展的早期，中国只有北大社会学系、中华女子学院等少数高校开设了妇女学、女性学相关课程，而且存在课程地位低、内容混杂、师资力量分散等问题。① 2000 年以后，随着海内外中国妇女学学者的共同努力以及福特基金等国内外机构的项目支持，妇女学及相关课程的课程建设在高校中有了长足的发展，课程地位日益提升，教学内容日益规范，学科内交流日益频繁，学科资源日益丰富。

根据妇女/社会性别学学科发展网络提供的相关资料，目前中国妇女学课程的设置与教学呈现以下新特征。

第一，妇女学的主干课程框架已初步成形，并逐步向相关领域发展，形成交叉学科课程。以妇女/女性学概论、妇女/女性学理论、女性主义研究方法、社会性别基础知识、性别社会学、女性心理学、妇女社会工作、性别问题专题等为主干，妇女学课程已初步建构起相关的课程框架，能够为本、硕、博各层次的专业教学提供系统的概念体系、理论框架和研究方法。在此基础上，妇女学的一些核心思想和理论已经被引入美学、史学、犯罪学、法学、文学、语言学、少数民族研究、医学、建筑学等学科，一些高校开设了相应的妇女学课程。

第二，妇女学本土教材的编写工作与国外专著的翻译引进齐头并进，成果斐然。在海内外中国妇女学学者的不懈努力下，17 年来本土教材的编写工作得到充分重视，诞生了一大批适应中国现实、具有理论深度的妇女学教材和著作。② 同时，国外妇女学、女性主义和社会性别研究领域中的相当多的研究著

---

① 孙晓梅：《中国妇女学学科与课程建设研究综述》，《妇女研究论丛》1999 年第 4 期。

② 魏国英：《女性学概论》，北京大学出版社，2000；韩贺南、张健：《女性学导论》，教育科学出版社，2004；王金玲主编《女性社会学》，社会科学文献出版社，2005；杜芳琴：《妇女与社会性别研究在中国（1987～2003）》，天津人民出版社，2003；骆晓戈：《女性学》，湖南大学出版社，2009。

作近 17 年来也被大量翻译出版，增进了中国学者对海外妇女学理论方法的了解和掌握，为基于本土立场的女性主义反思和发展提供了平台。①

第三，妇女学的师资力量大大加强，妇女学教学培训与交流活动不断增加。近十余年来，随着妇女学及其相关学科在国内的快速发展，一方面，一大批接受过系统训练的，具有硕士、博士学历的青年教师进入妇女学的课程教学中，高校中妇女学课程的师资力量得到充实和提高。另一方面，在相关机构和基金会的支持下，各类针对教师的在职培训和交流研讨活动大量增加，对提高教师的理论和教学水平，交流教学中的经验与体会起到了重要作用。②

第四，妇女学课程的教学过程与方法得到了更为充分的反思，教学水平显著提高。作为一门具有强烈批判性和反思性的学科，妇女学很早就开始探索如何将女性主义视角融入课程教学之中。③ 经过多年的教学实践，越来越多的本土授课者开始采取小组讨论、多媒体观摩、平等分享和回应等方式增加课程教学中的师生互动，鼓励学生对社会现象展开独立反思。在妇女学相关课程的教学中，教师不再是教学的唯一中心，学生被最大程度地调动起来分享自己独特的体验和思考。通过对教学过程与方法的改进，学生的社会性别意识得到增强，学会将妇女学的理论视角运用于现实关照之中。

当然，作为一门处于不断发展与完善过程中的学科，当前高校妇女学的相关课程设置与教学仍然存在不少问题。首先，自 2006 年教育部将妇女学列入本科专业以来，到 2011 年底国内仅有中华女子学院开设了本科阶段的女性学专业。其他学校的妇女学相关本科课程一般都是作为社会学、社会工作等学科的选修课程。由于缺乏相应的独立专业，教师的专业性和课程的系统性无法得到体制机制的保障。其次，课程设置仍存在界限不清晰的问题。学校经常不加

① 王金玲：《2000～2007：妇女/性别社会学的西学东渐之路》，《山西师大学报》（社会科学版）2008 年第 6 期。
② 蔡虹：《"妇女/社会性别学学科发展网络全国第一届学术研讨会"综述》，《妇女研究论丛》2009 年第 3 期；王金玲、姜佳将：《妇女/社会性别学课程建设新进展和新经验——"第二届全国妇女/社会性别学课程建设与发展经验研讨会"综述》，《妇女研究论丛》2011 年第 7 期。
③ Susan C. Jarratt. Feminist Pedagogy. in *A Guide to Composition Pedagogies*. Gary Tate et al. (eds). New York：Oxford University Press, 2001.

分辨地将以妇女和妇女问题为研究对象的课程统统归为妇女学课程，忽视了妇女学对社会性别平等的本质追求。[1] 在不少高校和项目培训中，仍有一些打着妇女学旗帜，实际宣扬传统性别观念，延续性别不平等思想的课程。但随着妇女学学科发展的持续深入，尤其是在机制建设、组织建设和人才建设等方面工作的推进，高校妇女学相关课程必将在未来有更长足的发展。

二　发展历程与阶段

尽管中国妇女学起步于 20 世纪 80 年代中期，但 1995 年世界妇女大会的召开对中国妇女学发展的影响无疑是极其深远的。学者们通常将 1995 年以前看作中国妇女学发展的"第一个时期"，而将 1995 年以后看作"新的发展阶段"。整体而论，1995 年以前尽管在妇联和部分大学的推动下建立了一批"妇女学会""妇女研究中心"，但是妇女学研究经常缠绕于社会转型过程中出现的各种"现实问题"，以及反驳部分男性知识分子企图维系传统社会性别关系的种种论调，[2] 缺乏对社会性别和女性主义理论的深入理解。在中国妇女学的指导理论方面，'95 世妇会召开以前，妇女组织和部分研究者倾向于将西方女性主义理论看作对马克思主义妇女理论的一种潜在威胁；[3] 加之当时中国妇女学学者与海外同行的交流非常有限，社会性别理论和方法的引入始终面临很大障碍。因此，本研究以 1995 年联合国第四次世界妇女大会召开为起点，着重探索 17 年来中国妇女学的发展历程与阶段。

（一）发展的准备期（1995～1999）

1995 年北京世妇会的召开，对中国妇女学的发展具有多重促进作用，其中以下四个方面的变化对后来的学科发展产生了深远影响。

---

① 魏国英：《跨越式发展与本土经验——女性学学科建设的十年回顾》，《妇女研究论丛》2006 年第 1 期。

② 王政：《浅议社会性别学在中国的发展》，《社会学研究》2001 年第 5 期。

③ 周颜玲、仇乃华、王金玲：《前景与挑战：当代中国的妇女学与妇女/性别社会学》，《浙江学刊》2008 年第 4 期。

一是在组织体系方面，妇女学研究机构的重心由集中于妇联系统转变为集中于高校、社科院等学术系统。① 在 1995 年北京世妇会召开之前，为了有更多独立的民间机构和学术组织代表中国妇女参加北京世妇会，高校中掀起了建立妇女研究中心的高潮。在 1993 年 9 月至 1995 年 5 月不到两年的时间内，高校妇女研究中心从原来的 5 个增加到 18 个。而随着妇女学的发展，到 2000 年以前又增加到 31 个。② 这一变化的后果之一是使妇女学能够超越单纯以"妇女问题"为取向的研究模式，转而以研究与行动、理论与实践并行的模式推动学科演进。

二是在国际交流方面，中国妇女学与世界妇女研究的互动更加频繁，逐渐参与到妇女发展的世界性讨论中。1995 年，来自 189 个国家和地区的代表、联合国系统各组织和专门机构，以及有关政府和非政府组织的代表参与了世妇会。在会议中，中国妇女组织和学者与众多海外妇女研究领域的机构和专家建立了联系。会议结束后，联合国妇女署、相关国际基金会和妇女非政府组织均保持和发展了与中国妇女研究机构和学者的合作关系。国内众多妇女发展和社会性别相关项目在'95 世妇会后得到了国外机构的资金和专业技术支持，一些旅居海外的中国妇女学学者与国内学者、专家建立了合作关系，共同推动妇女学在中国的发展。③ 这一变化不仅使中国妇女学的发展获得了更多资源，也促使中国妇女学研究的议题逐渐融入世界范围的妇女与社会性别运动中。

三是在实践行动方面，不仅各级妇联组织的工作领域有了进一步拓展，一些为妇女服务的公益性妇女非政府组织（NGO）在北京世妇会后也有了实质性发展。从多个方面来看，北京世妇会对于推动非政府组织在中国的发展都具有里程碑意义。④ 如北京红枫妇女心理咨询服务中心、原北京大学妇女法律研

① 仪嫄：《当代中国妇女研究组织初探》，《妇女研究论丛》2000 年第 2 期。

② 〔美〕周颜玲、〔美〕仉乃华、王金玲：《前景与挑战：当代中国的妇女学与妇女/性别社会学》，范晓光译，《浙江学刊》2008 年第 4 期。

③ Xiaolan Bao and Xu Wu, Feminist Collaboration between Diaspora and China, in *Chinese Women Organizing*: *Cadres*, *Feminists*, *Muslims*, *Queers*. Pingchun Hsiung et al. (eds). New York：Berg, 2001.

④ 邓国胜：《1995 年以来中国 NGO 的变化与发展趋势》，载范丽珠主编《全球化下的社会变迁与非政府组织 NGO》，上海人民出版社，2003。

究与服务中心、中国妇女传媒监测网络等知名妇女 NGO 都是在此前后成立的。另外，在北京世妇会的推动下，全国妇联和各级妇联组织在保护妇女权益方面也进一步开展了多维度的活动。例如在预防家庭暴力和救助家庭暴力受害妇女方面，全国妇联及其各分支机构在北京世妇会前后组织了大量的宣传倡导工作。① 2000 年，由十多个妇女 NGO 和多领域研究机构的专家、学者及活动家们共同酝酿，并经过两年讨论和筹备的"中国法学会反对针对妇女的家庭暴力对策研究与干预"项目正式启动。妇女学高度强调理论与实践的统一。在这一时期，实践领域中各种妇女组织与运动的发展极大拓宽了妇女学的社会关照范畴，也为妇女学的本土化发展提供了沃土。

四是在指导思想方面，主要来源于西方的社会性别和女性主义思想逐渐被中国学者所接受。随着中国学者与国际学界接触更加频繁，尤其是北京世妇会文件中明确使用了社会性别的理念，提出了社会性别平等的相关政策，中国政府和妇联组织逐渐接受了国际性别平等中的相关概念和理论。② 随着《西方女性主义研究评价》《妇女：最漫长的革命——当代西方女权主义理论精选》《社会性别研究选译》③ 等海外女性主义论著的引入，中国妇女学学者对西方社会性别和女性主义理论有了更多了解，并将其应用于中国妇女学研究中。这一变化使西方女性主义和社会性别理论与马克思主义妇女观共同构成了中国妇女学的理论基础，④ 使学科和理论的本土化发展打破了原有的意识形态桎梏。

1995 年北京世妇会带来的这些变化不但对妇女学的总体发展产生了深远影响，而且推进了妇女文学、妇女史学、妇女社会学、妇女教育学、妇女政治学、妇女法学等一系列与妇女学紧密相关的分支领域的重大进展，学科领域中

① Joan Kaufman. The Global Women's Movement and Chinese Women's Rights, *Journal of Contemporary China*, 2012, 21（76）: 585 –602.
② 〔美〕周颜玲、〔美〕仉乃华、王金玲：《前景与挑战：当代中国的妇女学与妇女/性别社会学》，范晓光译，《浙江学刊》2008 年第 4 期。
③ 鲍晓兰：《西方女性主义研究评价》，生活·读书·新知三联书店，1995；李银河主编《妇女：最漫长的革命——当代西方女权主义理论精选》，生活·读书·新知三联书店，1997；王政、杜芳琴主编《社会性别研究选译》，生活·读书·新知三联书店，1998。
④ 许鸿翔、周敏：《关于建设中国妇女学的理论思考》，《大连大学学报》2000 年第 1 期。

的妇女性别意识启蒙开始向妇女性别意识觉醒转变。

在妇女文学领域，尽管20世纪80年代曾经兴起过第一次女性文学创作高潮，但当时的女性文学主要被夹杂在对宏大叙事的解构以及对传统父权制社会结构的"发现"与批判之中，① 并未形成独特的表述体系和话语方式。而20世纪90年代中期前后西方女性主义理论的引入，以及本土学者的积极反思和回应，构成了中国妇女文学和妇女文学批评的第二次高潮。在妇女文学创作中，作品的关注点扩散到社会文化的"公共领域"之中，一批由女作家引领的"个人化写作"成了主流意识形态话语趋于分化后的另一个"中心"，进一步体现了妇女自我的权利要求。② 在妇女文学批评中，国内评论界对西方女性主义文学批评的理解进一步深化，发现并重构了从方法论向审美体系演进的妇女文学批评话语体系。③

同一时期，在妇女史学和妇女社会学领域，社会性别概念的引进也为学科内部完成从"问题"向"视野"，从"妇女"向"性别"的转向奠定了基础。妇女史学研究除了在专门史、通史和断代史领域增加了与妇女相关的内容外，更重要的是将新理念、视角和方法运用于历史写作，并促使社会性别史研究与学科建设进入自觉阶段。④ 而妇女社会学相关学者在完成大量与妇女议题相关研究成果的基础上，开始逐渐认识到将女性作为研究主体以及在方法论方面创新的必要性，努力将其发展成为一门具有自己独特体系的分支学科。⑤

总的来看，在1995年北京世妇会后的5年时间里，中国妇女学在组织、理论与机制等方面完成了基础准备。尽管伴随着快速市场化和社会转型，妇女学与妇女研究的发展并非一帆风顺，但第一代中国妇女学学者已经在各领域中崭露头角，在对自身学科的定位、价值和方法有了重新检视之后，更加自信地迈上了本土化发展之路。

---

① 贺桂梅：《当代女性文学批评的一个历史轮廓》，《解放军艺术学院学报》2009年第2期。
② 李小江：《背负着传统的反抗——新时期妇女文学创作中的权利要求》，《浙江学刊》1996年第3期。
③ 王春荣：《现代女性文学批评的独特价值及审美衍进》，《辽宁大学学报》1999年第3期。
④ 杜芳琴：《三十年回眸：妇女/性别史研究和学科建设在中国大陆的发展》，《山西师大学报》（社会科学版）2008年第6期。
⑤ 王金玲：《学科化视野中的中国女性社会学》，《浙江学刊》2000年第1期。

（二）发展的起飞期（2000～2005）

进入 21 世纪以后，中国妇女学学科发展步入了起飞期。虽然在前一时期中国妇女学借着北京世妇会的"东风"取得了长足的发展，但是学科地位整体上仍处于边缘，学科发展的持续动力并不充足，[①] 在 20 世纪末也曾经一度出现"调门高"与"圈子小"的尴尬状况。[②] 一些妇女学学者对这种现象进行了理性分析后指出中国妇女学发展处于新困境，即"二度边缘化问题"。李小江将这一问题概括为"五多一小四少"：国际交往多，国内学界影响小；校外项目多，校内相关课程少；参与社会活动多，自身学科领域活动少；资金导向性课题多，自律性研究课题少；项目报告多，持续深入研究少。[③] 这些问题反映了世纪之交的中国妇女学在学科发展和高校课程建设方面仍然存在极大不足。

进入 21 世纪后，学科建设与发展的第一个契机是高校课程设置改革。高校课程设置原来由校教务处决定，院系和教师的自主性较小。自 20 世纪 90 年代中后期开始，随着高校教育制度改革步伐加快，院系和教师在课程开设中的自主性大幅提高。在此背景下，学生对于性别知识的需求以及教师开设新课程的积极性共同促成了妇女学相关课程在高校中的快速增长：首先，自 20 世纪 80 年代社会转型以来，学生面临的性别问题和性别挑战日益增多，学习相关知识和理论的需求十分强烈；其次，新课程的开设已成为高校教师，尤其是青年教师自身学术能力成长、教学影响力扩大、自我学术－教育竞争力增强的一大重要途径。师生需求的相遇，使妇女学及相关学科课程的开设成为必然。不少高校以妇女研究中心为主力和推手，纷纷加大对妇女/社会性别学课程建设的力度，推出一批专业课程或公共选修课，扩大了妇女学在高校教学中的生存空间。

学科建设与发展的第二个契机来自全国妇联和教育部的关注和重视。在 1999 年初，全国已有 30 余所高等院校建有妇女研究中心，但在很长一段时间

---

① 刘伯红：《中国妇女研究十年回顾》，《中华女子学院学报》2005 年第 4 期。

② 姜秀花：《"调门高"与"圈子小"？：中国妇女研究评价》，《妇女研究论丛》1998 年第 1 期。

③ 李小江：《全球化背景下中国妇女研究与国际发展项目——兼谈本土资源和"本土化"问题》，《云南民族大学学报》（哲学社会科学版）2005 年第 1 期。

内，高校妇女研究中心多以问题、决策研究和行动为主，很少从事学术、学科和课程方面的教学和建设工作。① 这一问题引起了学术界和领导层的高度重视。1999 年，时任全国人大常委会副委员长、全国妇联主席的彭珮云在"中国妇女 50 年理论研讨会"的讲话中高度强调在高校开展妇女学学科建设的重要性。② 此后，高等教育主管部门以及高校课程规划机构也开始对建设妇女学学科、开设妇女/社会性别学课程展开研究，积极推动。到 2005 年，全国约 35 所院校先后开设了妇女学、女性学和妇女研究的相关课程。③

学科建设与发展的第三个契机来源于 1999 年起美国福特基金会对中国妇女学教育项目的推进。其中"发展中国大陆的妇女/社会性别学学科建设"项目选择妇女史学、妇女社会学和妇女教育学作为重点突破方向，资助与妇女学学科建设相关的课题研究，坚持社会性别的视角，全面推动教材建设和师资培养。④ 据统计，2000 年至 2006 年 4 月美国福特基金会在中国共资助妇女学课题 22 项，⑤ 极大地推动了中国妇女学的学术研究与学科建设。

这一时期所进行的大量学科建设工作，对中国妇女学走上学科化、系统化的发展道路有三方面的重要价值。首先，通过学术会议、专题培训和课程研讨等方式在全国集结了妇女学研究和教学骨干近百名，开设妇女学课程上百门，出版著作和教材近 30 种，⑥ 为妇女学在高校中的常态化运作奠定了坚实基础。其次，通过对核心理论和方法的本土化与创新，在学理上提升了妇女学研究成果的学术价值，扩大了本学科在学术界的影响。最后，通过专业课和公共课的开设，在高校中吸引更多青年教师和学生进入妇女学研究领域，为学科发展积

---

① 杜芳琴：《"运命"与"使命"：高校妇女研究中心的历程和前景》，《浙江学刊》2000 年第 3 期。
② 彭珮云：《加强妇女理论研究推动妇女发展》，载孙晓梅主编《中国妇女学学科与课程建设的理论探讨》，中国妇女出版社，2001。
③ 魏国英：《跨越式发展与本土经验——女性学学科建设的十年回顾》，《妇女研究论丛》2006 年第 1 期。
④ 王金玲：《性别与社会研究的新进展》，《山西师大学报》（社会科学版）2005 年第 4 期。
⑤ 杜芳琴：《妇女学在中国高校：研究、课程和机制》，《云南民族大学学报》（哲学社会科学版）2006 年第 5 期。
⑥ 杜芳琴：《妇女学在中国高校：研究、课程和机制》，《云南民族大学学报》（哲学社会科学版）2006 年第 5 期。

累了后备人才资源。尤其在妇女社会学和妇女史学领域，这一时期，学者们对研究方法和范式进行了更为深入的反思，出现了一批具有理论深度和社会关照的优秀成果。其中，由女性社会学家对本学科方法论所展开的一系列讨论对妇女学成为一门具有方法自觉性的学科有显著的助力作用。[①] 而口述史研究在妇女史学中的推广与应用也推动了妇女学在史学领域发挥学科特色。[②]

（三）加速成长期（2006～）

伴随着社会性别意识觉醒与学科初具雏形，中国的妇女学自 2006 年以后开始步入高速成长期，不仅学术成果的数量与质量加速提升，而且学科发展开始进入制度化、网络化和体系化发展阶段。其中，2006 年是中国妇女学发展的标志性一年。其标志之一是 2006 年度国家社科基金项目在课题指南中有 10 个学科领域明确列入了 12 个直接与妇女/性别研究相关的选题方向；最终立项资助课题中，有 17 项与妇女/性别研究直接相关，涉及社会学、人口学、法学、中国历史、中国文学、马克思主义·科学社会主义和应用经济 7 个学科，较 2005 年增加了 12 个课题，是中国妇女学进入社会科学研究主流，实现体系化发展的先声。标志之二是 2006 年 8 月 17 日全国性的妇女/社会性别学学科发展网络建立，为妇女学研究实现多学科、跨学科发展，跨国、跨地区的交流和促进提供了平台，[③] 展现出妇女学网络化发展的态势。标示之三是 2007 年 9 月 "中国社会学学会性别社会学专业委员会" 正式成立，它标志着作为妇女学重要领域之一的女性社会学已经进入主流社会学界，迈出了主流社会科学界从制度上确立中国妇女学学科地位的重要一步。[④]

新时期中国妇女学的发展主要呈现出三个方面的特点。第一，妇女学在学

---

① 吴小英：《女性主义社会研究述评》，《国外社会科学》2000 年第 2 期；吴小英：《当知识遭遇性别——女性主义方法论之争》，《社会学研究》2003 年第 1 期；张宛丽：《女性主义社会学方法论探析》，《浙江学刊》2003 年第 1 期。

② 如佟新：《异化与抗争：中国女工工作史研究》，中国社会科学出版社，2003。

③ 王金玲：《序》，载郑丹丹：《女性主义研究方法解析》，社会科学文献出版社，2011；石彤：《中国女性社会学学科化本土知识建构的历程》，《云南民族大学学报》（哲学社会科学版）2010 年第 6 期。

④ 佟新：《30 年中国女性/性别社会学研究》，《妇女研究论丛》2006 年第 1 期。

术界的影响进一步增强，学科地位得到巩固和加强。在 2006～2011 年的 6 年时间中，中国妇女学取得了前所未有的丰硕成果。公开发表的论文、专著数量较前一个时期增加了一倍以上。除了在本学科内部，越来越多社会学、人口学、法学和历史学等相关学科的学者和学生也开始接纳和使用社会性别理论，以社会性别和女性主义的视角关照社会的方方面面。学科内部的交流、培训和课程建设机制得到进一步强化。在社会科学界，妇女学的学科地位也在不断提升。《国家社会科学基金项目 2011 年度课题指南》中有 11 个学科领域明确列入了 33 个直接或间接与妇女/性别研究相关的选题方向；在获得立项资助的课题中，与妇女/性别研究相关的课题有 33 项，资助资金约 505 万元，有力地支持了全国妇女/性别研究的开展。①

第二，妇女学在坚持以社会性别为基本研究视野和理论出发点的基础上，进一步注入阶层、民族、性取向等诸多内容，形成多重、交叉视角，开始更多地从本土立场出发发掘学科的内在价值。性别平等是妇女学一直以来追求的核心价值，然而社会的不平等并不仅限于性别，社会性别只是分析解决社会问题、进行学术研究的多种视角中的一种。20 世纪六七十年代西方女性主义第二次高潮的出现也正是与民权运动反对种族歧视互为助力的结果。② 进入加速成长期后，中国的妇女学学者们不仅持续关注性别议题，更将研究视角延伸到其他有关社会平等的领域中，尤其关注遭受多重不平等对待的妇女，如贫困妇女、性服务妇女、女同性恋者、单亲母亲、打工妇女等。③ 妇女学在这些新领域的延伸，有效地推进了学科自身打破精英化、中产阶层化的限制，在更贴近社会发展脉动的多维面向中凝集和提炼出本土的经验和知识。

第三，妇女学的学科知识与推动性别平等行动的联系更加紧密，在合作中寻找双赢的契机，推进了妇女学领域的"知识行动化"和"行动知识化"。在妇女学发展的早期，学科理论和方法的本土化发展相对有限，缺乏对现实问题

---

① 全国妇联妇女研究所编《2011 年度国家社会科学基金评审结果公布 33 项与妇女/性别研究相关课题获批立项》，《研究信息简报》2011 年第 4 期。
② Marilyn J. Boxer. For and about Women: The Theory and Practice of Women's Studies in the United States, *Feminist Theory*, 1982, 3 (7): 661 - 695.
③ 如潘毅：《中国女工：新兴打工者主体的形成》，九州出版社，2011；陈亚亚：《女同性恋者的婚姻和家庭给传统婚姻制度带来的挑战》，《社会》2009 年第 4 期。

进行关照和倡导的能力。来自民间的行动研究者和草根妇女组织对学者的妇女学研究成果感到"看不懂，用不上"，而学者的研究成果大多也难以对社会行动和实践产生实质性影响。近年来，妇女学学者深刻认识到学科发展必须要"走出书斋"，使理论和方法被妇女行动所用，并从行动中汲取本土化知识发展的丰富养料。妇女/社会性别学学科发展网以"知识行动化，行动知识化"为宗旨，借助研讨会、互联网等途径就妇女学学科发展以及与性别相关的热议话题进行讨论，为学界和行动者搭建了重要的沟通桥梁。而社会性别与发展在中国（GAD）网、女声网等其他民间社会性别主题网站也将推动学界与行动界的交流作为重大内容。此外，近年来，妇女学相关学术会议越来越重视邀请来自行动领域的民间组织代表共同与会，使学术理论和行动经验充分互动，进而凝集成妇女学的学科知识。

可以说，进入加速发展期的中国妇女学在汇聚多学科、跨学科研究议题的基础上，注重妇女学的理论、视角渗透到每一个学科中，进而发展成为一门肩负促进性别平等使命的综合性学科。中国妇女学学人在经历了意识觉醒和学科建设初步发展之后，开始更加关注将妇女学的理论和方法运用于社会科学和人文学科的各个领域之中，并使学科呈现出"知行合一"的特色。但是从学科组织机制和外部环境来看，中国妇女学发展仍面临多重挑战，学科组织机制方面主要表现为：学术研究和课程教学质量参差不齐，具有独创性的基础研究和具有说服力的实证研究不足；多数研究中心的工作和科研项目过度依赖国外基金资助，缺乏长期自我维持和发展的资源保障；学术研究与行动实践之间"脱节"仍较严重。而从外部环境看，妇女学在学术界的学科地位还处于从"边缘"向"中心"艰难拓展的过程中；受到市场化和消费主义的冲击，在就业的压力下，高校进一步开设妇女学专业步履维艰；社会资源对妇女学教育的投入还极其有限。目前，中国妇女学的发展仍处于加速成长期，相信通过多方努力、不断创新，中国妇女学必将能克服困难，在学科建设的体制机制方面实现突破性发展，迎来学科发展的稳定增长期。

三　本土化的发展

与绝大多数从西方引进的社会科学学科一样，中国的妇女学也面临本土化的问题。中国的妇女学自20世纪80年代草创之初一直受到境外,尤其是西方女性主义和社会性别理论的影响,大量项目经费也来源于海外资助。尽管国内学者很早就开始意识到本土化对妇女学学科发展的重要性,但本土化的价值与内涵尚未能得到有效的界定。其中,部分学者将本土化简化为中国妇女学领域将境外,尤其是西方女性主义和社会性别理论引入中国,直至全面认同和接纳境外,尤其是西方理论的过程。这种观点就如同将现代化等同于全盘西化一样,存在众多值得商榷之处。事实上,学科的本土化并不是单向的、线性的外来理论引入的过程,而是本土知识和经验与外来知识在互动中不断交流融汇、螺旋上升,最后形成自己的理论及体系的过程。中国的妇女学则应不断学习、理解、借鉴外来的妇女学理论和方法,并据此对本土原有的理论和方法进行反思,进而融合成基于本土社会—文化的具有较高本土适用性、针对性的理论体系、分析框架和研究方法。纵观中国妇女学学科的发展过程,本土化实际包括了三个层面的特殊内涵,即理论的本土化、组织的本土化和研究/实践的本土化。

(一)理论的本土化

西方妇女学发端于20世纪60年代末,女性主义及后来的社会性别理论一直对西方妇女学的发展起着指导性作用。但中国妇女学在运用女性主义和社会性别理论的过程中却不免带着某种踌躇和彷徨:一方面,从是否具有"放之四海皆准"的普遍性、能否概括中国的特殊性这两大问题出发,西方社会性别概念工具和分析框架的普适性受到怀疑;另一方面,从中国原有的妇女研究主流理论——马克思主义妇女观出发,马克思主义妇女观与西方的女性主义和社会性别理论存在何种联系,是否形成冲突上升为一种意识形态化的问题。

对于前一个问题,中国妇女学学者通过实践与反思认识到西方女性主义和社会性别理论固然为中国妇女学提供了值得学习和借鉴的价值观和方法论,但西方,尤其是美国妇女学的知识和经验具有一定的局限性,缺乏对发展中国家以及有色族裔妇女发展议题的关注与分析。[1] 中国妇女学理论的发展,不仅要

---

① 王金玲:《2000~2007:妇女/性别社会学的西学东渐之路》,《山西师范大学学报》(社会科学版)2008年第6期。

以西方女性主义为"师范"，更要批判和反思西方女性主义在妇女研究中的话语霸权，立足于中国本土，为全面展现整个世界的妇女发展议题，完整地构建全球知识做出不可替代的贡献。

对于后一个问题，全盘接受西方理论放弃马克思主义妇女观当然不可取，但也不应该拘泥于本土特色，对海外妇女学研究与妇女运动的成果不进行应有的学习和借鉴。如前所述，中国妇女学理论的发展与成熟必然充分依靠本土已有的马克思主义妇女观，并且借鉴世界范围内妇女学发展的先进经验。事实上，西方女性主义的发展与马克思主义有千丝万缕的联系。马克思主义所主张的实现人的全面发展和解放，本质上与女性主义所追求的妇女发展与解放、性别平等发展相一致。因此，越来越多的中国学者正在探索一条将马克思主义和女性主义进行结合的道路，[①] 以期建构一种更具有适用性的本土的妇女学理论。

（二）组织的本土化

对于中国妇女学而言，组织的本土化需要解决学科组织如何实现从无到有，以及学科如何与现有体系中的其他组织有效协调的问题。就全国性的组织机构而言，目前综合程度最高、规模最大的组织为挂靠在全国妇联的中国妇女研究会。该研究会成立于1999年，至2011年底有团体会员115个，在推进妇女学学科的学术主流化、研究成果的公共政策主流化及妇女学研究的全面发展方面具有首要的、最重要的作用。如，在中国妇女研究会的推动下，2006～2011年国家社科基金共立项有关妇女/性别议题的项目139项，资助立项资金1368万元；[②] 组织专家分别就《物权法》《促进就业法》《女职工劳动保护条例》《婚姻法司法解释三》等提出建议，并将这些建议提交全国人大及政府有关部门，获得采纳；分别组织专家对中国政府执行北京世妇会《北京纲领》《联合国消除对妇女一切歧视公约》等进行评估，向联合国提交了评估报告。与中国妇女研究会不同，妇女/社会性别学学科发展网络的工作重点是推进妇

---

① 〔美〕周颜玲、〔美〕仇乃华、王金玲：《前景与挑战：当代中国的妇女学与妇女/性别社会学》，范晓光译，《浙江学刊》2008年第4期。
② 数据来自中国妇女研究会年度工作报告，感谢中国妇女研究会办公室吴菁提供相关资料。

女学的学科建设。作为一个不挂靠任何机构的非政府组织，其第一笔工作经费来自美国福特基金会的资助，目前主要通过自筹资金运作。截至2011年底，已有来自高校、科研机构、党校、妇联及其他企事业单位的团体会员、个人会员2000余个，在全国设立了25个学科子网络和地区子网络。此外，以中国社会学会性别社会学专业委员会为代表的专业委员会，以青年女经济学者小组为代表的学者合作体等也在各自的学科领域发挥着不可或缺的作用。这表明中国妇女学在组织上正在逐渐摆脱对于国外学者、机构和基金的过度依赖，具有较高独立性的学术研究和教育组织正在不断成长。

在与其他组织的协调方面，中国妇女学不仅在与相关学科的交叉研究中突显了学科的学术价值，还在与各级妇联组织以及民间妇女组织的合作中提高了学科的实践意义，推进了知识的行动化。妇女学的大部分研究都与现实社会中的妇女发展和性别平等等问题相关，势必与经济学、政治学、社会学、历史学、人口学、教育学、哲学、文学、法学等已成熟的学科形成交集。在过去十余年的发展中，中国妇女学通过与这些既有学科的沟通和对话，已经影响了不少主流学者和学术权威，使他们认同在研究和教学中纳入性别视角的重要性和必要性。而通过与其他学科的交流与合作，中国的妇女学组织所处的学术环境也得到明显改善。而随着以妇联为代表的政府机构在新时期不断探索和发展组织的使命和新工作领域，中国妇女学也积极开展了与政府机构的更多样化的、富有成效的组织合作，力图在不断创新发展的社会管理系统和社会组织系统中明晰自身的组织定位，扩大和深化自身的组织价值，增强组织持续发展、成长的内在动力。

（三）研究/实践的本土化

中国妇女学始于"问题"研究，从事妇女研究的学者们往往具有较强的社会责任感，努力为解决问题贡献一己之力。出于这种"入世"的品性，中国妇女学是一门知行结合的学科，其研究著述大多有"倡导"的内容。但早期的研究大多缺乏对中国实际情况的深入调查，且生搬硬套的较多，其政策建议和倡导的实效性较低。但近年来，随着本土学者对妇女学研究理念的转型和研究方法的改善，诞生了一大批扎根于本土经验，多维度剖析妇女/性别问题的研究成果。在高水平学术期刊中，将西方女性主义和社会性别理论生硬嵌套在本土现实问题上的论文已大为减少，更多具有本土知识积累、基于实证调查的研究成果成为论文主体。

可以预期，中国妇女学的未来发展将更加关注中国妇女现实的生活场域，进行现象解释和意义阐发，为建立本土原创性理论和方法论提供助力。中国妇女学唯有不断修炼"内功"，挖掘本土妇女知识和经验，才能实现与强势的西方女权主义学术传统的平等对话，从而在真正意义上实现"全球视野，本地行动"。①

就总体而言，自1995年以来的17年中，中国妇女学的发展呈现出以下八大特征。

第一，多学科性。作为一个性别群体，妇女的存在无疑是一种多样化的存在——经济存在、政治存在、法律存在、社会存在、历史存在、文化存在、心理存在、性存在……。由此，妇女的生存与发展，妇女的过去、今天与未来也无疑成为经济学、政治学、法学、社会学、历史学、教育学、文学/文化研究、心理学、性学等各类学科研究的议题，妇女/社会性别视角已经或正在逐渐被纳入相关学科中，并不断得到深化。

第二，跨学科性。由于妇女的存在是一种多样化的存在，妇女是集多样化存在于一体的性别群体，妇女的某种存在是多面向的存在，因此，妇女学的发展是一种跨学科的发展，不同学科之间互相影响和渗透，学科的严格疆界开始被冲破。

第三，多样性。妇女的多样化和多元化存在使妇女不仅是一个性别群体，也是一个阶级共同体、年龄共同体、区域共同体、职业共同体、文化共同体、性倾向共同体，如此等等，不一而足。因此，对妇女的研究不仅有综合性的研究，也有分层研究；不仅有宏观的研究，也有中观、微观的研究。而正是在这一基础上，中国妇女学获得了广泛和深入的发展。

第四，跨国/跨地区性。作为性别共同体，不同国家/地区的妇女有着作为妇女的共同经历和经验，具有作为妇女的共同需求和愿望。因此，在今天，无

---

① 章立明：《全球化语境中的中国妇女学建设》，《思想战线》2006年第4期。

论在中国还是在他国/他地区，妇女的生存与发展都正在成为一个共同的话题。因此，中国的妇女学研究议题不仅是中国妇女学的研究议题，中国妇女学研究者的关注点也不仅限于中国——中国的妇女学发展正日益成为一种跨国/跨地区的发展。

第五，本土性。除了共同性外，由于生活的社会—文化背景不同，不同国家/地区妇女的经历、经验、需求、愿望是具有差异性的。因此，在学习他国/他地区妇女/社会性别研究的成果与经验的同时，中国的学者们也日益注重提炼本土妇女/社会性别研究的知识和经验，构建本土妇女/社会性别研究的概念和理论框架，本土妇女知识和经验的价值已开始获得应有的提升和凸显。

第六，责任感。在"出世"和"入世"的两极，中国知识分子形成了自我"怡心乐志"和"经世致用"的学术传统。中国妇女研究始于"问题"研究，因此，中国从事妇女学研究，尤其是现实问题或现实议题研究的学者们往往具有较强的社会责任感，努力为解决问题贡献一己之智或一己之力；且不论实效性如何，综观中国妇女研究的著述，一个很明显的特征就是文中大多有"倡导"的内容——大到有关政策/法律建议，小到个人行动建议，对社会和他人的关心跃然纸上。

第七，混杂性。中国妇女学研究的思想库和学术资源十分庞大和复杂，从中国古代的阴阳和合文化、儒家文化到当今西方的后现代、后结构、后殖民理论，从作为主流的汉族文化到各具特色的少数民族文化，从一直渗透于民众日常生活的宗教思想到1949年以后形成的世俗生活政治化，从作为最高意识形态的马克思主义到最基层的村规民约，无不对中国妇女学研究产生重大影响。甚至作为中国妇女/社会性别研究主要武器之一的女性主义理论本身，就是流派众多、观点不一的。因此，今天中国的妇女学研究及其成果表现出较强的混杂性，有站在女性主义立场上的，也有站在男权主义立场上的；有具有较高社会性别敏感度的，也有处于社会性别盲点之中的；有反性别本质主义的，也有坚持和倡导性别本质主义的；有力图提炼本土经验和知识的，也有生吞活剥西方理论的；有重视文化多样性的，也有将某一文化类型"一以蔽之"地套用的。许多研究相互间有较多的包容和宽容，较少挑战和批评。

第八，交汇性。不同于其他带有某种单一倾向性的研究或行动，中国的妇女学发展具有较大的交汇性。它不仅是各种理论取向的一个交汇点，也是各种学术倾向的一个交汇点；不仅是各种研究的交汇点，也是许多社会行动的交汇点；不仅是理论的交汇点，也是研究、教学和行动的交汇点。研读中国妇女/社会性别研究的成果，我们不仅可以听到具有不同理论和学术背景者多样化的声音，看到众多社会行动的成果，也可发现学者的行动化努力、行动者的学术化努力和双方的携手合作，以及由此而逐渐成长和丰富的足以构建学科大厦的"妇女的知识"。

作为一门年轻的学科（在中国，其甚至尚处于前学科状态），妇女学的长处在于年轻，不足之处也在于年轻。所以，妇女学领域的学者们可以有更多的作为，也能够有更多的作为。而学者们的所作所为，定能进一步推动中国妇女学更广泛深入地发展，向世界提供中国妇女的本土经验和知识。

B.3

妇女/社会性别学的学科制度与建制建设*

韩贺南　陈政宏**

摘　要：

中国的女性学诞生于1980年代，已历经30余年。以回应改革开放和社会转型中出现的妇女问题/议题而出现，而自身的学科建设一直是其关注的一大重点。30余年来，中国的女性学在学科制度、学科建制等方面都取得了一定程度的进步，学科化进程逐步向前推进，在不少分支学科领域取得较大突破，获得了学界的认同。但就总体而言，中国的女性学尚未建立起被学术界认同的独特的学科范式，尚未在高等教育体制中拥有独立的学科地位。因此，加快加强学科建设，争取女性学独立的学科地位将成为未来几年中国女性学突破发展"瓶颈"的关键所在。

关键词：

女性学　学科发展　主要问题

西方女性学自20世纪六七十年代产生以来，已经走过了将近半个世纪的历程，相较之下，中国女性学诞生于20世纪80年代，也已历经30余个春秋。西方女性学作为风云激荡的第二波女权运动的延伸，立足于大学讲堂；中国女性学于改革开放之初，在回应社会变革中的性别问题的过程中应运而生。由此出发，本文对20世纪90年代中叶以来中国女性学学科建设的进程进行梳理。

---

* 从全书的统一性出发，主编对标题作此修改（原标题《中国女性学的学科制度与建制建设》）。而从尊重作者出发，正文保留作者的原命名——主编注。

** 韩贺南，毕业于东北师范大学，文学学士，中华女子学院性别与社会发展学院教授，主要从事女性学理论研究。

一 背景、研究问题与基本概念

时至今日，中国的女性学如何发展，目标是什么？对此，最关键的问题是女性学要不要名正言顺地在高等教育体制中安身立命。这一问题不仅取决于女性学的自我选择，而且取决于高等教育体制"准入"与否。高等教育的入门证使女性学应以学科的身份进入高等教育体系。经过数十年的发展，女性学已经一脚门里一脚门外地进入高等教育体系了，但要独立于学科之林，仍然需要经过依据传统学科标准的身份检验。这就是我们常常听到的来自主流学科的质询——女性学到底是不是一个学科？对学科进行检验的标尺首先是学科范式，即是否有"学术共同体"所认同的、明确的、不可取代的研究对象、基本理论（概念体系）和研究方法。也就是女性学作为一个学科的依据是什么、学术界域如何划定等问题。

其实，这种检验不仅是学理上的思辨，也是女性学发展实践中面临的现实问题。在中国，经过几十年的发展，尤其是'95世妇会之后，一些学科已经基本接受了女性学的基本分析范畴——社会性别（Gender），继而产生的问题是女性学的看家本领是否只是一个"视角"，如果不跟进建构女性学的学科范式，就会面临只作为一个视角被其他学科消融的危险，或者说，非但不能完成解构其他学科性别偏差的使命反而会被其他学科"解构"。比如，近年来，在人才培养方面常常遇到这样的问题，其他学科名目下培养女性学或称性别研究方向的硕士、博士研究生，首先必须按照这一学科的范式对学生进行训练，尤其是学位论文的写作，必须遵循这一学科的价值观、问题意识，并运用其基本概念、理论与研究方法，否则学生难以得到学位。这一问题，在学生开题或者毕业论文答辩时表现更为突出，许多学生由此不得不选择放弃女性学而回归主流学科。要解决这一问题，就要有女性学的学科地位，说到底还是要有自己的学科范式，并被学术界认同。

关于女性学的学科建设问题，自女性学问世以来从未间断。但每个时期的着力程度和关注问题有所不同。以"女性学""妇女/性别研究"题名为检索词，本文对1995年以来中国知网上的期刊文章进行检索，共搜出140篇相关

论文。从这 140 篇文章在每一年份的数量分布和关注问题来看，2005 年、2006 年、2007 年这三年数量居多，2007 年为峰值。从对女性学学科建设的关注来看，也是这三年成果居多，以 2007 年为最。而从文章的内容来看，这三年关注的重点则略有不同。

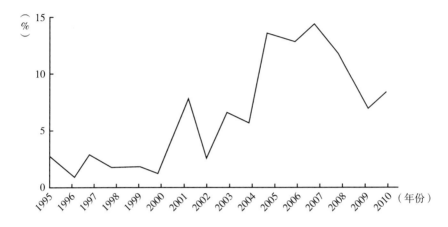

图1 1995 年以来相关成果数量分布图

其中，2005 年主要关注的有："学科规范化""从边缘到中心的悖论""学科存在的价值""学科建设的构想"等问题。2006 年出现了一些学科制度建设的文章，诸如"论女性学的学术范式与研究方法""我国女性学学科制度建设与问题"等，这些文章直接论及学科建设的基本问题，包括学术范式、基本理论、研究方法等。此外，这一年出现了一些对女性学发展历程进行梳理、研究类的文章，诸如"跨越式发展与本土经验——女性学学科建设的十年回顾"等。

为探讨女性学学科建设的成就与面临的问题，从经验中提炼、聚焦学科要点问题，推进女性学学科建设的步伐，近年来多有"回顾"类研究成果面世。杜芳琴、王珺的《三十年妇女/性别研究的学科化》全面系统地梳理了"妇女/性别研究作为一门学术性学科怎样在学术界获得身份，并在高等教育中获得建制，成为教育实体的结构进入课程体系，逐渐纳入高等教育和学术主流"[1] 的

---

[1] 杜芳琴、王珺：《三十年妇女/性别研究的学科化》，载莫文秀主编《妇女教育蓝皮书》，社会科学文献出版社，2008，第 333 页。

过程，对妇女/性别研究 30 年来的学科化发展阶段进行了划分，对不同阶段的成就与问题进行了评价与分析，从学理研究、课程建设、机制策略三个方面论述了妇女/性别研究学科化的策略与前景。关于学理方面，她们认为，妇女/性别研究在"研究对象、公认的专门术语和方法论、概念体系、分析范畴"等方面"远未达到基本的认同"，"也正是源于那种对学科理解的随意性，妇女/性别研究在学术界同行中，甚至在本学科许多研究者心中离真正意义上的'学科'还相距甚远，从这种意义上说，中国妇女/性别研究的学理建设还有很长的路要走"。①

鉴于近年来关于本学科学科建设的综述类研究中专门关注女性学学理建设的研究并不多见，因此，关于学科建制问题本文着重关注 1995 年以来女性学在学理建设或称制度建设方面，以及相应的社会建制方面，到底走了多远；学科建制状况如何；学科制度和学科建制具有怎样的相互关系；哪些是女性学学科建设亟待解决的瓶颈问题等议题。由此出发，本文主要对 2000 年以来出版的十几本女性学导论类教材和有关女性学学科建设的学术论文进行了文本研究，重点探讨了研究者对女性学研究对象、研究内容的看法及其变化，女性学理论与研究方法的现状等问题；着重分析了学科建制的成就与不足，当前要解决的主要问题与解决策略。

关于女性学的学科名称，目前在中国尚未形成一致的看法，1980 年代多称为妇女学，1990 年代中期以后多称为女性学，也有学者坚持使用妇女学的命名。2000 年以后出版的导论类教材全部使用了女性学的命名。在学术研究以及课程名称方面较为多样，主要有女性研究、妇女研究、女性/性别研究、妇女/社会性别研究、妇女/社会性别学等。在名称的使用过程中，有人一以贯之地使用某一命名，有人在不同著作与文章中使用不同的命名；还有人同时使用多种命名，并标明两个或几个命名的同一含义，诸如妇女学（妇女/性别研究）等。杜芳琴教授认为："在中国的妇女/性别研究中，到目前为止，并没有出现一套统一的学术语言和概念体

---

① 杜芳琴、王珺：《三十年妇女/性别研究的学科化》，载莫文秀主编《妇女教育蓝皮书》，社会科学文献出版社，2008，第 360 页。

系。主要原因在于妇女/性别研究还处于学科化的初级探索阶段，一切都还有待规范、提高。"① 学科的命名与学科的界定有着密切的关联，多为昭示学科的研究对象和方法。由于女性学的特殊性，也由于如上所言的原因，到目前为止，对于女性学的学术界域尚未形成一致的看法，所以它的学科名称自然是多种多样的，这也反映了研究者们对这一学科的不同理解。近年来，有许多关于上述概念之间异同辩议的文章，仍是仁者见仁智者见智，莫衷一是，对此这里不再赘述。需要说明的是，本文暂用女性学的命名。

学科、学科制度与学科建制是本文的基本概念。本文以为，"学科是指对同类问题所进行的专门的科学研究，从而实现知识的新旧更替。学科活动不断导致某学科内现有知识体系的系统化和再系统化"。② 简单说来，学科是一种知识形式，是对某一对象进行专门研究的系统的知识体系。知识体系的形成，是研究主体从事研究活动的结果，而研究主体从事研究活动要有一定的组织、制度形式，从这个角度说，学科又是一种组织形式，或称建制。"由于知识存在方式的特殊性，学科不只表现为单一的一种组织形式。学科组织可能是'正式'独立的社会组织，如研究所或某学会；也可能是某正式组织中的机构，如大学中的科系或教研室；还可能是个人"，③ 还"可以以一种虚拟的形式来集约所有符合其学科使命的资源的实体形态，而不必像其他组织那样一定要以清晰的刚性结构来规范它的实体"。④ 简言之，学科是一种知识体系，也是一种创造知识体系的组织形式，前者被称为学科制度，后者被称为学科建制。学科制度是指"不同学科受其研究对象、研究方法、发展背景和理论基础的影响，在学科发展过程中所形成的本学科特有的思维方式和行为特征"，⑤ "其目的在于形成一种知识传统或思想传统，或者具体地说是一种研究纲领，以便同行之间相互认同为同行，以便新人被培养成这项学术事业的继承者"。⑥

① 杜芳琴、王珺：《三十年妇女/性别研究的学科化》，载莫文秀主编《妇女教育蓝皮书》，社会科学文献出版社，2008，第333页。
② 翟亚军：《大学学科建设模式研究》，科学出版社，2011，第6页。
③ 翟亚军：《大学学科建设模式研究》，科学出版社，2011，第8页。
④ 翟亚军：《大学学科建设模式研究》，科学出版社，2011，第8页。
⑤ 翟亚军：《大学学科建设模式研究》，科学出版社，2011，第20页。
⑥ 吴国盛：《学科制度的内在建设》，《中国社会科学》2002年第3期。

据此，本文认为，学科制度主要是指学科的知识形式，包括特有的研究对象、概念体系和研究方法等。所谓学科建制"是学科存在和发展的必要组织保障，它以一定的机构为依据，为学科主体（指研究者——引者注）提供一种基本的社会身份或社会标识范畴，是学科主体的生存依附和生存形式"。[①]具体而言，本文主要采用费孝通先生的观点对学科机构进行分类，即为"一是学会，这是群众性组织，不仅包括专业人员，还要包括支持这门学科的人员；二是专业研究机构，它应在这门学科中起带头、协调、交流的作用；三是各大学的学系，这是培养这门学科人才的场所，为了实现教学与研究的相结合，不仅在大学要建立专业和学系，而且要设立与之相联系的研究机构；四是图书资料中心，为教学研究工作服务，收集、储藏、流通学科的研究成果，查找有关的书籍、报刊及其他资料；五是学科的专门出版机构，包括专业刊物、丛书、教材和通俗读物"。[②]

正如有学者所言："学科从来都不是仅仅停留在理论或知识层面上的抽象概念，作为学科发展的必要条件，学科载体包括学科建制和学科制度两个层面。学科建制是学科发展的物质依据，学科制度是学科发展的精神保障，学科建制和学科制度在物质层面和精神层面共同作用于学科的发展。"[③] 以下将从学科制度与学科建制两个层面来回顾 1995 年以来中国女性学学科的发展状况。

二 女性学的"制度建设"

女性学的"制度建设"包括女性学的研究对象、女性学基本理论与分析范畴、女性学的研究方法三个方面。

（一）女性学的研究对象

学科身份的首要问题是知识的界域问题。由于女性学缘起于对传统知识体系中性别偏差的全面质疑，力求匡正人类知识体系中因女性立场与经验的缺失

---

① 翟亚军：《大学学科建设模式研究》，科学出版社，2011，第 20 页。
② 费孝通：《略谈中国的社会学》，《高等教育研究》1993 年第 4 期。
③ 翟亚军：《大学学科建设模式研究》，科学出版社，2011，第 20 页。

而存在的知识偏颇，因此，它的知识领域是非常宽泛的。很难按照传统学科界定的方式确定它的研究对象。此外，女性主义学者对"学科化"普遍存有矛盾心态："一方面妇女/性别研究在形成过程中，最初以一种批判主流学科传统和反传统学科划分的立场出现，并试图以自己独特的认识论和话语形式促使人们对学科本身进行反思，改变人们关于学科的元认识，但是，它又发现这种超然姿态却使其事实上只能处于自说自话的境地，根本无法介入到主流学科的主体群中，影响不了主流学科的本质性发展，所以，在实际的运作中，它还是不可避免地寻求学科化和制度化；另一方面，女性主义者无不表现出这样的忧虑：如果妇女/性别研究被传统学科体制所接纳，那么这种学科化和体制化的'妇女/性别研究'在摆脱边缘地位后，还能保持自己的批判性、自主性和多元性吗？"① 由于以上原因，中国学术界迄今为止鲜有针对女性学的研究对象问题进行的专门讨论与争鸣。

由于导论类教材往往以学科姿态构建知识体系，所以对女性学的研究对象多有论及。即便如此，也有少部分教材回避研究对象的讨论。从 2000 年以来出版的女性学导论类教材和有关学术论文关于女性学的界定来看，主要有两种观点：一种是人学范畴的女性学。这种观点认为，学科名称本身就昭示了它的研究对象，女性学是关于女性的学问。而何谓"关于女性的学问"，诸家也有不同的表述。最早出版的魏国英教授主编的《女性学概论》认为：女性学"是一门关于作为整体的女性的本质、特征、存在形态及其发展规律的科学"，② 稍后出版的啜大鹏教授主编的《女性学》认为："女性学可以简单地概括为关于女性的学问，""女性学的研究对象是女人。"③ 这两本教材均围绕其学科概念所昭示的知识体系编排研究内容，着力回答"女性主体的本质、特征""存在形式""发展规律"等问题。这两本著作均自我声明以马克思主义的辩证唯物主义和历史唯物主义为理论基础，在确认男女生理的自然差异基础上，强调人的本质是社会性，即人是社会关系的总和。遵循这一理论逻辑，

① 杜芳琴、王珺：《三十年妇女/性别研究的学科化》，载莫文秀主编《妇女教育蓝皮书》，社会科学文献出版社，2008，第 338~339 页。

② 魏国英：《女性学概论》，北京大学出版社，2000，第 8 页。

③ 啜大鹏：《女性学》，中国文联出版社，2001，第 1 页。

在女性的存在与发展方面，这两本著作着重将女性整体的生存与发展置于人类整体生存与发展的历史进程中加以考察，揭示女性的生存与发展和社会经济、政治、文化诸方面的关系，着重分析女性在社会经济、政治、文化等方面的地位与作用，强调女性的参与、贡献与地位提升的重要性，揭示与男性相比妇女地位的低下，批判各种歧视女性的观点和行为。而在马克思主义理论基础之上，这两部教材的逻辑框架都是压迫—解放—发展的模式。

在 2005～2010 年出版的女性学导论类教材中，有 4 本在研究对象的表述上与这两本教材大致相同。叶文振教授主编的《女性学导论》（2006 年）认为："女性学以女性为研究对象，以女性问题为研究范畴"，"女性学研究对象的核心是女性，研究的关键是女性的本质"，认为"女性的社会属性是女性的重要本质特征"。① 关于研究范围，该书认为："凡是女性本身及其与女性相关的问题都是女性学的研究范畴"。② 简单说来，该书认为，女性学的研究对象是女性，核心问题是女性的本质，研究范围涉及与女性相关的所有问题。祝平燕等主编的《女性学导论》（2007 年）也认为"女性是女性学的元问题，是女性学学科体系的逻辑起点，研究女性首先就要解释女性的本质"。③ 韩贺南、张健主编的《女性学导论》（2005 年）对女性学研究对象的界定与"以女性为研究对象"，将女性作为元问题的观点略有不同。该书认为，女性学的研究对象是"女性的生存与发展（Existence and Development）现象及其规律"，"将研究范围界定为女性自身和与女性有关的所有问题"。④ 很显然，该书在研究对象的表述上，没有指向女性的本质，而在女性学研究范围的阐述上突显了女性自身和与女性有关的所有论题。此外，该书在内容编排上，没有设计研究女性本质的内容，也没有按照"女性存在与发展规律"来铺陈章节结构，而是基本上按'95 世妇会《行动纲领》中的十二个重大关切领域（议题）编排内容。周天枢等所著的《女性学新论》（2010 年）认为，"女性学是一门研究性别关系，揭示女性的生存和发展状况及其规律，促进性别平等和女性全面自

---

① 叶文振：《女性学导论》，厦门大学出版社，2006，第 3 页。
② 叶文振：《女性学导论》，厦门大学出版社，2006，第 4 页。
③ 祝平燕、宋岩、周天枢：《女性学导论》，武汉大学出版社，2007，第 8 页。
④ 韩贺南、张健：《女性学导论》，教育科学出版社，2005，第 20 页。

由发展的科学"，① 强调"以女性为主体和对象"，以性别关系为"基本出发点和范畴"。该书在研究对象的表述上，试图综合各种观点，将"女性、女性生存与发展现象及其规律"都作为研究对象，又增加了"性别关系"的内容。但该书并未对作为该书所认定的女性学研究对象的"性别关系"加以充分论述，只论及其是女性学的基本出发点和范畴。

由上可见，许多女性学导论类教材将女性学界定为人学范畴的科学，主要体现在对研究对象的确认和对研究范围的划定上。关于研究对象的认定，基本为三种观点：一种是将女性学的研究对象界定为"女性"；一种是淡化了对女性本质的研究，将女性学的研究对象界定为研究女性生存现象及其规律；一种是对以上两种观点的综合。

人学范畴的女性学从求证"本质"到关注"议题"，踌躇于"知识论"与"人学"之间，根据传统学科的范式一定要为女性学划定一个范畴，却又勉为其难。其思考方式表现出既根植于中国的马克思主义学术传统又借鉴西方女性学的特点，且仍然以马克思主义的人学、人的本质概念为根基，同时，又以议题的拓展回应了中国女性学内蕴的问题研究需求。

关于女性学学科界定的第二种观点，或可称为"知识论"的女性学。与第一种观点不同，这种观点认为女性学绝不应仅仅将女性作为研究对象。女性学概念中"女性"的意义一是女性是研究主体（研究者），更确切地说，女性是知识建构的主体；二是研究应站在女性立场上，是女性/性别视角的研究。与之相比，人学范畴的女性学也强调站在女性立场，为了女性进行研究，但是与这种观点的出发点有所不同。这一观点的认识前提是，人类知识整体上是存在性别缺陷的。因为它是以男性为主体建构起来的知识大厦，缺乏女性的立场和经验，而这样的知识又再建构着女性的不平等地位，或者说将性别歧视合理化。所以，持这种观点的女性学宏志高远，绝不把研究对象仅仅定位为女性，而是力图全面改造人类知识的性别偏差，创造新的知识。因而所有知识都是它检视、批评、纠正、创新的对象，与前一种观点仅仅研究女性和女性相关议题大相径庭，或者说研究女性和女性议题，仅仅是它的一小

① 周天枢、傅海莲、吴春：《女性学新论》，华中师范大学出版社，2010，第3页。

部分内涵，它的内涵广博，包括所有知识。由此，女性学具有广阔的知识创造空间和无限的生命力。但是，它很难按照传统的学科范式界定明确的研究对象和研究范围。这种观点在导论类教材中表现为对将女性作为研究对象的忧虑，担心其有"本质论"之嫌，从而跌进"男性文化设下的陷阱"，① 并认为人学范畴的女性学只能作为"人学的分支"，而难以成为一门独立的学科。② 另外，"知识论"的女性学，即使在导论类教材中也回避了对研究对象的界定，而以阐述女性学的认识论、价值观、跨学科性、学术目标与社会目标等，来解释女性学是什么。

进一步看，关于女性学研究对象的研究，大致经过了这样的过程：一是2005 年前的第一阶段："女性本质"求证阶段。即依据自我理解的女性学学科名称所昭示的内涵，顾名思义，按照马克思主义历史唯物主义关于人的研究的逻辑求证女性的本质、特征、存在方法与发展规律。

二是 2005~2010 年的第二阶段：学术使命论证阶段。从 2005 年前后出版的教材来看，研究者不完全认同女性学就是"研究女性的"这一认识，也不满意西方女性学"不守规矩"难以确定学科边界的状况。一些学者深感于西方女性学在学理上凭借认识论开启了女性学的知识大门，试图在两者之间探询女性学的学科界域，进而采用了借助西方女性学的认识论来描述女性学学科特点、学术目标、社会目标的方法，诸如阐述女性学的"跨学科性"与"多样性"，分析女性学全面解构传统知识体系与创造新知识的学术任务，致力于消除性别、阶级、种族等所有形式的压迫与歧视的社会使命等，试图超越将女性作为研究对象的观点，进一步认识女性学的学科界域。

三是 2010 年后的第三阶段：学科界定方法的探索阶段。从 2010 年出版的两本教材来看，研究者努力寻找学科界定的方法。试图从女性学创始者的意图、女性学研究者在研究什么、理想的目标指向什么③三个维度，继续寻找女性学的研究对象。但依然没有出现相对满意的界定。这表明，学术界将持续进行一场关于女性学学术界域的讨论。

① 周乐诗：《女性学教程》，时事出版社，2005，第 6 页。

② 周乐诗：《女性学教程》，时事出版社，2005，第 6 页

③ 韩贺南、张健：《女性学新编》，首都经济贸易大学出版社，2010，第 12 页。

（二）女性学基本理论与分析范畴

1995 年以来，中国学术界关于女性学理论内涵和基本内容及概念的研究成果比较鲜见。以下仅从上文所提及的十几本女性学导论类教材对女性学理论的关注情况，以及在学科界定、知识框架、问题分析等方面所依据的基本理论与分析范畴，一窥中国女性学理论建设之一斑。

首先，相关教材对女性学理论的关注呈现出从无到有、从"隐"到"显"的过程。最早出版的教材，在内容上并未直接设置关于女性学理论的内容，只能从其相关阐释中窥视其理论依据。而 2005 年后出版的教材多设专章讨论女性学理论。具体说来，2000 年出版的《女性学概论》（魏国英主编）以马克思辩证唯物主义和历史唯物主义为指导，界定女性学的研究对象和基本内容框架，同时借鉴其他学科的相关理论展开对不同议题的分析。例如，它从马克思主义的辩证唯物主义和历史唯物主义观点——人的本质是社会关系的总和这一认识出发，将女性学界定为研究女性的本质、存在方式与发展规律的科学，并从社会、经济、政治、文化等社会关系及其变化中考察女性学的存在方式与发展规律；另外还运用社会学的角色概念和理论分析女性的角色，运用心理学的概念和理论讨论女性的心理特征等。2001 年出版的《女性学》（啜大鹏主编）设专章介绍了女权主义流派，主要阐述了西方女权主义流派产生发展的历史脉络和主要派别，分析了它们在妇女解放运动中的地位与作用，并以马克思主义妇女理论为指导，指出了它们的缺陷与局限性。该书认为"西方女权主义看不到妇女受压迫的阶级根源和经济根源。它们的目标只是争取妇女的某些权利，而不是从根本上改变阶级压迫和经济基础"。[①]"她们虽然反对男权文化，但又用男权文化的标准来看待自己"。[②] 此外，这本教材，一方面以马克思主义的辩证唯物主义和历史唯物主义为指导，界定研究对象，构建知识体系；另一方面又试图批判地借鉴西方女权主义理论作为理论基础，设置了"女性学理论与流派"

---

① 啜大鹏：《女性学》，中国文联出版社，2001，第 333 页。
② 啜大鹏：《女性学》，中国文联出版社，2001，第 329 页。

"女性学的理论框架"等章节，表现出其内蕴的女性学理论具有"隐""显"兼具的特征。

其次，关于女性学理论到底包含哪些内容，多数教材认为主要由三部分理论组成，即马克思主义妇女理论、西方女性主义理论和社会性别理论。此外，也有学者提出了"性别和谐理论"。从教材对这几种理论的阐释来看，其还处于初步探索阶段，主要表现在以下几方面：第一，基本概念的内涵尚不清晰。如，关于妇女学理论、马克思主义妇女理论、中国化马克思主义妇女理论、马克思主义妇女观等概念的基本内涵到底是什么，尚未形成较为一致的看法，在上述这几种理论中处于首要地位的马克思主义妇女理论也存在这一问题。第二，对某些理论到底是不是理论还存在争议。如，关于社会性别是分析方法还是理论，看法不一，主要的质疑在于它是否已形成概念体系。第三，对每种理论的基本观点、基本命题的看法仁者见仁、智者见智，没有形成较为一致的观点。如，对马克思主义妇女理论基本观点的阐述，有的侧重于辩证唯物主义和历史唯物主义世界观和方法论及其阶级分析方法；有的侧重于其对妇女受压迫根源、解放条件、解放道路的观点；还有的基本遵循江泽民同志在1990年"三八"国际劳动妇女节讲话中提出的五个基本观点，即①妇女被压迫是人类社会发展的一定阶段的社会现象；②妇女解放的程度是衡量普遍解放的天然尺度；③参加社会劳动是妇女解放的一个重要先决条件；④妇女解放是一个长期的历史过程；⑤妇女在创造人类文明、推动历史发展中具有伟大的作用，并增加了男女平等基本国策的内容，而关于男女平等基本国策的内涵与主要内容亦未形成一致看法。对西方女权主义理论的阐释，多数教材还只是介绍流派产生的历史脉络、基本主张，尚未提炼出认同度较高的基本概念和基本理论。

存在上述问题的主要原因，首先是女性学研究对象和方法的不确定性，影响基本理论的建设。女性学理论的概念到底是什么？从学理上来说，女性学理论应该是解释它的研究对象的概念和理论体系。正因为女性学研究对象难以确定，因而它的基本理论到底是什么也需要进一步讨论。其次，女性学缺乏独立的研究方法，也影响学科理论的建构。最后，作为妇女学主要理论资源的妇女理论研究成果不够丰厚，也是原因之一。

尽管如此，从女性学导论类教材来看，应该说女性学理论的建构已经引起研究者的重视，并取得了一定的研究成果。仅就上述教材对女性学理论内容的阐述来看，这一建构大致经历着一个从宏观描述，到探讨基本概念及其内在联系，再到着力探讨基本命题及其理论体系的过程。2005 年以后出版的教材更加注重挖掘理论资源，拓展理论建构的方法。如着力从女性主义认识论的角度探索女性学理论的建构方法、梳理马克思主义妇女理论中国化的理论成果等。可见，研究者已越来越自觉地、理性地朝着学科建设的目标，对学科理论这一基本要素进行攻关。

在女性学的建设中，方法论也是十分重要的问题。对近十几年来女性学包括基本概念的界定和分析范畴的提炼在内的方法论进行梳理是个浩大的学术工程，目前这方面的研究成果并不多见。就上文所论及的十几本导论类教材所使用的概念和分析范畴来看，这一工作大致经历了从主要运用马克思主义妇女理论的基本概念和分析范畴，到将社会性别作为基本分析范畴的转变。需要说明的是，很多作者在将社会性别作为基本分析范畴的同时，并未完全抛弃马克思主义传统，多数是将其作为更高层面的指导原则。或者说，马克思主义传统作为一种世界观和方法论潜隐在作者的头脑中，成为研究的宏观指导思想。而社会性别只是具体的分析工具和方法。同时我们还可以看到女性主义的立场和方法论在许多教材中都有所体现，除上文提到的许多教材将之作为基本理论的一部分外，也是基本的认识论和方法论，从这些教材所选择的研究问题、研究角度等许多方面都可见其踪迹。

上述转变及特征可分为以下几个阶段：20 世纪末和 21 世纪初出版的教材，主要以马克思主义妇女理论为基本分析范畴。除上文所论及的运用马克思主义历史唯物主义观点认识妇女的本质，并从这一"元问题"出发构建女性学的知识体系以外，在很多教材的一、二、三级标题中多见马克思主义妇女理论的基本概念，诸如"生产力""物质生产""女性地位""女性贡献""男女平等""妇女解放""全面自由发展"等。此外，这一时期的基本分析路径表现为从压迫—解放到参与—贡献—提高地位的模式。而 2004 年出版的两本教材，表现出较为鲜明的女性主义观点，强调女性的立场与经验。明确指出："几千年来，传承文化和掌握话语权的主体是男性"，"如何用女性的视角看世界？便是女性学所研究的一个核心问题"。① 2005 年以后出版的教材开始用社会性别作为分析范畴和分析工具。有的教材开宗明义地指出，本教材"针对传统社会研究中常漠视与女性相关的话题和领域，有时甚至采用性别歧视的扭曲方式呈现女性的现象"，"把'社会性别'（Gender）作为研究社会现象的一个重要的分析框架和解释框架"。② 此外，在教材内容上也表现出相应的变化，诸如，教材内容框架更加宽泛，用词由原来的"女性的"（如"女性的社会劳动"）转为"女性与"（如"女性与社会劳动"），再转为"性别与"（如"性别与社会劳动"），一、二、三级标题多出现性别平等、父权制、女性赋权、女性增权、性别与发展等概念，话语体系发生了明显的变化。

此外，还需要说明的是，"社会性别"一词的用途是多种多样的。在上述十几本教材中，只有一本没有专门介绍社会性别概念，其余都有所阐释。关于社会性别概念的使用，有多种说法，如：将社会性别作为研究视角，将社会性别作为分析范畴，将社会性别视为一种理论，将社会性别视为方法论或方法等。最初一些作者只是将社会性别作为认识人的性别的一个概念，即人不仅有自然性别，还有社会性别。这一认识很符合马克思主义历史唯物论关于人的本质的认识，即人有自然性和社会性，人的本质是社会性，甚至有人认为这是马克思主义早已阐明的概念。因而，最早出版的教材，多在性别差异、性别角色的阐释中运用这一概念，反映出当时研究者只把它当作符合历史唯物主义观点的一个普通概念。2005 年以后出版的教材，对"社会性别"的认识有一个重大的突破，即将它作为分析所有议题的重要范畴，甚至将其视为女性学基本理论的内容之一。较为明显的标志是以下三个方面：一是前文所述的各章的命名由"女性的"向"女性与""性别与"的转变；二是设专门章节介绍社会性别理论；三是具体问题分析中运用女性主义理论和社会性别概念。具体表现为在展开每章内容之前，首先介绍女性主义观点，诸如女性主义历史观、女性主义健康观等，并据此构建该章框架，展开分析。总之，从女性学导论类教材来看，学者们对社会性别的认识经历了从一般概念到分析范畴再到基本理论的过程。

① 骆晓戈：《女性学》，湖南大学出版社，2002，第 1 页。
② 韩贺南、张健：《女性学导论》，教育科学出版社，2005，第 2 页。

（三）女性学的研究方法

从上文所论及的十几本女性学导论类教材来看，研究者对女性学研究方法的关注大致经历了三个阶段，即阐释"一般方法论原则"阶段，初步分拣研究方法、探讨基本分析范畴阶段，探讨创建独立研究方法阶段。以上三个阶段的划分，以主要关注问题为依据。当然，每个阶段都不仅仅关注某一问题，而是同时关注指导原则、方法论与具体研究方法等诸多问题，只是侧重点有所不同而已，此间是从分析出发，突出其关注重点而已。

关于一般方法论原则的讨论，首先出现在魏国英教授主编的《女性学概论》。该书从"一般方法论原则""研究对象""研究手段和方法"三个方面阐述了女性学的方法论和研究方法。其间，作者首先根据学科属性确认方法论原则，认为"从女性学的学科属性分类来说，它是一门社会科学"，"它的最直接的指导思想即方法论原则就应该是历史唯物主义和辩证唯物主义"。[1] 关于女性学如何以历史唯物主义和辩证唯物主义为指导原则，作者指出："按照唯物史观的思维模式来分析女性，解剖女性，把女性看成社会的产物、社会的缩影，从女人身上寻找社会历史的因素。也就是说，要从女性与社会的联系和制约中，从生产力和生产关系、经济基础和上层建筑的基本矛盾及其运动规律中，寻求关于女性的一切问题的答案。"[2]

关于研究观念，该书认为，"许多社会科学的研究观念对女性学都有指导意义。比较而言，理论与实践统一的观念、批判继承的观念、借鉴吸收的观念，对女性学研究更有普遍的指导意义"。[3] 关于"研究手段"，该书认为，"现有的自然科学、社会科学各学科的研究手段和方法都可以为其所用。相对而言，考察、调查、考证、统计与分析、演绎、推理、哲学的抽象与提升，使用得更多"。[4] 从这一时段出版的女性学导论教材来看，女性学研究基本遵循一般社会科学的方法论原则和研究方法，没有显示出女性学研究方法的独特性。

① 魏国英：《女性学概论》，北京大学出版社，2000，第21页。
② 魏国英：《女性学概论》，北京大学出版社，2000，第21页。
③ 魏国英：《女性学概论》，北京大学出版社，2000，第22页。
④ 魏国英：《女性学概论》，北京大学出版社，2000，第24~25页。

关于将社会性别作为基本分析框架的讨论出现在 2005 年以后出版的教材之中。韩贺南、张健主编的《女性学导论》设专章讨论了研究方法问题。作者从女性学的学科特点，即跨学科性入手，在分析实证主义方法和解释学方法各自特点的基础上选择女性学的研究方法，着重阐释了解释学方法对实证主义的质疑。解释学方法认为："研究者本人的主观态度根本不可能不介入研究的过程。研究者本人就是这个研究过程的一个组成部分，社会科学（社会学）根本不可能做到价值中立和客观的研究。"[1] 这一看法和女性主义认识论有相似之处，女性主义认为："女性一向被排除在知识体系外"，"在以往的知识建构和社会问题研究过程中"，"研究的主体——女性，以及女性的生活经验、女性的声音、他们所生活的环境和主流文化对她们的影响"，全都被忽略了，"女性主义就是要对一向以男性为中心所建构起来的'知识'大厦进行较全面的梳理"，"并在两性平等对话的基础上，力图开创关注女性的思考空间"。[2] 作者认为，质性研究（quantitative）更适合女性研究。这种方法是基于女性主义认识论，"研究人员以访问者或观察者身份去搜集所调查问题的资料的研究方法。研究者采用非结构的问题与参与者进行讨论、并设法解释参与者自己对问题的'叙事'或经验"。[3] 作者认为这一方法更有利于凸显女性学的经验，表达女性的声音，更能挖掘现象背后的意义，有利于在理论建构和思维层次上讨论妇女受压迫的根源。所以作者认为，"究竟有没有一种女性主义的研究方法，仍然是一个需要讨论的问题，但女性主义与质性研究的诸多渊源则是十分明显的"。[4] 从以上可见，作者试图在社会科学研究方法中，根据女性主义的认识论与方法论特点去分拣哪些方法更适合女性学研究。此外，本书专门系统地介绍了"'以社会性别'为分析框架的研究过程"，明确提出了"以社会性别为分析框架"的观点。作者在分析研究方法的概念结构的基础上，讨论了在何种意义上使用社会性别分析范畴的问题。作者指出："研究方法实际包括两个层面的内容，即方法论和具体研究手段、技巧与工具等。研究方法应该包

① 韩贺南、张健：《女性学导论》，教育科学出版社，2005，第 19 页。
② 韩贺南、张健：《女性学导论》，教育科学出版社，2005，第 20 页。
③ 韩贺南、张健：《女性学导论》，教育科学出版社，2005，第 19 页。
④ 韩贺南、张健：《女性学导论》，教育科学出版社，2005，第 20 页。

括研究的计划、策略、手段、工具、步骤等整个过程，运用'社会性别'的概念，是要从理论层面去指导整个研究过程。"① 作者指出，社会性别不是具体的收集资料方法，诸如访谈、问卷、焦点小组等。但是，"方法和理论之间，有着一种必然的联系"，② 以社会性别概念指导研究过程，虽然运用的研究手段与其他学科看似没有更大差异，但是会得到不同结果。作者旨在说明，女性学以社会性别为分析框架，虽然运用的仍然是其他学科的研究方法，但实际上已经对其进行了改造，因为方法论与具体方法之间没有截然划分的鸿沟，方法论不同，必然影响到研究方法，导致研究结果的不同，这一认识在一定程度上开启了继续探讨创立女性学研究方法的空间。

2006 年以后出版的导论类教材，着重讨论了如何建立独立的女性学研究方法问题，在女性学研究方法的探讨方面又进了一步。如，叶文振教授主编的《女性学导论》开设专章讨了女性学的研究方法，认为在鼎立女性学的"三足"——女性学理论、女性学研究方法、女性学史学中，女性学的研究方法"涉足较浅"，"学术积累不多"。作者概要梳理了女性学研究方法的研究成果后认为，女性学研究方法的发展大致经历了三个阶段：第一阶段，基于女性主义认识论全盘"拒绝和否定了由男性一手建构起来的包括方法论和研究方法在内的知识体系"，③ 试图"对以往的人类知识进行重写和重建，以至于用一个全新的女性知识体系全面替换现有的由男性一手制作的知识架构"，④ "在具体研究方法的使用上，带有明显的女性研究人员介入式的解释论，质性研究方法完全取代了实证主义的定量研究方法，女性的主观意识、情感和经验在解释女性生存状态的性别问题上的作用得到了前所未有的提升"。⑤ 第二阶段，"从初始的全盘否定转化为在社会性别研究框架下，有选择地使用与研究目的相一致，并且能够为顺利达到研究目的服务的现成的各个学科的研究方法"。⑥ 第三阶段，"从对多学科研究方法的借鉴和选择性使用到对这些方法有意识地改

① 韩贺南、张健：《女性学导论》，教育科学出版社，2005，第 21 页。
② 韩贺南、张健：《女性学导论》，教育科学出版社，2005，第 21 页。
③ 叶文振：《女性学导论》，厦门大学出版社，2006，第 85 页。
④ 叶文振：《女性学导论》，厦门大学出版社，2006，第 85 页。
⑤ 叶文振：《女性学导论》，厦门大学出版社，2006，第 85 页。
⑥ 叶文振：《女性学导论》，厦门大学出版社，2006，第 85 页。

造，并逐渐形成跨学科的或者独立于其他学科的研究方法"。① 其中，第三个阶段的特点是，改造其他学科的研究方法，并逐渐形成跨学科的女性学独立的研究方法。简言之，女性学研究方法的研究，经历了对传统研究方法从拒绝、否定到选择使用，再到改造创新的过程。女性学研究对其他学科研究方法的选择，既是妥协，又是"进取"，该书作者认为，女性学研究必须面对学术现实，走进学术现实。选择现有的研究方法，是对其改造的起点。而女性学改造其他学科的研究方法则开启了女性学创立自己独特的研究方法的可能与空间。女性学研究在社会性别框架下吸收其他学科的研究方法，是在女性学发展到一定阶段时的选择，或者说是权宜之计，暂解无米之炊之难。为创建自己独特的研究方法，女性学在采用其他学科方法的过程中，必须注重在跨学科研究的基础上发展出自己独特的研究方法。

那么，究竟什么是女性学研究方法？该书作者认为，"女性学的研究方法是社会性别方法论和相应的具体研究方法的统一，女性学研究方法的应用是社会性别哲学思想方式指导下的具体方法的使用。任何把二者割裂开来，或者脱离社会性别哲学思想指导的研究方法都不是真正意义上的女性学研究方法"。② 该书作者总结了女性学研究方法的四个特点：第一，"从研究方法层面来看，兼顾方法论的坚持和具体方法的使用，以坚持社会性别的方法论为优先"；第二，"从收集资料来看，兼顾描述是怎样和解释为什么是这样，以解释为什么这样为重"；第三，"从分析手段来看，兼顾实证或定量分析和解释或质性研究，但以解释主义的质性研究为主"；第四，"从研究方法发展来看，以发展跨学科的研究方法为首"。③ 以上四点集中起来即为，坚持在以社会性别分析为框架的前提下，同时采用其他学科的具体研究方法。

三 "学科建制"的发展

关于学科建制的概念，前述中已经论及。这里，主要依据费孝通先生对学

---

① 叶文振：《女性学导论》，厦门大学出版社，2006，第86页。
② 叶文振：《女性学导论》，厦门大学出版社，2006，第87页。
③ 叶文振：《女性学导论》，厦门大学出版社，2006，第87~88页。

科建制内涵的阐释，从以下三个层面论述中国女性学 1995 年以来学科建制的变化与发展。

（一）"多足鼎力"的研究机构

'95 世妇会后，女性学研究机构的建立取得了突破性进展，主要表现为，全国性研究机构的出现，以及具有独特作用的研究与培训基地和协作组织的产生，使女性学的研究与教学在原来主要依靠高校女性/性别研究中心的基础上，形成了多足鼎力、合力推动的态势。

高校女性/性别研究中心是高校女性学研究与教学的主要平台。这里的高校女性/性别研究中心是指高校中的女性/性别研究机构。这类机构的名称多种多样，诸如"妇女学研究中心""妇女问题研究中心""性别与社会发展研究中心""性别研究中心""女性/性别研究中心"等，此间用"女性/性别研究中心"一并称谓之。

自 1987 年全国成立首家高校女性/性别研究中心——郑州大学妇女学中心以来，经'95 世界妇女大会的催生，类似的中心到 1999 年迅速增加至 34 所，[1]据不完全统计，截至 2007 年，已达约 70 所，[2] 其中在 2007 年，实体制的为 4 所：即中国传媒大学、天津师范大学、东北师范大学和延边大学的妇女/性别研究中心。近几年来，除了数量上的持续增长之外，这些研究机构在建制上的变动，尤其值得关注。如天津师范大学于 2006 年，在原有妇女研究中心和跨界妇女与社会性别学研究培训基地等组织机构的基础上，成立了"天津师范大学性别与社会发展研究中心"，成为中国第一家女性/性别研究方面有正式编制、有国家财政拨款、有设施配置、有办公用房的独立建制的"校管科研机构"。但在 2008 年，该中心又还原回初始状态，成为无正式编制、无专项经费、无专门办公用房的"三无"机构。而对其变化的深层原因及对学科建制产生的影响，还有待进一步思考与研究。

① 杜芳琴、王珺：《三十年妇女/性别研究的学科化》，载莫文秀主编《妇女教育蓝皮书》，社会科学文献出版社，2008，第 343 页。
② 杜芳琴、王珺：《三十年妇女/性别研究的学科化》，载莫文秀主编《妇女教育蓝皮书》，社会科学文献出版社，2008，第 343 页。

中国妇女研究会是中国最大、最具影响力的全国性女性/性别研究机构。它创立于 1999 年，到 2004 年换届时团体会员达到 108 个，目前，团体会员和理事遍布全国 31 个省区市，分布在各级党政部门、妇联组织，各类高校、党校和社科机构，形成了跨地域、跨学科的妇女研究组织网络。[①] 中国妇女研究会在推进多学科和跨学科的女性/性别研究与学科建设、发展壮大女性/性别研究的人才队伍、提升女性/性别研究在社会科学研究中的地位等方面发挥了积极的作用。

从 2005 年开始，中国妇女研究会加强了与全国哲学社会科学规划办公室、教育部及中国社会科学院的联系，促使国家社会科学基金课题指南在多个学科领域中明确列入了女性/性别研究选题方向，并在国家社会科学基金项目的评审工作中予以倾斜性支持，为各地女性/性别研究学者特别是青年学者的研究工作提供了有利条件。2006～2009 年，国家社会科学基金项目累计批准立项的女性/性别研究课题达 86 项，是 1999～2004 年 6 年立项总数的 2.61 倍（详见表 1）。这些项目有力地推动了全国各地女性/性别研究的开展和众多成果的涌现。而为了鼓励更多优秀成果的出现，中国妇女研究会于 2006 年还创立了5 年一届的中国妇女研究优秀成果和优秀组织推选活动，目前已经开展了两届，为女性/性别研究成果的交流与展示搭建了平台。

表 1　国家社科基金女性研究项目时间分布　（1996～2010 年）

单位：项，%

年份	重大项目	重点项目	一般项目	西部项目	青年项目	自筹经费	合计	占同年项目总数的比例
1996			5				5	0.49
1997			2				2	0.36
1998			3				3	0.56
1999			3				3	0.37
2000			6				6	0.72
2001		1	2			1	4	0.50
2002			6				6	0.62
2003			5		1		6	0.61

①　中国妇女研究会网站：http：//www. cwrs. ac. cn/。

续表

年份	重大项目	重点项目	一般项目	西部项目	青年项目	自筹经费	合计	占同年项目总数的比例
2004			4	1	3		8	0.59
2005	1		2	1	1		5	0.35
2006			9	2	2		13	0.82
2007		1	8		8		17	1.12
2008			19		10		29	18.61
2009			15		12		27	15.70
2010			14		6		20	8.75

数据来源：据全国哲学社会科学规划办公室"立项信息"栏目（www. npopss – cn. gov. cn）国家社会科学基金资助项目（1996～2010）进行分期统计。

此外，中国妇女研究会"妇女教育专业委员会"自 2003 年正式成立以来，每年在各地召开不同主题的年会，与各地团体会员一起组织了内容丰富、形式多样的研讨活动，编辑出版与女性研究有关的图书，以推动女性学学科建设，并已见成效。2008 年"妇女教育专业委员会"出版了我国第一本系统研究妇女教育的著作——《中国妇女教育发展报告——改革开放 30 年》（《中国妇女教育蓝皮书》）。2010 年，中国妇女研究会妇女教育专业委员会第二届理事会第一次会议确立了"三个平台"的任务定位："一是要成为先进性别文化的宣传平台，二是要成为妇女教育理论的交流平台，三是要成为妇女教育国际交流的展示平台。"①

"高校女性学学科建设协作组"是有关高校的女性/性别研究中心通力合作，致力于女性学科建设的民间机构。2001 年北京大学召开"中国高校女性学学科建设研讨会"，与会的 24 所高校代表共同探讨了学科理论、课程设置、教材建设、师资队伍建设等问题。其间，北京大学、中央民族大学、浙江大学、武汉大学、云南民族学院（今云南民族大学）与东北师范大学，6 家高校联合成立了"高校女性学学科建设协作组"，以进一步加强高校间女性学学科建设的交流与合作。此后，2002 年、2004 年及 2006 年，东北师范大学、云南民族大学及武汉大学先后组织召开了以"高校女性学课程与教学""女性发展

① 中国妇女研究网：http：//www. wsic. ac. cn/。

与女性学学科建设"和"中国高校女性学教育的理论与实践"为主题的第二次、第三次、第四次高校女性学学科建设研讨会。高校女性学学科建设协作组的活动不仅提供了一个交流的平台，加强了高校之间女性学教育者之间的沟通、对话及交流，而且增进了学者对女性学进入教育学科主流的信心，对女性学学科建设，尤其是女性学学科进入教育学科主流起到了一定的促进作用。

"妇女/性别研究与培训基地"是全国妇女研究会为使高校女性/性别研究中心在促进女性/性别教育和培训机制化过程中进一步发挥重要作用而搭建的一个平台，于2006年创建。其"四位一体"的研究和培训网络体系，在推进女性/性别研究方面，发挥了重要作用，对学科建制的发展产生了积极的影响。如，中央党校妇女/性别研究与培训基地的主要建设目标之一便是致力于形成一支从事女性/性别研究的师资队伍，将性别研究纳入党校系统科研工作；中国社会科学院妇女/性别研究与培训基地将重点课题研究与学科建设结合起来，积极推动妇女研究不断进入社会学、人类学、人口学等各学科主流，融入哲学社会科学创新体系。总而言之，各基地紧紧抓住自身特色与优势，努力推进女性/性别教育与培训工作纳入所在单位研究与培训的主流。近年来的探索与实践表明，研究基地的建立在机制创新、资源整合等方面发挥了积极作用，有力地推动了多学科、跨学科、跨部门的女性/性别研究和学科建设。

"妇女/社会性别学学科发展网络"（NWGS）成立于2006年8月，是一个学术性的民间组织（其组织结构如图1）。它以学科发展为首要目标，以挑战学术界和社会中的性别不平等为使命，倡导性别公平和公正，让妇女/社会性别学的知识进入学科知识体系，力图更好地参与社会文化的革新，保障妇女权益和社会公正，促进社会和谐发展。其成员由来自全国高校、科研机构、党校、妇联以及其他民间组织和机构的教师、研究人员等组成，目前有成员2000余人。在过去几年，该网络努力发展子网络（区域性的和学科性的）、开发课程、组织师资培训、编写和出版教材等，取得了令人瞩目的成绩。

综观1995年以来女性/性别研究科研机构的变化与发展，主要有两方面特征：一是"内建制"的突破性进展。所谓"内建制"，是本文为表述方便而使用的词语，主要指女性/性别研究与教学的新建制只在妇女界，如妇联系统、各高校女性/性别研究中心等领域进行，而在教育主流建制中鲜有突破性进展。

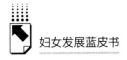

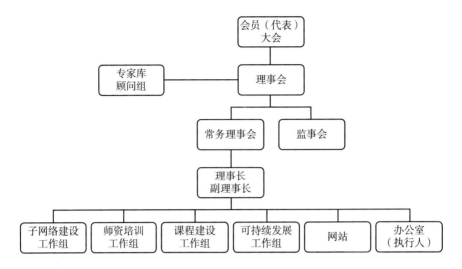

图1　妇女/社会性别学学科发展网络组织结构图

资料来源：王金玲：《平等、民主、公正：非政府组织如何做到？——以妇女/社会性别学学科发展网络为例》，《妇女研究论丛》2010年第5期。

而女性/性别研究科研机构的内建制突破性进展主要表现为较大的全国性女性/性别研究机构的出现改变了过去地方性的、分散的、单打独斗的组织形式，取而代之的是全国性的、集中的、有核心凝聚力的机构，从更广范围内带动了女性/性别研究的日益规范化、体制化、学科化。二是"曲折性"的发展态势。如上文所论，"天津师范大学性别与社会发展研究中心"，尽管是首个实现中国女性学进入高等教育体制的机构，但在短短两年时间又退回起点。

（二）曲缓推进的教学平台

大学课程和专业通常是高校的主要教学平台。至2011年，中国高校中只有两所高校设有女性学系，即中华女子学院女性学系和南京师范大学金陵女子学院女性学系；两所高校中设有女性学专业（不包括其他学科下的女性/性别研究方向），即中华女子学院女性学本科专业和北京大学女性学硕士研究生专业。

女性学本科专业是中华女子学院的一个特色专业，其前身为始建于1984年的妇女运动专业，历经妇女工作专业、社会工作专业的变更，2001年成立女性学系，2004 年创建女性学专业并开始招收女性学本科辅修专业学生。从 2006 年 9 月开始，中华女子学院招收全国第一届女性学本科生。2008 年，中华女子学院女性学专业被认定为国家级特色专业和北京市特色专业。2011 年 7 月 5 日，南京师范大学的金陵女子学院正式成立女性学系，致力于从"女性自身角度"和"生活角度"出发，培养"现代高素质高层次女性专门人才，把学生培养成为人格独立、品德高尚、气质优雅，富有科学精神和生活情趣的现代知识女性。"①

1998 年，经国务院学位办批准，北京大学首次招收女性学方向硕士研究生；2005 年，北京大学又在此基础上率先设立了女性学硕士学位点，② 为妇女组织和妇女研究机构等培养和输送了人才。目前，女性学已拥有学士、硕士学位的授予权，这是作为一个独立学科重要的体制性标志。

特别值得指出的是，2008 年，中华女子学院在成立二级学院的过程中，为了"强强合作"，将女性学并入"社会与法学院"，该系成为该二级学院"四系"（当时为女性学系、法律系、社会工作系，现该二级学院又增设了社会学系）之一。此举对女性学的发展究竟有利还是不利？仍有待观察。

女性学的研究机构除了上述若干大学学系与专业外，更多的是高校的女性/性别研究中心与培训基地。据统计，截至 2008 年，各女性/性别研究中心与培训基地面向本专科学生、硕士及博士研究生的各类教学课程总数达 282 门，其中，面向硕士和博士研究生的专业课程 80 门，具有通识性和跨学科性质的课程有 93 门，占 33%。③

一般说来，大学的学系和专业应该是培养相关人才的主要平台，但目前中国的女性学教育仍主要依靠大学的女性/性别研究中心推动，而这类机构又多为虚体机构，不利于女性学的知识生产和人才培养。所以未来的体制改进，或增加大学学系与专业，或使女性/性别研究中心由"虚"转型为"实"，当是重要的路径。

---

① 南京师范大学金陵女子学院女性学系网站：http：//ginling. njnu. edu. cn/。
② 北京大学中外妇女信息研究中心网站：http：//www. pku. edu. cn/academic/wsc/graduate. html。
③ 杜芳琴、王珺：《三十年妇女/性别研究的学科化》，载莫文秀主编《妇女教育蓝皮书》，社会科学文献出版社，2008，第 354 页。

（三）多种多样的信息资源

女性学的信息资料，经过近十几年的积累，如今，除了传统形式的学术期刊、专业图书馆和信息资料中心之外，还出现了以互联网为载体的资讯信息，及以实体形态呈现的文献资料。

专业学术期刊是"进行国内外学术交流的重要工具，是培养和发现人才的园地，是记载科学成果的载体与文献库"。[①] 目前，在中国，与女性/性别研究有关的学术刊物中，《妇女研究论丛》最受关注。它致力于反映、探讨社会主义建设过程中，每一个时期妇女发展面临的重大理论问题和现实问题，进而推进妇女事业的发展。其近年来的一些举措，尤其值得关注：2005 年，作为第四次世界妇女大会召开 10 周年系列纪念活动，该刊设立"北京＋10"专栏，出版增刊，以回顾 10 年中国女性/性别理论研究和推动性别平等实践的进展；2006 年，分别推出了"预防和制止对妇女的职场性骚扰"专刊和"分享项目研究成果，促进社会性别主流化"增刊；2007 年至今，利用内部发行的《妇女研究动态》《妇女研究信息简报》《妇女研究内参》和"中国妇女研究网"等多种形式，为各地团体会员和理事及广大女性/性别研究学者提供信息服务。

《中华女子学院学报》，是中国少有的以研究和探索妇女问题为主的综合性学术刊物。它运用多学科的知识和方法，多层次、多角度反映女性发展热点问题。

《人大复印资料·妇女研究》，也是女性学的重要资料来源。它精选刊登公开发行的"内容具有较高的学术价值、应用价值，含有新观点、新材料、新方法或具有一定的代表性，能反映学术研究或实际工作部门的现状、成就及其新发展"[②] 的有关女性/性别研究的重要论文。

此外，《浙江学刊》《云南民族大学学报》《华南师范大学学报》《山西师大学报》等开辟的女性研究专栏均为女性研究者提供了重要的学术平台；还有一些以书代刊的出版物也堪称女性学的重要信息资料来源。例如，王红旗主

---

① 蔡国梁、李玉秀、王作雷：《学会研究会在高校中的地位》，《科学管理研究》2003 年第 3 期。
② 中国人民大学书报资料中心网站：http://www.zlzx.org/。

编的《中国女性文化》是国内外学者发表"原创性论文""在场研究对话""名作鉴赏"与"专题论坛"等作品的学术园地。

除了专业学术期刊以外,各高校图书馆与女性/性别研究资料中心,也是女性学资料的重要来源。它们汇集、传播大量信息,服务于女性学教学与研究,推动了女性学学科建设。如,中华女子学院图书馆,致力于"收藏当代国内有关妇女研究的出版物",坚持"收集、整理女性及性别研究信息的特色馆藏建设方向"。① 1997年,中华女子学院图书馆建立了具有女性研究特色的集学术新闻、专业论文、图书和多媒体资料为一体的"女性学与性别研究数据库",并于2011年底正式挂牌成立了"中国女性图书馆"——中国首家专业的女性学图书馆。

除了中华女子学院之外,其他高校中的女性研究资料信息中心多由相关高校的女性/性别研究中心所建立。其中,延边大学和北京大学女性/性别研究中心是高校中较早建立信息资料库的,目前,绝大多数高校的女性/性别研究中心都有自己的信息资料库。

随着女性/性别研究的深入发展,伴随着新传播媒介的兴起,新的资料形式和信息交流平台层出不穷。2004年,天津师范大学妇女研究中心建立了妇女与社会性别研究网站;同年,中华女子学院建立了妇女与发展网站;2006年,妇女/社会性别学学科发展网络(Network of Women/Gender Studies)成立,随之建立了相关的网站(www. chinagender. org),试图"凝聚已有的妇女/社会性别行动的经验,使之上升为一种知识,并得以在主流知识体系中传播、传承、再生产,让妇女/社会性别学进入教育和社会的主流"。②

此外,以实物形式呈现相关信息是女性/性别研究信息资料的特色之一,有些女性/性别研究中心除了收藏纸本、电子、音像资料之外,还着重收藏与女性有关的生产、生活的实物,如陕西师范大学的妇女博物馆。而在2010年,"中国妇女儿童博物馆"在北京正式开馆。它是我国第一家以妇女儿童为主题的国家级博物馆。

---

① 中华女子学院图书馆:《中华女子学院图书馆》,《图书情报工作》2008年第6期。
② 妇女/社会性别学学科发展网站:www. chinagender. org。

综上所述，女性学信息资源的积累，在 1995 年以来有了长足发展，日益丰富和多样。但是与女性学在知识创造方面的贡献与成就相比，不仅专业期刊的数量增长缓慢，女性学研究类图书资料更尚未拥有自己的专门类别——尽管《中图法》目前已经修订至第五版，图书的分类及具体条目也几经修改与变化，但女性研究类图书却始终隶属于 C 类社会科学总论和 D 类政治法律，没有专门的"女性/性别"的类别。

四 基本评价与建议

本文在这一部分将提出对 1995 年以来女性学学科建设状况的基本评价，反思女性学学科建设中存在的主要问题，对中国女性学未来发展提出相关建议。

（一）对 1995 年以来女性学学科建设状况的基本评价

从以上回顾可见，1995 年以来，女性学在学科制度、学科建制方面都取得了一定程度的进展，学科化进程逐步向前推进。

首先，在学理方面，由着力于各领域的女性/性别研究转为向理性、自觉地建立女性学独有的学科范式的目标前行，虽然着力程度远远不够，但仍然取得了不小的成果。

关于女性学的研究对象，在中国，主要有两种认识，一是"人学"范畴的女性学；二是"知识论"的女性学。在近年的发展过程中，每一种认识都在不断地深化和丰富。其中，"人学"范畴的女性学逐渐拓宽认识视野和知识领域，以马克思主义理论为基础的同时注重吸纳女性主义理论的精华，借鉴社会性别范畴，从而将知识体系由专门关注"女性的"拓展为关注与女性/性别相关的事物与领域，涉及领域由宏观的政治、经济、文化等几个主要领域，拓展、细化为与女性/性别相关的社会诸多方面，如性与身体、性别与语言、性别与空间、性别与习俗、性别与环境、性别与和平等。"知识论"的女性学，最初着重于以女性的立场、观点解构传统的知识体系，生产知识，培养人才，传承知识，规避女性学的知识界域和学术范式的界定，踌躇于主流与边缘之间，但逐渐认识到在传统学科范式的规范下难以实现女性学的使命，因而开始了学科化的努力。研究者着手清理女性学的"家底"，回顾近30年乃至半个世纪以来女性学的学术研究与行动实践，探讨女性学的"范式"，寻找未来的发展路径。

在女性学基本理论建设方面，发生了由只探讨问题到关注基本理论的转变。主要表现为，明确了基本理论在学科体系中的重要位置，明确了女性学基本理论的内容，基本理论的建构方法等。在研究方法方面，由全盘借鉴其他学科的研究方法为我所用，到圈定哪些方法更适合女性学，再到用女性主义认识论、社会性别方法论改造其他学科的研究方法，创立女性学独特的研究方法，这是一个逐步演进的过程。

其次，在女性学的社会建制方面，总的说来，1995年以来呈现出曲折发展的态势，主要标志是：在教学、研究的实体机构、资料信息、资金来源等方面都较以前有突破性进展。

就教学实体而言，在原本存在的以女子院校、其他高校、社科院、党校系统的女性/性别研究中心为主的平台之外，出现了大学中的学系和专业。如前所述，中华女子学院女性学系于2001年成立；2011年，南京师范大学金陵女子学院又成立了女性学系；1998年北京大学设立了女性学专业硕士点；2006年，教育部在本科专业目录中增设了女性学专业（目录外专业），并于2011年将其正式列入本科专业目录；中华女子学院女性学系自2006年开始招收本科专业学生；各大学的妇女/性别研究中心也在缓慢增加。就女性学的研究机构而言，建立了全国性的学会——中国妇女研究会。该会在推动女性/性别研究规范化、体制化、学科化等方面起到了重要作用。此外，还出现了影响较大、带动面较广的民间性学科建设网络——妇女/社会性别学学科发展网络。在资讯方面，除了书籍、报刊等传统媒体出版物外，依靠现代媒体形式出现了专门的女性学学科网站。此外，以实物形式呈现的妇女博物馆也是女性学的主要资源。就资金来源而言，由主要依靠国外资金，向主要依靠政府资金转变。

1995年以来女性学的社会建制有了新的发展和变化，但发展过程较为缓慢而曲折。主要表现为，就教学机构而言，十年增一系，发展速度之缓可见一斑。况且，中华女子学院女性学系于2008年在学校成立二级学院时被并入社

会与法学院，由直属于学校的独立部门转为二级学院所属部门。同年，天津师范大学性别与社会发展研究中心也由独立建制退回到原来的无专门办公场所、无专职人员、无专门经费的"三无"虚体机构。这一变化出现的原因，需要进一步探讨；而这一建制的"退化"给女性学学科建设与专业人才培养带来怎样的影响，更有待进一步评估。

（二）女性学学科建设中存在的主要问题

本文所谓女性学学科建设中存在的问题，主要指其在学科制度与社会建制两方面存在的问题，以及二者之间的关系问题。

从学科制度来看，存在的主要问题是，尚未建立起被学术界公认的女性学独特的学科范式。具体说来，就是没有明确的研究对象，界线清晰的知识领域；在基础理论建设方面，主要是宏观地认定女性学理论的主要来源，尚未形成系统的概念体系，女性学独特的研究方法尚处于创建之中。这种状况的存在原因是多方面的，而主要原因是女性学的特殊性。女性学原本不是传统学科，且其致力于对传统知识体系的全面改造。从知识创造角度来讲，它有无限的知识生产空间，给各学科带来了知识增长点，但由此，它很难界定自己的研究对象，与此相关的基础理论和研究方法也都发展缓慢。与女性学的特殊性紧密相连，女性学的研究者更多地着力于各学科、各领域新知识的生产和人才培养，不少人规避学科范式的讨论，有的人认为建立独有的范式，进入主流，便是向传统知识体系妥协，失去了女性学站在边缘立场改造既有知识的批判力。因而近十几年来，少有对研究对象、基本理论、研究方法的专门的、面对面的讨论。于是，当它在改造其他学科的知识方面取得了一定的进展，它的基本分析范畴——性别或社会性别被其他学科所接纳时，自己却处于尴尬的局面，面临被其他学科消解的危险——由于没有说清自己的学科范式，而被认为不是学科，只是"视角"，既然别的学科都有了这一视角，女性学就没有存在的必要了。目前，女性学在社会建制方面退步的原因之一，就是这些认识误区的存在。

从社会建制来看，存在的主要问题是尚未成为高等教育体制中的组成部分。

首先，就学科地位而言，众所周知，女性学并不是社会学中研究妇女问题/议题的分支学科，以社会学规范研究妇女或妇女问题/议题只是女性学的学术界域中一个重要内容，但不是全部内容。但至今，女性学大多在学科目录中被列于社会学之中，少有独立学科的地位，它只能依托社会学而安身立命。

其次，就教学平台而言，只有两个高校中建有专门的女性学系和女性学专业；绝大多数开设女性学/性别研究相关课程高校的相关教学多依托女性/性别研究中心之类的虚体机构。

最后，就学术资源而言，与女性学有关的学术刊物屈指可数。教学与研究的资金来源也相对匮乏。

总之，与女性学在知识创造方面的贡献与成就相比，其社会建制远远滞后，有待进一步推进。

综上所述，女性学发展面临的"瓶颈"问题主要源自学科范式与学科地位，二者关系以前者为要，并相互依存，相互影响。就女性学近30年乃至50年的积累来看，已到了突破"瓶颈"进入新的发展阶段的"拐点"。

（三）未来发展需关注的主要问题

本文认为，根据1995年以来女性学的发展状况和当前所面临的问题，其学科建设应该关注的主要问题为：在学科制度建设上应该着力阐明女性学独特的学科范式；在社会建制上应该争取应有的学科地位，同时进一步进入高等教育体制。在方法策略上，应由过去的由下而上的推动转变为由上而下的推动。这是由于女性学已经过了半个世纪的发展，在中国也有了30年的积累，已进入了总结提升（包括对学理的总结抽象），以建立自己的学科范式的阶段。学界应该对女性学的学术贡献和社会作用进行总结，并据此进一步争取学科地位。

首先，就学科制度建设而言，最核心的问题就是要说明女性学的研究对象和知识界域，这是女性学存在的依据。女性学的研究对象具有特殊性，但不是没有研究对象，它有关注的基本问题，也有研究实体（指研究对象以实体形式存在），要件具备。关于研究对象，目前学术界有不同的观点，可据此发展不同的流派，壮大学术力量。

关于女性学基本理论建设，主要应该开展以下三方面工作：第一，进一步研究马克思主义妇女理论中国化的成果，使之进一步成为女性学的重要理论资源。1999年，时任全国人大副主任、全国妇联主席的彭珮云同志在全国妇联纪念中华全国妇女联合会成立50年研讨会上提出建设中国特色社会主义妇女理论的要求，并着力推动，多有成果问世，2011年"中国特色社会主义妇女理论研究"作为国家社科基金重点项目获得立项。许多成果都为女性学基本理论建设提供了重要的理论来源。第二，关于国外女性主义理论的借鉴问题。对于女性主义理论，中国女性学界目前还没有完全突破阐述流派脉络、介绍主要观点的简单"转述"阶段，需要进一步梳理、抽象概念体系，以利借鉴。此外，对于国外妇女理论的研究，还应该拓展视野，跳出着重关注西方女性主义的局限，对其他发展中国家，尤其是社会主义国家的妇女理论、经验也应予以研究、借鉴、吸收。第三，需要着力在浩瀚的女性/性别研究成果中梳理基本理论、基本问题、主要分析范畴、主要研究方法等。这是女性学自己积累的重要的理论资源。我们应该回到我们的研究成果中发现我们到底解构了什么，建构了什么，这是一项跨学科研究的基础性工作。我们应该"跨进去"，也能"跨出来"，而不是跨进去出不来。要扩大自己"跨"出来的地盘，这就是跨学科理论的建设与发展，如此才不会被消解。这项工作是一个重要而浩大的学术工程。我们必须克服过去重课程、重研究，忽视理论建设，忽视学科范式建设的倾向。

其次，关于学科的社会建制问题，本文以为，争取学科地位是关键所在。女性学经过半个世纪，尤其是近30年的发展，研究成果丰富多彩，社会作用蔚然可观，有学术积累为自己正名。可是，事实上，在主流学科之林中，尚无女性学的位置。如果继续着重发展课程和多学术研究，也只能作为其他学科的分支得以发展，只能依据其他学科的学术规范，包括价值观、问题意识、基本理论、分析范畴、研究方法等获得成长，直至女性学自身只是作为一个"视角"而学科性日渐式微。因此，女性学必须有自己的学科地位，这是个学术权力问题，是女性学进入教育体制的关键。女性学的"学术共同体"与其他学科不同，其成员都分散在其他学科中，有自己的"主业"，可进可退。因此，在女性学发展处于"拐点"的关键时期，大家更需要"聚"而"进"，不能"退"而"疏"，进而不忘使命，协力推进女性学的新发展！

妇女/社会性别学在人文科学领域的开拓与进展

畅引婷*

摘　要:

在人文科学和妇女/社会性别学的交汇点上, 1980 年代, 尤其是 1995 年以来, 相关的学科建设取得了较大的发展。如, 妇女文学、妇女史学已在本学科拥有了较高的学科地位, 逐渐成为一门独立的学科; 妇女/性别教育学已成为教育学和妇女/社会性别学不可或缺的重要领域, 学科化进程逐步推进; 女性主义哲学已成为哲学研究中一个新的关注点, 学术研究和课程建设有了较多的突破。但就总体而言, 无论是人文科学领域中的妇女/社会性别学, 还是妇女/社会性别学科领域中的人文学科, 相关的学科建设都有所不足。在未来几年中, 以学科的拓展、研究的深入、课程的扩容、学术共同体的构建等为主要突破口, 无论是总体还是分支学科的学科建设都会取得重大进展。

关键词:

人文科学领域　妇女/社会性别学　学科建设

　　自然科学、社会科学和人文科学作为"反映自然、社会、思维等的客观规律的分科的知识体系",① 不仅为人类认识自身和社会提供了思维的框架和

---

* 畅引婷, 毕业于山西师范大学, 现任《山西师大学报》(社会科学版) 主编、编审。主要从事妇女理论和妇女史研究。

① 中国社会科学院语言研究所词典编辑室编《现代汉语词典》, 商务印书馆, 2005, 第五版, 第 769 页。

思考的路向，而且为人类在面临各种各样的困境与难题时提供了解决的路径和缓释的方法。三者既联系，又区别，各自在自己相对独立的界域内为人与社会的发展承担着不同的责任，发挥着不同的作用。

一 人文科学的特性

人文科学在"科学研究"领域，主要担负着"塑造人的精神世界"或"重建人的思想家园"的神圣职责，它关注的是人的文化生命活动及其历史过程。按照《简明不列颠百科全书》对"人文科学"的解释："人文科学构成一种独特的知识，即关于人类价值和精神表现的人文主义的学科。"① 具体而言，人文科学不在于提供物质财富或实用工具技术，而在于为人类构建一个意义世界，守护一个精神家园，使人类的心灵有所安顿，有所归依。在现实的世界里，不论国家/地区，不论种族/民族，不论阶级/阶层，不论性别，不论年龄，人文科学使生活在地球上的每一个"人"，都能通过知识和学问的建构以及习得找到真正的"我自己"，进而提高对生命的感悟能力，以及自身的生活质量。

与自然科学研究所遵循的"客观性"原则相比，人文科学研究具有明显的"主观性"或"价值倾向性"。它虽然不能像自然科学那样运用严密的实证数据和逻辑推理对研究假设和研究结论进行验证，但它与现实生活和意识形态的密切联系，以及在不同的历史文化语境和情境下出现的各种"论辩"或"纷争"，不仅能够激活人们的思维和无限的想象力，而且可以使人们的思想文化观念更加开放，并通过对人的生命的体验和感悟来获得"真理性"的认识。

与社会科学研究所关注的"制度性"和"结构性"问题/议题相比，人文科学研究更多地关注"观念性"和"思想性"的问题/议题。因此，相比较而言，前者具有相对的稳定性，后者具有显著的易变性或难变性（瞬息万变或万变不离其宗）。如果说通过社会科学研究建立起来的社会制度（包括性别制

---

① 转引自李维武《人文科学概论》，人民出版社，2007，第28页。

度）在一定的历史时期内具有相对稳定的特点的话，那么通过学术争鸣对人的思想文化观念产生的影响则截然不同——要么在短时间内就能使人"识时务"，要么历经千年也不能有所撼动。人文科学的这一特性充分说明，一个人思想文化观念的改变既是长期的、艰巨的，也是极其重要的。不同的观念，不仅可以左右一个人对周围人与世界的基本看法，而且直接影响着一个人的日常行为，以及人与人之间的各种关系，包括权力和利益关系。

进一步看，不论"科学"以怎样的形态呈现，它都是与以知识分子为主体的学者的"科学研究"或"学术研究"紧密联系在一起的。也就是说，学者们通过科学的手段经过深入持久的研究而得出的科学结论，不仅能够揭示、解释世界的纷繁复杂性和丰富多样性，而且可以为人们认识和了解自身奠定知识论的基础。当然，学科建设的任务，不只是生产知识（学术研究），更为重要的是将生产出来的有用的或有效的知识在更为广大的受众中间进行传播，不仅传授知识，而且传播理念和意识，进而使知识和意识内化为受众在现实生活中的实际行动，使他们通过对自身的认识、改变与提升，全面促进人类社会的文明与进步。这一点，对于人文科学来讲尤为重要。如果说自然科学研究的最终结果在于利用现代技术手段，使人们/人类的物质生活更加丰富的话，那么，人文科学研究最终带给人们的将是思想上的解放和精神上的享受；如果说社会科学对人的关怀是从外而内，即通过权力和制度的变革来规范、建构人的思想和行为的话（如近代中国"缠足令"的颁布和"女学"的兴起），那么，人文科学对人的提升则是由内而外，即通过人们思想文化观念的改变来对人类社会进行重新认识和建构；如果说运用社会科学研究成果对人类社会进行制度性改变时受制的因素较多，有时可能牵一发而动全身、甚至还会流血牺牲的话，那么运用人文科学的研究成果对人的思想文化观念的改变则可以随时随地进行，即通过"单个人"踩在脚下的具体行动，以及日渐形成的燎原之势，改变一切相关的观念和行为，进而提高全人类的生命质量——这，也许就是人文科学所要传递给人们的永恒不变的"真理"或"知识"。

从学科建设的角度讲，依托高校已经形成的学科门类再造观念、改变行动是一条较为便捷的途径。因为高校的每一门人文"学科"或多或少都与"育人"有关，即培养现代公民应该具有的各种意识和观念，包括性别平等意识和观念。因为，不论研究还是教学，最终都要落实到对"人"及其精神世界的塑造和培养上面（这是人文科学研究的逻辑起点和最终落脚点）。具体到妇女/社会性别学这一学科，就是运用妇女与性别研究所生产出来的"知识"和"学问"，通过包括学校教育、家庭教育和社会教育在内的各类教育以及包括政策倡导、行为倡导、理念倡导等在内的各种倡导等途径，广泛提升人们的性别平等意识，增强对性别不平等现象的敏感度，自觉抵制各种性别歧视的观念和行为。说到底，妇女/社会性别学学科建设，在很大程度上就是一场思想文化观念再造的行动或运动，即通过一定的思想和行动，改变不同性别之间各种不平等的权力关系和相关的性别制度，进而提高人类的生命/生活质量，促进社会的健康发展和良性运行。

二 妇女/社会性别学科的人文特性

人类社会进入20世纪中期以来，妇女/社会性别学学科在世界范围内获得了迅猛发展，尤其在西方一些先发展国家，目前已经以独立的身份跻身学科之林，并在知识生产领域占据了重要位置。[①] 进入21世纪，中国的妇女/社会性别研究也步入了学科发展的快车道，但与西方相比却有着明显不同，即"缺乏一种起于民间的强大的妇女运动从而牵动和推动理论的需求，并成为理论探索源源不断的人才和思想的资源的背景"，[②] 从而使中国的妇女/社会性别学科建设出现了两种路径不同但殊途同归的发展趋向：一是在高校既有的科、系、学院体制不变的情况下，"妇女研究"作为一种客观存在被分别纳入现行的文学、历史学、哲学、教育学、社会学、心理学等学科体系之中，[③] 以女性文

[①] 参见刘倪：《西方女性学——起源、内涵与发展》，社会科学文献出版社，2001；余宁平、杜芳琴主编《不守规矩的知识：妇女学的全球与区域视界》，天津人民出版社，2003；玛丽琳·J. 波克塞：《当妇女提问时：美国妇女学的创建之路》，余宁平、占盛利等译，天津人民出版社，2006；肖巍：《女性主义教育观及其实践》，中国人民大学出版社，2007；等等。

[②] 杜芳琴、蔡一平：《中国妇女史学科化建设的理论思考》，载杜芳琴《中国社会性别的历史文化寻踪》，天津社会科学院出版社，1998，第3页。

[③] 事实上，当今的人文科学，已经超出了传统意义上的文史哲范畴，涵盖了艺术学、教育学、语言学、社会学、考古学等各个专业。本文所论的人文学科，主要以文、史、哲、教等学科为主，但并不排除其他一些学科专业所具有的人文特性。

学、妇女史/社会性别史/女性主义史学、女性主义哲学、妇女/女性教育学、女性/妇女/性别社会学、女性/妇女/性别心理学等分支学科的名分在各学科中生存，一方面丰富传统学科的研究和教学内容，另一方面从不同的学科层面为新兴的妇女/社会性别学科逐步积累相关的成果；二是明确打出"女权/女性主义"和"妇女/社会性别研究"的旗帜，试图在颠覆、改造传统学科知识生产体系的过程中，确立妇女/社会性别学科在高校的独立地位，即便不能以独立的院系体制存在，也要将批判和挑战男性中心的知识生产体系作为区别于其他学科的重要标志或基本特征，而不是以传统学科框架为基础进行妇女/性别研究。但不论以何种方式存在，不可否认的是，近十多年来妇女/社会性别学科在研究和教学领域都取得了一系列的新进展：一方面借助体制内主流学科历史的和现实的诸多资源（包括人与物），为妇女/社会性别学科的发展扩充地盘，聚集力量；另一方面通过研究和教学内容的更新，将有关"女性主义的"和"社会性别的"知识渗透其中，以逐渐消除传统知识生产体系中的"性别盲点""性别偏见"和"男性中心"，进而实现知识再造与人才培养的宏大理想。尤其是在传统的文史哲等人文科学领域，女性文学、妇女/社会性别史、女性主义哲学和社会性别教育学等学科的发展与壮大，不仅开拓了人文科学研究的新领域，而且从不同的学科背景出发共同为当代中国的妇女/社会性别学科建设做出了重要贡献。

（一）妇女/社会性别学科建设是思想文化领域的一场革命

妇女/社会性别学学科建设在中国的兴起如果从 1980 年代算起，至今已走过了 30 余年的发展历程。从邓伟志、李小江等最早提出在中国建立妇女学学科，到 1990 年代西方女权主义学术思想的大量引进，再到进入 21 世纪以来中国妇女/社会性别学学科建设的全面推进，各种具有"启蒙"性质的关键词汇在妇女研究文本中反复不断地出现，如女性意识、妇女意识、女权意识、女性群体意识、性别意识、社会性别意识、自我解放意识、性别平等意识、先进性别文化、妇女/性别弱势群体、维权、赋权、充权、平权、发声、言说、颠覆、改造、批判、反思、本土化、主体性、自主性、独立性、公平、公正、正义等，这些词语对人们的思想文化观念带来了巨大的冲击和挑战，不仅使以女性

为主体的妇女研究者逐渐改变了对男女两性乃至所有性别的传统认识，而且先进的性别文化也通过大众传媒和学校教育等途径在普通民众中开始传播。这些作用主要表现在以下三个方面。

一是从女性的经验出发，反思以往的父权/男权文化。如李小江等通过对新中国成立后妇女解放过程中"做像男人一样的女人"的反思，提出了"走向女人"的观点；王政等通过对"女人味"的质疑，提醒人们对性别本质主义保持警惕；等等。

二是用女性的眼睛看世界，赋予人文社会科学研究中各种有关性别的概念/观念以新的含义。如对传统的男性气质和女性气质的批判，对"男主外女主内"的传统性别分工模式的否定，对公私领域在人类社会发展中作用的重新界定，以及对家务劳动社会化和工薪化的主张，都在一定程度上改变了传统的性别观念。

三是通过学术研讨、项目合作、中外文化交流等方式，在不同见解的论辩与交锋中开阔思路、拓展视野、激活思想、开辟多元化的妇女解放路径。

具体到每个分支学科内部，就是通过妇女与性别研究，探讨性别不平等的原因、背景和内在机制，推进性别平等进程。

在女性文学领域，通过对古今中外大量作家作品的分析和解读，揭露、抨击隐含其中的男权传统文化规约以及由此形成的性别刻板印象，同时，以女性主义文学批评的力量对当代的文学创作产生有利影响。正如刘思谦教授所说："女性与女性文学，和人性的完善、个性的解放和民主、自由、平等、文明、进步、和平、发展这些人类共同珍惜的价值观念同命运，和人文主义价值的全面实现同命运。"[1]

在妇女史研究领域，通过对古今中外历史文本中妇女"失语"或"缺席"状况的钩沉与批判，以及对妇女"受压迫"的事实和妇女们抗争经历的描述，努力唤起人们对当今男性中心文化的改造和颠覆，以确立妇女在历史及现实社会中的主体地位。

在女性主义哲学领域，一是对古今中外男性思想家、政治家有关贬低妇女

---

① 刘思谦：《中国女性文学的现代性》，《文艺研究》1998 年第 5 期。

的言论进行批判，有关褒扬女人的见解予以肯定；二是用女性主义哲学家已经进入哲学领域的铁的事实来颠覆"女人不适合研究哲学"的传统观念；三是努力协调和解决各种性别冲突，以创造更为开放、更为平等、更为自由的思维空间，建构新的社会性别制度和社会性别理念。

在妇女/女性教育学领域，通过提升学生的批判性思维和性别反思能力，把个人感性的、经验性的性别认知提升为性别群体共同的、理性的自觉认识和行动，最终解构现实中的性别不平等制度，减少直至消除性别不平等现象。

认识是行动的先导，所谓没有革命的理论就没有革命的行动。因此，妇女/社会性别学科建设首先是认识论方面的一场革命，即通过人们思想文化观念的变革带动社会性别制度的全面变革，进而在促进性别和谐发展的同时促进社会机体的良性运行。

（二）妇女/社会性别学科建设是知识生产领域的一场变革

妇女/社会性别学科建设，不只是开设课程、出版教材和著作、发表论文这些基础性的工作，更重要的在于学科体系的建设以及学科地位的确立，即以体系化、机制化的实力进入知识生产领域，并被知识共同体内的同行认可，获得学理上的合法性。如果说1980年代学者们心目中的"妇女学"更多是一种美好愿望，1990年代的妇女学学科建设还多是因循西方而摸着石头过河的探索，那么，到了21世纪，真正具有中国本土特色的妇女/社会性别学学科建设就总体而言已经进入了实实在在的建设期，并在主流学界占据了一席之地。这一进展，除了表面上大家都能看得到的课程、教材、论著以及各级各类项目数量不断增加以外，更为重要的是已逐步深入到了不同学科的内部或根部，探讨妇女/性别学科建设的理论基石和实践基础。即便其自身目前在高校的院系建制内还不是一种独立存在，它也没有或不会妨碍有志于妇女/社会性别学科建设的同人对与此相关的基本理论和方法论原则进行深入而持久的探讨，有所建树，并进一步获得主流学术界的认同。

纵观当代中国的妇女/社会性别学学科建设，其创新性显而易见。具体表现为：第一，在借鉴西方女性主义学术理论资源和各种"后学"的基础上，赋予来源于西方的概念以"中国历史文化"的深刻内涵；第二，赋予传统的

"学科知识"以社会性别的普遍意义;① 第三,改变知识生产的"八股式样",将女人们的经验通过口述和实证的方式纳入知识生产的系列。可以看到,随着女权/女性主义、社会性别、父权制、男性中心、平等、差异、多元、交互性(性别与国家/地区、民族/种族、阶级/阶层、性取向、年龄、历史文化、宗教等的交互)、话语、权力、女性视角、性别经验、妇女解放、妇女发展、男性研究、解构、建构、兼容、包容,以及后现代、后殖民、后结构等概念范畴在妇女/性别研究中的广泛使用,兼之对认知主体、他者、客观性、价值中立、理性、二元论、性别身份、性别气质、经验、立场、身体、公私、内外等核心概念的重新厘定,妇女/性别研究已经成了一个新的知识增长点,在学术界产生了巨大影响。而这些具有普遍解释力的概念范畴和理论框架的建构,以及由此而决定的研究对象、研究方法、研究目的、研究过程、研究内容和战略目标的不同,都使妇女/社会性别研究这个新兴的学科与其他学科严格区别开来。尤其是"妇女的+本土的"妇女学架构的提出,② 不仅将妇女/社会性别学科知识体系与传统的男性中心知识体系区别开来,而且表明了中国的妇女/社会性别研究与西方的女权主义研究的差异性。值得强调的是,妇女/社会性别学学科以超越传统的思维质疑、批判历史与现实,以构建新的知识生产体系和理论框架,这不仅有益于妇女/社会性别学科的健康发展,而且具有文化建设的积极意义。

由此,在女性主义理论导引下,从社会性别视角出发所生产出来的知识在高等院校和社会生活领域进行传授与传播,人们看到的(将)是与以往不一样的人文科学和社会科学,不一样的"文学"、不一样的"历史学"、不一样的"哲学"、不一样的"教育学",以及不一样的"社会学"、不一样的"心理学"、不一样的"政治学"、不一样的"法学",乃至不一样的"科学"和"技术"。这个具有无限生机的新兴的学术领地,通过与主流学界的对话,与

---

① 参见:蔡一平、王政、杜芳琴主编《赋历史以社会性别》和《引入社会性别:妇女史研究的新趋势》(2000,内部版)以及王金玲、高雪玉主编《赋社会以社会性别》(2000,内部版)等妇女与社会性别读书研讨班专辑;郑新蓉:《性别与教育》,教育科学出版社,2005;乔以钢:《性别:文学研究的一个有效范畴》,《文史哲》2007年第2期;贺萧、王政:《中国历史:社会性别分析的一个有用的范畴》,《社会科学》2008年第12期。

② 参见王金玲主编《女性社会学》导论部分,高等教育出版社,2005。

非女性主义学术的对话，与西方女权主义理论的对话，与国际的对话，与历史和未来的对话，与社会实践的对话，通过不同性别之间的对话、妇女自我的对话、代际对话、学科之间的对话等，为当代中国的学术研究和社会行动拓展了更为广阔的空间。尤其值得肯定的是，近十年来的诸多成果，不仅强化了人们的理性思考，面对传统的男性中心文化和社会性别制度，更进一步提出并不断深入探讨了建立新的社会性别文化和制度的"长期性""艰巨性""策略性""战略性"等议题。因为，越来越多的研究者越来越深刻地认识到，"任何特定时空中的个人或群体，主观能动性的实现都不可能完全摆脱历史规定性"，所以，在现存体制内"策略性"地生存，不只体现了妇女研究者的聪明和智慧，也是妇女主体作用充分发挥的实证，更为重要的是能"促使有关研究成果产生更为广泛的影响，从而有利于争取在尽可能高的程度上实现研究工作本身的人文价值"。①

（三）妇女/社会性别学科建设是改变社会现实的具体行动

妇女/社会性别学学科建设，不只是要改变性别观念和建构新的性别知识体系，更为重要的是以改变了的性别观念和新建构的性别知识体系作为价值目标和理论基础，指导人们对人类自身和社会进行改造，以便使人类赖以生存的社会更加公平与合理。因为，学科虽然是知识演进的结果，但学科知识不只属于纯粹的知识论范畴，更是一种社会实践的导向，甚至学科知识生产过程本身就是一种社会实践。

建立在这样一个基础上的妇女/社会性别学科建设，追求的是"知识的行动化和行动的知识化"。② 许多从事妇女/性别研究的学者实际上就是当代中国妇女解放运动的积极推动者和社会改革的实践者。具体表现为：其一，将妇女/社会性别学学科建设作为开疆拓土的一项伟大事业，在高等教育的体制内和国家社科规划的体制内努力开拓发展空间。而利用高等教育在国家发展和公民心目中举足轻重的地位，将具有学术潜质的相关课程引入高等教育的教学体系

---

① 乔以钢：《论女性文学的学科建设》，《南开大学学报》2003 年第 3 期。
② 参见妇女/社会性别学学科发展网络《章程》，www. chinagender. org。

之中，使妇女/性别课程在高校的学科体系中占据一定位置，是许多研究者持之以恒的一种行动。正如哲学教授王宏维所说："在高校开设女性学/社会性别研究课程本身就是一种行动，是将女性主义研究的思想、观念、理论传播给大学生和研究生的'行动'。这一'行动'意义深远，不仅是对性别平等思想的推进。也是对男权中心主义长期占据的教育领域及知识体系的一个冲击与改变。"① 而文学教授乔以钢在谈到女性文学学科建设时也强调："我们在学科建设方面付诸努力，并不意味着放弃对以传统文化为基石建立起来的性别观念以及文学领域存在的性别问题的质疑立场和批判精神，而是试图充分利用现代学术管理制度中所可能争取到的空间，创造对女性文学研究更为有利的外部环境和条件，推动学科发展，扩大事业影响。"②

其二，将课堂当作具体的实践场所，一方面努力践行女性主义的性别平等理念，通过女性主义教学法的应用，构建民主的师生关系，强调经验的平等分享与交流，重视学生的体验、感受、情绪、价值观念等与所学知识间的关联，积极建构学生的主体地位，培养学生的社会理解力和行动积极性，以尽可能提升和实现妇女/社会性别研究的人文价值；另一方面通过校园活动或行动，在培养年轻一代自觉抵制各种性别不平等现象能力的同时，用学生的行动对女性主义知识进行检验、完善和修正，以便使教育内容与学生乃至社会的现实状况更好地对接，使教学内容更好地服务社会，推动全社会的性别平等。

其三，以妇女与性别为研究方向的硕博士学位点不断增多，培养了一支具有一定专业水平的妇女/社会性别研究队伍，凝聚了一种具有一定专业实力的学科力量，促进和保障了妇女/社会性别学科建设的可持续性发展。

其四，从书斋走向社会，努力把妇女/社会性别研究的成果转化为公共政策。如推动妇女/社会性别研究学者积极参加与妇女发展有关的各项法律和政策的制定和修改；研究促进性别平等的政策和规划的制定；促进分性别统计，开展妇女发展与性别平等状况评估；争取社会支持，推动妇女/性别研究纳入

---

① 王宏维：《对高校女性学/社会性别研究课程及其教学的五点看法》，《山西师大学报》（社会科学版）2007 年第 1 期。

② 乔以钢：《论女性文学的学科建设》，《南开学报》（哲学社会科学版）2003 年第 3 期。

国家和教育部等政府部门的社科规划项目；等等。① 而女职工同龄退休、增加女厕所的蹲位、家务劳动工薪化、反对针对妇女的家庭暴力、反对性骚扰等，也都曾被身为学者的"代表""委员"作为"提案""建议"在全国"人大"和"政协"年会上加以提交。这从一个侧面说明妇女研究成果向社会实践层面转化已被越来越多的学者所关注。事实上，王金玲教授早在1986年首次提出的"将生育保险纳入公共政策"的建议，如今已经变成现实。② 正如杜芳琴教授反复强调的，"妇女学学者首先应该是人文学者，要善于把学科和学术的知识变为公共知识，同时把公共知识变为大众知识"。"而真正促进民众积极变革和善于变革的知识策略，那才是真正有用的知识和学问。"③

不可否认，在今天，中国的妇女/社会性别学学科建设仍以主流学科中"分支"学科或三级学科的身份出现或存在，如女性文学所具有的"文学"属性，妇女史所具有的"史学"属性，女性主义哲学所具有的"哲学"属性，妇女教育学所具有的"教育学"属性等，都使妇女/女性/社会性别研究与传统的人文学科难解难分，甚至从属于传统的人文学科的分类。然而这种状况既可能是羁绊，也可以是资源。而冲破羁绊、借助已有的文史哲等传统学科的资源，妇女/社会性别学科的人文特性将会充分显现。例如，在学术研究和知识生产领域寻求"跨学科"或"交叉学科"的资源时，我们曾听到诸多"不一样"的议论。有人说，所有的研究最终都要归结为"哲学"，因为它对来源于现实生活中诸多现象或问题的"高度抽象"和"高屋建瓴"，可以使人们花费较少的时间和精力而达致"窥一斑而知全豹"的认知效果；有人说，所有的学科最终都要归结为"文学"，因为文学是人类把握世界的精神生活的重要方式之一，没有任何一门学问能像文学作品（包括影视作品）那样如此淋漓尽致地对现实社会以及人类活动进行褒扬、揭露或鞭挞，能有如此众多的受众，而文学在感知人类情感世界的全域、塑造人的精神世界方面也独具"润物细

① 参见谭琳《从研究到实践——推动政策和学术领域性别主流化的尝试》，载谭琳、孟宪范主编《他们眼中的性别问题——妇女/性别研究的多学科视野》，社会科学文献出版社，2009。
② 参见〔美〕周颜玲、〔美〕仉乃华、王金玲《前景与挑战：当代中国的妇女学与妇女/性别社会学》，范晓光译，《浙江学刊》2008年第4期。
③ 谢玉娥主编《智慧的出场——当代人文女学者侧影》，河南大学出版社，2013，第189页。

无声"的作用；有人同意世界上只有一门学问，那就是"历史学"，因为无论人与社会，还是为了探究人与社会而滋生的各种各样的"学问"或学科门类，都不能没有自己的历史，它所具有的"明智"效果是其他任何学科都无法比拟的；有人说，所有的学问最终都要归结为"政治"（不是政治学），因为文史哲等各个领域都只是人们认识世界的手段，而认识世界的目的最终在于改造世界，因此，变革一切不适合时代潮流和人类未来发展方向的"现实顽疾"（包括性别不平等问题）是人类社会充满活力的内在动力；也有人说，要转变人们的认识，并将转变了的认识付诸行动或实践，"教育"（不单指教育学）在其中所发挥的作用不可小觑，不论家庭教育，还是学校教育和社会教育，只有在先进的理论和理念，以及正确的价值观指导下，才能事半功倍地进行耕耘并有所收获。综而述之，妇女/社会性别学科在人文科学的意义上所建设的正是这样的一门学问，它在文史哲等传统领域以及许多新兴的学科领域所关注和反思的人文知识，所努力塑造的人文精神，无论中外还是古今，都是人类文明进程中"永恒"的主题。

我们坚信，妇女/社会性别学科建设是一个"过程"，它已在林立的学科群落中起步并踏上征程。从本书中一些学者对近 20 年来中国的女性文学、妇女与社会性别史、女性主义哲学、妇女性别教育学等不同学科发展所做的系统梳理和总括中，我们都可以明显看出妇女/社会性别学科运行的轨迹和发展的趋势。无论如何都不能否认，近 20 年来的妇女/社会性别学科建设本身及其所产生的辐射效应，不仅重塑着人们的观念，尤其是性别观念，改变着人们的行为，乃至整个社会，而且也在生成着历史——学术发展的新历史，掀开了人类历史的新一页。

B. 5

妇女/社会性别学在社会科学领域的推进

杨国才　张瞿纯纯*

摘　要:

> 近 20 年来, 妇女/社会性别学及其相关学科的建设与发展在确立学科地位、划定知识疆界、推进学科化进程的同时, 在两个层面取得了较大推进: 一是在社会科学各学科领域纳入社会性别理念, 提高社会性别意识的敏感度, 以添加、修正/弥补、重新概念化等方法重构原有的学科; 二是在妇女/社会性别学学科领域内强调本学科的学科特点, 明晰本学科的学科范畴, 以特有的概念、理论、研究/教学方法表明自己的学科性存在。但就学科推进与学科建设而言, 学术研究、课程建设、学者和师资培训仍存在不足, 在未来加强相应领域的构建与充实, 将为社会科学领域妇女/社会性别相关学科的学科化进程开创新局面。

关键词:

> 妇女/社会性别学　社会科学领域　学科建设与发展

西方女性学①自 20 世纪六七十年代产生以来, 已经走过了将近半个世纪的历程, 中国女性学诞生于 20 世纪 80 年代, 也已历经 30 多个春秋。经过

---

* 杨国才, 毕业于湘潭大学哲学系研究生班, 现任云南民族大学妇女/性别研究与培训基地主任, 二级教授。主要从事女性学和少数民族妇女问题研究。张瞿纯纯, 云南民族大学人文学院社会学研究生, 主要从事性别社会学研究。
① "女性学"在中国的另一命名为"妇女学"。从尊重作者出发, 本章在文中保留作者的命名——主编注。

几十年的发展，尤其是 1995 年世界妇女大会之后，妇女/社会性别学科①逐步得到了主流学科的认同，为中国社会科学全面、健康发展构建了更为坚实的基础。

一 概述

西方女性学作为风云激荡的女权运动第二波的延伸，立足于大学讲堂；中国女性学在改革开放之初，为回应社会变革中的性别问题而诞生。'95 世界妇女大会之后，中国社会科学领域已有不少主流学科接受了妇女/社会性别学科的基本分析范畴和研究方法。或认同了以妇女/社会性别理论为基础构建的分支学科的合法性，如妇女/性别社会学、妇女/性别人口学；或认识到以妇女/社会性别理论为基础构建分支学科的重要性和必要性，如妇女/性别经济学，妇女/性别法学；或妇女/社会性别理论已凝集了相关的分支学科力量，成为主流学科中新的突破点，如妇女/性别政治学；或妇女/社会性别理论已成为主流学科中不可或缺的重要组成部分，如妇女/性别健康科学研究。时至今日，妇女/社会性别学科要得到更好的发展，独立于学科之林，仍然需要经过依据传统学科标准的身份检验。

基于可行性，本篇在社会科学领域中最后确定了六个具有代表性的学科或学科构成部分，对其自'95 世妇会以来的发展进行考察和分析，以展示自'95 世妇会以来中国社会科学领域妇女/社会性别学相关分支学科的学科化进程、成就与不足。这六个具有代表性的分支学科或学科组成部分为妇女/性别社会学、妇女/性别人口学、妇女/性别法学、妇女/性别经济学、妇女/性别政治学、妇女/性别健康科学研究。

需进一步说明的是，自 1980 年代以来，尤其是'95 世妇会以来，中国的妇女/社会性别学及分支学科的建设与发展取得了较大的成就，各分支学科在其所处的主流学科中均或多或少有所建树和有所突破。本篇只是从可行性和可代

---

① 从行文简便出发，妇女/社会性别学简称为：妇女/性别学，相关分支学科简称为妇女/性别××学，如妇女/性别社会学。

表性出发，最后确定了这六个分支学科/学科组成部分，疏漏之处希望能在以后的著述中加以弥补。

二　妇女/性别社会学

1995 年以来，中国女性的社会生活发生了巨大的变化。中国妇女在社会生活中日益彰显的地位与社会性别研究不断走向理论自觉和方法自觉相互作用，共同推动了妇女/性别社会学的本土化、主流化和学科化的进程。

（一）发展概况

近 20 年来，有关妇女/社会性别的研究已经挑战了传统的性别叙述方式和知识生产体系，并已成为影响包括社会学在内的人文社科学科领域和妇女运动的最为活跃的因素之一。[①] 作为一个新兴的研究领域，当代中国的妇女/性别研究与社会学研究联系非常紧密，社会性别视角的引入，很大程度上弥补了古典与现代社会学研究中存在性别偏见和性别盲点的缺陷，拓展了传统社会学的研究视域和理论空间。

梳理中国妇女/性别社会学的学者们有关妇女/性别社会学学科化 20 年来探索的最主要问题，可以简要将其归结为三个层面，即如何实现妇女/性别社会学的本土化、主流化和学科化。而纵观妇女/性别社会学的探索路径，有两条越来越明晰的发展轨迹和趋势不能不引起我们的关注，那就是研究中的"理论自觉"和"方法自觉"。当然，需要说明的是，说其浮现出理论自觉和方法自觉的特征并不是说这门学科已经达到了理论自觉和方法自觉的境地。正如郑杭生教授将"理论自觉"简要地规定为对社会学理论或社会理论进行"建设性的反思"一样，[②] 学者们认为，妇女/性别社会学研究中的理论自觉和

---

① 〔美〕周颜玲、〔美〕仉乃华、王金玲：《前景与挑战：当代中国的妇女学与妇女/性别社会学》，范晓光译，《浙江学刊》2008 年第 4 期。

② 郑杭生：《"理论自觉"简要历程和今后深化的几点思考》，社会学视野网，2010 年 8 月 8 日，网址：http://www.sociologyol.org/yanjiubankuai/xueshuredian/makesizhuyishehuixuezhuantiyanjiu/cujinshehuixuedelilunzijie/2010 - 08 - 08/10775.html。

方法自觉亦是对本学科发展的建设性反思，它们同妇女/性别社会学追寻本土化、主流化和学科化的努力交织在一起，成为我们回顾过去、瞻望未来的分析框架和概念工具。

（二）学科建设与发展

"学科"（discipline）一词在古拉丁文中兼有知识和权力之意，尽管人们对学科的理解可谓见仁见智，但其所包含的两个最基本的含义，却是不同语境下都强调的：一是指知识的类别和学习的科目；二是指对人进行培育，引申为制度、建制、规训之意。[①] 从这一点看，妇女/性别社会学的学科化进程，就是一个追求妇女/性别知识和权力的合法化和制度化的过程，并且是与学术研究的本土化和主流化交织在一起的。回顾一门学科的发展状况，需要相应的观察维度和测量指标。著名社会学家费孝通先生认为，一门学科机构大体上要包括五个部门：一是学会；二是专业的研究机构；三是各大学的学系；四是图书资料中心；五是学科的专门出版机构。[②] 费老说的这五个方面实际上就是学科的外在制度，而学科的内在制度主要指学科规范的理论体系、课程设置、公认的专门术语和方法论、师资、代表性的人物和经典著作、教材等。

女性主义方法论开辟了与以往的知识体系不同的另一种认识视角及领域。[③] 通过女性主义的方法论，妇女/性别社会学的学科建设将男性主流的社会学体系带进了一个新的发展境地。恰如一些学者指出的，"女性主义期望通过方法论的变革，将社会学改造成一种不仅是关于女人或由女人来研究的学问（for or by women），而且成为为女人（for women）的社会学"。[④] 正是基于这一点，女性主义方法论成为妇女/性别社会学对传统社会学和社会科学知识的最大贡献。

① 王珺：《"妇女学"学科合法性探论》，载杜芳琴主编《社会性别》（第3辑），天津人民出版社，2007，第4页。
② 费孝通：《略谈中国的社会学》，《社会学研究》1994年第4期。
③ 张宛丽：《女性主义社会学方法论探析》，《浙江学刊》2003年第1期。
④ 转引自吴小英《当知识遭遇性别：女性主义方法论之争》，《社会学研究》2003年第1期。

（三）学术研究的进展

随着中国的妇女/性别研究逐渐从学术边陲走向主流学术圈，妇女/性别社会学研究为传统的社会学研究贡献了独特的方法论视角，并且成功地挑战了男性占主流地位的知识生产与学术话语权，其所主张的一些理念和术语已经成为社会科学界不可忽略的内容。

就学术研究而言，近20年来，妇女/性别社会学的学术论文发表数、优秀硕博士论文选题数和国家社科基金立项课题数量不断增长，质量日益提高，产生了许多具有前沿性、影响力和吸引力的优秀成果；妇女/性别社会学在很多专题领域的研究都有了新的拓展和提高。而在不断走向理论自觉和方法自觉的过程中，其研究的内容、话语和视角等都发生了重大转向。

另外，妇女/性别社会学研究的内容也从"问题"转到"主体"，研究的话语从"价值中立"转到"女性主义立场"，研究的视角从"一元视角"转到"多元融合"。

如前所述，妇女/性别社会学在近20年来所致力于探索的最主要问题是如何实现妇女/性别社会学的本土化、主流化和学科化。因此，从根本上说，妇女/性别社会学的理论自觉与方法自觉不仅是指认真地去回顾妇女/性别社会学发展历程和总结妇女/性别社会学的发展经验，而且要很好地去反省妇女/性别社会学在学术研究和学科发展中所持的基本立场和价值理念，在学科规划和研究展望中更清楚地知道中国究竟需要什么样的妇女/性别社会学；而在理论建构和经验探讨中，我们也要不断地重新审视已有的方法论原则和观察视角，从而不仅使妇女/性别社会学增强自身的学术主体性，提高妇女/性别社会学的学术反省和自主创新能力，反过来，学术反省和自主创新也能进一步推动妇女/性别社会学学科发展走向理论自觉和方法自觉。

三　妇女/性别人口学

（一）研究特色与学科发展态势

"女性人口"既是人口学科中不可或缺的研究主体，又是妇女/社会性别

学学科必不可少的关注对象。因此，对"女性人口"的研究绝不只是简单地关注人口群体中的另一半——"女性"，而是要在有关人口及人口生命过程的研究中嵌入社会性别的研究视角，借此凸显"女性人口学"不同于其他学科的研究特色。

从社会性别角度介入人口观察与分析，不仅丰富了人口学的研究内容，深化了人口学研究中的许多命题，而且也为妇女/社会性别研究提供了具有说服力的人口学量化数据和结论。

在中国，自1980年代，尤其是1995年以来，依托全国高等院校陆续设立的人口学和社会学专业、社科院系统和党校系统开展的相关研究以及各类非政府组织的相关社会行动，女性人口学的学科地位已逐步确立，并不断提升。

（二）发展阶段和重点领域

在中国，女性人口学的学科化发展大致可分为以下四个阶段。

1. 倡导阶段（1988～1993年）

1988年，西安交通大学人口研究所的朱楚珠就公开发表了"对女性人口学研究的呼唤"一文，针对当时对中国人口普查资料开发利用中女性人口研究严重不足的状况，阐述了开展女性人口学研究的理论价值与现实意义，并提出了相关建议。[①] 这可说是对女性人口学学科建设的最早倡导。

2. 起步阶段（1994～1996年）

在1991年，由朱楚珠和蒋正华主编出版了《中国女性人口》一书。作为中国女性人口研究的第一本专著，该书从人口学角度，对中国女性人口的生育、死亡、素质、年龄结构、婚姻家庭、经济参与等多个方面进行了专题研究，开创了人口学学者系统关注"女性人口"议题的先河。之后，在1994年"世界人口与发展大会"（ICPD）和1995年"世界妇女大会"（WCW）的促动下，在中国，女性人口议题受到广泛关注，从而使相关研究进入了发展阶段。

---

① 朱楚珠、梁巧转：《近五年来中国女性人口学研究综述》，《人口研究》1988年第6期。

3. 推进阶段（1997～2005 年）

在 1997 年召开的第 23 届"国际人口科学联盟大会"（IUSSP）上，"妇女赋权"（Women Empowerment）被列为一个专题，在人口学学者中引起了广泛的讨论。与此同时，在"中国人口论坛"设立的八个专题中，就有"中国妇女问题"和"中国妇女健康问题"两个专题，直接针对"女性人口"进行研讨。由此，人口学的研究进一步与社会性别研究相交叉和汇聚。

在世纪交替之际，中国陆续公布的人口普查数据资料为学者们开展女性人口学的研究创造了有利条件，不少学者进一步对不同女性人口状况与特征的变化进行了深入研究。

4. 深化阶段（2006～ ）

随着《中国妇女儿童发展纲要（2001～2010 年）》的颁布与实施，2006 年以后，对女性人口的研究触角开始向更为深广的领域延伸。近十几年来，作为基于人口学和妇女/社会性别学两大学科的一门交叉学科，女性人口学在学科建设上有所建树并获得较大发展。

1995 年以来，与社会转型和发展相伴随，中国的女性人口学研究涉及面十分广泛，而主要关注点集中在如下六大领域。

1. 出生婴儿人口性别比。主要集中在以下三个方面：对出生婴儿人口性别比升高现象的考察、对出生婴儿人口性别比偏高的原因分析和对婴儿出生性别比失衡治理的探讨。

2. 女性人口素质的比较研究。主要集中在对女性平均预期寿命进行比较分析和对男女童成长状况进行比较研究两个方面。

3. 女性与婚姻家庭及女性地位。主要集中在家庭生命周期、夫妻角色分工、新型"空巢"家庭、婚姻市场、老年人婚姻、生育率与女性地位六个方面。

4. 生育健康与女性健康。主要集中在女性生育健康和弱势女性生殖健康两大领域。

5. 流动及受流动影响的女性人口。主要包括以下四个方面的内容：对女性人口流动及其影响的研究、女性人口流动的特点及原因研究、留守妇女问题研究、留守女童问题研究。

6. 女性的劳动就业。主要涉及女性人口经济活动参与状况、劳动力市场中的性别格局等问题以及收入、就业结构等其他有关问题。

（三）发展方向

经过 20 余年，尤其是近 15 年来的努力，中国女性人口学的学科建设取得了较大发展，学术成果层出不穷，不少高校开设了相关课程，有关社会行动也取得了较大的成效。但不能不指出，从作为一门独立学科来看，女性人口学还处在学科建设过程中。

女性人口学的发展存在以下三大不足：理论研究有待深化、学术交流平台欠缺、全国性学术组织机构缺乏，尚未成为完全独立的学科。因此，以人口学和妇女/社会性别学这两大学科为基础，通过多学科和跨学科的努力，发展具有本学科和本土特点的重要概念、研究范式、课程，直至建构本学科特有和专门的理论体系、课程体系及相关建制、组织机构等，当是女性人口学学科建设与发展在未来几年的重点所在。

四　妇女/性别法学

妇女/性别法学学科建设也是中国妇女/社会性别学学科建设的一个重要组成部分。近十几年来，在广大学者和教师的努力下，中国的妇女/性别法学逐渐形成了自己的知识领域，处在学科化的进程之中。

（一）发展概况

中华人民共和国成立之后，执政党和政府始终坚持妇女解放和发展的方针政策，不断推进妇女事业，基本形成了包括法律、行政法规和地方性法规在内的一整套保障妇女权益和促进妇女发展的法律体系，妇女的社会地位有了较大的提高。但与社会转型和妇女自我意识的提升相伴随，近 30 余年来也出现了一系列与妇女/性别相关的新情况、新问题，妇女/性别法学研究和教学的重要性、妇女/性别法学学科建设的必要性日益凸显。

自 1995 年以来，中国妇女/性别法学的学科化经历了从最初认识、介绍西方女权主义法学思想到研究本土妇女/性别法学相关现实问题，再到逐步建构相关的概念和知识、倡导完善政策法律三个阶段。而妇女/性别法学的学科化策略主要包括两个方面，一是妇女/性别法学知识本身的系统化和学科化，二是建设妇女/性别法学知识的生产、传播和继承机制。

（二）学术研究的进展

经过 20 年的发展，法学界越来越多的学者认为应该做到"在现有法律/政策框架下最大程度地推进社会性别平等"；"同时考虑国际潮流和中国实际，重新构建社会性别公正的政策法律体系"。① 在这一共识下，'95 世界妇女大会以来，中国妇女/性别法学的学术研究呈现出以下两大特点：首先，妇女/性别法学的学科地位在妇女/社会性别学学科领域中得到提升；其次，社会性别分析范畴正在不断进入法学学科的方方面面，法学界越来越关注用社会性别视角审视法律体系，以维护社会公平和正义。

从学术论文看，近 20 年来，妇女/性别法学的研究论文数量不断增加，研究水平逐步提升，研究领域不断扩展，对国家法律和政策的建议和倡导也日益增多。具体而言，'95 世界妇女大会以来，中国妇女/性别法学学术研究的发展可分为以下三个阶段。一是 1995～2000 年，是不断认识和探索阶段。二是 2001～2005 年。在这一阶段，妇女/性别法学的研究以译介西方女权主义思想为主，而在认知女权主义思想之后，开始对女权主义法学展开研究和反思。第三阶段为 2006 年至今。这一阶段，在进一步研究和探讨西方女权主义法学思想的基础上，学术界积极探索这一思想对中国立法、司法和执法的借鉴意义，努力进行本土妇女/性别法学理论的探索，积极进行相关的法律政策倡导和社会行动。

在现有课程和科研成果的基础上，随着妇女/性别法学学科建设和发展重要性、必要性的不断增加，随着法学学者和教师建设妇女/性别法学学科意识的增强，相信在未来几年，中国的妇女/性别法学会从现在的前学科状态发展为一门学科，并初步构建起相关的学科体系。

---

① 杜洁：《以研究促进政策和法律纳入社会性别视角——社会性别与法律/政策项目的探索》，《妇女研究论丛》，2006 年第 2 期。

（三）课程建设态势

1995 年前，中国的妇女/性别法学仅提出了妇女与法律这个概念，理论研究则主要是了解、介绍国外相关知识。1995 年之后，随着社会性别概念和社会性别分析方法进入中国，妇女/性别法学意识开始萌发并开始了知识化发展的进程。

妇女/性别法学的课程建设可以分为以下两个阶段：第一阶段为 1995 ～ 2004 年。这是中国妇女/社会性别学学科建设的起步阶段，而妇女/社会性别学学科建设的开展，也为妇女/性别法学领域的开拓奠定了扎实的基础。第二阶段为 2005 年至今。2005 年，全国性的妇女/社会性别学学科发展网络筹建组——妇女/社会性别学学科建设与发展网络核心成员在筹备会议上提出，根据学科发展基础/现状和社会/教学需求的迫切性，优先发展和推进包括妇女/性别法学在内的 7 门学科，给予必要的支持。由此，妇女/性别法学的学科建设有了较大的发展。

至 2010 年，全国已有数十所高校开设了包括讲座、选修课、必修课在内的各类妇女/性别法学课程；妇女/性别法学已成为不少法学硕士生、博士生选择的学位论文的方向；出版了一批妇女/性别法学及相关分支学科的教材和教学参考书；初步形成了妇女/性别法学的教学队伍。

五　妇女/性别经济学

在西方国家，女性主义经济学发源于 20 世纪 60 年代的西方女权主义运动，而 20 世纪末"女性主义经济学国际协会"的成立，以及其创立的学会期刊《女性主义经济学》的发行，则标志着女性主义经济学学科的出现。而女性主义经济学构建了学科后，进一步以性别作为视角，对以新古典经济学为代表的主流经济学进行了重新解释与批判。

（一）发展概况

在中国，妇女/社会性别视角与理念进入经济学领域是伴随着国内经济体制改革和第四次世界妇女大会影响力的扩展逐步推进的。一开始，学者们更多地关注女性在家庭角色、工资收入、就业等方面所遭受的歧视，自 1995 年以来，妇女/社会性别视角不断进入主流经济学，并在以下四个方面呈现出与以往不同的特点：一是社会性别视角进入主流经济学视域，促进了女性经济学研究的兴起；二是女性经济学研究队伍不断壮大，学术影响持续扩大；三是研究水平不断提高，定性与定量研究方法综合使用，形成了对主流经济学的强劲挑战；四是课程建设不断推进，教材出版和专业设置呼之欲出。

（二）学科建设与发展

中国学者对国外女性经济学的学科体系、研究方法、研究对象的译介始于 2002 年，此后，女性经济学研究开始逐步推进。从目前情况看，一是大部分研究还停留在对女性经济学相关议题的学术研究层面，还没有形成系统的学科体系认知。二是女性经济学的课程建设一直在向前推进。目前，有代表性的课程综合起来大致有四类。一类是与劳动力市场就业相联系的课程；一类是关于女性职业生涯规划的课程；一类是作为女性经济学的分支学科出现的课程；一类是女性经济学的专业性课程。总的来看，女性经济学的课程已由对女大学生群体、女性群体在就业市场所遭受的歧视的分析转变为对于性别（包括男性和女性等人群）的多维度分析，表现出妇女/性别经济学的学科化推进。而在主流经济学领域，社会性别的理念也不断得以渗透和拓展，形成性别与休闲、性别与发展、家庭资源配置、性别与全球化、无偿照料劳动、时间使用的性别分析等课程或课程内容。三是科研和师资力量不断壮大。1995 年后，在经济学科中，随着国外女性主义经济学理论和社会性别理念的传播，在中国，越来越多的学者和教师提升了社会性别分析和研究的能力，女性主义经济学教研力量越来越强大，越来越多的教师和学者致力于女性经济学学科的建设和发展。

妇女/社会性别视角进入经济学领域对经济学教学方法的变革也产生了巨大影响。女性主义经济学吸收并传播女性主义哲学的观点，认为独立于文化之外的所谓"客观世界"并不存在，科学在本质上是一种"社会和语言的建构"，是权力关系的产物。在这种认知的影响下，主流经济学的教学方法已开始重视女性的主体性，尊重女性的知识和经验，聆听来自女性的声音。

（三）学术研究的进展

2000 年以前，国内对女性主义经济学的介绍和相关研究基本处于空白。
2002 年《女性主义经济学述评》（贾根良、刘辉锋著）一文的发表为中国经
济学引进了一种新的视角和思想。至 2010 年，仅从中国期刊网上的期刊论文
库论文、优秀硕博士学位论文库中的学位论文来看，中国有关女性经济学的研
究已涉及女性就业、家庭时间配置、性别与贫困、家务劳动有偿化、女性人力
资本投资、女性职业生涯规划与发展等议题，数量逐年增加，质量不断提高，
发展势头迅猛；从国家社科基金课题看，女性经济学研究课题在 2006 年实现
零的突破，并在此后大多数年份均有立项。从国家自然科学基金课题看，从
2011 年开始，国家自然科学基金委员会在总结以往工作经验的基础上，借鉴
发达国家科学基金组织的做法，在继续实施"同等条件下女性科研人员优先"
政策的同时，又出台一系列新政策鼓励女性科研人员申请国家自然科学基金，
包括放宽女性申请青年科学基金的年龄到 40 岁、进一步明确女性可以因生育
而延长在研项目结题时间等。

虽然女性经济学的学科建设还有许多不足和问题，也面临发展的困惑与矛
盾，但是中国正处于社会转型和制度变迁中，女性对经济发展的影响越来越
大，加上中国特有的文化背景及国际化大环境，都为经济学研究和教学提供了
丰富的议题。随着科研和教学力量的增强，科研和教学质量的提高，学科化意
识和能力的提升，在未来几年，中国将建设具有本土化特色的中国妇女/性别
经济学及其体系。

六　妇女/性别政治学

女权主义对于政治学的意义一方面是扩展了政治学的含义，另一方面是引
入了社会性别的概念。社会性别概念的引入，将人们看待性别政治的焦点从生
理性别转向了性别身份的社会建构特性，并由此检视主流政治思想中的二元论
如何建构政治学对女性的想象与理解。

（一）发展概况

现有对政治学的理解倾向于认为，政治学包括政治哲学理论和政治科学理论两部分，中国学界对政治学的理解强调其科学理论这一层面。按照这一框架，现有的研究资料显示，妇女/性别研究已经介入政治哲学、政治科学的公共政策、领导选拔方式改革、政治参与、基层群众自治制度及比较政治等领域。

一是就研究论文而言，1995 年以来中国政治学会年会的主题，直接以性别/妇女为对象的尚未出现；作为政治学权威刊物的《政治学研究》，1995 ~ 2010 年发表的论文共有 1097 篇，但未能查阅到以社会性别为关键词的论文；作为政治学权威网站的中国政治学网列有一大类目为政治学学科建设，但相关论文中没有论及性别研究与本土政治学建构的。[1] 与学术论文的稀少相比，越来越多的硕士和博士生选择性别政治作为自己的学位论文研究主题。

二是就国家基金资助课题而言，查阅 1995 年以来国家社科基金资助的课题目录，与性别政治学有关的课题相当少。

三是就著作而言，已出版的有关社会政治哲学以及当代政治哲学的著作中大多有讨论女权主义哲学和/或有关性别议题的内容，而在政治学与政治思想史的著作中，女权主义思潮也时有论及。

在行动层面，就培训与倡导而言，全国妇联妇女研究所、南开大学公共行政学院都曾开展过公共政策与社会性别的培训工作。此外，不少学者也曾以学术活动、社会行动的方式积极介入性别与公共政策的研究与传播及政策倡导中。

整体上看，近 20 年来，较之于性别研究在其他学科中的拓展，相对来说，在政治学领域，虽然社会性别与公共政策的课程建设及学位设置已取得了一定的成就，但女权主义政治学的课程开设以及学位设置都不容乐观。

（二）学术研究的进展

较之女权主义政治学在学科制度化方面呈现出的单薄而言，女权主义政治学研究领域的成果则要相对丰富些。而一般来讲，学术研究是学科发展的基

---

[1] 参见 http://chinaps.cass.cn/theory20.asp。

础，学科发展必须有足够的研究成果支撑。由此，女权主义政治学研究成果的丰富化也是妇女/性别政治学建立和发展不可或缺的一大基础和支撑。

1. 女权主义政治哲学

研究者发现，女权主义在政治哲学中的努力呈现出三种方式，第一种是对历史上和当代"主流"政治思想的批判性讨论；第二种是对传统观念进行建设性的重新解释并对具体的观点进行修正；第三种是对女权主义和政治行动主义经验的反思，并从中提炼出更为一般的政治哲学结论。① 由此可见，近20年来，中国妇女/性别政治学领域从女权主义视角来讨论政治学规范性议题的译介性著作较多，其主要观点集中在以下领域。第一，对西方经典著作中有关妇女与政治的论述进行批判与修正；第二，对自由主义政治理念中强调的个人主义进行女权主义的批判；第三，重新理解权利概念；第四，认为要重构政治学的核心议题，必须依靠对妇女经验的重新理解和评价。

2. 妇女的政治参与

对于妇女政治参与的研究，最初偏向于采取社会学视角，注重从妇女的参政机会、参政动机、参政能力来分析影响女性参政的因素，近年来的研究则渐渐转向政治学视角，注重考察选举制度、选举模式与女性参政之间的关系，探讨妇女保障名额和性别比例原则，分析妇女的选举认知、参政意愿、参政能力，以及不同性别的政治参与空间对选举投票行为本身的影响等。

3. 性别研究与公共政策

近年来，在对乡村妇女政治参与的研究中，很多研究者转向如何建构出更为合理的选举制度，② 直接指出了公共政策与妇女参政之间的关系。③ 把性别视角与公共政策结合起来看待与妇女有关的政治议题，体现了学者思维范式的转变。这意味着，仅从经济发展水平、传统性别观念影响以及妇女个体的素质与能力等角度不足以解释各种性别不平等现象，而从制度与结构层面更能反思

---

① 〔英〕米兰达·弗里克、詹妮弗·霍恩斯比：《女权主义哲学指南》，肖巍、宋建丽、马晓燕译，北京大学出版社，2010，第205～207页。

② 李莉：《性别平等取向的村委会选举制度创新：以 C 镇 2008 年女村委专职专选为个案》，《浙江社会科学》2010 年第 2 期。

③ 董江爱、李利宏：《公共政策、性别意识与农村妇女参政：以提高农村妇女当选村委会成员比例为例》，《山西大学学报》（哲学社会科学版）2010 年第 1 期。

性别制度与各种性别不平等现象之间的关系。因此，从性别视角审视已有的制度，同时将社会性别视角纳入社会发展以及决策的过程中，成为性别与公共政策研究中两个重要的面向。

（三）学科发展趋势

就总体而言，本土的妇女/性别研究对政治学的影响尚未进入自觉阶段，尤其是对具体问题的关注，更多是一种社会学视角的言说。此外，虽然女权主义从社会性别视角对政治学的学术生产带来了积极的挑战和修正，但是，作为生产和传播政治价值、政治知识和政治技能的政治学学科，尚未对女权主义的努力做出积极回应。

对此，女权主义政治学的研究者应该一方面明确主流政治学的研究方向，另一方面在主流政治学的研究中加入尚处于边缘地位的关于女性/性别的议题，进而确立女权主义政治学在政治学领域的学术地位。此外，除了呼唤更多持有女权主义价值观的政治学学者从事妇女/性别政治学的研究外，女权主义政治学还需要联手其他学科，形成互相支持的局面。

本土从性别视角重构政治学的工作还需要面对另一个理论问题，即如何阐释并建构本土的性别理论。本土学术生产的生态使很多以社会性别为名的写作其实是对社会性别理论粗糙而草率的应用。因此，如何更好地将性别视角与本土的政治制度结合起来，进行严肃的学科建构工作也是建设妇女/性别政治学的一个重要方面。

七　妇女/性别健康科学研究

生存与发展是人类社会一个永恒的主题。健康是人类生存与发展的基本保证之一。在与疾病斗争的长期实践中，人类逐渐认识到健康不是一个纯医学问题，因而将其逐步与社会科学相结合，形成一门崭新的学科——健康社会科学。而妇女/性别健康研究也在社会科学研究向健康领域进一步拓展的过程中得到了重视和发展。

（一）发展概况

"健康是指身体、心理及社会适应方面的完好状态，而不仅仅是无病或不虚弱。"① 世界卫生组织确定的健康定义，标志着人类对健康与疾病认识的历史性的质的转型。在这样的背景下，社会科学研究在健康领域进一步拓展，健康社会科学得以迅速崛起。与此同时，在几十年国际妇女运动、计划生育运动的促进下，1980 年代末，一个全新的、含义丰富的生育健康概念产生了。在埃及首都开罗召开联合国世界人口与发展（ICPD）大会后，"以妇女为中心的生育健康"更是逐渐成为一种全球化趋势。人们已不再仅仅为了家庭的幸福及下一代的健康而关注妇女，而是把妇女的权益及健康本身作为人类社会追求的一个重要目标。即妇女应当不仅仅作为母亲，更应作为与男子完全平等的现代社会成员享有作为人的重要而基本的权利之一——健康。女性在其整个生育周期中的各种健康需求应当得到重视与研究，生育健康服务的提供者及政策制定者应当充分倾听妇女的意见及建议。

（二）学术研究的进展

近十几年来，社会性别与健康社会科学的有机结合，产生了以妇女生育健康为主的多学科研究的丰硕成果。例如，由中国社会科学出版社 1995～2000 年陆续出版的生育健康与社会科学系列丛书，共包括《以妇女为中心的生育健康》《以社区为基础的生育健康》《传统文化与生育健康》《多学科视野中的健康科学》四部专著。其中，《以妇女为中心的生育健康》（《妇女发展蓝皮书 No.3》）（中国社会科学出版社，1995 年 8 月）一书被专家称为中国人口研究和生育健康研究中的一个"里程碑"。②

2010 年，第三部《中国妇女发展报告》以"妇女与健康"为专题，从政府、非政府组织、学界三个层面，对 1995 年世界妇女大会以来中国妇女健康的发展、成就及不足进行了回顾和梳理，提出了相关的对策建议。此外，在

---

① WHO. 1948. A New Health Organization is Born. *World Health*, No. 2, 1998.
② 杜芳琴:《健康新观念：以妇女为中心的生育健康》，《妇女研究论丛》1997 年第 2 期。

《中国妇女发展与性别平等报告》(《妇女发展绿皮书》) 系列著作中，也均设有妇女与健康的内容；而"妇女健康地位"在全国妇女社会地位第一次调查 (1990 年)、第二次调查 (2000 年)、第三次调查 (2010 年) 中均为一项大指标和重要内容。

（三）学科发展态势

20 世纪后期，健康社会科学作为一门综合性的学科，最先进入了国外高等院校的殿堂。如，泰国玛海多大学社会科学和人文科学学院开设了健康社会科学研究生课程。相比之下，在中国，部分高校也已经在进行有意义的尝试并取得了初步成果。如，1998 年，昆明医学院健康与发展研究所开设了"健康社会科学导论"课程，在"生育健康服务及其研究""健康项目的设计及评估""艾滋病的健康社会科学研究"等医学课程中注重吸收社会性别及女性学研究的最新成果；1999 年，云南民族大学在社会学硕士点设立了西南边疆少数民族妇女问题研究方向，第二年该方向更名为性别社会学，在教学中关注妇女的生存状态，培养了学生社会性别健康的研究视角；2001 年，云南大学成立了"女性与社会性别研究中心"，开设了性与健康、健康教育等课程；2002 年，复旦大学公共卫生学院相继开设"艾滋病健康社会科学""性健康社会科学""同性恋健康社会科学""女性健康与预防""性健康教育学"等课程。在妇女/社会性别学学科发展网络的支持下，黑龙江中医药大学开设了"女性健康管理"课，在健康社会科学领域开创了一门新的课程。然而，中国健康社会科学的学科建设仍任重而道远。

从目前看，中国妇女/性别健康学的学科建设应以以下三个方面为突破口：一是加强妇女/性别健康学的学术研究；二是推进妇女/性别健康学的课程建设，包括具有社会性别敏感性的高校教材、教参的编写以及课程的开设和改善等；三是专业研究人员专业教师的培养，尤其是多学科、跨学科研究人员和教师的培养。从以上三个方面共同努力，相信在未来几年内，中国会成长起具有本土特色和学科特色的妇女/性别健康学及其学科体系。

八　结束语

就总体而言，在社会科学领域，与妇女/社会性别相关的学科都是在本学科与妇女/社会性别学学科的交汇处确立自己的学科地位，划定自己的知识疆界，推动着自己的学科化进程的。同时，这些学科的建设与发展，也是在两个层面推进的：一是在本学科领域纳入社会性别理念，提高社会性别意识敏感度，以添加、修正/弥补、重新概念化等方法重构原有的学科；二是在妇女/社会性别学学科领域内强调本学科的学科特点，明晰本学科的学科范畴，以特有的概念、理论、研究/教学方法表明自己的学科性存在。近 20 年来的经验表明，妇女/社会性别相关学科的建设与发展离不开这种双管齐下、双向推进，而也只有做到了这种双管齐下、双向推进，相关的学科建设才能进展较快、进程较顺利。

进一步看，无论是在本学科还是在妇女/社会性别学学科推进学科建设，学术研究、课程建设、学者和师资培训都是必不可少的三大前提性和基础性条件。但从目前情况看，各相关学科的这三大条件或多或少都存在不足、短缺乃至匮乏。因此，在未来几年，社会科学领域妇女/社会性别相关学科的建设与发展，应该以这三大条件的构建和充实作为突破点，开创学科化进程的新局面。

B.6

妇女/社会性别美术学/
体育学的学科建设*

张 健**

摘 要：

近20年来，在中国的妇女/社会性别学领域，虽然与妇女史学、女性社会学、女性教育学、女性文学等相比，妇女/社会性别美术学、妇女/社会性别体育学学科建设较为缓慢，但也取得了不少成果，在某些方面实现了重要突破。而随着社会性别意识进一步纳入决策主流，性别平等的不断推进，妇女/社会性别美术学、妇女/社会性别体育学必将加快学科建设步伐，进入一个新的发展阶段。

关键词：

女性美术学　女性体育学　学科建设与发展

女性/社会性别学作为一门具有跨学科性质的独立学科，在中国高等教育领域近30年来的发展中，在形成自身独立特性的同时，也在建设并完善着严谨的学术体系。具体而言，其独立特性表现为：从以女性经验为主要来源和动机的女性主义理论与政治运动出发，对社会历史中的性别关系进行检视与批判，推动妇女的权利和利益的实现与议题的凸显，同时，不断推进女性主义理论、社会性别视角对各种学科进行反思与渗透，使女性学/社会性别学涉及并

---

　* 从全书的统一性出发，主编对标题作了修改（采用妇女/社会性别的说法）。而从尊重作者出发，正文保留作者的原命名——主编注。

　** 张健，毕业于北京大学历史系，现为中华女子学院女性学系副教授。主要从事女性学研究/教学。

逐渐深入人文与社会科学（如文学、哲学、历史学、社会学、经济学等）和自然科学（如理、工、农、医学等），以及传媒、美术、体育等其他学科中，为这些学科注入了新的分析视角和分析方法，促进了这些学科的新发展。

一 女性学/社会性别学学科特征

作为一门具有跨学科特征的学科，女性学/社会性别学以女性主义/社会性别视角探究社会，以立场论、交叉性、多元文化、跨国女性主义、民族志和与批判理论、后结构主义、酷儿理论相关的阅读实践作为方法论，以性别、种族/族群、阶级/阶层、性等作为研究和批判社会不平等的分析范畴。

女性学学科教学的独特性在于其具有较强的实践性和教学法的多样性。女性学教学实践植根于女性主义教学法，鼓励学生参与服务性学习[1]活动、讨论和对课程参考文献的反思，发展批判性阅读、写作、口头表述的能力。女性学课程不仅专注女性权利/权力、生活和发展议题，而且课程内容跨越人文科学、社会科学和自然科学等领域。女性学课程比传统课程更注重师生平等、强调对文本的批判分析、发展批判性写作、反对知识霸权，主张个人经验是知识源泉之一。自20世纪70年代开始，女性学即将社会性别作为一个基本的分析范畴，用以考察种族、阶级、性、宗教、年龄、家庭等变量如何生产和维护社会权力结构，揭示女性屈从身份如何建构与延续，证实社会性别身份不是天生的，而是社会建构的。

女性学学科的设计涉及社会公正、理论植入、课堂实践与课外行动四个方面。该学科以推动社会的性别公正为目的，坚持女性主义理论立场，平等互动、讨论、分享、反思、批判的教学实践，为学生提供社区层面的实习，以使学生有机会更好地理解妇女生活，并鼓励学生参与改善妇女生活和改造社会的课外行动。

与女性学直接相关的学科是社会性别学，两者既有共同特征也具有差异

---

① 服务性学习（service-learning）是20世纪80年代中后期在美国兴起的一种教育理念和教育实践方法，它将学业学习和社区服务有机结合在一起。

性。社会性别学与女性学都具有跨学科的属性，但前者更强调以性别身份和性别再现作为核心分析范畴。社会性别学包含妇女研究、男性研究和 LGBT 研究，[①] 以及性研究等，并从种族/民族、地域、国家、阶级/阶层、年龄、家庭、身体等各个层面探讨性别议题，进行性别研究。

社会性别作为一个有效的分析概念也在人文科学、社会科学、自然科学及跨学科研究中被大量和经常应用。但各学科领域由于存在差异，其对社会性别研究的关注点和方法也不尽相同。比如，在人类学、社会学和心理学领域，社会性别研究常作为一种实践研究；在文化研究领域，研究者更多地将社会性别作为研究性别再现的视角；在政治学领域，研究者更关注社会性别的话语权问题。

自 1990 年代以来，女性学/社会性别学在中国高等教育领域中获得了较大发展，女性学/社会性别学不仅在人文学科、社会学科、自然科学学科中逐渐或进一步成为一个有效的分析视角和分析范畴，而且也为其他学科领域，如美术、体育等提供了一种新视角和新方法，促进了这些学科的新发展。

二 中国的女性/社会性别美术学/体育学的发展特征[②]

西方女性主义艺术主张从女性自身经验出发，对长期以来男性艺术家们在艺术创作和审美思维方面的性别沙文主义进行解构与批评，张扬女性的智慧与力量，逐渐超越性别藩篱，推进社会与自然协调平衡发展的审美和创作的发展之路。包括美术在内的中国的女性主义艺术起源于 20 世纪 90 年代，初期往往与具有传统性别观念的女性艺术混淆在一起，至 21 世纪初，女性主义艺术家们开始探讨女性主义艺术与女性艺术之间的区分与联系，并出现了一些女性主义艺术创作，尤其是女性主义美术创作。

---

① LGBT 研究（lesbian, gay, bisexual and transgender studies）是关于女同性恋、男同性恋、双性恋和变性人的研究，起源于 20 世纪 90 年代，LGBT 即是女同性恋、男同性恋、双性恋、变性人英文大写首字母的缩写。
② 本节内容为本书"妇女/社会性别美术学"和"妇女/社会性别体育学"相关内容的综述。

女性主义体育/运动始于女性主义运动对国际奥林匹克运动的深远影响。从西方女性主义运动第一波浪潮到第三波浪潮，在全球范围内女性主义推动女性权利和性别平等的努力下，奥林匹克运动在意识形态和项目结构上都发生了相应的变化，如，从全部为男子参与的项目到女性参与项目、男女混合比赛项目的大幅度增加，从女子项目参照男子项目标准到以女性自身为主体建立比赛规则，以及认同并肯定女性价值、发挥女性性别优势的体育竞技理念的出现与践行等。而女性主义体育运动在奥运会的成就也影响并带动了学校体育教育的改革，并使性别平等意识逐渐被纳入体育学领域之中。

（一）发展现状

就艺术学领域而言，在中国，近20年来，包括美术在内的艺术类学科不仅在专科院校得到蓬勃发展，越来越多的综合类大学也开始建设和发展艺术类学科和课程，为女性学/社会性别学的观点、方法的介入与传播提供了广阔的平台。女性主义/社会性别作为知识观点、分析工具、教学方法介入艺术教育，也为包括视觉艺术、音乐、表演艺术等在内的艺术研究与教学提供了一种全新的思想资源。

就体育学领域而言，在20世纪八九十年代兴起的女性主义第三次浪潮推动下，知识界开始反思并解构性别二元论的知识体系，强调"女性"中心和"女性"视角的重要性，倡导性别多元与多样，并特别关注身体与权力、身体与政治等议题，由此，以女性主义理论和社会性别视角检视体育历史、体育教育与体育运动以及体育运作体系中的性别问题，建设具有社会性别视角的体育学，成为体育学的一个重要研究方向。在西方，早期探讨社会性别与女子体育的著作有1992年出版的《体育、男人与性别秩序：女权主义视角》[1] 和1996年出版的《女权主义与运动的身体：理论与实践论文》[2] 等，这些著作从女性主义视角探讨了体育运动中的性别关系与性别不平等问题。

---

[1]　Don Sabo（Author）. *Sport，Men，and the Gender Order：Critical Feminist Perspectives.* Human Kinetics Publishers . September 1992.

[2]　M. Ann Hall（Author）. *Feminism and Sporting Bodies：Essays on Theory and Practice.* Human Kinetics Publishers . January 1996.

在中国，20 世纪 90 年代女子体育在国际赛场上突出的表现和优异的成绩影响深远，带动了社会及学术界对女子体育的重视与探讨。随着社会性别作为一个视角和分析工具逐渐介入体育学研究和课程教学中，人们开始反思传统的男性主流意识对体育发展的不利影响、体育中的性别关系、女性的体育参与机会，以及性别平等的体育教学等问题，体育学的学科发展翻开了新的一页。

（二）发展阶段

1. 女性学/社会性别学在美术学科中的介入与发展

根据推进的特点，在中国，女性学/社会性别学在艺术领域的发展可分为三个阶段。

第一阶段为 20 世纪 90 年代中、后期。这一阶段的特点是女性意识的萌发。以 1995 年"中国当代艺术中的女性方式展"和 1998 年"世纪·女性"艺术展及其"性别视角：文化变迁中的女性艺术与艺术女性"论坛为代表，中国的艺术学领域拉开了女性艺术与女性主义艺术讨论的序幕，随后引发了关于女性主义艺术的思考与研究。

第二阶段为 20 世纪 90 年代末至 21 世纪初期。这一阶段的特点是性别意识与女性主义艺术的觉醒。以西方女性主义艺术研究成果的翻译与引介为契机，在介绍女性主义影视作品、女性主义音乐家及作品、女性主义美术作品的过程中，艺术学领域开始反思在传统艺术创作中女性身体被当作消费品来对待及被界定和被建构的现象，包括女性美术家在内的不少女性艺术家的性别意识开始觉醒，继而强调具有女性意识的个人风格的凸显与连续性是女性主义艺术一大特征，并试图在创作中把握女性主义与艺术脉络之间的联系。

第三阶段为 2010 年至今。以 2011 年 12 月复旦大学－密歇根大学社会性别研究所、复旦大学新闻传播与媒介化社会研究国家哲学社会科学创新基地、海外中华妇女学学会、复旦大学社会性别与发展中心联合举办的"华人女性与视觉再现"国际研讨会为标志，开启了女性主义艺术发展时代。在这一阶段，关于女性主义艺术理论与实践的讨论更为深入，女性主义艺术课程开始建设，研究活动逐渐频繁，研究成果不断涌现，并拥有了一定的社会影响力。

2. 女子体育教育的发展

与其他学科相比，女性学/社会性别学在体育学领域的推进较为缓慢，但在女子体育教育方面取得了较大的发展。

在中国，1995 年以来，女性学/社会性别学在体育领域的推进大致可以划分为以下两个阶段。

第一阶段为 1995 ~ 2001 年。在这一阶段，学校体育教学从大纲主导向课程标准过渡，同时，不少国外关于女性主义体育研究的成果也被介绍到中国，国内出现了一些相关的研究课题与学术论文。

第二阶段为 2002 年至今。这一阶段的特点是女子体育课程有了新的发展，社会性别理论开始进入女子体育教学，女性/社会性别体育学的学科建设开始起步，社会性别、女性主义视角介入体育研究，出现了一些有较高水平的研究成果。

（三）课程建设与学科发展

包括女性/社会性别美术学在内的女性/社会性别艺术学课程建设，目前已在全国许多综合性高校推进，方兴未艾。如，中华女子学院于 2012 年开设了"媒体中的性别再现""女性主义影视作品"等选修或通识课程，直接惠及本校的艺术学科及其他学科学生。通过课程教学，师生共同探索如何将女性主义理论、视角和社会性别分析方法与艺术理论研究和艺术创作结合在一起；延边大学妇女研究中心立足于民族艺术实践，面向全校学生开设了选修课"女性审美"，将社会性别学理论和方法纳入课程中，以培养大学生具有两性平等意识的审美观；云南民族大学少数民族女性与社会性别研究中心在学习借鉴西方女性主义理论和方法的过程中，以社会性别视角对本土少数民族女性艺术发展史和艺术创作进行深入研究，形成了相关的课程内容；天津工业大学艺术与服装学院在本科与硕士研究生课程中，分别开设了"美学概论·社会性别与审美文化""艺术批评·社会性别与审美文化"等系列课程，将女性主义理论、教学法、社会性别分析融入教学之中。

而在传统艺术院校，近几年来，伴随着女性主义艺术研究成果的出现和一些具有一定社会影响的女性艺术活动与展览的推出，女性主义/社会性别视角渐渐进入课堂教学和艺术创作之中。

　　但无论是在综合类高校，还是在艺术类高校，目前女性学/社会性别学的观点、视角、方法等尚未被系统地纳入学科体系，还没有独立的女性主义艺术课程，教材建设、师资力量及研究成果仍较为薄弱，女性/社会性别艺术学尚处于初始阶段。

　　近十几年来，中国的女子体育课程建设主要集中于依男女生理性别分开上课，根据女生年龄和生理特点、从有利于女性身体发育出发制定教学内容与教学方法之上。而从学科建设角度看，尽管在北京大学设有妇女体育研究中心，全国的女子院校都开设了各具特色的女子体育课程，女性/社会性别体育学尚处于起步阶段。

（四）研究项目与学术成果

　　中国的女性主义美术研究始于 20 世纪 90 年代中后期，是在"女性艺术"与"女性主义艺术"的争论中不断深化和拓展的。1995～2010 年，女性/社会性别美术的研究有了一定的进展，取得了一定的成果：与女性/性别美术相关的省、部、国家级的研究课题的立项数累计为 9 项，硕士、博士学位论文近 200 篇，期刊学术论文近 120 篇，专著 20 余部，已逐渐产生了一定的社会影响力。

　　就女性/社会性别体育学而言，近 20 年来，具有社会性别视角的国家级社科项目的立项虽稀少，但有了零的突破：1995～2010 年，国家社科基金项目中体育研究项目近 500 个，其中，有关女子体育的项目为 6 项，以社会性别视角进行研究的项目有 1 项。关于女子体育的研究论文则较多，高达 1458 篇，其中不乏相当数量的以女性主义视角、社会性别分析框架研究女子体育历史发展、女子体育在媒介中呈现、女子体育文化、体育理论、体育消费等议题的研究成果。

（五）发展趋势

　　伴随着性别平等意识的提升，在中国，艺术学领域将不断对男性主流艺术进行追问、对传统"女性"的艺术塑造进行反思，进而努力摆脱男性中心主义的桎梏，更深入探讨性别平等所倡导的精神实质，在课程建设、学术研究和

艺术创作上形成真正意义上的女性主义/社会性别艺术思潮，从而推进本土女性/社会性别艺术学的学科发展。

与女子体育运动和女子体育活动的不断扩展相伴随，首先，体育运动中的女子项目将不断扩展进而对体育课程的内容产生更强的冲击，使体育课程形式也发生相应变化；其次，女性运动水平不断创新高将激励女性参与体育活动，并促进体育学科的新发展；最后，社会性别意识纳入国家政策制定与实施的过程中，必然影响到教育领域中的学科建制、课程设置与学术研究，将会涌现更多的具有社会性别分析视角的体育研究成果和课程。因此可以预言，在未来几年，中国的女性/社会性别体育学学科建设会开创新的局面，达到一个新的高度。

分支领域的进展

The Progress of Women's / Gender Studies in Branch Disciplines

B.7

妇女/社会性别社会学*

林晓珊**

摘　要:

近20年来，妇女/性别社会学已成长为学术界中最为活跃的研究
领域之一。中国大陆的学者们在这一领域中所致力探索的最主要
问题，是如何实现妇女/性别社会学的本土化、主流化和学科化。
纵观十多年来妇女/性别社会学对这三大问题的探索路径，"理论自
觉"和"方法自觉"是其浮现出来的两条最明显的发展轨迹和发展
趋势。结合相关文献，文章对妇女/性别社会学在本土化、主流化
和学科化进程中的理论自觉和方法自觉分别进行了梳理与讨论，并
在最后指出，妇女/性别社会学在今后的发展仍然需要在理论自觉
和方法自觉的道路上不断对自身进行"建设性的反思"。

---

* 从全书统一性出发，主编对标题作此修改（采用了妇女/社会性别的说法）。而从尊重作者出发，
正文保留作者的原命名。——主编注
** 林晓珊，浙江师范大学法政学院教师、中国社会科学院社会学所博士后流动站博士后，博士、
副教授。主要从事消费社会学、性别社会学研究。

关键词:

　　妇女/社会性别　理论自觉　方法自觉　学科建设与发展

　　1995 年以来，中国女性的社会生活发生了巨大的变化。从人类历史长河来看，这 20 来年只不过是性别关系发展的一个短暂阶段，而如果从中国妇女的解放历程来看，'95 北京世妇会以来的短短 20 年间，中国妇女的解放与发展无疑迈上了一个重要台阶。中国妇女在社会生活中日益提升的地位与社会性别研究不断走向理论自觉和方法自觉，两者相映生辉，共同推动了妇女/社会性别学学科的本土化、主流化和学科化的进程。十多年来，在海内外学术共同体的努力之下，妇女/社会性别社会学的研究与教学已告别了幼稚的童年期，迈向了朝气蓬勃的青春期。本文对 1995～2010 年妇女/性别社会学的学科建设与研究进展的回顾与梳理，就是试图对这门学科的"青春期"做一番概述的社会学书写。

一　综述

（一）1995～2010 年的总体发展状况：走向"理论自觉"和"方法自觉"

　　1995～2010 年，有关妇女/社会性别的研究已经挑战了传统的性别叙述方式和知识生产体系，并已成为影响包括社会学在内的各个学科领域和妇女运动的最为活跃的因素之一。① 作为一个新兴的研究领域，当代中国的妇女/社会性别研究与社会学研究联系非常紧密，社会性别视角的引入，很大程度上弥补了古典与现代社会学研究存在性别偏见和性别盲点的缺陷，拓展了传统社会学的研究视域和理论空间。

　　追溯中国妇女/性别社会学的学者们在这 15 年所致力探索的最主要问题，

---

① 〔美〕周颜玲、〔美〕仇乃华、王金玲：《前景与挑战：当代中国的妇女学与妇女/性别社会学》，范晓光译，《浙江学刊》2008 年第 4 期。

我们可以简要将其归结为三个层面，即如何实现妇女/性别社会学的本土化、主流化和学科化。而纵观十多年来妇女/性别社会学的探索路径，有两条越来越明晰的发展轨迹和趋势不能不引起我们的关注，那就是社会学研究中的"理论自觉"和"方法自觉"。当然，需要说明的是，说其浮现出理论自觉和方法自觉的特征并不是说这门学科已经达到了理论自觉和方法自觉的境地。正如郑杭生教授将"理论自觉"简要地规定为对社会学理论或社会理论进行"建设性的反思"一样，[①] 我们认为，妇女/性别社会学研究中的理论自觉和方法自觉亦是对本学科发展的建设性反思，它们同妇女/性别社会学追寻本土化、主流化和学科化的努力交织在一起，成为我们回顾过去、瞻望未来的分析框架和概念工具（见表1）。本文接下来就先从理论、方法两方面的自觉和本土化、主流化、学科化三个层面的追寻来大致勾勒一下妇女/性别社会学研究在1995～2010年的发展概况。

表1   妇女/性别社会学1995～2010年总体概况的分析框架

		妇女/性别社会学		
		本土化	主流化	学科化
社会学	理论自觉	挑战西方话语中心，注重本土经验的资源开发	挑战男性话语霸权和男性主导的社会学	知识生产与话语权力的制度化、合法化
	方法自觉	关注本土生活情境和女性自身的生活经验	打破定量和定性两分法，整合女性主义方法论	倡导女性主义视角和社会性别分析框架

1. 妇女/性别社会学的理论自觉

理论自觉源于费孝通先生的"文化自觉"观念。郑杭生教授指出，理论自觉使我们增强学术的主体性、反思性，它是中国社会学在世界社会学格局中由边陲走向中心的必由之路，改变话语权状况的必要条件，增强自主创新力的

---

① 郑杭生：《"理论自觉"简要历程和今后深化的几点思考》，社会学视野网，2010年8月8日，网址：http://www.sociologyol.org/yanjiubankuai/xueshuredian/makesizhuyishehuixuezhuantiyanjiu/cujinshehuixuedelilunzijue/2010-08-08/10775.html。

必具前提。① 妇女/性别社会学的命运与中国社会学的命运紧紧相连，理论自觉也是中国妇女/性别社会学把握现在、规划未来不可避免的问题，只有走向理论自觉，中国的妇女/性别社会学才能从西方女性主义的理论遮蔽、父权制社会的男权霸权、传统研究的性别盲点中走出来，也才能真正实现性别社会学的本土化、主流化和学科化。1995～2010 年，中国的妇女/性别社会学学者们的努力也正是朝这些方向前进的。

（1）本土化层面的理论自觉

社会学的本土化作为一种学术运动，是社会学话语的"依附国"力图摆脱对"发达国"的学术依附地位的一种集体诉求。② 作为一门传入性的学科，这种诉求一直使中国社会学学者们内心存在一种焦虑，对妇女/性别研究者来说，亦如是。当代性别研究的发展，得力于女性主义思潮的推动，而女性主义思潮的缘起是与西方女权运动紧密相关的。固然，西方女性主义理论和运动对中国的性别社会学研究产生了巨大的影响，但越来越多的中国学者不满足于直接搬用西方的理论来研究中国的问题。就如石彤教授所说，中国女性社会学的探索不仅仅是对以往女性社会学本土知识建构的历史累积，而且还包括对中国女性社会学本土知识建构的反思。③ 可以说，妇女/性别社会学本土化层面的理论自觉就是对以西方经验为中心的理论运用的反思，力图植根于中国本土经验来重构学术研究的主体性，以摆脱对西方理论的依附。

例如，王金玲教授不断倡导，中国妇女有着自己的历史、现在和未来，因此中国的女性社会学也应该和必须是本土化的女性社会学，而不必成为西方的追随者或"翻版"。④ 她所主编的两卷本的《女性社会学的本土研究与经验》即是本土化的积极尝试。⑤ 李小江教授在《文化、教育与性别——本土经验与

① 郑杭生：《"理论自觉"简要历程和今后深化的几点思考》，社会学视野网，2010 年 8 月 8 日，网址：http：//www.sociologyol.org/yanjiubankuai/xueshudian/makesizhuyishehuixuezhuantiyanjiu/cujinshehuixuedelilunzijue/2010 - 08 - 08/10775.html。

② 王宁：《社会学的本土化：问题与出路》，《社会》2006 年第 6 期。

③ 石彤：《中国女性社会学学科化本土知识建构的历程》，《云南民族大学学报》（哲学社会科学版）2010 年第 6 期。

④ 王金玲：《学科化视野中的中国女性社会学》，《浙江学科》2000 年第 1 期。

⑤ 王金玲：《女性社会学的本土研究与经验》，上海人民出版社，2002。

学科建设》一书中亦强调利用"本土资源"来发展性别研究。① 杨国才教授对
中国西南少数民族女性学的本土化理论建构和学科建设也是这方面的有益尝
试。② 王政教授在《妇女学的全球化与本土化》一文中指出，我们应该警惕主
流话语中"全球化"的神话，重新审视社会性别研究中的"本土视角"，即本
土化并不是强调特殊，更不是照搬和移植，而是从本土出发吸纳借鉴更广泛的
经验。③ 丁娟研究员等指出："建设中国特色社会主义妇女理论，应尊重理论
多样化发展的特点，在思维方式上，应正视和承认各种理论中的矛盾和不完
备，尊重和吸收其他有益于自身理论体系完善和发展的观点。在叙事方式上，
应建立自己的言说规则。"④ 这些将本土化的理论建构与中国特色社会主义实
践结合起来的反思，是妇女/性别研究走向理论自觉的重要体现。

（2）主流化层面的理论自觉

主流化是一门学科增强学术话语权的必经之路。社会学学科恢复重建 30
多年来，就一直在主流化的道路上艰难前行，以提高自身在回应社会现实问题
中的学术话语权。然而，作为社会学下属的一个分支学科，妇女/性别社会学
曾一度被边缘化。王政教授指出，在改革开放头 20 多年的过程中，中国学术
界引进了多种当代西方学术思想，创建了许多新兴学科，但社会性别这个当代
国际学术界重要的学术领域却一直没有被中国学术界和教育界关注。⑤ 刘伯红
研究员指出，1995 年北京世界妇女大会召开以来，联合国制定的"社会性别
主流化"全球战略和《北京行动纲领》确定的 12 个战略目标，对妇女研究和
社会性别研究提出了新的目标、方向和要求。⑥ 妇女/性别社会学主流化的努
力，不仅是要走向社会学学科中的主流位置，以获得学术同行的认同与肯定，

---

① 李小江：《文化、教育与性别——本土经验与学科建设》，江苏人民出版社，2002。
② 杨国才：《云南高校女性学学科建设的本土化尝试》，《妇女研究论丛》2004 年第 1 期；杨国
　　才：《云南少数民族女性学的建构与发展》，《云南民族大学学报》（哲学社会科学版）2005 年
　　第 3 期。
③ 王政：《妇女学的全球化与本土化》，杜芳琴、王政主编《社会性别》，天津人民出版社，
　　2004，第 1 辑。
④ 中国特色社会主义妇女解放理论课题组：《"社会主义初级阶段男女平等理论研讨会"观点综
　　述》，《妇女研究论丛》2004 年第 1 期。
⑤ 王政：《浅议社会性别学在中国的发展》，《社会学研究》2001 年第 5 期。
⑥ 刘伯红：《中国妇女研究十年回顾》，《中华女子学院学报》2005 年第 4 期。

更希望在整个学术界和社会生活中走向主流，以实现"社会性别主流化"。①

在这一层面的理论自觉中，中国的妇女/性别社会学学者们产生了强烈的处在边陲但是不甘边陲的动力，借鉴和吸纳西方女性主义理论，对传统社会学研究中的性别偏见、性别盲点进行了有力的批判，并对社会学中的一些传统议题做出了重新解释，挖掘了一些新的研究领域（如家庭暴力、性骚扰、同性恋研究等），并且在知识生产和方法论方面为社会学做出了重要贡献，② 引起了主流社会学界的广泛关注。恰如王金玲教授在《从边缘走向主流：女性/性别社会学的发展（2001~2005）》一文的结论中指出的，21世纪以来，中国女性/性别社会学的学术影响不断扩大，学科认同度不断提升，本学科特有的学术价值和学科地位进一步获得了主流学术界的肯定。③ 应当说，女性/性别社会学融入主流化的理论自觉，不仅在学术研究层面挑战了传统的男性话语霸权和以男性为主流的社会学，而且对于推动现实生活中的性别平等和提高决策者的性别意识也起到了不可估量的作用。

（3）学科化层面的理论自觉

学科化是一个研究领域走向成熟的重要标志，它以制度化的方式宣告一门学科的知识与权力的合法性。将女性/社会性别建构成一门具有不同于其他学科的特有的学科理念、学科框架体系、学科方法和课程设置，以一种批判主流学科传统和反传统学科划分的立场确立自身地位的学科，一直是中国妇女/社会性别研究者们孜孜以求的一个目标。自1995年第四次世界妇女大会以来，在一些学者、机构和高校的共同推动之下，妇女/社会性别学的学科建设取得了非常大的进展，不管是课程体系与教材建设，还是研究队伍与机构，都已经取得了质的飞跃，并形成了自身独有的一些特色，走出了自己的发展之路，正

① "社会性别主流化"一词是由英文"gender mainstreaming"翻译过来的，有的将其译为"性别观点主流化""性别意识主流化""性别平等主流化"。社会性别主流化是人类社会对争取男女平等长期奋斗经验的总结与共识，它强调：社会性别问题的实质是社会问题，应把性别问题纳入政府工作和社会发展宏观决策的主流，实现社会性别主流化的责任主体首先是政府，男性和女性应享有基本人权框架下的所有平等权利，妇女是参与发展的主体，等等（参见刘伯红《社会性别主流化的概念和特点》，《中华女子学院山东分院学报》2009年第6期）。

② 佟新：《30年中国女性/性别社会学研究》，《妇女研究论丛》2008年第3期。

③ 王金玲：《从边缘走向主流：女性/性别社会学的发展（2001~2005）》，《浙江学刊》2006年第6期。

在成为人文社会学科中一个新的综合交叉学科。[①] 特别是福特基金会的资助极大地推动了中国妇女/社会性别领域的课程建设、师资培训和学科网络平台的发展。[②]

然而，妇女/社会性别研究学科化进程中的合法性问题也一直是学术界争论的焦点。例如，王珺认为，如果按照19世纪形成的学科制度来规范或者以经典学科范式为取向，妇女学无疑难以被"尊称"为学科。[③] 叶文振教授也对当前的学科建设热泼了一些冷水，他指出，妇女学研究者"先不要急着创立一个学科，而应该认真地弄清楚什么是学科以及一个独立的学科是怎么创立起来的；先不要急着颠覆已有的男性知识体系，而应该努力配置和壮大自己真正的学科阵营；先不要急着构筑庞大的女性学学科体系，而应该全力以赴于有别于其他学科的女性学的理论建构和方法论创新"。[④] 但在笔者看来，这些争论恰恰是学科建设走向理论自觉的一种反映，因为这些反思有助于我们进一步澄清包括妇女/性别社会学在内的妇女/社会性别学这一学科特定的研究对象、研究方法和学科体系，在争论中也会吸纳更多的人投入对这门学科的讨论与建设中。

2. 妇女/性别社会学的方法自觉

学术研究不仅需要理论上的想象力，也需要方法上的想象力。方法自觉是相对于理论建构层面的自觉而言的，要在理论上有所创新，研究方法的自觉是不可或缺的。这里的方法自觉，不仅包括具体研究方法和技术上的自觉，更强调的是方法论上的自觉。妇女/性别社会学的方法自觉，最典型的体现为对社会学研究方法论模式存在的内在缺陷的反思，即社会学理论本身可能是支持性别不平等和男性主流基础的。因此，相对于理论自觉而言，妇女/性别社会学的方法自觉要回答妇女/性别社会学该如何有效地

① 魏国英：《跨越式发展与本土经验——女性学学科建设的十年回顾》，《妇女研究论丛》2006年第1期。
② 杜芳琴：《妇女学在中国高校：研究、课程和机制》，杜芳琴主编《社会性别》，天津人民出版社，2007，第3辑；妇女/社会性别学学科发展网络介绍，www. chinagender. org。
③ 王珺：《"妇女学"学科合法性探论》，杜芳琴主编《社会性别》，天津人民出版社，2007，第3辑，第6页。
④ 叶文振：《女性学学科的建设、发展与创新》，《中华女子学院学报》，2005年第1期。

批判父权制文化以重构新的知识。① 仔细梳理之后，我们同样可以发现，这15 年的方法自觉亦一直伴随着妇女/性别社会学学者们对本土化、主流化和学科化的追寻过程。

（1）本土化层面的方法自觉

女性主义学者桑德拉·哈丁认为，女性主义研究的独特特点或者说区别于传统研究的新东西就是在方法论层面上将"女性的经验"作为新的实证来源和理论资源。② 来自不同阶级、种族和文化的多元化女性经验极大地丰富了女性主义的理论内涵。但男性主流的研究基本上否定了女性经验，而且西方女性主义研究也更多地关注西方女性，尤其是西方白人女性的经验。因此，对于中国的妇女/社会性别研究者来说，本土化的理论建构应该有本土化的方法论诉求，即关注中国女性经验，注重从本民族、国家的社会文化背景中，挖掘女性独特的生活经验。

在这一层面的方法自觉上，中国的学者们越来越重视本土性别文化的历史情境和在这种情境中生成的女性经验，并已能够较熟练地运用各种相关的研究技巧进行资料分析。例如，郑丹丹通过口述史分析和个案研究，向读者展示了痛苦和疾病是如何受到社会文化等级制度的形塑和建构的。③ 金一虹教授通过对"文化大革命"这一特殊历史场景中的中国妇女参与社会劳动的描述，分析国家动员和行政干预如何影响了女性新的劳动角色的形成，并指出，这种"去性别化"的劳动分工角色对她们既有正面的意义，也有负面的影响。④ 郭于华教授通过对一个村庄中女性对中国农村集体化过程中的经历、感受和记忆的研究，揭示了女性记忆以及宏大的社会事件对女性生存状态与精神状态的重新建构，强调社会主义革命和妇女解放运动虽已成为过去，但可通过集体记忆

① 佟新：《30 年中国女性/性别社会学研究》，《妇女研究论丛》2008 年第 3 期。
② 〔美〕桑德拉·哈丁：《概述：有没有一种女性主义研究方法》，孙中欣、张莉莉主编《女性主义研究方法》，复旦大学出版社，2007。
③ 郑丹丹：《痛苦的社会建构：一个女子的口述史分析》，《浙江学刊》2002 年第 3 期；郑丹丹：《身体的社会形塑与性别象征——对阿文的疾病现象学分析及性别解读》，《社会学研究》2007 年第 2 期。
④ 金一虹：《"铁姑娘"再思考：中国文化大革命期间的社会性别与劳动》，《社会学研究》2006 年第 1 期。

而使"过去"成为一种可利用的资源。① 高小贤通过大量的口述访谈和文献档案分析 20 世纪 50 年代陕西关中地区规模最大的一场以妇女为主体的劳动竞赛——"银花赛"这场社会动员背后的多种因素,呈现国家的经济政策如何与妇女解放的策略交织在一起,如何在推动妇女走向社会的同时制造并维持了社会性别差异和社会性别不平等。② 吴小英研究员通过对改革开放前后 30 年国家有关政策文本与媒体中有关性别讨论的考察,依据对不同处境下的女性口述访谈资料与相关性别问题的思考和分析,探讨了市场化背景下性别话语的基本形态和转型特征。③ 这些关注本土和女性经验研究的方法论意义对中国性别研究的理论建构有着重大影响。

(2)主流化层面的方法自觉

在社会学研究的方法论中,实证主义与人文主义是两大对立的传统。但长期以来,就像男性一直在男权社会中居于主流地位一样,实证主义导向的定量研究也一直居于研究方法中的主流位置。女性主义者认为,以客观性为目标的社会学的方法论追求与父权制的社会文化之间存在深刻的内在关联。由于学术界的游戏规则是由男性制订的,作为实证精神体现的定量方法似乎在无意识中与男性之间形成了共谋共存的关系,因此,定量方法和定性方法之间的范式争斗也被看成"两性战争的另一种形式"。④ 但是,许多学者反对定量研究这一"形同强奸的研究"。因此,从批判男性主流的社会学观点出发,妇女/性别社会学研究必须首先在方法上走向自觉,必须清醒地知道并避开实证主义方法论上的陷阱。

梳理 1995～2010 年的相关文献,我们发现,妇女/性别社会学中大量的经验研究实际上都不是定量研究,而是以被女性研究者所普遍认可的质性研究为主的。熊秉纯教授指出,强调当事人经验并从他/她们的经验、角度了解社会现象的质性研究方法,使边缘、弱势群体的经验、声音有机会呈现,不仅带来

---

① 郭于华:《心灵的集体化:陕北骥村农业合作化的女性记忆》,《中国社会科学》2003 年第 4期。
② 高小贤:《"银花赛":20 世纪 50 年代农村妇女的性别分工》,《社会学研究》2005 年第 4 期。
③ 吴小英:《市场化背景下性别话语的转型》,《中国社会科学》2009 年第 2 期。
④ 吴小英:《当知识遭遇性别:女性主义方法论之争》,《社会学研究》2003 年第 1 期。

了知识创造的新血液，丰富了知识的内涵，而且还有可能挑战既有的学术理论、主流观点、已存在的偏见或刻板印象。① 当然，也有学者提出异议，如王金玲教授认为，女性社会学在关注定性分析的同时，要更注重定量分析的方法，力求以确凿的数据、科学的量化分析对男权中心/主流文化进行证伪。② 李小江教授曾提出女性研究的方法论为"有性人"和证伪，这亦可作为中国女性社会学有别于传统男性主流社会学的专门的方法论之一。不过，越来越多的学者认为，必须打破定量和定性的虚假的逻辑两分法，通过二者的整合重建女性主义方法论。③ 女性主义社会学方法论应当被定义为：以性别视角，重新审视已有的社会学知识体系及其知识建构逻辑，解构以男权为中心建构的主流社会学，并且探讨女性知识表述的规律。④ 这些不同观点的争论，都是妇女/性别社会学研究走向方法自觉的有力佐证。因此，妇女/性别社会学在主流化层面的方法自觉表现为对主流方法论的反思，也表现为将妇女/性别社会学的方法论从边缘推向主流的努力。

（3）学科化层面的方法自觉

哈丁认为，不是女性主义研究方法，而是女性主义研究的方法论特征决定了女性主义研究的水准和专业水平。⑤ 女性主义研究者可以运用传统意义上的任何一种研究方法，但妇女/社会性别学要想成长为一门能够挑战传统的新学科，就必须有自己独特的研究视角和方法论主张。妇女/社会性别学在建立初期之所以遭受诸多质疑，很大程度上是源于其方法论上严重依赖于其他学科。近些年来，中国学术界对女性主义方法论的讨论日渐增多。这是妇女/社会性别研究者们对传统研究方法的集体反思和自觉，也是由于对本学科学科化方法论诉求的普遍焦虑。而在争论和反思中，女性主义方法论的立场和目标越来越清晰，它针对主流学术体制的性别盲点，坚持让被研究者作为主体，以改善被

---

① 熊秉纯：《质性研究刍议：来自社会性别视角的探索》，《社会学研究》2001年第5期。
② 王金玲：《社会学视野下的女性研究：十五年来的建构与发展》，《社会学研究》2000年第1期。
③ 吴小英：《当知识遭遇性别：女性主义方法论之争》，《社会学研究》2003年第1期。
④ 张宛丽：《女性主义社会学方法论探析》，《浙江学刊》2003年第1期。
⑤ 〔美〕桑德拉·哈丁：《概述：有没有一种女性主义研究方法》，载孙中欣、张莉莉主编《女性主义研究方法》，复旦大学出版社，2007，第26页。

研究者的生活为研究的终极目标，以壮大弱势族群并尊重其主体声音为研究者的使命，以落实两性平等互重为研究过程的基本原则。^① 女性主义的方法论提倡社会性别的分析方法，强调女性经验的重要性，其目的在于讲述一个关于我们这个世界的"更好的故事"。^②

第四次世界妇女大会前后，社会性别研究和分析方法逐渐引入中国，不同社会发展机构和流派的社会性别分析框架，随着不同援助机构和援助项目被介绍和运用于中国的妇女/性别研究与发展项目，促使中国的妇女研究和社会性别研究大大提高了信度、效度、质量、价值和影响力。^③ 在学科化的进程中，越来越多的学者认同将女性主义作为一种独特的研究视角，并将"社会性别"作为研究社会现象的一个重要的分析框架和解释框架。我们已经看到，大量学术论文的标题或副标题都冠以"女性主义"或"社会性别"之名，以其作为分析视角。倡导女性主义视角和社会性别分析方法的女性主义方法论挑战"价值中立"的立场和主流社会学强调的客观性、普遍性的知识，融合了其他学科的优势视角，强调以女性/性别立场来进行研究，这些方法论上的自觉对于推进妇女/社会性别研究的学科化起到了非常大的作用。

（二）发展阶段与阶段性特征

上述内容为我们呈现出了妇女/性别社会学在1995～2010年发展的总体概况，但在不同的发展阶段，妇女/性别社会学的研究实际上是有着不同特征的。至于发展历程，周颜玲教授等将中国妇女研究/妇女学的发展分为两个阶段：第一个阶段是从1980年代初到1993年初的开始与巩固时期，第二个阶段是从1993年下半年开始的扩展与国际化时期。^④ 佟新教授则将妇女研究归纳为三个阶段：第一个阶段是20世纪80年代初至1994年左右，突出的特点是将妇女问题化；第二个阶段是1994年前后至2000年左右，可称其为将妇女问题理论

① 周华山：《女性主义田野研究的方法学反思》，《社会学研究》2001年第5期。
② 魏开琼：《女性主义方法论：能否讲述更好的故事?》，《浙江学刊》2008年第6期。
③ 刘伯红：《中国妇女研究十年回顾》，《中华女子学院学报》2005年第4期。
④ 〔美〕周颜玲、〔美〕仉乃华、王金玲：《前景与挑战：当代中国的妇女学与妇女/社会性别社会学》，范晓光译，《浙江学刊》2008年第4期。

化阶段；第三个阶段是 2000 年后到今天，也可称其为将社会学问题性别化阶段。① 尽管学者们对妇女/性别社会学发展阶段的具体时间有不同的划分，但有一点是相同的，即将 1995 年北京世界妇女大会的召开当作一个重要的分水岭。如果说从严格的学科角度看，中国妇女研究始于 20 世纪 80 年代，那么，在这之前的妇女研究和实践运动可称为妇女/性别社会学的"史前史"阶段，从 20 世纪 80 年代到 1995 年，可以说是妇女/性别社会学的"古代史"阶段，从 1995 年到 20 世纪末是妇女/性别社会学的"近代史"阶段，21 世纪以来的发展则是妇女/性别社会学的"现/当代史"阶段。这些不同的阶段（虽然按照这样的四个历史阶段划分未必准确），都贯穿着理论自觉和方法自觉的特征，也具有不同的时代烙印。

1. 妇女/性别社会学的"古代史"阶段（1980 ~ 1995 年）

改革开放之初，中国开始恢复社会学学科的重建工作，各项研究议题开始进入社会学的研究视野。在当时，妇女就业与婚姻家庭等方面的问题成为敏感的社会问题，一些学者、研究机构和相关部门就相关问题展开了调查与讨论。这一时期的妇女/性别社会学具有以下几个特点：第一，对妇女/女性问题比较敏感，主要集中在婚姻家庭领域，但研究的理论深度有限，且依附性强；第二，研究主题为女性问题，但研究的主体并非女性，所以研究的立场也并非完全是女性的立场；第三，妇联系统和为数不多的高校妇女研究机构在研究中起主要推动作用，研究成果的社会舆论影响较大，但对主流学界影响较弱；第四，西方女性主义思潮开始引入，但只是零星的译介。

2. 妇女/性别社会学的"近代史"阶段（1995 ~ 2000 年）

1995 年，在北京召开的联合国第四次世界妇女大会对中国的妇女研究产生了异常广泛而深远的影响。尤其是大会通过的《北京宣言》和《行动纲领》可以说是中国乃至世界妇女发展史上的一个重要里程碑。这一时期中国的妇女/性别社会学具有以下几个特点：第一，出现了国际化趋势。在大会筹备阶段，为了与国际接轨，妇女研究界开始大量吸纳、借鉴西方学术理论和概念，出现了"西学东渐"的潮流，与国际合作的项目日渐增多。

---

① 佟新：《30 年中国女性/性别社会学研究》，《妇女研究论丛》2008 年第 3 期。

第二，研究所涉及的领域有了很大的扩张。从 1980 年代所关注的婚姻、家庭、就业等领域的问题，一直延伸到对贫困妇女、生殖健康、妇女基本权利、男女退休年龄、环境问题、教育问题以及公私领域中的一系列不平等问题的讨论，分析的角度也不断深入。第三，研究机构不断增加。特别是高校和社科院系统中的妇女研究中心纷纷成立，吸纳了越来越多的社会学专业人员参与研究。第四，学科建设开始起步。上述有关议题的争论推动了学科本土化的发展，但学科建设还相对缺乏系统的理论和方法。第五，主流化的努力初显成效。

3. 妇女/性别社会学的"现代史"阶段（2001～2005 年）

经过十多年的成长，在 21 世纪的头五年，中国妇女/社会性别的学术研究和学科建设迈入了一个新的发展阶段。正如本文开头所指出的，作为一门争论中的学科，它已经告别了幼稚的童年期，步入了朝气蓬勃的青春期。由美国福特基金会资助的"发展中国妇女/社会性别学"项目（妇女/性别社会学是三大优先开展的子项目之一）在 21 世纪的开展也明显地标志着中国妇女学学科建设的一个新时期。[①] 在这一时期，妇女/性别社会学主要有以下几个特点：第一，妇女/性别研究成果更为丰富，更为深入，并有越来越多的成果在国内权威和主流的学术刊物（如《中国社会科学》《社会学研究》等）上发表，研究成果的数量和质量均有了很大提高；第二，学术研究上有了新的突破，如全球化语境出现、挑战与质疑西方女性主义理论、具有性别视角的质性研究方法开始成长、具有本学科和本土特征的重要概念和观点不断出现；[②] 第三，国际学术交流日渐增多，西方的女性主义研究文献被大量译介进来；第四，学科建设发展迅猛，学科认同度有了很大提高，越来越多的高校开设了性别研究的相关课程；第五，跨学科研究的趋势越来越明显，参与式的行动研究也越来越多。

4. 妇女/性别社会学的"当代史"阶段（2006～2010 年）

这一阶段，妇女/性别社会学承续了前面几个阶段所开拓的研究议题和研

---

① 〔美〕周颜玲、〔美〕仉乃华、王金玲：《前景与挑战：当代中国的妇女学与妇女/性别社会学》，范晓光译，《浙江学刊》2008 年第 4 期。

② 王金玲：《从边缘走向主流：女性/性别社会学的发展（2001～2005）》，《浙江学刊》2006 年第 6 期。

究路径，并在总体上有了非常大的提高，而由美国福特基金会提供第一笔项目经费的全国性的妇女/社会性别学学科发展网络的建立及在学科建设方面的努力，更使中国的妇女/社会性别学学科建设达到了一个新的高度。与前面阶段相比较，这几年的学术研究和学科建设也有明显的特征：第一，学术反思能力增强。不仅包括对西方女性主义理论的反思，也包括对本学科的理论建构和发展方向的反思，尤其是在社会学恢复重建 30 周年之际，国内学术界召开了许多学术研讨会，在学术层面上进行集体反思，不断走向理论自觉和方法自觉。第二，在学科建设方面，由妇女/社会性别学学科发展网络资助的课程建设、教材/教参出版和师资培训取得了明显的成效，不仅在很大程度上提高了本学科的质量，也扩大了本学科的影响力。[①] 第三，女性主义研究视角和社会性别分析框架进入主流社会学之中，妇女/性别社会学在主流学术界获得了更多的认同与肯定。第四，妇女/性别研究对当前社会热点问题（如留守妇女、流动女性、女性就业、女性参政和社会保障等）的回应更为迅速有力，不仅有效推动了学科本土化发展，也在社会政策和社会行动层面进一步推动了男女平等与性别和谐。

二 学科建设与发展

"学科"（discipline）一词在古拉丁文中兼有知识和权力之意，尽管人们对学科的理解可谓见仁见智，但其所包含的以下两个最基本的含义，却是不同语境下都被强调的：一是指知识的类别和学习的科目；二是指对人进行培育，引申为制度、建制、规训之意。[②] 从这一点看，妇女/性别社会学的学科化进程，就是一个追求妇女/性别知识和权力的合法化和制度化的过程，并且是与学术研究的本土化和主流化交织在一起的。1995～2010 年，妇女/性别社会学的学界同人为此付出了巨大的努力，逐渐从边缘走向主流，并在课程建设和学科理论体系的构建方面取得了明显的进步。

---

① 妇女/社会性别学学科发展网络网站，www. chinagender. org。

② 王珺：《"妇女学"学科合法性探论》，杜芳琴主编《社会性别》，天津人民出版社，2007，第 3 辑，第 4 页。

回顾一门学科的发展状况，需要相应的观察维度和测量指标。根据学科制度化的历史经验，一门学科至少包含两个维度：一是学科外在制度，二是学科内在制度。学科外在制度包括组织机构、行政编制、资金资助等。著名社会学家费孝通先生认为，一门学科所需的机构大体要包括五个部门：一是学会；二是专业的研究机构；三是各大学的学系；四是图书资料中心；五是学科的专门出版机构。① 费老说的这五个部门实际上就是学科的外在制度。学科内在制度主要指学科规范的理论体系、课程设置、公认的专门术语和方法论、师资、代表性的人物和经典著作、教材等。综合上述指标，本文接下来将从以下几个不同方面对妇女/性别社会学 15 年的学科建设和发展状况进行概述。

（一）学会与学术团体

1. 妇女/性别社会学专业委员会

学会是群众性组织，不仅包括专业人员，还包括支持这门学科的人员。② 全国性学会组织的建立是确立学科合法性的关键因素，中国的妇女/性别社会学之所以长期游离于主流社会学的边缘，很大程度上是因为缺乏全国性的学会这种权威组织。2007 年，在妇女/性别社会学学科化、主流化不断深入发展的背景下，中国社会学会性别社会学专业委员会成立并获民政部批准，标志着这一学科走向了主流社会学界。③

性别社会学专业委员会的定位及可开展的工作如下：①扩大和增强社会学领域中的社会性别主流化；②跨学科发展及扩大和加深专业领域的对话；③性别社会学专业委员会将在提供交流平台、整合资源、推进学科建设等方面起到重要作用。④ 该专业委员会成立后，每年都在中国社会学会年会上设立"性别论坛"，而经过多年努力，该论坛也已成为中国社会学会年会的一个品牌性论

---

① 费孝通：《略谈中国的社会学》，《社会学研究》1994 年第 4 期。
② 费孝通：《略谈中国的社会学》，《社会学研究》1994 年第 4 期。
③ 佟新：《30 年中国女性/性别社会学研究》，《妇女研究论丛》2008 年第 3 期。
④ 详见浙江省社会科学院网站：《中国社会学学会妇女/性别社会学专业委员会理事会在杭州召开》，网址：http://www.zjss.com.cn/infDetail.asp? id = 1224&tn = inf。

坛，并于2013年获"优秀论坛"称号。

2. 妇女/社会性别学学科发展网络

"妇女/社会性别学学科发展网络"（NWGS）成立于2006年8月，是一个学术性的民间组织（其组织结构如图1）。它以学科发展作为首要目标，以挑战学术界和社会中的性别不平等为使命，倡导性别公平和公正，让妇女/社会性别学的知识进入学科知识体系，进而更好地参与社会文化的革新，保障妇女权益和社会公正，促进社会和谐发展。其成员由来自全国高校、科研机构、党校、妇联以及其他民间组织或机构的教师和研究人员等组成，目前有成员近2000人。2005~2010年，该网络努力发展子网络（区域性的和学科性的）、开发课程和教材/教参、组织师资培训，取得了令人瞩目的成绩。其中，社会学学科子网络的发展对推动性别社会学的学术研究、师资培训和课程建设等起到了重要的作用。

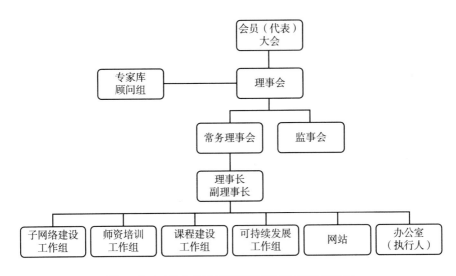

图1 妇女/社会性别学学科发展网络组织结构图

资料来源：王金玲：《平等、民主、公正：非政府组织如何做到？——以妇女/社会性别学学科发展网络为例》，《妇女研究论丛》2010年第5期。

（二）专业研究机构

专业研究机构不仅在学科建设和发展中起带头、协调、交流的作用，而且它的建立和发展本身就是这门学科发展的见证。从妇女/性别社会学的研究机构的类别来看,主要有以下四种:妇联系统的妇女研究机构,高校系统的妇女研究机构,社会科学院系统的妇女研究机构和这些体制之外的其他民间研究机构。① 本文根据所掌握的 115 个相关研究机构的资料〔其中,113 个为"中国妇女研究网"(WSIC)② 上发布的相关研究机构,2 个为笔者所了解的机构〕进行数据分析发现,1980 年代中期出现过一次专业研究机构建立的高峰期(1986 年建立的妇女研究机构为 12 个);到 1995 年左右,全国各地又掀起了建立各类专业研究机构的高潮(见图 2),这与 1995 年第四次世界妇女大会在北京的召开有着密切的关联:仅 1994 年建立的妇女研究中心就高达 16 个,1995 年为 10 个。从这些机构的名称看,大多数命名包含"妇女研究中心"字样,涵盖了妇女议题的诸多领域,如妇女与发展、妇女与法律、性别与媒介、少数民族妇女、妇女与家庭等,呈现出跨学科、多学科的特征,妇女/性别社会学学科在其中占有相当大的比例。

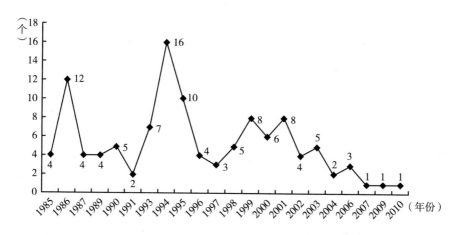

图 2　妇女/性别专业研究机构发展状况 (1985~2010 年)

通过对数据的进一步分析可见,1980 年代成立的专业研究机构主要在妇联系统,1990 年代中期之后成立的专业研究机构则主要在高校系统(含党校)

---

① 仪缨:《当代中国妇女研究组织初探》,《妇女研究论丛》2000 年第 2 期。
② 网址:http://www.wsic.ac.cn/relativestudyorgan。

和社会科学院系统，尤其是高校系统中的妇女/性别研究中心在21世纪初如雨后春笋般地成立起来，研究机构的所在地也从北京、上海、武汉等大城市或中心城市扩展到全国各地，包括中小城市和边疆城市，如云南丽江的玉龙县民族文化与社会性别研究会、吉林延边大学的延边大学妇女研究中心等。而如表2所示，目前高校系统的妇女研究机构占比最高（48.7%）。这表明，妇女研究正在进入主流学术界，并获得越来越多的认同。

表2　妇女/性别专业研究机构类别

机构类别	频数（个）	比例（%）
妇联系统的妇女研究机构	27	23.5
高校系统的妇女研究机构	56	48.7
社会科学院系统的妇女研究机构	25	21.7
其他民间研究机构	7	6.1
总　计	115	100

（三）专业设置与课程设置

大学中的专业是培养该学科专门人才的主要场所，也是学科发展的主要阵地。就总体而言，到目前为止，中国高校里并没有妇女/性别社会学的专业设置，妇女/性别社会学课程或是设置在社会学专业之中或是设于妇女/女性学领域之内，亦无专业的硕士、博士点而仅有专业方向。但从另一方面看，1995年以来，随着妇女/性别社会学主流化、学科化进程的不断推进，越来越多的高校开设了妇女/性别社会学相关课程，其中不仅有本科生的课程，也有妇女/性别社会学方向的硕士课程和博士课程。以对全国16所设有社会学博士点的单位的调查结果为例，设置妇女/女性/性别/社会学或性社会学相关硕士或博士研究方向课程的高校有：北京大学、中国人民大学、厦门大学、中国社会科学院、中山大学、上海大学、复旦大学、南开大学、华中科技大学和华中师范大学等10所高校，数量超过一半，且课程内容丰富、名称各异（见表3）。此外，在另外一些教育部和省属重点大学，如东北师范大学、云南民族大学、福建师范大学、浙江师范大学等高校中，也设有妇女/性别社会学的硕士方向和相关课程，这反映了妇女/性别社会学的学科建制以越来越开放的姿态融入了主流社会学界。

在包括妇女/性别社会学在内的妇女/社会性别学及相关课程的建设中，"妇女/社会性别学学科网络"的资助、收购和开发发挥了重要的作用。该网络鼓励并资助开发具有网络特色的"研究－教学－行动"三联动新课程，向参与妇女/社会性别学学科建设的研究者、教学者和行动者提供了经验和范本。至2010年底，该学科网络已资助、收购、开发优秀课程21门，教材/教参6部，并在全国范围内开展了两次妇女/社会性别学优秀课程评选活动，有力地推动了包括妇女/性别社会学在内的妇女/社会性别学及相关课程的建设和发展。①

表3　全国设有社会学博士点的部分高校社会学系
"妇女/性别社会学"相关课程开设情况表

学校	本科生课程	硕士、博士研究方向课程
北京大学	社会性别研究	性别与发展、女性发展史、性别研究前沿、女性学研究、女性学原著选读、女权主义方法论
中国人民大学	婚姻与家庭研究、性社会学	性与性别研究、性别人类学专题研究
中国社会科学院		性别与家庭
中山大学		性与社会工作
南京大学	女性研究	
厦门大学	婚姻与家庭	女性社会学（博士方向）
上海大学		家庭社会学、性社会学
复旦大学	女性主义方法论、社会性别研究、同性恋研究、视觉文化与社会性别	性别研究
南开大学		女性人口与发展
武汉大学	性别与社会	
华中科技大学	性别社会学导论	性别社会学
华中师范大学	女性社会学	社会性别研究

注：以上数据来源于各大高校网站的相关内容（人才培养计划和课程安排等），时间截至2011年底。由于个别院校网站的相关内容未及时更新，以上数据可能会有所遗漏或过时。特此说明。

---

① 参见"妇女/社会性别学学科发展网络简介"，网址：http：//www. chinagender. org/sky/about_ny. php？id＝5。

（四）专门的出版机构与图书资料

学科的专门出版机构对于推动学科知识的生产与传播具有非常重要的作用，其产品包括专业刊物、丛书、教材和通俗读物等。对于妇女/性别社会学来说，专门的出版机构是其重要的平台，是引起主流学界关注的重要窗口。近十多年来，有关女性研究的专业刊物、丛书和通俗读物越来越多，成为出版界的一道风景，在引起学术界重视的同时，也在普通读者中产生了很大反响。如"妇女/社会性别学书系"推出的一系列国内学者的著作，王金玲主编的《妇女发展蓝皮书》系列报告、选编的《台湾性别研究文选》，江苏人民出版社推出的"海外中国研究丛书"（译著）中的相关著作，李银河教授的系列文集，等等。专业刊物如《妇女研究论丛》《中华女子学院学报》，以及其他高校学报和社科院学术刊物中的性别专栏。一些以书代刊的杂志也刊登了大量妇女/性别社会学的研究论文，如杜芳琴、王政主编的《社会性别》，俞湛明、罗萍主编的《女性论坛》等。而妇女研究年鉴的出版不仅为学术研究提供了权威、便利的数据资料，也带动了学术研究的发展。此外，中国妇女出版社也出版了大量与女性研究和女性生活有关的专著和通俗读物。

学科丛书和专业刊物的发展极大地丰富了妇女/性别研究的图书资料，为教学研究提供了资料保障。我们以"妇女""性别""女性"为多个检索词，在中国国家图书馆的中文图书库中按"题名"和"出版年份"进行检索，①发现总体上与性别研究相关的图书资料增长非常迅速（见图3），1995年之前的总共只有112条馆藏记录，而1995～2009年共有541条馆藏记录，其中，2008年出版的相关著作多达123种。

（五）教材与学科理论体系

随着妇女/性别社会学学科化进程的不断加速，学科建设与课程设置对相

---

① 中国国家图书馆拥有全球最丰富的中文文献，本次检索到的相关中文图书资料除了学术类的著作之外，也包括非学术类的通俗读物，也有相当一部分图书超出了妇女/性别社会学的学科领域之外，但总体上，这些数据可以用来说明与性别研究相关的图书资料的增长情况。

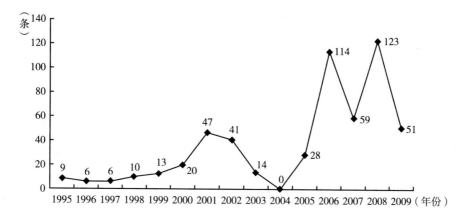

图3　中国国家图书馆馆藏的与性别相关图书量

关教材的需求越来越迫切。20世纪90年代之前，妇女/性别社会学的教材主要还是从西方引进的［如 L. 达维逊（Davidson，L）、果敦（Gardon，L. K.）的《性别社会学》，程志民等译，重庆出版社，1989］。1995年之后，国内学者开始质疑和挑战西方的理论，在探索本土化教材方面做出了艰辛的努力。如上一小节所述，2000~2010年，妇女/性别社会学的图书资料越来越丰富，其中包括大量的课程教学参考书。21世纪以来，妇女/性别社会学的教材也出现了多元化的趋势，一些学者依据自己的理论探索和实践总结，编著出了不同体系的教材。每一本教材都展示了自身的特色，如王金玲主编的《女性社会学》强调"性别"加"本土"加"实用"，佟新的《社会性别研究导论》着重从跨学科的视野对两性不平等的社会机制进行分析，祝平燕和夏玉珍主编的《性别社会学》采用多视角的分析框架，涉及面较广泛。我们在表4中对以上3本影响较大的教材进行了简单的比较。

　　虽然这些教材的内容体系各有特色，但也有一些是相同的，如性别与文化、性别分层、性别流动、婚姻家庭、劳动与工作等，表明这些内容是女性/性别社会学所普遍关注的议题。而且，不同教材之间还有一个最为主要的共同点，即在全书中贯穿着社会性别的分析视角。这一点是明显不同于主流社会学教材的。我们知道，主流社会学教材也非常关注上述这些议题，但正如妇女/性别社会学学者们在重新审视主流社会学的理论体系时所批评的，传统社会学理论体系是以男性的视角来编撰的，不可避免地带有性别偏见和性别盲点，淹没了女性的经验和价值观。① 因此，女性社会学在建构自己的理论体系时，勇敢地颠覆了传统男性的视角，而贯之以社会性别的视角，站在女性主体的立场上，以女性主义的认识论和方法论，重新书写女性的经验、价值和意识，通过教材的编撰，让女性发出自己的声音。

表4　已公开出版的"妇女/性别社会学"主要教材体系比较

教材名称	女性社会学	社会性别研究导论——两性不平等的社会机制分析	性别社会学
作(编)者	王金玲	佟新	祝平燕、夏玉珍
出版社	高等教育出版社	北京大学出版社	华中师范大学出版社
出版系列	以福特基金会资助的两期女性学项目作为研究基础	21世纪社会学系列教材	社会学系列教材
出版年份	2005	2005	2007
章结构	共10章,内容涵盖女性社会学的以下几个方面:导论、文化、社会化、社会分层与流动、劳动与工作、健康、家庭、妇女犯罪、社会工作、女性社会学的研究方法	共14章,由4编组成,内容涵盖:反思男性气质和女性气质的文化建构、身体的政治(性别关系、性别秩序、针对妇女的暴力)、劳动分工与经济和性别、社会性别研究的基本理论和认识论	共10章,内容涵盖:性别社会学导论、性别与文化、性别与婚姻家庭、性别社会化、性别分层与流动、两性的劳动与工作、性别社会学研究方法、女性主义社会工作、性别与健康、性别与犯罪
特色	"性别"+"本土"+"实用"	跨学科,从社会性别的视角分析影响两性不平等的社会机制	多视角的分析框架,涉及面较广泛

综合上述3本教材的结构体系，我们简要地梳理了妇女/性别社会学的学科理论体系如图4。

（六）师资培训与师资结构

专业的研究机构、完善的课程设置和高水平的教材固然是学科发展必不可少的硬件设施，但一个学科的发展最终还必须有"师资"作为支柱。事实上，

---

① 王金玲主编《女性社会学》，高等教育出版社，2005，第2页。

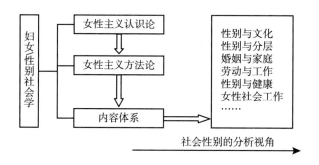

图4 妇女/性别社会学学科理论体系

只有具备充分的妇女/性别理念与科研、教学能力的教师,才能承担本课程的教学任务并推动本学科的发展。对20世纪90年代妇女研究中心的成立热潮,有些学者提出了批评,"有些中心已经名存实亡,没有实际的教学或科研项目;有些缺乏女权/女性主义的批判视角;更糟糕的是,还有的提供一些打着'妇女'旗号,其实是在出售商品化的'女人味'(femininity)的课程"。① 因此,加速妇女/性别社会学的师资培训、充实师资力量、提高性别意识,加强科研和教学能力,可以说是学科发展的内在要求。在这一方面,妇女/社会性别学学科发展网络已分别于2007年1月(福州)、2007年7月(太原)和2008年1月(上海)举办过三期师资培训,这些活动对于加强妇女/社会性别学科的师资队伍建设、促进妇女/社会性别研究与教学、共同分享妇女/社会性别学教学和科研中的经验与成果起到了重要的作用。

根据妇女/社会性别学学科发展网络279位个人成员申请表②中的登记资料,我们对当前妇女/社会性别学学科的师资结构进行了分析。在这些个人成员中,性别结构上,女性占87.5%,男性占12.5%,这表明,在妇女/性别研究与教学的师资力量中,依然是女性占主导地位;职称结构上,教授或研究员占15.8%,副教授或副研究员为30.8%,即四成以上具有高级职称,职称水平较高;在学科结构上,来自社会学学科者最多,占全部师资人数的29.4%,

① 王政个人评论,转引自〔美〕周颜玲、〔美〕仉乃华、王金玲《前景与挑战:当代中国的妇女学与妇女/性别社会学》,范晓光译,《浙江学刊》2008年第4期。
② 感谢妇女/社会性别学学科发展网络执行人、浙江省社会科学院社会学所助理研究员姜佳将为本研究提供这些资料。

其次为文学领域者，占7.5%，然后是分别来自思想政治、历史学、教育学和政治学等学科者，所占比例依次为7.2%、6.2%、6.1%、3.9%（见表5）。尽管这只是对个人成员构成的分析，但从中亦可大致推论全国妇女/社会性别学科师资力量的上述三大构成。

表5　妇女/社会性别学学科的师资结构

性别结构	所占比例（%）	学科结构	所占比例（%）
女性	87.5	社会学	29.4
男性	12.5	文学	7.5
职称结构	所占比例（%）	思想政治	7.2
教授或研究员	15.8	历史学	6.2
副教授或副研究员	30.8	教育学	6.1
讲师或助理研究员	24.4	政治学	3.9
其他（含学生会员）	29	其他	35.4

（七）公认的专门术语和方法论

妇女/性别社会学并不是简单地在传统的社会学理论框架之内加入性别的因素，而是以一些富有挑战性的专门概念和方法论作为武器，对传统的以男性视角为主的社会学进行质疑、批判和重构。这些专门概念，如社会性别、女性/女权主义、性别平等、性别/妇女发展、父权制、性别气质（男性气质、女性气质）、性别秩序、性别政治、异性恋霸权等，不仅极大地丰富了传统社会学的概念资源，成为社会学学科和日常生活中的一些常用术语，而且颠覆了长期以来以男性视角为主的社会学理论，给社会学的发展带来一股新鲜的血液。对于妇女/性别社会学来说，这些专门概念构成了学科发展的基石，凸显了学科的话语特色，也奠定了学科合法性的基础。例如，女性社会学的中心概念——"社会性别"（gender）一词，对基于生物/生理性别差异而造成的社会性别不平等进行了猛烈的批判，并指出性别之间的不平等实质上是由社会文化、制度所建构出来的；而这一概念的广泛使用，又使得"社会性别"已经成为社会科学研究中的一个重要概念工具和分析范畴。

女性主义方法论开辟了与以往的知识体系所不同的另一种认识视角及领域。[①] 通过女性主义的方法论，妇女/性别社会学的学科建设将男性主流社会学体系带进了一个新的发展境地。恰如一些学者指出的，"女性主义期望通过方法论的变革，将社会学改造成一种不仅是关于女人或由女人来研究的学问（of or by women），而且成为为女人（for women）的社会学"。[②] 正是基于这一点，女性主义方法论成为妇女/性别社会学对传统社会学和社会科学知识的最大贡献。

三　学术研究的进展

学术研究与学科发展是相互促进、共同成长的，妇女/性别社会学的学科化进程与近年来妇女/性别社会学研究的主流化有着密切的关联。如前所述，随着中国的妇女/性别研究逐渐从学术边陲走向主流学术圈，妇女/性别社会学研究为传统的社会学研究贡献了独特的方法论视角，并且成功地挑战了男性主流知识的生产与学术话语权，其所主张的一些理念和概念已经成为社会科学界不可忽略的内容。接下来，我们将从学术论文的发表数、优秀硕博士论文的选题、公开出版的专著（译著）数、国家社科基金项目的立项情况等方面对1995～2010 年妇女/性别社会学学术研究的总体进展状况进行分析，然后结合上述分析，对本学科新近出现的一些重要研究领域、研究观点和概念进行评述。

（一）1995～2010 年的总体进展状况

1. 学术论文发表情况

学术论文发表数量的不断增长是近年来学术发展的一个重要方面，虽然并

---

① 张宛丽：《女性主义社会学方法论探析》，《浙江学刊》2003 年第 1 期。

② Smith, Dorothy, *The Everyday World As Problematic：A Feminist Sociology*, Boston：Northeastern University Press. 1987；Stanley, Liz &Wise, Sue, *Breaking Out：Feminist Consciousness and Feminist Research*, London：Routledge & Kegan Paul. 1983. 转引自吴小英《当知识遭遇性别：女性主义方法论之争》，《社会学研究》2003 年第 1 期。

不是说学术论文发表越多，学术水平就越高，但学术论文的数量可以从另外一个方面说明从事该领域研究的人数、研究范围和精力投入情况。在中国知识资源总库的"中国期刊全文数据库"中，以"妇女"或"女性"或"性别"为关键词，以"社会学"为检索词，通过高级检索端口进行核心期刊范围内的精确检索，笔者共获得 1995～2010 年 19160 篇与妇女/性别社会学相关的论文，具体每年的发表数见图 5。其中，妇女/性别社会学研究学术论文发表数在 1995 年一度达到高峰，之后几年发展平缓，而 2000 年以来又开始迅速增长，至 2010 年，一年就达到 2609 篇。

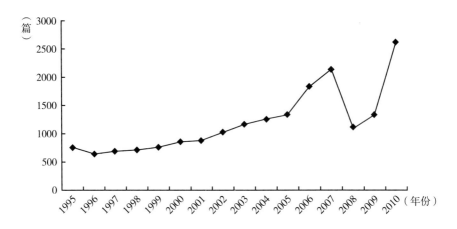

图 5　1995～2010 年妇女/性别社会学学术论文发表数

当然，需要指出的是，从学科视角和学术规范看，上述检索到的 1.9 万多篇相关论文，并非全部都具有妇女/性别社会学的研究范式。为了提高检索质量，更好地反映出妇女/性别社会学的主流化情况，我们缩小了检索范围，进一步以社会学专业中最具权威影响力和最为符合学术规范的期刊《社会学研究》为检索对象，对 1995～2010 年该刊发表的全部文献（共有 1327 条记录）进行检索。我们以"妇女""性别""女性"为关键词进行检索后，发现共有 83 条记录，在剔除一些非学术论文的记录并逐条进行筛查之后，共有 66 条为妇女/性别社会学的学术论文，占全部记录的 4.97%，平均每年 4.13 篇。历年发表的篇数见图 6。从图 6 中可见，1995 年中国学术界在《社会学研究》发表妇女/性别社会学研究的学术论文最多，高达 18 篇，平均每期都有 3 篇论文，且有多篇是属于学术争鸣类的。出现这种状况与第四次世界妇女大会在北京的召开有密切联系。1995年之后，论文的数量有所减少，平均每年3.2篇。这一数据实际上也反映了一个问题，即尽管有关妇女/性别社会学研究的论文总体上增长迅速，但在权威刊物上发表的论文数量却增长迟缓，妇女/性别社会学研究虽然不断走向主流，但真正实现主流化还需要更大的努力。

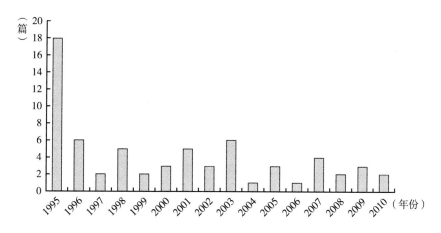

图6 1995～2010年《社会学研究》刊载的妇女/性别社会学学术论文数

2. 优秀硕博士论文的选题

优秀硕博士学位论文的选题情况可以反映出该学科的哪些研究领域和研究方向最具有前沿性、影响力和吸引力。"中国优秀硕士学位论文全文数据库"和"中国博士学位论文全文数据库"是目前国内相关资源最完整、质量最高、连续动态更新的数据库，收录了从1999年起（部分收录1999年以前的论文）全国530多家硕士培养单位的优秀硕士学位论文和380家博士培养单位的博士学位论文。虽然还有部分高校的硕博士论文没有收录在其中，但鉴于该数据库的权威性，其收录的论文足以代表总体情况。为了精确地检索文献，并反映"妇女/性别社会学"学科的硕博士论文选题情况，我们在该数据库的"社会科学理论与方法""社会学及统计学""人口学与计划生育"这3个与妇女/性别社会学相关的专辑中，以"妇女"或"性别"或"女性"为关键词进行模糊检索，共检索到469条优秀硕士学位记录和32条博士学位论文记录，历年篇数见图7。

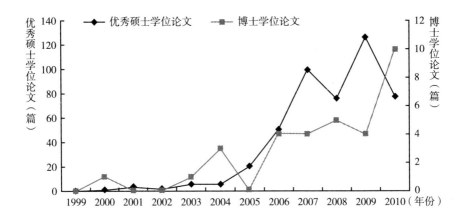

图 7　1999～2010 年妇女/性别社会学优秀硕博士学位论文选题数量

从图 7 我们可以看到，2000 年之前，将妇女/性别社会学及相关的研究领域和研究方向作为硕博士学位论文选题的几乎为零，但 21 世纪以来，特别是 2005 年之后，其增长的速度越来越快。这一方面说明妇女/性别社会学的研究正在受到越来越多的关注，另一方面也反映妇女/性别社会学的学科建设和硕博士人才培养取得了很大的进展。

3. 国家社科基金课题的立项

全国哲学社会科学规划办公室负责管理的"国家社会科学基金项目"是国内最高级别和最高水准的课题项目，其立项情况代表了国家层面对该学术领域的研究规划与经费资助情况。根据全国哲学社会科学规划办网站公布的历年资助项目数据，1993～2010 年，社会学学科共立项资助了 1115 项（不含西部项目和后期资助项目）课题。经筛选，在这 1115 项立项课题中，与妇女/性别社会学研究领域相关的项目有 39 项（见表 6），占 3.4%。其中，青年项目 11 项，一般项目 28 项，重大项目和重点项目为零。这说明，在这一时期，妇女/性别社会学研究在主流学术界占据了一定的地位，但尚未达到重要和主要地位，依然没有掌握主流学术的话语权。而进一步与社会学总体立项数目几乎每年均有较大的增长幅度相比，妇女/性别社会学的立项数波动较大，有些年份立项数量较多，如 2006 年为 7 项，2007 年达 8 项，而有些年份一项也没有，如 2001 年。具体情况见图 8。

表6　1993～2010年国家社科基金立项课题中妇女/性别社会学相关课题一览表

序号	立项年份	负责人	立项名称	课题类型
1	1993	王金玲	性病蔓延的社会、心理与行为学研究	青年项目
2	1993	刘启明	中国妇女地位变化与人口转变效应研究理论、实证与政策分析	青年项目
3	1993	孙晓梅	中外妇女就业比较研究	青年项目
4	1993	冯立天	中国人口性别比研究	一般项目
5	1994	张厚义	私营企业劳资关系(特别是妇女保护)问题研究	一般项目
6	1996	罗萍	市场经济条件下发挥妇女作用的特殊问题研究	一般项目
7	1997	陈方	社会体制转型期妇女的价值观念及其嬗变	一般项目
8	1998	李鸿泉	中国蒙古族妇女发展研究	一般项目
9	1998	黄润龙	江苏女性流动人口婚姻现状及婚恋观研究	一般项目
10	1999	陶春芳	第二期中国妇女社会地位调查研究	一般项目
11	2000	王金玲	中国的社会转型与妇女犯罪	一般项目
12	2002	石彦芳	入世后的中国女性就业研究	一般项目
13	2003	韩嘉玲	经济全球化下的亚洲妇女劳动力跨境流动研究	一般项目
14	2003	潘锦棠	社会转型期中国劳动力市场中的性别排斥与对策	一般项目
15	2004	蒋美华	当代中国社会转型过程中的女性职业变动的研究	青年项目
16	2004	易松国	市场经济条件下的中国离婚女性研究	一般项目
17	2005	张抗私	劳动力市场中的社会排斥问题研究:以性别歧视为例	一般项目
18	2006	唐斌尧	城镇非正规就业女性群体的社会保障权益及社会支持模式研究	青年项目
19	2006	杨国才	女性社会学视野中的少数民族妇女流动	一般项目
20	2006	张楠	性别平等与和谐社会建设理论与实践研究	一般项目
21	2006	王金玲	拐卖/拐骗妇女儿童问题研究	一般项目
22	2006	周全德	性别平等与社会和谐视野下的出生婴儿性别比偏高问题研究	一般项目
23	2006	张李玺	中国女性社会学学科化的知识建构	一般项目
24	2006	武中哲	单位制变革与劳动力市场中的性别不平等问题研究	青年项目
25	2007	金一虹	社会主义新农村建设与性别平等的理论与实践问题研究	一般项目
26	2007	马林英	四川彝族社会性别关系变迁研究	一般项目
27	2007	黄晓	性别视角下的布依族纺织文化与社区发展研究	一般项目
28	2007	佟新	劳动力市场中的性别问题研究	一般项目
29	2007	李莉	妇女非政府组织在构建社会主义和谐社会中的角色和作用研究	青年项目

续表

序号	立项年份	负责人	立项名称	课题类型
30	2007	张翠娥	社会性别视角下的妇女非政府组织研究	青年项目
31	2007	罗彦莲	西北农村回族妇女反贫困问题及对策研究	青年项目
32	2007	许传新	西部地区社会主义新农村建设与留守妇女问题研究	青年项目
33	2008	周玉	社会性别视角下的制度公正研究	一般项目
34	2008	刘电芝	转型期我国青少年性别角色取向的偏移与引领研究	一般项目
35	2009	胡玉坤	国家与农村妇女就业——对西部三个村落60年变迁的比较研究	一般项目
36	2009	潘锦棠	性别分层理论与男女公平就业政策研究	一般项目
37	2009	陈志霞	矛盾性别偏见对女性的社会阻隔和自我阻隔作用	一般项目
38	2010	唐娅辉	和谐社会视野下的性别和谐机制研究	一般项目
39	2010	田丽丽	中国当代职业女性自杀问题研究	青年项目

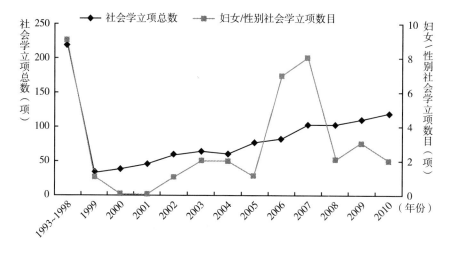

图8　1993～2010年国家社科基金项目社会学和妇女/性别社会学立项数分布

（二）1995～2010年妇女/性别社会学的研究转向

通过上述对15年妇女/性别社会学的学术论文发表情况、优秀硕博士论文选题情况和国家社科基金课题立项情况的总体观察和分析，我们可以发现，妇女/性别社会学在很多专题领域的研究都有了新的拓展和提高，在不断走向理论自觉和方法自觉的过程中，其研究的内容、话语和视角等都发生了重大的转向。这些专题领域主要有：妇女与就业、妇女与教育、性别与分层、妇女与环境、女性参政、性别与健康、性别气质与性别角色、流动女性与留守妇女、少数民族妇女、贫困妇女与社会保障/社会救助、妇女与婚姻家庭、妇女社会工作、妇女/性别社会学学科建设、女性主义理论与方法论等。许多学者已分别就上述各个专题的研究进展进行了详细的述评。例如，李慧英教授对 1995～2005 年中国妇女的参政状况进行了回顾和评估；① 高丽娟教授对 2000～2009 年国内单亲母亲家庭的研究进行了综述；②③ 史静寰教授对 1995 年世妇会以来中国的妇女教育研究进行了回顾；④ 金一虹教授回顾和展望了中国妇女组织和国际上有关妇女问题的研究；⑤ 佟新教授在《30 年中国女性/性别社会学研究》一文中从打破二元分割认识僵局的劳动性别分工/公私领域/性别身份，性别、家庭与国家等多元视角的拓展，身体、性别与国家的内在关联，关注女性经验的个体能动性等方面对改革开放以来妇女/性别社会学研究中的概念和理论空间做了详细的盘点；⑥ 而王金玲主编的《中国妇女发展蓝皮书》系列、谭琳主编的《中国妇女发展与性别平等绿皮书》系列等对相关主题、领域的研究与行动进展进行了较全面的梳理与回顾。诸如此类的综述性论文、著作还有很多，不一而足。鉴于此，为了避免重复，本文接下来将主要从妇女/性别社会学研究的内容转向、话语转向、视角转向和对象转向等重要方面对这 15 年的相关研究进行简单梳理。

1. 妇女/性别社会学研究的内容转向：从"问题"到"主体"

王金玲教授对中国妇女/性别社会学学术研究及学科建设的进展和趋势进行了持续的总结、分析和探讨，她在一篇论文中提到的妇女/性别社会学的研究转向对今天仍然有很大的启发。她指出，20 世纪 80 年代中期，妇女的生存与发展最先是以一种"问题"的形态出现在人们面前的，当时学术界讨论最

---

① 李慧英：《中国妇女参政十年回顾与评估》，《妇女研究论丛》2005 年第 6 期。
② 高丽娟：《国内单亲母亲家庭十年研究综述》，《中华女子学院学报》2009 年第 4 期。
③ 赵捷：《妇女健康：10 年推进过程中的喜悦与担忧》，《妇女研究论丛》2005 年第 5 期。
④ 史静寰：《教育、赋权与发展：'95 世妇会以来中国妇女教育研究回顾》，《妇女研究论丛》2007 年第 1 期。
⑤ 金一虹：《妇女组织：回顾与展望——中国妇女组织和国际妇女研究研讨会综述》，《妇女研究论丛》2010 年第 5 期。
⑥ 佟新：《30 年中国女性/性别社会学研究》，《妇女研究论丛》2008 年第 3 期。

多的话题也是妇女问题，如妇女解放问题、妇女自我意识觉醒问题、妇女婚恋问题、妇女就业问题、妇女形象问题等。而进入 20 世纪 90 年代之后，妇女/性别社会学从对"问题"的研究转向了对"人"的研究，再转向了对"性别人"的研究。[①] 这实际上指出了妇女/性别社会学研究的一个重要转向，即从将女性作为"问题"客体进行研究，转向了将妇女作为一个"人"的主体，尤其是女性主体进行研究。这一转向强调关注女性的主体经验，站在女性的立场上，让女性用自己的声音说话，而不是将女性当作被动的、沉默的、被观察的客体进行研究。

当然，妇女/性别社会学的研究内容转向女性主体依然是以女性在当前社会中遇到的主要"问题"为导向的。例如，打工妹一直是一个备受学术界关注的群体，早期学术界对这一群体的研究主要是从"问题"视角来介入的，其研究内容主要包括打工妹的婚恋问题、就业途径问题、城市融入问题、相关的社会保障和社会政策等，但却忽略了对打工妹作为女性主体的研究。近些年来，越来越多的学者开始将打工妹作为一种新型的"生产主体"和"消费主体"来开展深入研究。香港学者潘毅认为，打工妹是新型的劳动主体，她们的社会抗争不应该被简化为传统的"阶级斗争"，她们的社会抗争既是打工者对制度和资本的反抗，也是女性对父权制文化的挑战。[②] 因此她对打工妹的尖叫与梦魇的研究充满了对女性身体疼痛的关怀，并特别指出了作为母性体现的女性生理周期和作为父权制体现的资本主义生产周期之间的矛盾。[③] 此外，余晓敏和潘毅也将主体性社会建构的空间由生产领域扩展到消费领域，探讨了消费革命的到来与消费社会的形成如何影响新生代打工妹的身份认同和主体性再造。[④]

2. 妇女/性别社会学研究的话语转向：从"价值中立"到"女性主义立场"

话语是建构社会性别的重要力量，考察性别话语的转向可以看出性别是在

① 王金玲：《社会学视野下的女性研究：十五年来的建构与发展》，《社会学研究》2000 年第 1期。

② 潘毅：《阶级的失语与发声：中国打工妹研究的一种理论视角》，《开放时代》2005 年第 2 期。

③ 潘毅：《开创一种抗争的次文体：工厂里一位女工的尖叫、梦魇和叛离》，《社会学研究》1999年第 5 期；潘毅：《中国女工：新兴打工阶级的呼唤》，任焰译，明报出版社有限公司，2007。

④ 余晓敏、潘毅：《消费社会与"新生代打工妹"主体性再造》，《社会学研究》2008 年第 3 期。

什么样的话语情境下被建构成怎样一种性别秩序的。通常认为，建构性别的话语主要来自传统文化、国家话语和市场话语。在新中国成立之前，传统文化起主导作用，在传统性别话语的建构之下，女性的社会地位被根深蒂固地依附于男性，致使传统女性缺乏一种独立的性别身份。1949年以后，中国女性的性别身份发生了重要转变，即从传统的父权制特点的性别身份向社会主义劳动者的性别身份转变。佟新指出，在这一转变过程中，意识形态化的国家话语直接作用于中国女性的日常生活，通过国家话语的作用将妇女从边缘推向主流，她们的社会身份被国家以官方叙述的形式界定，因此可以称之为"被叙述的性别身份"。[1] 而在改革开放后的30年中，中国社会的性别话语再次发生了明显转型。吴小英认为，市场化背景下的性别话语由国家主导的话语模式转变为市场导向的话语模式，转型后的性别话语不再表现为一种由国家建构的、在实践中打了折扣的意识形态意义上的平等蓝图，而是表现为一种在现代性和个体自由的诉求中利用国家、市场和传统文化的各方力量平衡做出主体选择的精打细算的应对策略。[2]

面对市场化背景下性别话语对女性身份和性别秩序的全面重构，同时伴随着学术界对性别话语转向的梳理与分析，妇女/性别社会学研究本身的话语也发生了重大转向。在倡导价值中立的主流社会学看来，对"妇女问题"的研究需要从一个客观的、中立的角度为解决问题提出对策，因而其话语形态往往是冷静的、机械的。但是，女性主义社会学对妇女/性别的研究公开偏向于女性，在她们的研究话语中，既充满了对女性遭受不公命运的同情与不平，也表达出了对父权制社会的愤愤不满和激烈的批判精神。特别是后现代女性主义，她们的抱负之一就是要发明女性的话语。她们提出，"这个世界用的是男人的话语。男人就是这个世界的话语"，"我们所要求的一切可以一言以蔽之，那就是我们自己的声音"，"男人以男人的名义讲话；女人以女人的名义讲话"，"我们必须去发明，否则我们将毁灭"。[3] 现在，持有女性主义立场的研究者和

---

① 佟新：《话语对社会性别的建构》，《浙江学刊》2003年第4期。

② 吴小英：《市场化背景下性别话语的转型》，《中国社会科学》2009年第2期。

③ 李银河：《女性主义》，山东人民出版社，2005，第67页。

建立在社会性别意识之上的研究成果呈增长趋势，且增长幅度不断扩大。[1] 例如，李小江等人在其主编的《性别与中国》第四辑——《批判与重构》一书中就集结了一些具有鲜明的女性主义立场的妇女研究论文（其中包括学科建设和学术研究）。[2] 我们在上一小节通过对学术期刊网的论文和硕博士学位论文以及国家社科基金课题立项情况的梳理，也发现了大量基于女性主义立场的研究，这些研究所建构起来的强大的学术话语力量对于推动女性解放和性别平等起着重要的推动作用。

3. 妇女/性别社会学研究的视角转向：从"一元视角"到"多元融合"

女性主义社会学家舒勒密·雷恩哈茨论及的关于女性主义研究的方法论原则中的第一条就提到，女性主义是一种研究视角，不是一种研究方法。[3] 随着妇女/性别社会学研究的内容和话语向女性主体和女性主义立场的转型，女性主义也成为妇女/性别社会学研究中一种压倒性的视角。不仅在性别研究内部，甚至对男性主导的整个社会学研究来说，女性主义的理论视角都带来了一种激烈的挑战，因为在男性主导的社会学研究中，存在不可忽视的性别盲点或性别偏见。女性主义作为一种新的哲学思潮和研究视角，强调女性意识的重要性，它希望透过对女性的关注和以女性的视角来颠覆或重构已有的社会学知识。在中国学术界，涌现出了大量以女性主义视角或社会性别视角为标题的学术论文或学位论文。通过对"中国知网"的跨库检索，我们发现，1995~2010年标题含有"女性主义视角"或"社会性别视角"的研究已有847条记录。此外，王金玲和林维红主编的《性别视角：生活与身体》《性别视角：文化与社会》等文集也收录了台湾学术界基于女性主义视角的独特研究，向中国内地展现了台湾包括妇女/性别社会学在内的妇女/社会性别研究的重要成果。[4]

---

[1] 王金玲：《社会学视野下的女性研究：十五年来的建构与发展》，《社会学研究》2000年第1期。

[2] 李小江、朱虹、董秀玉主编《批判与重建》，生活·读书·新知三联书店，2000。

[3] Reinharz, Shulamit. "Experiential Analysis: A Contribution to Feminist Research." in *Theories of Women's Studies*, (ed.) by Gloria Bowles & Renate Duelli & Klein, Routledge & Kegan Paul. 1983. 转引自吴小英《当知识遭遇性别：女性主义方法论之争》，《社会学研究》2003年第1期。

[4] 王金玲、林维红主编《性别视角：生活与身体》，社会科学文献出版社，2009；王金玲、林维红主编《性别视角：文化与社会》，社会科学文献出版社，2009。

当然，妇女/性别社会学研究并不局限于单一的女性主义视角或社会性别视角。近些年来，在本土化和主流化的进程中，随着理论自觉和方法自觉程度的不断提高，妇女/性别社会学研究在女性主义视角的基础上，也拓展出了更为多元的综合视角，使妇女/性别社会学研究的理论视角更具有本土化色彩，也融合了更多主流社会学的理论视角。例如，将女性主义的视角或社会性别的视角与国家的视角、历史的视角和社会转型的视角交融在一起考察中国女性社会生活和地位的变迁，则不仅比单一的女性主义视角更为丰富多元，而且也能更为深入、全面地对研究对象的具体情况进行考察。如，郭于华教授在社会性别的视角中，贯穿了历史社会学的视角和国家治理的视角，揭示农村妇女如何获得"心灵的集体化"，以及社会主义革命与妇女解放运动的内在关联;[1] 左际平教授在《从多元视角分析中国城市的夫妻不平等》一文中从社会性别视角出发，将中国夫妻的平等问题放在中国的历史、文化、经济和社会背景中进行探讨和研究;[2] 金一虹教授在《流动的父权：流动农民家庭的变迁》一文中，基于流动这一结构性的现实力量，对在现代化各种解构传统要素力量的广泛冲击下家庭父权制的变迁过程及其变迁机制展开了深入的分析;[3] 等等

4. 妇女/性别社会学研究的对象转向：从"生产/再生产的身体"到"消费的身体"

身体已经成为当代社会科学研究的焦点之一，特别是在后现代女性主义的理论视野和经验研究中，在打破肉体与灵魂的二元对立之后，身体被置于一个极其重要的位置。在妇女/性别社会学的研究从关注妇女问题到关注女性主体、从价值中立到女性主义立场等转向下，女性的身体更是被聚焦于镁光灯闪烁的镜头之中，成为妇女/性别社会学研究的对象之一。研究者关注社会文化、权力、话语等对女性身体的塑造和影响，与身体有关的健康、疾病、消费等议题都一一被当代妇女/性别研究者拿来重新书写，以批判身体政治和性别不平等。在这一领域，近十几年来国内学术界不仅译介了大量有关身

---

① 郭于华：《心灵的集体化：陕北骥村农业合作化的女性记忆》，《中国社会科学》2003 年第 4 期。

② 左际平：《从多元视角分析中国城市的夫妻不平等》，《妇女研究论丛》2002 年第 1 期。

③ 金一虹：《流动的父权：流动农民家庭的变迁》，《中国社会科学》2010 年第 4 期。

体的著作，如被誉为"妇女运动中诞生的最重要的著作"的《美国妇女自我保健经典：我们的身体，我们自己》，而且也涌现出了许多研究当代中国女性身体的著作，如黄盈盈的《身体·性·性感：对中国城市年轻女性的日常生活研究》，① 等等。

梳理妇女/性别社会学对女性身体研究的相关文献，我们发现其中也有一个非常明显的转向，即从关注女性具有生产性和再生产性的身体，转向关注其具有消费性的身体。生产和再生产是女性身体最重要的功能之一，因而 20 世纪八九十年代妇女/性别研究刚起步时，众多研究者就对女性的就业问题和生育保障等投入了极大的研究热情，关心女性的就业环境及其对女性身体健康和疾病的影响，关心女性在生育过程中的身体保健和社会保障等问题。然而，随着消费社会的兴起，在大众媒体、时尚机制和产业运作的推波助澜之下，身体从生产领域被迅速转移到消费领域之中，并从私人领域进入社会公共领域，女性的身体也被赋予了明显的符号价值和区分功能，成为一种重要的文化资本，身体消费成为一种建构自我认同的重要方式。② 消费的身体实际上也被建构为性别化的身体，"苗条暴政"成为戕害女性身体的罪魁祸首，许多研究基于女性主义的立场对整形塑身、美容丰胸等女性消费文化现象进行了批判性的思考。例如，姜秀花从文化的观点切入，分析了关于女性身体美的文化怎样控制了妇女的生活方式，以及怎样再现了历史深远的审美中两性权利和地位的不平等。③

上述仅从内容转向、话语转向、视角转向和对象转向四个方面简要勾勒了中国的妇女/性别社会学 1995～2010 年在学术研究上的进展。当然，除了这四个方面，妇女/性别社会学的研究还有许多新的拓展和转向，如从单纯的对策研究和书斋式的纯学术研究转向更为强调参与式的研究，这一转向在妇女社会工作、贫困妇女的社会救助与服务等领域得到了很好的体现。限于篇幅，不再一一展开论述。

---

① 黄盈盈：《身体·性·性感：对中国城市年轻女性的日常生活研究》，社会科学文献出版社，2008。

② 方英：《消费社会中女性的身体消费》，《河南社会科学》2006 年第 4 期。

③ 姜秀花：《对女性身体再造行为的文化评析》，《妇女研究论丛》2003 年第 3 期。

四　结语

（一）总体发展

从社会学的视野看，中国的妇女/社会性别研究在 1995～2010 年的发展就像一个儿童的成长历程，不断地摆脱束缚、争取独立，不断地颠覆传统、走向主流，又不断地重构知识、增强自身的学科意识，一篇篇的学术论文铺就了它的成长道路，一次次的学术研讨会成为它宣告成长的一个个仪式。时至今日，妇女/性别社会学的知识生产与实践不仅已引起了学术界的广泛瞩目，使任何有价值的学术研究都不能忽视女性这一重要的群体，而且也成了消除性别压迫、挑战性别歧视、创造两性和谐的一股重要的社会力量。

正如本文开头所指出的，中国的妇女/性别社会学在这些年所致力于探索的最主要问题，是如何实现妇女/性别社会学的本土化、主流化和学科化。主流化主要体现于学术研究方面，学科化主要体现在学科建设上，本土化则融合了学术研究和学科建设的共同诉求。在 15 年的追寻历程中，妇女/社会性别研究立足于本土经验，融合各学科优势，开创出了独特的理论视野，形成了鲜明的学科意识，并且呈现出了理论自觉和方法自觉的特征。

从根本上说，妇女/性别社会学的理论自觉与方法自觉要我们不仅认真地去回顾发展历程和总结发展经验，而且要很好地去反省多年来在学术研究和学科发展中所持的基本立场和价值理念，在学科规划和研究设计中更清楚地知道我们究竟需要什么样的中国的妇女/性别社会学，并且在理论建构和经验探讨中，不断地重新审视已有的方法论原则和观察视角，加以修正乃至重构。如此，方能在中国的妇女/性别社会学本土化、主流化和学科化进程中实现对西方女性主义理论的积极借鉴与反思、对男性主流传统社会学的挑战与颠覆，实现学科知识生产的合法化和学术话语权的不断增强，而不是"在西方社会学理论或社会理论的笼子里跳舞，使自己的理论研究或经验研究成为西方社会学

理论或社会理论的一个案例、一个验证",① 也不仅仅是对男性主流社会学的修修补补。说到底，妇女/性别社会学的理论自觉与方法自觉不仅是为了增强自身的学术主体性，也应该能够提高学术反省和自主创新的能力，而反过来，学术反省和自主创新也能进一步推动妇女/性别社会学研究不断走向理论自觉和方法自觉。

（二）趋势与前瞻

当然，走向理论自觉和方法自觉并非意味着妇女/性别社会学研究就已经实现或达到了自觉的境地，与此相反，妇女/性别社会学要真正实现学术研究和学科发展的理论自觉和方法自觉还有很长的道路要走。本文在上面的分析只是简要勾勒了妇女/性别社会学在1995～2010年的发展中浮现出来的这两条轨迹和发展趋势，并且认为，这门学科今后的发展仍然需要不断在理论自觉和方法自觉中进行"建设性反思"和"反思性建设"。

实际上，从妇女/性别社会学十几年的发展状况来看，其在不同的发展阶段也存在诸多不足和有待进一步改善的地方。第一，参与到这门学科中进行学术研究和学科建设的学者主要是女性，因而容易陷入"自说自话"的境地，缺少不同性别间的对话和不同性别共同参与的局面；第二，虽然男性占主导的社会学受到了妇女/性别研究的激烈挑战，但到现在为止，仍然难以完全撼动男性主流/主导知识在学术界的霸权地位，女性的声音依然很容易被淹没；第三，学科建设虽然蓬勃发展，但学科的理论体系、方法和概念仍然有待进一步的完善和改进。

从实现理论自觉和方法自觉的途径来看，妇女/性别社会学在本土化、主流化与学科化的追寻中，还有多种可选择的路径。因为在中国，有丰富的本土资源尚待开发和利用，女性社会力量的崛起和女性声音的日渐洪亮也成为推动妇女/性别研究主流化、学科化的重要力量。

从上述几点不足来看，妇女/性别社会学的本土化、主流化和学科化的道

---

① 郑杭生：《促进中国社会学的理论自觉——我们需要什么样的中国社会学》，《江苏社会科学》2009年第5期。

路依然漫长，依然需要在不断反思中前进。好在妇女/性别社会学还只是一门非常年轻的学科，正处于朝气蓬勃的"青春期"，其学术研究和学科理论体系的不成熟恰恰预示着其今后宏大的发展空间和无尽的发展潜力。

1. 课程建设与发展

在现代学科分工体系和男性主导的学术话语背景下，妇女/性别社会学近年来的学科化历程，可谓一路披荆斩棘，左突右撞，一步步实现"在不可能中创造可能"的奇迹。① 按照目前的发展态势来看，在今后的课程建设与学科发展中，妇女/性别社会学将会呈现以下一些特征。

（1）学科体系的建构将进一步走向成熟，并沿着理论自觉和方法自觉的轨迹继续前行。随着学术研究的不断推进和教学实践经验的不断积累，妇女/性别社会学的学科体系将不断走向规范和完善，以女性主义/社会性别为基础的理论框架和方法论特征将越来越明晰，也将获得主流学术界越来越多的认同。

（2）妇女/性别社会学学科在今后的发展中将在保持自身特征的同时，不断打破学科边界，融合各学科的优势视角，开展如妇女/社会性别学学科网络所倡导的不同学科之间的交流与对话，在课程建设中更注重于对本土资源的开发和利用，吸收传统文化中的优秀资源，同时也借鉴西方女性主义理论中富有解释力的概念工具，以提高学科的地位和话语权。

（3）随着越来越多的高校开设妇女/性别社会学课程，包括与此相关的专业选修课程和必修课程，课程建设将呈现出更为繁荣多元的发展局面，教学实践与学术研究的联系将越来越密切。同时，将出现更多包括了参与式行动的课程模式和教学方法。这一方面，妇女/社会性别学学科网络以知识的行动化和行动的知识化为导向开发的"研究—教学—行动"三联动新课程，已经产生了很好的示范效应。

2. 学术研究的进展

妇女/性别社会学在近十几年来之所以能够逐渐获得主流学术界的认同，

---

① 闵冬潮：《全球化与理论旅行：跨国女性主义的知识生产》，天津人民出版社，2009，第207页。

与其在知识生产和方法论上的贡献是分不开的。可以说,学术研究的进展是妇女/性别社会学发展的生命线,缺少学术研究上的贡献,妇女/性别社会学就很难融入主流。在理论自觉和方法自觉的推动下,今后一段时间内,妇女/性别社会学的学术研究将呈现如下特征。

(1)在妇女社会地位不断提高的现代社会,妇女面临的社会问题也越来越凸显(如妇女与健康、妇女与就业、妇女与环境、妇女流动与分层等)。因此,妇女/性别社会学的学术研究将更加积极地回应现实问题,以女性主义的方法论立场和理论关怀,挑战传统的性别叙述方式,对妇女的遭遇和面临的挑战展开更为深入的调查和分析,并提出基于女性经验、符合女性价值的政策建议,进一步提升妇女/性别社会学在回应现实问题中的话语权。

(2)从另外一个角度看,妇女遭遇的现实困境为妇女/性别社会学的学术研究提供了研究议题和经验素材,也为本土化理论的建构创造了无限的契机。但是,随着西方女性主义理论在全球影响的增强,妇女/性别社会学的本土化和全球化的张力与冲突将会进一步扩大。可以说,女性主义理论的全球化有多深远,女性主义的本土化发展就有多焦虑。国内学者一方面试图摆脱西方理论的束缚,以进行本土化的知识生产来创造本土化的知识,但另一方面又不得不在知识生产过程中借用西方的理论框架和概念工具。当然,这种焦虑也为今后更好地在全球化的理论旅行和本土化的理论建构之间进行沟通创造了机会,因为当代中国女性也是生活在全球化的背景下,如何在全球化的视野和背景中进行本土化的理论建构亦是今后妇女/性别社会学学术界在面对理论挑战的同时,面对的一大现实挑战。

(3)同学科发展一样,妇女/性别社会学的学术研究也将进一步打破学术疆界,真正实现对妇女/性别的跨学科研究与实践。在关注女性主体的内容转向、多元融合的视角转向和女性主义的话语转向的学术背景下,妇女/性别社会学将以具有社会性别立场的社会学理论为基础,借鉴人类学、人口学、历史学、政治学、教育学、政治学、法学、经济学、哲学、文化研究和公共管理等其他学科的优势视角,使妇女/性别社会学理论和方法论达到一个更新的高度。

妇女/社会性别人口学*

晏月平　罗　淳　张爱琳**

摘　要：

自 1980 年代，尤其是 1995 年以来，依托全国高等院校陆续设立的人口学和社会学专业，社科院系统和党校系统开展的相关研究以及政府和各类非政府组织的相关社会行动，妇女/性别人口学的学科地位已逐步确立并不断提升，但也存在以下三大不足：理论研究有待深化；学术交流平台较为欠缺；专业学术共同体缺乏。通过学术共同体的构建、学术研究的深入以及跨学科和多学科的努力，未来几年将发展出具有本学科和本土特色的中国妇女/性别人口学学科体系。

关键词：

妇女/性别人口学　学科建设　发展阶段和重点领域

一　学术导入、研究特色与学科建构

（一）学术导入

"女性人口"作为一个特定的人口群体有其内在的人口属性及外在的社会表

---

* 从全书统一性出发，主编对标题作此修改（采用了妇女/社会性别的说法）。而从尊重作者出发，正文保留了作者的不同命名。——主编注

** 晏月平，女，1972 年生，法学博士，现为云南大学发展研究院副教授、硕士生导师，主要从事女性人口学方面的研究；罗淳，男，1956 年生，法学博士，现为云南大学发展研究院教授、博士生导师，主要从事人口与经济发展方面的研究；张爱琳，女，1989 年生，云南大学发展研究院社会学专业硕士研究生。

征，只有在相应的学科框架中才有可能获得具体而深刻的认知。1994 年和 1995 年相继召开的"世界人口与发展大会"（ICPD）和"世界妇女大会"（WCW）揭开了国际社会关注人口问题/议题和妇女问题/议题的新篇章，其中诸如"生育健康"（Reproductive Health）、"妇女赋权"（Women Empowerment）和"性别平等/公平"（Gender Equality）等多个议题都直接涉及女性人口。与此同时，伴随中国改革开放的深入推进和经济社会的持续发展，中国妇女在家庭和社会中的地位与作用呈现出多方面变化。在这样的国际国内背景下，以"女性人口"为主题，中国在"妇女/社会性别人口学"方面的学术研讨也积极开展起来，进而进入"女性人口学"的学科建设轨道。

从学术层面介入"女性人口学"研究，需要依托社会性别（Gender）视角的人口学研究范式，即以人口及人口生命过程中的性别差异、性别关系和性别结构为既定研究对象，在社会性别视角下，运用人口学原理与分析方法，研究人口状态、人口变动及人口行为。特别是与生育行为直接相关的女性人口及其社会角色，在任何社会中都是影响出生率和生育率等人口变动因素的最直接变量，因此成为这一领域关注和研究的重要议题。

（二）研究特色

"女性人口"既是人口学科中不可或缺的研究主体，又是妇女/社会性别学学科中必不可少的关注对象。因此，对"女性人口"的研究绝不仅仅是简单地关注人口群体中的另一半——"女性"，而是要在有关人口及人口生命过程的研究中嵌入社会性别的研究视角，借此凸显"女性人口学"不同于其他学科的研究特色。

具体而言，从人口学角度来研究女性人口是一种基础性研究，因为人口学作为一门以数理统计和定量分析为基础的社会科学，与一般意义上的社会科学有关女性研究的视角与方法不同，其对女性人口的研究是建立在人口变量和人口生命过程客观存在基础上的，通过对人口数量、结构、分布和质量等的性别分析，揭示具有同质性的大量个体组成总体时的女性人口现象及其特征。因此，人口学视野中的"性别"不是孤立的和具体的男人与女人，而是群体的和抽象的男性与女性。譬如，人口老龄化态势下的老年人口性别比偏低（"女性化"）问题。正是这种对人口群体的关注，有助于我们更好地理解基于生物性别（Sex）的人口的社会特征及其生物属性。总之，从社会性别角度介入人口观察与分析，不仅丰富了人口学的研究内容，深化了人口学研究中的许多命题，而且也为妇女/社会性别研究提供了具有说服力的人口学量化数据和结论。[①]

进一步看，从社会性别视角关注人口现象同样有许多切入点。譬如，特定社会经济和文化背景下的女性人口问题，包括社会转型与女工失业、女大学生就业难、贫困农村女婴生存权、女童教育、育龄妇女与生育健康、老年女性的生活质量，以及计划生育的男性参与等，这些研究不仅涉及女性人口，也与男性人口相关，涵盖人口研究的各个领域。

（三）发展态势

作为人口学中的一个分支学科，女性人口研究有着自己的研究对象。按照谭琳的观点，女性人口学主要包括两个方面的研究：一是社会性别关系的变化对人口现象、人口行为及趋势的影响；二是人口现象、人口行为及人口的发展变化对性别关系和妇女发展的影响。[②] 朱楚珠、梁巧转认为："从人口学角度来研究女性，是将女性人口看作一个整体，以人口学特有的视角和方法去讨论女性人口的状况。它要回答的不是某一个家庭、某一位女性个人的情况如何，而是以大量的统计数据反映女性总体的状况及其与女性人口所赖以生存的社会经济、文化背景之间的相互关系，通过数据的分析，找出女性人口问题存在的根源，并寻求解决这些问题的理论方法和实践途径。"[③]

据此，从妇女/社会性别视角关注人口发展和从人口学视角关注妇女及性别发展，形成两个相对独立的研究领域，两个领域的延伸所形成的两条相交的学术链条，均具有十分重要的学术价值和现实意义。而两者的有机结合是"女性人口学"学科得以建构的基础。

---

① 金安融、朱楚珠：《从人口学视角看妇女问题研究》，《西安交通大学学报》（社会科学版）1999 年第 3 期。
② 谭琳等：《'95 世妇会以来中国大陆女性人口学研究述评》，《云南民族大学学报》（哲学社会科学版）2006 年第 6 期。
③ 朱楚珠、梁巧转：《近五年来中国女性人口学研究综述》，《人口研究》1996 年第 6 期。

女性人口学学科的建构是一个渐进的过程。事实上，在中国，自 1980 年代，尤其是 1995 年以来，依托全国高等院校陆续设立的人口学和社会学专业，社科院系统和党校系统开展的相关研究以及各类非政府组织的相关社会行动，女性人口学的学科地位已逐步确立，并不断提升。如，中国人民大学人口与社会学院就有关于女性人口学的研究与教学；女性人口研究已成为研究生招生方向列入教育部颁布的硕士博士研究生招生目录，以"女性人口"为主题的硕士和博士学位论文越来越多；全国妇联在全国范围内建立的第一批共 21 个"妇女/性别研究与培训基地"中，不少基地以女性人口学为主要研究方向之一。而非政府组织在"女性人口"方面的研究与行动也为当代中国的女性人口学建设提供了不可或缺的行动性知识和经验。如"云南健康与发展研究会"自成立以来就以国际社会倡导的"生育健康"（Reproductive Health）为主导，坚持医学与社会科学相结合，开展了一系列相关研究与服务活动。

以代表较高主流学科认同度和学术研究水平的硕博士学位论文为例，以"女性人口"为关键词在中国知网的优秀硕士论文全文数据库、博士论文数据库进行搜索，结果显示，2000～2010 年，相关优秀硕士学位论文和博士学位论文数量均呈不断增长态势，尤其自 2005 年以后，增加幅度更为显著（见表 1）。

表 1   2000～2010 年"女性人口"主题优秀硕士/博士学位论文

单位：篇

年份	2000	2001	2002	2003	2004	2005	2006	2007	2008	2009	2010
优秀硕士学位论文	0	0	1	0	2	5	10	10	13	10	8
博士学位论文	0	0	0	0	0	0	1	0	4	0	3

资料来源：中国知网之优秀硕士学位论文库、博士学位论文库。

二　发展阶段和重点领域

（一）发展阶段及其特征

在中国，有关女性/社会性别的人口学研究在 20 世纪 80 年代以前就已经出现，但这一时期包括人口学在内的学科研究都还较为有限，相关研究非常零散。就总体而言，迄今为止，中国女性人口学的发展大致可划分为如下几个阶段。

1. 倡导阶段（1988～1993 年）

1988 年，西安交通大学人口研究所的朱楚珠就公开发表了"对女性人口学研究的呼唤"一文，针对当时中国人口普查资料开发利用中对女性人口研究严重不足的状况，阐述了开展女性人口学研究的理论价值与现实意义，并提出了相关建议。[①] 这可说是对女性人口学学科建设的最早倡导。

2. 起步阶段（1994～1996 年）

1991 年，由朱楚珠和蒋正华主编出版了《中国女性人口》一书。作为中国女性人口研究的第一本专著，该书从人口学角度，对中国女性人口的生育、死亡、素质、年龄结构、婚姻家庭、经济参与等多个方面进行了专题研究。这开创了人口学学者系统关注"女性人口"议题的先河。之后，在 1994 年"世界人口与发展大会"（ICPD）和 1995 年"世界妇女大会"（WCW）促动下，在中国，女性人口议题受到广泛关注，从而使相关研究进入了发展阶段。

3. 推进阶段（1997～2005 年）

在 1997 年召开的第 23 届"国际人口科学联盟大会"（IUSSP）上，"妇女赋权"（Women Empowerment）被列为一个专题，进而在人口学学者中引起了广泛的讨论。与此同时，在"中国人口论坛"设立的八个专题中，就有"中国妇女问题"和"中国妇女健康问题"两个专题，直接针对"女性人口"进行研讨。由此，人口学的研究进一步与社会性别研究相交叉和汇聚。

在世纪交替之际，中国陆续公布的人口普查数据资料也为学者们开展女性人口学的研究创造了有利条件，不少学者进一步对不同女性人口状况与特征的变化进行了深入研究。譬如，2000 年"五普"数据公布后，出生婴儿性别比失衡问题进一步引起人口学学者的极大关注。对此，与过去不同，在这一时

---

① 朱楚珠、梁巧转：《近五年来中国女性人口学研究综述》，《人口研究》1988 年第 6 期。

期，学者们不仅关注出生婴儿性别比持续偏高的态势，而且更加关注性别比持续偏高的人口和社会原因及后果。如陈卫、解振明[1]，王燕、黄玫[2]，罗华、鲍思顿[3]等学者，在人口学界权威性刊物《人口研究》上相继发表了有关中国人口出生性别比问题研究的代表性论文。特别值得一提的是，一些学者开始引入"社会性别"视角，观察出生婴儿性别比升高的原因。此外，对不同民族妇女人口的研究，如对各民族妇女生育水平和人口转变模式的比较分析等也陆续展开。

4. 深化阶段（2006~ ）

随着《中国妇女儿童发展纲要（2001~2010年）》的颁布与实施，在2006年以后，对女性人口的研究触角开始向更为深广的领域延伸。为贯彻男女平等基本国策，推动妇女充分参与经济和社会的发展，使男女平等在政治、经济、文化、社会和家庭生活等领域进一步得到实现，农村妇女、失业妇女、弱势妇女等的生存与发展及妇女特殊问题受到学者的广泛关注，妇女自杀和育龄女性死亡、婴儿死亡率、女性贫困人口、女性老龄人口、女性劳动就业等成为研究重点，不少学者以深入研究为基础，提出了不少具有较高实效性的相关政策建议。

可见，尽管至今为止，教育部招生目录中尚无"女性人口学"这一学科命名，也没有一本以"女性人口学"为题的专著，但这并不妨碍女性人口学的学术研究、教学实践和社会行动的蓬勃开展。近十几年来，作为基于人口学和妇女/社会性别学两大学科的一门交叉学科，女性人口学在学科建设上有所建树并获得了较大发展。

（二）重点关注领域

1995年以来，与社会转型和发展相伴随，中国的女性人口学研究涉及面十分广泛，而主要关注点集中在如下六大领域。

---

[1] 解振明：《引起中国出生性别比偏高的三要素》，《人口研究》2002年第5期。
[2] 王燕、黄玫：《中国出生性别比异常的特征分析》，《人口研究》2004年第6期。
[3] 罗华、鲍思顿：《出生性别比的社会经济决定因素：对2000年中国最大的36个少数民族的分析》，《人口研究》2005年第6期。

1. 出生婴儿人口性别比

又主要表现在以下三个方面：对出生婴儿人口性别比升高现象的考察、对出生婴儿人口性别比偏高的原因分析和对婴儿出生性别比失衡治理的探讨。

（1）对出生婴儿人口性别比升高现象的考察

"生男偏好"是传统农耕社会带有普遍性的人口现象，而且在特定的时空条件限定下，这种偏好有可能被强化或放大。自 20 世纪 80 年代以来，中国出生婴儿人口性别比（男婴数量与女婴数量之比）就持续升高，并突破男女之比为 107：100 的上限值，由此引起学者的广泛关注。其中，涂平[①]、高凌[②]、马瀛通[③]等学者是最早关注中国出生婴儿人口性别比变化的学者。他们的研究显示，受男权主导的传统社会文化的影响，女性较低的社会地位对女性人口发展形成种种限制。如，在生育的性别选择方面，夫妻或家庭更期望多生育男孩；在儿童成长过程中，女孩难以获得与男孩同等的成长条件，这直接影响女孩的身体发育与健康状况，使之面临更大的死亡风险，导致了持续加剧的新生儿和婴儿性别比失衡状态。中国在 20 世纪 50～70 年代出生婴儿性别比基本处于正常状态，但之后持续升高，进入 1990 年代以后，中国出生婴儿性别比已经明显超出正常值上限（参见图 1）。

原新对中国婴儿出生性别比失衡人口规模进行的间接估算认为，1980～2006 年全国男婴比女婴多出生 3331 万人，而根据出生性别比偏高的出生队列累计，区分了"正常多出生"和"偏高多出生"两种情形后，又阐明了这两种情形对出生性别比失衡的不同影响效应。[④] 这是人口学学者在评估出生性别比失衡规模方面的一次颇有意义的尝试。

而陈卫、翟振武在《人口研究》2007 年第 5 期上发表的"1990 年代中国出生性别比究竟有多高？"一文中，利用教育统计数据所做的研究则提出，中国实际的出生性别比并不如普查数据那样高，平均低 5～9 个百分点。原因在

[①] 涂平：《我国出生婴儿性别比问题探讨》，《人口研究》1993 年第 1 期。
[②] 高凌：《中国人口出生性别比的分析》，《人口研究》1993 年第 1 期；高凌：《我国人口出生性别比的特征及其影响因素》，《中国社会科学》1995 年第 1 期。
[③] 马瀛通：《人口性别比与出生性别比新论》，《人口与经济》1994 年第 1 期。
[④] 原新：《对我国出生性别比失衡人口规模的判断》，《人口研究》2007 年第 6 期。

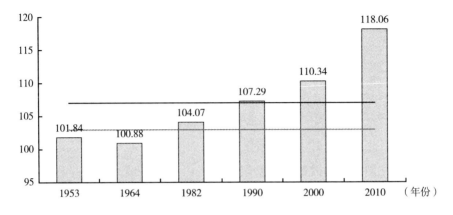

图1　中国出生婴儿人口性别比变化

于女婴漏报率高达50%以上。由于存在大量女孩在学龄前隐报瞒报，到了上学年龄上学时才补报户口的现象，因此实际的出生婴儿性别比应明显低于普查年获得的统计数据。

（2）对出生婴儿人口性别比偏高的原因分析

出生婴儿性别比偏高，意味着人们的生育观念存在"生男"偏好，这有着深厚的社会经济背景。在这方面，人口学界做了大量的研讨。如，《人口研究》编辑部在2003年和2006年两次组织专题论坛，就中国出生婴儿人口性别比偏高现象及其原因进行了较为深入的讨论。刘爽更是以《中国的出生性别比与性别偏好：现象、原因及后果》为题，全面深入地剖析了中国"男孩偏好"的社会动因及其导致的出生性别比升高态势。该研究认为，中国出生性别比升高的直接原因在于三个方面：一是产前B超性别鉴定后的选择性人工流产；二是产后溺弃女婴；三是女婴隐报瞒报。因在现行社会环境中，溺弃女婴现象毕竟为数很少，所以，第一、第三是主要原因。①

原新等人指出，中国出生性别比自1980年代开始偏高且持续升高，这是多因素综合作用的结果。其中，男孩偏好的传统文化和社会经济现状是基础，便捷安全的胎儿性别鉴定和性别选择技术是手段，少生孩子是动因。计划生育政策是促使少生孩子的重要因素，但不是唯一的因素。该文同时指出，计划生

---

① 刘爽：《中国的出生性别比与性别偏好：现象、原因及结果》，社会科学文献出版社，2009。

育政策与出生性别比偏高之间并不存在直接的因果关系。①

王仲认为，群众生育意愿的性别考虑受到多重因素的影响，数量对性别也存在制约作用，而社会经济文化条件的变化所导致的孩子的效用及他（她）的替代品的效用发生变化，对父母对生育子女的性别选择也造成一定的影响。②

（3）对婴儿出生性别比失衡治理的探讨

谭琳等人对中韩两国推动性别平等、治理出生性别比偏高的公共政策以及国家层面的执行机制进行比较分析指出，增强政策的赋权性是值得中国重视的政策创新点；应基于中国国情深刻理解赋权妇女的理念，并将其融入法律、政策及其实施过程之中，探索适合中国国情的赋权途径，并提出了相关的建议。③

邓飞认为，应把治理出生性别比失衡问题提到贯彻男女平等基本国策的高度，把制度创新纳入治理出生性别比失衡的决策和实施过程之中。④

2. 女性人口素质的比较研究

主要集中在对女性平均预期寿命进行比较分析和对男女童成长状况进行比较研究这两个方面。

（1）对女性平均预期寿命进行比较分析

研究者认为，中国人口的平均预期寿命1981年为67.8岁，2005年为73.0岁，提高了5.2岁。其中男性平均预期寿命从1981年66.3岁提高到2005年的70.8岁，女性平均预期寿命从1981年的69.3岁提高到2005年的75.3岁。两相比较，女性平均预期寿命提高值（6岁）大于男性（4.5）1.5岁。但与世界同期平均水平比较，中国女性平均预期寿命提高幅度仍然较低，而这与女婴存活率低于世界同期平均水平有密切关系。

（2）对男女童成长状况进行比较研究

研究者普遍认为，一方面，在儿童成长过程中，女孩难以获得与男孩同等

---

① 原新、石海龙：《中国出生性别比偏高与计划生育政策》，《人口研究》2005年第3期。

② 王仲：《群众生育意愿的性别研究》，《妇女研究论丛》2007年第5期。

③ 谭琳、周垚：《治理出生性别比偏高：公共政策的赋权性分析——中国和韩国国家层面公共政策的比较》，《妇女研究论丛》2008年第5期。

④ 邓飞：《将制度创新纳入治理出生性别比失衡的政策视角——"治理出生性别比失衡与制度创新"研讨会综述》，《妇女研究论丛》2007年第4期。

的成长条件，这直接影响女孩的身体发育与健康状况；另一方面，尽管国家倡导男女平等，但女童接受教育的机会相对少于男童，受教育程度较低，尤其在广大农村地区，男女儿童受教育条件和程度的性别差距更加明显。人力资本投资的性别差异导致的一个结果是，成年后女性健康状况欠佳，人力资本存量低于男性。

从受教育程度的性别差异来看，1982 年，中国人均受教育年限男性为6.2 年，女性为 4.2 年，男性比女性多 2.0 年；2007 年，中国人均受教育年限男性增长到 8.7 年，女性增长到 7.7 年，两性差距还有 1.0 年。郑真真、连鹏灵的研究进一步指出，中国人口的受教育程度呈现出显著的地区差距、城乡差距，不同地区也程度不同地存在受教育程度的性别差距，男性和女性在教育发展的获益上并不均等，男性人口受教育状况的改善速度和幅度都高于女性。但两性差距随时间的推移和地区的不同也显示出不同程度的变化，地区差距和性别差距往往相互关联。对此，总的趋势是，城市中男女受教育程度的差距小，农村的这一差距相对较大，尤其是贫困地区，男女受教育的差距更为显著。[①]

3. 女性与婚姻家庭及女性地位

主要集中在家庭生命周期、夫妻角色分工、新型"空巢"家庭、婚姻市场、老年人婚姻、生育率与女性地位六个方面。

（1）家庭生命周期研究

在婚姻家庭结构关系中，人口学研究一直比较重视的是家庭规模和家庭结构，而对家庭关系和角色分工的研究较为欠缺。谭琳[②]、陈卫民[③]的研究突破了这一传统框架，基于社会性别的观点分析女性生命周期与家庭生命周期的耦合，比较系统地研究了社会性别规范在女性生命周期和家庭生命周期不同阶段的作用方式和作用途径，认为女性在生命周期不同阶段面临不同的家庭关系和社会性别规范的影响，因此，要实现家庭中的两性平等和谐不仅要赋权于妇女，而且应增强男性的性别平等意识，促进两性平等沟通，而促进家庭关系平

① 郑真真、连鹏灵：《劳动力流动与流动人口健康问题》，《中国劳动经济学》2006 年第 1 期。
② 谭琳：《欧盟国家女性在劳动力市场中的参与状况研究》，《妇女研究论丛》2001 年第 1 期。
③ 陈卫民：《家庭户规模变化的人口因素分析》，《广东社会科学》2001 年第 4 期。

等和谐的法律政策更具有重要意义。

（2）夫妻角色分工研究

学者们很关注家务劳动中的角色和分工研究。如，徐安琪以上海为例，从社会性别视角考察家务劳动分配的公平性，发现家务分担的数量与妻子的公平感认同之间呈较大负相关关系，并成为其他因素影响妻子公平感的中介，但与丈夫的公平感之间无显著相关性。此外，该文还从家务劳动分配的公平性、权力模式的平等性和自我感受的趋同性等方面阐述了中国城乡夫妻伙伴关系的现状、差异及其社会历史原因。[①]

徐安琪、叶文振的研究揭示了家庭生命周期对夫妻冲突的实际影响，认为在婚姻生活的不同时期，夫妻冲突的发生率呈倒 U 字形曲线变化；家庭角色的合格、经济支配自由度及其相互信任对减少夫妻冲突具有积极影响，而生活压力大、发生争执时双方各不相让则更易使冲突升级。[②]

（3）新型"空巢"家庭研究

2000 年以后，第一代独生子女逐渐进入成年，独生子女离家后产生了新型"空巢"家庭。谭琳基于社会性别立场提出，这类新型"空巢"家庭应引起政府和人口界的关注，因为它对置身于其中的中年男女两性具有不同的影响。她建议政府、社会及家庭及早关注这类家庭，特别应对中年空巢家庭中的女性给予更多的关怀。[③]

（4）婚姻市场研究

近年来，大龄未婚女青年（被贬称为"剩女"）的婚姻问题与特征、不同层次的婚龄女性问题、早婚与未婚现象及特征等议题引起较多学者的关注。如胡起起指出，高知高收入女性中之所以存在婚姻挤压问题，不仅仅是因为年龄，更重要的是因为"男强女弱"的传统婚姻择偶观念。[④]

李建玲从社会网络关系以及社区支持角度分析了农村女性面对婚姻危机时

---

① 徐安琪：《女性的身心健康及其影响因素——来自上海的报告》，《妇女研究论丛》2004 年第 1 期。

② 徐安琪、叶文振：《家庭生命周期和夫妻冲突的经验研究》，《中国人口科学》2002 年第 3 期。

③ 谭琳：《新"空巢"家庭——一个值得关注的社会人口现象》，《人口研究》2002 年第 4 期。

④ 胡起起、林翔：《高知女性：学位证不敌结婚证》，《中国青年研究》2005 年第 8 期。

感到无助的原因，提出改善社区环境、发挥妇女组织的作用能有利于农村女性提高自身素质，独立解决婚姻问题。①

而就流动女性婚姻的特殊性，及流入城市的妇女在婚姻市场上同时具有的顺城市化和逆城市化的特征，谭琳等研究了以结婚途径进入流入地的农村流动妇女，发现她们过着"双重外来者"的生活；② 而邓智平则分析了流动未婚女性的"婚姻逆迁移"现象，认为流动女性因不能融入城市社会以及自身教育、经济等条件的限制，而不得不回到农村结婚。③

陈卫利用1997年全国人口与生殖健康调查数据，通过多元回归模型，分析了影响妇女婚姻状态的社会经济因素，认为居住地、民族、教育程度、收入和地区等因素对妇女的婚姻状态都具有独立而显著的影响。④

李树苗等人则从家庭相对资源约束角度，以中国、韩国和印度三个国家的家族制度、婚姻体系及在1920～1990年的社会历史中使家庭处于严重资源约束的重大事件为背景，研究了性别歧视对婚姻市场的影响、所带来的社会影响及后果。⑤

针对高学历女性的婚姻匹配问题，马健雄以拉祜族和佤族为例，研究了不同地区的性别比、婚姻挤压与妇女婚姻迁移之间的关系，揭示了一些引人深思的问题。他的研究发现，内地汉族地区的婚姻挤压造成云南、贵州等西南少数民族地区妇女的婚姻迁移，即外流，其直接后果是这些少数民族地区产生婚姻挤压，大量的未婚男子无法找到适龄女子。他指出，与内地农村地区相比，边远少数民族地区的经济条件本来就较差，社会资源本来就相对缺乏，作为边缘性的弱势群体，这些少数民族男性更可能成为农村婚姻挤压的最终承担者。同时，由于不能充分知晓信息，少数民族妇女中非理性的婚姻迁移现象大量存

① 李建玲、吴小永：《面对婚姻危机农村妇女为何无助》，《农村·农业·农民》2005年第6期。
② 谭琳、苏珊·萧特、刘惠：《"双重外来者"的生活——女性婚姻移民的生活经历分析》，《社会学研究》2003年第2期。
③ 邓智平：《关于打工妹婚姻逆迁移的调查》，《南方人口》2004年第3期。
④ 陈卫：《性别偏好与中国妇女生育行为》，《人口研究》2002年第2期。
⑤ 李树苗：《性别歧视和婚姻挤压：中国、韩国和印度的比较研究》，《中国人口科学》1998年第6期。

在，少部分妇女甚至遭遇欺骗和拐卖。①

（5）老年人婚姻研究

随着人口老龄化的推进、人口寿命的延长以及丧偶老人的增多，老年人的婚姻家庭问题成为一个普遍和复杂的问题。一些学者对中国老人的丧偶和再婚现象进行了实证研究后发现，女性老年人口的丧偶比例一直比较高。分性别来看，2000 年，60 岁以上的老年人中，男性老年人口的丧偶比例为 18.72%，而女性老年人口的丧偶比例则高达 41.84%，比男性老人高出 23.12 个百分点；在 3885.58 万丧偶老年人中，女性老年人有 2900 多万。②

郑真真根据 1998 年中国高龄老人健康长寿调查数据中 80～105 岁者的样本，分析了中国高龄老人的丧偶和再婚状况后发现，女性高龄老人虽然丧偶比例在各个年龄组都高于男性，但曾经再婚的比例大大低于同龄的男性老人。③

作为一种替代性的准婚姻模式，10 余年来，"搭伴养老"模式在老年再婚群体中悄然兴起，并引发广泛的争议。谭琳和徐勤对"搭伴养老"现象进行的社会性别分析认为，这一养老形式对男女两性老年人具有不同影响，相比较而言，男性老人获利更多。④

（6）生育率与女性地位研究

研究者普遍认为，首先，女性文化程度的高低与其生育决策之间存在显著相关性，提高妇女文化程度是稳定低生育率的重要途径；其次，女性的社会经济地位与总和生育率之间存在显著相关性，女性的社会与家庭地位越高，总和生育率就越低；再次，妇幼医疗保障水平对生育率的变动有着特殊重要的意义，而家庭对妇女健康的重视和投资尤为重要；最后，女性在婚姻家庭中的地位，还影响着女性的生活经历，比如去更远城市务工还是就近务工，而女性的生活经历对女性的发展与生育意愿等具有至关重要的作用。

---

① 马健雄：《性别比、婚姻挤压与妇女迁移——以拉祜族和佤族之例看少数民族妇女的婚姻迁移问题》，《广西民族学院学报》（哲学社会科学版）2004 年第 4 期。
② 姜向群：《"搭伴养老"现象与老年人再婚难问题》，《人口研究》2004 年第 3 期。
③ 郑真真：《中国高龄老人丧偶和再婚的性别分析》，《人口研究》2001 年第 5 期。
④ 谭琳、徐勤、朱秀杰：《"搭伴养老"：我国城市老年同居现象的社会性别分析》，《学海》2004 年第 1 期。

4. 生育健康与女性健康

主要集中在女性生育健康和弱势女性群体的健康两大领域。

生育健康（Reproductive Health，亦称生殖健康）概念是在 1994 年"世界人口与发展大会"（ICPD）上由人口学者提出的。按照大会《行动纲领》采纳的世界卫生组织（WHO）所下的定义，生育健康指人类生殖系统及其功能和运作所涉及的一切有关身体、精神及社会适应性等方面的完好状态，而不仅仅指这些方面无病痛或不适宜。生育健康意味着人们能享有负责、满意而安全的性生活，能够生育且享有决定是否生育、何时生育及生育多少的自由，男性和女性都享有获得有关信息的权利，并有权选择调节生育的方法且可实际获得安全、有效、便宜及可接受的调节生育的方式，并享有安全的妊娠及分娩等保健服务。

（1）生育健康研究

在国际社会提出生育健康概念的第二年，即 1995 年，中国人口学界就开展了积极的研讨，学者们提出了各自的见解。如，涂平认为，"生育健康"这一概念的提出对于改善人口与计划生育工作大有裨益；罗淳在解读生育健康概念时认为，生育健康内容涉及生育调控、母婴保健、妇女权益这三个方面，因此，生育健康从一开始就与计划生育和人口问题密切相关，并倡导以妇女为中心的计划生育工作应从生育控制向生育健康拓展。[①]

1995 年以后，在中国，生育健康已被视为人口研究中不可或缺的研究论题。因为人口学作为一门独立学科，其研究的基本要素（诸如出生、死亡、性别、年龄等）均与生育健康相关联。张开宁就明确指出："控制生育率不仅是一个重要的公共健康问题，同时也是一个人口问题"；[②] 罗淳曾就"人口研究中的生育健康议题"做过较为深入的阐述，认为生育健康介入社会科学的第一块阵地就是人口科学，凡是人口研究领域中的具体论题，都可以在生育健康领域找到对应的研究议题。[③]

① 涂平、高尔生、赵鹏飞：《中国生育健康社会科学研究的回顾与展望——生殖健康社会科学研究国际研讨会综述》，《中国人口科学》1995 年第 2 期。
② 张开宁：《生育健康及其对人口研究的影响》，《人口研究》1994 年第 3 期。
③ 罗淳：《人口研究中的生育健康论题》，《南方人口》1997 年第 1 期。

针对生殖健康领域的社会性别问题，刘鸿雁较为系统地介绍了社会性别问题在生殖健康领域的具体体现，包括男女在家庭内部地位以及在性生活中地位的不平等，生殖系统感染情况，在生育、避孕节育中角色作用的不平等等。她强调，生殖健康领域内的性别不平等问题会直接影响男女社会经济地位的差距。①

　　尽管与生育健康有关的女性人口生育问题研究十分活跃，相关的研究成果层出不穷，浙江省在 2008 年以浙江大学妇产科与计划生育学研究所为基础，还专门成立了针对女性生殖健康问题的重点实验室，但多数人口学者对于女性人口生育问题的关注并非基于性别视角，而是认为女性是生育行为的主要承担者。因此在有关生育问题的人口学研究成果中，具有社会性别视角的研究依然不多。

　　（2）弱势女性群体的健康问题研究

　　1995 年以后，中国人口学界有关弱势女性健康问题的研究主要包括以下三个方面的内容。

　　一是关于农村女性健康问题的研究。如，王冬梅等指出，在经济、医疗资源匮乏的农村地区，女性的医疗和保健质量低于男性，家庭营养资源配置偏向男性，而生育女孩的女性产期营养供应不足，进一步恶化了女性的健康状况。她认为，健康方面的性别不平等会影响妇女，尤其是贫困地区妇女的就业创业决策，减少她们获取外界信息的机会，从而更难脱贫致富。② 而随着农村女性向城市流动的加剧，更多的学者开始关注农村流动女性群体的健康状况及生存状况，相关研究在近十几年有较大幅度增加。

　　二是关于失业女性健康问题的研究。无论是城市女职工还是进入城市的女性农民工，都面临着因失业造成健康及相关权益受损的风险。徐艳、肖云，③陈微微④等认为，解决女性农民工的就业问题是解决上述问题的关键。

---

① 刘鸿雁：《生殖健康中的社会性别问题》，《人口与计划生育》2003 年第 9 期。

② 王冬梅、罗汝敏：《健康方面的性别不平等与贫困》，《妇女研究论丛》2005 年第 1 期。

③ 徐艳、肖云：《女性农民工的失业问题及其对策》，《华中科技大学学报》（社会科学版）2005 年第 1 期。

④ 陈微微：《对女性农民工社会保障问题的法律思考》，《湖北财经高等专科学校学报》2005 年第 4 期。

三是关于无业女性从事商业性性服务的健康问题研究。在中国，1980 年代以后，出现了部分无业女性为了生计从事商业性性服务的现象，不仅严重影响了社会风气，更对这些妇女的健康产生了不良影响。胡海霞等[①]、康殿民等[②]、楼青等[③]从女性性交易服务者的心理角度进行的分析认为，女性性服务者从事商业性性服务，职业特殊而且不稳定，因此，普遍存在不同程度的心理健康问题，其中又以焦虑、抑郁情绪多见。由于这一人群流动性大、合作程度差、职业隐蔽性等特点，要有效降低或减少艾滋病等对她们的危害，相关的心理干预、切断艾滋病经性途径传播的源头等工作还有待加强。

另外，郑迎军等[④]、彭小菊等[⑤]从女性高危人群的行为及自身健康角度，也对艾滋病传播的影响因素及其相互关系进行了分析。

5. 流动及受流动影响的女性人口

主要包括以下四个方面的内容。

（1）对女性人口流动及其影响的研究

如，段成荣等运用 2005 年全国 1% 人口抽样调查数据，建立了四种模型，对影响女性流动劳动力收入的因素进行了多元线性回归分析，并提出了相应的对策建议。[⑥] 郑真真分析了人口流动对农村妇女的影响——比如外出务工的经历对农村妇女的婚育观念和行为的影响、外出务工对农村妇女家庭生活和夫妻关系的影响等——后认为，外出务工的经历改变了农村妇女的观念和家庭生活。[⑦] 姜秀花通过对相关文献的梳理，提出了女性与人口迁移流动领域的三个

---

① 胡海霞、卫平民、陈斌：《女性性传播疾病高危人群抑郁情绪及心理干预研究》，《中国现代医学杂志》2007 年第 13 期。

② 康殿民、朱晓艳、傅继华、刘学真、廖玫珍：《商业性女性性服务人群心理状况调查分析》，《中国预防医学杂志》2009 年第 5 期。

③ 楼青、袁也丰、卢和丽、林武：《女性性服务工作者负性情绪与高危性行为相关性研究进展》，《江西医药》2010 年第 7 期。

④ 郑迎军、许娟、张洪波：《男男性接触者焦虑、抑郁与艾滋病高危性行为的关系》，《中国心理卫生杂志》2005 年第 10 期。

⑤ 彭小菊、王海青、王洪涛、王仁萍、王晓琳：《女性性传播疾病高危人群焦虑自评量表分析》，《山东医药》2005 年第 9 期。

⑥ 段成荣、杨舸：《中国流动人口状况——基于 2005 年全国 1% 人口抽样调查数据的分析》，《南京人口管理干部学院学报》2009 年第 4 期。

⑦ 郑真真：《关于人口流动对农村妇女影响的研究》，《妇女研究论丛》2001 年第 6 期。

重要议题，即人口迁移流动与妇女生殖健康；迁移流动与城市融合过程中的性别差异；迁移流动与女性多元化的生存状态。① 刘敏则分析了改革开放后中国女性人口迁移的原因、目的地、类型等，并指出，分析女性流动人口的流动原因，有助于了解目前中国妇女的家庭角色、社会经济地位、文化素质、思想状态及其对女性迁移后相关行为的影响等。②

（2）女性人口流动的特点及原因研究

如，李芬、慈勤英认为，相对于农村男性，农村女性在非农转移和社会流动过程中确实处于劣势，父权制通过性别角色分工与性别意识影响农村妇女的转移和流动，使其处于劣势地位。因此要促进农村女性与男性平等地转移与流动，必须挣脱父权制性别角色分工与性别意识的禁锢。③

张善余等人基于 2000 年全国第五次人口普查数据，深入研究了女性迁移人口的结构特征后发现：1990 年代，中国的人口迁移得到了大发展，1990～2000 年是中国女性人口迁移大发展的 10 年，其中女性人口迁移的增长速度显著超过了男性，人口迁移中长期存在的男性优势基本上已不复存在。女性迁入人口在经济较发达的东南沿海城市有很高的集中度，而主要迁出地是位于中西部的江西、湖南、安徽、四川等省区；在不同的女性人口之间，较年轻的未婚者迁移率明显高于年龄较大的已婚者。此外，受教育程度、民族身份等对妇女迁移率也有一定的影响。该文认为，女性人口迁移的发展也反映了妇女地位的提高和社会的进步。④

杨云彦的研究指出，性别因素在劳动力流动与人口迁移中的作用长期被忽视。随着女性在迁移和劳动力市场中所扮演的角色日益突出，女性主义理论进入迁移和就业分析并形成新的话语系统与分析框架，对劳动力流动和人口迁移

---

① 姜秀花：《社会性别视角在人口学领域的渗透——"中国现代化进程中的人口迁移流动与城市化学术研讨会"中"女性与人口迁移流动"专题论坛观点综述》，《妇女研究论丛》2004 年第 4 期。
② 刘敏：《改革开放后中国女性人口迁移的特点及形成因素研究》，《西北人口》1999 年第 2 期。
③ 李芬、慈勤英：《农村女性非农转移和流动的父权制因素探究》，《中华女子学院学报》2002 年第 4 期。
④ 张善余、俞路、彭际作：《当代中国女性人口迁移的发展及其结构特征》，《市场与人口分析》2005 年第 2 期。

的性别分析应成为国内人口学领域的一大重点。针对改革开放以来中国女性的迁移趋势，他进一步提出了针对户口制度与性别因素双重作用的女性主义分析框架。①

郭卫娜等人从女性流动人口在来源地、迁移原因、空间分布、年龄结构、职业结构等方面呈现出的性别差异，探讨了广东省女性迁入人口的特点，并从观念、经济、自身特点等方面分析了女性迁入人口的迁移成因。②

范若兰则分析了中国女性人口的国际迁移问题，对相关的迁移动因、"推力"和"拉力"的共同作用、迁移类型（依附迁移型、主动迁移型和被动迁移型）、迁移的流向与规模以及影响近代中国女性国际迁移的因素等提出了自己的观点③。

（3）留守妇女问题研究

2010 年中国农业大学一项针对农村留守人员状况的调查显示，在 2010 年，中国有 8700 万农村留守人口，其中包括 2000 万留守儿童、2000 万留守老人和 4700 万留守妇女。这些留守妇女长年累月地独自支撑着家庭生活，其生存和发展状态已引起人口学界的关注。

有学者认为，随着工业化、城市化的发展，受制于城乡二元体制，不发达的土地流转制度、农村社会保障制度缺失是造成农村留守妇女问题的制度背景。④ 学者们普遍认为留守妇女面临着家庭角色转变、夫妻城市化水平的差异、婚姻情感维系的脆化等问题。⑤

因为留守妇女长期处于与外出打工的丈夫两地分居的状态，从留守妇女身心健康和家庭社会稳定发展的角度出发，留守妇女的婚姻状况也成为学者们研究的重点。

---

① 杨云彦：《人口迁移与劳动力流动的女性主义分析框架》，《中南财经大学学报》2001 年第 6 期。

② 郭卫娜、曾荣青、张立建：《广东省迁移女性人口的特点及成因》，《华南师范大学学报》（自然科学版）2008 年第 1 期。

③ 范若兰：《近代中国女性人口的国际迁移（1860～1949 年）》，《海交史研究》2002 年第 1 期。

④ 朱海忠：《制度背景下的农村留守妇女问题》，《西北人口》2008 年第 1 期。

⑤ 罗忆源、柴定红：《半流动家庭中留守妇女的家庭和婚姻状况探析》，《理论月刊》2004 年第 3 期。

如，王嘉顺通过对广东留守妇女的调查，运用对数偶值模型对调查数据进行筛选分析后认为，夫妻分居的空间距离、丈夫打工后的收入增减情况、住房质量、子女教育负担、老人健康负担以及夫妻交流互动情况等对留守妇女的婚姻幸福感有显著影响。[①] 许传新对农村的留守妇女和非留守妇女的婚姻关系满意度进行的比较研究显示，留守虽然影响了农村妇女的婚姻关系满意度，但影响力比较微弱。两类人群中影响婚姻关系满意度因素的相似性多于差异性。该文认为，这种对婚姻关系的高满足感源于农村妇女对婚姻的低期望，而其期望又主要集中在抚养子女和追求家庭经济条件的改善上。[②] 许传新还对农村留守妇女和非留守妇女的身心健康及其影响因素进行了对比研究，研究表明，相比较而言，家庭压力、社会支持网络和当地医疗卫生状况等因素对留守妇女的身心健康有不同程度的影响。[③] 李泽影等提出，留守妇女在家庭中充当了主要的农业生产力，同时需要抚育子女、照顾老人，存在劳动时间长、强度大、身体透支大、健康状况差、心理忧虑多、身心负担重的问题。因此，建立夫妻间良好的沟通机制、构建社会支持网络、改善农村医疗卫生条件是解决农村留守妇女问题的突破口。[④]

（4）留守女童问题

“留守女童”是近年来学术界的一个关注点，有不少研究成果发表。如，李晓凤、王曼分析了留守女童在教育及社会化过程中出现的生活、教育、健康、安全等成长问题，重点探讨了留守女童在监管方面存在的不足，进而提出了相应的解决对策。[⑤]

晏月平也认为，留守女童处于双重边缘化境地，她们不仅不能享受与同龄

① 王嘉顺：《农村留守妇女婚姻幸福感的影响因素——基于广东五市的数据分析》，《南方人口》2008年第4期。
② 许传新：《婚姻关系满意度：留守妇女与非留守妇女的比较研究》，《妇女研究论丛》2009年第5期。
③ 许传新：《西部农村留守妇女的身心健康及其影响因素——来自四川农村的报告》，《南方人口》2009年第2期。
④ 李泽影、梁英志、刘恒：《行走在婚姻边缘的女人们——四川省农村留守妇女婚姻家庭问题调查与建议》，《中华女子学院学报》2009年第4期。
⑤ 李晓凤、王曼：《留守女童成长问题的若干表现及其对策研究——以中国中部某县属乡镇为个案研究》，《青年探索》2007年第2期。

孩子一样的家庭关爱与学校教育，同时还得兼顾家务与照顾弟妹，小小年纪就承担了家庭重任。由于家长的疏忽，有些女童极易成为犯罪分子性侵犯的对象。这不仅影响了农村社会的稳定，更影响了女童的健康成长。[①]

6. 女性的劳动就业

劳动就业问题历来是中国学术界有关妇女/性别研究的重点，也是女性人口研究的重点之一。近十几年来，人口学者更多地运用社会性别分析方法，深入探讨劳动力市场中的性别歧视问题，主要涉及女性人口经济活动的参与状况、劳动力市场中的性别格局等问题以及收入、就业结构等其他有关问题。

（1）女性人口经济活动的参与状况研究

如，蒋萍根据女性人口经济活动参与率分析了城市、镇、乡村女性人口经济活动的参与特点，指出女性人口分年龄分城乡的经济活动参与率显著不同。而在比较了女性人口经济活动参与去向的性别差异与地区特点后，也对产生这种差异的原因及其对人口发展的影响进行了分析。[②]

近十几年来，下岗女工的再就业和女性大学毕业生就业等特殊女性群体的就业问题受到学者们的特别关注。在女性人口就业的影响因素方面，研究者们指出，中国现有的女性就业水平、市场化与全球化进程、劳动力市场供求与市场分割的现状构成了影响中国女性就业参与的宏观因素；同时，女性就业参与还受到家庭和自身的收入水平、教育水平、观念以及婚姻、家庭、生育职责等因素的影响；也有学者分析了生育行为对女性劳动力资源供给的影响，以及女性的人力资本与其经济收入、职业层级定位及从业者产业分布的直接相关关系。[③]

杜莉等人则从非经济因素（诸如受教育程度、年龄及其结构等）和经济因素（如经济转型、经济开放）等角度对女性人口的经济参与状况进行了一般趋势分析，并提出了相关的对策建议。[④]

---

① 晏月平、廖炼忠：《"流动儿童"的双重边缘化：基于发展与融合的思考》，《消费导刊》2008年第10期。
② 蒋萍：《女性人口经济活动参与度与参与方向分析》，《中国人口科学》1997年第1期。
③ 郝冉：《我国女性就业的影响因素分析》，《山东社会科学》2009年第1期。
④ 杜莉等：《主要非经济因素与经济因素对女性就业的影响》，《妇女发展论坛》2004年第5期。

（2）劳动力市场中的性别格局研究

2000 年以后，中国的改革开放继续走向深入。在这一过程中，劳动力市场中的性别不平等是扩大了，还是缩小了？市场化与性别不平等存在何种关系？对此，不同的学者从不同的研究视角，依据不同的数据分析得出了不尽一致的结论。如，张展新在分析了文化性歧视、政府再分配和市场机制对两性就业不平等的可能影响之后，对中国女性劳动者的就业前景持乐观态度。① 侯慧丽的研究也得出相似的结论，认为城市化和工业化引发的农村劳动力迁移过程中，农村迁移女性与男性同样是明显受益的，性别不平等的差距会缩小。② 但是，大多数研究认为，中国城市劳动力市场中存在明显的性别歧视，并有不断增大的趋势。相比男性而言，女性人口的劳动就业和职业发展在整体上处于劣势。如，蒋永萍等人的分析认为，非公有制企业女工在生存与发展中存在的突出问题主要包括：（1）用工实际上存在性别歧视，拖欠、克扣、压低工人工资现象严重，而女工在企业中的较低地位使她们成为主要受害者；（2）超时加班现象普遍存在，企业还以种种方式不按规定兑现加班费；（3）劳动保护与劳动保险，尤其是女工的特殊保护和生育保险待遇一直不能全面落实；（4）女工中处于低层次职位的占绝大多数，她们的发展受到来自多方面的限制和歧视；（5）外来女工是非公有制企业中最为脆弱的职工群体，其各项权益受损现象突出。③

张丹丹的实证研究表明，随着市场化的发展，对女性的歧视有扩大的趋势，并且主要表现在初中以下文化程度者、40 岁以上年龄者、非国有部门职工和"蓝领"职业人群中。她指出，在比较突出的女性就业问题中，单纯意义上的劳动力市场歧视行为并不是主流，很多歧视现象贯穿于女性就业的全过程：女性就业问题的产生与体制转变和产业结构的调整有必然的因果关系。中国劳动力市场严重的结构性供求失衡不仅加重了已有的就业性别歧视现象，而

① 张展新：《市场化转型中的城市女性失业：理论观点与实证发现》，《市场与人口分析》2004 年第 1 期。
② 侯慧丽：《市场转型时期农村迁移女性的职业地位获得——对五城市流动人口移民社区的研究》，《市场与人口分析》2005 年第 1 期。
③ 蒋永萍：《非公有制企业女工的生存与发展》，《妇女研究论丛》1997 年第 3 期。

且使之更隐蔽化、普遍化和深层化。①

李实的研究发现，农村男女劳动力在家庭内部劳动分工方面存在明显的性别差异，因此，农村妇女劳动力的非农就业机会相对较少，更多地从事农业劳动和家务劳动。②

此外，谭琳③、叶文振④、王静⑤、王小波⑥等学者也对女大学生就业难现象给予了高度关注。而李宁、刘辉提出，就业歧视违背自然正义与法律正义原则，严重时还将危及社会稳定。反对就业歧视、促进公平就业是政府应当承担的重要职责。⑦

（3）有关就业的其他问题研究

2000 年以后，中国的人口学者不但关注中国女性劳动就业整体状况的性别差异，而且深入分析了收入差异、就业结构、就业形态等方面的性别特征，不同群体女性的就业状况及所面临的问题等。如，蒋永萍基于对第二期中国妇女社会地位调查数据的分析提出，导致男女两性存在收入差距的原因非常复杂，而包括职业、行业、职称和就业类型在内的就业结构是导致男女两性收入差距的重要原因。⑧

慈勤英等的研究发现，收入的性别差异比较广泛地存在并具有多种表现形态，职业、行业隔离对收入的性别差异具有一定的解释力。而同一受教育水平的男女两性收入差距的存在则对自由主义女权主义者信奉的"教育是解决性别不平等的有效、最佳途径"的观点提出了挑战。⑨

---

① 张丹丹：《市场化与性别工资差异研究》，《中国人口科学》2004 年第 1 期。
② 李实：《农村妇女的就业与收入——基于山西若干样本村的实证分析》，《中国社会科学》2001 年第 3 期。
③ 谭琳、唐斌尧、宋月萍：《'95 世妇会以来中国大陆女性人口学研究述评》，《云南民族大学学报》（哲学社会科学版）2006 年第 6 期。
④ 叶文振：《女大学生就业难的原因与对策》，《商业时代》2006 年第 17 期。
⑤ 王静：《女大学生就业难的主体性原因探析》，《中国成人教育》2008 年第 3 期。
⑥ 王小波：《大学生劳动力市场入口处的性别差异与性别歧视——关于"女大学生就业难"的一个实证分析》，《青年研究》2002 年第 9 期。
⑦ 李宁、刘辉：《论就业歧视的政府管制》，《河南大学学报》（社会科学版）2003 年第 4 期。
⑧ 蒋永萍：《关注劳动力市场中的性别平等——"中国妇女就业论坛"综述》，《妇女研究论丛》2003 年第 2 期。
⑨ 慈勤英、田雨杰、许闯：《收入性别差异的表现形式与特点》，《人口学刊》2003 年第 3 期。

孙仁太认为，在扩内需、调结构、保增长等政策引导下，女性的就业率和工资收入得到稳步增长，就业结构也越来越趋于优化。①

段成荣等人对中国女性劳动力的收入状况及其影响因素进行了相关论证，并为政府的政策制定与实施提供了相关数据支持。②

谭琳和李军锋对第二期中国妇女社会地位调查数据的分析发现，女性参与非正规就业的人数比男性多；非正规就业领域职业和行业中的性别隔离明显存在，并导致非正规就业者的收入具有明显的性别差异。③

金一虹的研究指出，在肯定非正规劳动力市场的存在和发育对妇女的生存具有积极意义的同时，我们不能不看到，非正规劳动部门存在就业不稳定、收入低、社会保障度不足以及经济上的脆弱性、组织化程度低等特点。所以，非正规劳动力市场在发育之始，就已面对一个如何提供最起码的社会保障的问题。④

薄金花提出，要充分认识经济转轨中中国城市妇女的阶层性就业，关注"妇女回家"的社会舆论使男权主义思潮重新泛起、"阶段性就业"使妇女就业率下降、"编余职工"和"下岗职工"中女性比例过高以及"同工同酬"发生了较大改变等问题。⑤

陈卫民等学者对退休年龄对中国城镇职工养老金影响的性别差异进行了深入分析后指出，中国男女职工退休年龄不同，的确导致了男女职工退休后养老金差距较在职时的工资差距扩大的倾向，除部分低收入者以外，大部分女职工的养老金相对水平会因早退休而下降。⑥

潘锦棠基于对中国男女两性养老金制度设计的分析指出，中国的养老社会

① 孙仁太：《女性就业结构趋优男女工资差异明显——青岛市女性就业与工资分析》，《中国统计》2010 年第 6 期。
② 段成荣、张斐、卢雪和：《中国女性流动劳动力收入状况及其影响因素分析》，《妇女研究论丛》2010 年第 4 期。
③ 谭琳、李军锋：《我国非正规就业的性别特征分析》，《人口研究》2003 年第 5 期。
④ 金一虹：《非正规劳动力市场的形成与发展》，《学海》2000 年第 4 期。
⑤ 薄金花：《对经济转轨中中国城市妇女阶层就业的认识》，《中共山西省委党校省直分校学报》2003 年 S1 期。
⑥ 陈卫民、李莹：《退休年龄对我国城镇职工养老金性别差异的影响分析》，《妇女研究论丛》2004 年第 1 期。

保险制度在处理性别利益方面的确存在不尽合理的地方，国家有关部门应及时修改不合理规定，保证女性的正当利益。[①]

彭希哲对中国养老金制度的分析揭示出，一个似乎对男女劳动者一视同仁的养老金制度，由于男女劳动者退休年龄的差别和实际经济活动参与状况的不同，在一定程度上强化了性别不平等。因此，他建议，政府应视社会政策与经济政策同等重要，将社会性别意识纳入社会政策的制定中。[②]

此外，流动女工的权益受损和权益保障问题等也引起了人口研究者的很大关注，不少研究对此进行了多方面的分析，并提出了相关的对策建议。[③]

三　结束语

当代中国正处在社会经济快速发展的"转型期"，人们的观念随着全球化、信息化和市场化的深入扩展发生了广泛而深刻的变化。诸如婚育观念的转变带来婚姻家庭形式的多样化；择业观念的变化带来女性人口就业途径、形式、类型的多样化及职业结构、行业结构的变化等。由此，女性人口学所要研究的议题/问题不断增加，也日益复杂，女性人口学的学科建设与发展面临着诸多挑战，也存在诸多不足，主要表现为以下几方面。

第一，对女性人口学理论的研究有待深化。尽管早在1988年，有识之士就提出"对女性人口学研究的呼唤"，但时至今日，女性人口学仍然未成为一个独立学科，其中一个至关重要的因素就在于缺乏自成一体的理论体系。

第二，学术交流平台较为欠缺。尽管人口学学术期刊曾主办过"女性人口"问题的论坛，但至今还没有召开过一次全国性的以女性人口为主题的学术研讨会，这无疑折射出相关学术研究交流平台的缺失。

第三，专业组织机构缺乏。迄今为止，中国尚无一个专门的女性人口学学

---

① 潘锦棠：《养老社会保险制度中的性别利益——兼评关于男女退休年龄的讨论》《中国社会科学》2002年第2期。

② 彭希哲：《社会政策与性别平等——以对中国养老金制度的分析为例》，《妇女研究论丛》2003年第2期。

③ 如：孙淑敏、王爱民：《现阶段我国女工劳动权益保护问题研究》，《妇女研究论丛》2001年第1期；蒋月：《女工劳动权益保障现状及对策研究》，《厦门大学法律评论》2003年第1期。

术组织，相关的研究者分散于人口学和妇女/社会性别学相关组织中，这对于本学科学术/教学力量的凝聚无疑是不利的。

经过 20 余年，尤其是近 10 余年来的努力，中国女性人口学的学科建设取得了较大的进展，高校中开设了相关的课程、设置了相关的专业方向，学术研究中设置了相关的研究方向和议题，一大批科研成果问世，不少为精品力作（包括译作）。如，李树茁、朱楚珠著的《中国儿童生存性别差异的研究和实践》（中国人口出版社，2001）；（美）费尔德曼著，李树茁、姜全保译的《性别歧视与人口发展》（社会科学文献出版社，2006）；郑真真、解振明著的《人口流动与农村妇女发展》（社会科学文献出版社，2002 年）；谭琳、陈卫民主编的《女性与家庭——社会性别视角的分析》（天津人民出版社，2001）；刘爽的《中国的出生性别比与性别偏好——现象、原因及后果》（中国人民大学博士学位论文，2005）；张恺悌的《中国女性老年人口状况研究》（中国社会出版社，2009）；翟振武、杨菊华、陈卫的《生育政策与出生性别比》（社会科学文献出版社，2009）；郑晓瑛的《中国女性人口问题与女性发展》（北京大学出版社，2010）等。学术研究倡导公共政策和指导社会行动的力度与有效性也不断增强，女性人口学已进入了新的发展阶段。

但从另一方面看，女性人口学尚未成为一门独立的学科，仍存在上述三大不足。因此，以人口学和妇女/社会性别学为基础，通过跨学科和多学科的努力，发展具有本学科和本土特色的中国的女性人口学理论及其理论体系，建构具有本学科和本土特色的中国的女性人口学，当是吾辈义不容辞之使命。

B.9

妇女/社会性别法学

王　俊　姜瑶瑶*

摘　要：

通过对1995年以来中国妇女/社会性别法学学科建设和发展的回顾和梳理，作者认为妇女/社会性别法学是中国女性主义发展的新成果，也正在成为中国法学界一种新的法学思想和研究方法。尽管目前中国的妇女/社会性别法学仍处在学科化的进程中，妇女/社会性别法学尚未成为一门完全独立的学科，但自1995年以来，妇女/社会性别法学有诸多研究成果问世，相关内容进入了高校课堂，相关的社会行动引起了较大的社会反响，在对相关的法律法规和公共政策的出台和完善提供理论支持、对执法过程中出现的性别歧视现象进行批评和矫正、促进法治建设的性别平等、建立性别平等的法律制度等方面发挥了较大的作用。

关键词：

妇女/社会性别法学　课程建设　学术研究

妇女/社会性别法学是中国女性主义发展的新成果，也可以说是中国法学界的一种法学思潮、法学研究方法。尽管目前在中国，妇女/社会性别法学仍处在学科化的进程之中，但也有不少成果呈现，在对相关的法律法规和政策的出台提供理论支持、对执法过程中出现的性别歧视现象进行批评和矫正、促进

---

* 王俊，毕业于西南政法大学法律系，现任云南民族大学法学院教授。主要从事法律与性别研究。姜瑶瑶，云南民族大学法学院研究生，主要从事家庭暴力研究。

法治建设的性别平等、发展性别平等的法律制度等方面发挥了较大的作用。本文将对 1995 年以来妇女/社会性别法学的建设和发展进行回顾和梳理。

一 概述

（一）概况

中华人民共和国成立以来，中国共产党领导的中国政府始终坚持解放妇女的方针政策，不断发展妇女事业，推进性别平等，妇女发展取得了巨大的成就。

在法律领域，至 1995 年，中国基本形成了以《中华人民共和国宪法》为依据，以《中华人民共和国妇女权益保障法》为主体，包括《中华人民共和国婚姻法》《中华人民共和国继承法》《中华人民共和国劳动法》《中华人民共和国母婴保健法》《中华人民共和国妇女权益保障法》及《女职工劳动保护条例》等法律、行政法规和地方性法规在内的一整套保障妇女权益、促进妇女发展的法律体系。1995 年以后的近 20 年中，中国政府积极推进第四次世界妇女大会倡导的"社会性别主流化"，进一步在立法、司法、执法三个层面推进法律的性别平等，而妇女/社会性别法学也应运而生，获得较大发展。

妇女/社会性别法学近 20 年来的发展主要表现为：一是在研究领域和行动领域，通过运用社会性别视角审视已有的法律理论、法律体系和法律规范，将社会性别分析方法运用于对立法、司法、执法过程的分析中，以促进法律领域性别平等形式正义与实质正义的统一。二是在教育领域，通过相关课程的开设（包括专业课和通识课、必修课与选修课）、师资的培训、教学资料的编写等，使社会性别意识进入法学教学课堂，推进妇女/社会性别法学在主流法学教学领域学科地位的建立和学科空间的拓展。而研究、行动和教学领域的成果又进一步形成合力，促进了中国的妇女/社会性别法学的建设与发展。

（二）妇女/社会性别法学的发展阶段与特征

中国真正开始在学科层面推进妇女/社会性别法学始于 20 世纪 90 年代。

至今，虽然妇女/社会性别法学仍不能称为一门独立的学科，但其"将性别与法律的关系为研究对象，着重探讨法律制度、法律规范、法律理论中所隐含、体现的特定性别观念，对特定类型的性别实践的保护或拒斥，各种性别认识、性别实践对立法、司法、法律运作效果以及法律理论的参与和影响等等"[①] 的内容已使之具备了学科的重要特征，成为一个重要且有意义的知识研究领域。

1995～2010 年这 15 年的时间内，妇女/社会性别法学在中国得到较快发展，经历了从最初认识、介绍西方女权主义思想到开展妇女/社会性别法学研究，再到逐步深入地运用社会性别视角分析法学问题、完善法律体系三个阶段，形成了学科化进程的基本特征：第一，循序渐进，积极突破。从全面认识女权主义/社会性别理论的发展，到初步建立妇女/社会性别法学的知识体系，再到将社会性别视角扩展到立法、执法、司法实践过程中，妇女/社会性别法学的学科化过程是一个不断扩展、不断渗透、积极寻求突破的过程。第二，逐步建立知识体系。妇女/社会性别法学在 15 年左右的学科建设过程中，在项目行动、司法实践、社会行动等基础上，通过知识积累和经验积累，积极推进本土的妇女/社会性别法学的教材、教参的建设工作，开展相关的研究工作，逐步建立了具有中国本土特征的妇女/社会性别法学知识体系。第三，社会性别分析方法在法学界得到越来越多的认可，妇女/社会性别法学的研究队伍日益壮大。第四，妇女/社会性别法学的知识传播途径不断多样化，除了原有的学术研讨会、学术讲座、项目课题外，也有为数不少的高校开设了相关的必修课、选修课、通识课、专业课，一些高校在研究生招生目录中设置了有关妇女/社会性别法学的专业方向，招收研究生，妇女/社会性别法学已进入主流的知识传承体系。

（三）妇女/社会性别法学的学科建设与发展

1995 年国务院颁布的《中国妇女发展纲要（1995～2000 年）》明确指出1995～2000 年妇女发展的任务是：动员和组织全国各族妇女投身改革开放和

---

① 陈明侠、黄列主编《性别与法律研究概论》，中国社会科学出版社，2009。

社会主义现代化建设，全面提高妇女素质，依法维护妇女权益，进一步提高妇女地位。2001 年国务院颁布的《中国妇女发展纲要（2001～2010 年）》进一步指出，在 2001～2010 年的 10 年中，要贯彻男女平等的基本国策，推动妇女充分参与经济和社会发展，使男女平等在政治、经济、文化、社会和家庭生活等领域进一步得到实现。保障妇女获得平等的就业机会和分享经济资源的权利，提高妇女的经济地位；保障妇女的各项政治权利，提高妇女参与国家和社会事务管理及决策的水平；保障妇女获得平等的受教育机会，普遍提高妇女受教育程度和终身教育水平；保障妇女享有基本的卫生保健服务，提高妇女的健康水平和预期寿命；保障妇女获得平等的法律保护，维护妇女的合法权益；优化妇女发展的社会环境和生态环境，提高妇女生活质量，促进妇女事业的持续发展。

在这一背景下，妇女/社会性别法学形成了自己的学科化发展策略。其中，在研究领域，学科化发展策略主要包括两个方面，一是妇女/社会性别法学知识本身的系统化；二是妇女/社会性别法学知识生产、传播和传承体制的建设。

具体来说，1995～2010 年，妇女/社会性别法学在知识系统化的进程中，以下五个方面为重点突破口：对现行法律规范、法律制度予以性别分析；从性别视角对法律运作过程进行实证研究；从性别视角对法律史和从法律视角对性别史进行研究；从性别视角对立法过程及方法进行研究；从性别视角对主流法律理论和从法律视角对性别理论进行研究。

在妇女/社会性别法学知识生产、传播和传承机制的建设过程中，推进的方法主要是以开设课程（必修课或选修课；通识课或专业课）、编写相关教科书/参考书、开展师资培训等方式进行课程建设。

此外，相关学术共同体和行动共同体的成立和积极开展相关工作也为妇女/社会性别法学的学科化推进做出了重要贡献。这些共同体包括（但不限于）中国妇女研究会、中国社会科学院法学研究所性别与法律研究中心、妇女/社会性别学学科发展网络、中国法学会"反对针对妇女的家庭暴力对策研究和干预"项目、北京大学法学院妇女法律研究与服务中心、红枫妇女热线、中华全国律师协会未成年人保护专业委员会等。

（四）1995 年以来的特征

1995 年以来，中国的妇女/社会性别法学的学科化发展呈现出如下特征。

第一，妇女/社会性别法学知识的学科化程度不断提升，体系化程度进一步加强。不少学者已将妇女/社会性别法学作为自己的专业方向，妇女/社会性别法学领域的研究力量不断加强。而妇女/社会性别法学专业方向的出现，也吸引了越来越多具备专业研究基础的新生力量加入科研和教学队伍，妇女/社会性别法学领域教研人员的专业水平不断提高，研究领域不断扩展。

第二，妇女/社会性别法学知识领域的研究内容逐步多样化和细致化。专业研究成果不断呈现，质量进一步提高，有的具有较高的创新性和理论/学术价值。

第三，妇女/社会性别法学的研究成果具有较大的社会效益，有的为性别平等的法律体系的完善提供了有用的基础性资料，有的具有较强的应用价值，直接进入了相关决策，成为相关法律法规、公共政策的组成部分。

二 课程建设与发展

（一）总特征

课程的建设与发展是妇女/社会性别法学学科化的一大重要内容和直接体现，而妇女/社会性别法学的学科化又以相关课程建设作为一大基础，涵盖教材的编写和选用、具体课程的设置、专业方向的设立等诸多方面。1995～2010年，中国妇女/社会性别法学的课程建设与发展主要表现为以下四大特征：第一，国内开设妇女/社会性别法学课程（包括讲座）并将其作为选修课、必修课的高校逐渐增多；第二，专家学者们编写的有关妇女/社会性别法学的教材和教参不断增加；第三，越来越多法学专业的学生，尤其是硕士、博士研究生将社会性别分析方法运用到相关学位论文的写作之中，也有的直接以性别权益，如反家暴、反拐卖妇女儿童等作为自己的研究方向；第四，学术期刊中有关妇女/社会性别法学内容的论文数量有较大增长。

但就总体而言，与妇女/性别社会学、妇女/社会性别史学、妇女/社会性别文学、妇女/社会性别教育学等的学科化进程相比，妇女/社会性别法学的学科化推进仍有较大不足。

（二）发展阶段与阶段性特征

1995～2010 年，中国妇女/社会性别法学的课程建设进程可以分为 1995～2005 年的第一阶段和 2006～2010 年的第二阶段。

1. 第一阶段（1995～2005 年）

这个阶段可谓中国妇女/社会性别学学科发展的起步阶段。作为妇女/社会性别学的组成部分，妇女/社会性别法学也在这一阶段起步，而妇女/社会性别学的整体发展更为妇女/社会性别法学的学科化建设奠定了扎实的基础。到2005 年，已有中华女子学院等一些高校开设了专门的妇女法学课程，而所有讲授《民法》《婚姻法》《刑法》等课程的教师都会在授课时论及与妇女相关的内容或案例，一些教材和教参也相继问世。[1] 但就总体而言，在这一阶段，妇女/社会性别法学尚未形成自己的学科意识和研究方法，课程建设的独立性较弱，大多只是在相关法学的课程中增添妇女/性别的内容。

2. 第二阶段（2006～2010 年）

鉴于妇女/社会性别法学的发展与需求状况，从全面推进妇女/社会性别学学科发展出发，在2006 年成立的全国性的妇女/社会性别学学科发展网络决定，根据学科发展基础/现状和社会/教学需求的迫切性，优先发展和推进妇女/社会性别概论、妇女/社会性别史学、妇女/社会性别社会学、妇女/社会性别哲学、妇女/社会性别法学、妇女/社会性别教育学、妇女/社会性别心理学等7 门学科。其中，对于妇女/社会性别法学等迫切需要提升社会性别意识、推进学科建设的学科，重点是推进社会性别意识的渗透，使学科主流认识到引入和拓展社会性别视角的重要性与必要性。为此，包括妇女/社会性别法学在内，妇女/社会性别学学科发展网络将直接推进有关师资培训，翻译相关学科前沿资料，开展专题

---

[1]　如陈明侠、黄列主编《性别与法律研究概论》，中国社会科学出版社，2009；丽贝卡·J. 库克编著《妇女的人权——国家和国际的视角》，黄列译，中国社会科学出版社，2001。

教学/研究讨论，建立小型的青年基金，制订和实施国内访问学者和教师进修计划，组织/资助任课教师参加国内外研讨会等方面的活动。妇女/社会性别学学科发展网络的工作为妇女/社会性别法学学科的建设与发展提供了有利条件，妇女/社会性别法学的学科化建设在这一阶段取得较大进展，妇女/社会性别法学的相关教材、教参不断增多，师资力量大大增强，开设相关课程的高校、开设的课程不断增加，课程内容也进一步拓展，课程建设不断系统化和专业化。

（三）代表性课程

20 世纪 90 年代初期，中华女子学院法律系率先开设了妇女法课程，成功地将妇女法学引入了大学课堂，1999 年还将其列为法学本科生的专业基础课，使中国的妇女/社会性别法学的课程建设向前迈进了一大步。紧接着，北京大学、内蒙古大学、大连大学和福建妇女干部学校的法律系都相继开设了妇女法学的选修课。与此同时，一些具有较高理论/学术水平的教材、教参也相继问世，如巫昌祯、陈明侠的《妇女法学》、杨大文的《妇女立法的回顾与展望》、马忆南的《妇女法学的新发展》、李明舜的《妇女权益法律保障研究》、田军的《各国妇女权益宪法保障的比较研究》等；中南财经政法大学、中国政法大学、中国人民大学也各自开展了相关课题的研究，这些成果深入推进了妇女/社会性别法学的学科化进程。

2010 年 4 月 26 日至 30 日，《消除对妇女一切形式歧视公约》（以下简称《消歧公约》）培训的开幕式在北京举行，培训邀请了菲律宾大学法学硕士、美国哥伦比亚大学法学硕士 Rea Abada 作为培训专家，来自国务院妇儿工委、国家民委、农业部、中国科协、司法部、全国总工会、全国妇联、中央党校、中国社科院及部分妇女组织的领导、专家、学者和实际工作者共 80 余人参加了培训，联合国妇女发展基金、联合国教科文组织、联合国人口基金、联合国开发计划署以及国际劳工组织等国际组织也分别派代表参加了此次培训。培训持续了 5 天，通过中外专家的共同讲解、案例研讨、分小组展示讨论结果、参与者的经验分享、提问与回答等多种形式，重点讲解《消歧公约》的重要特征、基本内容以及实质性平等原则、非歧视原则和国家义务原则，使受培训者了解了《消歧公约》的审查、报告、监测与评估机制，并针对撰写非政府影

子报告的要求、基本程序，明确了撰写影子报告的责任和义务，达到了培训的
预期目标。

三 学术研究的进展

自'95 世妇会以来，随着社会性别主流化步伐的加快，全社会社会性别敏
感性的提升，学者学科化意识的强化，妇女/社会性别法学的研究也不断扩展
和深入，涌现出一大批具有较高理论价值和社会效益的成果。

（一）发展阶段与阶段性特征

就总体而言，1995 年以来，妇女/社会性别法学的学术研究经历了从引介
到研究再到逐步体系化的过程，具体可分为 1995～2000 年、2001～2005 年、
2006～2010 年这三个阶段。

1. 第一阶段（1995～2000 年）

在这一阶段，妇女/社会性别法学的学术研究尚处于引介、认识、学习社
会性别理论和女权主义法学思想的阶段。通过引介、学习社会性别理论及女权
主义法学思想，不少学者对社会性别概念有了初步认识，学界开始重视妇女和
社会性别视角的运用，强调透过妇女/社会性别视角进行法学研究的重要性和
必要性。

2. 第二阶段（2001～2005 年）

《中国妇女发展纲要》（1995～2000 年）的实施进一步改善了中国妇女生
存与发展的社会环境，加速了男女平等的进程，妇女发展与性别平等在政治、
经济、教育、健康等各个领域取得了全面进步。在这个基础之上，国务院又颁
布《中国妇女发展纲要（2001～2010 年）》，确定了六大优先发展领域，即妇
女与经济、妇女参与决策和管理、妇女与教育、妇女与健康、妇女与法律、妇
女与环境，并把促进妇女发展的主题贯穿始终，每个领域都规定了专门的法律
和部门政策。《中国妇女发展纲要（2001～2010 年）》使妇女/社会性别法学
学术研究的重要性进一步凸显。妇女/社会性别法学的学术研究进入新的阶段，
出现了如下新的特征：在深入研究社会性别理论及女权主义法学思想的基础

上，越来越多的专家、学者关注社会性别理论对妇女/社会性别法学研究的重要性和必要性，妇女/社会性别开始成为法学研究的一大切入点，尤其在婚姻法、民法、刑法、妇女权益保障法等领域。而在这一阶段，不少研究成果也进入决策领域，对《中华人民共和国婚姻法》《中华人民共和国妇女权益保障法》等法律的修订产生了较大的影响。

3. 第三阶段（2006～2010 年）

至 2010 年，中国基本实现了《中国妇女发展纲要（2001～2010 年）》所确定的目标，但是妇女权益的保障仍然是当今中国妇女发展的重点问题之一，因此，妇女/社会性别法学已逐步成为法学界和妇女学界非常关切的领域。社会性别视角进一步进入相关的学术研究，通过对西方女权主义法学思想的反思，妇女/社会性别法学学科建设的本土化开始成为学者们思考的重要议题，而相关的学术研究也从立法扩展到司法、执法等法律的各个层面，迈入了体系化的进程。

（二）重要观点

"法律遭遇社会性别，是外来影响和本土实践提出内在挑战组成合力的结果。外来的影响主要是世界人权运动中的女权法律运动，成为妇女运动的重要力量，并通过妇女的议题产生国际影响——女性主义法律运动（一种理论认为女权主义法律是一种运动实践）经由美国向世界传播，又通过学术转介和1995 第四次世界妇女大会两种途径传入中国。……市场化中女性权益问题增多，很多妇女的问题不能通过法律途径得到救济，也使人们提出'法律有性别歧视吗'的疑问。比如性别歧视问题为什么是不可诉的，人们也希望能有外来的制度可以得到借鉴。女性主义法学理论的核心概念'性别'引起人们的关注。"[①] 虽然至今中国的妇女/社会性别法学尚处于知识领域的前学科阶段，但亦有诸多有见地的重要观点问世。尤其是 1995～2010 年，许多重要观点在学术界和社会上产生了重大反响，对相关法律和公共政策的完善产生了积

---

① 郭慧敏：《中国法律与性别主流化进程观察——妇女维权的另一种视角》，《中华女子学院学报》2008 年第 4 期。

极的作用。本文按照前述三个发展阶段的划分，对不同阶段具有代表性的相关领域中的重要观点进行简介。

1. 第一阶段（1995～2000 年）

2000 年以前，妇女/社会性别法学处在积极认识和探索阶段，相关期刊论文多介绍西方女权主义法学思想，且数量不多，而以社会性别视角探讨和研究法学议题的论文更少。相关的重要领域的代表性论文主要有以下几类。

（1）介绍女权主义法学思想。如，1995 年，沈宗灵在《中国法学》第 3 期刊载的《女权主义法学述评》一文中，对两篇女权主义法学代表作——《论女权主义法学的出现》和《女权主义与法律方法：它所造成的差别》进行了述评，认为"争取男女平等权利不单纯是法律问题或者仅仅是少数女权主义法学家的任务，但也不能低估女权主义法学，特别在西方国家争取男女平等权利过程中的重要作用。男女平等权利的每一进展都需要立法和司法来实现和巩固，女权主义法学家在这一方面可以扮演重要的角色"，肯定了女权主义法学及法学家的重要价值贡献。

（2）对妇女法和妇女人权概念的界定。如，1997 年，李明舜在《中华女子学院学报》第 2 期上发表《妇女法理论研究中的两个问题》一文中，界定了妇女法的概念，进一步探讨了如何构建中国的妇女法学体系，认为妇女法学的体系和主要内容应由总论、妇女的法律权利、妇女权利保障与救济三大部分组成。1998 年，孙萌将"妇女人权"定义为："所谓妇女人权，是保障妇女的尊严，发展妇女的人格，实现妇女的价值，而在道德上、社会上、政治上，应当得到承认或已经得到承认的、平等的、自由的生存权与发展权等一切权利的统称。"①

（3）对西方女权主义法学运动进行评述。如，2000 年，何兆升在《中山大学研究生学刊》第 1 期上发表的《传统之外的法学理论——美国女权主义法学运动评介》一文认为，在分析西方各种女权主义法学时，应当探究其所代表的是哪一部分妇女的利益和需求。女权主义法学对男性社会意识形态的批评是颇有代表性的，同时也自然而然影响着法学研究的发展方向，成为法学批

---

① 孙萌：《西方女权主义中的妇女人权思想研究》，《政法论丛》1998 年第 6 期。

评家们感兴趣的中心和争论的话题，这种现象的存在实际上正好实现了女权主义法学的尝试：从边缘向中心运动，通过对中心的消解达到消除旧的中心和重建新的中心之目的。随着世界民权和女权运动的发展以及女性自我意识的觉醒，目前很活跃的女权主义法学还会在今后的学术研究和理论争鸣中有所建树。

2. 第二阶段（2001～2005 年）

在 2001～2005 年，中国的妇女/社会性别法学通过研究美国女权主义法学思想，开始对女权主义法学展开分析和反思，并运用社会性别视角审视妇女人权保护，以女性的平等就业权、反对家庭暴力、农村妇女土地承包经营权、妇女婚姻权利、老年妇女权利等为主要关切点，开展妇女/社会性别法学的研究，相关重要领域的代表性观点主要有如下几种。

（1）探讨社会性别意识与公共政策之间的关系。如，2001 年，李慧英在《妇女研究论丛》第 5 期发表的《从一种新的视角审视公共政策——"社会性别与公共政策"专题研讨会综述》一文中，对中央党校妇女研究中心主办的"社会性别与公共政策"专题研讨会上的相关观点作了介绍。其中，中共中央党校的李慧英教授提出的观点为，中国性别意识的主流化应当与中国的法治化建设结合起来，不能与政策和法律脱节。西北工业大学的郭慧敏教授提出将性别意识纳入决策时应注意如下问题：第一，在推动性别意识纳入决策时，政策与法律何者优先？是否应对现有的法律和政策作一个清理？第二，鉴于西方女性主义者所应用的分析工具不是纯理性或纯感性的，中国的女性主义者在借鉴西方女性主义法学时，推动性别意识纳入决策时，应注意处理好理性与感性的关系问题。第三，性别意识的本质就是公正意识，女性主义者在分析政策和法律问题时着眼点应放在什么地方？是起点的公正、过程的公正还是结果的公正？第四，女性主义者向国家要公平，而公平是什么，向国家要的又是什么？这些都是需要我们努力阐释和解决的问题。所以我们要借助理性的分析工具，有理有节地表达我们的想法和要求。第五，现行的法律和政策给予女性的权利大多是制订者主观地认为女性想要的权利，我们在争取女性的权利时要在对女性需求进行的研究和诉求上下功夫。第六，把性别意识纳入主流要和中国的法制化建设结合起来。中央党校妇女研究中心副主任王红教授以《公务员暂行条例》中规定的男女不同龄退休违反宪法规定的男女平等为例，指出我们现在对法律政策的监督是不到位的，即所谓有备案而无审查，有监督而无撤销。湖南省妇联权益部荣秀琴部长讲述了湖南省妇联在促成《湖南省人民代表大会常务委员会关于预防和制止家庭暴力的决议》中所做的工作，指出立法是实现妇女微观维权的一个法律保证和法律依据。

（2）探讨西方女性主义法学理论的发展路径。如，2002 年，陈彩云在《妇女研究论丛》第 4 期发表的《从"平等"、"社会性别"到"公民资格"——西方女性主义的理论转向》一文中指出，西方女性主义法学在对从"平等"到"社会性别"再到"公民资格"相关概念与理论的探讨和构建中逐步走向成熟。

（3）进一步探讨社会性别与妇女人权问题。如，2005 年，郭慧敏在《环球法律评论》第 1 期上发表的《社会性别与妇女人权问题——兼论社会性别的法律分析方法》一文中指出：社会性别作为一种法律分析方法是国际女权运动尤其是女权主义法学运动的产物。从社会性别视角对妇女人权进行考察需首先完成从"以妇女为本"到"以社会性别为本"的转变，这样才能打破仅在妇女内部谈妇女人权的局限，从一个更广阔的层面涵盖男女两性的角色、需求、地位及相互关系，扭转妇女人权的边缘化并将性别平等纳入发展主流。这不仅有利于妇女人权发展，也为整个人权的发展开辟出了一条可行的路径。从社会性别视角对妇女人权进行考量的方法是一个值得探讨的问题，女权主义法学对妇女人权进行的分析可以借鉴，但中国必须走自己的妇女人权发展之路，国际化和本土化是中国妇女人权发展不能偏废的两个重要途径。

而在这一阶段，从社会性别视角分析法学问题的硕士生论文崭露头角。如，卓英子在其硕士学位论文《社会性别与女性平等权的法理思考》中，从法理学入手论述了男女"绝对平等"误区出现的原因，提出应构建新的男女"区别对待"的平等观。她用社会性别的观点审视现行的法律政策，对法律条文的空白、司法程序、如何对现实生活中因男女不平等的社会性别规范造成的后果进行补救等问题提出了自己的观点和建议，包括法律上对待女性平等权的态度，应该是承认男女差异，重视社会性别意识影响，科学选择相应的法律补救措施，弥补女性不能实际获得的权利和利益；在立法技术上，应尽可能订立

重视男女"结果平等"优于"前提平等"的法律规定；在制定的内容上，应该选择更贴近现实社会且行之有效的措施，努力实现男女权利的实质平等。该文认为，可以从两个方面入手，将社会性别观点纳入法律：首先，在法律、政策、方案等出台之前，进行社会性别分析，研究将出台的法律、政策、方案等会对女性和男性各有什么影响；其次，对已出台的法律、政策、方案等，要定期审查其执行情况，评价其对男女带来的不同影响，以保证女性的权益不受损害。

刘愈菀在其硕士学位论文《从权利平等到性别关怀——以社会性别理论为视角考察女性平等权的实现》中，从"社会性别"这一女权主义的中心概念入手，通过分析社会性别理论对于两性平等的重大理论和实践意义，基于西方女权主义平等观的变化给予的"重视差异、不囿于差异"的启发，主张强调结果平等的制度设置、关注实有权利的现实获得，建立崇尚性别关怀的实质两性平等观，改革和完善妇女权利法律保护机制，从而保证女性平等权的真正实现。

社会性别视角开始渗透到与妇女权益密切相关的分支法学研究中。如，2003 年 3 月 8 日，《人权》杂志社、《中国妇女报》、北京市法学会劳动法学和社会保障法学分会在北京联合举行了"反对性别歧视、保护妇女劳动权益"专题研讨会，来自《人权》杂志、《中国妇女报》、《中国妇女》杂志、国务院劳动和社会保障部、全国妇联、全国总工会、北京市法学会及其劳动法学和社会保障法学分会、北京市高级人民法院、北京市总工会、华能集团公司、中建一局集团的 20 余位劳动法学、社会保障法学、妇女权利研究的专家学者及实际工作部门的工作者，就近年来妇女的就业、工资报酬、晋升、职业培训等权利的保障状况、存在问题及对策建议进行了研讨。与会者提出，为了切实解决职场性别歧视问题，一是要加强男女权利平等的宣传教育，纠正歧视妇女的错误观念。有关部门要对用人单位进行劳动法制和人权知识的培训，提高其男女劳动权利平等的意识。二是要完善立法。建议立法部门制定和颁布《反就业歧视法》，对就业歧视行为从法律上予以界定，对相应的违法行为追究法律责任。加大对违法行为的惩罚力度，重视对造成的损害给予物质赔偿，并规定对受到歧视者给予援助的办法。建议修订和完善《劳动法》《妇女权益保障法》，以弥补现行法律的不足。三是要加大执法力度，防止和惩处性别歧视行为。建议执法机构加强执法监督，劳动保障部门应加大对用人单位执法情况的监督检查力度，法院要为遭受歧视的妇女提供司法救济，赋予女职工在受到性别歧视时的诉权，对违反女职工平等劳动权利的单位要依法予以惩处。四是要提高妇女的职业技能和权利意识。倡导妇女不仅要学习业务知识，提高职业技能，而且要学习法律和人权知识，提高法律和权利意识。用人单位和工会、妇联等有关部门应为妇女举办各种培训，以提高她们的职业技能和法律、权利意识。①

陈晓敏在《法治论丛》2003 年第 5 期发表的《社区矫正中的社会性别视角——以上海市××社区矫正对象个案为例》一文中提出，应将社会性别视角纳入社区矫正工作。

国际交流与合作进一步增加和强化。如，2004 年 3 月 30 日至 4 月 5 日，美国福特基金会和陕西妇女理论婚姻家庭研究会在西安共同举办了"社会性别与基层治理研讨会"。会上，国际劳工局就业与平等处高级专家托马斯在《中国就业性别平等实践及法律完善》的演讲中，充分肯定了中国制定的一系列法律法规在保障就业性别平等方面的重大作用，并指出，有关中国《劳动法》影响的综合研究和国际劳工组织的相关研究说明，中国性别平等的法律权利已经建立。②

2005 年，菲律宾的露茜塔·S. 拉佐在《环球法律评论》第 1 期发表的《让法律对社会性别做出回应：东亚和东南亚面临的发展挑战》一文中指出：与十年前相比，东亚和东南亚社会性别敏感的立法的总体环境已在某种程度上打开了局面。当前，在次区域层面，至少有三个重要创意活动为实施《消歧公约》提供便利，而其中的第三个活动就是在中国由联合国国别小组开展的项目，尤其是其中的法治主题小组，就《消歧公约》的实施开展了相关培训和研究。

---

① 《人权》杂志社、《中国妇女报》、北京市法学会劳动法学和社会保障法学分会：《反对性别歧视保护妇女劳动权益研讨会综述》，《人权》2003 年第 2 期。

② 国际劳工局专家托马斯在福特基金会、陕西妇女理论婚姻家庭研究会举办的"社会性别与基层治理研讨会"上的演讲，2004 年 3 月 30 日。

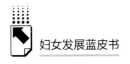

3. 第三阶段（2006～2010 年）

2006 年，全国人大常委会副委员长、全国妇联主席、中国妇女研究会会长顾秀莲在《1995～2005 年：中国性别平等与妇女发展报告》（妇女发展绿皮书）首发式上的讲话——《积极推动社会性别主流化和决策科学化进程》——中表达了对进一步推动社会性别主流化和决策科学化的决心和希望，为推动妇女/社会性别法学的学科发展起到了重大作用。2006～2010 年，妇女/社会性别法学学术领域进一步研究和探讨国外女权主义法学思想，积极探索女权主义法学思想对中国立法、司法和执法的借鉴意义；进一步从社会性别角度以性别平等就业权、反家暴立法、人口与计划生育法、劳动法、生育保险政策以及村规民约等为关切领域，深入开展相关的学术研究和理论分析；关注妇女财产权益保障等妇女物权议题，关注妇联等妇女组织的重大作用，逐步实现了从仅关注妇女到从社会性别角度关注男女两性的实质平等的转型。这一阶段关切领域中的代表性观点如下。

（1）进一步研究西方女性主义，尤其是美国激进女性主义法学思想。如，叶永尧在《中华女子学院学报》2006 年第 5 期上发表的《近年来美国刑事法律政策改革之评析——一种激进女性主义的进路》一文，从激进女性主义法学对美国法律实践，特别是对刑事法律改革的影响进行了分析，展示了激进女性主义法学在美国的一种法律主张和行动。

（2）积极探索研究学术成果如何进一步影响法律和政策。如，杜洁在《妇女研究论丛》2006 年第 2 期上发表的《以研究促进政策和法律纳入社会性别视角——社会性别与法律/政策项目的探索》一文中指出：为了创造一个有利于妇女发展的环境，在政策和法律中制定积极的政策和措施十分必要。该文强调政策执行过程充满了再创造的空间，提高执法人员的社会性别意识，鼓励法律/政策的执行者从积极的角度解读政策并创造性地工作，将有利于在现有法律/政策框架下最大限度地推进社会性别平等。

（3）从宪法高度探讨性别正义。如，张清在《法制与社会发展》2009 年第 1 期上发表的《性别正义：迈向宪治的社会性别》一文，从法学理论角度对社会性别做了进一步研究和阐释。该文指出，我们对性别身份及其不平等/差异性对待已经习以为常，而这或许是一个可怕的错误。性别平等的实现有赖于我们对社会性别及其女权主义理论的深刻理解，以在性别认知的基础上对现存的性别歧视进行矫正。透过妇女的经验，性别化取向和决疑术（casuistry，是指一种根据案件所涉及的具体的人类困境而做出权衡的方法）可以为女性主义法律的理论化、性别化与权利实践策略提供理论与实践的架构。

在这一阶段，妇女/社会性别法学领域进一步加强了国际学术交流与合作。如，2006 年 3 月，全国人大常委会办公厅外事局与加拿大议会中心在北京联合举行了中加"立法和决策过程中实现社会性别主流化"国际研讨会。会议围绕性别与社会性别的定义、社会性别平等视角对政策及立法的意义、维护妇女权益的诉讼、实现社会性别主流化等主题展开了交流和讨论。如陈国荣在《楚天主人》2006 年第 6 期上发表的《中加"立法和决策过程中实现社会性别主流化"国际研讨会综述》一文中论及的，与会者结合中国立法和决策中的实际提出了如下建议：第一，增强社会性别主流化意识，促进男女平等基本国策的实施，促进社会性别主流化；第二，将性别平等核心指标纳入社会监测指标体系；第三，尽快制定《农民专业合作经济组织法》；第四，规定各级人大代表女性候选人应占 1/3 以上的比例；第五，规定村委会成员中至少有一名女性；第六，规定男女公务员应同龄退休。

相关硕士学位论文大量涌现。如，2007 年，潘恒在其华东政法大学硕士学位论文《"针对妇女的暴力"问题研究——以社会性别秩序为视角》中，从社会性别秩序对"针对妇女的暴力"的作用机理入手，提出了建构"针对妇女的暴力"防控救济体系的几点设想：建设新型性别文化、打破公私领域分离的身份关系、树立新时代的性道德。孙婧在其河北大学硕士学位论文《村民自治中的社会性别分析——基于内蒙古丰镇地区的调查》中指出，有关法律、法规在执行的过程中常常出现偏差，达不到预期的效果，性别偏见和性别歧视还没有根除，"男女平等"在村民自治的过程中还没有真正实现。由于历史和现实的各种复杂因素的影响，我国农村妇女参政的整体水平仍然偏低，尤其在广大欠发达地区，农村妇女的政治参与呈现出更为明显的边缘化特征，总体状况不容乐观。

2008 年，付媛在其辽宁师范大学硕士学位论文《在立法中植入社会性别视角的法理学思考》中，描绘了在立法中植入社会性别视角的路径：重新界

定男女平等观的内容、科学寻求立法策略、完善国内立法和国际人权法、提高立法主体的社会性别意识、充分发挥各种女性组织的作用、建立性别平等指标体系。

2009年，吉林大学任春华的硕士学位论文《从社会性别视角论我国的婚姻立法完善》、西南政法大学张宇的硕士学位论文《法官职业中的社会性别因素分析》、西南政法大学赵玺的硕士学位论文《新中国婚姻法变迁之社会性别分析——以女性权利为视角》、贵州大学陈宁的硕士学位论文《中国夫妻财产制的社会性别分析——以离婚夫妻财产分割为侧重》等，都以社会性别为视角分别对婚姻法、夫妻财产制等立法问题和法官职业中的性别因素等进行了分析，而西北政法大学韩红俊在其硕士学位论文《社会性别视域中的法律平等观》中则从法学理论角度对社会性别理论做了进一步研究和解读。

2010年，东北师范大学彭黎的硕士学位论文《社会性别视角下的婚姻家庭立法理念研究》、西南政法大学管燕燕的硕士学位论文《我国内地与港台地区防治家庭暴力立法与实践研究及启示》等也都将社会性别分析方法运用于各自的研究中，提出了具有社会性别意识的见解。

如前所述，妇女/社会性别法学在当今中国尚属前学科知识领域。但在社会和师生需求的大力推动下，随着社会性别理论的进一步传播，社会性别视角的进一步深入，本土化探索的进一步推进，师资力量的进一步加强，课程建设和学术研究的不断扩展，国际学术交流和合作的不断拓展，社会行动与学术研究的不断融合，未来几年内，中国妇女/社会性别法学的学科化发展会取得较大成就，建构起具有自我特色的学科及学科体系。

B.10

妇女/社会性别经济学*

石红梅**

摘　要：

在国际上，真正意义上的女权主义经济学出现于 20 世纪末。而在中国，妇女/社会性别视角进入经济学领域是伴随着国内经济体制改革和 1995 年在北京召开的第四次世界妇女大会影响力的扩展逐步推进的。近 20 年来，随着社会性别视角进一步渗透主流经济学领域，女性经济学的研究队伍不断扩大，研究水平不断提高，课程建设不断推进，社会行动的影响力不断强化，对主流经济学产生了较大的冲击。可以预料，在未来几年，中国的女性经济学学科建设的步伐将加快，具有本土特色的学科及学科体系将崭露头角。

关键词：

女性经济学　学术研究　课程建设　发展趋势

20 世纪 60 年代，伴随着"第二波"西方女权主义运动，女性主义思潮在社会科学领域迅速推进，并直接促成了女性主义研究的兴起。然而，妇女/社会性别视角进入经济学学科，继而促成女性主义经济学的发展却缓慢得多。真正意义上的女性主义经济学出现在 20 世纪末，代表性的事件是 1992 年 1 月"女性主义经济学国际协会"（IAFFE）在美国新奥尔良成立和 1995 年 IAFFE

---

* 从全书的统一性出发，主编对标题作此修改（采用了妇女/社会性别的说法）。而从尊重作者出发，正文保留了作者的原命名——主编注。
** 石红梅，毕业于厦门大学经济学院，经济学博士，现任厦门大学马克思主义学院副院长、副教授，主要从事性别研究。

创立的学会期刊《女性主义经济学》出版。该学科以性别作为视角，对以新古典经济学为代表的主流经济学进行了重新解释与批判，内容涉及经济学方法论、家庭、劳动力市场、发展经济学、女性主义与全球化以及经济学教学改革等。

一　国内女性主义经济学发展回顾

在中国，妇女/社会性别视角进入经济学领域是伴随着国内经济体制改革和第四次世界妇女大会影响力的扩展逐步推进的。1992 年中国的经济体制发生了重大转型，国有企业和城镇集体企业中大量工人下岗失业，其中女工占60% 以上。女性的家庭角色、女性的工资收入、女性所受到的职业歧视在社会变迁的过程中不断彰显。女性与就业的议题成为中国女性经济学兴起的重要发端。1995 年世界妇女大会在中国北京召开，为了筹备此次盛会，女性与经济的议题不断扩展，最终成为世界妇女大会关注的重要议题之一。由此，妇女/社会性别视角不断进入主流经济学领域，并呈现出与以往不同的特点。

（一）社会性别视角进入主流经济学视域，促成女性经济学研究的兴起

1995～2002 年，是中国妇女/社会性别视角进入经济学并逐步扩展的阶段。在这一阶段，许多学者撰文研究女性在劳动力市场所受到的歧视、女性人力资本投资与收益、女性家庭时间配置和职业生涯发展等议题，形成了一系列从性别角度对劳动力市场、家庭分工等议题进行分析的论著与文章，但是在当时，绝大多数论述并未突破新古典经济学的理论体系、研究方法和研究对象。而从文化、社会规范等角度对与性别相关的经济学问题/议题的研究则大多局限于社会学的方法，没有形成一套系统的经济学特有的研究方法与理论框架。当时，国内对女性主义经济学作为一门逐步成熟和自成体系的学科的介绍与研究也基本处于空白。直到 2002 年，南开大学贾根良教授等的《女性主义经济学述评》一文发表，同时 J. K. 吉布森 – 格雷汉姆的《资本主义的终结——关于政治经济学的女性主义批判》一书翻译出版，国内才有了以社会性别为切

入点的经济学研究成果,①学者们开始从女性主义经济学角度对主流经济学的研究对象、研究方法、研究内容进行批判,还对家庭、劳动力市场、经济学教育等领域中的现实问题进行了重新阐释,提出了相关的政策建议。自此之后,学者们不断推进女性经济学的引介。如,2009年加拿大经济学学者董晓媛主编出版了《中国经济转型与女性经济学》一书,对中国女性经济学的议题进行了综述和介绍。②同年,她撰文介绍了全球照顾经济的研究和发达国家有关照顾的公共政策,讨论这些理论和政策对中国的借鉴意义;③中国学者赵凯、朱成全、朱富强、甄美荣、李树杰、唐红娟、崔绍忠等对国外的女性经济学学科体系、女性家务劳动、女性金融活动、情感劳动等进行了详细的综述和介绍,女性经济学进入了一个全新的发展时期。④

(二)研究队伍不断壮大

妇女/社会性别视角进入经济学研究伊始,这个领域的研究人员仍然以社会学、人口学背景的专家学者和实际工作者为主,但是自2002年以来,已有更多的经济学、管理学等专业的学者开始把性别分析作为重要的研究方法运用在对中国经济问题的观察和分析中。特别值得一提的是,在美国福特基金会的支持下,2002~2010年,北京大学承担了有关中国女性经济学家培训的项目,举办了8期女经济学家培训,为社会性别理论和社会性别分析方法引入经济学

---

① 贾根良、刘辉锋:《女性主义经济学述评》,《国外社会科学》2002年第5期;J. K. 吉布森 - 格雷汉姆:《资本主义的终结——关于政治经济学的女性主义批判》,陈冬生译,社会科学文献出版社,2002。

② 〔美〕冈扎利·别瑞克、〔加〕董晓媛、〔美〕格尔·萨玛费尔德编《中国经济转型与女性经济学》,经济科学出版社,2009。

③ 〔加〕董晓媛:《照顾提供、性别平等与公共政策——女性主义经济学的视角》,《人口与发展》2009年第6期。

④ 赵凯:《当经济学遭遇性别——女性主义经济学的纲领与范畴》,《思想战线》2005年第4期;朱成全、崔绍忠:《社会性别分析方法论和女性主义经济学研究》,《上海财经大学学报》2006年第5期;朱富强:《女性主义经济学与中国经济学的本土化》,《经济学家》2008年第6期;甄美荣:《关于家务劳动的经济学研究综述》,《妇女研究论丛》2009年第2期;李树杰、唐红娟:《微型金融与女性赋权研究概述》,《妇女研究论丛》2010年第5期;崔绍忠:《女性主义经济学研究的新进展——全球化与照护劳动:以自由和归属看待发展以及气候变化》,《妇女研究论丛》2011年第1期。

发挥了重要的促进作用，也为中国培养了一批具有社会性别视角的经济学家，壮大了女性经济学的研究队伍和师资力量。至2010年，这一培训项目共录取学员170多名，其中120名女学者先后在中国经济学年会上宣读了她们的研究成果，26名女学者先后在中国留美经济学会举办的国际研讨会上宣读了她们的论文，还有21名女学者在国际女经济学家学会分别在澳大利亚、泰国、意大利和美国召开的年会上宣读论文。据不完全统计，到2010年，参加培训的女学者们已经在匿名评审论文的《发展经济学刊》（*Journal of Development Economics*）、《剑桥经济学杂志》（*Cambridge Journal of Economics*）、《世界发展》（*World Development*）、《女性主义经济学》（*Feminist Economics*）、《中国经济评论》（*China Economic Review*）、《转轨经济学》（*Economics of Transition*）等SCI收录的期刊上发表了论文约40篇，在《经济学季刊》《经济研究》《中国社会科学》等国内专业权威期刊上发表论文约150篇。部分培训项目毕业的学员已经成为中国高校经济学实证研究与教学的学术带头人，成为中国女性主义经济学研究与教学的骨干力量。

（三）研究水平不断提高

女性经济学综合使用定性与定量研究方法，形成了对主流经济学研究的强劲挑战。与以往妇女和经济领域研究低水平重复且较为分散、影响面较小的状况不同的是，近十几年来，很多研究跳出了对现象进行简单描述的局限，强化了对问题的理论解释和对数据的深度分析，注重在对国际和历史进行比较、借鉴中反思当代中国妇女与经济诸多问题的解决方案，不仅形成了一批有一定分量的研究论文和调研报告，而且有数本研究专著陆续出版面世。许多女经济学家在运用社会性别视角分析经济现象时不仅可以熟练地运用传统意义上定量的、注重数理逻辑推演的研究方法，而且在研究过程中强化了定性方法的应用，对主流经济学的研究方法形成了挑战。

（四）课程建设不断推进

近十几年来，在学科建设的推进中，出版女性经济学教材的条件不断成熟，学校中的课程设置也不断扩展和深入。中国最早的女性经济学课程发端于对劳动力市场性别歧视现象的经济学解读，多集中在对女性与就业的研究和对女大学生的就业指导上，后来逐步延伸到运用经济学理论规划女性职业生涯，如开设女性职业生涯规划课程。令人欣喜的是，目前女性经济学的课程设计已由原来单纯地关注劳动力市场、教育资源、人力资本投资领域，不断拓展到家庭内时间配置、家庭资源分配、女性与休闲、无偿照料劳动和时间等领域和议题以及性别平等与贫困等问题，不断呈现国际化态势。而随着中国女性经济学家队伍的壮大，社会性别分析方法的广泛应用，一批年轻的实力派学者正致力于女性经济学教材和课程的建设，相信不久的将来，会出现一批具有较高学术性和适用性的经济学教材和教学参考书，课程门类将进一步增加，课程内容将进一步深化。

二　学术研究的进展

（一）学术研究的进程

中国的妇女/社会性别学科自 1995 年第四次世界妇女大会后有了突飞猛进的发展。进入 21 世纪以来，随着社会性别理论和分析方法逐渐被主流学界所关注和接受，越来越多的学者开始介入有关"妇女与经济"主题的研究，女性经济学开始兴起并不断成长，论文专著不断增加，基金课题的立项数量有明显突破，也出现了一些重要的新观点。

2004 年以前，研究女性经济学的论文大多分散地刊发在社会学、人口学、经济学期刊上，但自 2004 年后，刊发女性经济学研究成果的学术期刊扩展到经济、管理、发展改革、统计等专业期刊。据不完全统计，至 2010 年，几乎所有的省级综合性学术期刊和重点高等院校的学报都登载过女性经济学方面的研究成果。

2000 年以前，国内对国际上已经比较成熟、自成体系的女性主义经济学等的介绍和研究基本处于空白，2000 年之后，译文、译著的发表、出版等拓荒性的译介工作为经济学带来了震动。① 《资本主义的终结——关于政治经济

---

① 赵凯：《当经济学遭遇性别——女性主义经济学的纲领与范畴》，《思想战线》2005 年第 4 期；贾根良、刘辉锋：《女性主义经济学述评》，《国外社会科学》2002 年第 5 期。

学的女性主义批判》译著的出版、性别视角的引入不仅增加了经济学研究本身的批判性和反思性，同时，女性主义经济学对家庭、劳动力市场、发展经济学、妇女发展与全球化等议题的重新阐述，也为妇女与经济领域的研究注入了新的思路。

从中国期刊网中的期刊论文（含译文）库、优秀硕士学位论文库、博士学位论文库中的学术/学位论文来看，涉及女性就业、家庭时间配置、性别与贫困、家务劳动有偿化、女性人力资本投资、女性职业生涯规划发展等议题的力作逐年增加，发展势头迅猛。为推动高校和社会科学研究机构积极开展妇女/性别研究和学科建设，鼓励在校研究生积极参与妇女/性别研究活动，促进妇女/性别研究队伍的成长壮大，中国妇女研究会先后于 2006 年、2008 年、2010 年开展了三届妇女/性别研究优秀博士、硕士学位论文评选活动，获奖论文中也有不少女性经济学方面的硕博士学位论文，显示出女性经济学蒸蒸日上的局面。

2006 年，国家社科基金课题中女性经济学研究课题的数量实现零的突破。但是与其他学科相比，女性经济学研究项目占国家社科基金课题总数及经济学学科课题总数的比例仍然很低，在妇女/社会性别学科课题总数中所占比例也偏低。具体而言，国家社会科学基金是从 1991 年开始设立的，但直到 2005 年，国家社会科学基金课题中没有女性经济学议题。除 2006 年为 2 项外，2007~2010 年，女性经济学课题每年只有 1 项（见表 1）。妇女/社会性别学科立项的课题主要分布于社会学、人口学和文学领域，少数课题属哲学、政治学、法学及民族问题领域，女性经济学课题所占比例偏低。

表 1　国家社会科学基金中女性经济学研究项目的分布（1995~2010 年）

单位：项

年份	经济学立项数	女性经济学立项数	题目名称
1995	2	0	
1996	5	0	
1997	2	0	
1998	3	0	
1999	2	0	
2000	6	0	

续表

年份	经济学立项数	女性经济学立项数	题目名称
2001	4	0	
2002	6	0	
2003	6	0	
2004	7	0	
2005	5	0	
2006	13	2	1. 人力资源开发中性别平等问题研究;2. 人力资源开发中性别歧视问题的实证研究
2007	17	1	缺
2008	17	1	湖北省农村剩余劳动力转移与农户家庭时间配置实证研究
2009	27	1	沿海发达地区新农村建设中的妇女人力资源开发研究
2010	20	1	关于女大学生就业难的成因及相关政策研究

资料来源：唐雪琼、朱竑、王浩：《从国家社科基金资助情况看中国女性研究的发展态势》，《妇女研究论丛》2008 年第 9 期。

2004 年，全国妇联妇女研究会积极建议在国家社会科学基金资助的学科领域中，增加"妇女/性别问题研究"，鼓励和支持跨学科的妇女/性别研究；在每年国家社科基金的申请指南中，设立妇女/性别研究议题，鼓励和支持多学科的妇女/性别研究；社会科学研究管理机构应关注妇女/性别研究，在相关学科领域的评审专家中，适当增加具有妇女/性别研究背景的专家；有关社会科学研究机构和高等院校应重视培养和推荐妇女/性别问题研究的人才和专家；妇女/性别研究学者要加强与社会科学研究管理机构的联系，密切关注和积极参与国家社会科学基金课题的申报，及时反映意见和建议。从 2006 年起，妇女/性别研究被正式纳入国家哲学社会科学规划之中。近年来，国家社会科学基金课题指南在多个学科领域中明确列入妇女/性别研究选题方向，并在国家社会科学基金课题的评审工作中予以倾斜性支持，为各地妇女/性别研究学者，特别是青年学者的研究提供了极大的支持，推动了中国女性经济学的学科

建设。

值得一提的是，除经济学领域外，近年来，在国家社科基金立项的其他学科课题中，出现了大量与女性经济学相关的课题。比如，2009 年度国家社会科学基金项目批准立项资助的 1720 项课题中，11 个学科领域的 27 项课题与妇女/性别研究相关。其中，除了应用经济学立项的"关于沿海发达地区新农村建设中的妇女人力资源开发研究"外，在统计学中，关于中国收入分配性别差异的研究也是与女性经济学紧密相关的题目，而社会学中也有"男女平等就业的社会政策研究""国家与农村妇女就业——对西部三个村落 60 年变迁的比较研究""性别分层理论与男女公平就业政策研究"等与女性经济学高度相关的课题。

从国家自然科学基金资助的妇女/性别研究课题看，虽一般为医学、妇产科学、生命科学等学科领域，软科学（管理学）类别中也有女性经济学课题立项。比如，国家自然科学基金资助课题"基于性别的创业者融资能力影响因素研究"（2007）、"劳动参与、母亲照料与贫困农村儿童福利——从女性视角切断贫困代际传递的政策选择"（2010）等。

2011 年，在全国妇联和政府有关部门的努力下，国家自然科学基金委员会在总结以往工作经验的基础上，借鉴发达国家科学基金组织的做法，在继续实施"同等条件下女性科研人员优先"政策的同时，又出台政策鼓励女性学者申请国家自然科学基金：一是国家自然科学基金委员会研究决定从 2011 年开始，将女性申请青年科学基金的年龄从原先的 35 周岁放宽到 40 周岁；二是进一步明确女性可以因生育而延长在研项目的结题时间；三是逐步增加专家评审组中的女性成员人数。这将有力地促进包括女性经济学家在内的女性科研人员多出成果、出好成果，也为女性科研人员的成长创造了良好的条件。

与国家层面相比，1995 年以来，在省部级层面，由于省部级科研课题更倾向于解决现实问题，女性经济学方向在省部级课题中占比相对较高，议题主要集中在：（1）中国加入 WTO 对妇女就业的影响；（2）经济转型中妇女的就业；（3）妇女就业现状及就业歧视；（4）妇女的非正规就业；（5）性别的职业隔离和性别分工；（6）妇女劳动权益、劳动安全保障；（7）妇女的经济参与和无酬劳动；（8）女性消费与投资；（9）女性创业。近年来，随着社会需求的加大，中央政府对哲学社会科学资助力度的加大，各地方政府对与妇女/性别相关的课题研究的积极支持，包括女性经济学在内的妇女/性别研究获得了更多的重视。例如，福建省社会科学联合会每年的重大课题和重点课题立项中都专门设有妇女/性别课题，包括女性经济学在内的妇女/性别研究的课题立项数量也有了较大的增长。

（二）重要的新观点

学术研究的蓬勃发展促成了近年来中国女性经济学领域重要新观点的不断涌现，主要表现在以下四个方面。

一是在家庭经济分析方法上，基于家庭既是不平等和冲突之地，也是充满合作与关怀的场所的认知，有学者认为，可用合作性冲突方法（cooperative conflict work）和集体主义分析法（collective approach）替代主流的分析方法。

学者们提出，新古典的"黑箱"家庭观缺乏对家庭内部物质资源和时间在不同性别家庭成员间的不平等分配、家庭成员间的博弈与合作等问题与矛盾的分析；贝克尔的家庭观则倾向于假定女性经济依赖、家庭利他和市场自利的二分法以及比较优势学说基础上的性别分工理论。女性主义经济学家希望可以找到一个可替代的模型，以表明家庭既是不平等和冲突之地，也是充满合作与关怀的场所。[①] 对此，虽然博弈论是一个重要的选择，如合作博弈模型中对威胁点的效用值影响因素的分析、对可改进外部选择集的公共政策的建议、对家庭中既有合作也有冲突的准确表达等。但博弈分析的缺陷在于它限制研究范围，如认为行为人有确定的效用函数，而不考虑行为人自身对利益的意识和争取利益的能力；只能限于夫妇两人分析，忽略了家庭中孩子的作用；潜在地含有内在化的标准，如女性具有承担家务的偏好；定量分析无法对如孩子的影响、历史的影响、意识形态的影响和性别角色的认定等定性问题进行分析。女性主义经济学认为，更合适的替代方法为合作性冲突方法（cooperative conflict work）和集体主义分析法（collective approach）。其中，合作性冲突方法即在博弈论的基础上侧重定性的分析。而集体主义分析法则侧重分析家庭决策结果

---

① 贾根良、刘辉锋：《女性主义经济学述评》，《国外社会科学》2002 年第 5 期。

的帕累托性。这种分析方法吸收了博弈论中合作交易的某些思想，如合作会使交易双方获益，对合作收益的分配取决于交易各方的"威胁"或"退出"。有研究认为，在婚姻和家庭内部，"威胁"或"退出"有助于提高女性的协商能力，而儿童、外部共同体（community）、文化等因素影响着家庭交易的结局以及婚姻/家庭内的个体行为。①

二是在全球化、照护与情感劳动领域。有学者认为，全球化过程加剧了女性不平等，须用社会性别的视角分析全球化的影响；无酬的家庭劳动应该得到政府和企业的高度关注；应从情感劳动的角度理解照护劳动并将归属和情感纳入经济学讨论的范畴。

谭琳提出，全球化是一个影响广泛而深远的不可逆转的过程，要对全球化的挑战进行社会性别视角的分析，特别是要探讨生产、投资、服务及公共部门的国际化、市场化及私有化过程给中国男女两性工作和生活带来的重要影响，以及全球化背景下中国社会的性别不平等问题。② 国家发展和改革委员会宏观经济研究院课题组分析了中国加入 WTO 对工农业部门妇女的影响后发现，在农业生产中，妇女所占的比重越来越大；而在工业领域，妇女被更加边缘化。这两种趋势都对妇女经济和社会地位的提高有负面的影响，进而提出只有将性别视角纳入国民经济和社会发展主流，通过实施针对妇女的具体项目才能改变这一趋势。③ 佟新从特定的劳动性别分工出发，考察了中国女工的历史命运。指出资本主义的全球化同样利用了中国特有的父权制的家庭文化，无数女工的超时劳动和自我牺牲被整合进了资本主义全球化的历史进程。④

全球经济重组给人类福利带来了很多不利的影响。女性主义经济学家注意到，第一，妇女的市场劳动供给增加和经济结构的调整从根本上改变了照护劳动的供给方式，以前完全由未付酬的家庭劳动所满足的照护需求，正在

① 朱成全、崔绍忠：《社会性别分析方法论和女性主义经济学研究》，《上海财经大学学报》2006年第5期；宓瑞新：《〈女性主义经济学〉评介》，《妇女研究论丛》2008年第1期。
② 谭琳：《全球化的挑战：社会性别视角的分析》，《哈尔滨市委党校学报》2004年第1期。
③ 马晓河、周劲：《加入 WTO 对中国加工业部门妇女的影响研究》，载谭琳主编《1995～2005年中国性别平等与妇女发展报告》，社会科学文献出版社，2006。
④ 佟新：《社会结构与历史事件的契合——中国女工的历史命运》，《社会学研究》2003年第4期。

逐渐地由市场或者国家政府来满足。第二，交易范围的拓展和速度的提高使市场的规模不断扩大，而市场却逐渐地与家庭/社会隔离开来。由于市场关系缺乏情感交流和沟通，人们越来越依赖于家庭来获得情感支持。第三，市场规模的扩大一般会使利他和照护行为受到冲击。目前，人们开始逐渐重视未付酬的家庭劳动与国家政府和市场的关系，并愈发珍惜来自家庭的情感支持，认为家庭比政府和企业承担了更多的照护儿童的成本和责任，因此必须倡导政府、企业等组织在家庭照护中承担成本，并提倡家庭照护的责任在性别间进行公平分配。①

从情感的高度来把握和理解照护劳动是女性主义经济学研究的另一个新进展。站在情感的高度来审视照护劳动意味着核心域（家庭和社区）、公益域（政府和非营利组织）和商业域（企业）都必须关注照护劳动的生产。而既然这三个领域都能从照护劳动中获得收益，那么它们也就应该共同承担起成本，否则关怀之情和照护劳动都无法达到最优的状态。当前最重要的是建立健全与市场体制相配套的国家促进妇女就业的有效方式和运行机制，正视无酬劳动的社会价值与经济价值，倡导社会对以妇女为主承担的无酬劳动给予价值承认，重新估价妇女对国民经济的贡献。② 但也有学者认为，在现实中真正实现为照护劳动付酬还有漫长的道路要走，不仅因为计量的困难，更是因为观念转变需要漫长的时间。③

三是分析就业歧视，尤其是职业隔离和工资差异，批判新古典经济学理论认为女性的经济地位是理性选择结果的论点，把社会性别建构论的观点引入劳动力市场分析，认为个人的劳动行为方式很大程度上受劳动力市场结构和社会制度的影响，理性选择的力量同文化、心理上的制约相比要小得多。提倡"同工同酬"，建议实行"最低工资"保护妇女权益。

学者们通过实证研究证实了国内劳动力市场就业歧视的存在。如，蒋永萍对企业不同招聘条件的调查发现，各种招聘条件中都存在程度不同的性别

---

① 崔崇忠：《女性主义经济学研究的新进展——全球化与照护劳动：以自由和归属看待发展以及气候变化》，《妇女研究论丛》2011 年第 1 期。
② 王琪、陈喜红：《经济学视野里的家务劳动》，《湖南人文科技学院学报》2005 年第 6 期。
③ 甄美荣：《关于家务劳动的经济学研究综述》，《妇女研究论丛》2009 年第 2 期。

限制，甚至在招聘国家公务员和事业单位工作人员的过程中，也广泛存在性别歧视现象。[①] 不仅如此，性别通常与职业和职位、年龄、婚姻、生育、家庭负担等因素结合在一起，成为招聘单位拒绝女性的理由，降低了包括女大学生在内的女性获得就业机会的概率。[②] 此外，就业机会在质和量上都存在性别差异，其中行业、工种、职业层次的差异远大于就业人数的差异。女性在劳动力市场，特别是技术管理职位的竞争劣势，在很大程度上与就业和职业中的性别歧视相关，而不能简单归咎于女性求职者素质低，缺乏竞争力。[③] 而丈夫收入也并不能充分解释近年来女性劳动参与率的下降：与其说中国女性劳动参与率的下降是因家庭收入提高导致的家庭重新分工中女性的自主选择，不如说是严峻的就业形势所迫。[④] 此外，在政策缺失状态下，非正规就业女性的职业层次、劳动报酬、社会保障、组织化程度不仅与正规就业的女性存在差距，而且与非正规就业的男性也有明显区别，从而使就业领域中的性别差距进一步扩大。[⑤]

劳动力市场的性别隔离，是两性收入差异产生的一大基础，也是以职业为基础的社会阶层性别分化的重要影响因素之一。蔡禾和吴小平的研究发现，在职业的性别隔离方面，存在对女性隔离的职业数目远多于男性的现象。[⑥] 而在职业地位方面，高层职业上男高女低的差距在扩大，但是与体制内就业者相比，体制外就业者职位的性别差距较小。赵瑞美利用邓肯指数分析了改革开放后20年间中国职业的性别隔离出现的两种不同的变化，认为：隔离程度的上升与整体职业结构的改善并存。[⑦] 易定红、廖少宏使用平方根指数对产业内职业的性别隔离程度进行的测量表明，中国产业内部的职业性别隔离程度较大，

① 蒋永萍：《中国妇女的就业状况》，中国网，2006年3月16日。
② 叶文振等：《中国妇女就业现状及其影响因素》，《厦门大学学报》2002年人力资源研究专辑；吴晓翠：《女大学生就业性别歧视的经济学分析》，《中华女子学院山东分院学报》2007年第1期。
③ 蒋永萍：《中国妇女的就业状况》，中国网，2006年3月16日。
④ 姚先国、谭岚：《家庭收入与中国城镇已婚妇女劳动参与决策分析》，《经济研究》2005年第7期；石红梅：《已婚女性的时间配置研究》，厦门大学出版社，2007。
⑤ 蒋永萍：《中国妇女的就业状况》，中国网，2006年3月16日。
⑥ 蔡禾、吴小平：《社会变迁与职业的性别不平等》，《管理世界》2002年第9期。
⑦ 赵瑞美：《改革开放以来我国职业性别隔离状况研究》，《甘肃社会科学》2004年第4期。

且有继续扩大的趋势。[①] 性别劳动分工是社会性别视角下解释职业性别隔离和经济机会性别不平等的一个深层原因。诸多实证研究表明，在经济转型过程中，中国女性获得了更多的选择机会，但收入的性别差异也在显著扩大。如，张丹丹利用中国营养健康调查数据的分析显示，1989~1997年，随着中国的经济转型和市场化水平的提高，对女性的工资歧视呈现出扩大的趋势，并主要表现在初中以下文化程度、40岁以上年龄、非国有部门和"蓝领"职业的人群中。[②] 慈勤英基于第二期中国妇女社会地位调查数据，对城镇男女两性收入差距及其原因的分析表明，收入的性别差异包括很多层面和诸多领域。在无收入、最低收入和最高收入的分布上存在明显的性别差异。[③] 李实认为，农村妇女劳动力虽然在农业经营中的报酬率高于男性，但在非农业经营领域的报酬率却明显低于男性，两性的收入差异主要在于他们获取非农就业机会的差异。[④] 郝国蕊等、李春玲等、吴愈晓等学者通过对劳动力歧视的分析，进一步深化了有关收入差异和职业隔离的研究，揭示了外部制度和文化对于不同性别在市场和工资收入方面的影响。[⑤]

女性就业歧视的存在使学者们进一步关注女性利益。有学者提出生育中的男性责任，建议建立"父亲育儿假"，[⑥] 与此同时，一些学者也提出，要统筹考虑生育保险中的女性利益、企业利益和国家利益，建议在新的法条中规定女工告知怀孕的义务、享受生育保险的最低缴费时限和工作时限。[⑦] 此外，学者们也对养老保险制度中的性别利益、妇女回家和阶段就业、男女同龄退休等问

---

① 易定红、廖少宏：《中国职业性别隔离的现状及其变化趋势》，《中国人口科学》2005年第4期。

② 张丹丹：《市场化与性别工资差异研究》，《中国人口科学》2004年第1期。

③ 慈勤英：《失业者社会援助与再就业的选择——以湖北省武汉市为例》，《中国人口科学》2003年第4期。

④ 李实：《农村妇女的就业与收入——基于山西若干样本村的实证分析》，《中国社会科学》2001年第3期。

⑤ 郝国蕊、张会敏、江华峰：《对性别收入歧视的经济学分析》，《西北人口》2007年第1期；李春玲、李实：《市场竞争还是性别歧视——收入性别差异扩大趋势及其原因解释》，《社会学研究》2008年第2期；吴愈晓、吴晓刚：《1982~2000：我国非农职业的性别隔离研究》，《社会》2008年第6期。

⑥ 胡芳肖：《我国生育保险制度改革探析》，《人口学刊》2005年第2期。

⑦ 潘锦棠：《生育社会保险中的女性利益、企业利益和国家利益》，《浙江学刊》2001年第6期。

题进行了广泛的讨论。以上述研讨为基础，全国妇联和中国妇女研究会形成了《关于建立阶段就业制度的建议》《关于当前妇女就业存在的问题及对策建议》等政策建议提交国务院，科学有效地参与了国家相关经济决策的改善工作。从2009年起，全国妇联又加强了有关男女同龄退休的民意调查，形成并提交了分群体、分阶段实行男女同龄退休的政策建议。

四是在人力资本研究领域，认为人力资本投资与妇女的经济地位直接相关，而如果缺乏制度和文化观念的改变，提升女性的人力资本存量、追加对女性的人力资本投资是难以实现的。

人力资本包括人力资本存量和人力资本的追加投资这两个方面。其中，人力资本存量是指通过接受学校的正规教育积累起来的知识资本，而男女在人力资本存量上的差异主要表现为其大学入学率的差异。女性主义经济学家认为，个人性格、家庭和对将来的预期都会影响男女在教育决策上的选择。人力资本的追加投资包括工作经验的积累和在职培训等内容。对于男女在人力资本追加投资上的差异，经济学家一般认为主要是由性别差异引起的对工作方式的偏好不同造成的。妇女因为要承担家庭和市场双重工作负担，倾向于选择间断性的工作。这些工作因为技术专业化程度低、变化缓慢，工作报酬自然相对要低。妇女预期到工作中的这种情况，就会减少相应的人力资本投资；雇主预期到女性工作中的这种情形也会减少对妇女的在职培训。女性主义经济学家认为，人力资本理论只关注劳动市场的活动对妇女的教育决策和妇女决策自主性等方面的影响，却没看到劳动市场外的很多因素，比如社会规范、习俗、惯例等都限制了妇女的选择范围。在不同的制度环境中，男女在获取不同形式的人力资本方面存在系统性差异。比如，现代社会中妇女在家庭和市场中的双重身份就是社会规范和制度变迁的结果，妇女在进行教育选择时必须适应这种制度安排。此外，妇女的教育选择也可能是父母、丈夫，或其他人代为做出并强加给她们的。如果缺乏制度和文化（包括观念）的改变，女性的教育问题仅靠几项政策是无法彻底解决的。

鹿立进一步认为，妇女的人力资本拥有量也是决定妇女地位的重要因素，并证实了妇女的经济收入、职业层级及从业妇女的产业分布等都与她们的人力资本直接相关。而影响女性人力资本投资的直接原因是女性教育收益低，同等受教育程度男女的收益差别在各层级受教育程度者中都显著存在。因此，应增加妇女人力资本总量、提高妇女人力资本质量，并注意提高女性教育收益率。[①] 王英梅对中国农村女性人力资本投资的经济学分析认为，资源不足、政治权利不足等因素造成了中国农村女性人力资本严重不足，建议中央政府应成为农村女性人力资本的主要投资主体。[②]

三　课程建设与发展

课程建设是学科知识积累、传承、传播不可或缺的一大主要途径。从严格意义上讲，妇女/社会性别视角进入中国经济学领域是在 1995 年世界妇女大会之后。2002 年，中国学者第一次对国外女性经济学的学科体系、研究方法、研究对象进行了介绍，中国的女性经济学开始萌芽。目前，在中国，女性经济学学科建设有了较大的发展，课程建设取得了一定的成就，但就总体而言，大部分学者的研究还停留在对女性经济学相关议题的学术研究层面，还没有形成系统的学科体系认知；相关的理论研究还更多的是概括性介绍西方的女性主义经济学理论，本土的理论体系和教材尚属空白。所以到目前为止，中国的女性经济学课程尚处于建设阶段，尚未成为独立的学科性课程，亦未成为专业。

具体而言，近十几年来，中国女性经济学的课程建设基本上是在两个层面同时推进的：一是在妇女/社会性别学科中推进。在妇女/社会性别学科中，女性经济学始终被视作一个重要的分支学科，在中国亦是如此。在妇女/社会性别学科的研究中，妇女/性别与经济、妇女经济地位始终是不可或缺的重要内容，而在妇女/社会性别学课程及妇女/性别社会学、妇女/性别法学、妇女/性别史学、妇女/性别政治学等分支学科的课程中，妇女/性别与经济及相关内容也是重要的组成部分。

二是在经济学学科中推进，主要表现为妇女/社会性别分析范畴和方法在经济学及其分支学科中的应用，即在相关的研究成果和授课中具有基于妇女/

① 鹿立：《妇女经济地位与妇女人力资本关系的实证研究》，《人口研究》1997 年第 2 期。
② 王英梅：《我国农村女性人力资本投资的经济学分析》，《中华女子学院学报》2006 年第 5 期。

社会性别范畴和分析方法的内容。这些分支学科包括人口经济学、劳动经济学、发展经济学、服务经济学、政治经济学、休闲经济学、旅游经济学等，而相关的研究和授课关注的主要是家庭生产、家庭联合劳动供给、生命周期、性别工资差异、就业歧视、人力资本投资、休闲与生活方式等议题，基本观点主要是对新古典经济学、明塞尔和贝克尔的新家庭经济学的继承和发展。

中国女性经济学课程最早是针对高校的女大学生就业群体设置的。1992年以后，中国的经济体制发生了重大转变，大学毕业生的就业由原来的政府主导分配转变为市场与毕业生之间的双向选择，大学生就业压力加大。不少高校针对高校在校大学生的需要，以讲座的形式开设了《大学生就业指导》《职业生涯规划》等课程，其中女大学生就业指导和职业生涯设计是重要内容之一，后来这些讲座逐步上升为校级选修课。到2010年，中国一些高等院校已开设了专门的《女大学生就业指导》课程，针对女大学生、女研究生进行就业辅导。这些课程都不同程度地运用社会性别的视角分析社会现象，为女大学生就业提供指导性建议，相关的女性人才与就业、女性成长、女性劳动与就业、女性职业生涯规划等课程也颇受同学们欢迎。与此同时，随着社会性别理念的不断扩展，劳动经济学、发展经济学、家庭经济学等经济学分支课程中，与妇女/性别相关的议题/内容及社会性别视角的分析讲解也不断增多。

1995年以后，在经济学科中，随着对国外女性主义经济学的译介和传播，中国高校中越来越多的学者具备了社会性别的理论视角，女性经济学研究力量越来越强大。2002年以后，国际基金会，特别是美国福特基金加大了对中国妇女/社会性别研究和课程建设的资助力度，推进了女性经济学在中国的发展，诸如女性与休闲、性别与就业、性别与发展、女性劳动力市场参与、家庭资源分配、性别与人力资本、劳动力市场性别歧视、农户经济行为、性别平等与贫困、无偿照料劳动和时间使用分析等女性经济学相关课程进入了北京大学、中国人民大学等高校的讲堂，浙江大学、厦门大学等高校也相继开设了职业女性情感经济学、爱情经济学、嫁人经济学、投资理财与性别等课程。

虽然起步较晚，但近十几年来，中国从事妇女/社会性别与经济学研究和教学的教师队伍却在不断壮大，并日益进入经济学主流。就师资的学术背景而言，目前中国从事妇女/性别与经济学研究与教学的师资力量仍然以社会学、人口学背景的专家学者和实际工作者为主，但已经有更多的经济学、管理学、财政学、统计学学科的学者开始把性别作为观察和分析中国经济发展和个体经济行为的重要视角。以此为基础，从事女性经济学教学的教师也日趋专业化和学科化。

在教材与教参建设方面，到目前为止，中国的女性经济学尚无统一的教材，而女性主义经济学课程的教材主要参考恩格斯的《家庭、私有制和国家的起源》、吉尔曼的《妇女与经济》、穆勒的《妇女的屈从地位》等古典名著，近年来，J. K. 吉布森－格雷汉姆所著的《资本主义的终结——关于政治经济学的女性主义批判》、玛丽亚莱利的《女性主义政治经济学框架》，[1] 以及冈扎利·别瑞克、董晓媛、格尔·萨玛费尔德等所编的《中国经济转型与女性经济学》这三本著作的使用率和参考性有了较大提升。其中，《中国经济转型与女性经济学》一书中对于中国社会尤其在转型期面临的性别议题进行了经济学解释，包括了女性与财产、女性与市场劳动及其家庭地位的关系、性别对中国城市劳动力参与的影响、性别与中国医疗政策改革、全球化进程中的性别工资、加入世界贸易组织后的中国女性、女性与消费等议题和内容，已成为女性主义经济学教学重要的参考资料。[2]

此外，也有不少中国学者的著述成为女性经济学及女性主义经济学课程的重要参考书。如，王子昌的《国际政治经济学新论》。该书运用女性主义的视角讨论女性主义与 WTO 的关系，探讨了经验女性主义和建构女性主义视野中 WTO 和社会平等之间的关系。该书认为，在经验女性主义视野中，WTO 积极推动了男女平等，而建构女性主义视野中，WTO 则加剧了包括性别不平等在内的社会不平等，从而使人们更加清楚地认识到如何运用女性主义的理论和分析方法观察经济全球化的进程。[3]

妇女/社会性别视角进入经济学也对经济学的教学方法产生了巨大的影响。女性主义经济学吸收女性主义哲学的观点，认为独立于文化之外的所谓"客

---

① 玛丽亚莱利：《女性主义政治经济学框架》，2008，原文链接：http://www.coc.org/node/6052。
② 〔美〕冈扎利·别瑞克、〔加〕董晓媛、〔美〕格尔·萨玛费尔德编《中国经济转型与女性经济学》，经济科学出版社，2009。
③ 王子昌：《国际政治经济学新论》，时事出版社，2010。

观世界"并不存在,科学在本质上是一种"社会和语言的建构",是权力关系的产物。女性主义经济学强调个人经验,认为"个人的就是学术的"。这种对主体性经验的重视和对个体主体的重视使不少经济学教师开始在教学中关注"沉默的声音"和"被遮蔽的知识"。考虑如何将有关妇女的新知识纳入课程,突显感受妇女体验、聆听女性声音的重要性,从而使经济学教学的内容和过程更为多元和多样。

在目前中国,有代表性的女性经济学课程综合起来大致有以下四类。第一类课程是与劳动力市场就业相联系的课程。如中国人民大学、厦门大学等高校开设的《女大学生与就业》《女性与成长》《女性劳动与就业》《女性人才与就业》《女大学生就业指导》等课程。这类课程的主要宗旨是在介绍就业概念的基础上,结合女性就业历史、中国女性就业现状、全球女性就业趋势,分析女性就业的特点和影响女性就业的因素,指导女大学生就业。具体内容主要是立足就业与女性社会地位,解析女性就业的内在优势和女性就业的不平等因素,注重理论与实践的对话,以现实数据和案例激发学生深层次的理论思考,鼓励和引导学生正确看待女性就业中遇到的各种问题,以导引和帮助女大学生毕业后更顺利地就业。

第二类课程是关于女性职业生涯规划的课程。如复旦大学、浙江大学等高校开设的《职场女性的职业生涯规划》《女性管理者职业生涯规划》《女性职业生涯规划》等。这类课程主要介绍影响女性职业发展的因素(如性别角色、能力因素)和女性职业发展的一般特点,并对如何制订女性职业生涯规划,以及会遇见的困难和解决方法进行分析和解释,以帮助女大学生更合理地制订职业生涯规划。

第三类课程是在女性经济学基础上形成的课程。如,浙江大学、厦门大学等高校开设的《职业女性情感经济学》《爱情经济学》《嫁人经济学:天下女人必修的婚恋经济学》等。这些课程注重运用经济学的观点、方法对现实中女性遇到的爱情、婚姻、家庭等议题进行经济学的分析。

第四类课程是与女性/性别相关的经济学分支学科课程,如中国人民大学、厦门大学等高校开设的《女性与休闲》《性别与就业》《性别与发展》《女性劳动力市场参与》《家庭资源分配》《人力资本》《劳动力市场性别歧视研究》

《性别平等与贫困问题研究》《无偿照料劳动和时间使用分析》等。相比较而言，这些课程是学科意义上的女性经济学课程。

四　本学科的发展趋势与预测

女性主义进入经济学对主流经济学带来了巨大的冲击。女性主义经济学家批判了主流经济学的理论、方法、模型和主题，主张摒弃个人主义的、完全数学模型化的、以市场为中心的主流范式，建立超越个人观和整体观、以定性分析为主、解释范围更广的经济理论，并使经济学在关注自由和理性的同时关注归属与情感的经济学意义，回归经济学旨在创造福利最大化的主旨。尽管同其他非主流经济学学派相比，女性主义经济学的声势和影响要小得多，在中国，相对于妇女/社会性别学科中优先学科的发展，女性经济学在中国的发展相对缓慢，但近年来，中国女性主义经济学研究和教学者的队伍不断发展壮大，相关领域的学术研究和课程建设稳步前行。与经济改革和经济发展的不断推进相伴随，中国的女性经济学发展的空间较大，实力较深厚，机遇较多。可以预料，在未来几年，中国女性经济学学科建设的步伐将加大加快，具有本土特色的学科及学科体系将崭露头角。

第一，女性经济学学科将有所建树，逐步完善，形成具有本土特色的学科教材和专门课程；

第二，社会性别理念将进一步纳入女性经济学教学之中，课程内容将进一步扩展，教学方法将进一步多样化；

第三，妇女/性别议题将进一步进入经济学教学之中，成为经济学（包括各分支学科）课程内容的重要组成部分；

第四，女性经济学的科研和教学力量将不断增强，更多的科研人员、教师，尤其是青年科研人员和教师会以妇女/性别经济学为主要研究方向和/或授课内容；

第五，女性经济学的科研成果质量将显著提升，在国家和省级社科基金课题中的占比将逐步上升，国际学术交流和对话将持续增强，本土知识和经验的提炼及系统化、理论化将成为一大关注点，而多学科交叉的研究方法也将得到广泛应用。

B.11

妇女/社会性别政治学[*]

魏开琼[**]

摘　要：

1995 年以来，中国的女权主义政治学的学科建设取得了较大的进展，形成了一批研究成果，对社会和政府决策的影响力不断增大，一些高校也开设了相关的课程。但相较于其他分支学科，女权主义政治学的学科建设仍显薄弱，尚未在政治学领域和妇女/社会性别学学科领域建立自己应有的学术地位。对此，中国的女权主义政治学应着力开展以下四方面的工作：一是采取西方策略，一方面要知道主流政治学在讲什么，一方面加入女权主义政治学的议题，以形成对话机制，进而吸引更多学者的参与，构成支持网络；二是结合妇女研究对女权主义方法论进行探讨，反思女权主义政治学的学科发展之路；三是联手其他学科研究成果，形成相互支持的态势；四是更好地将性别视角与本土的政治制度结合起来，进行严肃的理论建构工作。

关键词：

女权主义政治学　学科建设　反思与展望

女权主义[①]之于政治学的意义一方面在于扩展了政治学的含义，另一方面

---

[*] 从全书的统一性出发，主编对标题作此修改（采用了妇女/社会性别的说法）。而从尊重作者出发，正文保留了作者的原命名——主编注。

[**] 魏开琼，毕业于中国人民大学，现任中华女子学院女性学系主任、副教授。主要研究领域包括女权主义理论、中国妇女解放运动以及性别研究。

[①] 英文"Feminist"的另一中译名为"女性主义"。不同的译名基于不同的社会背景和诉求，而使用不同的译名也往往出于不同的理解、视角、立场和策略。为体现中国目前妇女/社会性别学领域理念、概念等的多样化和多元化，从尊重作者出发，文中保留作者对不同译名的使用——主编注。

在于引入了社会性别概念。政治学研究者通常认为，政治涉及政府管理和机构设置以及选举等相关内容，激进女权主义者凯特·米利特于1970年代指出，政治内涵更多是指一群人支配另一群人的权力结构关系和组合，她把这种理解引入男女两性关系中，认为男子按天生的权力统治着女人，[①] 此种扩展后的理解引出了一个广为接受的女权主义概念即性别政治。本文基于这种理解，对中国自1995年北京世妇会以来的妇女/性别政治学学科建构与发展进行梳理。本文关注的问题是，在中国，近20年来，当女权主义从性别立场来看待政治学时，对政治学这门学科带来了什么样的变化，政治学领域的研究成果是否有利于建构女权主义政治学，女权主义政治学发展的困境在哪里。

一　女权主义政治学：概念的界定

社会性别概念的引入，将人们看待政治的焦点从生理性别转向了性别身份的社会建构特性，并由此检视西方政治思想中的二元论如何建构了政治学对女性的想象与理解。在狭义的政治领域内，从社会性别视角进行的知识生产与行动干预带来积极的影响，一方面改善了妇女在传统政治场域的被动性，另一方面对传统政治学学科的知识进行了挑战与修正。在妇女/性别与政治学的研究中，广受关注的话题包括妇女与社会运动、妇女与政党、妇女与选举、妇女与政治代表、妇女与公共政策以及妇女与国家等。[②]

中国本土有关性别政治的写作与教学更多从女权主义视角关注与性别有关的议题，包括日常生活中的政治。本文立足于狭义的政治概念，考察政治学范畴内女权主义的挑战与修正。参照女权主义渗入其他学科的经验，女权主义政治学的发展经历了两个阶段。在第一阶段，研究由问题开启，即首先看到社会问题，然后寻找并倡导解决之道；在第二阶段，逐渐聚焦到政治学的独特议题上，反思政治学的核心概念与框架。在具体的研究中，研究者一方面检视女性的政治活动，关注政治学领域是如何论述妇女的，分析女性的政治行为和女性

---

① 凯特·米利特：《性政治》，宋文伟译，江苏人民出版社，2000，第32~33页。
② Mona Lena Krook, Sarah Childs (eds.), *Women, Gender and Politics: A Reader*, Oxford: Oxford University Press, 2010, p. 4.

的参政；另一方面也揭示出存在于以往政治理论中的深刻偏见，重新建构自己的主导概念并讨论什么才是真正的核心概念。

讨论女权主义政治学的发展首先需要面对命名问题，从现有的研究来看，有些学者指称的女权主义政治学立足于女权主义运动与思潮，[1][2] 将社会运动理解为政治参与的方式，认为不同的女权主义思潮都在讨论政治学的基本问题，因此有多少种女权主义流派，相应就会有多少女权主义政治学的流派；有些学者提到的女权主义政治学指的是女权主义对政治学理论框架的批判与反思。[3] 本文倾向于后一种理解，一方面承认现有的学科分工，另一方面认为女权主义并非只是以"加入"的方式作为一种批判思潮在点缀政治学，而是在修正并建构新的政治学学科。

华勒斯坦在讨论学科制度化时，认为一门学科要成为社会科学中的一个知识领域，需要有训练的制度化和研究的制度化，前者表现为课程的设置和学位的获得，后者表现为出现各种专业期刊、各种学会以及按学科分类的图书收藏制度。[4] 以下立足于这种理解，以 1995 年以来的相关信息考察中国的妇女/性别研究对政治学学科带来的变化。

二　女权主义政治学：训练与研究制度化的状况

2010 年中国妇女/社会性别学学科发展网络中的女权主义政治学学科子网络从学科建设层面开宗名义提出了"女权主义政治学"，认为建立此子网络的一个重要功能就是让这些女权主义的知识和经验进入政治学学科，使其成为政治知识；并且认为，中国女权主义政治学已经取得一些成果，建立子网络的目的在于将这些研究力量联结起来，形成一个支持体系。[5] 但就总体而言，女权主义政治学的研究成果与教学仍显薄弱，究其原因，或许与学者们对政治学的

---

① 何佩群：《德里达解构理论与女权主义政治学》，《复旦学报》2001 年第 4 期。
② 阿莉森·贾格尔：《女权主义政治与人的本质》，孟鑫译，高等教育出版社，2009。
③ 参见巴巴拉·阿内尔《政治学与女权主义》，郭夏娟译，东方出版社，2005。
④ 华勒斯坦：《开放社会科学》，刘锋译，生活·读书·新知三联书店，1997，第 31～32 页。
⑤ 参见妇女/社会性别学学科发展网络之女权主义政治学子网络申请书，内部资料。

理解有一定的关系。

现有对政治学的理解倾向于认为，政治学包括政治哲学理论和政治科学理论两部分，前者回答什么样的政治生活是值得追求的，其核心概念包括公平、平等、正义、自由、民主等；后者讨论现实政治生活是什么样的以及为什么是这样的。根据国家哲学社会科学研究"十二五"规划中所列举的政治学内容来看，本土对政治学的理解更加强调其科学理论这个层面，强调政治学为现实的政治生活服务，而规范性部分则归入哲学学科中。按照这种框架，从现有的研究资料看，妇女/性别研究已经介入政治哲学、公共政策、领导选拔方式改革、政治参与和基层群众自治制度、比较政治等领域，本节将从训练和研究两个层面呈现妇女/性别研究在这些领域内的状况。

一门成熟的学科会有一系列的学术生产机制，后加入者需要拥有某一学科的学位，学者们都倾向于参加该学科所属团体的全国性会议，在该学科的正规刊物上发表论文，并在本学科学术共同体的支持下获得该领域内的重大课题和经费支持。中国社会科学院政治学所很大程度上是政治学学术生产机制的一个重要运作场所，中国政治学网、中国政治学会、《政治学研究》都设在该所。考察 1995 年以来的中国政治学会年会的主题，直接以性别和妇女为对象的尚未出现；《政治学研究》于 1995～2010 年出版的论文共有 1097 篇，但未能查阅到以社会性别为关键词的文章；中国政治学网中，列有一大类目为政治学学科建设，阅读相关论文，并没有论及性别研究与本土政治学建构关系的内容。[①] 此外，由该所负责编辑出版的三本《中国政治学年鉴》（2002 年、2003～2005 年、2006～2008 年）中有少量涉及性别研究的内容，内容较多集中在政治哲学的议题上。

与这种脆弱的机制化支持相比，越来越多的硕士生和博士生选择性别政治作为自己的研究主题。本文以 1995～2010 年研究生学位论文摘要中是否包含"社会性别"一词为检索项，在中国知网中共获得优秀硕士学位论文和博士学位论文 431 篇，其中政治学门类下的论文 15 篇，包括政治学理论 6 篇，中外政治制度、科学社会主义与共产主义、中共党史各 1 篇，国际政治 2 篇，国际

---

① 参见 http：//chinaps. cass. cn/theory20. asp。

关系 5 篇（见表 1）。除此以外，研究者是否获得研究经费的支持也显示着本学科的发展空间。查阅 1995 年以来国家社科基金资助的项目，与性别政治学有关的数量相当少。与此形成对照的是，已出版的有关社会政治哲学以及当代政治哲学的著作中，大多会讨论女权主义哲学对性别议题的论述，而在政治学与政治思想史著作中，女权主义思潮也多会被论及。其中，一本名为《政治学与女权主义》的译作，探讨了政治学内含的二元论预设如何形塑了政治学中的各种理论框架，也展示了女权主义对这些理论研究框架的批判。[①]

表 1 研究生学位论文摘要中包含"社会性别"关键词的论文数量统计表

单位：篇

年份	2003	2004	2005	2006	2007	2008	2009
政治学门类	1	1	2	3	6	2	0
所有学科	7	20	44	91	120	85	64

在培训与倡导方面，全国妇联妇女研究所、南开大学公共行政学院都开展过有关公共政策与社会性别的培训工作。此外，学者们也常以学术活动的方式介入性别与公共政策的研究与传播：1996 年，中国社会科学院哲学所启动了女权主义与公共政策研究项目；2001 年，中央党校召开社会性别与公共政策研讨会，并于会后成立了社会性别与公共政策网，其主旨在于"用社会性别的眼光审视现有的政策和法律，分析与清理公共政策中的性别偏见"；[②] 2009 年，陕西省委党校组织了法律与政策社会性别理论与分析方法培训班，通过经验交流与问题讨论的方式反思已有的研究与行动，同时也带动了一批新的成员进入性别与公共政策研究领域。

整体上看，近 20 年来，较之于性别研究对其他学科的影响，女权主义政治学在课程开设以及学位设置上都不容乐观。尽管有些性别社会学或者妇女学的全校通选课以及专业选修课中会涉及政治学的议题，但从政治学视角开设的性别政治课程尚未出现。相对来说，在社会性别与公共政策课程的建设及学位

---

① 巴巴拉·阿内尔：《政治学与女权主义》，郭夏娟译，东方出版社，2005。

② http：//www.xingbie.org/about.asp.

设置上取得了一些成就。2001 年，中央党校设置了社会性别与公共政策硕士研究生专业方向。一项 2008 年的研究梳理了本土女性学学位教育情况后发现，北京大学、中华女子学院和天津大学在本科生中开设了性别与公共政策课程；在学位授予方面，厦门大学 2008 年新增的女性研究专业硕士点招收女性参与公共管理、婚姻家庭与公共政策两个方向的研究生，复旦大学社会管理与社会政策专业招收社会性别与公共政策方向的博士生；[①] 而有关社会性别与公共政策课程建设的探讨也多见于相关期刊中。[②]

三　女权主义政治学研究进展：主要领域与观点

比起学科制度化方面呈现出的单薄，女权主义政治学研究领域的成果则要相对丰富些。一般来讲，学术研究是学科发展的基础，学科发展必须有足够研究成果的支撑。本节结合本土对政治学的理解以及社会性别介入政治学领域的切入点，析出以下三个方面以呈现性别政治学领域内的研究状况：（1）女权主义政治哲学；（2）妇女的政治参与；（3）性别与公共政策研究。不同于英语世界对妇女/性别与政治学的理解，本土性别政治学的研究采取了不同的言说方式和路径，因此我们需要注意到两者所使用的术语与概念上的异同。比如，关于妇女与政党、妇女与政治代表、妇女与国家的议题，性别研究领域通常表现为探讨妇联如何更好地发挥功能、妇女的政治参与、妇女与公共政策等具体问题。此外，本土对性别与国际关系的探讨虽然参与人数不多，成果却引人注目，相关著述已经呈现了女性主义国际关系学在本土的研究状况。[③] 但因数量有限，本文对此暂且不作探讨。

（一）女权主义政治哲学

研究者发现，女权主义在政治哲学中的努力呈现出三种方式，第一种是对

---

① 陈方：《中国女性学领域与学位教育》，《中华女子学院学报》2008 年第 6 期。

② 吴翠萍：《高校社会性别与公共政策课程建设的探讨》，《中华女子学院学报》2011 年第 2 期。

③ 可以参见李英桃、胡传荣、郭夏娟等作者在不同时期的一系列专著与论文，这些专著和论文从性别视角探讨了国际关系领域中的和平、安全、战争以及女权主义国际关系理论流派等内容。

历史上和当代"主流"政治思想的批判性讨论；第二种是对传统观念进行建设性的重新解释并对具体的观点进行重新修正；第三种是对女权主义和政治行动主义经验的反思，并从中得出更具一般性的政治哲学结论。① 我们当然会注意到，很多探讨并非纯粹在理论的层面上进行，不过，从经验研究中得出的质疑政治学的核心观点可能会更有说服力。

我们看到，正统的哲学学科和政治学学科都会涉及政治哲学中的规范性概念，本土性别研究对这些规范性概念的理解或多或少借鉴了西方女权主义的批评。而比起翻译过来的文献，本土对政治哲学的探讨无论在选题范围还是创新程度上都稍逊一筹。一本关于正义议题的专著可以算是其中的扛鼎之作（郭夏娟：《为正义而辩：女权主义与罗尔斯》，人民出版社，2004），而其他学者则着力探讨公民资格、性别公正、平等与差异等议题。② 除了致力于理论的研究外，我们也看到本土学者对女权主义政治学研究方法的反思。一些研究者以妇女政治参与问题为例，直指本土在运用社会性别分析性别政治现象时，出现对社会性别的误用以及粗糙处理社会性别与其他概念之间关系的现象，③ 在社会性别理论具有政治正确性的背景下，这种批判提醒我们要清楚自己在生产什么样的知识。

近20年来，从女权主义视角来讨论政治学规范性议题的译介性著作较多，译介性著作的主要观点集中在以下领域。

（1）对西方经典著作中有关妇女与政治的论述进行批判与修正，指出在妇女与政治的关系上，西方思想史自柏拉图以来就持一种怀疑的立场，无论思想家如何界定女性特质和政治，其结论都是一致的，即女性不适合政治领域，要么没有能力参与政治，要么对政治非常冷淡。但女权主义者却不愿意接受这一观点，劳埃得系统考察了哲学经典中对妇女的论述，发现亚里士多德对生物学和形而上学的理解形塑了思想史领域的一系列范式，也包括人们对政治学方

---

① 米兰达·弗里克、詹妮弗·霍恩斯比，《女权主义哲学指南》，肖巍、宋建丽、马晓燕译，北京大学出版社，2010，第205~207页。

② 肖巍、宋建丽：《中国当代性别哲学研究概述（1995~2008）》，《妇女研究论丛》2009年增刊。

③ 李莉、黄振辉：《社会性别与政治参与研究：女权主义政治学研究方法反思》，《华南师范大学学报》（社会科学版）2005年第6期。

法论的理解。①

（2）女权主义对自由主义政治理念中强调的个人主义的批判。女权主义认为，自由主义所强调的原子化的个人忽视了社会结构和人际关系，建立在这种假设之上的社会契约和理性选择是值得质疑的。② 从性别关系看，人们在社会契约之前首先会有一个性契约的存在。③ 而马克思主义和社群主义虽然强调人是社会的，但前者的经济生产关系观点以及后者的社群关系观点很大程度上忽视了女性的经验，因此也是值得反思的。④

（3）重新理解权利概念。女权主义认为，权利概念是有其自身发展历史的，对权利概念的反思并不意味着否认妇女利用权利这一概念所取得的成就，而是要重构平等权利的概念，但它需要处理平等与差异、公领域与私领域等相关问题。⑤

（4）重构政治学的核心议题。依赖于对妇女经验的重新理解和评价，政治的议题转而成为道德的议题。既然原子化的个人是不存在的，人与人是相互依赖的，那么如何理解妇女的差异，⑥ 如何理解关怀伦理？ 在这里，学科的分界变得模糊，女权主义的质疑期待着跨学科回答。

（二）妇女的政治参与

没有人否认今天的妇女已经成为政治行动者，但政治领域内的性别分层现象仍然非常明显。妇女政治参与的意义在于让更多的妇女进入政治领域，进而影响公共政策的决策与执行。妇女参政一直是社会学和政治学关注的热门话

---

① 费多益：《理性与女性：劳埃德思想述评》，《哲学动态》2001 年第 11 期。

② 罗伯特·L. 西蒙主编《社会政治哲学》，陈喜贵译，中国人民大学出版社，2009，第 171 ~ 173 页。

③ 卡罗尔·帕特曼：《性契约》，李朝晖译，社会科学文献出版社，2004。

④ 罗伯特·L. 西蒙主编《社会政治哲学》，陈喜贵译，中国人民大学出版社，2009，第 173 页。

⑤ 罗伯特·L. 西蒙主编《社会政治哲学》，陈喜贵译，中国人民大学出版社，2009，第 176 ~ 183 页；另参见威尔·金里卡《当代政治哲学》，刘莘译，上海三联书店，2004，第 667 ~ 710 页。

⑥ 迪马特·巴贝克：《政治哲学中的女权主义：女性的差异》，载米兰达·弗里克、詹妮弗·霍恩斯比《女权主义哲学指南》，肖巍、宋建丽、马晓燕译，北京大学出版社，2010，第204 ~ 227 页。

题，关于妇女参政的原因早先的本土分析倾向于指向妇女素质修养不够以及封建文化的消极影响，妇联系统为此采取的应对策略强化了人们对这一问题的认识。一种有代表性的批判意见认为，此种解释将会掩盖更为复杂的变量，即忽略对社会结构、制度规范、政治程序以及政治文化的关注。[①] 2010 年一项关于近十年来女干部议题研究的综述表明，较之于女干部的培养选拔机制，研究的焦点更多地集中在女干部的领导方法、心理健康以及素质修养上，[②] 而组织部门的领导（显然以男性为主）仍然在谆谆教诲女性领导如何加强自身修养。[③] 北京市委党校女性领导人才规律研究课题组进行的"中国女官员群体透视"研究，也特别提到了"女强人危机"的话题。[④]

性别视角的引入带来理解妇女参政的不同方式，很多研究一方面描述了中国女性参政的现状，指出中国女性参政存在政策上可操作性弱、参政比例低、影响和作用有限、职务的性别化等现象；[⑤] 另一方面也分析了妇女参政面临的障碍，认为妇女参政率低虽然与妇女缺乏参政经验与能力有关，但政治环境因素，诸如选举制度、干部选拔任用制度以及男性的政治模式等也对妇女参政不利。此外，社会经济环境以及文化环境也是制约女性参政的重要因素。[⑥]

在政治管理、政治人才培养等方面，有研究者很早注意到最低比例制与妇女参政之间的关系，[⑦] 指出：无论从道义上看，还是从国际趋势来看，最低比例制都受到人们的广泛赞同。自 2005 年来，中国又陆续出台新的法规政策对比例制进行了具体规定。[⑧] 参政比例制或曰配额制带来的理论问题在于：保护性的措施与平等理念之间的关系，以及比例制的限定是否会在一定程度上成为

① 祖德·豪厄尔：《中国妇女的政治参与：为谁而选举？》，载师凤莲编译《当代世界与社会主义》2008 年第 1 期。
② 赵红亮：《近十年来女干部问题研究综述》，《领导科学》2010 年第 5 期。
③ 钟健能：《女干部加强自身修养三题：与女干部谈心》，《理论导刊》2008 年第 11 期。
④ 艾芸、杜凤娇：《政界"女强人"的最大烦恼——"女强人危机"调查》，《人民论坛》2008 年第 23 期。
⑤ 李慧英：《妇女与参政》，载王金玲主编《中国妇女发展报告》，社会科学文献出版社，2006。
⑥ 张永英：《有关妇女参政积极措施的法律和政策回顾研究》，《妇女研究论丛》2005 年增刊。
⑦ 张迎红：《最低比例制对妇女参政的影响》，《中华女子学院学报》2003 年第 6 期。
⑧ 丁娟、李文、黄桂霞：《2005 年以来中国妇女参政的进展与挑战》，《中华女子学院学报》2010 年第 1 期。

新的限制女性进入政治领域的借口。① 此外，研究者也注意到制度本身所具有的局限性：尽管《宪法》《人民代表大会选举法》《村民委员会组织法》以及《妇女权益保障法》都有相关规定，但首先，这些规定均只提到"有适当名额"，缺乏确定的指标，存在操作难度；其次，各级人大作为监督机关，对妇女参政缺乏监督。因此，不少研究者主张在《人民代表大会选举法》《村民委员会组织法》《妇女权益保障法》中增补女性候选人及女性代表的具体比例以及补选措施，在相关法律中增补有关各级妇女联合会对妇女参政的监督机制的规定，在《人大监督法》中增补对妇女参政比例保障的监督机制。②

近年来，农村妇女参与村委会选举受到广泛关注。全国人民代表大会于1998 年颁布的《中华人民共和国村民委员会组织法》揭开了农村进行民主选举的序幕。而面对当时女性在村委会成员中比例的持续下降，1999 年民政部出台了《关于努力保证农村妇女在村委会成员中有适当名额的意见》，提出保障村委会中妇女要占一定比例的具体措施和要求，随后的试点经验形成了不同的实践模式。③ 在看到保障制的进步意义时，一项研究也提醒人们，在具体的实践中，即使政策具有可操作性，保护性政策也可能并不能改变农村妇女的公共参与困境，而自上而下的保护性政策在输入村庄过程中也会受到不同程度的抵制。因此，保护性政策的实施不仅无助于改变男性主导的权力结构，还会加深两性隔离。④ 而其也可能潜藏着一个理论问题，即我们需要在多大程度上尊重妇女的生活现实。

这种强调立足于女性所处的情境来分析女性的政治参与，并从女性自身的立场来看待妇女政治参与的女权主义研究方法的介入值得人们关注。在一项关于村级女干部"去女性化"现象的考察中，研究者发现，女性在村级管理层面不能像女性一样行动，并非源于女性领导力低于男性，而是在实际的操作中，观念层面上女性历史劣势的积累、制度层面上性别平等的异化以及现实层

---

① 张永英：《有关妇女参政积极措施的法律和政策回顾研究》，《妇女研究论丛》2005 年增刊。
② 李春茹、陈苇、倪丹：《农村妇女参政权益及其法律保障》，《重庆社会科学》2009 年第 6 期。
③ 李慧英：《中国妇女参政十年成就》，《中华女子学院学报》2005 年第 4 期；鲁彦平、卓惠萍：《促进妇女进村委：模式、问题与对策》，《广东行政学院学报》2009 年第 6 期。
④ 陈琼、刘筱红：《保护性政策与妇女公共参与：湖北广水 H 村"性别两票制"选举试验观察与思考》，《妇女研究论丛》2008 年第 1 期。

面上村务要求"力治",使女性在这种博弈过程中激发了"有限理性",选择了"去女性化"。① 另一项研究发现,在村落文化视域的权力运作系统中,村级女干部不同于制度层面上的规定。研究者以某村为例,考察了执政的权力来源、权力运作以及权力的社会效应,发现有关农村妇女参政的法律法规或政策文件在具体的语境中存在很大的变异,而变异的原因在于多数制度本身只具有指导性;其次是乡村文化具有独立性和自主性,以及文化变迁过程中的复杂性。②

可以看出,就妇女政治参与来说,最初的研究偏向于采取社会学视角,注重从妇女的参政机会、参政动机、参政能力来分析影响女性参政的因素,近来的研究渐渐转向政治学视角,考察选举制度、选举模式与女性参政之间的关系,探讨妇女参政保障名额和性别比例原则,关注妇女的选举认知、参政意愿、参政能力以及政治参与空间对投票行为本身的影响等。此外,虽然对男性化政治模式的批判常常一笔带过,但相关研究中却蕴含着重建政治模式的呼唤。

(三)性别与公共政策研究

在对乡村妇女政治参与的研究中,很多研究指向如何建构更为合理的选举制度,③ 直接指出公共政策与妇女参政之间的关系。④ 把性别视角与公共政策结合起来看待与妇女有关的议题体现了思维范式的转变,意味着研究者已认识到仅从经济发展水平、传统性别观念影响以及妇女个体的素质与能力角度,不足以解释各种性别不平等现象,而从制度与结构层面更能反思性别制度与各种性别不平等现象之间的关系。由于公共政策可以对社会价值进行权威性分配,

---

① 高焕清、李琴:《村级女干部的"去女性化":性别、社会性别和领导力》,《妇女研究论丛》2011 年第 1 期。

② 王冬梅:《村落文化视野中"女村官"执政的反思:以河北 H 村为例》,《妇女研究论丛》2010 年第 4 期。

③ 李莉:《性别平等取向的村委会选举制度创新:以 C 镇 2008 年女村委专职专选为个案》,《浙江社会科学》2010 年第 2 期。

④ 董江爱、李利宏:《公共政策、性别意识与农村妇女参政:以提高农村妇女当选村委会成员比例为例》,《山西大学学报》(哲学社会科学版)2010 年第 1 期。

因此，从性别视角审视已有的制度，同时将社会性别视角纳入社会发展以及决策的过程中，成为性别与公共政策研究中的两个重要领域。

以下几本重要的著作对人们理解近20年来中国的性别与公共政策研究会起到很好的指导作用：2002年出版的《社会性别与公共政策》的导言中明确指出，性别分工制度与父权家庭制度是构成男女两性社会性别差距的主要根源，因此，要落实男女平等的基本国策，必须在政策上弱化和淡化这两种制度。[①] 书中探讨了教育、就业、退休等具体的政策，并从性别角度分析了公共政策本身，介绍了社会性别主流化以及国家的性别平等机制。2004年出版的另一部著作就女权主义哲学与公共政策的关系进行了探讨（邱仁宗主编《女权主义哲学与公共政策》，中国社会科学出版社，2004），同年的一本译著则集中介绍了国外有关妇女状况、家庭结构、社会经济发展以及公共政策之间复杂关系的研究成果（周颜玲、凯瑟琳·W.伯海德主编《全球视角：妇女、家庭与公共政策》，王金玲等译，社会科学文献出版社，2004）。也在这一年，一本具体指导如何提高社会性别主流化能力的手册出版（"在国际劳工组织成员中提高社会性别主流化能力"中国项目组：《提高社会性别主流化能力指导手册》，中国社会出版社，2004）。而在此前的2003年12月25日，上海市妇联与上海市妇女学学会联合举办了"社会性别与社会公共政策研讨会"，主题即为社会性别主流化的策略与途径。这些学术活动集中展现了当时国内对性别与公共政策的基本理论研究、对具体政策的性别分析以及将性别意识纳入决策主流的策略和路径的探讨。

2007年发表的一篇综述很好地回顾了2001～2005年中国的社会性别与公共政策研究的状况（蒋永萍：《社会性别与公共政策研究综述》，载全国妇联妇女研究所编《中国妇女研究年鉴》，社会科学文献出版社，2007）。自2007年以来，公共政策研究中的重点仍然是对具体政策的反思与审视，以及如何落实社会性别主流化。在妇女政治参与、生育、退休、反对针对妇女的暴力、就业、经济、金融等领域或继续或开拓新的探讨主题。在性别主流化领域，关注点从初期的倡导转向如何落实，人们逐渐认识到做好性别统计是非常重要的一

个环节。2007 年 4 月，国务院妇儿工委、国家统计局、全国妇联联合举办了
"全国性别统计研讨会"。作为第一次以性别统计为主题的研讨会，其有助于
进一步完善性别统计制度，促进社会性别主流化。此外，关于性别预算的研究
集中在性别预算之于性别主流化的意义，[①] 对国外典型社会性别预算模式的引
介，[②] 对社会性别预算在中国推进的包括非政府组织主导型、政府财政部门主
导型和人大主导型在内的三种可能路径的探讨等方面，建议在实践中通过因地
制宜选择试点模式、开展交流培训、健全分性别统计制度等发展途径加以展
开，同时，还建议从规范法律政策体系、增进预算透明度、加强预算能力建
设、搭建合作平台等方面完善相关保障机制。[③] 同年出版的一本相关著作《社
会性别预算：理论与实践》，在系统梳理社会性别预算发展脉络的基础上，结
合河北省张家口市开展的国内第一个社会性别预算试点的工作，系统研究了中
国实施社会性别预算的必要性、可行性、路径选择、保障机制等核心因素，勾
勒了社会性别推进改革的框架性路线。[④]

通过对已有公共政策的审视与推进社会性别主流化的努力，力图切断传统
的性别分工制度和家庭制度的复制与再生产的链条，以谋求一个性别公正平等
的社会，是近年来性别与公共政策研究的主旨所在。

四　反思与展望

可以看出，中国妇女/性别研究对政治学的影响尚未进入自觉阶段，尤其
在对具体问题的关注上，更多是从社会学视角的言说。此外，虽然女权主义从
社会性别视角对政治学的学术生产带来了积极的挑战和修正，但是，作为生产
和传播政治价值、政治知识和政治技能的政治学学科本身，却未能对女权主义
的努力做出积极回应。此种情况下，说在中国女权主义政治学并没有进入政治

---

① 闫冬玲：《浅论社会性别主流化与社会性别预算》，《妇女研究论丛》2007 年第 1 期。
② 马蔡琛、季仲漾：《社会性别预算的典型模式及其启示——基于澳大利亚、南非和韩国的考
　　察》，《现代财经》（《天津财经大学学报》）2009 年第 10 期。
③ 马蔡琛、季仲漾：《推进社会性别预算的路径选择与保障机制——基于社会性别主流化视角的
　　考察》，《学术交流》2009 年第 10 期。
④ 马蔡琛等：《社会性别预算：理论与实践》，经济科学出版社，2009。

学学科也并不为过，更不用说从政治学本身来对自身的学科知识进行挑战与清理了，但是从另一方面看，在今天中国的政治思想史教科书的写作中，鲜有不提及女权主义政治思潮的。造成此种局面的重要原因在于女权主义政治学既具有边缘性又具有前沿性的特征。所谓边缘性，即指女权主义是当下一种重要的国际思潮，如果写作中没有涉及女权主义，容易被人从性别视角进行立场质疑，为避免这种遭遇，很多政治学门类的著作中会安排在最后一章/节论述女权主义。所谓前沿性，在于女权主义政治学学科挑战了传统政治学的核心假设，即公私领域的政治性，它不只是希望女性能进入公共领域，更关注重新看待公私领域的划分，此种牵一发而动全身的挑战行为很难在短期内获得广泛的支持。

女权主义政治学的发展与社会大环境有关，当社会观念累积到一定程度，女权主义政治学的前沿性彰显而边缘性消失时，女权主义政治学的发展便达到了一定的高度。显然，我们离这一阶段还很远。在当下，中国制约女权主义政治学发展的最明显因素在于学术生产机制。前边我们提到，社会科学的发展过程是产生一系列学术生产机制的过程，大学或研究机构也会按这些因素来认定学者的资格和能力。如果学术共同体并不熟悉性别研究，那么它就难以接受女权主义政治学学科，难以接受性别政治学研究者进入学术共同体中，在学术工作岗位体系内也难以形成对女权主义政治学的支持体系。而那些凭借女权主义信念进入政治学领域的学者，如果长期得不到学术共同体的支持，其研究难免势单力薄乃至难以为继。

因此，这意味着有志于女权主义政治学研究与教学者需要有两手策略，一方面要知道主流政治学在讲什么，另一方面加入女权主义政治学的议题，否则，共同体中的成员很难对女权主义研究有相关回应。当有足够多的人加入女权主义政治学的教学与研究，形成一个新的支持网络时，相关教学/研究者才有可能形成合力，挑战主流政治学，建构新的政治学知识。

除了学术生产机制的制约，在今天的中国，女权主义政治学发展的另一个障碍在于对女权主义政治学研究方法的认同与理解。政治学学科教学中多提倡量化研究的训练，研究政治参与者的行为、态度、政党与选举等，但女权主义更为赞赏质性研究方法。因此，反思女权主义政治学学科的发展，不能不结合

妇女研究对女权主义方法论的探讨。

面对这种局面，除了呼唤更多持有女权主义价值观的政治学学者从事性别政治学的研究外，女权主义政治学还需要联手其他学科的学者/教师，形成互相支持的局势：一方面整合学术资源，另一方面也培养未来的学术力量，为有志于从政治学视角进行女权主义研究教学和从女权主义视角进行政治学研究/教学的学者和教师提供相关支持，为有兴趣的学生提供学术指导，最终形成一个团结而有力量的女权主义政治学学术共同体。可以预见的是，这个过程还将持续较长时间，但是，任何形式的发声都是一种努力，更多的人加入进来谈论或思考女权主义政治学，在体制化上的突破也就成为可能。

本土从性别视角建构政治学的工作还需要面对另一个理论问题，即如何阐释并建构本土的性别理论。从政治学角度看，由于社会性别概念产生于西方特定的政治体制中，这种政治体制承载着相关的文化与制度信息，在初期引入社会性别概念时，重点在于如何理解此概念的含义以及如何将其运用到改善妇女的处境中，对社会性别概念是否内含着特定的政治制度含义、是否内含着与本土政治文化矛盾的方面鲜有涉及。此外，本土对社会性别理论/概念的运用更关注社会性别对本土性别议题的解释力，并且不少以社会性别之名进行的论述其实是对社会性别理论/概念粗糙而草率的应用。因此，更好地将性别视角与本土的政治制度和政治文化结合起来，进行严肃的建构工作也是性别政治学扩展学术研究、构筑学术领域的一个重要面向。

妇女/社会性别健康学

方菁　张桔　张开宁*

摘　要：

近十几年来，社会性别概念与健康社会科学的有机结合，在中国产生了妇女/社会性别健康研究新领域，并形成了许多研究成果、高校课程/课程内容，妇女健康促进也成为性别平等公共政策的一大组成部分，催发了相应的社会行动。但相较于其他分支学科，妇女/社会性别健康研究的学科化建设仍有不足，应以加强妇女/社会性别健康学的学术研究、推进妇女/社会性别健康学的课程建设、加快专业科研人员和教师的培养这三方面为突破口，努力建设具有中国本土特色的妇女/社会性别健康学及学科体系。

关键词：

健康社会科学　妇女/社会性别健康　学科建设

一　背景

（一）国际背景

生存与发展是人类社会一个永恒的主题。健康是人类生存与发展的基本保

---

* 方菁，毕业于英国 Sussex 大学发展研究所，博士学位，现任昆明医科大学健康研究所所长，教授，博士生导师。主要从事社会性别与健康研究。张桔，毕业于云南民族大学，在读博士，现为昆明医科大学健康研究所讲师。主要从事性别社会学、文化人类学研究。张开宁，毕业于上海第二医科大学，医学硕士，英国剑桥大学和利兹大学访问学者，昆明医科大学健康研究所教授，博士生导师。主要从事生殖健康、健康社会科学研究。

证之一。同时，作为人类全面发展的一项不可缺少的内容，健康已成为衡量人们生活质量的一个极其重要的指标。进一步看，对健康概念内涵和外延的理解和认识是一个不断深化的过程。人们曾把健康单纯地理解为"无病、无残、无伤"，机械地视健康和疾病为单因单果关系。在与疾病斗争的长期实践中，人类逐渐认识到健康不是一个纯医学问题，从而开始对健康的概念有了飞跃性的认识和理解。

早在一个世纪前，德国的病理学家和人类学家鲁道夫·V.乔（Rudolf Vir-Chow）就针对当时流行的"微生物理论"的观点，睿智地指出："医学是一门社会科学，是一门小范围的政治学。"① 到 20 世纪 30 年代，弗洛伊德精神分析方法和"心身医学"的提出，标志着人们对健康问题的认识进一步超越了纯医学的范畴。1948 年，世界卫生组织（WHO）集前人研究成果，明确提出了健康的定义："健康是指身体、心理及社会适应方面的完好状态，而不仅仅是无病或不虚弱。"② 现代医学模式的创建，一举突破了传统生物医学模式的局限，从心理和社会两个方面拓展了健康概念及其研究领域，揭示了健康问题的"生物—心理—社会"三维联系的本质，而世界卫生组织确定的健康定义，标志着人类对健康与疾病认识的历史性的质的转型。在这样的背景下，社会科学开拓人类健康研究领域就是一种必然。

在今天这个经济突飞猛进和社会急剧变革的新时代，社会科学与健康研究进一步结合，社会科学研究在健康领域进一步拓展。随着社会科学应用于人类健康的研究，社会科学与医学和卫生科学等自然科学有机结合，一门崭新的学科——"健康社会科学"正在迅速崛起。健康社会科学注重应用流行病学、社会医学、卫生管理学的理论与方法，强调与社会学、人类学、心理学、经济学等社会科学及人文科学的理论分析及田野调研方法密切结合，综合性地研究人类的健康状况及其相关因素，并对其健康服务需求、资源的分配和管理等进行指导、监测及评估，因此特别适合对国家和区域有关健康领域的重大决策进行政策分析，对重大项目进行设计、管理及监测、评估。健康社会科学是一个

---

① 卡尔·L.怀特：《弥合裂痕——流行病学·医学和公众卫生》，张孔来等译，科学出版社，1995。

② WHO. 1948. A New Health Organization is Born. *World Health*, No. 2, 1998.

很有生命力的科研新领域，是当今国际学术界关注的热点之一，在不少国家已成为重要的优先发展的新学科。

人类在健康领域取得的辉煌成果之一，是20世纪中叶依靠科学的力量，摒弃了生物医学模式，创建了生物—心理—社会的医学模式。以疾病谱的变化为例。在现代医学模式的指导下，世界范围内进行了两次卫生保健领域的革命。第一次以控制急、慢性传染病和寄生虫病为目标，已经取得了决定性胜利：天花一类的致命传染病被灭绝或控制，鼠疫、霍乱、疟疾、赤痢、伤寒、麻风等传染病、地方病不再肆虐于人类，发病率大幅度下降，死亡率下降，患者的治愈率大幅度上升。20世纪后期，人类社会发展进程中面临的健康问题发生了急剧变化，心血管疾病、恶性肿瘤、精神病及意外伤害等与社会、心理、生活方式密切相关的慢性、非传染性疾病发病率逐年上升，严重危害着人类健康与社会发展；人口生存环境的恶化，新出现的某些传染性疾病如新一代性传播疾病和艾滋病的传播与蔓延，使人类健康与社会发展面临前所未有的一系列重大挑战。针对疾病谱发生的重大变化，国际上兴起了把目标锁定在攻克心血管疾病和恶性肿瘤等疾病的第二次卫生保健领域的革命并正在逐步深入。由此，对影响健康的社会、心理、文化等因素的研究日显重要，健康社会科学的兴起正回应了社会的巨大需求。

再以艾滋病的预防和控制为例。艾滋病是一种目前尚无有效治愈方法、病死率极高的传染病，它在全世界的广泛流行已成为一个极其严重的公共健康问题和社会问题。为实现预防和控制艾滋病的目标，形成政府领导、全社会参与、多部门协作、多学科合作、综合治理的局面及有效的防控体系和运行机制，公共管理学、行政学、社会学、组织行为学与医学的结合至关重要。其中，减少和消除对艾滋病病毒感染者和患者的歧视是一个重要的社会问题。由于居住地域、种族/民族、文化、社会角色、年龄、性别等的不同，不同社会群体对艾滋病病毒感染者和患者歧视的表现形式、心理印象及形成因素等也不尽相同，有针对性地采取干预措施对于减少和消除歧视尤为必要，这已成为社会科学与医学结合联合攻关的重要课题之一。

社会科学与医学结合的必要性和重要意义，在抗击传染性非典型性肺炎中体现得尤为充分。在2003年中国抗击"非典"的过程中，医学科学固然发挥

了不可替代的关键作用，同时社会学、心理学、法学、伦理学、行为学等多学科与医学广泛结合，在重视传染病法的实施、制定相关规章、建立应对突发传染病的预警系统及协防机制、开展健康促进行动、增强人们的健康意识、改变某些有碍或有害健康的行为方式和生活习惯、消除人们的恐惧心理等方面，也起到了不容忽视的重要作用，使这场突如其来的重大疫情得到有效控制，取得了阶段性的重大成果。

健康领域的社会科学研究或社会科学和医学相结合的健康研究，是一个早就摆在人们面前的课题。然而，时至今日，纵观全球，这一领域的探索尚处于起步阶段，这两大学科进行深层次结合的成功范例尚不多见。这主要是因为：社会科学与医学之间存在理论体系、研究方法、分析手段等方面的区别。就研究人员而论，有的社会科学研究者不懂医学，甚至可能是"医学盲"，而医学研究者又可能对社会科学较为陌生甚至外行。使这两类人员和两种学科不仅仅"携手"，而且能相互渗透、融合；不仅仅能在普及性的宣传、服务工作中相互配合，而且能在深入且有创新性的理论研究与社会行动中合二为一，这是健康社会科学这一学科的本质和核心，也是社会科学与医学结合最终能够成功的决定性因素。

可以预期，在未来几年，健康社会科学将进一步把社会科学、行为科学及生物医学联系在一起，系统地研究人类健康，推进人类健康，在解决人类健康所面临的一系列重大挑战和亟待解决的问题方面必将发挥出日益巨大的作用。这是健康社会科学的使命，也是这门新兴学科的强大生命力和广阔发展前景所在。

（二）国际重大关切领域

20世纪80年代以来，全球医学与社会科学的结合方兴未艾、备受重视，国际学术界先后建立了国际性的网络"健康社会科学国际论坛"（the International Forum for Social Sciences in Health，简称 IFSSH）及其在亚太地区的组织"健康社会科学国际论坛亚太网络"（the Asia Pacific Network of the International Forum for Social Sciences in Health，简称 APNET）。IFSSH 和 APNET 每两年召开一次全球或亚太地区的学术会议，出版在国际学术界有重大影响的杂志《医学与社会科学》(*Social Science & Medicine*)。

"健康社会科学国际论坛"酝酿于 20 世纪 80 年代后期,于 1992 年 1 月正式宣告成立。它致力于推动将社会科学运用于改善人类健康,旨在协调各种活动,促进地区的主动精神并分享工作经验。IFSSH 的目标是创建一个跨地区、跨国家、跨学科的健康科学家和社会科学家的网络,并组织其成员之间共同感兴趣的活动。"健康社会科学国际论坛"从成立之日起即活跃于世界各地,已在非洲、中东、东欧、拉丁美洲、加勒比地区、北美以及亚洲和太平洋地区建立了网络。IFSSH 委员会于 1993 年 2 月 28 日至 3 月 3 日在波士顿、随后又于 1993 年 3 月 4 日在纽约召开会议,形成了一项核心规划,[①] 提出了六个切入点:研究与行动、政策与资源分配、网络工作、加强机构、宣传与舆论、提高能力,并强调案例研究的方法,以促进全球社会科学在健康领域中的应用,开展社会科学家与医学和健康专家的对话,推动社会科学家在健康领域中的参与,提高健康及卫生保健中的公正性。

2002 年 10 月,第六届亚洲太平洋地区社会科学与医学大会在中国昆明召开,亚太地区以及欧美共 28 个国家和地区的 600 余名社科界及医学界专家学者围绕"21 世纪健康领域的新挑战、新对策"大会主题,对健康观的世纪回眸与展望,健康问题的本质,健康社会科学的理论与实践,全球化与卫生改革,计划生育优质服务与生殖健康,公共政策和公共健康服务,伦理、权益、赋权与健康,弱势人群与健康,性行为与性健康,宗教、民俗与健康,以及其他与健康相关的议题进行研讨与交流。这次大会对中国健康社会科学的发展具有很好的推动作用。

(三)以妇女为中心的生育健康观

健康权是基本人权之一。设计人性化,服务个性化,已逐步成为人们对健康服务的迫切需求,并突出反映在对健康权利的理解、尊重和维护上。健康问题的本质是发展问题。人类健康既是社会发展与进步的一大推动力,又是社会

---

① 张开宁:《全球性核心规划与地区性活动相联系促进社会科学在卫生中的应用》,玛海多大学出版社,1994。

发展与进步的一个重要标志和目标。

在近几十年国际妇女运动、计划生育运动的促进下，1980年代末，一个全新的、含义丰富的生育健康概念产生了。1988年世界卫生组织的约瑟·巴扎拉托博士（Dr. Jose Barzalatto）首次提出了生育健康概念，认为生育健康应包括四个方面，即计划生育（生育调节）、妇女保健、婴儿和儿童保健、控制性病。同年，M. F. 法沙拉博士（Dr. M. F. Fathalla）在世界卫生组织的《人类生殖研究发展培训特别项目的双年度报告》中，第一次解释了生育健康的内容："一是人们有能力生育并能调节自身的生育；二是人们能得到服务，使母亲能安全度过怀孕、分娩期，并分娩健康的婴儿；三是人们能过安全、满意的性生活，而且不必担心非意愿的妊娠及感染性病。"1994年在埃及首都开罗召开的联合国人口与发展大会（ICPD）对世界卫生组织关于生育健康的定义进行了必要修改后加以采纳。本次会议发表的《行动纲领》指出："生育健康是指人类生殖系统及其功能和运动所涉及的一切有关身体、精神及社会适应性等方面的完好状态，而不仅仅指这些方面无病或不虚弱。人们应能享有满意而安全的性生活，应能生育，且享有获得有关信息的权利，并有权选择调节生育的方法且实际获得安全、有效、便宜及可接受的调节生育的方式，并享有安全妊娠及分娩的保健服务。"① 这一表述被绝大多数国家所认可，成为权威性的国际通行的生育健康定义。这一新的生育健康定义的要素包括计划生育、母婴健康、性健康、生殖疾病防治等，这不仅包括了生理意义上的健康，还包括心理、文化、经济和社会等诸方面的因素。生育健康概念的出现，标志着人们对人口与发展的认识已达到了更高水平。

随着人们对具有丰富内涵的生育健康概念的深入探讨，"以妇女为中心的生育健康"被明确提出。从1990年代开始，一些组织和学者纷纷论证这一命题，或认为生育健康的研究应将妇女作为主体，而不是作为对象或客体来对待，且因此妇女应能够选择在现实条件下她们认为最好的服务；或认为以妇女为中心的生育健康的概念就是要信任妇女，以妇女的体验去理解和论述生育健康；或探讨以妇女为中心的生育健康模式，包括概念界定、项目运作、项目管

---

① 国际人口与发展大会：《国际人口与发展大会行动纲领》，1994年9月，联合国网站。

理等。在埃及首都开罗举行的联合国人口与发展大会强调了"以妇女为中心的生育健康",大会发表的《行动纲领》提出:妇女应当在领导、计划、决策、管理、提供、组织和评价生育健康服务及生育保健方案的各种服务方面发挥中心作用。[①] 这次大会后,"以妇女为中心的生育健康"逐渐成为一种全球化趋势。

"以妇女为中心的生育健康"这一概念的出现,意味着人类社会对妇女权益及妇女健康有了空前的重视及更高层次的认识。人们已不再仅仅为了家庭的幸福及下一代的健康而关注妇女,而是把妇女的权益及健康本身作为人类社会追求的一个重要目标。即妇女应当不仅仅作为母亲,而且作为与男子完全平等的社会成员享有作为人的重要而基本的权利之一的健康。女性在其整个生命周期的各种健康需求应当得到重视,生育健康服务的提供者及政策制订者应当充分倾听妇女的意见及建议。

联合国开发计划署(UNDP)、联合国人口基金(UNFPA)、世界卫生组织(WHO)与世界银行(World Bank)合作,于1992年在菲律宾召开了一次由妇女健康促进活动家、研究人员、生育健康服务提供者及政策制订者共同参加的会议,会议也提出了"以妇女为中心的生育健康服务"的问题。与会者指出,第一,以妇女为中心即"以人为中心",要充分考虑到大多数妇女的需求及意愿。因此,必须改变某些卫生及计划生育服务提供者忽视妇女的漠然态度。第二,应向妇女提供包括安全人工流产在内的服务;提高服务质量,包括改善服务提供者与妇女的沟通与交流,而质量的评价应充分考虑妇女的满意程度及意见;提供充分且易于被妇女理解的信息。第三,应增加可供妇女选择的避孕节育方式;为年轻女性、包括未婚女青年提供生育健康服务。[②]

有的学者将以妇女为中心的生育健康概念及服务模式,与以生育调节为单纯目的的传统的计划生育概念和服务进行了比较,认为后者以人口数量的控制为主要目标,改善妇女、儿童的健康成为次要目标;服务对象为已婚育龄夫妇,而其中的已婚育龄妇女则是服务的"关键对象";服务内容注重的是永久

[①] 国际人口与发展大会:《国际人口与发展大会行动纲领》,1994年9月,联合国网站。

[②] 国家人口计生委科技司编《世界卫生组织计划生育服务提供者手册》,中国人口出版社,2009。

性及长效性的避孕节育，基本上由服务提供者支配；项目的决策与计划主要是自上而下的，服务获得者很少参与决策，妇女及其相关社区基本不参与计划和决策；项目的成功与否之评价，主要依据人口目标达到与否等定量指标；有关的研究主要是对人口生育率等的定量研究。

与此相反，以妇女为中心的生育健康概念及服务强调以妇女为中心，其根本目的包括提高妇女的权利及社会地位，改善妇女生活质量及健康，因而强调妇女对自己身体、性生活及生育的支配和控制；服务对象不仅是处于生育周期各阶段的女性，还包括男性——对男性注重其责任与参与；服务方面强调安全、有效，在医学及文化上均能被接受的，经济上负担得起的避孕节育方式，注重服务对象，尤其是其中的妇女的选择权；生育健康保健模式强调服务的质量，鼓励妇女表达自己的需求，及主动寻求高质量的服务；生育健康项目注重妇女及社区在项目规划、组织、决策、执行和评价全过程中的积极参与；在评价方面，非常强调使用评判妇女的满意程度、衡量妇女权利和能力增强程度的定性指标；生育健康项目鼓励行动性研究（action research），强调研究与行动的密切结合，在研究中也随时倾听妇女的意见和建议，调整干预性措施的取向与强度。①

ICPD《行动纲领》特别指出了妇女应当在领导、计划、决策、管理、提供、组织和评价生育健康服务及生育保健方案的各种服务方面发挥中心作用。ICPD 大会前后，"以妇女为中心的生育健康"这一重要概念已被国际社会普遍接受，而这一大会也对动员全球妇女及妇女组织关心、接受和宣传生育健康的理念及思路，起到了不可低估的积极作用。

近年来，不少中国学者从多学科、全方位的角度对"以妇女为中心的生育健康"进行了综合研究，将妇女置于与生育健康有关的发展议题的中心，进而对以往在男性本位的社会和文化背景下形成的传统的生育观念和意识、方针和政策以及措施和方法等提出质疑和批评。当然，将女性置于生育健康的中心地位，把女性视为人类生育及生育健康乃至人类生活质量提高等一系列过程

---

① 赵捷、张开宁、温益群、杨国才主编《以妇女为中心的生育健康》，中国社会科学出版社，1995。

的"中心",并不意味着妇女承担所有与人类生育健康相关的责任和义务。对于人类生育健康的实现而言,男性的参与是必需的前提条件。①

二 中国的学术研究进展

近十几年来,社会性别与健康社会科学有机结合,产生了以妇女生育健康为主的多学科研究的丰硕成果。例如,中国社会科学出版社1995~2000年陆续出版的生育健康与社会科学系列丛书,共包括《以妇女为中心的生育健康》《以社区为基础的生育健康》《传统文化与生育健康》《多学科视野中的健康科学》四部专著。其中,《以妇女为中心的生育健康》(中国社会科学出版社,1995年8月)一书被一些专家称为中国人口研究和生育健康研究的"一块里程碑"。②

2010年,第三部《中国妇女发展报告》以"妇女与健康"为专题,从总体、政府、非政府组织、学界四个层面,对'95世妇会以来中国妇女健康的发展、成就及不足进行了回顾和梳理,提出了相关的对策建议。作为中国第一部从学者的视角总结评估'95世妇会以来中国妇女健康发展状况及发展趋势的专著,该书出版后在学界和社会上获得广泛好评。此外,《中国妇女发展与性别平等报告》——《妇女发展绿皮书》系列著作中,也均设有妇女与健康的内容;③ 而"妇女健康地位"在全国妇女社会地位第一次调查(1990年)、第二次调查(2000年)、第三次调查(2010年)中均为一大指标和重要内容。

三 中国的课程建设与发展

20世纪后期,健康社会科学作为一门综合性的学科,最先进入了国外高

---

① 赵捷、张开宁、温益群、杨国才主编《以妇女为中心的生育健康》,中国社会科学出版社,1995。
② 杜芳琴:《健康新观念:以妇女为中心的生育健康》,《妇女研究论丛》1997年第2期。
③ 王金玲主编《中国妇女发展报告 No. 3:妇女与健康》,社会科学文献出版社,2010;谭琳主编《中国妇女发展与性别平等报告》系列,社会科学文献出版社。

等院校的课堂。国外一些有远见的大学，率先开设了健康社会科学课程。如，泰国玛海多大学社会科学和人文科学学院致力于健康社会科学的研究生课程建设，形成了一套拥有强大的教师阵容和丰富的学术研究活动的培训课程，师资由社会科学多个分支领域中训练有素、有着坚实而广博基础的专家组成。现在，这门课程已成为可以向亚太地区青年学者授予健康社会科学硕士学位的研究生课程，招生对象为泰国及其邻近的南亚和东南亚国家学生。2001 年以来，该大学致力于开发新的课程，如性健康与生育健康研究，进一步招收亚太地区各国留学生。对教学过程的评估表明，由于大量引入了人类学和社会学等社会科学的理论和方法，新课程深受学生的欢迎。

健康社会科学在全球及亚太地区正处于迅速兴起和发展时期。在中国，虽然高等教育中社会科学与医学的结合已成共识，但系统地开设健康社会科学课程的高校仍屈指可数，高等教育中健康社会科学的学科建设仍任重而道远。令人欣慰的是，云南的一些高校已经在进行有意义的尝试并取得了初步成果。

具体而言，女性学与社会性别是健康社会科学中备受重视的一个重要领域，因此女性的健康及在全球范围内健康方面的社会性别平等是云南相关高校研究与教学的关注点之一。妇女/社会性别学（Women/Gender Studies）尚属一门新兴的交叉性学科，为了促进妇女/社会性别学学科建设，云南高校正在推进女性学学科建设的实践，并力图创建自己的模式。

如，1999 年，云南民族大学率先在社会学硕士点设立了西南边疆少数民族妇女问题研究方向，第二年该方向更名为"性别社会学"，杨国才教授等学者为研究生开设了少数民族妇女问题研究、女性学、西方女性学、性别社会学、女性与婚姻家庭、社会性别与公共管理等课程，从社会学的角度出发，介绍关于社会性别及女性学研究的最新成果。该课程坚持"以学生为教学主体，赋权予学生"的理念，在平等、参与、分享中实现老师与学生以及学生相互之间的互动，重在培养学生的社会责任感及参与社会改造的行动能力。通过课程教学，使学生在了解全球妇女生存状态的同时，培养社会性别研究的视角，熟悉分析妇女生存与发展的关键概念和理论框架，提升批判性思维能力，并注重结合实际提高学生的综合素质。以妇女/社会性别学学科建设为基础，云南民族大学成立了少数民族女性和社会性别研究中心，在主办全国性学术会议及一系列跨学科学术讲座的同时，在本科生中开设了性与健康、健康教育、女性学入门、女性与传媒等课程。

又如，云南大学于2001年成立了"女性与社会性别研究中心"，一批从事人类学、社会学、女性法学、女性伦理学、女性文学、女性心理学、民族婚姻家庭等领域研究的学者，以推动社会性别的平等、公平、发展、和平为目标，以知识创新和人才培养、促进女性学学科建设为重点，关注变革社会中妇女的现实状况，以促进妇女全面发展和社会整体进步为目的，积极探索适合云南省情的女性学学科教学与科研的途径。几年来，教师们在跨学科的教学、科研以及社会实践等方面做了大量的工作，开设了女性人类学、女性文学、女性心理学、中国女性文学等课程，而性别与健康、以妇女为中心的生育健康、性健康等是相关课程中的一个重要内容。

再如，昆明医学院健康与发展研究所结合人类健康研究的需要，注重吸收社会性别及女性学研究的最新成果，与"社会医学与卫生事业管理"硕士点的建设发展密切结合，自1998年以来，在社会医学与卫生事业管理硕士研究生中开设了《健康社会科学导论》课程，并组织优秀的师资队伍对国内及亚太地区健康社会科学的历史、理论、方法学、科研、教学等进行了系统回顾和科学总结，翻译了若干重要的学术论文及论著，开展了具有中国特色及云南民族特色的科研项目；在"生育健康服务及其研究""健康项目的设计及评估""艾滋病的健康社会科学研究"等医学课程中融入人文社会科学内容，纳入社会性别及女性学研究的理念、方法学及最新成果，摸索出了一条健康社会科学课程教学的新路。《健康社会科学导论》课程的讲义是在上述译文、译著及有本土特色的相关科研成果的基础上形成的。该讲义起点高，经过学术讲座、试教学、评估反馈、修订补充等步骤渐趋成熟。研究生反映这门课程对人类健康研究中社会科学应用的必要性、必然性及前景进行了高屋建瓴的理论阐述，对社会科学与医学有机结合，研究并努力解决人类健康重大问题的方法学及最佳实践（best practices）进行了系统回顾及科学总结，对中国及云南省健康社会科学学科建设的前景进行了展望，信息量大，富有启发性。因此，在2000年，这门课程获国家级教学成果奖。

此外，该所还陆续推荐了数名来自公共健康、临床医学及社会科学领域的

年轻学生到泰国玛海多大学攻读健康社会科学硕士或博士学位。通过努力学习，这些学生获得了泰王国国王亲授的健康社会科学硕士或博士学位，成为云南省健康社会科学教育师资队伍中不可替代的一支生力军。

除了云南的一些大学外，国内还有一些高校也开设了健康社会科学的相关课程。如，复旦大学公共卫生学院于 2002 年和 2003 年为本科生相继开设了《艾滋病健康社会科学》和《性健康社会科学》必修课程，《同性恋健康社会科学》《女性健康与预防》选修课程，《性健康教育学》系列课程等，在学生中反响较好，也引起了较大的社会反响。在妇女/社会性别学学科发展网络的支持下，黑龙江中医药大学开设了《女性健康管理》课程，在健康社会科学领域开创了一门新的课程。

四　结束语

在 21 世纪，医学模式进一步转变，从生物医学模式向"生物—心理—社会—环境"医学模式转型。与之相伴随，一是医学从以"疾病"为中心，转向以"人"为中心，医学概念扩展为"预防—治疗—康复—保健"四位一体的大卫生观，推进了将医疗服务对象从病人转向健康人的实践。二是在原有的生物医学模式及相应的医疗服务模式下，医学教育培养的是单纯治疗型人才，其知识结构以生物医学为主，社会职能是面向社会个体的疾病治疗。而新医学模式及相应的医疗服务模式要求高等医学教育培养综合性、复合型医学人才，从为个体治疗疾病转化为为群体提供医疗服务。与之相比，在中国，无论是医学模式还是医疗服务，无论是学术研究还是人才的培养均有较大不足，而妇女/社会性别健康学的学科建设更仍处在前学科状态。为推进中国人口健康水平的提升，医学模式的转型是必须的，而医学模式的转型，又必须以妇女/社会性别健康学的学科建设与发展为一大充要条件。

从目前看，中国妇女/社会性别健康学的学科建设应以下三个方面为突破口：一是加强妇女/社会性别健康学的学术研究；二是推进妇女/社会性别健康学的课程建设，包括具有社会性别敏感性的高校教材、教参的编写，课程的开设和改善等；三是加强专业研究人员、专业教师的培养，尤其是具有社会性别敏感性的多学科、跨学科研究人员和教师的培养。从以上三个方面共同努力，相信在未来几年内，中国会成长起具有本土特色的妇女/社会性别健康学及其学科体系。

参考文献

［1］ Nick Higginbotham，Roberto Briceno-leon. *Applying Health Social Science：Best Practice in the Developing World*. Zed Books Ltd. 2001.

［2］ 张开宁主编《学科视野中的健康科学》，中国社会科学出版社，2000。

［3］ 张开宁主编《生育健康服务及其研究——理论与实践》，人民卫生出版社，2000。

［4］ 张开宁、刘湘源：《健康社会科学——21 世纪的一个学术前沿》，《云南民族大学学报》2004 年第 11 期。

［5］ 杨国才：《云南高校女性学学科建设的本土化尝试》，《妇女研究论丛》2004 年第 1 期。

［6］ 陈新：《生育健康与社会性别主流化》，《中国生育健康杂志》2007 年第 18 卷第 2 期。

［7］ 杨国才：《少数民族妇女研究和学科建设的拓展》，《云南民族大学学报》2006 年第 11 期。

［8］ 石彤：《以妇女为中心的生育健康与中国人口可持续发展战略》，《中华女子学院学报》1998 年第 2 期。

［9］ 张开宁主编《中国性与生殖健康 30 年》，中国人口出版社，2008。

B.13

妇女/社会性别文学*

林丹娅 郭 焱 田 丹**

摘　要：

1995 年世界妇女大会以后，中国女性文学的发展进入了一个新阶段：女性主义意识进一步扩展，社会性别敏感度不断提升；学术研究成果持续增加且质量逐步提高；课程建设取得较大的成果，并涌现出不少创新课程和教材；学科建制和社会建制取得突破性进展，学科建设主流化进程加快，具有本土性和本学科性双重特征的女性文学正在中国茁壮成长。

关键词：

女性文学　发展阶段与特征　学术研究与课程建设

1995 年第四次世界妇女大会在北京的召开，给 20 世纪 80 年代以来在中国方兴未艾的女性文学学科建设带来了一个更加良好的大环境，极大地推动了中国女性文学学科的蓬勃发展。如果把从 1980 年与改革开放相伴随，女性文学初露端倪，到 1995 年推进女性文学学科建设的这 15 年看作中国女性文学学科建设与发展的第一阶段的话，那么 1995～2010 年的这 15 年则是中国女性文学学科建设与发展的第二阶段，即全面推进的阶段。本章将分学术研究与课程建设两个部分，对 1995 年以来中国女性文学学科发展的进程与特征进行总体的梳理、描述和总结。

---

* 从全书的统一性出发，主编对标题作此修改（采用了妇女/社会性别的说法）。而从尊重作者出发，正文的命名保留原文的命名——主编注。

** 林丹娅，毕业于厦门大学中文系，博士学位，现任厦门大学中国语言文学研究所所长，厦门大学中文系教授、博导，主要从事中国现当代文学、女性文学研究。郭焱，现为厦门大学中文系 2013 级中国现当代文学专业博士研究生，主要从事女性文学研究。田丹，毕业于厦门大学，硕士学位，主要从事女性文学研究，现任福建省厦门实验小学语文教师。

一　学术研究

（一）综述

20世纪80年代，在改革开放意识形态的导引下，中国的思想解放运动如火如荼，带来一系列社会变革的思潮与实践，女性文学创作也随之风生水起，至1990年代中期，已出现一大批优秀的女作家与优秀作品，"女性文学"这一概念开始为人们所熟知。不过，在1980年代中期之前，女性文学创作与研究中的性别意识尚未凸显，女作家的创作主要是在新启蒙主义思潮中，作为丰富多彩的新时期文学现象之一，为世人所瞩目，即便有人注意到作者性别与作品之间的关系，其解读也大都局限于"女性风格""女性特质"等传统意义与内涵，甚至这种解读本身都是习惯性地出自传统的男性视角、立场与观念。

至1980年代后期，与国内女性文学创作日益兴盛相呼应，西方女性主义文学批评理论的引进带来了女性文学批评与研究话语的变化与改观。那时，一些权威刊物，如《文学评论》《外国文学研究》《上海文论》《文艺理论研究》及《文艺报》等，都登载对女性主义文学批评理论的介绍，① 也出版了一批女性主义文学理论译著，由此形成一个前所未有的女性主义理论话语氛围。这种氛围大大开拓了研究者的研究视野与思路，形成了创作与理论的互动，促使那些对学术研究具有敏感性与前沿视角的学者把兴趣转到具有颠覆性与挑战性的女性文学研究上。于是，1990年代前后出现了一批颇有影响的女性主义文学理论译著与研究专著。其中，有代表性的译著有贝蒂·弗里丹的《女性的奥秘》②、苏珊·格里芬的《自然女性》③、弗吉尼亚·伍尔夫的《一间自己的屋子》④、玛丽·伊格尔顿的《女权主义文学理论》⑤、邓尼斯·拉德娜·卡莫迪

---

① 陈厚诚、王宁主编《西方当代文学批评在中国》，百花文艺出版社，2000，第十章。
② 〔美〕贝蒂·弗里丹：《女性的奥秘》，程锡麟、朱徽、王晓路译，四川人民出版社，1988。
③ 〔美〕苏珊·格里芬：《自然女性》，张敏生等译，湖南人民出版社，1988。
④ 〔英〕弗吉尼亚·伍尔夫：《一间自己的屋子》，王还译，生活·读书·新知三联书店，1989。
⑤ 〔英〕玛丽·伊格尔顿：《女权主义文学理论》，胡敏、陈彩霞、林树明译，湖南文艺出版社，1989。

的《妇女与世界宗教》①、张京媛主编的《当代女性主义文学批评》②、陶丽·
莫依的《性与文本的政治——女权主义文学理论》③ 等。代表性论著有孙绍先
的《女性主义文学》④、孟悦、戴锦华的《浮出历史地表》⑤、王绯的《女性与
阅读期待》⑥、盛英的《中国新时期女作家论》⑦、刘思谦的《娜拉的言说——
中国现代女作家心路纪程》⑧ 等。应该说 1995 年之前的 15 年学者们在女性文
学的创作与理论批评领域的开创性工作，为之后 15 年女性文学的学科建设与
发展打下了一个良好的基础。

1995 年联合国第四次世界妇女大会在北京召开之后，妇女/性别问题/议
题及其学术研究日益获得包括政府在内的社会各界前所未有的关注，女性文学
的发展也获得了前所未有的良好契机与氛围，女性写作和研究越来越自觉地与
国际妇女运动潮流相呼应。1995 年在北京成立的隶属于中国当代文学研究会
的全国性女性文学研究学术团体——中国女性文学委员会（后更名为女性文
学研究学会），是女性文学发展的重要标志。它的成立旨在深化女性文学的
发展与研究，促进女性意识的提升以改善性别不平等的文化话语结构，并以
富有成效的工作成果推动高等教育体制内女性文学教学与研究的立足与可持
续发展，推进女性文学学科建设。该委员会整合与借重从个体、民间到高
校、科研单位，以及刊物、出版社等各方面的社会资源，截至 2011 年底，
共举办了 11 届中国女性文学学术研讨会；举行过三次中国女性文学创作奖
与女性文学理论建设奖的颁奖；建立了国内外学术交流的重要、有效平
台——中国女性文学委员会网站（http：//www. ccfl. org. cn）。女性文学委员
会通过坚持不懈的工作有效地组织起了国内外女性文学研究的有生力量，学

---

① 〔美〕邓尼斯·拉德娜·卡莫迪：《妇女与世界宗教》，徐钧尧、宋立道译，四川人民出版社，
  1989。
② 张京媛主编《当代女性主义文学批评》，北京大学出版社，1992。
③ 〔美〕陶丽·莫依：《性与文本的政治——女权主义文学理论》，林建法、赵拓译，时代文艺出
  版社，1992。
④ 孙绍先：《女性主义文学》，辽宁大学出版社，1987.
⑤ 孟悦、戴锦华：《浮出历史地表》，河南人民出版社，1989。
⑥ 王绯：《女性与阅读期待》，陕西人民教育出版社，1991。
⑦ 盛英：《中国新时期女作家论》，百花文艺出版社，1992。
⑧ 刘思谦：《娜拉的言说——中国现代女作家心路纪程》，上海文艺出版社，1993。

者们坚持不懈的研究与不断增加的成果扩大了女性/性别话语对社会文化生活的渗透与影响，推动了女性文学学术活动的持续性开展，推进了女性文学学术研究的持续性发展，在中国女性文学学科建设与发展进程中，起到了十分积极与重要的作用。

1995～2010年，中国女性文学研究的发展进程主要表现为：其一，大体是对发轫于新时期之初的女性文学研究重点的延续与伸展，以文学史观对女性文本进行重新梳理，发掘被宏大叙事遮蔽的女性写作的历史轨迹，使历史不再是缺失女性参与的叙事。从此意义上来说，也是对已有的文学史的重叙。其二，从有别于既往男权传统的女性视角，对文学文本，尤其是经典文本进行重新解读，以寻找女性文本中特有的话语形态与声音，并揭示男性文本与话语中被合理化和合法化了的性别偏见。其三，是对女性文学研究、女性主义文学批评的自觉反思，把女性文学研究的范畴拓展为对性别文学的研究。其四，把女性/性别文学研究置放在文化研究的大背景之中，把女性/性别文学的本学科研究与文化研究相联系，开拓本学科研究的新疆域。其五，从与男性中心文化相对抗的思路开始转向寻求两性和谐的性别诗学。

1990年代以来，追溯女性的文学传统，建立女性文学之"史"成为许多女性文学研究学者的自觉意识，学者们开始着手对女性文学的历史进行基础性研究，从语言、文字、神话、传说、女性的作品等具体文本出发，力图勾勒出一条女性文学发展的历史轨迹，寻找在已有文学史中被遗忘、被遮蔽的女性文学史。1995～2000年前后，学者们相继出版了众多此类论著。代表性的著作有盛英的《二十世纪中国女性文学史》①、陈顺馨的《中国当代文学的叙事与性别》②、林丹娅的《当代中国女性文学史论》③、陈惠芬的《神话的窥破——当代中国女性写作研究》④、王春荣的《新女性文学论纲》⑤、任一鸣的《中国

---

① 盛英：《二十世纪中国女性文学史》，天津人民出版社，1995。
② 陈顺馨：《中国当代文学的叙事与性别》，北京大学出版社，1995。
③ 林丹娅：《当代中国女性文学史论》，厦门大学出版社，1995。
④ 陈惠芬：《神话的窥破——当代中国女性写作研究》，上海社会科学院出版社，1996。
⑤ 王春荣：《新女性文学论纲》，辽宁大学出版社，1995。

女性文学的现代衍进》①、乔以钢的《低吟高歌——20 世纪中国女性文学论》②、赵树勤的《找寻夏娃——中国当代女性文学透视》③、王绯的《空前之迹 1851～1930：中国妇女思想与文学发展史论》④ 等。这些专著在清理文学史、寻找和重新建构女性文学传统的过程中，都鲜明地体现出一种"史论结合"的特点，而女性主体视角的进入，也使许多问题/议题的研究获得了与既往研究不同的观点与结论，为女性文学研究提供了别开生面的研究途径。

受女性文学批评思潮与话语的影响，到 1990 年代后期，不少男性文学批评家也开始在自己的研究中引入性别视角，具有性别意识色彩的文学批评研究开始进入传统文学史的写作与评价中。这标志着女性文学研究的有效性逐渐被主流学界认可与吸纳，在学术研究上获得了更大的公共空间。如，在洪子诚的《中国当代文学史》⑤、杨匡汉、孟繁华主编的《共和国文学 50 年》⑥、陈思和主编的《中国当代文学史教程》⑦、张炯编著的《新中国文学史》⑧ 等四部比较著名的当代文学史教材中，与以往文学史最大的不同有二：一是列出专章或专节介绍、评价女性文学创作，二是有别既往，对女性写作持肯定态度。如杨匡汉等的《共和国文学 50 年》一书中指出："文艺领域中'女性写作'已被列为一个专题纳入到专门的学科研究范畴。将文学写作进行性别上的甄别和划分，这在中国内地的文学史上还是第一次。"⑨ 陈思和的《中国当代文学史教程》一书则把"女性写作"定位到"新的写作空间的拓展"之中，认为："特别是 90 年代之后，女性写作终于形成了与此前截然不同的新向度。从根本上来看，这种新向度是一种着重表现女性自身特征、并且更加个人化的写作倾向，其中所表达的女性意识已不是与男性可以共享的公共意识，所揭示的女性问题也不再具有共名的普遍意义，反之，这种倾向所展露出来的女性视角更

① 任一鸣：《中国女性文学的现代衍进》，香港青文书屋，1997。
② 乔以钢：《低吟高歌——20 世纪中国女性文学论》，南开大学出版社，1998。
③ 赵树勤：《找寻夏娃——中国当代女性文学透视》，湖南师范大学出版社，2001。
④ 王绯：《空前之迹 1851～1930：中国妇女思想与文学发展史论》，商务印书馆，2004。
⑤ 洪子诚：《中国当代文学史》，北京大学出版社，1999。
⑥ 杨匡汉、孟繁华主编《共和国文学 50 年》，中国社会科学出版社，1999。
⑦ 陈思和主编《中国当代文学史教程》，复旦大学出版社，1999。
⑧ 张炯编著《新中国文学史》，海峡文艺出版社，1999。
⑨ 杨匡汉、孟繁华主编《共和国文学 50 年》，中国社会科学出版社，1999，第 310 页。

多地聚焦于写作者的个人世界之中，尤其是作为女性的个体生存体验之中，是以独特的个人话语来描绘女性的个体生存状态（包括相对私人性的生存体验，也包括女性的躯体感受、性欲望等感性内容）。"① 虽然其中的定义与概括都有待完善，但毋庸置疑的是，女性文学研究已经有效地使女性写作成为文学领域中一种新的审美范畴与重要构成。

20 世纪 90 年代中后期女性文学研究的繁荣，与新时期以来女性文学创作的繁荣与积累密切相关。一些女作家从自觉或本能的性别视角与立场出发，通过不被代言的事实写作，把女性独特的生存境遇、生命形态与心理体验呈现在叙事中；通过女性经验的自我解读与大胆表述，尝试在写作中建构性别自我，解构男权社会的传统文化规约和相关的刻板印象。这在引起社会反响的同时，也引起文学评论界、研究界的广泛关注，更是成为女性/性别文学研究者的重点研究对象与范本。女性文学创作的代表性人物中，有擅长小说创作的王安忆、铁凝、张抗抗、残雪、方方、池莉、陈染、林白、徐晓斌、徐坤、海男等，擅长散文创作的斯妤、叶梦、王英琦，擅长诗歌创作的舒婷、翟永明、伊蕾、唐亚平等。与之相呼应的是 2000 年左右女性文学研究多围绕"女性意识""个人化倾向""个体经验""性别意识""解构"与"建构"等关键词而展开。徐坤的《双调夜行船——90 年代的女性写作》可以看作对 1990 年代女性写作的一次较全面的总结。该专著充分赞许了 1990 年代女性写作自觉地脱离"宏大叙事"束缚的个人化倾向，肯定了女性写作对于女性身体和个人体验的自由表达，阐述了女性对女性文本的隐喻与象征在理解上具有的共性与亲密关系，敞开了被遮蔽的女性写作的意义。作者一方面对当代的女性写作进行了"女性谱系"的梳理和母女关系的重新书写，另一方面通过对当代男性作家（如张贤亮、贾平凹、莫言、张宇等）写作中的"男性躯体修辞学"的分析，窥视女性形象的嬗变，以此搭建出中国在 1990 年代文学创作中的"双调夜行船"。

尽管女性意识的建立对表达女性自身来说显示了充分的优越性，但女性文学研究者在充分肯定女性主义文学创作和批评的同时，也对一些文学现象，如"私人化写作""身体写作""美女写作"等表达了深深的担忧和不安。文学

---

① 陈思和：《中国当代文学史教程》，复旦大学出版社，1999，第 350 页。

批评家们渐渐认识到"女性意识""女性立场"的狭隘，指出过分停留于个人化、私人化的女性话语表达形式，必然导致女性主义话语丧失社会、文化沟通功能，而落入神秘主义的独白和私语，女性主义文学批评的批判价值和革命意味也将由此被无形消解。如，戴锦华尖锐地指出了女性的个人化写作的局限性："对于陈染和其他以自己个人的生命体验为对象的作家来说，挑战来自：离开自己的生命体验，写作的前景将如何展开？一个严肃的作家不可能仅仅重复自己。"① 同时，1990年代的女性文学部分地被商业所利用，女性性别、女性形象成为商业时代一种可以出售的商品，女性变相沦为欲望和被观看的对象，女性意识、女性经验等分析范畴的局限性越来越明显，尤其是对世纪之交的"另类写作"文本如《上海宝贝》② 和《糖》③ 的解读，使现有的女性文学理论陷入悖论的困境中。面对困境，一些女性作家和学者努力探寻突围的办法，提出诸如"超性别意识"或"超性别视角"之类的观点，试图以此来纠正"女性视角"的狭隘，指出女性文学创作要走出仅仅沉溺于"身体"和"私人生活"的误区，关注底层和更广大的社会，女性文学批评与研究也要突破自我的狭隘，开拓性别视角的新维度。

2000年前后，女性文学研究的关键词由"女性"转向了"性别"，"社会性别"成了女性文学研究的核心概念与范畴。实际上这包含两个不可分离的层面与内容：一是社会性别理论成为女性文学研究、观察与分析的视角与方法，这从思想史、学术史上来说的确是一场"深刻的变革"。从研究的方法论上来说，"作为一个流派，女性主义文学批评将性别和社会性别作为最基本的出发点，打破了将男性的眼光看作是放之四海而皆准的神话，彻底动摇了以男性为中心的文学批评传统。同时，女性主义文学批评深深地影响了西方文学批评，它多重角度的批评方法与充满活力的特征，开放了整个文学批评领域固定的疆界，赋予文学研究跨学科的性质和创新意识"。④ 二是"性别"成为女性

---

① 戴锦华：《犹在镜中》，知识出版社，1999，第82页。
② 卫慧：《上海宝贝》，春风文艺出版社，1999。
③ 绵绵：《糖》，中国戏剧出版社，2000。
④ 刘涓：《"从边缘走向中心"：美、法女性主义文学批评与理论》，载鲍晓兰主编《西方女性主义研究评介》，生活·读书·新知三联书店，1995，第96页。

文学研究重点考察与研究的对象，其概念所涵盖的对象既有女性也有男性及其他性少数群体，"性别文学"既包括女性文学文本，也包括男性文学文本及其他性少数群体文学文本，两性及相关文本可作为互为参照比较的对象进入研究视野，这扩大了女性文学研究的学术视野，扩展和深化了女性文学研究的广度和深度，使女性文学研究以女性文学为研究对象却又不局限于女性文学，而是把整个文学中与性别有关的议题纳入研究视野。这方面的代表性成果有叶舒宪的《性别诗学》①、李玲的《中国现代文学的性别意识》②、王宇的《性别表述与现代认同》③、钱虹的《文学与性别研究》④、张宏生的《明清文学与性别研究》⑤ 等，以及一些相关的书系或丛书，如乔以钢主编的"性别视角下的中国文学与文化"丛书，李小江主编的"性别论坛"丛书，天津出版社出版的"性别学书系"等。其中，《性别诗学》（Gender Poetics）以性别价值取向为基本分析要素，把社会性别作为社会身份的重要组成部分，将性别差异作为文学研究的基本坐标，对文学艺术中的性别因素进行了诗学层面的解析、探讨，研究作者、作品及受众的性别角色复杂性，探讨由性别、种族、阶级、时代及经济等因素所铸成的性别角色与身份之间的交叉与矛盾，挖掘男女两性特殊的精神底蕴和文学的审美表达方式，并试图说明其产生的缘由，突出了文学的"性别"性和两性平等的价值。

同时，随着大众文化和文化研究的兴起，女性文学研究也跨出了文学研究的小圈子，研究视野进入了影视、广告、传媒、民俗学、社会学、宗教等领域，女性主义文学理论、女性文学与文化研究联手，显示出不可忽视的理论活力和广阔的理论前景，如戴锦华、崔卫平等一批早期女性文学研究者将重点转向对电影、电视、大众传媒中的女性形象、女性身体等的研究。女性文学研究向文化研究靠拢，或者说文化研究向女性文学研究渗透，形成了跨学科、跨领域研究，大大拓展了女性文学研究的范畴。文化研究有着极强的现实针对性，

---

① 叶舒宪：《性别诗学》，社会科学文献出版社，1999。
② 李玲：《中国现代文学的性别意识》，人民文学出版社，2002。
③ 王宇：《性别表述与现代认同》，上海三联书店，2006。
④ 钱虹：《文学与性别研究》，同济大学出版社，2008。
⑤ 张宏生：《明清文学与性别研究》，江苏古籍出版社，2002。

其理论视野的广阔对目前一定程度上处在偏于自我封闭状态的一些女性文学研究者来说，具有很大的启发意义。同时，文化视野下的文学研究往往能呈现出性别问题/议题的复杂性，不仅能更有力地质疑与批评男权中心文化，为被"第二性"化的女性代言、请命，而且能站在平等和谐的性别文化立场上，探寻被激进的女性主义文化主流所排斥的两性共同发展的可能，并一定程度上超越女性知识分子的精英立场，自觉地关注普通女性在当代社会中的生存/生活境遇，体现出一种人本主义的情怀。这对女性文学所谋求的健康、全面的自我发展来说，具有重大的意义。因此，可以说，对女性文学在整个文化大背景下进行相关考察和研究，是女性文学批评与研究的发展方向。如成立于 2000 年的首都师范大学中国女性文学研究中心（后更名为中国女性文化研究中心）就是这种发展趋势的表征之一。该中心成立十余年来，联合了国内外大学和妇女研究团体举办过多次学术与文化活动，其学术辑刊《中国女性文化》自 2000 年出版以来，截至 2010 年底共出版了 13 辑，凝聚了国内外近百家高校的女性/性别/妇女研究中心和海外研究机构的一大批专家学者的成果，发表了中国女性文学和艺术、性别理论、女性历史学、女性成功学、女性心理学、女性伦理学、女性教育学等方面的学术研究成果 600 多篇，在中国女性文化研究的理论与实践方面，产生了比较广泛的学术与社会影响。2003 年 6 月，该中心主编的中国女性文化大系丛书之《中国女性在演说》①、《中国女性在对话》②、《中国女性在行动》③、《中国女性在追梦》④ 问世；2008 年 3 月，该中心与《名作欣赏》杂志社合作，出版《名作欣赏：世界女性文学》⑤，其"告别性别战争寻找人类精神原乡"的主题备受大众关注；2010 年 3 月，该中心承担了教育部"十一五"人文社会科学研究项目"海内外当代女性文学形象研究"。2010 年 7 月，该中心被北京市教委以高校教育专项批准为"中国女性文化研究基地"，这也标志着中国的女性文学批评和研究与文化研究相结合进

---

① 王红旗主编《中国女性在演说》，中国时代经济出版社，2003。
② 王红旗主编《中国女性在对话》，中国时代经济出版社，2003。
③ 王红旗主编《中国女性在行动》，中国时代经济出版社，2003。
④ 王红旗主编《中国女性在追梦》，中国时代经济出版社，2003。
⑤ 《名作欣赏》杂志社：《名作欣赏：世界女性文学》，《名作欣赏》2008 年第 3 期。

行学科建设、推进学科发展已实现了体制化和机制化。

此外，女性文学批评和研究与文化研究相结合的代表作有赵树勤的《女性文化学》①、乔以钢、陈洪的《中国古代文学与文化的性别审视》②、周颖菁的《近三十年中国大陆背景女作家的跨文化写作》③ 等。

中国女性文学的研究从女性文学"史"的建构到性别文学的提出，从与男性中心文化的对抗到两性和谐、性别诗学的提出，从女性文学范围内的研究到文化研究，在时间上体现出一种可持续性与拓展性的推进。与此同时，女性文学研究也存在一些问题与隐忧。如，在进行女性/性别文学研究时，一方面需要把握不陷入性别本质主义，另一方面需要把握两性和谐共同发展的理念与在性别歧视环境中进行研究之间的度，避免消泯了女性主义的性别立场，而不少研究存在顾此失彼的现象；再如，女性文学与文化的跨学科研究一方面拓宽了女性文学的学术视野，使之寻找到新的研究增长点，另一方面却出现了因学术话语过于散漫无法向精深处发展因而流于表面的倾向。这提示我们，女性文学研究应当始终保持自身的基本立场和基本特性，不能仅仅作为任何"他者"而存在。

（二）发展阶段与阶段性特征

1995～2010 年，中国女性文学研究的发展大体上可分为以下三个阶段。

1. 1995～2000 年

在这一阶段，女性文学研究主要呈现出以下六大特征。

第一，开展对一些定义、概念，如"女性文学""女性意识"等的界定及对相关标准的讨论，对在女性文学研究中遇到的问题予以规范性的解释。通过讨论，一方面深化了女性文学研究的内涵，另一方面，也从西方相关理论中吸取营养，并结合中国女性文学创作的实际情况，开始了本土化的过程并开始形成本土理论。

第二，重新发掘与建构中国女性文学的历史，对正统文学史中被遮蔽的女

---

① 赵树勤：《女性文化学》，广西师范大学出版社，2006。
② 乔以钢、陈洪：《中国古代文学与文化的性别审视》，南开大学出版社，2009。
③ 周颖菁：《近三十年中国大陆背景女作家的跨文化写作》，武汉大学出版社，2010。

性写作予以高度重视，引发了对古代女性写作、近现代及当代女性作家进行重新审视和评价的研究热潮。

第三，除了高度关注中国内地的女性文学，研究也涉及了港澳台地区的女性文学创作，并有了一种比较意识，开始将中国女性文学置于世界文学创作的大背景下进行考察。

第四，1990年代女性写作的蓬勃发展形成了诸多文学热潮，女性文学研究密切关注、及时研究了如小说领域的"身体写作"现象、散文领域的"小女人写作"现象等新的写作现象。文学研究与文学创作关系密切，互动加快加深。

第五，女性文学研究在这一时期的表现较为激进和严厉，批判意识较强，形成了以批判的视角对抗男性中心文化的女性主义文学批评。

第六，女性文学研究主流化进程加快。在这一阶段，仅获得国家社科基金资助的项目就有六个，分别是"九十年代中国女性散文研究"（刘思谦，1996）、"中西女性文学审美建构比较研究"（马晓玲，1996）、"当代台湾女性文学史论"（樊洛平，1998）、"世纪之交海峡两岸的女性文学比较研究"（王敏，1999）、"中国妇女思想与文学发展史论"（王绯，2000）、"中国当代女性文学创作的文化研究"（乔以钢，2000），这标志着女性文学研究已进入文学研究主流。

2. 2001～2005年

在这一阶段，中国的女性文学研究主要呈现出以下六大特征。

第一，延续了上一阶段对性别问题/议题的讨论，开展了对世纪之交中国女性文学面临的创作与研究困境及对策的思考，完成了从女性主义文学批评向性别文学批评的转变。

第二，随着女性文学学科化建设的逐步开启及推进，高校形成了女性文学研究热潮，2001～2005年，有关"女性文学"研究的硕士学位论文、博士学位论文层出不穷，并由最初的对有影响的女作家及其作品做多方面的追踪式的述评和解读转向以一种性别意识研究年轻一代女作者和作品，表现出鲜明的、成熟和客观的女性主义批评立场。

第三，继续开展对女性文学与西方女性主义文学理论的反思，加速理论建设的本土化过程。在这一阶段，很多学者注意到西方理论与中国女性文学研究实践之间的差距，逐渐关注构建本土化的理论，中国女性文学研究理论开始成熟。

第四，扩大女性文学研究的范畴，从更多地关注女作家作品转为同时关注男作家作品中的性别意识，开展相关的研究。

第五，继续推进女性文学主流化进程。其中，获得国家社科基金资助的项目有"中国古代小说与性别研究"（魏崇新，2003）、"中国女性文学形象塑造及对女性文化人格的影响研究"（何向阳，2004）、"当代中国女性主义文学思潮研究"（荒林，2004）、"两岸女性小说创作形态比较研究"（樊洛平，2005）等。同时获得省、部、市、校级资助的课题也增多了，尤其是乔以钢领衔的"性别视角下的中国文学与文化"入选2005年度教育部哲学社会科学研究重大课题攻关项目，这是性别与文学文化研究立足学科主流的标志，也是女性文学历史性的突破。

第六，女性文学研究与文化研究相结合，形成了跨学科、跨领域的研究热潮。国家哲学社会科学研究"十五"（2001～2005）规划中强调要进行"文学的跨学科研究"，女性文学研究置于文化研究的大背景中，形成了女性文化研究的热潮。

3. 2006～2010 年

在这一阶段，中国的女性文学研究主要呈现出以下六大特征。

第一，继续扩大女性文学研究的范畴，以性别意识观照中国文化，在文化研究的大背景中寻找女性文学研究的新方向，关注大众文化语境与女性文学写作。新出现的生态女性主义文学批评、寻求文化与自然的和谐、关注两性和谐的性别诗学研究也进一步获得倡导。

第二，随着高校女性文学课程建设的推进，有关女性文学研究的硕士学位论文、博士学位论文持续增多，而随着研究的深入与视野的拓展，这些论文的主题与研究方法也由早期以单个作家作品研究居多向以对作家和作品进行横向或纵向性比较研究居多转变，包括对中国内地作家、作品个体间或群体间的比较，对内地作家、作品与港澳台作家、作品个体间或群体间的比较，对中国作家、作品与世界各国作家、作品个体间或群体间的比较等，相关国家涉及日

本、朝鲜、韩国、新加坡、马来西亚、美国、英国、法国、德国等。性别研究出现在对各种文体、各个朝代的作家或作品及相关文化领域的文学研究中。如，对小说、散文、诗歌等的研究；对古代各朝各代女性文学的研究；对少数民族女性文学的研究；对海外华文女作家、作品的研究等。并开始对新时期以来的女性文学研究进行历时研究，总结反思近30年来女性文学研究的利弊得失，探讨女性文学研究的未来发展趋势。

第三，女性文学在学科主流中进一步树立了自己的地位。国家哲学社会科学研究"十一五"（2006～2010年）规划中，"中国女性文学"被列为重点研究方向和重点研究课题。这一时期获得国家社科基金资助的项目有"中国女性文学发展史论"（常彬，2006）、"性别视角下的中国文学女性叙事研究"（屈雅君，2006）、"中国现代文学的性别主体建构问题"（李玲，2007）、"中国新时期军旅女作家研究"（李美皆，2007）、"台湾女性文学史"（林丹娅，2007）、"性别诉求与多元表达——中国当代文学中的女性话语走向研究"（孙桂荣，2008）、"比较视域下的中西性别理论与女性文学研究"（王纯菲，2010）、"历史与性别——儒家经典与圣经的历史与性别视阈的研究"（贺璋瑢，2010）、"女权启蒙与民族国家话语"（刘慧英，2010）、"弗吉尼亚·伍尔夫：性别差异与女性写作研究"（潘建，2010）等；获国家社科基金西部项目立项的项目有"性别诗学研究"（林树明，2006）、"澳大利亚妇女小说史研究"（向晓红，2007）、"中国当代少数民族女性文学研究"（黄晓娟，2008）、"'十七年'时期女性媒介形象研究"（韩敏，2008）、"少数民族女性信仰变迁与民族文化关系研究"（宋建峰，2009）、"当代藏族女性文学研究"（徐琴，2010）、"中国朝鲜族女性跨国婚姻与民族认同研究"（全信子，2010）等；而省、部、市、校各级社科规划课题的获得数也比前期更多。这表明，中国女性/性别文学研究已在学科主流中成为一门显学。

第四，国际性学术交流与互访明显增多。具体表现为：一是从教师层面扩展到研究生层面，越来越多在读硕、博士研究生通过参加国际学术会议、短期访学等途径，走出国门，以国际性视野进行女性文学研究；二是从个人层面拓展到团体层面，如中国女性文学委员会以团体的形式参与美国、加拿大等国的相关研讨会，并对相关院校、作家团体进行访问等。

总体来说，与 1995 年以前相比较，1995～2010 年，中国女性文学研究表现出五大特征。

一是研究大环境发生显著变化。20 世纪八九十年代初，西方女性主义文学批评刚进入中国时，人们对女性文学研究带有明显偏见。这类研究亦只是属于少数学者的研究领域，甚至难以得到学术界及同行的认同，研究者相当孤独。随着女性文学研究的逐步发展与影响力的逐步扩展，1995～2010 年，无论是创作环境还是学术研究环境都有了明显的改善与变化，女性文学研究已经得到学界的认可，并成为主流学科中的显学。

二是对西方女性主义理论的批评与介绍趋于系统化、专门化，也更为深入。在结合中国文学的实际运用女性主义话语进行文学批评和理论探讨方面，本土化的进程加快，从最初的只是对西方女性主义理论的生搬硬套，逐渐走向本土化的在地研究，理论与实际相结合，发展出具有本土特色的中国女性文学研究方法、研究理论及研究成果。其代表性著作有林树明的《多维视野中的女性主义文学批评》①、陈志红的《反抗与困境：女性主义文学批评在中国》②、叶舒宪的《性别诗学》③、屈雅君的《执着与背叛——女性主义文学批评理论与实践》④、张岩冰的《女权主义文论》⑤、荒林主编的"中国女性主义学术论丛"、陈惠芬、马元曦主编的"中国女性文学文化学科建设丛书"等。尤其值得特别指出的是谢玉娥在继 1990 年主编出版了《女性文学研究教学参考资料》之后，于 2007 年又主编出版了《女性文学研究与批评论著目录总汇（1978～2004）》，为女性文学研究的可持续性发展打下了坚实的史料基础，做出了特殊的贡献。

三是女性文学的学科意识不断增强，并具体落实到学术研究、课程建设等诸多行动中。主要表现为：第一，女性文学作者和作品被视为具有独特价值的学术考察对象，对其所进行的研究不再仅限于一般性评论，而是推进到对相关

---

① 林树明：《多维视野中的女性主义文学批评》，中国社会科学出版社，2004。
② 陈志红：《反抗与困境：女性主义文学批评在中国》，中国美术学院出版社，2002。
③ 叶舒宪：《性别诗学》，社会科学文献出版社，1999。
④ 屈雅君：《执着与背叛——女性主义文学批评理论与实践》，中国文联出版社，1999。
⑤ 张岩冰：《女权主义文论》，山东教育出版社，1998。

理论体系的探寻和对基本理论问题的探讨。第二，越来越多的学者基于各自的理论认知和研究方法，对女性文学给予了不同程度、不同形式的关注，一批令人耳目一新的女性文学研究成果以专著或论文的形式出版、发表，展现了女性文学这一新兴学科的学术生机和创造力。第三，女性文学研究初步形成了比较开阔的学术视野和比较合理的研究格局。第四，成立了相关研究机构与团体，校际、国际各种形式的学术交流活动十分活跃，女性/性别文学与学科建设研讨会频繁举办，女性文学作品与研究论著出版形成高潮。经过多年的努力开拓，女性文学的学科雏形初现①并渐趋清晰成型。

四是女性文学研究的范畴与疆域得到拓展，从女性到性别，从文学到文化，中国女性文学研究形成了跨学科、跨领域的态势。女性文学朝着开放而多样的方向深入发展，在广泛引入西方女性主义批评理论和理论本土化的过程中，古代文学、现代文学、当代文学、外国文学、文艺学等都在各自研究视域内引入性别视角，或者重新审视过往的文学史，挖掘被既往研究所忽视的作家和/或作品，或者进行海外、港澳台、少数民族女性文学的研究和比较，或者深入追问女性的本质和价值，如此等等，不一而足。而生态女性文学、两汉至明清女性文学、中国与世界女性文学的关系与比较等研究课题与热点的出现，则标志着性别研究在文学领域内拓展出崭新而卓有价值的分支和学术增长点。女性文学研究也得到主流学科的有力支持与保障，如从国家到地方社科基金的资助与支持，以乔以钢领衔获得的教育部重大攻关课题以及在此基础上形成的"性别视野下的中国文学与文化"系列丛书，刘思谦主编的"娜拉言说书系"等均具有代表性。

五是中国女性文学研究与中国女性文学创作的相互影响与联系更为密切。女性文学的创作主题及创作手法在一定程度上受到女性文学研究与文学批评的影响。如1990年代中期文坛上出现的"身体写作"现象就与女性文学研究与批评中对西方"身体写作"理论的引进与讨论有关；21世纪以来女性文学研究与文学批评倡导"超性别写作"，也影响了一些女作家的文学创作，而女性文学创作的繁荣也促使了女性文学研究与文学批评范围的扩大。如对文体的研究上，除了小说领域，中国女性文学研究与文学批评在1995～2010年也充分关注到了散文与诗歌创作。

---

① 乔以钢：《论女性文学的学科建设》，《南开学报》2003年第2期。

1995～2010 年，中国女性文学研究与批评取得了令人瞩目的成就。一是以中国期刊网相关数据为例，以"女性文学"为题目搜索到的研究论文有 1000 多篇，优秀硕士学位论文有 80 多篇，博士学位论文近 20 篇；而以"女性文学"为关键词搜索到的研究论文有 3000 多篇，优秀硕士学位论文有 400 多篇，博士学位论文有将近 50 篇；以"女性意识""性别意识"等为关键词搜索到的女性文学研究论文更是不计其数。这十几年公开出版的研究专著也多达数百部。二是 1995～2010 年，共有 16 项有关女性/性别文学研究的项目获得国家社科基金的资助，共有 8 项有关女性/性别文学研究的项目获得国家社科基金西部项目的资助，"中国女性文学"更在国家哲学社会科学"十一五"（2006～2010）规划中被列为重点研究方向和重点研究课题。三是中国女性文学研究的范围不仅包括中国古代、近代、现代以及当代的女性文学写作，涉及港澳台等地区的女性文学写作，还从中国扩展到整个世界，学者们通过比较研究探讨中国女性文学在整个世界范围内的独特价值和意义。

在学科建设和发展的进程中，中国女性文学研究在未来几年将会以以下三个方面为重点，开辟新的学术研究之路，巩固自己的学术地位。

一是推进研究的大众化，普及社会性别理念，加强理论与实践的联系，使对文学的性别研究介入对传统的社会性别文化的改造之中，推动妇女发展和性别平等，使女性文学研究领域成为真正意义上言行合一的研究领域。

二是继续加强女性文学与文化的跨学科研究；关注传媒与新媒体中的性别问题/议题，开展相关的研究；在始终保持自身的基本特性，保持学科化、专业化以及前卫性与先锋性的基础上，推进本学科的发展。

三是继续关注国际和国内性别研究动态，引进与本土创新并立，推进女性文学研究中国学派的建立。

二　课程建设

（一）综述

中国现当代女性文学创作的成果与女性主义/性别理论研究的重大突破，

首先是通过作为研究者的高校教师呈现在高校课堂上的。之后，学者们进一步意识到，女性文学及性别文化相关课程进入高校教学体系有着重大且深远的意义：一方面，高等教育在国家发展战略和公民心目中具有举足轻重的地位，其知识构成与教育内容必然会对未来一代产生深刻影响。女性文学/性别文化相关课程进入高校教育体系并获得一席之位，有助于全民社会性别意识的建立与提升，有助于性别平等新文化的创造与实践，有助于性别和谐社会的建设，会有效地推动社会文明的进步。另一方面，女性文学研究的重要力量集中在高校，女性文学教学活动在师生中广泛开展，必将培养出更多优秀的学科后继人才，有助于推动新型性别文化的可持续建设和发展。由此，1995～2010年，女性文学研究者，尤其是其中的高校教师十分关注并在努力践行女性文学/性别文化课程的建设。

事实上，女性文学/性别文化课程的建设并非一帆风顺，而是面临诸多挑战，需要克服诸多的困难。综合考察1980年代以来女性文学/性别文化教学在高校体制内的运作和进展，可以大致分为以下两个阶段。

1. 1995 年之前

20 世纪 80 年代，在世界女性主义思潮影响之下，在国内女性文学创作繁荣与研究兴起的推动之下，国内已有一些高校的中文系老师开设了女性文学方面的选修课。即，女性文学已不仅仅是学者们研究的对象，也作为一种新的认知方式和一个完整的知识体系进入了高校的知识传授体系。学者们意识到，女性文学课程以文学为载体和途径，可以担负起社会性别意识和文化创造的教育责任，可以帮助学生认识在文学发生的整个历史过程中性别文化所起到的隐性作用，从文学的角度培养、提高学生的性别意识与文化鉴赏、批评和再批评的能力，为性别平等国策的推行，为性别和谐和性别平等意识教育做出自己的贡献。这也是对女性文学创作发展的一种积极的回应，使女性文学具备了更广泛的社会影响力。由于女性文学具有与既往不同的内涵与使命，女性文学的课程与教学便成为高校教学活动中极具活力的一道风景。

但这个时期开设的课程，从全国总体格局来看，尚呈零星状态；从具体课程来看，还未实现体系化；从教师能力来看，还未拥有系统化的知识和经验。总的来说，课程的设置完全出于教师的个人学术追求，具有较大的随机性和个体化性质，并未形成一支教学队伍，无论教师或教学都缺乏可持续性。

2. 1995～2010 年

1995～2010 年又大体可以分为前后两个发展时期。第一个发展时期为 1995～2000 年，第二个发展时期为 2000～2010 年。

第一个时期的开端以 1995 年联合国第四次世界妇女大会在北京召开为标志。'95 世妇会在中国的召开，把有关性别平等的西方文化意识与文化话语进一步带给了中国民众，给方兴未艾的中国女性文学及学科建设带来一个更为良好的大环境，女性文学研究由此进入一个历史性高潮期。而由于女性文学研究者大多数亦为高校的教师，她（他）们顺理成章地把自己的研究成果植入了自己的教学内容乃至设置了相关的教学课程。这是女性文学教学进入高校教学体制的最初状态，也是一个开端。而另一个契机是，随后，中国高校普遍进入教学改革期，在鼓励教师广开新课、好课的宽松环境下，女性文学势在必然地成为一个新兴的教学内容，被身为研究者的教师们引进自己的教学或课程设置中。因此，在这一时期，随着研究女性文学的高校教师队伍的扩展，女性文学课程在国内高校呈现出到处开花的景象。但这一时期大多数女性文学课程是本科生课程，据此，可以把这一时期视为女性文学课程在中国高校的普及期。

第二个时期始于 2000 年，具体表现为：由于越来越多作为女性文学研究者的高校教师在职称上的提升，越来越多的研究者担任了硕导与博导，为女性文学课程的设置延伸到更高层次与层面的硕、博教学体系创造了基本条件。仅从中国女性文学委员会成立 15 年中召开的 10 届全国性或国际性女性文学研讨会的国内与会人员看，15 年中，拥有副教授及以上高级职称和担任硕导、博导者不断增加，拥有硕士、博士等学历/学位者的数量逐年增多。可见，女性文学教学已经有了一支比较成型的基本队伍，全国高校中从事女性文学教学和科研的中青年骨干教师与后备力量不断涌现。除了外在条件的改善外，进一步看，进入 21 世纪以来，女性文学在科研领域取得了丰硕成果，课程建设逐步推进，相关学者们的女性文学学科意识逐渐增强，学科建设越来越频繁地受到关注，女性文学研究越来越进入主流，这些都大力推进了女性文学课程建设的全方位展开。

2000 年，《中国妇女发展纲要（2001～2010）》明确指出："在课程、教育内容和教学方法改革中，把社会性别纳入教师培训课程，在高等教育相关专业中开设妇女学、马克思主义妇女观、社会性别与发展等课程，增强教育者和被教育者的社会性别意识。"① 21 世纪之初发布的这一纲要，表明包括女性文学在内的妇女学的发展在国家和政府层面得到了重视，预示着包括女性文学在内的有关妇女/性别的课程建设即将迎来自己的春天。2001 年 3 月，首届高校女性学学科建设研讨会在北京大学召开，推进女性学学科建设在高校与学界逐步形成共识；2001 年 7 月，大连大学举行"妇女/性别研究与高等教育实践"国际论坛，该论坛属于一项国际合作教育的活动项目，其目的就在于推动包括女性文学在内的妇女/性别研究和课程的可持续发展及其在中国教育、学术领域中的主流化进程；2001 年 8 月，"社会性别与文学文化理论暨学科建设学术研讨会"在上海社科院举行，一批多年来在中、美以及东南亚地区高校执教的教师和研究者，就女性文学教学和学科建设等相关议题进行了深入而全面的研讨；2004 年，"走入高校的女性文学与女性主义理论——女性文学与文化学科建设国际学术研讨会"在陕西师范大学召开，来自国内外的教师、学者们就女性文学批评基础理论、高校女性文学教学方法、性别文化与现代教学手段等专题进行了研讨。此后几年里，关于女性文学教育与学科建设的研讨会更不时举行，有效地推动了中国女性文学学科的建设和发展。

在此期间，关于女性主义文学的学科建设也成为女性文学领域讨论的一大热点议题，许多教师/学者纷纷提出自己的意见和建议。如，刘思谦于 2003 年相继发表《性别理论与女性文学研究的学科化》《女性文学研究学科建设的理论思考》等文章；② 乔以钢于 1999 年、2003 年、2005 年相继发表《关于中国女性文学研究学科建设的思考》《论女性文学的学科建设》《关于高校女性文学课程建设的理论思考》等文章。③ 这些文章强调了女性文学学科建设的必要性与重要性，分析了相关的重要理论问题与命题，讨论了相关女性文学课程的

① 国务院：《中国妇女发展纲要（2001~2010 年）》，中国法制出版社，2001，第 14 页。
② 刘思谦：《性别理论与女性文学研究的学科化》，《文艺理论研究》2003 年第 1 期；刘思谦：《女性文学研究学科建设的理论思考》，《职大学报》2003 年第 1 期。
③ 乔以钢：《关于中国女性文学研究学科建设的思考》，《南开学报》1999 年第 2 期；乔以刚：《论女性文学的学科建设》，《南开学报》2003 年第 2 期；乔以刚：《关于高校女性文学课程建设的理论思考》，《妇女研究论丛》2005 年第 2 期。

特质与内涵，认为女性文学教学应该建立在性别视角上，等等。林丹娅亦于2003 年、2004 年相续发表《关于中国高校女性学教研问题的思考》《妇女/性别研究主流化问题刍议——从女性文学研究进入高校学科体系谈起》等文章。① 这些文章一方面肯定了包括女性文学研究在内的妇女/性别研究在高校教学体系中的成功推进，另一方面也一针见血地指出了相关课程建设及发展面临的重大问题及其原因，如体制内的学科设置与社科规划之间的不配套等。此外，还有不少学者或者根据自己的教学实践进行纵向反思，或者与国外教学进行横向对比，就女性文学教学法、女性文学课程建设等相关议题提出了许多真知灼见。例如，茂名学院的黄柏刚、浙江师范大学的王侃对当地高校女性文学课程开设情况进行调查后发现，开设女性文学课程的院校主要集中在大城市，而其自身也面临着教材建设严重滞后、课程在教学与学术的价值评估体系中处于边缘、女性文学师资匮乏等问题。他们呼吁，应加强女性文学的理论建设和学科建设，努力争取使女性文学进入由教育部颁发的专业目录所列的指导性课程；依托重点高校通过招收硕士生、博士生，办培训班和研讨班等多种形式加大师资队伍建设力度；进一步加强教材建设，编纂更多具有科学性、适用性、共识性的高质量教材；等等②。

在第一时期，由于学科建设刚刚起步，女性文学课程进入高校教学体系也还处于探索阶段，还未出现一套能够全面系统体现女性文学知识的教材，各校的开课教师处于"各自为战"的状态，一般都以个人的研究成果作为教材或参考书，因此，教学内容的科学性、系统性、完整性以及教学效果和课程质量等都受到不同程度的影响。经过十多年的科研实践与积累，学者们意识到编纂出版一套具有科学性、适用性、共识性的高质量教材迫在眉睫，也是水到渠成之事。于是，2006 年，中国女性文学委员会与河北教育出版社联合发起，由乔以钢、林丹娅担纲主编，集合了活跃于国内近 20 多所高校女性文学教研第

---

① 林丹娅：《关于中国高校女性学教研问题的思考》，《妇女研究论丛》2003 年第 5 期；林丹娅：《妇女/性别研究主流化问题刍议——从女性文学研究进入高校学科体系谈起》，《妇女研究论丛》2005 年第 4 期。

② 李东晓、阎华：《走入高校的女性文学与女性主义理论——"女性文学与文化"学科建设国际学术研讨会综述》，《陕西师范大学学报》2004 年第 5 期。

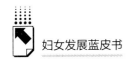

一线的学者，编撰出版了《女性文学教程》。作为被列入教育部"十一五"国家级规划的教材，《女性文学教程》是中国女性文学学科建设的重要组成部分，标志着本学科建设走向成熟，也昭告了女性文学课程进入了主流学科与高校教学体系。这一教程与授课教师自己的研究成果相互配用，为女性文学教学提供了更为完备与灵活的教材，使高校的女性文学教学提升到了一个新高度。

此外，2009~2012年，在全国妇女/社会性别学学科发展网络的资助和支持下，以厦门大学林丹娅教授领衔进行的"厦门大学性别与文学研究小组—土风计划普米小组'校园行动'"项目也对女性文学教学法进行了开创性的探索。该项目通过厦门大学性别与文学研究小组与土风计划普米小组之间的合作、交流与互动，了解到双方各自的文化生态/文学生态，并透过这种文化生态/文学生态，深入研究了双方所处的性别环境或性别制度，从而对所处性别环境与制度进行了互补性比较，同时通过对两者的文学/艺术传承形态差异性与性别制度差异性之间的比较，探索了两者之间的关联。作为教学内容和教学成果，这种探讨与研究以艺术创作与艺术表演的形式进行展示，突破了原有教学手段的局限，在尝试一种新的教学方法的同时，也尝试了一种新的推广和传播性别教育的方法。该项目在实施过程中，联结了教与学，联结了课堂与社会，联结了校园行动、学生行动和社会行动；注重发挥学生的创造性和积极性，努力扩展教师和学生的性别视野和性别经验，真正寓教于乐、寓乐于教，开创了一种全新的教学模式，为妇女/社会性别学乃至整个高校教育的教学提供了一种样板。该项目的成果在教育界和社会上引起较大反响，相关国际基金会也给予了好评。

据此，这一时期可视为女性文学课程建设在高校中蓬勃和深入发展的时期。

在中国，女性文学进入高校教学体系的进程如下：在知识型的本科教学中，它从文学专业小范围的不定期选修课发展为全校性、跨专业、规定性选修课；在研究型的研究生教学中，它从专业研究方向下的一个研究点发展为一个专业研究方向。积多年来的女性文学教学之努力，我们可以明显看到，在现当代文学、古典文学、文艺学、戏剧学、比较文学等学科中，以女性文学与女性主义文论为研究对象、教学内容/课程、研究/教学课题的研究/教学成果，已从 1990 年代初期的"寥落晨星"扩展为 21 世纪以来的"雨后春笋":从本科到研究生课程的设置,从学期论文到毕业论文的选题,从硕博士研究生专业兴趣到专业方向的设置,从师生的教学活动到研究成果,从学者/教师的个体活动到群体性、机构/组织性活动,女性文学已在学科内外、高校教学体制内外获得了多向位的、全面的、深入的发展。

总之,1995 年以来,女性文学研究逐步主流化,性别文学研究内容以及与之有关的课程逐步进入高校及相关专业的教学体系,在科研和教学领域,女性/性别文学都取得了丰硕成果,进而极大地促进了女性文学这门新兴学科的建设和发展。而高校的女性文学教学在这一良性的文化生态环境中也逐步规范化、系统化、精品化,相关高校开设的女性文学课程吸引了众多学生的兴趣,深受学生的欢迎。应该说,女性/性别文学以意识的前沿性、文化的前卫性、跨学科的开放性、充满进取的创新性,成为文学领域中极具活力的一种学术力量,女性文学研究与教学以及具有性别意识的文学研究/教学已成为文学教学与研究领域不可或缺的组成部分。

(二)代表性课程举凡

据对不完全公开资料的统计,在中国,开设女性文学及相关课程的高校,在 2000 年前为不足 20 所,2010 年为近百所。其代表性的高校有北京大学、首都师范大学、北京语言大学、北京师范大学、中国传媒大学、南开大学、河南大学、厦门大学、复旦大学、中山大学、同济大学、上海大学、南京大学、辽宁大学、扬州大学、南昌大学、郑州大学、吉林大学、吉首大学、黑龙江大学、大连大学、新疆石河子大学、齐齐哈尔大学、云南大学、重庆渝州大学、贵州师范大学、陕西师范大学、湖南师范大学、山东师范大学、南京师范大学、天津师范大学、东北师范大学、哈尔滨师范大学、广西师范大学、西北师范大学、河北师范大学、曲阜师范大学、杭州师范大学、中央民族大学、云南民族大学、中华女子学院、华中科技大学、苏州科技学院、陕西理工学院、北华大学师范学院、甘肃天水师范学院、青岛教育学院、洛阳师范学院、新疆喀什师范学院、河南南阳师范学院、湖南女子职业大学、新疆昌吉学院、泉州师范学院、韩山师范学院、邯郸师范专科学校、曲靖师范专科学校、石家庄师范

专科学校等，还有一些招收研究生的社科院、所等科研机构，如中国社会科学院等，不一而足。此间择取上述高校名称加以列举只是为了佐证以下两个特点：一是从地理分布看，开设女性文学相关课程高校的地理分布涵盖东西南北中，包括中心城市、中小城市和边远城市；二是从高校性质来看，从重点高校到普通高校，从综合性高校到师范类高校，从以人文社会学科为主的社科类院校到以理工科为主的高校，从本科高校到专科高校都有；从学历层次来看，涵盖了从专科生、本科生到硕、博士研究生，呈现出地域的广分布与学历教育的广覆盖相结合的态势。而进一步从课程设置的进程看，与女性文学/性别研究的拓展大致相同，女性文学课程在文学学科内也呈现出从较为传统的领域向其他领域拓展的态势。如原本古典文学、现当代文学、外国文学等领域的课程和研究主题较多，而现在港澳台文学、海外华文文学、少数民族文学、其他国别文学等领域有关女性文学/性别文化的课题和专题研究不断增加；跨学科、跨文化教学与研究的局面也日益显现。

高校/社科院开设的女性文学/性别文学课程中不乏优秀课程和精品课程，限于篇幅和所掌握的资料，本文仅对一些代表性课程介绍如下。

1. 南开大学

2000年以来，南开大学文学院在学科带头人乔以钢教授的牵头组织下，分别面向本科生和研究生开设了三门女性文学方面的相关课程，包括："中国女性文学史"（本科生）、"女性文学专题研究"（硕士生）以及"现代中国文学与性别"（博士生）。

其中，"中国女性文学史"旨在引导本科学生了解近百年来中国女性文学的发展概况，对代表性文本进行比较深入的阅读和思考，初步了解女性主义的阅读视角及批评方法，并在此基础上，对文学创作及文学史叙事有新的领悟。课程的教学手段结合多媒体辅助材料，除教师讲授外，还组织学生开展专题讨论。

"女性文学专题研究"面向文学学科各专业硕士研究生开设，力图通过对社会性别理论、女性文学批评理论和女性文学创作实践的梳理，以及对女性性别经验及其文学表达与文化政治内涵的深入研究，使硕士生了解有关"社会性别"文学研究的有效范畴，初步建立性别意识与文化自觉意识，扩展理论视野，提升综合运用跨学科理论的能力，进而能在日常/社会生活经验、文学经验与文学文化理论之间建立起有机的联系，对性别问题能进行较深层次的分析。

"现代中国文学与性别"课程面向中国现当代文学专业各研究方向的博士生开设。课程采取讲授与讨论相结合的方式，通过梳理女性文学研究和性别研究的中外理论资源，探讨现当代文学文化现象的性别意涵，分析女性文学研究的方法论，提升学生有关女性文学和性别研究的学术能力。

2000 年以来，女性文学及性别研究方向共有 29 位学生获得了硕士学位；13 位学生获得了博士学位，另有 3 位学生完成了博士后研究。在 2006 年以来中国妇女研究会举办的全国妇女/性别研究优秀博士/硕士学位论文评选活动中，共有 3 篇博士/硕士学位论文分获一、二、三等奖。此外，有 4 篇博士论文经过加工完善，被纳入教育部重大攻关课题"性别视角下的中国文学与文化"成果系列，已经或即将出版。

2. 河南大学

河南大学的女性文学研究自 20 世纪 80 年代中期起步，至今已有 30 余年的历史。从最初的资料搜集与整理到进行本科及研究生教学，通过教学促进科研水平、通过科研提高教学水平，推进研究生培养，出现了一批在全国妇女/性别研究及女性文学研究领域有影响的科研成果与女性文学研究人才，实现了女性文学研究的学科化。

学科带头人刘思谦教授经多年努力，已经培养出 7 名女性文学研究博士和多名硕士。拿到博士学位的女博士们毕业后有六位在高校任教、一位在社科院文学研究所工作，均从事女性文学教学与/或研究工作，并已经出版、发表相关研究著作 6 部，论文近百篇，承担或完成 9 项国家或省级哲学社会科学规划项目。

在河南大学的女性文学课程中，最能体现其女性文学学科教学范式特征的代表性课程为"文学研究方法论引论"。这门课程的内容涉及叙事学、解释学、原型批评、结构和解构批评、女性批评、新历史主义等，授课方式包括对理论的梳理、理论与当前批评实践的结合、理论对学术构建如博士论文写作的贡献与实践等。主要特色有三：一是对所研究的作品、所借助的理论著作

"原典"进行系统的"细读"。二是针对中国现实问题进行学术探讨。譬如在对每一种西方文学批评新方法的研习中,都选取了几种能够体现对中国现实问题进行学术研究的前沿性代表著作或作品,作为学生进行言说、批评的对象,学生们在多次集体学习、讨论的基础上,发而为文,表述自己的学习体会与学习收获,从而将西方新理论的运用与中国的现实状况紧密结合,培养了自身作为最高学历教育对象——博士生的理论实践能力。三是学生发而为文的形式多样,包括论文、笔谈、对话等,提高了学生撰写各种文体的能力。

河南大学中文系资料室的谢玉娥老师每月一次制作的"中国女性文学研究篇目辑录",尽力搜索中国女性文学研究成果,不仅及时地向国内外的女性文学研究者提供了当前女性文学研究的学术信息,而且也为今后的女性文学研究提供了翔实的历史资料。其主编的女性文学研究大型工具书《女性文学研究与批评论著目录总汇(1978~2004)》,① 更是对本学科学术资料与文献资料建设的重大贡献。

3. 中山大学

中山大学中文系于 2000 年增设了比较文学与世界文学教研室,第一位教研室主任为本学科带头人艾晓明教授。该教研室以当代女性主义批评、性别与媒体、性别与文化研究作为发展重点,不仅承担了外国文学与文化研究本科生课程教学,而且设有 20 世纪中外文学比较、欧美文学、媒体与文化研究的硕士点和博士点,进行硕士生和博士生的教学工作,并先后举办过"妇女研究与教学"工作坊、"妇女与媒体"系列讲座(分别在中央电视台 1 频道"半边天"节目 2002 年 1 月、中央电视台 10 频道 2002 年 3 月教育节目播出);完成了美国福特基金会资助的"发展中国的妇女与社会性别研究"总课题中的教材翻译子课题项目《女性主义思潮导论》一书的翻译工作,并于 2002 年由华中师范大学出版社出版。该研究室承担的教学、科研项目还包括"妇女与社会性别译丛"中《女性主义电影理论导论》②、《语言与社会性别导论》③ 两书

---

① 谢玉娥主编《女性文学研究与批评论著目录总汇(1978~2004)》,河南大学出版社,2007。
② 休·索海姆:《女性主义电影理论导论》,艾晓明、宋素凤、冯芃芃译,广西师范大学出版社,2007。
③ 玛丽·塔尔博特:《语言与社会性别导论》,艾晓明译,华中师范大学出版社,2004。

的翻译，广东省教委重点项目"性别与叙事"、中山大学哲学社会科学重大发展项目"二十世纪文学与中国妇女"等，所进行的《阴道独白》中国大陆中文版首演，影响深广。

2003 年 9 月，"性别教育论坛"网站开始运行，以"思考性别、改变社会"为目标，组织国内外著名学者专家，开设了"性别教育论坛"讲座，推进性别教育，分享交流相关资源，促进了女性文学的学科建设。

4. 厦门大学

厦门大学的"性别与文学"课程，由学科带头人林丹娅教授始设于1995年，从最初仅是面向中文系本科专业的选修课，到今天已成为可供全校不同专业学生选修并由多位不同研究方向的教师参与教学的公共课。经过十多年的教学活动和不断摸索改革，该课程已形成较为成熟的教学理念、教学方法和教学途径，拥有了一支强劲的教学团队，建立了从本科生课程到研究生课程的课程系列。就具体课程而言，除林丹娅教授、王宇教授、王烨教授的女性文学写作史、性别与文学文化研究外，还有李晓红教授的女作家与新媒体研究，郑国庆的女性主义理论研究，胡旭、洪迎华的古代女性写作研究，苏琼的女性戏剧研究，杨慧玲的女性民间戏曲研究，郭慧芬的海外华文女作家研究等，涵盖了文学和女性文学的诸多领域。

"性别与文学"课程最大的亮点是教学法的创新。多年来，"性别与文学"课程一直追求由个体推及群体性别意识创新的文化效应，教改的重点也落在提高学生对相关理论、知识的领悟，强调并凸显课程的应用性、推广性、传播性上，在激发学生提升性别意识与文化修养的同时，培养学生自主探索与解决现实社会问题的能力。多年来的教学，已取得了可喜的成效。如，近年来，在林丹娅教授指导下，学生们相继自编自导自演了饱含创新思维和性别意识的话剧《阴道独白》（中文版）、《美人计》等。作为全国妇女/社会性别学学科发展网络妇女/性别学课程教学法创新项目，本课程与西南少数民族"土风"普米音乐项目联手，创作演出了教学剧《风语》，尝试以全新的教学方法，以教师指导、学生主体参与为途径，以表演为手段进行课堂教学，使学生在主体性参与中习得知识，增长才干，加强文化修养，确立新的社会性别意识。这一教改成果在社会上引起强烈反响，受到学生的广泛欢迎，也得到了美国福特基金会

北京办事处文化教育项目官员何进博士的赞许，认为这是中国高等教育领域中一次具有创新意义的教学法改革。

5. 湖南师范大学

湖南师范大学的"中国女性文化"课程，由学科带头人赵树勤教授始设于1997年，是一门以培养学生综合素质、传播男女平等、两性和谐文化为目标的素质教育课程。2002年初，赵树勤教授领衔申报的全国教育科学"十五"规划重点项目"21世纪高等院校女性学课程的体系建构与教材建设"成功立项，她带领的教学团队先后在本科生与研究生的不同层面上开设了"女性文学研究""女性文化研究"等课程。其中，主干课"中国女性文化"作为学校的文化素质教育课面向全校学生开设，"女性文学研究""女性心理学""家政学""女性与性别研究"等辅助性子课程分别在文学院、教育科学学院、公共管理学院、树达学院等开设。在借鉴国内外高校女性/性别学课程和通识教育课程建设经验的基础上，该校首次在国内建立了本土的、跨学科的女性文化课程体系。该课程体系既克服了以往女性文化课程设置西化的局限，又充分考虑了中国大学生性别意识的现状，高校全面推进学生素质教育的要求和国家建设男女平等、两性和谐社会的发展目标，显现出鲜明的中国特色。经过十年建设，"中国女性文化"系列课程，已经成为备受全校本科生和研究生关注和欢迎的课程，并于2007年被评为湖南省精品课程。

6. 陕西师范大学

陕西师范大学女性研究中心成立于1995年4月，有成员十余人，均为陕西师范大学各院系的专职教师。该中心负责人之一的屈雅君教授既是该校文学院教授、博导，又兼任该校目前中国唯一的"妇女文化博物馆"馆长。该馆致力于发掘、研究、弘扬妇女文化，展示了女书、嫁衣、织物、历史上的女人、生育文化、女红等1900余件实物，展出面积达1000平方米。基于此，妇女文化博物馆与女性研究中心在有关妇女/性别的科研与教学上，建立了彼此间理论支撑和实践依托的关系，促进了陕西师大的妇女/性别课程建设。

作为新的教学手段，妇女文化博物馆已成为陕西师范大学文学院的一个重要教学场所，屈雅君教授与其教学团队开设的"女性文学批评"课程及"女性文学批评作为文化批评"等单元课程的教学就直接在妇女文化博物馆内进行。十几年来的教学实践证明，博物馆教育的直观性、内容的丰富性、对学生主动参与的促进性，大大克服了传统课堂中刻板的讲授方式和单一的文字教材的局限性，为女性文学的教学注入了鲜活的元素。

7. 辽宁大学

辽宁大学文学院女性文学的学科带头人王春荣教授，自 1989 年历任硕、博士生导师以来，开设有"中国当代文学史""中国当代文学思想史""20 世纪中国文学批评史""中国现当代女性文学研究"等课程，并指导韩国、日本、法国、俄罗斯等多个国家的留学硕士生、博士生开展相关的研究。至今，该校已建立起一支教学团队，为全校学生开设多门相关课程。

王春荣教授为辽宁大学女性文学的课程建设做出了重大的贡献，曾先后多次被评为校级本科生优秀教师、沈阳市优秀教师，荣获"曾宪梓奖教金""辽宁大学振兴奖"等奖励。

8. 首都师范大学

现为首都师范大学中文系副教授的荒林于 1980 年代后期在福建师范大学任职期间，就开设了"中国 20 世纪女性文学""20 世纪中国女诗人论""女性主义文学理论"和"历代妇女作家研究"等课程，调任首都师范大学任教后，在首都师范大学为本科三年级和四年级学生分别开设了"当代女性文学"和"女性主义思潮导读""中国现当代女作家导读"等选修课，深受学生欢迎，2006 年获首都师范大学优秀教学成果奖。

以荒林为主创办的《中国女性主义》丛刊，及与之配套组织的一系列文化沙龙与研讨活动，影响广泛，受到学界与社会的关注。

9. 北京语言大学

北京语言大学"性别文化研究"课程作为该校文化建设的一个特色项目，开设于 2006 年 3 月，是北京学院路地区 16 所高校"教学共同体"的公共选修课之一，主要对象是本科生，深受学生欢迎。

在李玲、袁丹和段江丽三位老师的指导下，该校还创立了"性别文化研究"专题学术网站（http：//www. xbwhyj. cn/）。该网站内容充实、视野开阔、界面生动、形式活泼，知识性与趣味性并重，作品原创与资源整合并行，在为教学服务的同时，也为性别文化研究者熟悉、了解和分享性别文化研究领域的

信息，为各位专家、学者相互交流科研成果，磋商心得，提升学术素养搭建了平台。近几年来，该网站的管理组织工作日益规范化，社会影响也越来越广，《中国教育报》对此曾做过多次报道。

此外，本学科带头人李玲教授，曾应邀在中国广有影响的央视科教频道"百家讲坛"上做过两场学术讲座：《男权视角下的女性形象》与《作家笔下的婚姻生活》，把教学从院校讲台扩展到社会讲堂上，获得了良好的社会效益。

10. 同济大学

同济大学女子学院是上海高校中仅有的以培养理科女大学生为目标的一所女子学院。从 2003 年下半年开始，该女子学院在同济大学范围内聘请兼职教师，于 2004 年起在同济校园开设了"女性特色系列课程"。这一系列课程先后设置了"女性文学""性别社会学""女性心理学""女性舞蹈艺术""女性音乐艺术"和"公关礼仪与社交"等课程。其中，"女性文学"课程面向全校学生开设，主要由同济大学文学院的钱虹教授担任授课教师，深受学生欢迎。

11. 上海大学

上海大学女性文学学科带头人董丽敏教授的主要研究领域为 20 世纪中国女性文学/文化研究、传播媒介与 20 世纪中国文学。主讲课程有《中国现代文学史》《中国当代文学史》《文学概论》《中国当代文学作品选》《中国现代文学作品选》《二十世纪中国女性文学研究》《文学导论》（联合授课）与《女性学导论》（联合授课）等。其中，《文学导论》是为大学一年级新生开设的文学院全院公共选修课，与王晓明、孙晓忠两名教师共同授课，性别视角的引入是本课程的特色之一。该课程 2006 年获得校精品课程称号，并被列为市教委重点课程，是该校中文系目前仅有的两门市级重点课程之一，深受学生欢迎。

总之，1995 年以来，中国的女性文学课程渐趋成熟，在课程内容和教学方面均取得了长足的进步与令人瞩目的成绩。在教材编写方面，既有标志整个学科综合水平的教育部规划教材，也有教师富有个人研究特点的特色教材。在师资方面，已经形成老中青三代相结合、结构合理、可持续性发展的态势。在课程设置方面，一些高校已形成纵横交织的课程网络系统，覆盖了从本科到硕士、博士研究生以及博士后研究人员的各个层面，形成了专业必修课、专业选修课、院系选修课、全校公选课等各个面向，构建了本学科、多学科、跨学科的教学内容，不仅培养了一批具有较敏锐性别意识和较高学术能力的专门研究人才，更为传播先进的性别文化，培养具有先进社会性别意识的新一代做出了自己应有的贡献。

当然，需要注意的是，尽管中国女性文学课程建设取得了一定成就，但在某些方面依然存在缺陷与不足。如何通过女性文学的教学与实践更好地推进性别平等文化的建设，还有许多工作要做。但我们坚信，有近些年奠定的良好基础，中国女性文学的课程建设一定能得到更好发展，开创一个新局面。

B·14

妇女/社会性别史学

胥 莉　畅引婷*

摘 要：

自1995年联合国第四次世界妇女大会召开以来，有关"妇女史"和"社会性别史"的研究日益受到国内学术界的重视，妇女/社会性别史研究在历史学科领域的"主流化"已成为历史学界学人共同关注的议题。与此同时，一些高等院校与科研院所陆续设立妇女/社会性别史及相关课程，课程建设也取得一系列成就。学术研究和课程建设是学科发展的两大基础和支撑。由此出发，回顾1995~2010年妇女/社会性别史学约15年的发展历程，梳理这一领域课程建设和学术发展的过程，总结这一时期学科建设和发展取得的成就，反思存在的问题，探讨今后的发展目标，是一件非常有意义的工作。

关键词：

妇女/性别史学　学术研究　课程设置　学科发展

自1995年联合国第四次世界妇女大会召开以来，有关"妇女史"和"社会性别史"的研究日益受到国内学术界的重视，妇女/社会性别史研究在历史学科领域的"主流化"已成为历史学界学人共同关注的议题。与此同时，一些高等院校与科研院所陆续设立妇女/社会性别史及相关课程，课程建设也取得了一系列成就。学术研究和课程建设是学科发展的两大基础和支撑。由此出

---

* 胥莉，毕业于南开大学，硕士学位，现任太原师范学院政法系副主任，教授，主要从事世界史与社会性别研究。畅引婷，毕业于山西师范大学，硕士生导师，现任《山西师大学报》（社会科学版）主编，编审，主要从事妇女史和女性主义理论研究。

发，回顾 1995～2010 年妇女/社会性别史学的发展历程，梳理这一领域课程建设和学术发展的过程，总结这一时期学科建设和发展取得的成就，反思存在的问题，探讨今后的发展目标，是一件非常有意义的工作。

一　1995～2010 年的研究状况

妇女史研究在当代中国的重兴，可以追溯到 20 世纪 80 年代末到 90 年代初，但学者/教师们开始将学术研究与课程建设结合在一起并自觉推动妇女/社会性别史学科在中国的发展，应该是在世纪之交的 2000 年前后。当时，学者/教师们一方面借助国外课题或项目基金，通过读书班和研讨会的形式介绍西方女权主义的思想和理论，聚集妇女史研究的力量，拓展妇女史研究的视野、思路和范围；另一方面针对妇女史研究的现状，以及在借用“他山之石”过程中出现的具体问题，着力对西方女权主义理论进行本土化的改造与创新；同时，根据中国妇女历史发展的特点，积极而努力地总结、提炼、挖掘具有中国特色的、本土的妇女史研究理论和方法，以寻求与世界妇女史研究对话的资本。鉴于妇女/社会性别史研究在中国的发展演变脉络已有学者从不同角度做过较为详尽的梳理和论述，[①] 本文主要围绕中国 1995～2010 年妇女/社会性别史研究的要点和特点简要进行概述。

（一）研究的要点

1. 妇女史理论研究

妇女史理论研究是整个妇女史研究的“纲”，它为妇女史研究和整个学科建设的实践确定方向、路线和指导思想，是一项最为基础的工作。也就是说，面对浩如烟海的历史材料和资料，以及纷繁复杂的历史事实、事象、事件等，用怎样的理论、方法、概念、范畴、思想、框架统领所搜集到的史料，是每一个研究者无论如何都不能回避的。如，什么叫妇女史？为什么要研究妇女史？

---

① 如杜芳琴《三十年回眸：妇女/性别史研究和学科建设在中国大陆的发展》，《山西师大学报》（社会科学版）2008 年第 6 期；杜芳琴：《中国妇女/性别史研究六十年述评：理论与方法》，《中华女子学院学报》2009 年第 5 期。

怎样研究妇女史？妇女的历史应怎样书写？妇女史课程该怎样讲授？妇女史教材应怎样编著？女性主义教学法和传统的教学方法怎样有效对接或衔接？妇女史与传统史学和女性主义史学之间是怎样的关系？妇女史研究与当代中国作为指导思想和理论基础的马克思主义的历史唯物主义怎样协调与统一？中国妇女史研究与西方妇女史研究如何对话与交流？妇女史和社会性别史有着怎样的联系与区别？学者的性别身份对史学研究有着怎样的影响？具体到中国，中国的社会性别话语是怎样构成的？关于两性的行为规范、两性生活、两性关系的假设和惯例是什么，它们是怎样产生和运作的，结果或效果又是怎样的？等等。为了回答这些问题，一些学者对有关妇女史研究的许多理论问题进行了深入的思考和探索。如，杜芳琴和蔡一平1998年在《中国妇女史学科化建设的理论思考》一文中，针对中国妇女史研究的现状指出："我国新时期妇女史研究与西方一个重要的不同之处在于：我们缺乏一种起于民间的强大的妇女运动从而牵动和推动理论的需求，并成为理论探索源源不断的人才和思想的资源的背景。目前，我国妇女史研究人员和成果远远不能适应妇女研究和历史学科发展的需要，作为妇女学科的奠基学科和历史学科的创新领域的妇女史，已经到了迫切要求做认真扎实的理论建构和学术引进的工作，从而推动妇女史研究健康发展的关键时刻。"[1] 为此，杜芳琴在将西方妇女史理论本土化的过程中，着重探讨了中国妇女史研究的有关概念、范畴与方法。她认为，学科视野下的妇女史与以往的妇女史研究有着明显的不同，它不是孤立地对个别的妇女人物进行褒贬倡导，不是单纯将妇女作为问题群体并成为现代性的标志去论述呐喊，也不是将妇女史作为社会史视野下对一个弱势群体的研究，而是在一定学理指导下的关于妇女的（on women）、为了妇女的（for women）、与妇女在一起（with women）研究的历史学和妇女学交叉的学科。这里的"妇女"不是本质主义的和普遍的妇女，而是具有特定的多元身份的具体的妇女，同时透过与另一性别的权力和利益关系来显现其活动与状态。[2] 郑永福、吕美颐在2000年对中华人民共和国成立50年来妇女史研究的回顾中也指出："妇女史应该是

---

[1] 杜芳琴、蔡一平：《中国妇女史学科化建设的理论思考》，见杜芳琴《中国社会性别的历史文化寻踪》，天津社会科学院出版社，1998。

[2] 杜芳琴：《中国社会性别的历史文化寻踪》，天津社会科学院出版社，1998，第3页。

以占社会总人口一半的妇女为主体，将妇女置于社会发展历史过程中，研究其自身的发展、地位、作用及其与社会变革、阶级关系、生产发展、劳动、家务、家庭、生育、教育等等的关系。不以妇女为主体的研究虽然可能与妇女问题关系很大，但似乎也很难称为妇女史。通过对妇女史的研究达到全面、科学地认识社会发展和人类本身，既应该是妇女史研究的方法，也是妇女史学科建设的价值所在。"①

事实上，进入 21 世纪后，中国的妇女/社会性别史研究进入了本土化与学科化的实践期。在这一时期，妇女学界和历史学界联手，由妇女学界的学者发起并组织，对妇女史学科建设的一系列问题展开了讨论。如，2002 年大连大学性别研究中心举办了以"历史、史学与性别"为主题的圆桌论坛，来自中国社会科学院、中国历史博物馆、北京师范大学、清华大学、中央党校、四川大学、厦门大学等科研院所和高校的学者，从各自不同的研究领域或专业方向入手，就"男尊女卑"和"阴盛阳衰"、妇女史与性别史观、民族史研究中的社会性别、18 世纪中国知识界的性观念与性关系、清代婚姻关系中的女性角色与妇女生活、历史与性别的人类学思考、性别历史的"制造"、汉匈两种和亲模式下女性的命运与形象、知青中的女性、上层社会礼俗的性别关系等议题进行了研讨和论辩。这个论坛的特点有三：一是在传统历史学科中男性学者居多的情况下，将性别史研究和学者的性别身份结合在一起，在学科建设的实际运作中进行"性别对话"；二是挖掘本土的妇女史研究资源，在现实的研究中积累"东西方对话"的资本；三是会议举办前两天专门组织的"学生论坛"，在"女性主义史学的价值何在"的讨论中，进行了"代际对话"。② 值得特别指出的是，论坛结束后，主办者还专门组织了一组后续的"笔谈"文章，一些专家学者进一步就妇女史与大历史的关系、新史学与传统史学的关系、学者的性别身份对史学的影响，以及在"后殖民"话语结构下的中国史学走向等议题发表了独到的见解，史学界主流权威的学术刊物《历史研究》（2002 年第 6 期）给予了全文刊登。这些笔谈文章中有郭松义的《开展性别史研究需要做

① 郑永福、吕美颐：《妇女史》，载张业英主编《五十年来的中国近代史研究》，上海书店出版社，2000，第 382 页。
② 参见李小江等《历史、史学与性别》，江苏人民出版社，2002。

大量基础性工作》、高世瑜的《关于妇女史研究的几点思考》、商传的《传统史学、新史学与社会性别史》、赵世瑜的《发现历史时期女性的历史记忆是否有了可能》、定宜庄的《妇女史与社会性别史研究的史料问题》、李伯重的《问题与希望：有感于中国妇女史研究现状》、李小江的《两种资源，双重困境》。这组"笔谈"反映了不同学科和不同专业方向的两性学者对当代中国妇女/性别史研究的一些基本认识，虽然没有"宏大"的理论框架，但对以后的妇女史研究着实有着重要的启迪和借鉴作用，其中所提出的一些问题至今仍然需要深入思考。

面对妇女史研究的理论困境及发展趋势，妇女史学界和传统史学界都做出了积极的反应。刘文明将21世纪初中国的妇女史研究称为"新妇女史"，并概括为以下四大特点：因具有女性主义与新社会史的因素而不同于传统妇女史，因没有西方女性主义那种强烈的政治倾向而不同于西方女性主义妇女史，因注入了女性自觉意识与社会性别概念而不同于新社会史，因涵盖了性别史在内而不同于狭义的妇女史。他认为，随着妇女史研究力量的增强，妇女史的学科建设也将不断完善。"她既不是西方意义上的女性主义妇女史，也不是作为社会史分支的妇女史，而是一门在开放中吸收相关学科理论与方法而植根于中国土壤的新兴学科"。① 高世瑜通过对20世纪80年代以来中国妇女史研究发展历程的总结与思考，认为妇女史的定义应涵盖以妇女为研究对象的历史和以女性视角撰写的历史。她关于"历史的客观性和女性主体意识""解古、疑古和信古""共性、整体性与个性、个体差异""当代价值判断与历史人物的主体经验""创造历史的主动性与被动性""生物决定论与社会造成论""性别与其他身份、等级的交叉"的现实思考，对妇女史的理论建构和方法论探讨有着重要的启迪意义。② 值得一提的是，《史学理论研究》2004年第3期在"妇女史与社会性别的启示"的栏目下刊登了一组文章，③ 学者们结合自己的专业，从国内外妇

---

① 刘文明：《"新妇女史"在中国大陆的兴起》，《史学理论研究》2003年第1期。
② 高世瑜：《发展与困惑——新时期中国大陆的妇女史研究》，《史学理论研究》2004年第3期。
③ 这组"笔谈文章"有：杜芳琴的《妇女/社会性别对史学的挑战与贡献》；裔昭印的《妇女史对历史学的贡献》；刘文明的《社会性别史：学理建构及其开放性》；李银河的《关于性别史的思考》；郑永福、吕美颐的《社会性别制度与史学研究》，见《史学理论研究》2004年第3期。

女史与社会性别理论的发展演变及其对妇女史研究和历史学的贡献、社会性别史研究所面临的挑战、父权制的产生和两性地位的演变、社会性别制度研究对史学的影响等方面谈了各自的看法，既回顾与总结了以往的妇女史研究，也对未来的妇女史研究进行了展望与预测。总之，关于妇女史研究中一些理论问题的认识和讨论，不仅关系到妇女史学科的发展，而且牵涉到对传统史学的重建，因此，直到今天，这种探讨依然在继续。随着研究的深入以及问题的显现，中国的妇女史将进一步进入学术批判和知识重建的学科建设自觉期。

2. 社会性别史研究

社会性别史研究是近十几年来中国妇女史研究的一个新领域，并且发展势头强劲。社会性别史的萌发及扩展，一方面在于随着中外妇女史研究的深入交流，西方社会性别史研究的相关理论相继被介绍到中国，将"社会性别"作为研究方法和分析工具，可以敏锐地探寻到以往历史研究和妇女史研究中"被遮蔽""被遗忘""被忽视"的各种权力关系，更为全面地展现曾经的"历史存在"；另一方面，也是最为主要的一个方面，就是在妇女史学科建设的过程中，将社会性别史研究置于女性主义的理论框架之内，不仅为传统史学的重建打开了视野，而且有利于廓清妇女史与传统史学的学科边界，以确立妇女/社会性别史独立的学科地位。社会性别，既是一种客观存在的历史范畴，也是一种分析方法和思维方式，同时还是一种学术实践。它在妇女史研究领域的广泛运用，使妇女史呈现出一种与以往完全不同的研究形态。

社会性别史在中国的兴起与广泛传播，与国际基金资助的项目运作有一定的关联。其中，"发展中国的妇女与社会性别学"和"妇女/社会性别学学科发展网络"等项目中所设立的妇女史子课题和子网络，对当代中国的社会性别史研究都起到了巨大的推动作用。1999年和2000年天津师大妇女研究中心组织了两次全国性的妇女史学科建设读书研讨班，从两次研讨班的课程及讨论汇编——《赋历史以社会性别》（1999）和《引入社会性别：史学发展新趋势》（2000）这两本内部资料集的书名，就可明显看出社会性别研究在世纪之交被中国学界所关注和重视的程度。妇女/社会性别学学科发展网络之妇女史

子网络，2007～2011 年连续举办了各种主题不同的小型学术研讨活动，交流妇女与社会性别史研究的信息，探讨妇女/社会性别史研究中所面临的困惑和问题，聚集了妇女与社会性别史研究的学术力量，推进了妇女/社会性别史的学科建设。

近十多年来，在史学界，运用社会性别的方法、概念、范畴对中国历史上的妇女与性别进行整体观照已经成为一种学术风尚。具体来讲，主要有以下几方面的表现。

一是从性别的角度考察社会权力关系、社会性别制度体系与运作，及其对男女两性带来的不同影响；用社会性别的视角重新审视社会性别与国家、劳动、家庭的构建以及民族革命之间错综复杂的关系，社会性别制度以及与此相关联的社会性别关系及社会性别秩序的结构。

二是强调在妇女史研究中将性别维度与政治、经济、社会、家庭、种族/民族、阶级、性倾向等相关因素进行交叉考察与分析，以凸显人类历史的复杂多样性。如运用社会性别理论对中国历史上的性别制度/秩序，以及历史事件、人物进行分析，并着力于对男性中心的社会性别制度的批判。

三是妇女/社会性别史作为历史学的一个新的知识生长点，担负着对以往历史知识进行全面审视和对包括两性经验在内的新的历史知识进行建构的任务，进而补充历史知识，修正历史观念，完善历史学体系。

四是对西方女性主义理论不适合中国国情的成分进行批判和反思，挖掘本土的妇女史研究资源并形成自己的特色，构建新的知识，进而使妇女史研究的内容更加深厚和丰满，同时也更具魅力。

五是激发/培养研究者和学生一种创造性的、批判性的思维方式，以勇于发表自己的见解，对贴着"真理"标签的权威观点提出质疑，挑战传统的知识生产体系。

在社会性别史理论的探索与实践方面，杜芳琴的研究很具代表性，她先后撰写的《华夏族性别制度的形成及其特点》《商周性别制度与贵族妇女地位之比较》《妇女研究的历史语境：父权制、现代性与性别关系》《等级中的合和：西周礼制与性别制度》《从社会性别视角研究中国历史》《历史研究的性别维度和视角》等文章，不仅将社会性别理论引入中国妇女史的研究，具有重要的理论创新价值和方法论指导意义，而且对中国古代社会性别制度的形成、变化过程和表现特点的探寻，体现了鲜明的中国本土特色，向国际学界提供了中国社会性别史研究的一种经验和范本。其中，"华夏性别制度"这一本土概念也被国内越来越多的研究者接纳并有所发展。

杜芳琴和王政主编的《中国历史中的妇女与性别》一书，集结了国内妇女史学界学术水平较高的一批学者，如赵宇共、杜芳琴、高世瑜、邓小南、臧健、定宜庄、吕美颐、郑永福等的论文，对中国古代社会性别制度的起源，华夏族父权制社会性别制度结构，唐宋时代社会性别在法律、伦理与家庭的内外空间的运作等进行了深入的探讨，① 推进了妇女/社会性别史教材、教参的建设。

需要特别强调的是，在具有社会性别视角的妇女史研究中，两性在其中的位置并不是平分秋色的。为了避免性别研究中女性被再度"边缘化"，从女性主义的立场出发，将女性置于研究的中心位置，同时比较性别间的差异，是社会性别史的核心议题，也是妇女史与传统史学鲜明的不同之处。其落脚点在于改变传统的性别文化对男女两性的束缚，同时提升人们的社会性别意识，隐含着追求性别平等的政治诉求。

中国的妇女史研究也像西方一样，经历了从"添加妇女的历史"到以社会性别为分析范畴的"妇女史"——"她史"，再发展到社会性别视角下注重差异与多元的"社会性别史"的过程。将"社会性别"这一概念引入妇女史研究之中，不仅为人们提供了一个理解和阐释历史的全新视角，而且大大拓展了史学的视野、空间和深度。正如杜芳琴所说："历史一旦加入性别，历史就注入了活力和'人气'，不再是僵死、冷冰和枯燥的了；至于一些从来不能登入历史'大雅之堂'的'纯女人生活'和男女私事私情的领域，如生育活动、身体、性行为、情感活动、心态、疾病、医疗等也理所当然进入了历史学的范畴。"② 同时在这个新视角和新视野的背后，是对传统史学研究方法和观念的一系列挑战，即通过对以往知识生产体系中的男性中心主义偏见的揭示，批判和颠覆传统的思维

---

① 杜芳琴、王政主编《中国历史中的妇女与性别》，天津人民出版社，2004。
② 杜芳琴：《妇女史与社会性别的启示——妇女/社会性别史对史学的挑战与贡献》，《史学理论研究》2004 年第 3 期。

模式和行为规范，在社会性别史观的观照下，形成新的妇女史研究进路和研究范式。总之，妇女史研究中社会性别范畴的引入，不仅大大拓展了研究的视野，而且在某种程度上具有史学革命的意义——重写妇女的历史，而不仅仅是"添加"。

社会性别史研究在当代中国的兴起与发展，与妇女/社会性别学在当代中国的发展是同步的，整个妇女研究界对妇女/社会性别学学科建设诸多的理论思考，也促进了社会性别史研究的发展。

3. 妇女运动史研究

妇女运动是由妇女广泛参与、为解决特定的妇女问题并推动社会进步而开展的有组织、有纲领、有目标、有一定规模和影响、以女性为主体的社会运动。它以妇女广泛参与社会为方向，以促进男女平等、妇女发展为主题，是中国妇女参与社会变革、推动社会发展、从而争取妇女进一步解放和全方位推进妇女发展的过程及活动。妇女运动史研究作为妇女史研究的重要组成部分，近年来随着社会性别和女性主义视角的进入也有了新的拓展，如一些研究者所说，"不同形态的妇女运动被置于中国现代化的历史脉络中加以考察，新概念、新范畴的介入引发了对妇女运动事件与人物的重新审视，凸显了运动主体的成长轨迹，使新世纪的妇女运动史研究更加生动鲜活"。① 妇女运动史的研究之所以在妇女史研究领域经久不衰，一个重要的原因就是它与妇女自身的解放息息相关。因此，加强对妇女运动史，尤其是近百年来在中国现代化进程中妇女运动的发展轨迹的研究，不仅是探寻历史多样性的需要，更是当代中国妇女寻求自身解放的现实反映。

近十多年来，有关近代妇女运动史的研究成果非常丰富，研究议题也相当广泛，除了中国妇女运动兴起的条件、妇女运动的开端、妇女运动史的研究对象、妇女运动的形态、妇女运动的历史分期、妇女运动的特点、妇女运动的主体，以及民主革命与妇女解放的关系、马克思主义与妇女解放的关系等传统议题外，从女性主义和社会性别视角反观近代妇女的解放历程和妇女运动史研究历程的成果也越来越多。具体表现为：第一，通过对以往研究中用政治史代替

---

① 肖扬：《2001~2005 年中国妇女运动史研究述评》，《山西师大学报》（社会科学版）2007 年第 5 期。

妇女史、精英史代替妇女大众史、观念史代替妇女生活史的质疑和批判，试图从研究范式、研究理念等方面对妇女运动史的研究进行革新；第二，通过对近代妇女人物和历史事件的女性主义思考和社会性别分析，挖掘妇女运动史的丰富内容，探讨近现代妇女的参政、教育、职业发展与现代化进程的关系，揭示妇女争取平权的斗争与社会文化、经济发展之间的互动关系，以呈现妇女运动的全貌；第三，将妇女运动置于中国革命、阶级解放和民族解放的大背景中加以历史考察，再现妇女在革命和建设中的主体性作用，同时以女性的觉醒与发展为重要线索，运用社会性别视角对中国近现代乃至当代的妇女运动事件与人物进行重新审视，探寻不同地域、不同阶层、不同民族妇女解放的差异性及处境，探讨女性自主意识的形成与变化，展现妇女在妇女运动中运动主体性成长的轨迹。

总体来看，妇女运动史的研究力量主要可分为两支，一支以妇联为主体，重在整理妇女运动的史料，总结妇女运动的历史经验和老一代妇女运动先驱的事迹/经历，为今天的妇女解放提供历史的借鉴；另一支是学界的力量，从学科或学理的层面探讨妇女运动的发展演变脉络，并运用一定的理论框架对所挖掘的材料进行系统分析，为当今的教学提供材料和认识视角。这两支力量在现实的研究中始终是交相辉映的。事实上，由全国人大常委会原副委员长、全国妇联主席顾秀莲主持的国家社科基金重大项目"中国妇女运动百年史"的实施和完成，就是妇联和学界通力合作的结果。《20世纪中国妇女运动史》（上、下卷）的写作历时8年，2012年由中国妇女出版社全部出版。该书在撰写过程中，云集了全国妇女史研究界的资深专家和青年学者，形成了一支力量较强的研究队伍。该书既不同于传统的妇女运动史，也有别于西方的女权主义运动史，是在充分吸收国内外妇女研究成果的基础上，坚持以马克思主义的唯物史观为指导，通过对史料的深入挖掘，对具有世界影响且属中国独有的妇女运动形态和运行轨迹及特点进行了系统的总结、概括和阐释。正如该书"前言"所说："与以往相比，我们更加自觉地运用社会性别视角审视中国妇女运动走过的过程。在编写过程中，力图准确把握阶级、政党、民族和性别的关系，以实事求是的态度，着力分析在重大历史事件中妇女的地位、作用以及她们自身感受到的进步和困惑，注意国家法律、政策、措施对男女两性的不同影响和作

用，争取在分析视角和史料挖掘上有所创新"。①

王政、陈雁主编的《百年中国女权思潮研究》，是复旦大学历史系和美国密歇根大学中国文化研究所在2004年6月联合主办的"百年中国女权思潮研究"国际学术研讨会的优秀论文集萃，所收录的文章多从基本的史料、话语、文本分析入手，用社会性别的视角，对《女界钟》面世一百年来的中国女权历程和女权思潮展开了全新的历史诠释。如对翻译女权主义、男性知识分子的女权观念、男权社会中的新女性、女权主义与中国共产党的妇女解放等议题，学者们都从不同的角度给予了阐释和关注，是"近年来中国近现代妇女史和女权主义研究的一个小结"。②

4. 妇女史著作的翻译引进和世界/境外妇女史研究

将妇女史研究置于全球化或世界格局变动的宏观背景下进行观照，是中国妇女史研究走向世界、与国际对话的必然，也是将中国妇女史研究引向深入所必需的。20世纪六七十年代以来，随着西方女权主义运动而发展起来的女权主义学术思潮，经过近半个世纪的发展，不仅形成了一系列思想理论，而且创造了各种各样的概念范畴，为女性主义学术向纵深开掘奠定了坚实的理论基础。因此，以'95世妇会为契机而大量介绍、引进的西方女性主义学术研究成果，对当代中国的妇女史研究所产生的作用不容低估。事实上，这种引进工作本身已经成为当代中国妇女史研究的重要组成部分。具体来讲，这突出表现在两个方面，一是对西方女权主义和社会性别理论的翻译、引进和评论；二是中国的世界史学界对世界/境外尤其是西方妇女史研究的有关成果日益增多。

从当前中国妇女史研究的实际情况看，鲍晓兰主编的《西方女性主义研究评介》（生活·读书·新知三联书店，1995），李银河等主编的《妇女：最漫长的革命》（生活·读书·新知三联书店，1997），王政、杜芳琴主编的《社会性别研究选译》（生活·读书·新知三联书店，1998），史铁柱翻译的《第二性》（中国书籍出版社，1998），艾晓明等翻译的《女性主义思潮导论》

① 顾秀莲主编《20世纪中国妇女运动史》（上、下卷），中国妇女出版社，2008/2012。
② 《后记》，载王政、陈雁主编《百年中国女权思潮研究》，复旦大学出版社，2004。

（华中师范大学出版社，2002），杜芳琴、王向贤主编的《不守规矩的知识》（天津人民出版社，2003），余宁平等翻译的《当妇女提问时——美国妇女学的创建之路》（天津人民出版社，2006），艾晓明等翻译的《女权主义理论读本》（广西师范大学出版社，2007），肖巍等翻译的《女性主义哲学指南》（北京大学出版社，2010）等，都是在妇女史研究中引用频次较高的一些译著，其对当代中国的妇女学和妇女史学科建设都有着重要的理论参考价值和方法论借鉴意义。而琼·W. 斯科特的《性别：历史分析中一个有效范畴》和《女性主义与历史》等经典著述，也随着这些译著的出版而得到了广泛传播。尤其是由美国福特基金会资助、北京大学刘东教授主持、江苏人民出版社出版的"海外中国研究译丛——女性系列"，不仅加强了东西方中国妇女史研究的学术交流，同时也催生了一系列书评和述评，以及对其中事实的订正、考证性文章的诞生，使西方的中国史研究回到本土被加以检验。在译介性著作中，新近的重要译作是裔昭印、洪庆明等翻译的共 55 万字的《世界妇女史》（上、下卷），① 这是面向世界史本科生、研究生的一部教材，也是中国妇女史学界了解世界格局下的妇女史及其研究状况的重要参考书。

与境外妇女史研究成果的不断引进相对应，近十几年来中国学界对境外，尤其是西方妇女史的研究也持续升温，研究论文和论著不断问世。② 尤其是裔昭印等著的《西方女性史》（商务印书馆，2009），以国家社科基金项目——"西方妇女地位的历史变迁"为基础，历时 7 年，洋洋 70 余万字，可以说是当前中

---

① 〔美〕凯瑟琳·克莱、钱德里卡·保罗、克里斯蒂娜·塞内卡尔：《世界妇女史》（上卷），裔昭印、张凯译，格致出版社，2012；帕梅拉·麦克维：《世界妇女史》（下卷），洪庆明、康凯译，上海人民出版社，2012。

② 1995 年以来，中国出版的有关国外妇女研究的代表性成果有：王政：《女性的崛起：当代美国的女权运动》，当代中国出版社，1995；裔昭印：《古希腊的妇女——文化视域中的研究》，商务印书馆，2001；刘文明：《文化变迁中的罗马女性》，湖南人民出版社，2001；刘文明：《上帝与女性——传统基督教文化视野中的西方女性》，武汉大学出版社，2003；陆伟芳：《英国妇女选举权运动》，中国社会科学出版社，2004；潘迎华：《19 世纪英国现代化与女性》，浙江人民出版社，2005；贺璋瑢：《神光下的西方女性》，中国青年出版社，2007；王纠：《激进的女权主义——英国妇女社会政治同盟参政运动研究》，上海三联书店，2008；傅新球：《英国社会转型时期的家庭研究》，安徽人民出版社，2008；张淑清：《中世纪西欧的犹太妇女》，人民出版社，2009；刘倪、黄育馥：《国外中国女性研究——文献与数据分析》，中国社会科学出版社，2009；等等。

国世界妇女史研究领域最重要的成果之一。该书的出版"从一个方面说明中国当前的世界史研究的确已经达到了一个新的、较高的境界"。① 除了专门的著作外，近年来，国内妇女史、世界史、港澳台史学界也发表了不少关于世界/境外妇女史研究综述或评述的文章。② 这些著述都带有综述性质，对世界/境外妇女史研究理论和方法、研究领域、发展演变脉络以及逻辑思路的系统介绍，对研究动向、动态和面临的困境等所进行的系统梳理，为境内妇女史研究提供了必不可少的参考性、借鉴性资料和视角。而这些经过境内学者"再整理"和"再建构"的内容，不同于从境外直接翻译过来的著述，作者在论说的过程中已经有了取舍，一定意义上来说，更加有利于中国本土学者的理解，也更易于传播。

需说明的是，限于篇幅以及资料和笔者的视界，以上几个方面难以涵盖近十几年来中国不断变化的妇女史研究状况和丰富多样的妇女史研究和学科发展成果，只是以代表性为标准加以简要概述和提炼，希望以后有条件对不足之处、遗漏之处、错误之处加以弥补和修正。

（二）研究的特点

1. 研究成果丰富

研究成果的数量和质量作为妇女史研究的结晶，不仅为学科的发展发挥着基础性的作用，而且也是衡量一个学科是否成熟的重要标志之一。就中国近十几年来妇女史研究的具体情况看，其论文的篇目数量还是非常可观的，这从以下的统计数据中可略见一斑。

---

① 俞金尧：《妇女的历史是一座值得深挖的富矿——评〈西方妇女史〉》，《世界历史》2010 年第 6 期。

② 如仪缨《台湾妇女研究论点简述》（上、下），《妇女研究论丛》1996 年第 1 期和第 3 期；刘军：《美国妇女史学的若干理论问题》，《世界历史》1999 年第 1 期；《论美国妇女史研究中的政治倾向》，《史学理论研究》1998 年第 1 期；《美国妇女史研究的新特点：论妇女的不团结》，《美国研究》1998 年第 4 期；周兵：《美国妇女史研究的回顾与展望》，《史学理论研究》1999 年第 3 期；刘耀春：《文艺复兴时期妇女史研究》，《历史研究》2005 年第 4 期；倪婷：《女性、阶级与种族因素的互动——美国妇女史研究》，《世界历史》2009 年第 6 期；刘静：《论女性主义史学对西方教师历史研究的影响》，《比较教育研究》2009 年第 9 期；孙晶晶：《古希腊家庭研究综述》，《江西社会科学》2009 年第 11 期；崔鲜香：《韩国的高丽妇女史研究综述》，《山西师大学报》（社会科学版）2008 年第 3 期；曹晋、吴娟：《美国学者的中国妇女史研究——美国加州大学圣克鲁斯分校历史学教授贺萧访谈录》，《史学月刊》2006 年第 1 期。

首先，在中国知网通过"主题"搜索，1995～2011年妇女史研究中带有"综论"性质的论文共442篇（见表1）。其中，"妇女史"达240篇，占到了一半以上；性别史、社会性别史、妇女/社会性别史三项加起来共65篇；妇女运动史60篇，女性史39篇，妇女解放史18篇，妇女生活史12篇，女性主义史学8篇。以上的篇目统计，也从一个侧面反映出近十多年来中国在妇女史研究领域对不同研究方向的关注程度。而从年份上看，相比较而言，2009年的数量为最多，这也许与改革开放30年纪念活动有某种关联。

表1 1995～2011年妇女史"综论"篇目统计表

单位：篇

年份	妇女史	女性史	性别史	社会性别史	妇女/社会性别史	妇女运动史	妇女解放史	妇女生活史	女性主义史学	女权主义史学	总计
1995	5		1			2	1				9
1996	9	1				5		1			16
1997	9	1				2		1			13
1998	6	1				4		1			12
1999	11	3				6	1	1	1		23
2000	15	2		1		3	1				22
2001	13		1			3					17
2002	18	1	4	3	1	3	3				33
2003	9	1	1	1		6	4	2			24
2004	10	4	2			4	2				22
2005	10	3	3	1	1	3	1	1			23
2006	20	4	4	2		3		1	2		36
2007	14	4	3			3		1	1		25
2008	17	3	3	3	1	3					30
2009	29	1	10	2	1	3	3	1	2		52
2010	23	7	8	2		3	2				45
2011	22	3	4	2	1	4		2	2		40
总计	240	39	44	16	5	60	18	12	8		442

其次，通过中国知网的优秀硕博学位论文库对妇女史相关论文的检索显示，2000～2011年，相关硕士论文共537篇，且从2007年开始大幅上升，以后虽有起伏，但波动不大；1999～2011年，相关的博士论文共66篇，其中，2007年最多，共13篇，余者相对平衡。从内容上看，不论硕士论文还是博士论文，近现代妇女史都是重头戏，接下来较多关注的是唐宋时期和元明清时期的

妇女史，然后是秦汉时期的妇女史（参见表2、表3）。这种状况的出现，一方面与文献资料的资源量有关，近现代的资料相对较多并易于找到，所以多数学生选择近现代妇女史作为论文题目；另一方面与导师的专业方向有关。如北京大学的妇女史博士生在唐宋妇女史研究方面多有开拓。

表2　妇女史优秀硕博士学位论文按年份统计

单位：篇

年份	1999	2000	2001	2002	2003	2004	2005	2006	2007	2008	2009	2010	2011	合计
硕士		2	10	20	19	28	28	29	71	95	68	77	90	537
博士	1	2	1	3	3	4	4		13	2	9	8	8	66

表3　妇女史优秀博硕士学位论文按内容统计

单位：篇

朝代	先秦	秦汉	魏晋南北朝	唐宋	元明清	古代综论	近现代	总计
硕士	42	46	20	124	73	18	214	537
博士	6	8	5	11	12	8	16	66

值得强调的是，妇女史研究方向硕博士学位论文篇目数量的不断增加和质量的不断提高，其意义是多重的。它不仅表明妇女史作为一个"学科"已名正言顺地进入了中国高等教育的体制之内，并借助体制的威力批量生产着妇女史知识和妇女史研究人才，同时通过资料搜集和论文撰写，也提升了当代大学生的性别平等意识，许多男性学生也选择"妇女（史）"作为研究或观照的对象，进而改变了原有的性别观念。这表明，通过对性别知识的学习与再造，改变的不只是传统的知识生产体系，同时还有人们的思想文化观念。

2. 研究内容广泛

由历史包罗万象的特点所决定，只要是"过去的"妇女存在，都可纳入妇女史研究的范畴。所以，内容的庞杂和多样就成了妇女史研究的一个突出特点。从笔者搜集到的1300余篇妇女史研究论文的题目来看，主要包括以下几个方面的内容。

一是从传统的历史分期来看，先秦、唐宋、晚清、近代等时段的妇女史研究领域聚集了一批学养较深的专家和学者，并产出了许多高质量的研究成果，如杜芳琴的华夏性别制度研究，高世瑜的唐代妇女研究，邓小南的宋代男女内外空间秩序研究，铁爱花的宋代士人阶层妇女研究，夏晓红的晚清女性研究，定宜庄的满族妇女研究，杨兴梅的妇女缠足研究，郑永福、吕美颐的近代妇女生活和性别制度研究，罗苏文的女性与近代中国研究，侯杰的《大公报》与近代中国妇女研究，李静之的社会主义妇女运动研究，万琼华的周南女校研究，苏智良的慰安妇研究，高小贤的 20 世纪 50 年代农村妇女的性别分工研究，以及李小江主持的 20 世纪中国妇女口述史等，在学术界都产生了一定的影响。

二是从研究对象上看，上层妇女、精英妇女、妇女领袖依然是重要的关注对象，如古代的"女主"，近代的秋瑾、陈撷芬、宋氏三姐妹、向警予、邓颖超等；同时，随着社会史而兴起的对下层群体的观照，奴婢、妾、妓女、女工匠、巫婆、接生婆、女工、女奴、女仆、修女、寡妇、娼妓、慰安妇，以及文化大革命时期的女知青、铁姑娘等都被纳入了研究的视野。

三是从研究领域来看，除了在传统的政治、经济和文化中探寻妇女的历史之外，婚姻与家庭依然是妇女史研究的重要领地，而对妇女在历史上的地位的研究也占有相当大比重，对妇女思想史和观念史的研究近年来也逐渐成为热点。同时，妇女健康、妇女教育、妇女职业发展等也多有论及。另外，从军事、外交、制度、礼仪、宗教、民俗等方面切入对妇女史进行观照的论文也日渐增多，不同学科的学者从社会史、人口史、家庭史、劳工史、种族史、城市史、乡村史、心态史、风俗史等领域中开拓妇女史研究，使妇女史研究呈现出多元和立体的景观。

四是在学科背景上，不只是研究历史的学者，其他学科中进行妇女研究的学者也多有从"史"入手，对本学科与妇女有关的"历史"进行钩沉者，进而使妇女研究的跨学科性在"史"的交会点上得到了契合，开拓了史学研究的新领域，也为妇女研究这一新兴学科的发展起到了"奠基"的作用。

3. 研讨活动频繁

研讨活动是集结妇女史研究力量的一种重要形式。近十多年来，许多课题/项目组和妇女研究机构，举办了各种不同类型的妇女史专题研讨会。这些活动主要有以下几个特点：一是读书与研讨相结合，如天津师大妇女研究中心多次组织的读书活动；二是理论与实践相结合，如妇女/社会性别学学科发展

网络妇女史子网络的活动，结合研究中的具体议题展开讨论，交流心得体会；三是研究与人才培养相结合，如一些会议吸收一定数量的研究生参加，为年轻人进入妇女史研究领域搭建平台；四是国（境）内与国（境）外相结合，如北京大学、复旦大学、上海师范大学都举办过规模不一的国际妇女史领域学术研讨活动。从表4可以大致窥见近十多年来有关妇女史20余次活动的基本情况。事实上，妇女史研讨会和妇女研究活动是并行的，有关妇女研究的会议上都有相关的议题或分论坛，但限于篇幅，表4所列不包括综合性会议中的妇女史专题讨论。

表4　1995～2011 妇女史重要学术活动一览表（以时间为序）

活动名称	时间	地点	主办/承办单位
21 世纪女性研究与发展	1998 年 6 月	北京	北京大学中外妇女问题研究中心
妇女史学科建设首届读书研讨班	1999 年 8 月	天津	天津师范大学妇女研究中心
妇女史教材编写研讨会	2000 年 6 月	北京	"发展中国的妇女与社会性别学"课题之"社会性别与历史学"子课题
妇女史学科建设第二届读书研讨班	2000 年 8 月	天津	"社会性别与历史学"子课题
唐宋历史学与妇女国际学术研讨会	2001 年 6 月	北京	"社会性别与历史学"子课题
妇女史教材定稿会	2001 年 8 月	徽州	"社会性别与历史学"子课题
历史、史学与性别圆桌座谈会	2002 年 5 月	大连	大连大学性别研究中心
妇女/社会性别史学科建设与课程推广研讨会	2002 年 8 月	天津	"社会性别与历史学"子课题
中日中国妇女史国际研讨会	2002 年 9 月	上海	上海师大女性研究中心 日本中国女性史研究会
百年中国女权思潮研究国际学术研讨会	2004 年 6 月	上海	复旦大学历史系 密歇根大学中国文化研究中心
妇女史研究生系列课程研修班	2005 年 1 月	天津	天津师范大学妇女研究中心
妇女史网络建设工作研讨会	2007 年 7 月	太原	妇女/社会性别学学科发展网络之妇女史子网络
社会性别博士课程班社会性别与历史课程	2007 年 7 月	上海	复旦大学历史系 密歇根大学中国文化研究中心
妇女史研究信息交流	2008 年 11 月	北京	妇女/社会性别学学科发展网络之妇女史子网络
妇女史理论研讨会	2009 年 5 月	天津	妇女/社会性别学学科发展网络之妇女史子网络
妇女史读书会	2010 年 5 月	天津	妇女/社会性别学学科发展网络之妇女史子网络

续表

活动名称	时间	地点	主办/承办单位
社会文化史研究——性伦理、婚姻家庭国际学术研讨会	2010 年 9 月	北京	首都师范大学社科处
妇女史研究的理论与实践国际研讨会	2010 年 11 月	上海	上海师范大学人文学院历史系 上海师范大学女性研究中心
妇女史研究——理论、方法、史料与其他研讨会	2010 年 11 月	北京	《中华女子学院学报》编辑部
历史中的中国女性	2011 年 3 月	北京	中华书局、《文史知识》编辑部
社会主义妇女解放的理论与实践	2011 年 6 月	北京	中国人民大学

注：在杜芳琴《三十年回眸：妇女/性别史研究和学科建设在中国大陆的发展》[《山西师大学报》(社会科学版) 2008 年第 6 期] 一文的基础上添加。

4. 研究方法多样

方法作为达致目标的工具在学术研究中的作用不言而喻，它不仅可以开阔思路，拓展思维，而且能够创新学术和知识。妇女史独立的学科地位的确立，一定程度上就有赖于相关研究方法的继承与创新。

具体而言，一是运用传统的史学研究方法，一方面通过实证和案头工作进行史料的搜集与整理，也就是通过对新史料的挖掘，在事实描述中呈现思想和观点；另一方面将马克思主义的历史唯物史观和阶级分析方法（已经成了中国学术传统的一部分）与其他各种"后论"（诸如后现代、后结构、后殖民）等相结合，试图在继承中有所创新。

二是运用从西方引进的女性主义研究方法，通过"父权制""妇女""社会性别""性别制度""差异""主体身份""多元文化"等分析范畴，对中国历史上的妇女进行分析性和探究性研究，试图在解读、解释、解构传统父权文化的过程中，建构妇女在历史上的主体地位。据此，许多论文是以"挑战者"的身份出现的，女性主义的立场非常明显。

三是运用跨学科的研究方法，将社会学的实证调研和个案分析方法、人类学的田野调查方法、文学的叙事方法、语言学的文本分析方法、人口学的统计方法、心理学的心理分析方法等应用于妇女史研究。同时，妇女史研究还十分注意吸取马克思主义史学、年鉴学派、西方新史学等不同学派的研究成果，试

图走出一条多学科交叉研究中国妇女史的新路子，以期从一种新的视角来解决某些传统史学方法难以解决的问题。

四是运用综合分析的方法，将性别维度与相关的政治、经济、社会、文化、家庭、种族、民族、阶级、性倾向等多种元素密切结合，在更大的范围内对妇女的生存、生活、生产、生命历程等进行交叉考察与综合分析，使妇女/性别史研究呈现出差异、多元和流动的态势，为妇女史研究的进一步深入和拓展开辟了更为广阔的空间。

五是挖掘妇女研究的新史料，通过各种稗官野史、碑刻、日记、笔记、年谱、家训、方志、遗嘱、契约、墓志铭、铭文、书画、雕塑、壁画、神话传说、宗教仪式、祭祀、盛典，乃至医疗记录、法庭审判记录等原始资料，以及小说、诗词、歌谣等文学作品，发掘不同历史时期妇女的历史记忆，还历史以"本来面目"。

二　1995～2010 年的课程建设与发展

一级学科博士点是中国衡量大学或科研院所学科实力和水平的一个重要标准，被批准为历史学一级学科博士点的院校或科研院所在中国历史学科领域具有较高的学术地位，相关的课程设置较完善，教学水平也较高。截止到 2011年 3 月 15 日，国务院学位委员会批准的历史学一级学科博士点共 46 家。[1] 基于国务院学位委员会批准的 46 个历史学一级学科博士点的数据资料，辅之以其他具有代表性的院校开设的妇女和社会性别史课程，本节对 1995～2010 年中国妇女/社会性别史课程的建设与发展进行分析。

---

[1] 截止到 2011 年 3 月 15 日，国务院学位委员会批准的拥有历史学博士学位授权资格的一级学科单位包括：北京大学、北京师范大学、东北师范大学、福建师范大学、复旦大学、华东师范大学、华中师范大学、吉林大学、暨南大学、南京大学、南开大学、清华大学、山东大学、陕西师范大学、上海师范大学、首都师范大学、四川大学、天津师范大学、武汉大学、西北大学、厦门大学、云南大学、浙江大学、郑州大学、中国人民大学、中山大学、中国社会科学院研究生院、中央民族大学、河北大学、河北师范大学、山西大学、内蒙古大学、辽宁师范大学、上海大学、苏州大学、南京师范大学、安徽大学、安徽师范大学、曲阜师范大学、河南大学、湖北大学、湖南大学、湖南师范大学、华南师范大学、兰州大学、西北师范大学。数据来源：中国学位与研究生教育信息网，http://www.moe.gov.cn/publicfiles/business/htmlfiles/moe/moe_834/201005/xxgk_88437.html。

（一）数量及年代分布

1995～2010 年，随着妇女和社会性别议题研究的深入，高校历史学学科中妇女/社会性别史及相关的新开设课程不断增多。从对 46 个历史学博士点所在高校/科研院所的教研处和研究生处进行调研所获数据看，1995～2010 年，46 个博士点开设的妇女史及相关课程如表 5 所示。

表5　1995～2010 年妇女史课程数量分布

课程		1995	2010	增长幅度（倍）
历史学科	本科课程	3	27	8
	硕博士专业课程	1	24	23
全校	本科课程通选课	1	11	10
合计		5	62	11.4

从表 5 可见，第一，1995～2010 年，46 所院校历史学本科、硕博士课程中所开设的妇女/社会性别史课程由 1995 年的 5 门上升到 2010 年的 62 门，增长了 11.4 倍。这表明，就总体而言，妇女/社会性别史课程建设在这一时期发展迅猛，妇女/社会性别史在历史学中的学科地位不断得到认可。

第二，2010 年与 1995 年相比，46 所院校历史学科开设的妇女/社会性别史课程中，本科专业课增长了 8 倍，硕博专业课增长了 23 倍，全校本科生通选课增长了 10 倍。相比较而言，硕博士专业课程的增长幅度最大。

需要说明的是，其一，这 62 门课程的教学内容全都为专门的妇女/社会性别史或相关课程，而非涉及或包含妇女/社会性别内容的课程。近年来，随着女性史在历史学科中地位的提升，很多史学类课程中不乏妇女和社会性别的内容，例如：中国婚姻家庭与社会、中国古代社会史、中国近代社会史、中国风俗史、中国人口史等，这些课程不在本文的统计之列。

其二，1995 年以来，"女性学"是在高校开设较多的妇女/社会性别课程。由于这门课程具有跨学科、多学科、综合性的特点，授课教师往往来自不同的学科，依据其学科背景，授课内容的侧重点各有不同，但不外乎包括理论、方法、历史和现实四个层面。由于"女性学"为独立的学科，即使有的课程与妇女/社会性别史相关，本文也没有将其计入妇女/社会性别史课程之中。

（二）课程类别分析

按 2011 年前教育部有关学科划分为一级学科、二级学科和专业方向三个层次的分类，① 通观上述 1995～2010 年开设的 62 门妇女/社会性别史课程，与妇女/社会性别相关的二级学科和专业方向层面开设课程的具体分类如表 6 所示。

表 6　1995～2010 年课程类别分布

一级学科	二级学科	专业方向及课程名称	课程数目	百分比
历史学	史学理论及史学史		0	0
	历史文献学	历史文献与性别历史文化研究、中国古代社会性别史原典选读等	5	8.1
	专门史	中国妇女史、中国妇女运动史、中国妇女历史与传统文化、妇女与性别史、女性发展史、社会性别与女性生活史、客家文化与妇女生活、中外家庭发展史、中外女性史、女性口述史等	29	46.8
	中国古代史	中国古代妇女史、唐宋妇女史、中国古代女性史研究、宋元时代的妇女与社会等	12	19.3
	中国近现代史	近现代妇女史、近代中国社会性别与妇女史、中国近现代社会性别史、中国近代性别史、20 世纪中国女性问题等	10	16.1
	世界史	世界女性史概论、欧洲历史上的妇女与家庭、西方妇女史、20 世纪西方的女权主义、美国妇女史等	6	9.7
总计			62	100.0

---

① 中国的学科目录属于指令性目录，对高校和科研机构的学科建设和人才培养具有很强的约束力。2011 年 3 月，国务院学位委员会和教育部下发通知，公布了新的《学位授予和人才培养学科目录（2011 年）》。对历史学科来说，新目录最大的变化在于历史学门类下由"历史学"1 个一级学科变为"考古学""中国史""世界史" 3 个一级学科。因为本文主要是对 2010 年以前的妇女/社会性别史课程开设情况进行研究总结，所以选取 2011 年以前使用的、由教育部在 1997 年颁布的《授予博士、硕士学位和培养研究生的学科、专业目录》为标准进行分类（参见教育部网站 http：//www. moe. gov. cn/publicfiles/business/htmlfiles/moe/moe _ 834/201005/xxgk_ 88437. html）。

从表 6 可以得到如下结论。

第一，1995～2010 年，二级学科专门史下的专业方向层面开课最多，占总数的近一半。这表明，近年来，更多学者是依托自己的专业研究和已经取得的成果开设妇女/社会性别史及相关课程的。即，相关研究领域和研究成果已成为开设妇女/社会性别史课程不可或缺的前提和基础。

第二，专门史课程占比接近半数；中国古代史、中国近现代史的课程共占35.4%，超过三分之一，三者合计为 82.2%，为绝大多数。这表明，近年来，专门史、中国古代史和中国近现代史这三个学科构成了历史学科领域妇女/社会性别史的三大支柱。

第三，历史文献学在总课程中占比为 8.1%。历史文献为历史学研究的基础，妇女/社会性别史亦不例外，这一低于 10% 的比例，反映了目前妇女/社会性别史在原典解读、文本资料挖掘、历史文献研究上存在相当大的不足。事实上，尽管这些年来不少青年学者加入妇女/社会性别史研究领域，但对史料研究的广度、深度和力度远远不够，这也是造成目前一些妇女/社会性别史学课程存在重复性、低层次问题的一个重要原因。

第四，世界史在总课程中所占比例为 9.7%，课程设置率也较低。'95 世妇会召开后，随着全球女性主义思潮的涌入，社会性别理论的传播，国内掀起了妇女/社会性别史的研究与开课热潮，与国际妇女研究接轨成为趋势。但遗憾的是，不少妇女/社会性别研究者在把握新的分析工具后，仍把更多的关注点放在国内史研究上，以妇女/社会性别地区史、国别史、世界史、国际比较史为专业方向的研究者较少。由此，相关课程的开设也较少。当然，从学科大背景看，这也与中国史学界长期以来存在的中国史、世界史两大领域研究的始终不平衡密切相关。

第五，从本文所获教学大纲看，目前，46 所院校都还没有设置真正意义上与妇女/社会性别史相关的史学理论与史学史课程。中国的妇女/社会性别史研究虽然已经走过了几十年的历程，但深层次理论研究仍有较大的不足，进而影响着相关史学理论与史学史课程的开设。如何科学建构中国妇女/社会性别史的理论框架，吸取国内外历史理论研究的成果，把理论、历史与现实的研究和课程的开设结合起来，已成为妇女/社会性别史学科建设与发展亟待解决的一个重大问题。

（三）硕博士学位的设立

截至 2010 年 12 月，全国已有 7 所大学和研究所中的 6 个硕士学位点和 4
个博士学位点招收妇女/社会性别史研究方向的硕士研究生和博士研究生，包
括北京大学中国古代史专业宋辽金史（含唐宋妇女史）方向的硕士、博士研
究生，南开大学中国近现代史专业中国近代性别史研究方向的硕士、博士研究
生，华东师范大学中国近代史专业中国近现代妇女史方向的硕士、博士研究
生，南京大学中国近代史专业中国近代女性研究方向博士生，天津师范大学历
史文献学专业历史文献与性别历史文化研究方向的硕士研究生，云南大学社会
史专业社会性别研究与妇女史方向的硕士研究生，大连大学专门史专业中国妇
女史方向的硕士研究生（见表 7）。

表7　2010 年全国妇女/社会性别史学位授予点情况

学位授予单位	二级学科	专业方向	学位
北京大学	中国古代史	宋辽金史（含宋妇女史）	硕、博士
南开大学	中国近现代史	中国近代性别史	硕、博士
南京大学	中国近代史	中国近代女性研究	博士
天津师范大学	历史文献学	历史文献与性别历史文化	硕士
华东师范大学	中国近代史	中国近现代妇女史	硕、博士
云南大学	社会史	社会性别研究与妇女史	硕士
大连大学	专门史	中国妇女史	硕士

1998 年，教育部批准北京大学将女性学作为法学的三级学科纳入研究生
专业目录，这是对妇女/社会性别研究的学科地位的一个标志性认可。2000 年
国务院发布的《中国妇女发展纲要》（2001～2010）把在高校开设妇女学课程
作为重要行动目标。其中，有关妇女与教育的宏观政策明确指出，"国家的人
才发展战略要体现男女平等原则，将妇女教育的主要目标纳入国家的教育发展
规划，在课程、教育内容和教学方法改革中，把社会性别意识纳入教师培训课
程，在高等教育的相关专业中开设妇女学、马克思主义妇女观、社会性别与发
展等课程，增强教育者和被教育者的社会性别意识"。①

----

① 中国妇女研究网：http：//www.wsic.ac.cn/policyandregulation/7669.htm.

只有在研究成果、教学队伍以及课程设置和教学机制等方面具备一定条件时，某一领域的研究和课程才会被教育部纳入学位教育，从而获得学科的合法性。《中国妇女发展纲要》对妇女学发展的推动，教育部对女性学学科地位的认定和对相关学位教育点中妇女/社会性别史研究方向的认可说明：第一，妇女/社会性别史研究的重要性日益显现，积累日益深厚，已成为史学研究和教学新的增长点。因此，妇女/社会性别史不断得到史学界的认可，并已在相关的学位教育点上形成了一个妇女/社会性别史研究/教学的学术共同体。第二，学术研究具有承前启后的特性。学位教育系统的专业人才培养，能更系统地、有效地传授专业知识和方法，培养专业人才。第三，通过学位教育，进一步促进了妇女/社会性别史学术规范的建立，推进了妇女/社会性别史的学科化进程。

以上分析表明，1995~2010 年中国的妇女/社会性别史课程建设与发展呈现出以下特征。

一是妇女/社会性别史的课程数量有了较快和较大幅度的增长，2001 年后进入了稳步发展时期。

二是妇女/社会性别史的课程内容近年来已形成以下七大类：中国古代史、中国近现代史、中国近代史、历史文献学、中国现代史、社会史和专门史。其中，专门史课程的开设率最高，而专门史、中国古代史、中国近现代史构成妇女/社会性别史课程的三大支柱性课程。

三是妇女/社会性别史的课程层次呈现多元化态势，既涵盖本科、硕士和博士各个层面，也包括了专业课和通选课两大维度。

四是在妇女/社会性别学学科领域，妇女/社会性别史课程的开设数量和教学质量较高。但在史学领域，妇女/社会性别史课程的基础性地位和主流化程度尚未达到应有的高度，重复性、低层次的课程也占一定比例。

三　课程建设的推进与阶段性特征

1995 年以来，中国的妇女/社会性别史学科的建设和发展以 2000 年为界，大致可分为两个阶段：一是 1995~2000 年的第一阶段，为学科建设和课程开

设的准备期；二是 2001 以后的第二阶段，为学科建设和课程开设的快速发展期。

（一）1995～2000 年的第一阶段

1995 年在中国召开的第四次世界妇女大会，使中国的妇女史研究受到了西方理论思潮的影响与冲击，社会性别理论引入妇女史领域，更为中国的妇女/社会性别史领域的知识整合、学科建制以及课程进入高等教育体系提供了多方面的资源与条件。不同于 1995 年以前，在这一阶段，妇女/社会性别史的研究由间接、分散的个体努力开始走向直接、有组织的推进。从 1987 年河南郑州大学建立中国第一个妇女研究中心开始，各地陆续新建了多个妇女研究中心（或妇女学会），这一阶段类似的妇女研究学术共同体层出不穷，截止到 2001 年，中国已有 40 多所高等院校成立了妇女研究中心（或妇女学会）。① 与此同时，中国妇女学界与他国/他地区的学术研讨交流活动也日趋频繁，国际和地区间的合作项目及得到国际基金会资助的项目如雨后春笋般涌现，学术交流活动从规模到研究范围都有所突破。特别是 1994 年底北京大学妇女研究中心举办的"传统文化与中国妇女"国际研讨会，是第一次在中国本土由东亚文化圈的汉学家就"五四"以前中国传统文化与妇女的关系进行的学术探讨与交流，拉开了 1995 年以后中国妇女/社会性别史研究日益广泛和深入的国际合作与交流的序幕。

总体上看，这一时期中国妇女/社会性别史领域表现为"项目研究热，课程开设冷"的局面，40 多所高校的妇女研究中心坚持开设妇女/社会性别史课程的不过三四所。这一时期课程开设少的原因多种多样，综合述之，首先是受妇女/社会性别史学科自身发展的局限，当时妇女/社会性别史的学理性研究起步不久，难以支撑课程的开设；其次是高校课程设置的体制局限，妇女/社会性别史缺少足够的开设课程的空间；最后是相关经费不足等其他外在因素的不利影响。但这一阶段，妇女/社会性别史不断引进新概念、新范畴、新方法，特别是在一些学者引领下进行了翻译引进、梳理成果、读书研讨、培训队伍、

---

① 陈芳：《女性学课程结构和教学层次性研究》，载王金玲主编《妇女学教学本土化——亚洲经验》，当代中国出版社，2004。

318

编写教材、出版专辑等工作，为下一步的学科建设奠定了基础。

任何学科的建设都包括两个方面：一是基本理论建设，一是课程、教材和师资建设。其中，基本理论建设是学科建设的基础，而课程、教材和师资建设则是学科知识积累、传承、传播不可或缺的主要途径。所以，课程、教材和师资建设对妇女/社会性别史学科的可持续发展有着举足轻重的影响。这一时期，中国妇女/社会性别史学在课程、师资和教材建设方面的推进主要表现在以下几个方面。

第一，先后成立的妇女理论研究机构以及相关出版物成为凝聚妇女/社会性别史课程建设力量、推进妇女/社会性别史课程建设的重要平台。1995年第四次世界妇女大会上，中国政府正式签署了《行动纲领》和《北京宣言》，承诺实现社会性别主流化，而男女平等也成为一项基本国策。在这一大背景下，与妇女/社会性别有关的研究机构纷纷成立，并不断扩大。以此为基础，2000年成立的"中国妇女研究会"，通过凝聚、联合妇女/社会性别研究力量，整体性地推进了妇女/社会性别学术研究和社会行动。而这些机构的相关出版物，如全国妇联妇女研究所主办的国内外公开发行的国家级学术刊物——《妇女研究论丛》，北京大学中外妇女问题研究中心每年编辑印制的《北大妇女研究动态》（内部版）等成为妇女/社会性别学界学者们思想交流、观点碰撞之地。在中国的妇女/社会性别学学科的建设与发展中，妇女/社会性别史学是先发展学科，也是优先发展学科。因此，无论是相关机构还是相关平台的建立，都为妇女/社会性别史学包括课程建设在内的学科发展创造了有利的条件，提供了有利的资源。

第二，自1995年以后，在海内外学者的共同努力下，借助国际基金会对中国学术发展的支持，中国的妇女/社会性别学领域开展了一系列推动妇女/社会性别史学科发展的行动实践。这些行动包括海内外学者合作举办师资培训班、出版教材、翻译妇女/社会性别史方面的学术著作、在高校开设妇女/社会性别史的课程、组织学术研讨会等。如，1999年8月，中华女子学院组织召开了"中国妇女学学科与课程建设研讨会"，与会者对女性学的基本理论与基本概念进行了理论梳理；同年12月，全国妇联举办"中国妇女50年理论研讨会"，特设立"妇女研究与学科建设"专题；1999年8月，天津师范大学妇女研究中心召集了妇女史学科建设读书研讨班；等等。这些研讨已经开始从单纯的学术研究转变为将妇女/社会性别纳入学术研究和教育机制的学科建设行动，

研讨的主题包括：如何在高等教育和科研机构的体制内建立有关妇女/社会性别的学术研究机制；如何系统地开设有关妇女和社会性别的课程；如何培养从事这一领域研究、教学和社会行动的人才；等等。这些研讨会和读书班凝聚了妇女/社会性别领域的主要师资力量，推进了妇女/社会性别史的学科建设步伐。

第三，一些高校开设了妇女/社会性别史课程。从具体的课程内容及课程开设的运作方式上看，各个高校各有侧重，各有特点。如，北京大学中外妇女问题研究中心主任、历史系郑必俊教授带领她的团队在北大开设了"中国古代妇女史""唐宋妇女史专题""中国妇女与传统文化""中国妇女人口与文化""中国妇女运动史"等史学课程。这些课程一部分属于历史学专业的妇女史或专门史的专业课程，另一部分是全校的公选课。这些课程试图为传统的史学理论引进新视角和新方法，使学生经过社会性别视角的反思，发现原有知识的缺陷，进而进行修正或弥补。天津师范大学妇女研究中心主任杜芳琴教授以历史系、政治与行政学院和文学院为依托，开设了本科生和研究生两个层次的相关课程，包括"国际妇女运动""中国妇女史""妇女与社会性别史导论""经典文本的性别解读"等。同时，该中心还联合国内外、校内外专家学者开展妇女/社会性别史课程建设，在课程发展和教学上强调"三新"（课程新、内容新、方法新），在教学中，注意理论性与实践性的结合。

与课程建设的推进相伴随，一批以社会性别为视角、反映中国本土特色的研究著作及反映西方妇女/社会性别研究高水平成果的译著成为以上专业或选修课的教材和教参。其中包括罗苏文的《女性与近代中国社会》、吕美颐的《走出中世纪：近代中国妇女生活的变迁》、高世瑜的《中国古代妇女生活》、杜芳琴的《中国社会性别的历史文化寻踪》、段塔丽的《唐代妇女地位研究》、陈三井主编的《近代中国妇女运动史》、定宜庄的《满族的妇女生活与婚姻制度研究》，以及王政与杜芳琴主编的《社会性别研究选译》等。①

① 罗苏文：《女性与近代中国社会》，上海人民出版社，1996；吕美颐：《走出中世纪：近代中国妇女生活的变迁》，广东人民出版社，1996；高世瑜：《中国古代妇女生活》，商务印书馆，1996；杜芳琴：《中国社会性别的历史文化寻踪》，天津社会科学出版社，1998；定宜庄：《满族的妇女生活与婚姻制度研究》，北京大学出版社，1999；段塔丽：《唐代妇女地位研究》，人民出版社，2000；陈三井主编《近代中国妇女运动史》，近代中国出版社，2000；王政、杜芳琴主编《社会性别研究选译》，生活·读书·新知三联书店，1998。

不可否认的是,这一时期开设的妇女/社会性别史课程存在一些明显的弱点。一是课程的覆盖面比较窄,多数以选修课的形式出现,课程影响力有限;二是课程数量少,内容比较单一,没有形成一定的课程体系。但是,不容置疑,正是在这一时期,妇女/社会性别史告别了过去单纯的学术研究,开始进入学术批判和知识重建的学科建设期。

(二)2000 年以后的第二阶段

进入 21 世纪,伴随着中国史学研究发生的深刻变化,中国妇女/社会性别史的学术研究和课程建设也进入一个崭新的时期,原先被传统史学界边缘化的妇女/社会性别史开始走上学术研究的主流平台。而学术界的认可又进一步推进了妇女/社会性别史课程的开设,越来越多的高校——如北京大学、天津师范大学、南开大学、复旦大学、南京大学、华东师范大学、东北师范大学、陕西师范大学、大连大学、云南大学等——陆续将妇女/社会性别史课程列入教学计划,科研与教学的良性互动成为这一时期中国妇女/社会性别史学科建设的加速器。

与此同时,包括妇女/社会性别史学科在内的妇女/社会性别学学科建设与发展进一步得到全国妇联、教育部和国际基金会的强有力支持。如,2005 年12 月,全国妇联牵头召开了由教育部系统的 8 所高校校长参加的妇女学科建设座谈会,并于 2006 年在包括 13 家高校在内的全国 21 个机构中设立了 21 个第一批全国妇联、中国妇女研究会妇女与性别研究培训基地,给予政策和资金上的支持。2000 年,福特基金会首次在中国资助妇女/社会性别学科建设与发展,在 2000 ~ 2006 年资助的"发展中国的妇女与社会性别学"这一开放性项目极大地推动了中国妇女/社会性别学科的发展,其中优先发展的三大学科之一就是妇女/社会性别历史学,另两大学科为妇女/社会性别社会学、妇女/社会性别教育学。其后,2006 ~ 2011 年在福特基金会的继续资助下,"发展中国的妇女与社会性别学"项目扩展为全国性的"妇女/社会性别学学科发展网络"项目,而妇女/社会性别史学仍为该网络优先发展的学科,"妇女/社会性别史"子网络成为该网络首批建立的子网络之一。自 2006 年以来,在妇女/社会性别学学科发展网络的支持下,在妇女/社会性别史学子网络的组织下,在

有关学者和教师的努力下，妇女/社会性别史学领域继续梳理已有的研究成果和课程经验，进一步开展学术研究和课程建设工作，编写了一批具有社会性别视角的妇女/社会性别史教材和教参，培养了不少具有较高专业水平和性别平等意识的妇女/社会性别史教师，尤其是青年教师。

这一时期妇女/社会性别史在课程类型、师资队伍建设、教材、教参和教学方法方面的推进概况有如下特点。

第一，从妇女/社会性别史课程类型上看，可分为专业课和通选课两类，而专业课又可分为历史系本科生课程和历史专业硕博士研究生课程两个层面。其中，通选课一般是为非历史系本科生和硕士生开设的，旨在从多学科的、历史的角度提高学生的社会性别意识和性别敏感性，增加学生的社会性别知识。

从课程内容看，为历史系本科生、硕博士生开设的专业课程内容各校不一，大多根据专业特色而设置，大致包括："中国妇女运动史""中国妇女历史与传统文化""中国古代社会性别史原典导读""中国典籍的社会性别解读""中国古代妇女史""中国古代婚姻史""唐宋妇女史研究专题""宋元时期的妇女与社会""中国近现代社会性别与妇女史""妇女与社会性别史导论""社会变迁与性别制度史""世界女性史概论""西方妇女史""二十世纪西方的女权史"等课程。为非历史系本科生和硕士生开设的通选课也是各校各具特色，大多根据教师的研究专业/方向而设置，大致包括"妇女研究和妇女史""女性发展史""中外妇女的历史与现状""女性与近代中国"等。

这些课程的开设表明，第一，妇女/社会性别史已由 20 世纪的单一课程建设向课程体系建设转变；第二，从过去多为专业选修的特色课程向专业必修的核心课程转变；第三，妇女/社会性别史课程在历史学科教学中的边缘化位置大为改善，正逐步进入核心和主流。

但是，不得不指出的是，2000 年以来大量妇女/社会性别史课程的开设并不表明妇女/社会性别史在中国高校已取得了主流学科的地位。事实上，妇女/社会性别史的课程大多仍依附在史学的其他专业上，尚未成为完全独立的学科性课程。这种现象的存在一方面在于妇女/社会性别史课程具有跨学科的特征，但也表明这样一种现实——妇女/社会性别史的研究宗旨、方法、目的与范畴的学科主体性尚未得到学界的完全认可。目前，历史学二级学科中尚无妇女/社会性别史的设置，妇女/社会性别史在学科设置上的空缺，无疑会影响教研人员的学术选择与学术研究，也在一定程度上制约了妇女/社会性别史教学的良性发展。

第二，从师资队伍建设上看，2000年以来，妇女/社会性别史课程在中国部分高等院校已站稳脚跟，并已初步形成了一支能力较强、专兼职相结合的教学力量。其中具有高级职称者占了50%以上。在这支来自历史学科不同专业方向的教学队伍中，一部分是在史学领域已有造诣者，他们在原学科基础上"引入"性别视角和性别分析方法，拓展了自己的教学与研究。也有一部分是在各种形式的国内外培训、交流、学习中成长起来的。例如，中国妇女研究会及相关学术团体每年举行各种性别平等培训与研讨活动。全国性的妇女/社会性别学学科发展网络在2007~2010年举办了三次全国性的师资培训，其中有两期与台湾大学妇女/性别研究室合办，这些培训项目中均包括了妇女/社会性别史的专题内容。此外，一些国际基金会也与中国高校合作培养了一批师资力量。如，2002~2004年，由美国路斯基金会支持，美国密歇根大学、中国中华女子学院、香港中文大学联合进行了女性学学士后课程教学，考试合格者获得了香港中文大学学士后文凭；2006~2009年，美国路斯基金会和美国福特基金会联合资助复旦大学历史系与美国密歇根大学妇女中心联合进行女性学博士生课程教学项目，在相关课程教学中，妇女/社会性别史都是不可或缺的内容。

妇女/社会性别史为历史学科的发展提供了新的研究视角、研究方向以及新的史料解读和搜集的路径，并为历史学科的教学与研究积聚了一支具有巨大潜力的师资队伍，进而不断得到了主流史学界的接纳和认可。

第三，从教材、教参建设上看，由于各高校在妇女/社会性别史课程设置类型、相关内容和教学理念等方面的差异，教师多以自己编写的教学大纲或教材进行授课。因此，不仅授课教师必须花费大量时间整理、编写教材，学生面对繁杂的参考资料大多也感到茫然无绪。近年来，妇女/社会性别史教材和教学参考资料的编写开始从原先的单兵作战向合作化运作转变，一些由国内外大专院校教师合作编写的、具有通用性和学术性的教材和教学参考书脱颖而出。

如，2004 年，天津人民出版社出版了杜芳琴、王政主编的《中国历史中的妇女和性别》一书。这是由国内外妇女史研究者合力编写的、以社会性别视角分析历史中社会权力结构及两性关系的、力图为高校妇女/社会性别史课程提供适用性教材的著作。正如主编所说，该书期望展现从上古时期社会性别关系和制度的源头，到父权制社会性别制度的奠基、发展变化及诸多层面的表现，呈现给读者一本站在学术前沿又具有本土特点的精品。从 2003 年开始，由北京大学刘东教授主持翻译，江苏人民出版社出版了中国学术领域妇女和社会性别研究著作系列，包括〔美〕贺萧的《危险的愉悦：20 世纪上海的娼妓问题与现代性》，〔加〕朱爱岚的《中国北方村落的社会性别与权力》，〔美〕伊沛霞的《内闺：宋代的婚姻和妇女生活》，〔美〕曼素恩的《缀珍录：十八世纪的中国妇女》，〔美〕高彦颐的《闺塾师：明末清初江南的才女文化》，〔美〕白馥兰的《技术与性别：晚期帝制中国的权力经纬》，〔美〕罗丽莎的《另类的现代性：改革开放时代中国性别化的渴望》，〔澳〕杰华的《都市里的农家女：性别、流动与社会变迁》，〔英〕艾华的《中国的女性与性相：1949 年以来的性别话语》等，进而将来自英语世界的女权主义者的史学研究成果系列性地展现在更多的中国历史学者面前。而中国本土以外的中国学研究领域里的女权主义史学家们，通过自己的研究工作，也为妇女和社会性别史在中国的发展做出了卓著的贡献。

邓小南、王政和游鉴明主编的《中国妇女史读本》（北京大学出版社，2011 年出版）一书是中国大陆、中国台湾、美国的妇女/社会性别史研究学者合作的代表。邓小南现任北京大学历史系教授，她所主编的《唐宋女性与社会》一书是研究唐宋妇女/社会性别史的必读之书；王政现任美国密歇根大学妇女学系教授，曾出版英文版的 *Women in the Chinese Enlightenment：Oral and Textual Histories* 等多本探讨中国女权的专著；游鉴明现任台湾"中研院"近代史研究所研究员，著有《她们的声音：从近代中国女性的历史记忆谈起》等专著。《中国妇女史读本》的编者在"写在前面的话"中提到该书发起的原因——"20 世纪 90 年代以来，内地高校陆续开设中国妇女史课程，在教学过程中，往往感觉到研究成果分散，专题读物匮乏，所以本书的一大目标是为学生编辑一部妇女史读本"。此书力图引导学生摆脱旧有"妇女压迫史"的观念，深入浅出地探讨不同层面的妇女/社会性别史议题。此外，编者特意在每篇文章之后列明"原文出处"和"延伸阅读"，以方便学生对有关议题作进一步的理解。由此可见，该书确为教师和学生提供了一部可读性和参考性较高的读本。另一本具有代表性的教材性专著是由上海师范大学历史系教授、博士生导师裔昭印领衔，国内众多专家和青年才俊潜心著述的《西方妇女史》（商务印书馆，2009 年出版）。作者以西方历史的发展和演进为纲，以妇女所活动的社会舞台为目，一方面从横向的角度将妇女的活动散射到社会生活的各个领域，通过深入挖掘不同历史阶段的思想观念、社会制度、社会分工等各个层面，归纳了影响或决定妇女社会地位、社会功能的不同要素；另一方面，描绘了男性权威下的女性、婚姻关系中的女性、法律规定下的女性、政治生活中的女性、身体差异下的女性、宗教生活中的女性、战争中的女性等不同领域中的女性及其作用。该书纵横交织成有关西方妇女史的丰富画卷，向读者展示出女性如何构建了西方的历史以及历史如何构建了西方的女性。

第四，从教学方法上看，这一时期妇女/社会性别史教学方法的突出特征就是从传统的封闭式教学方式向现代开放式教学方式的转变。女性主义的出发点是挑战传统和权威——首先是挑战男权至上文化，继而挑战以男权意识为中心的知识权威。因此，建立一套新的教学系统是保证妇女/社会性别史课程有效实施的前提和基础。其中，教学方式的转变尤为关键。传统的封闭式教学系统是遵从权威的系统，包括知识的权威和教师的权威，教学过程中的三个基本要素：教材、教师、学生之间处于不对等的状态。其中，教师作为知识的权威成为学生的主宰，学生慑于教师的权威只能机械地遵从教师意志，质疑、创造等人的成长中必不可少的激励因素被严重压抑。女性主义开放的教学方式以学生的个体体验为出发点、以教师和学生的平等关系为纽带，目的和行为都统一在对"权利"的尊重的基础上，师生共同重新认识教师的权威、师生关系。对教师而言，这并不代表彻底推翻教师的权威，而是重新界定教师的功能、角色，进而使其成为有针对性、导向性和带动性的角色，营造出课堂上对话式的教学情境。由此，课堂不再仅仅是传统意义上"教"与"学"的场所，而成为师生共同、有机地梳理和创造知识之地。

总之，近十多年来，借中国高校进行全面改革的契机，中国妇女/社会性

别史的教学不断扩展和深化，并且已经形成一支由具有各级职称、不同年龄的教师组成的教学队伍。教师们借助各种平台，通过跨地区、跨院系、跨学科的合作，依托集体讨论、独立备课、课堂（学生）参与、跟踪记录（录音或录像）、观摩教学和课后小结、同行交流等方式推进妇女/社会性别史的课程建设。目前，中国高校开设的妇女/社会性别史课程不仅涵盖博士硕士研究生及本科生的专业课、公共选修课，在主流的史学课程（如"中国近代史""共和国史"和"世界近现代史"）中，不少教师也有意识地渗透妇女研究成果和性别分析方法，一大批以妇女/社会性别史专题为学位论文选题的学士、硕士和博士获得了相应学位和相关奖励。

1995～2010 年，中国的妇女/社会性别史的课程建设有了突破性的长足进展。但仍需指出的是，中国的妇女/社会性别史教学在借鉴外来经验的同时，也必须进一步将教学实践与本土社会实际相结合，而这也是包括妇女/社会性别史在内的妇女/社会性别学科建设实现可持续发展的关键所在。

四　1995～2010 年高校开设的代表性课程及特点

根据已掌握的资料，本节对相关高校开展的具有代表性的妇女/社会性别史课程做如下简介。

（一）北京大学

北京大学历史系在延续 20 世纪末为历史系本科生开设"中国妇女与传统文化"课程后，1995 年后，又陆续开设了多门妇女/社会性别史方向的课程。其中，被纳入历史学本科专业课程设置与教学计划中的专业必修课和选修课有"中国妇女历史与传统文化""中国古代妇女史专题""中国妇女运动史""中国古代婚姻史""欧洲历史上的妇女与家庭"和"社会性别与中国古代妇女"等；为中国古代史专业宋辽金史（含唐宋妇女史）方向的硕士、博士研究生开设的课程有"唐宋妇女史研究"和"中国古代社会性别史原典选读"；为全校开设的公共选修课有"女性发展史"和"中国婚姻家庭与社会"。

　　经过十多年的教学活动和不断摸索改革，这些课程已形成了较为成熟的教学理念和教学方式，并打造出自己的四大课程特色：一是多层次，二是多种方式，三是强调学术规范，四是传统理论与现代理论相结合。其中，所谓"多层次"，是指有关妇女/社会性别史的课程涵盖了包括历史系本科生、历史系研究生和社会学系研究生等层面。学生来自不同层次，且具有不同的学科背景，因此，不仅授课对象层次不同，教学内容上层次也各不相同。"多方式"是指针对不同的学生和不同的课程，采取不同的教学方式。如针对历史系本科生的课程，主要侧重要求学生掌握妇女生存发展的基本史料和前沿研究动况；而针对历史系研究生的课程，则不但强调学生对于基础知识、基本研究方法和前沿研究状况的掌握，同时强调学生能够运用妇女学的研究方法和视角来解读和解构传统史料，挖掘出妇女史研究更深层次的内容。"强调学术规范"主要是指强调将严格的实证方法与新的视角相结合，在认真掌握史料的前提下解读和运用史料，由此甄别出史料被建构的内容及程度，然后提出个人创新性的见解。"传统理论与现代理论相结合"是指在坚持历史唯物论这一基本理论的同时，吸收国内外前沿理论——如后现代女权主义思潮中的理论观点：社会性别（Gender）理论、差异（Difference）理论、权力理论等，学会使用不同的理论视角进行研究。北京大学妇女/社会性别史课程的这一特色既承袭了北大传统的求实、严谨、扎实的学风，也突出了北大创造、活跃、求新的学术特点。其中，邓小南教授的"唐宋妇女史研究"、李志生教授的"中国古代社会性别史原典选读"和仝华教授的"中国妇女运动史"课程表现尤为突出。

　　通过教学而形成有特色的教材应是教学实践的最高成果之一，也是建构完整的妇女/社会性别史教学体系的重要组成部分。2003 年，由邓小南等人编写、上海辞书出版社出版的《唐宋女性与社会》一书将女性历史放在中国历史的具体过程和对中国历史的整体性认识中加以观察，拓宽了妇女史研究的学术视界，是唐宋妇女/社会性别史教学和研究的必读书目；2011 年北京大学出版社出版的由邓小南、王政和游鉴明主编的《中国妇女史读本》一书，深入浅出地探讨了不同层面的妇女/社会性别史议题，也是妇女/社会性别史教学和研究的必读书目。

（二）天津师范大学

妇女/社会性别史是天津师范大学性别与社会发展研究中心（原天津师范大学妇女研究中心）的优势学科，在中心主任杜芳琴教授的带领下，已经走过了20多年的教学和研究历程。1987年以后，中心先后开设了本科生的"中国妇女史""女性与日常生活""性别研究与妇女发展"和研究生的"妇女与社会性别史导论"等妇女/社会性别史课程。2007年中心更名改制以后，面向全校本科生进一步开设了"性别研究导论""女性与性别研究专题：焦点与前沿""中国古代经典的性别解读与分析"与"世界历史中的妇女与性别"等全校公共选修课程。从2004年到2006年8月，中心举办了6届全国性研究生和教师培训班，培养了一批社会性别研究、教学与行动人才，其中的妇女史教研人才已成为所在高校的教学和研究骨干。此外，作为妇女/社会性别学学科发展网络之妇女/社会性别史子网络的主要负责机构之一，中心还与山西师范大学、中国人民大学合作举办了2008、2009年度妇女史学科建设研讨会，推动了妇女/社会性别史学科化和网络化的建设和发展。

该中心的代表性课程之一为"妇女与社会性别史导论"。该课程从学术史角度，系统介绍国内外妇女/社会性别史的研究历史，包括理论方法和关注领域的变化和影响因素等。培养、训练学生用马克思主义唯物史观和社会性别视角观察历史，掌握妇女与性别史研究方法论，并运用所学工具理解中国历史中性别制度与性别关系的特点。在教学中注重对学生进行多种研究方法的训练，使之习得考古学、文献学、口述与文本分析等具体方法在妇女/社会性别史研究中的运用。

该中心的代表性课程之二为"中国典籍的社会性别解读"。该课程要求学生系统阅读中国古代经史子集经典文献中男性文化精英撰写的与性别相关的篇章，对照妇女撰写的有关文本，运用性别分析和文本解读的方法进行讨论、写读书笔记，引导学生回到具体情境与作者进行历史对话，深入理解传统社会主导性的意识形态是如何塑造与规范性别的，从而使学生从不同时代、不同阶级、不同性别的作者甚至不同文体的文本中认知不同的社会性别信息，深刻理解性别制度和性别关系的多样化和复杂性。

该中心的代表性课程之三是"中国妇女史"。该课程根据中国妇女史分期，进行通史和断代史的学习和研讨，使学生在了解中国历史上妇女与性别关系重要历史转折和各时期特点的基础上，学会观察，进而研究妇女/社会性别史中的有关议题。该课程提供了本领域中外重要的文献目录，要求学生在阅读与写读书笔记的基础上进行研究，强化了对学生专业化的学术训练，保障了本专业方向学位课程的完整性。

从 2002 年开始，天津师范大学性别与社会发展研究中心在历史文化学院专门史学科下招收妇女史硕士研究生；2005 年在古代史学科下设立了古代妇女/性别史硕士专业方向；2008 年，在历史文献学研究生学科点带头人杜勇博士的支持下，在该学科点增设了"历史文献与性别历史文化研究"硕士专业方向并开始招生。

（三）南开大学

2000 年以来，南开大学历史学院依托其强大的研究队伍和研究实力，将社会性别视角引入中国近现代史乃至整个中国史研究。历史学院的中国近现代史专业专门开设了"中国近现代社会性别史"硕士生专业方向，并围绕这一专业方向设置了一系列课程。博士生导师侯杰教授为研究生开设的选修课"中国近现代社会性别史"就是这一系列课程中较为成熟的一门。

侯杰教授强调，"中国近现代社会性别史"不是单纯研究女性的历史，也研究男性的历史，而且研究女性和男性，乃至女性和女性、男性和男性内部之间的性别关系。他采取了理论阐述、方法略谈、资料介绍、引入问题、展开研究、深化教学等步骤，以教师集中讲学与学生专题讲解相结合、个人主讲和集体讨论相配合等方法来进行教学。由于调动了学生的学习自主性，学生的课余阅读、研究等准备工作比较充分，学生们经常会就学术界的研究提出自己的观点，从而使课堂变成了学生们对自己的研究体会进行交流与争鸣探讨的场所。这既有利于学生们相互启发和促进，又有利于改进和深化学术研究，充分调动了学生们认真思考、探讨问题的积极性。学生们普遍认为这一课程在发挥集体的智慧和力量的同时，深化了个人的研究，有助于个人学术生命的成长。此外，该课程还强调以文本分析的方法，如文本接受、文本解读、文本生产、文本书写等，介入中国近现代性别史研究，进而深入挖掘中国近现代史研究中一

些专题的新意义和性别内涵。

在中国的妇女/社会性别史领域"中国近现代社会性别史"课程已形成师生共同读书、反复讨论、平等交流、相互启发的鲜明特色。

（四）大连大学

李小江是中国妇女学学科的一位奠基人和学术带头人。在20世纪80年代，她在妇女研究领域进行了全方位的拓荒工作，继而在理论探索的同时，从事学科建设工作，组织课题研究，普及女性意识知识教育，建立相关的学术机构，集结科研队伍，主办学术会议等，成就卓越。

2000年7月，在大连大学与大连市妇女联合会的鼎力支持下，李小江教授牵头创建了"大连大学性别研究中心"。之后，该研究中心与美国福特基金会、亚洲基金会、亚联董等国际基金会及荷兰社会科学院（ISS）建立了良好的合作关系，主持和实施了多项国际合作教育发展项目，为妇女/社会性别学学科及妇女/社会性别教研多学科、跨学科、可持续、综合性的发展起到了引领作用。该中心还先后选派和资助了相关专业的教师到国内外高校学习，使之获得了"妇女发展""中国古代妇女史"等专业的硕士学位和博士学位；经常选派中青年教师参加国际、国内学术会议，使之开拓"妇女/性别"研究的视野，培养了多名有志于从事妇女/性别研究和教学的教师，其中部分教师已成为大连大学妇女/社会性别学教学、科研的骨干。

就妇女/社会性别史领域而言，该中心与大连大学人文学院历史系、大连大学女子学院联手，开设了"马克思主义妇女观""妇女运动史"和"中国女性史"等本科生和研究生课程，形成了女子学院、人文学院历史系和性别研究中心三套人马共同推进妇女/社会性别史课程建设与发展的态势。联合资源、共同推进是大连大学妇女/社会性别学学科建设特有的模式。这一模式集教育、教学、科研为一体，将妇女研究成果和性别分析方法全面带进现行的高等教育体制，并渗透在相关课程之中，有效推动了包括妇女/社会性别史在内的妇女/社会性别学在教育、学术领域的主流化进程。

（五）华东师范大学

2004年，毕业于美国斯坦福大学的历史学博士姜进回到华东师范大学历史学系任教授后，延续了自己在美国期间进行的中国妇女/性别史研究，并牵头于 2005 年 3 月成立了华东师大性别与文化研究中心。

为推动中国妇女/性别史研究的发展，姜进教授积极参加、组织各种学术活动，与有关欧美国家的中国妇女史、中国近现代史领域的研究机构和学者保持着广泛的学术交往，并在其所在的高校积极推动妇女/社会性别史学科的主流化。2007 年，华东师范大学人文社会科学学院历史学系开始招收中国近现代妇女史方向的硕士生和博士生，并开设了"中国妇女史和女性主义"与"现代西方文化"等双语课程。

姜进教授在所开设的"中国妇女史"课程中，不仅要求学生在一个学期的时间内尽快熟悉中国妇女史领域的研究概况，包括该领域的历史发展和所关注的重要议题、焦点及研究方法，更将自己的教学理念和教学目的贯穿始终，即首先，要把女性放回到历史中去，彻底改变女性在历史中集体缺席的情况；其次，寻求确立历史上女性的主体人格和能动性，修正仅仅把女性看作父权制牺牲品的传统观点；最后，她特别强调只有用女性主义史学角度和性别研究的方法重新审视中国传统父权制乃至整部中国历史，把女性作为创造历史的主体来研究，才有可能深入细致地探讨历史上的中国女性如何参与并塑造中华民族的历史，同时也被历史所塑造的过程。

通过对妇女主体性的关注和强调，通过对大量的国内外妇女/社会性别史研究经典的阅读和讨论，学生们极大地提升具有了社会性别意识的学术认知，领悟到许多历史文本还有待重新解读，大量有价值的议题亟须深入研讨，妇女/社会性别史研究是十分具有学术价值和社会意义的。

（六）复旦大学

2003 年至今，陈雁博士为复旦大学历史系本科生和硕士生开设了与妇女相关的课程："近代中国社会性别与妇女史"。该课程旨在介绍妇女研究、社会性别研究和妇女史研究的最新学术成果，重在对理论框架和研究方法的探讨，强调对知识生产，包括历史研究的具体历史和学术背景的关注，提倡以分析批判的眼光看待一切历史知识，包括正在生产的历史知识。该课程要求学生通过阅读一定数量的社会性别理论与社会性别史研究论著，了解作为历史分析

的一个重要、有效的范畴——"社会性别"的意义，学会以批判的眼光挑战历史与现实社会的"性别"定式，思考如何推动将社会性别分析方法引入日常学习与研究之中。

为推进妇女/社会性别史课程的建设，满足高校妇女/社会性别课程教学与研究的需要，2006 年，复旦大学历史系与美国密歇根大学妇女系联合启动了"社会性别学博士课程项目"，招收了 30 名正式学员和 10 名旁听学员，连续 3 年利用暑假进行了 7 门课程的教学。这些课程由美国相关大学的教授主讲，由中国（主要是复旦大学）的青年学者担任助理教授。2008 年，复旦大学历史系与美国密歇根大学妇女学系联合成立了"复旦—密歇根大学社会性别研究所"，并于 2009 年主办了（复旦大学历史系协办）"社会性别研究国际学术会议"。2012 年和 2013 年，复旦大学连续两年分别举办了"社会性别：博士论文写作的有效范畴"高级研修班（2012 年）和"社会性别：学位论文写作的有效范畴"高级研修班（2013 年），每次都有来自全国高校的 30~40 位硕博士研究生参加，为进一步推动中国高校的妇女/社会性别学教学，拓展国内妇女/社会性别研究，培养妇女/社会性别方面的师资力量起到了重要的推动作用。

（七）南京大学

相对于史学的其他学科，世界史在中国的研究起步较晚，在整个历史学科中所占的地位虽为主流但非中心。不过，世界史不仅是我们了解世界的一个窗口，还是认识我们自己的一面镜子，只有参照别人的过去和现在，才能更清楚地认识自己的昨天和今天，更好地把握我们自己和整个人类共同的未来。中国学者用中国人的眼光观察和研究世界妇女/社会性别历史的进程始于近几年，其中，南京大学历史系张红博士为历史学系世界史专业硕士生开设的"20 世纪西方的女权主义"课程，试图对 20 世纪以来西方女权主义的理论与实践进行梳理和分析，探索西方女权主义的形成与发展轨迹，是中国妇女/社会性别史课程中内容特色鲜明的一门课程。

与之互为关照，南京大学另一位 70 后的青年教师任玲玲博士为南京大学历史系本科生开设了"二十世纪中国女性问题"专业选修课。该课程将妇女和社会性别关系置于社会、文化、政治、经济的历史变迁中加以分析，不仅考察社会历史变迁对妇女人生的影响，也注重妇女在历史变迁中的作用，力图通过对不同历史时期女性问题及女性文化的研究，揭示女性是怎样受到特定时期社会性别话语的影响以及特定时期的社会性别话语如何受到妇女的挑战的，进而探讨当前女性问题研究的前景与方向。由此，这一课程受到学生的欢迎和好评。

五　结论：妇女/社会性别史学科建设的价值取向

由研究者的不同身份（如性别的、国别的、民族的、阶级的、年龄的、职业的、学科的）所决定，有关妇女/社会性别史研究与教学的目的和动机在现实中呈现出了不同的价值取向。由于价值取向进而决定了妇女/社会性别史学科建设与发展的目的与方向，具有学科本质和基础性的意义，因此，本文以对妇女/社会性别史学科建设价值取向的探讨，作为结论。而具体来看，笔者认为，建构"妇女主体"和服务"现实社会"应是妇女/社会性别史学学科建设与发展不可或缺的两大价值取向。

（一）建构"妇女主体"

所谓建构"妇女主体"，一方面是建构妇女群体在历史活动中的主体地位，改变被男性言说的"他者"身份；另一方面是建构妇女史研究者在知识生产领域的主体地位，建立不同于传统史学的妇女史学科体系。

其建构的途径，一是将男性作为主要的参照对象，通过对根深蒂固的父权文化与父权制度的揭露和批判，以及对妇女"受压迫"和"被压迫"状况的揭示，唤醒还没有觉醒的、启蒙还没有觉悟的妇女的女性意识和主体意识；二是通过史料挖掘，表现和展示在历史活动中和男性一样"为家为国"做出贡献的"贤妻良母"，以及女英雄、女政治家、女科学家、女文学家等建功立业者的伟绩，说明妇女"本来就是"历史活动的主体，包括对戕害妇女身体的"缠足"的论述，都蕴含着妇女在夹缝中顽强生存的策略原则，以及主观能动作用的发挥；三是打破妇女史学科在传统的历史学框架中"添加妇女"的研究现状，改写或重写妇女的历史。

其表现手法是利用各种有关妇女的材料和事例，解构传统的父权文化和父权制度，阐释有关性别平等的理念和理论。在一些研究者看来，"历史是什么"有时并不重要，重要的是研究者通过怎样的思想、立场、观点和方法去梳理历史材料或串联历史事实，同时在对妇女历史经验的总结和教训的吸取中提高性别觉悟，改变传统观念，变革社会现实。而坚持这一研究立场的以女性学者居多，她们从女性的切身体验出发，运用"社会性别"视角和女权主义理论，从各自不同的学科背景和专业方向（如文学史、法律史、社会史、政治史、思想史、文化史、教育史、身体史、语言文字史等）入手，在对妇女历史进行"跨学科"的探讨中，一方面为妇女/社会性别学学科的建设和发展奠定基础，另一方面使妇女/社会性别史突破传统的研究框架、范式和思维定式，开辟更为广阔的道路。不同学科的妇女/社会性别研究在"妇女/社会性别史"这一基点上的交会，不只践行着女权主义学术研究独特的理念，也以妇女/社会性别史研究为突破口，通过多种研究方法的互相弥补，使传统历史学科的框架体系发生了变革。

（二）服务"现实社会"

妇女/社会性别史研究为现实服务，最突出的表现就是从现实中各种各样与妇女相关的问题入手，在历史中追根溯源，在借鉴与启迪中寻求解决问题的最佳途径，为性别平等政策的制定提供历史依据。比如，在有关新生儿性别比失衡问题的研究中，有研究者关注"男性偏好"的历史文化成因；面对两性在政治、经济、法律等方面的不平等地位，以及性别歧视现象的大量存在，有研究者探讨历代性别制度形成的条件和背景，以及两性各种不平等权力关系的历史背景；随着全球化和信息化时代的到来，中国学者对西方妇女史、西方学者对中国妇女史的关注都带来了诸多优秀成果的面世；随着对弱势群体关注度的日益提升，历史上各类下层妇女的生存和生活状况也进入了研究者的视野；与科教兴国相适应，历史上凤毛麟角的女科学家也浮出了历史地表；由于妇女史研究中"史料"的极度缺乏，许多研究者开始专注于当代各类"妇女口述史"的访谈工作和资料整理工作；"暗娼"和"二奶"现象的蔓延，使历史上对"妓业"和"媵妾制"的研究受到关注；面对现实中"贪官"的出现，历史中的"贤内助"也成了人们热衷的话题……。由此不难看出，这些研究的出发点和落脚点都是"现实"或"当下"，相关妇女/社会性别史论著的撰写，一定程度上都承载了"为现实服务"的目的和责任。①

总体来看，近十多年来，中国的妇女/社会性别史研究之所以日益兴盛，一方面是它的"基础性"地位使它在新兴的妇女/社会性别学学科里受到以女性为主体的妇女/社会性别学研究者的广泛关注，另一方面是它的"历史性"特点使它在传统的历史学科中也备受以男性为主体的史学研究者的青睐。这两股力量的会合给当代中国的妇女/社会性别史研究注入了活力，同时也为人们从多个不同的侧面认识和了解妇女/社会性别提供了重要渠道。

但也不可否认，妇女史研究虽然表面看来一派繁荣，但"量"的积累与"质"的提升之间极不平衡，具体表现在：高质量、有建树、有创新的研究成果偏少；低水平重复、炒冷饭的现象时有发生；生搬硬套西方的概念术语、食而不化的情况非常普遍；专门性的妇女/社会性别史理论研究论著十分有限；价值取向的多元带来了一定的思想混乱，如此等等，不一而足。这一切不仅限制了妇女/社会性别史学与传统学科的对话，而且影响了中国妇女/社会性别史研究与西方女性主义史学理论的对话与交锋，以及与马克思妇女解放理论的融合，同时也在一定程度上制约了妇女/社会性别史研究向纵深发展。相信通过学科建设的推进，在不久的将来，在中国，妇女/社会性别史作为一门独立的学科将进一步提升自己的学科重要性，并对人文社会科学的繁荣与发展进一步做出自己独有的贡献。

---

① 参见畅引婷《当代中国妇女史研究的价值取向》，《光明日报》2010年12月28日。

B.15

妇女/社会性别教育学

郑新蓉 黄 河*

摘 要：

1995～2010 年，中国妇女/社会性别教育学的学科建设取得了较大发展，一大批学术研究成果问世，课程建设不断推进，学科制度化和学科建制方面也有了重大突破。但就总体而言，中国的妇女/社会性别教育学尚处于前学科状态，更多的是分别属于教育学和妇女/社会性别学的领域而尚未成为具有独立性的学科。因此，在未来几年，加强学术研究，加快课程建设，推进学科制度化和学科建制工作，应成为妇女/社会性别教育学学科建设的三大突破口。

关键词：

妇女/社会性别教育学 学科制度化 学科建制

中国的妇女/社会性别学起步于问题研究，于 20 世纪 80 年代兴起，20 世纪 90 年代中后期开始着重于学科建设，进而作为一门新兴学科，进入发展的起步阶段。在中国，真正学科意义上的妇女/社会性别学在 21 世纪初才具雏形，由从事妇女/社会性别学教学、研究、行动者志愿组成的社会学术团体——妇女/社会性别学学科发展网络的创建是其重要标志。这一团体围绕妇女/性别议题，有效地推动了人文社科领域妇女/社会性别学学科的发展。作为妇女/社会性别学的组成部分，妇女/社会性别教育学及教育领域内妇女/社会

---

* 郑新蓉，毕业于北京师范大学教育学专业，博士学位，现为北京师范大学教育学部教授，主要从事教育学、女性教育研究。黄河，北京师范大学教育学专业在读博士，中华女子学院性别与社会发展学院副院长，副教授，主要从事女性学、性别与教育研究。

性别学的建设与发展状况如何？面临哪些挑战？本文将着重探讨这一议题。

根据学科制度化的历史经验，一门学科能否被称为"学科"，主要看其有关的学科制度和学科建制是否建立，缺少任何一方面，都不是真正的学科。其中，学科制度主要指学科的内在制度，即学科的规范化、制度化，重在强调学科的思想传统、理论体系与研究范式。与之对应，学科建制则主要指学科组织机构、行政编制、资金资助等方面的制度建设，重在强调学科的学术组织性与行政合法性。[①] 据此，以下展开这两方面的分析。

一 妇女/社会性别教育学的学科建制

（一）争取社会合法化

"合法化"是由"合法性"发展而来的，最早属于政治学范畴，但在社会科学领域中，合法化并不是指是否符合法律，而是侧重于反观在特定的社会、文化价值观基础上，社会赞许、接纳、认可及参与所达到的程度。

1. 国家政策的支持

从教育实践的层面看，妇女/性别教育的任何进展都是与特定的公共政策相关联的。在各种层次、各种类别的教育中，在教育发展的不同阶段和不同时期，这些政策总是或显性或隐性地左右着教育的运行和发展。

自 1990 年代中期政府将妇女学学科发展列为妇女发展的一大主要内容以后，作为妇女/社会性别学的组成部分，妇女/社会性别教育学也在国家层面获得了政策的支持。1994 年 2 月，《中华人民共和国执行〈提高妇女地位内罗毕前瞻性战略〉国家报告》明确指出："2000 年前逐步在大学开设妇女学选修课。"[②]

1999 年，全国人大常委会原副委员长、全国妇联主席彭珮云在"中国妇女 50 年理论研讨会"的讲话中指出："近年来，在哲学、史学、文学、人类

---

① 王建华：《学科、学科制度、学科建制与学科建设》，《江苏高教》2003 年第 3 期。
② 《中华人民共和国执行〈提高妇女地位内罗毕前瞻性战略〉国家报告》，《中国妇运》1994 年第 12 期。

学、人口学等学科领域中，一些专家学者开始从妇女的角度来审视传统学科，试图补充、发展和完善人文学科，产生了一批研究成果；一些学校开始了妇女学的学科建设。尽管对妇女学的对象、内容、认识还很不一致，但它的出现推动了妇女研究的深入发展。一种成熟完善的学科，需要经过长时间的社会实践、学术争鸣和理论探讨才能形成，妇女学学科建设也是如此。我们应该以积极的、科学的态度对待妇女学学科建设，使妇女研究得到全面发展，这将有利于有中国特色社会主义妇女解放理论的建设。"①

国务院在2001年发布的《中国儿童发展纲要（2001~2010）》中明确指出："将性别平等意识纳入教育内容"，同时通过的《中国妇女发展纲要（2001~2010）》规定："在课程、教育内容和教学方法改革中，把社会性别意识纳入教师培训课程，……增强教育者和被教育者的社会性别意识。"② 性别平等已经越来越成为现代教育发展的重要理念与评估指标。

2004年12月，全国妇联与中国妇女研究会共同举办了"推动妇女研究进入社科研究和学科建设主流高层论坛"。中央党校、中国社会科学院、教育部的有关领导分别就贯彻落实中央《关于进一步繁荣发展哲学社会科学的意见》做了重要讲话。与会者热烈探讨了进一步推动女性与性别课程进入学校教学体系、推动女性与性别研究进入学科建设和社科研究规划的政策建议。国家的发展战略要体现男女平等原则，必须将妇女教育的主要目标纳入国家的教育规划，政治支持对于实施性别平等的政策具有重要意义。

从以上论述可以看到，性别平等的概念越来越清晰地在国家、政府和学术组织机构的相关政策、重要文件文本中得以确认，将社会性别意识纳入教育决策主流成为不可阻挡的趋势，顺应"以人为中心"的时代特征，符合国际社会全纳教育和性别平等的理念，是教育面向现代化、面向未来的需要。

① 彭珮云：《加强妇女理论研究　推动妇女发展》，载孙晓梅主编《中国妇女学学科与课程建设的理论探讨》，中国妇女出版社，2001。
② 《中国儿童发展纲要（2001~2010）》，http：//baike.baidu.com/link?url=WtyWVVY5yD099vX7Yt4f1VfE7MDruBvoc8c1Ru7060Vz2JjXgSdYN7ObTE3bp6ObhSe0zNVSrsTu4GD　QH3piD_，《中国妇女发展纲要（2001~2010）》，http：//baike.baidu.com/link?url=srocsbJ0TiW4lA0Mbjcxw8a2ayD3GAXGkAN4xAtWP1ZQSMXPvlua0KI34o8zQFoLawq4QUfvYejNUD6WT-THtq。

2. 教育规划的重视

国家教育科学规划对妇女/社会性别教育学的建设与发展具有积极的指导意义。近年来，国家、地方教育行政部门在教育规划中加大了对妇女/性别教育的支持力度。在全国教育科学"九五"规划期间，妇女/性别教育研究被同时列入全国教育科学规划和课题指南，以及一些地方性教育科学规划和课题指南，如北京市教育科学规划和课题指南。在全国教育科学"九五"规划立项课题中，研究妇女教育的课题共计 10 项，其中包括：女性高等教育，农村妇女教育，成人女性教育，少数民族女性教育，不同阶段不同类型女性教育的特点、问题及成因等内容。如赵叶珠的"我国女性高等教育的规律与特点研究"、杜芳琴的"农村妇女发展与文化素质教育和培训研究"、张定的"成人女性教育问题及对策研究"、李士文的"云南独有少数民族女性教育研究"等。在全国教育科学"十五"规划立项课题中，研究妇女/性别教育的课题共计 13 项，比"九五"期间有所增加，主要集中在农村、贫困地区及少数民族地区女性教育，女性高等教育，国外妇女教育政策比较研究，儿童性别社会化研究等领域。如丁月牙的"关于西南少数民族农村地区女性教育的调查及发展对策研究"、任一明的"西部贫困地区农村妇女扫盲教材和读物的调查分析与开发研究"、郑新蓉的"国外妇女教育政策的比较研究"、李少梅的"角色游戏与儿童性别社会化的实证研究"等。这表明，妇女/性别教育研究已被纳入中国教育研究主流。

（二）争取行政合法化

在教育体制内谋求本学科的合法化生存是妇女/社会性别教育学得以长足发展的必然要求和首要任务。

1. 学位教育

在中国，学科的设置基本上是一种行政行为，并不完全基于学科自身的合法性，特别是学理合法性。因此，只有通过行政性的学科设置，某一学科才有可能在大学里获得人员编制、资金资助等学科发展的必要条件。[①] 而在学科建设中，学位点建设与研究生培养是一个重要指标。

---

① 王珺：《学科制度视角下的妇女学》，《妇女研究论丛》2005 年第 1 期。

截至 2008 年，有 4 所大学招收有关女性教育方向的研究生，包括 3 个硕士点和 1 个博士点：厦门大学女性研究专业招收女性与高等教育管理方向的硕士研究生，北京师范大学教育学原理专业招收教育社会学与教育人类学（含性别教育与多元文化教育）方向硕士研究生，南京师范大学金陵女子学院女性教育学专业招收女性教育社会学、女性教育史方向的硕士研究生，东北师范大学比较教育学专业招收女性教育比较方向的博士研究生。[①]

2. 课程的建设与发展

课程的建设与发展和学科的发展是相伴而行的。妇女/性别教育课程的开设，促进了教育学的发展，也深化了妇女/社会性别学的研究；而这些研究的新成果又不断反映到课程之中，使其内容逐步更新、丰富和充实。目前，已有不少高校在不同层面开设了女性与教育相关的课程。如，复旦大学、中华女子学院、武汉大学、厦门大学、北京师范大学、天津师范大学、上海海事大学、湖南职业女子大学等高校为本科生设置了女性与教育课程；厦门大学、北京师范大学、南京师范大学、云南民族大学等高校为硕士研究生开设了女性教育相关课程；东北师范大学为博士生提供女性教育相关课程。另外，湖南职业女子大学在女性学师资培训和妇女干部培训中设置了女性与教育课程。[②]

课程的相应开设初步带动了教材编写工作的开展。2005 年，北京师范大学教育学院的郑新蓉教授出版了《性别与教育》教材，这是目前高校中妇女/性别教育课程所沿用的较系统、全面、科学的汉语类参考教材。该教材"赋教育以社会性别"，在教育领域引入社会性别视角，用社会性别的基本立场和观点来审视和批判教育中的性别分化现象，破除教育领域中的性别偏见，有助于教师掌握正确的性别知识，形成性别公平的教育理念，掌握组织无性别歧视的教育内容和教育活动的基本原则和技能，推进男女儿童全面、充分、平等和健康地发展。

此外，2011 年，由内蒙古师范学院萨仁格勒主编的蒙文教材《性别与教育学》出版（见图 1），为蒙古语性别教育课程的推进提供了重要的教学参考资料。

① 陈方：《我国女性学学术领域之反观》，载莫文秀主编《中国妇女教育发展报告 No. 1：改革开放 30 年》，社会科学文献出版社，2008，第 375 页。
② 陈方：《我国女性学学术领域之反观》，载莫文秀主编《中国妇女教育发展报告 No. 1：改革开放 30 年》，社会科学文献出版社，2008，第 375 页。

书　　名	性别与教育学
主　　编	萨仁格勒
责任编辑	包文峰
封面设计	敖全英
出版发行	内 蒙 古 大 学 出 版 社
	呼和浩特市昭乌达路88号(010010)
经　　销	内蒙古新华书店
印　　刷	内蒙古爱信达教育印务有限责任公司
开　　本	787×960/16
印　　张	24
字　　数	207千
版　　期	2011年1月第1版　2011年1月第1次印刷
标准书号	ISBN 978-7-81115-841-0
定　　价	25.00元

本书如有印装质量问题，请直接与出版社联系

图1　《性别与教育学》蒙文版封面及相关信息

3. 代表性课程及其特点简介

1995年第四次世界妇女大会以后，中国不少高校开设了妇女/社会性别教育学课程。其中，北京师范大学的相关课程具有较强的代表性。这一课程及其特征简介如下。

'95世妇会结束后，北京师范大学教育系郑新蓉、史静寰教授（现任职于清华大学教育研究院）就在本系大三学生中开设了"妇女与教育"的选修课，这是中国首次在高校教育系开设的女性学课程。该门课程的教学目的和基本特征是把"女性与教育"作为前沿性学科介绍给学生；以社会性别公平为基本的教育原则和理念；以历史唯物主义为方法分析教育中性别差异的真实原因；以及用女性的眼睛观察教育。它是一门经验分享、平等对话、师生共同参与的活动性课程。[①] 2002年开始，该课程更名为"性别与教育"，作为专业选修课由郑新蓉教授主讲。以此为基础，2005年开始，郑新蓉教授又开设了"性别与教育"网络课程。

2008年，该课程又改名为"社会性别视角下的教育研究"，由北京师范大学教育学院多元文化教育研究中心开设，学科带头人郑新蓉教授和张莉莉副教

---

① 郑新蓉：《北师大首开"妇女与教育"课程》，《妇女研究论丛》1996年第2期。

授发起，主要以生活为广阔背景，性别为切入视角，开展对自身、他人及社会的性别反思。课程目的是使学生，尤其是女学生进行性别反思、提升研究能力，并从中获得成长。具体目标为：让学生更深入地了解女性主义理论；帮助学生掌握女性主义研究方法的技术与要求；学会运用社会性别视角开展教育研究和学会从社会性别角度分析现有教育研究的不足。①

从该门课程的历史沿革看，课程的主要特点是发展关联性的知识，使教育内容与学生的日常生活世界发生密切联系，提升学生的批判性思维和性别反思能力，把个人感性的、下意识的性别经验提升为性别群体共同的、理性的自觉认识和行动，最终解构教育中的性别不平等现象，减少甚至消除教育中的性别不平等。

在教学方式上，该课程注重女性主义教学法的应用，构建民主的师生关系，强调经验的平等分享与交流，尤其关注不同阶层、文化背景下的学生群体的不同声音和经验，重视学生的体验、感受、情绪、价值观念等与所学知识间的关联，积极发挥学生的主体性作用，引导学生反思自我成长的经历及与社会的关系，唤起学生内在的觉醒与力量，重视培养学生的社会理解力和行动积极性。

二 妇女/性别教育研究的进展

学科合法性的建立基于行政、社会和学术界的认可。而学科内在制度的建设，即学术合法性——取得学科同行及从业者的认同，又是学科合法化的核心，是学科获得合法性需完成的最后任务。②

学科建设往往要通过相关领域的研究来完成知识积累、理论构建、人才培养与人才储备，而由学科建设确定研究重点的科研工作也往往是通过课题研究的形式加以开展的，在研究的推动下所产生的科研竞争力和影响力也是学科发展的重要标志。因此，当我们要回顾与反思妇女/性别教育学学科发展的现状及所面临的问题时，对妇女/性别教育研究的分析是不可或缺的。

由于博硕士学位论文反映了妇女/社会性别教育学研究领域的较高学术水

---

① 张莉莉、郑新蓉：《女性主义视角下的教育研究课程结项报告》，妇女/社会性别学学科发展网络，2011 年 3 月 16 日，http：//www.chinagender.org/sky/news_ ny.php？id＝214。

② 王建华：《高深学问——高等教育学学科合法性的基础》，《江苏高教》2004 年第 6 期。

平，在本文中，我们以此为主要分析对象，辅之以对相关专著及知网所载学术期刊论文的分析。本研究的数据取自对中国知网（www. cnki. net）、国家图书馆（电子馆）和《中国妇女研究年鉴》（1996～2000，2000～2005，2005～2010）的检索。检索范围包括中国知网内的中国期刊全文数据库、博士学位论文全文数据库、优秀硕士学位论文全文数据库所有的人文与社会科学文献（不包括理工、农业、电子信息和医药卫生等领域），国家图书馆的馆藏图书数据库及上述《中国妇女研究年鉴》上的专著目录；以1995～2010年为时间段，以"妇女""女性""女子""性别""女生""女童"等与"教育""学校""课程""学习"等组合成关键词及以"女校""女学""女子院校"等为关键词对中国知网相关数据库及国家图书馆（电子馆）进行搜索，并对《中国妇女研究年鉴》"妇女与教育"目录进行检索，共获得有关妇女/性别教育研究的博硕士学位论文322篇，① 专著75部。以下是对这些论文和专著数据的分析。

（一）总体发展态势

1. 数量及年代分布

2000～2010年博硕士学位论文的数量变化如表1所示。

表1　2000～2010年博硕士论文数量分布

年份	论文数(篇)	百分比(%)	与上年比较(百分点)
2000	3	0.9	—
2001	7	2.2	+1.3
2002	6	1.9	-0.3
2003	9	2.8	+0.9
2004	16	5.0	+2.2
2005	22	6.8	+1.8
2006	46	14.3	+7.5

---

① 由于中国知网内的硕博士学位论文数据库所含论文从1999年起，因此，本文所分析的博硕士学位论文的年代分布均为1999～2010年。该数字剔除了一定数量的重复篇目及非研究性的内容介绍类篇目。由于1999年为零篇，故表1与图2的统计年份从2000年开始。

续表

年份	论文数(篇)	百分比(%)	与上年比较(百分点)
2007	54	16.8	+2.5
2008	58	18.0	+1.2
2009	57	17.7	-0.3
2010	44	13.7	-4.0
总计	322	100.0	—

从表 1 可见,第一,就总体态势看,2010 年与 2000 年相比,增加幅度为 1366.7%,2010 年发表/收录的博硕士学位论文为 2000 年的约 15 倍。可见,妇女/社会性别教育学的博硕士学位论文数量增长迅猛。

第二,就年平均增长率看,2000~2010 年的年平均增长率约为 30.8%。可见,妇女/社会性别教育博硕士学位论文数量有极高的增长速度。

第三,从博硕士学位论文数量的增长特征看,2000~2005 年为稳步上升阶段,2005~2009 年为快速增长阶段,2009~2010 年为波动发展阶段(见图 2)。相比 2009 年,2010 年虽然数量有所下降,但我们在研读这期间的论文时明显感受到研究者的重点已从对新事物、新现象的关注过渡到更为理性的分析、审视,研究质量有较大的提高。

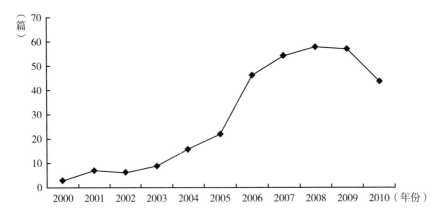

图 2　2000~2010 年博硕士学位论文数量变化

2. 学科分布

从专业分布来看,博硕士学位论文作者的学科背景较广泛,涵盖教育学、历史学、思想政治研究、语言学、社会学、心理学、体育学等20个学科专业。具体分布见表2。

表 2　博硕士学位论文作者学科分布情况

作者专业	人数	百分比	作者专业	人数	百分比
教育学	219	68.01	音乐学	2	0.62
历史学	45	13.98	伦理学	2	0.62
思想政治	8	2.48	哲学	2	0.62
语言学	8	2.48	管理学	2	0.62
社会学	6	1.86	中共党史	2	0.62
心理学	6	1.86	政治学	1	0.31
体育学	5	1.55	宗教学	1	0.31
民族学	3	0.93	人口学	1	0.31
经济学	3	0.93	传播学	1	0.31
汉语言文学	3	0.93	总计	322	100.0
法学	2	0.62			

从表2可见，以10%以上为较多的最低标准，则博硕士学位论文作者分布较多的学科为两大学科：教育学（68.01%）和历史学（13.98%）。可见，在教育学、历史学领域的博硕士候选人中，妇女/社会性别与教育的议题得到了更多的关注。教育学和历史学这两大学科背景的作者共占作者总人数的81.99%，为绝大多数。这表明，到目前为止，这两类学科是有关妇女/社会性别教育研究的博硕士学位论文的"核心学科"，即妇女/社会性别与教育的研究侧重在教育学和史学这两大传统的学科中展开。

3. 研究内容

第一，在322篇博硕士论文及75部专著中，关于妇女教育史内容的研究最多，占27.2%；其次是有关女教师群体的研究，占9.3%；再次是女童教育的研究，占7.5%。所占比例排在第一位与第三位之间的差距将近20个百分点，足可见妇女教育史方面的研究是有关妇女/社会性别与教育博硕士学位论文和专著最主要的构成内容。相比较而言，研究者更注重从史料文献中去深入挖掘，进行专题性的探究，试图为妇女/性别教育的研究提供更翔实丰富的史实依据。

第二，在研究专题中，有关农村妇女教育、少数民族妇女教育等方面的博硕士学位论文和专著相对较少。

第三，有关女性主义教育议题的论文和专著自 2005 年开始逐渐增加，至 2010 年，在总量中的占比已达 4.8%。

4. 研究地位

（1）在人文社科学术主流中的地位

妇女/性别教育专题在人文社科领域博硕士学位论文中所占的比例及其变化见表3。

表3　1999～2010 年妇女/性别教育专题在人文社科博硕士学位论文中所占比例

年份	人文社科博硕士学位论文数（篇）	妇女/性别与教育博硕士学位论文数（篇）	千分比（‰）
1999	267	0	0.00
2000	3514	3	0.85
2001	8805	7	0.80
2002	14786	6	0.41
2003	22847	9	0.39
2004	35609	16	0.45
2005	47393	22	0.46
2006	65678	46	0.70
2007	83460	54	0.65
2008	78015	58	0.74
2009	54548	57	1.00
2010	79906	44	0.55
总计	494828	322	0.65

从表3可见，第一，1999～2010 年，人文社科领域的博硕士学位论文共 494828 篇，其中，妇女/性别与教育类研究的论文为 322 篇，后者仅占论文总数的 0.65‰。即有关妇女/性别与教育的论文在博硕士学位论文中所占比例极低；

第二，妇女/性别与教育博硕士学位论文在 2000 年实现零的突破，开始获得人文社科领域学术主流的认可；

第三，1999 年为无，2010 年所占比例为 0.55‰，两者相比，2010 年增加了 0.55‰，呈弱增长态势；

第四，从所占比例的变化看，最高的为 1.00‰，最低的为无，基本上在 0.00 ~ 1.00‰ 之间波动，保持某种稳定的状态。

这表明，尽管在 2000 年实现了零的突破，获得了人文社会科学主流学界的认可，但在代表人文社科较高学术地位的博硕士学位论文中，妇女/性别与教育研究的地位极低，所获得的关注极少，而这一极低和极少亦保持着某种稳定性。

（2）在妇女/性别研究中的地位

妇女/性别与教育专题在人文社科领域妇女/性别研究方向博硕士学位论文中所占的比例及其变化见表 4。

表 4　1999 ~ 2010 年妇女/性别与教育专题在妇女/性别研究博硕士学位论文中所占比例

年份	妇女/性别研究博硕士学位论文数（篇）	妇女/性别与教育博硕士学位论文数（篇）	百分比（%）
1999	2	0	0.0
2000	24	3	12.5
2001	83	7	8.4
2002	114	6	5.3
2003	174	9	5.2
2004	330	16	4.9
2005	389	22	5.7
2006	696	46	6.6
2007	962	54	5.6
2008	834	58	7.0
2009	582	57	9.8
2010	1183	44	3.7
总计	5373	322	6.0

从表 4 可见，第一，1999 ~ 2010 年，人文社科领域妇女/性别研究方向的博硕士学位论文数共 5373 篇，妇女/性别与教育类研究的论文为 322 篇，后者占论文总数的 6.0%，所占比例较低。

第二，妇女/性别与教育专题博硕士学位论文在 2000 年实现零的突破，开始获得人文社科领域妇女/社会性别研究方向学术主流的认可。

第三，1999 年为无，2010 年所占比例为 3.7%。两者相比，2010 年增加了 3.7%，呈现出一定的增长态势，但增长速度较慢。

第四，从所占比例的变化看，最高的为 12.5%，最低的为无，基本上在 0.0 ~ 13.0% 之间波动，变化幅度较大。

这表明，尽管在 2000 年实现了零的突破，在人文社科领域妇女/性别研究方向获得了一席之地，但在代表妇女/性别研究较高学术地位的博硕士学位论文中，妇女/性别与教育研究就总体而言地位不高，所获得的关注较少，而相关的学术重要性和关注度在不同年份间又呈现出较大的波动性。这提示我们，有必要对与这一波动性相关的社会背景及因素展开进一步的研究。

（二）研究特点及分析

20 世纪 90 年代以来，尤其是 1995 年第四次世界妇女大会召开之后，在中国，妇女/性别研究如火如荼地展开，国内学者围绕妇女/性别与社会相关议题发表了大量论文，出版了不少专著。应该说，'95 世妇会以来的十余年，是中国妇女/性别研究发展较快的时期。'95 世妇会已成为包括妇女/性别教育在内的中国妇女/社会性别研究的重要转折点。

1. 两个阶段

'95 世妇会以来，妇女/性别教育研究经历了从社会性别意识确立到逐步深化的两个发展阶段。

（1）社会性别意识确立阶段（1995 ~ 2000 年）

就妇女/社会性别与教育研究而言，1995 ~ 2000 年为社会性别意识确立阶段。这一时期，在'95 世妇会的推动下，仅 1995 年一年，有关中国妇女教育研究的专著就出版了多达十几部，如《中国西部不发达地区女童教育探索与实践》（何永忠、吴国琚著，甘肃文化出版社）、《中国西北女童教育口述史》（杨立文主编，民族出版社）、《中国妇女教育的现状与展望》（韦钰著，苏州大学出版社）、《中国妇女教育资料选编》（安树芬、耿淑珍主编，中国妇女出版社）、《中国女子教育通史》（杜学元著，贵州教育出版社）、《中国近代女子留学史》（孙石月著，中国和平出版社）等。在妇女/社会性别教育学领域，妇女教育史受到了广泛的关注，学者们主要从教育学及史学等传统的学科领域中去探寻妇女教育的发展、地位及作用。

在这一时期，相关研究注重与社会实践的结合，关注妇女在社会发展中面临的各种问题，如与普及九年义务教育的战略目标密切相关的议题，妇女在参与社会中受教育程度因素的影响问题及在参与教育中的种种不利处境等。

与此同时，大量西方女性主义论著逐步进入中国，对女性主义的评介性文章不断涌现，女性主义学术和理论的核心概念——"社会性别"也逐渐为中国从事妇女/性别教育研究的学者所认识与接受。如 2000 年郑新蓉、杜芳琴主编的《社会性别与妇女发展》、强海燕主编的《性别差异与教育》，均以社会性别作为探察教育问题的主要分析概念，从"有性人"的角度剖析人类社会中的教育现象；从教育学、心理学、生理学、社会学、史学、人口学、文化研究等不同的研究领域来探讨与性别有关的教育问题；以性别的视角审视现有的教育观念与实践，揭示"无性别教育"对性别偏见的掩饰；主张消除教育中的性别刻板模式，创设性别公平的学习环境，促进男女学生的身心健康成长与全面发展。[①]

（2）社会性别意识逐步深化阶段（2001 年～）

进入 21 世纪，在知识经济、信息化和全球化的冲击下，妇女/性别教育面临前所未有的挑战，有关研究呈现出以下特点。

第一，研究领域不断拓展，涉及基础教育、高等教育、非正规教育等各级各类教育。

第二，有关研究不仅仅关注女童教育，更逐渐转向各级各类教育过程中的性别问题/议题，如探讨儿童性别角色的形成、各级教育内容（包括课程、教材）中的性别差异、学校中的女生和女教师、教育投资及回报率的性别差异、妇女教育与就业、媒体与妇女教育、少数民族妇女教育、女校的生存与发展等。

第三，研究者从教育学、历史学、心理学、社会学、经济学等不同学科的理论基础出发探讨妇女/性别教育的问题/议题，使妇女/性别教育研究更具多样性。

第四，有关研究注重借鉴其他国家的做法和经验，运用国际比较研究的方

---

① 强海燕主编《性别差异与教育》，陕西人民教育出版社，2000，第 1 页。

法，关注的重点除欧美等一贯受到关注的国家外，还涉及日本、韩国、印度、伊朗、吉尔吉斯斯坦、尼日利亚、肯尼亚、埃塞俄比亚等亚洲和非洲国家的妇女教育。

第五，研究者更加注重本土的教育理论与实践，特别关注社会转型、市场化、西部发展等中国现阶段社会状况下的教育与妇女发展问题与议题。本土化不仅表现在研究内容方面，也表现在研究区域的扩展方面，出现了对一省、一县、一村的研究，针对性和适应性进一步提高。①

第六，有关研究更多地将妇女放置于社会宏观的结构关系中，开始考察不同历史语境、地域、阶层、文化、经济等背景中的妇女所面对的教育问题的具体形态、特点与实质。

第七，更为重要的是，社会性别视角有了进一步的深入和扩展。如果说前一阶段的研究主要是从理论和经验层面上运用社会性别视角进行探讨和评介的话，那么，在这一阶段的研究中，研究者开始转向对社会性别概念的具体运用。如强海燕、张旭的《从社会性别视角探讨女大学生和女教师的发展——中加"少数民族教育"项目部分内容介绍》、② 史静寰的《教材与教学：影响学生性别观念及行为的重要媒介》、③ 陈雨亭的《性别差异与日常教育实践——对六位初中教师的性别观念及实践的探究》、④ 俞毅的《高等教育中性别隔离现象的实证分析——以湖南省普通高校 1991 ~ 2008 年毕业生为例》⑤等论文，都将社会性别视角自觉地运用到妇女/性别教育研究中。同时，诸多学者也更全面、系统、深入地引进西方女性主义的教育理论来反思各类教育议题，如敬少丽的《女性主义视野下的教育评价理论研究——女性主义对知识

---

① 郑新蓉、高靓：《三十年性别平等教育的研究》，载莫文秀主编《中国妇女教育发展报告No.1：改革开放 30 年》，社会科学文献出版社，2008，第 325 页。

② 强海燕、张旭：《从社会性别视角探讨女大学生和女教师的发展——中加"少数民族教育"项目部分内容介绍》，《妇女研究论丛》2001 年第 5 期。

③ 史静寰：《教材与教学：影响学生性别观念及行为的重要媒介》，《妇女研究论丛》2002 年第 2期。

④ 陈雨亭：《性别差异与日常教育实践——对六位初中教师的性别观念及实践的探究》，《当代教育科学》2005 年第 8 期。

⑤ 俞毅：《高等教育中性别隔离现象的实证分析——以湖南省普通高校 1991 ~ 2008 年毕业生为例》，《黑龙江高教研究》2010 年第 5 期。

论的批判及其方法论启示》、① 周小李的《女性主义视野下的教育性别平等——源自三个隐喻的解析》、② 苗学杰的《女性主义教育研究范式的发展与走向》③ 等，均是具有代表性的论文。

此外，有关研究不仅仅关注女性，也将男性纳入探索的视野。开展和扩展、深化男性研究是推进性别平等教育研究的一个必要而有效的方法。在这一时期，一些研究开始呈现男性在教育环境中面临的各种发展问题，另一些研究则强调在现行缺乏性别公平的教育体制中，不仅仅妇女，男性也是传统性别文化的潜在受害者。而关于男孩与女孩谁是性别平等教育中的弱势群体的争论也陆续开始出现。如叶飞的《学前教育专业男生的性别压力探究》，④ 杨明磊、方刚的《两岸男大学生性别角色内涵之对比研究——以北京与台北为例》，⑤ 黄河的《男性研究对性别平等教育的意义》，⑥ 胡晓红、左孟华的《教育公平视野下对"男孩危机"的性别解读》，⑦ 岳龙的《男生性别弱势：教育现代性的内在危机》⑧ 等，对现有教育理念和体制中男性面临的困境进行了探析，提出了不同的观点。

2. 重要议题

由于妇女/性别教育研究所关注的议题颇为广泛和丰富，受篇幅所限，以相关论文和专著的呈现为基础，本文仅选取其中三个受关注较多的议题进行分析。

（1）妇女教育史

妇女教育史是妇女教育研究的一个传统领域，近十几年来，研究者对其一

---

① 敬少丽：《女性主义视野下的教育评价理论研究——女性主义对知识论的批判及其方法论启示》，《山西师大学报》（社会科学版）2006 年第 1 期。

② 周小李：《女性主义视野下的教育性别平等——源自三个隐喻的解析》，《华中师范大学学报》（人文社会科学版）2007 年第 6 期。

③ 苗学杰：《女性主义教育研究范式的发展与走向》，《外国教育研究》2008 年第 3 期。

④ 叶飞：《学前教育专业男生的性别压力探究》，《学前教育研究》2006 年第 6 期。

⑤ 杨明磊、方刚：《两岸男大学生性别角色内涵之对比研究——以北京与台北为例》，《中国青年研究》2007 年第 8 期。

⑥ 黄河：《男性研究对性别平等教育的意义》，《妇女研究论丛》2008 年第 2 期。

⑦ 胡晓红、左孟华：《教育公平视野下对"男孩危机"的性别解读》，《东北师大学报》（哲学社会科学版）2010 年第 6 期。

⑧ 岳龙：《男生性别弱势：教育现代性的内在危机》，《教育发展研究》2010 年第 2 期。

妇女发展蓝皮书

直情有独钟，在寻求突破中取得了显著成绩——妇女教育和妇女史资料的征集、整理、出版为相关研究提供了资料基础，已有研究成果为近代女子教育发展和知识女性的成长历程绘出了比较清晰的历史脉络，将妇女放在整个社会大背景中进行研究初见成效，从运动史向社会生活史的扩展，为妇女/社会性别教育研究寻找到了新的切入点和契机。①

阎广芬在《简论西方女学对中国近代女子教育的影响》一文中认为，中国近代女子教育的变迁与西方女学的传入密切相关。她以西方女学的传入为视点，梳理出中国女子教育的近代化历程，而且对每个阶段西方女学传入的特点及其意义进行了总体的分析，进而展示了中国近代女子教育的整体过程。②

谷忠玉、郭齐家的《中国近代女子学校教育的兴起及其社会影响》一文，重点分析了中国近代女子学校教育兴起和发展的动因。该文指出，近代女子学校教育的兴起和发展不仅与社会政治经济的变革有关，而且与社会中坚力量的推动及女性自身的觉悟也有密切的关系。同时，近代女子学校教育的发展对女性自身解放、对社会改进也发挥了积极作用。③

乔素玲的著作《教育与女性——近代中国女子教育与知识女性觉醒（1840~1921）》突破了传统史学方法，借鉴历史学、社会学、心理学的研究方法，史论结合，纵横比较，从教育的启蒙作用这一角度研究旧民主主义革命时期中国女性从封建的传统女性到近现代新女性的转变过程，揭示了教育对女性的特殊意义，深化了妇女教育研究。

（2）基础教育中的性别公平

在各种教育需求与教育权利中，基础教育最为根本与迫切。在现实的基础教育中，性别偏见与歧视恰恰是阻碍全民教育目标实现的最棘手的问题。因此，女童教育多年来一直是政府和社会关注的热点，也是普及九年制义务教育的重点与难点。

① 赖立：《改革开放以来我国妇女教育研究述评》，《教育史研究》2008 年第 3 期。
② 阎广芬：《简论西方女学对中国近代女子教育的影响》，《河北大学学报》（哲学社会科学版）2000 年第 3 期。
③ 谷忠玉、郭齐家：《中国近代女子学校教育的兴起及其社会影响》，《教育研究》2002 年第 11期。

352

据此，女童教育研究包括对女童的生存、发展、教育现状、对策及教育模式等的探究。具有代表性的论著有何永忠、吴国琚著的《中国西部不发达地区女童教育探索与实践》（甘肃文化出版社，1995），李树苗、朱楚珠在1997～2000年调查基础上撰写的《中国儿童生存性别差异的研究和实践》（中国人口出版社，2001），张铁道主编的《中国西部少数民族女童教育质量与效益研究》（甘肃文化出版社，2003），杜学元主编的《城市化进程中的中国女童教育：我国小城镇女童教育研究》（四川人民出版社，2007），滕星主编的《多元文化社会的女童教育：中国少数民族女童教育导论》（民族出版社，2009）等。

近年来，女童教育问题日趋复杂，失学辍学的区域性特征日益明显，因此，对不同地域、不同民族女童教育的研究掀起一股热潮。具有代表性的论著有任玉贵的《土族女童义务教育的现状及对策》，[1] 李仁的《宁夏回族女童教育的成就、问题及对策》，[2] 潘正云、马林英的《凉山彝族女童教育面临的问题和发展对策》，[3] 邓桦的《文山瑶族女童教育问题及对策研究》[4] 等。

通过对女童的失学辍学原因进行分析，一些研究者认为，除了经济、文化传统等原因外，女童自身的主体价值和需要也是必须考虑的因素。有学者提出，女童是教育的主体，能否激发女童自身对教育的需求，激发与女童接触密切的家长、家庭、社区等相关群体对女童教育的支持，形成"内源型"女童教育模式，是女童教育可持续发展的关键。[5]

20世纪90年代初开始，由政府、国际组织、研究机构等多方合作开展了提高女童入学率的工作，进而发展出不同的教育策略及模式。有学者对这些教育模式进行了研究，如王振岭的《贫困地区女童教育发展模式探讨——以青海省为例》、[6] 徐巧英的《贫困地区女童教育应迈向素质教育的新目标——广

---

[1] 任玉贵：《土族女童义务教育的现状及对策》，《西北民族学院学报》（哲学社会科学版·汉文）1995年第2期。

[2] 李仁：《宁夏回族女童教育的成就、问题及对策》，《回族研究》1998年第2期。

[3] 潘正云、马林英：《凉山彝族女童教育面临的问题和发展对策》，《贵州民族研究》2000年第4期。

[4] 邓桦：《文山瑶族女童教育问题及对策研究》，《民族教育研究》2010年第1期。

[5] 史静寰：《从女童的视角对教育的审思》，《妇女研究论丛》2000年第3期。

[6] 王振岭：《贫困地区女童教育发展模式探讨——以青海省为例》，《西北民族学院学报》（哲学社会科学版·汉文）2000年第2期。

西 UNDP/401 项目女童教育模式研究的实践与思考》、① 马忠才的《分层与流动：回族女童教育的动力机制》、② 吕春辉的《民族教育的奇葩——广西龙胜女童教育模式的实践与思考》③ 等，对相关工作经验进行回顾与总结，提出了具有本土价值的对策建议。

留守女童问题是近十几年来新出现的突出的社会问题，一些研究者开始注意到社会转型时期女童教育出现的新情况，对有关留守女童的教育权、家庭教育、性教育、教育公平等议题进行了探究。如朱婕的《留守女童的教育公平问题——基于弱势群体的教育公平问题探析》、④ 陈晓晴、杜学元的《关于留守女童教育问题的研究综述》、⑤ 高丰美、高俊飞的《农村留守女童受教育权与受监护权保障》、⑥ 张俊霞的《农村留守女童教育问题研究——以山东省两村为例》⑦ 等。

随着女童教育研究的深入，研究者越来越关注教育内部的性别不平等、教学过程中的性别歧视等隐性问题。如 2000 年由福特基金会资助、全国十几所重点高校和教育研究机构共同开展的"对幼儿园、中小学及成人扫盲教材的性别分析研究"项目，通过对现行中小学课本和教学资料的系统分析，对教材中存在的性别刻板印象进行了系统描述和分析，并提出了相关的改进建议。与该项目相关的研究还包括：目前我们的学校教育是应该提倡学校教育的"非性别化"，还是提倡"双性化"模式？学校教育、教学中如何处理传统女性角色与现代女性角色的冲突以及平衡问题？单一性别学校或课堂是否应该存

---

① 徐巧英：《贫困地区女童教育应迈向素质教育的新目标——广西 UNDP/401 项目女童教育模式研究的实践与思考》，《广西教育学院学报》2000 年第 6 期。

② 马忠才：《分层与流动：回族女童教育的动力机制》，《北京大学学报》（哲学社会科学版）2006 年第 1 期。

③ 吕春辉：《民族教育的奇葩——广西龙胜女童教育模式的实践与思考》，《国家教育行政学院学报》2007 年第 1 期。

④ 朱婕：《留守女童的教育公平问题——基于弱势群体的教育公平问题探析》，《沙洋师范高等专科学校学报》2009 年第 2 期。

⑤ 陈晓晴、杜学元：《关于留守女童教育问题的研究综述》，《怀化学院学报》2010 年第 8 期。

⑥ 高丰美、高俊飞：《农村留守女童受教育权与受监护权保障》，《重庆社会科学》2010 年第 11 期。

⑦ 张俊霞：《农村留守女童教育问题研究——以山东省两村为例》，安徽大学人口学硕士论文，2010。

在和发展？课程设置、教学内容如何尽量减少性别歧视因素，以培养未来具有性别公平意识的公民？① 等等。这一项目的研究成果推动了相关教材、教学参考书、教学方法等一系列的改革。

（3）高等教育中的女性参与

近十几年来，有关高等教育中女性参与的研究内容包括：高等教育中女性的地位与作用，女性高等教育历史沿革、成果及面临挑战，女性学者、女教师、女大学生、女性教育管理者群体特征，高校教育机会、学科专业、学业成绩、学术能力、就业现状的性别差异，大学生的性别角色、性别观念、性别认同，妇女/社会性别学在高等教育中的创立和推进，女子大学的历史发展、存在价值、办学特色、人才培养等。

随着中国教育事业的迅速发展，高校扩招政策的推行，在校女大学生人数不断增多，一些院校的女生数量甚至超过男生。因此，不少研究者也从关注女性接受高等教育者的比例这一数量问题逐渐转向教育中的深层次问题，即隐性的性别偏见与歧视。如郑新蓉在问卷调查、访谈基础上撰写的《男女大学生哲学和数学能力的性别差异研究》一文指出，当代女大学生的发展与其所学学科的学科性质密不可分，目前哲学领域仍然是非常男性化的、独特的学科领域，学哲学的女大学生在这种性别环境中，不同程度地对从事哲学研究信心不足、学科认同感较弱。而对数学能力的研究则表明，学数学的女大学生比较自信；学数学的男女大学生普遍认为数学学科能力方面不存在绝对的性别差异；相当一部分学生认为改革教育可以提高女大学生的数学能力。②

一些研究者也对女大学生的心理素质、性别观念等进行了研究。如潘燕在《女大学生恐惧成功心理研究》一文中认为，女大学生比男大学生更容易产生恐惧成功心理，特别是在涉及政治和经济的领域里，女大学生对自身的发展有着自我限制。③ 李明欢在对十个项目的问卷调查数据进行归纳、整理、比较的

---

① 史静寰：《教育、赋权与发展：'95 世妇会以来中国妇女教育研究回顾》，《妇女研究论丛》2007 年第 1 期。

② 郑新蓉：《男女大学生哲学和数学能力的性别差异研究》，《中华女子学院山东分院学报》2000 年第 3 期。

③ 潘燕：《女大学生恐惧成功心理研究》，《高等教育研究》1998 年第 6 期。

基础上指出，经济发展或女性自身教育程度的提高，并没有自然而然地增强女性的自强心与自信心。女大学生并没有因为直接得益于中国改革开放的成果而自动构建起更为健康的社会性别观，甚至在某些方面对传统性别模式的认同率还高于社会上的一般女性。①

教育结果的平等是教育公平的最后一个环节，因此，也有不少学者关注社会转型、教育政策变化下的女大学生就业问题，分析传统文化、公共政策、法律、职业性别歧视等对女大学生就业的影响。如余秀兰的研究指出，性别不平等、"男性中心"的性别文化意识导致女大学生对就业市场上性别歧视的视而不见、认同与容忍，这种态度再生和助长了就业市场上的性别歧视现象。② 李倩在《公共政策视阈下的女大学生就业困境探析》一文中指出，中国大学生就业政策的变化大体分为三个阶段，而女大学生就业状况也因时而异。在当前阶段，女大学生就业更为艰难。应该从公共政策角度审视女大学生就业困境的原因，探讨符合中国国情的解决该困境的政策选择。③ 文华良在《刍议女大学生就业性别歧视的法律问题》一文中认为，从法律层面看，有关保护女大学生平等就业权的法律法规过于原则化，不具有可操作性，对违法主体应承担的法律责任及惩罚措施规定不明确，相关的规范性文件中关于女性平等就业的规定层位不清等，是导致女大学生就业歧视的法律层面的重要原因，进而对消除女大学生就业歧视提出了相关的法律修改建议。④

高校女教师是高等教育发展的重要力量，其发展状况反映并且制约高等教育发展的水平。近年来，有关高校女教师的研究主要表现在以下三个方面：一是女教师在高校中的地位、作用、任职数量、职业发展、心理健康、性别意识等开始成为研究者关注的重点。研究表明，与男教师相比，无论在职称还是在职位方面，越是在高层次中，女教师所占的比例越少，明显呈金字塔状态；在某些学科中，男女教师比例分布悬殊。二是较之男教师，高校女教师对自身能

① 李明欢：《干得好不如嫁得好？——关于当代中国女大学生社会性别观的若干思考》，《妇女研究论丛》2004 年第 4 期。
② 余秀兰：《认同与容忍：女大学生就业歧视的再生与强化》，《高等教育研究》，2011 年第 9 期。
③ 李倩：《公共政策视阈下的女大学生就业困境探析》，《妇女研究论丛》，2009 年第 2 期。
④ 文华良：《刍议女大学生就业性别歧视的法律问题》，《教育与职业》，2009 年第 33 期。

力的评价也较低。传统的对女性能力的低评价及事业成就上普遍存在的"男高女低"的社会现实影响了部分高校女教师对自身能力的评价。[①] 三是研究者对当今女教师多重角色的冲突问题形成了一定的共识，一些学者还对冲突的现实原因进行分析，提出了相关对策和建议。如万琼华在《试析传统性别分工对高校女教师的负面影响及消除途径》一文中认为，传统性别分工造成高校女教师的双重负担和角色冲突，也造成其较低的成就动机、职业成就、工作期待和自我目标定位。必须通过改善社会文化环境、推进社会性别公平、提倡男性进入家务劳动领域、赋予女教师自由发展的权利、高扬女教师主体意识、更新传统性别观念等才能消除这一不利影响。[②]

3. 存在的不足

通过大量的文献分析，我们也发现，近十几年来，中国的妇女/性别教育研究还存在如下不足。

（1）有关妇女教育的研究，无论微观、中观还是宏观，无论是妇女教育史研究还是妇女/性别教育现实问题研究，大多仍停留在对某一议题或问题的研究上，尚未从研究视域、理论框架上对"妇女/性别教育""妇女与教育"进行必要和充分的梳理。而无论从妇女教育的发展还是从研究者的性别主体意识着眼，对"妇女教育"中"妇女""教育"这两方面的强调与探寻都是极为必要的，这不仅对于妇女/性别教育研究的推进具有积极意义，而且对于教育学和妇女/社会性别学知识结构的丰富与多元化也具有十分重要的意义。

（2）从研究类型和研究方法看，重复性研究、简单的经验—描述性研究仍占相当比例；论证过程中主要的论证手段是经验论据的堆积，缺乏严格的实证研究。尽管定量研究方法逐渐受到重视，但应用其进行研究仍较为薄弱，定量研究的科学性、规范性也有待提高；质性研究中的多种方法，如民族志、口述史等的运用，有待增强。

（3）性别公平教育是教育领域不可回避的重要议题，教育要想最终实现民主、平等和全纳，必然要关注和解决性别公平的问题。但有关该议题的研究

① 张建奇：《我国高校女教师地位现状之研究》，《清华大学教育研究》1997年第4期。
② 万琼华：《试析传统性别分工对高校女教师的负面影响及消除途径》，《中华女子学院山东分院学报》2004年第1期。

较少，有待进一步深入和拓展。此外，近十几年来，学界依然借鉴国外在教育起点、过程和结果公平的基础上对教育性别公平进行探讨的框架或者沿用西方女性主义教育理论或以此为基础，尚未系统地形成自己关于教育性别公平的本土化理论框架。

（4）研究中妇女的主体性有待提高。不断变化、日益丰富的妇女/性别教育议题需要进一步梳理研究的立场与理念，如是"价值中立"还是"女性主义的研究"；是将妇女更多地呈现为"问题"还是把妇女作为完整的"人"的主体来进行研究。目前虽然相当多的研究都以妇女或妇女教育为名，但实际上其中有些研究或将妇女问题化、他者化、客体化，或以一般掩盖了特性，泛泛而论多于深入研究，研究中应有的妇女的主体性及妇女自己的发声则大大地弱化了。

三　妇女/性别教育学面临的挑战与发展趋势

尽管妇女/性别教育学无论在学科建制还是学科制度化方面都取得了一定的进展，但从一门独立学科的建立和发展的角度看，仍面临巨大的挑战。

（一）从学科制度化所具备的知识结构看，妇女/性别教育学尚未形成完善的知识体系与理论基础

曼海姆指出，"知识的新形式产生于集体生活的状况，而不是靠什么知识理论证明它们可能产生而出现，所以它们不必先通过认识论理论来取得合法性"，"我们必须以新发现的实证材料来重审我们知识的基础"。[1] 从学科源起看，学科是知识演进的结果。学科知识不单属于纯粹的知识论层面，更是一种社会实践。从该意义上说，基于鲜活的社会实践生产妇女/性别教育研究的诸多成果，对于妇女/性别教育学学科的构建无疑是十分必要和紧迫的。

以社会性别为视角研究教育在西方国家也相当普遍，几乎涉及所有的教育

---

①　余宁平、杜芳琴主编《不守规矩的知识——妇女学的全球与区域视界》，天津人民出版社，2003，第13页。

学相关学科，如教育哲学、教育史、教育社会学、教育心理学、教育法律与政策分析等，在教育实践领域也涉及各级各类教育。① 而中国关于妇女/性别教育研究的理论与实践成果在教育领域内大多仅涉及教育史和教育学，且较为零散，数量有限，不少成果虽然以妇女作为研究对象或主体，但缺乏明晰的社会性别视角。而近年来研究成果的数量虽然不断增加，但在人文社科研究及妇女/性别研究中的地位仍较低。

进一步看，由于结构转型，社会急剧变迁，由于经济、技术、社会、文化和政治等各个领域全球化进程的展开，中国妇女在教育领域内所处的生存与发展境遇日趋复杂多变，有关妇女教育的问题很难在单一学科的研究中得到解决，需要多学科、跨学科的探索。然而从已有的妇女/性别教育学研究可以看到，诸多研究成果大都是教育学单一学科的研究成果，多学科、跨学科的研究成果较少。

而在相关概念和理论的构建上也存在很多问题，原创性研究较少，简单套用西方较成熟的女性主义教育研究的理论和范式的现象较多。

总之，在目前，中国的妇女/性别与教育的许多研究更多的是对问题的批判性分析，概念和理论的创建不足，使本学科的相关知识无法充分积累，难以形成完善的知识体系和理论基础。

（二）从学科建制的基本条件看，妇女/性别教育学尚未形成学科设置的合法性基础

学科建制强调的是学科的社会建制，如学科的组织机构、行政编制、资金支持等社会运作层面，包括专业研究者、学科代表人物、经典著作、专业出版物、学会组织和学术会议制度、专业期刊、固定教席、学系、学科培养计划、研究基金、信息资料中心、研究生培养的相关课程等一系列组合条件。

就学科建制的这些基本条件而言，在中国，妇女/性别教育学的合法性基础尚未完全形成。这主要表现为：第一，至今，全国各高校开设的妇女/性别

---

① 郑新蓉、杜芳琴：《社会性别与妇女发展》，陕西人民教育出版社，2000，第28页。

教育学的相关课程数量很少，尚未形成课程群。即使是在教育学学科积淀较深、学术力量较雄厚的北京师范大学，该课程也仅仅作为本科生的专业选修课加以设置。第二，在学位教育方面，全国只有少数几所大学招收女性教育方向的研究生。缺乏具备一定规模的专业共同体。第三，在组织机构上，在全国性的妇女/社会性别学学科发展网络下虽然设立了妇女/性别与教育学学科子网络，但该子网络尚未成为专业研究者的全面联合体。第四，在教育领域内，对社会性别主流化的推动也亟待增强。如妇女/性别教育学尚无专业期刊；近十几年来，虽有诸多成果问世，但在妇女/社会性别研究领域中所占比重较低，在人文社科领域所占比重更低；尽管有关妇女/性别教育的课题在全国教育科学规划立项课题中实现了从无到有的突破，但在"九五""十五""十一五"规划立项课题中共计只有26项，在立项课题总量中所占比例极低，资助力度明显不足。

（三）妇女/性别与教育学的发展前景

无论从学科制度化还是学科建制的判断标准看，目前妇女/性别教育学仍处于前学科状态，更属于领域而非独立的学科，有着较宽泛的范畴，且尚未确立在人文社会科学研究中应有的地位，缺乏独立的学科生长机制。

从领域到学科的发展与演变有其内在规律与逻辑。因此，妇女/性别教育学的学科建设与发展任重道远。我们相信，随着社会性别意识不断纳入决策主流，全社会的社会性别意识的不断提升，通过教育界、学术界的共同努力，妇女/社会性别教育学会逐步具备作为学科的外在和内在条件，进而会作为一门独立的学科确立其重要的学科地位。

女性主义哲学

肖 巍 朱晓佳*

摘 要:

经过十几年的开拓发展,女性主义哲学研究已经在中国初具规模,并突显出以下五大特征:(1)研究成果的数量不断增加,质量不断提高;(2)研究领域不断拓展;(3)本土化尝试不断推进;(4)强化"问题"意识,关注对话;(5)研究队伍不断扩大。可以说,女性主义哲学已日益进入中国的主流哲学之中,成为一种新兴的学术力量。就总体而言,在中国,女性主义哲学的学科建设尚在起步之中,在学术研究、课程建设、共同体构建等方面都有许多工作要做,任重而道远。

关键词:

女性主义哲学 学术研究 学科建设

女性主义已成为当今时代一种颇具影响力的哲学价值观和方法论,它以"性别"为分析范畴来重读、解构和重建哲学,批判和检讨许多导致人类自身及自然危机的固有价值观体系,为协调和解决各种冲突,创造更为开放、更为平等、更为自由的哲学思维空间,培育新的时代精神做出了独特的贡献。近几十年来,女性主义哲学在西方社会得到飞速发展,已有大量著述问世。女性主义对于传统伦理思想史的反思,对于妇女及女性主义伦理学贡献的梳理、挖掘和研究已经在人类思想发展史上带来了一场深刻的革命。自 1995 年第四次世

---

* 肖巍,毕业于中国人民大学哲学系,博士,现任清华大学哲学系教授、博士生导师,主要从事伦理学研究。朱晓佳,毕业于清华大学哲学系,博士,现任中华女子学院女性学系讲师,主要从事女性主义伦理学研究。

界妇女大会在中国召开以来，国内许多学者开始进入女性主义哲学领域，翻译、介绍、梳理和研究西方学者的成果，并出版/发表了一些具有本土特色的论著。经过十几年的开拓发展，女性主义哲学研究已经在中国初具规模，而且日益进入主流哲学领域，成为一种新兴的学术力量。

十几年来，国内女性主义哲学研究不断拓展，成果丰硕。在中国学术期刊网络总库中，以"女性主义哲学"为主题搜索，2006～2010 年就有文章共180 余篇，比 1995～2005 年十年的总和增长了 28.6%。而且，女性主义哲学研究的领域也不断拓展，不仅仅局限于诸如马克思主义哲学、伦理学等传统学科，还扩展到许多新领域，增添了新的学科视角，诸如女性主义生态学、政治哲学、宗教学，以及精神分析学和教育哲学等。本文将以 2006～2011 年为时间段，梳理和分析国内女性主义哲学学科建设的新发展。

一 女性主义哲学研究的主要内容

论及女性主义哲学的发展，首先要考察国内女性主义哲学研究的新进展。在近十几年内，国内女性主义哲学的研究主要包括两大内容：一是对西方经典原著的翻译和解读，二是对女性主义哲学基础问题的深入研究。

（一）对西方经典原著的翻译和解读

近几年来，女性主义哲学在西方社会的迅速发展越来越引起国内学术界的关注，对西方经典原著的翻译之作和解读之作不断增多，对西方女性主义哲学研究成果的筛选编辑工作不断推进。例如 2007 年，武汉大学出版社出版了《女性身份研究读本》一书，该书汇集的 20 篇英文文献分为三大部分：第一部分为"精神分析理论体系中的性别身份"，包括弗洛伊德、拉康等人的 5 篇经典文章；第二部分为"女性主义框架中的性别身份"，包括法国后现代主义著名学者伊丽格瑞、西苏、克里斯蒂娃等人的 7 篇文章；第三部分为"多元文化语境下的性别身份"，包括朱迪斯·巴特勒、朱丽叶·米切尔等人的 8 篇文章。从这些有代表性的文献中，我们可以看到西方哲学关于性别身份的主要观点及其演变，尤其是女性主义哲学对于性别身份、女性身份等议题的研究成果。2010 年,北京大学出版社专门组织翻译和出版了当代女性主义哲学经典著作《女性主义哲学指南》的中译本。① 该书共分十三章,以古希腊哲学的理性主义为开端,考察西方哲学思想史和当代西方哲学中的女性主义思维,包括古代哲学中的女性主义、精神哲学中的女性主义、女性主义与精神分析、语言哲学中的女性主义、形而上学中的女性主义、认识论中的女性主义、科学哲学中的女性主义、政治哲学中的女性主义、伦理学中的女性主义和哲学史中的女性主义,从一个宏大的、全方位的哲学场景中展现当代西方女性主义哲学研究的最新成果,对国内的相关研究和教学具有重要的参考作用。

在 2006～2011 年,国内其他出版社也相继出版了一批国外著名女性主义哲学家代表作的中译本,例如,上海三联书店于 2009 年出版的美国女性主义哲学家朱迪斯·巴特勒的经典著作《性别麻烦:女性主义与身份的颠覆》和《消解性别》的中译本。② 朱迪斯·巴特勒是当代著名女性主义哲学家,在女性主义批评、性别研究、当代政治哲学和伦理学等领域成就卓著。在《性别麻烦:女性主义与身份的颠覆》一书中,她从后结构主义的立场,借鉴福柯的谱系学方法讨论了主体形成的条件,强调性与性别是制度、话语和实践影响的结果,而不是制度、话语和实践的制造者。换句话说,一个人作为主体并不能创造或者导致制度、话语和实践,相反,主体是由后者决定的。因而,性和性别本身都不是预先存在的,而是通过主体性表演形成的,性别是一种没有原型的模仿。例如异性恋的性别是通过模仿策略产生的,它所模仿的是异性恋身份的幻影,也就是作为模仿结果所产生的东西。异性恋身份的真实性是通过模仿的表演性构成的,然而,长期以来这种模仿却把自身建构成一种起源和所有原型的基础。这些观点使巴特勒成为酷儿理论的代表,而《性别麻烦:女性主义与身份的颠覆》也被称为酷儿理论的"圣经"。2007 年,民族出版社翻译出版了被称为北美宗教心理学奠基人的女性主义哲学家奈奥米·R. 高登博格

---

① 〔英〕米兰达·弗里克、詹妮弗·霍恩斯比编《女性主义哲学指南》,肖巍、宋建丽、马晓燕译,北京大学出版社,2010。

② 〔美〕朱迪斯·巴特勒:《性别麻烦:女性主义与身份的颠覆》,宋素风译,上海三联书店,2009;〔美〕朱迪斯·巴特勒:《消解性别》,郭劼译,上海三联书店,2009。

的两本著作:《身体的复活——女性主义、宗教与精神分析》与《神之变——女性主义和传统宗教》。① 前者是一部个人陈述,讲述了从抽象思维到以人体、人类亲缘关系为基础探讨哲学的心路历程。作者认为,女性主义应该对所有偏见、所有刻板印象,以及所有在男性世界里存在的强制性的人类分离现象作一次彻底检查,应鼓励多元身份,以便缓解国家、种族和宗教之间的紧张气氛。后者则从精神和宗教角度思考性别正当性问题,阐明并解释彻底脱离所有家长式宗教的意义。这两本著作的引进为国内读者更好地了解北美女性主义哲学及宗教心理学的研究成果创造了条件。

在 2006～2011 年的五年间,国内学者对于女性主义政治哲学的引进和解读也有了长足的发展,最可喜的是,经过一些学者的辛勤努力,当代美国著名女性主义政治学家南茜·弗雷泽的一些重要著作的中译本得以问世,促进了国内女性主义政治哲学的发展。② 在西方社会,南茜·弗雷泽的观点引发了一系列学术讨论和争议,并有一些讨论文集出版。国内学术界也关注到这一现象,翻译出版了《伤害 + 侮辱——争论中的再分配、承认和代表权》一书,③ 使读者能够更为全面系统地把握南茜·弗雷泽的女性主义政治哲学思想的产生和发展过程,以及它对于女性主义政治哲学和女性主义运动的发展,对于社会变革的积极影响和独特贡献。由于南茜·弗雷泽的研究涉猎范围很广,国内学者也开始从不同的学科和角度探讨她的理论。例如一些学者通过对其"公正观"的研究指出,南茜·弗雷泽以三个维度来考察公正问题,在一个包括道德哲学、社会学和政治分析的理论框架内,提出一种经济、文化和政治互动的三维公正观。这一公正观可以简化为对于公正的三种诉求:再分配、承认和代表权。南茜·弗雷泽以这种公正观来阐释当代社会不同群体对于公正的追求,审

① 〔加〕奈奥米·R. 高登博格:《身体的复活:女性主义、宗教与精神分析》,李静、高翔编译,民族出版社,2008;〔加〕奈奥米·R. 高登博格:《神之变:女性主义和传统宗教》,李静、高翔编译,民族出版社,2007。

② 例如,〔美〕南茜·弗雷泽:《正义的尺度——全球化世界中政治空间的再认识》,欧阳英译,上海人民出版社,2009;〔美〕南茜·弗雷泽、〔德〕阿克塞尔·霍耐尔:《再分配,还是承认?——一个政治哲学对话》,周穗明译,上海人民出版社,2009;〔美〕南茜·弗雷泽:《正义的中断——"后社会主义"状况的批判性反思》,于海青译,上海人民出版社,2009。

③ 〔美〕凯文·奥尔森编《伤害 + 侮辱——争论中的再分配、承认和代表权》,高静宇译,上海人民出版社,2009,第 86 页。

视社会不公正，尤其是性别不公正的现象、成因及其矫正的途径，力图在女性主义政治哲学框架内提出构建公正平等的社会制度与和谐社会的理想及途径。①

此外，2006～2011 年，国内也翻译出版了西方女性主义法哲学、女性主义生态伦理学等方面的代表性论著。如美国著名女性主义法学家凯瑟琳·A. 麦金农的《迈向女性主义的国家理论》和《公民身份：女性主义的视角》；②南宫梅芳的《生态女性主义：性别、文化与自然的文学解读》、沃伦的《生态女性主义哲学与深层生态学》等。③

（二）对女性主义哲学基础的探讨

2006～2011 年，对于女性主义哲学基础的探讨是国内女性主义哲学研究的一大重点，主要涉及以下三大内容。

1. 哲学方法论与认识论

在哲学社会科学研究中，尤其是女性主义和女性主义哲学研究中，方法论具有至关重要的意义。正如西方学者指出的，我们正生存在一个复杂、混乱和相互冲突的无序世界中，"如果我们试图从根本上思考这些混乱，那么就将不得不教导自己如何以一种新的方式去思考、去实践、去联系，以及去认识"。④从某种意义上说，如果把女性主义视为一种学术视角，它的重要贡献便在于方法论的革命。事实上，国内学者在引进西方女性主义哲学成果时，始终敏锐地意识到"方法论"的重要意义，认为从深层来说，每一相关研究成果都意味着对女性主义和女性主义哲学方法论的引进和利用，而对于女性主义认识论的研究则更直接地触及了女性主义哲学方法论的本质。

其中，一些学者从认识论角度阐释了女性主义认识论中的三个基本问题：即平等认知主体问题、优势认知群体问题、女性经验与知识客观性问题。而第

① 参见肖巍《弗雷泽的三维公正观》，《马克思主义与现实》2011 年第 4 期。
② 〔美〕凯瑟琳·A. 麦金农：《迈向女性主义的国家理论》，曲广娣译，中国政法大学出版社，2007；露丝·里斯特：《公民身份：女性主义的视角》，夏宏译，吉林出版集团有限责任公司，2010。
③ 南宫梅芳：《生态女性主义：性别、文化与自然的文学解读》，社会科学文献出版社，2011；〔美〕沃伦：《生态女性主义哲学与深层生态学》，张秀芹译，《世界哲学》2010 年第 3 期。
④ John Law, *After Method: Mess in Social Sciences Research*, Routledge 2004, p. 2.

一个问题又可以演变为：谁有资格或权力在知识创建及知识评价中担任主体？如果知识主体涉及性别，妇女在作为知识主体的资格上还须另外附加条件吗？第二个问题也可以演变成：有认知优势主体存在吗？或对于批判及消除知识领域中的不平等现象而言，妇女是优势主体吗？第三个问题可以呈现为：妇女的特殊经验对于知识构建有怎样的意义？或者说，广泛吸收来自妇女的、非欧美的、非白人男性精英的经验，是否可使认识达到更强的客观性？[①]

另一些学者则侧重于研究女性主义认识论的使命及其对知识生产的意义，并对国外学者的最新研究进行评述。她们强调，女性主义认识论旨在以社会性别为视角，从认知主体、客观性、价值中立、理性、二元论等维度对传统认识论基础进行重新审读，发现其间所隐藏的男性化特征以及对男性认知优势的肯定。通过批判认知主体的男性资格、客观性与价值中立所蕴含的性别意识形态以及二元论所包含的性别统治逻辑，对父权制的形而上学框架进行根本性的冲击，可为消除知识领域的性别歧视提供重要的认识前提。同时，女性主义认识论也揭示了在知识生产领域中存在的男性中心主义的固有缺憾，并探讨了如何重建客观性，说明了人类的知识生产等问题。[②]

此外，一些学者试图把对于女性主义认识论的研究与当代中国的知识女性联系起来，探讨性别知识建构问题，认为知识女性作为当代中国妇女研究的一支主要力量，在性别知识建构方面发挥了重要作用。知识女性不仅具有男性知识分子无法具有的"女性的"切身体验，而且较之其他阶层的女性又具有较高的文化知识水平，而这两者的结合，使以女性为主体的性别知识建构由可能变成现实，因为知识是有性别的，性别是被知识化的，而知识化了的性别经验和经验化了的性别知识在女性与男性、女性与社会的良性互动中，不仅可以改

---

① 王宏维：《论女性主义认识论演进中的三个基本问题》，《哲学研究》2009年第7期。
② 参见：王珺：《认识论基础的女性主义批判》，《山西师大学报》（社会科学版）2008年第1期；吕春颖：《女性主义认识论视野中的知识生产》，《华南师范大学学报》2011年第3期；文洁华：《对认识论中女性主义视角的进一步反思》，《中山大学学报》2008年第1期；王琳：《论女性主义立场理论的历史演变》，《北方民族大学学报》2011年第6期；魏开琼：《经验：女性主义理论的重要概念》，《河北学刊》2011年第2期；郭丽丽、洪晓楠：《海伦·朗基诺与唐娜·哈拉维的知识观比较分析》，《自然辩证法通讯》2011年第6期；等等。

变人类知识生产的体系与模式，还能够推动人类社会和谐有序地向前发展。[1]一些学者尝试性地直接概括了女性主义哲学方法论的如下特征：其一，相信哲学从来就不是中立的。"个人是政治的"，每一个人类主体都是处于多种权力和身份关系中的差异的、具体的社会存在。由男性主宰的传统哲学并没有提供普遍的视角，而是特权人的某种体验和信仰。这些体验和信仰深入所有的哲学理论中，不论是美学、认识论还是道德和形而上学。其二，主张哲学不应成为理性，尤其是被性别化了的"理性"的一统天下。女性主义相信，以理性或者逻辑制定出来的条理和方法论只不过是人为的规则而已，无法具有普遍的人类有效性，只有在特定情境中的人的情感和关系体验才是具体的和真实的。其三，汲取后现代主义强调多元、异质和差异的思维成果，强调哲学是差异的和多元的，而不是普遍的和单一的话语。[2] 其四，强调"差异"和"性别差异"研究的价值与意义。一些学者对国内女性主义哲学研究中存在的若干问题，尤其是方法论问题进行了批评性思考，强调国内女性主义哲学研究应有自觉意识和批判意识，关注价值概念、研究框架和研究方法问题，基于马克思主义哲学立场，以达到中国女性主义哲学研究的理论自觉。[3]

2. 伦理学

2006～2011年，国内女性主义伦理学领域的进展主要表现在以下两个方面，一是对于女性主义关怀伦理学的研究深化；二是对于应用伦理学理论和问题的关注度加强。

关怀伦理学自20世纪80年代在西方诞生时，就在中国国内引起了较大的反响。在2006～2011年，中国国内又迎来了一次新的研究热潮：在中国知网中以"关怀伦理"为主题进行搜索，六年间共有论文193篇，内容涉及政治哲学、[4] 伦理学、教育、经济、[5] 心理学和建筑设计等领域。在总结改革开放

---

[1] 畅引婷：《当代中国的妇女研究与性别知识建构》，《学术月刊》2011年第9期。

[2] 〔英〕米兰达·弗里克、詹妮弗·霍恩斯比编《女性主义哲学指南》，肖巍、宋建丽、马晓燕译，北京大学出版社，2010，第3～4页。

[3] 方珺：《国内女性主义哲学研究中的若干问题探析》，《马克思主义哲学研究》2011年第00期。

[4] 例如：宋建丽：《政治视域中的性别正义》，《妇女研究论丛》2008年第7期。

[5] 例如：崔绍忠：《关怀伦理与女性主义福利经济学研究——对新古典福利经济学的挑战》，《财经问题研究》2008年第3期。

30 年来中国女性主义伦理学的研究状况时，有学者指出：从 2005 年开始，国内学者再度掀起了对女性主义伦理学和关怀伦理学的研究热潮。这一研究热潮一方面是对前一阶段研究的延续、深化和发展，另一方面也是将女性主义伦理学研究本土化的一次尝试。也有学者指出，以关怀伦理为代表的女性主义伦理学对哲学乃至其他学科带来极大影响，但女性主义伦理学在应用后现代主义哲学成果的同时也承负着后者的理论困境和实践难题。因此，从中西哲学比较的视角来看，或许中国文化能为西方女性主义伦理学的发展提供资源，同时为当今世界哲学观念的转变、哲学的发展提供具有启发意义的思考。①

在关怀伦理学领域，近几年来，国内一些年轻学者或试图把儒家"仁"之伦理与关怀伦理进行比较，分析这两种伦理是否能够兼容或者整合为一种全新伦理；或对关怀教育进行探讨，认为关怀教育侧重于从情感出发进行道德教育，从女性主义视角阐明善恶观与幸福观；或把女性主义伦理学，尤其是关怀伦理学与教育结合起来进行研究；② 也有一些学者试图基于关怀伦理学，对整个女性主义伦理学的哲学意义做出评价。③ 他们采用榜样、对话、实践与认可方法，以道德叙事取代道德说教，将直觉纳入道德教育的实践中。因此，关怀伦理和关怀教育的本土化需要注意以下几方面工作：融入传统道德文化的精髓；提升教师的关怀素养；消除道德教育甚至整个教育领域中的性别歧视；实现道德教育向生活的回归。④

在近几年里，不少国内学者也努力以女性主义哲学方法论为基础，针对中国社会改革开放中出现的各种现实问题，从应用伦理学视角，尤其是生命伦理学和生态伦理学视角进行女性主义伦理学研究。以邱仁宗教授主编的《生命伦理学：女性主义视角》一书为例。该书共分四个部分：女性主义与生命伦理学、生物性别与社会性别、遗传学和医学、生殖和性，集中讨论了女性主义视角和全球伦理学、生命伦理学的新特点，西方女性主义对中国生命伦理学的

① 宋建丽：《改革开放 30 年来的中国女性主义伦理学研究》，《伦理学研究》2009 年第 1 期。

② 例如肖巍：《女性主义教育观及其实践》，中国人民大学出版社，2007。

③ 何锡蓉：《女性伦理学的哲学意义》，《社会科学》2006 年第 11 期。

④ 范伟伟：《儒家"仁"之伦理与关怀伦理可否兼容？——关于这场争论的评述》，《伦理学研究》2009 年第 5 期；范伟伟：《关怀伦理学视阈内的道德教育：诺丁斯关怀教育理论研究》，清华大学博士学位论文，2009。

意义，女性主义对生命伦理学的介入，女性主义关怀伦理学与生命伦理学，以及中国传统伦理思想对女性人格的建构等议题。① 此外，基于女性主义哲学关注女性主体体验的特点，国内学者也借鉴当代西方女性主义哲学的发展，注重对于"身体"、身心关系和"缘身性"（embodiment）等范畴的研究。例如一些学者认为，身体是当代女性主义哲学关注的一个重要议题。女性主义哲学敏感地意识到身体与主体、与性别之间的密切关系，以及父权制哲学和社会体制如何通过对身体范畴的建构维持性别歧视和不平等的性别关系，强调女性主义哲学在与后现代主义哲学一道摒弃笛卡尔以来的身心二元论的同时，也应当力图重建身体范畴，突出身体体验，尤其是女性身体体验的意义，并通过对于身体的回归确立起女性作为身体及其体验主体的地位，围绕着身体探讨一条通向性别平等和解放的路径。② 也有的学者研究了波伏瓦的伦理思想，分析了西方女性主义哲学基于现象学探讨女性体验和身体议题所取得的成果，认为波伏瓦运用存在主义现象学方法考察女性的个体生活史，描述在不同境遇中男性与女性，以及女性与女性之间的体验差异，揭示男女差异体验背后的意义，强调由于身心关系是相互统一的而非分离的，因而人类心灵的塑造离不开人的身体，而在这种心灵"缘身性"的塑造过程中，性别差异是导致性别不平等的原因之一。③

2011 年 3 月，中日"生殖健康与身体政治"国际学术研讨会在中南大学召开，这也可以被看成结合中国国情和实践研究女性主义生命伦理学的有益尝试。会议结合国际社会的相关理论和实践经验，探讨生殖健康与身体政治的关系，强调在中国现有的社会背景下，生殖关乎国家政策、市场导向、社会需求、家庭结构、村庄利益、生育文化，而非仅仅取决于女性的意愿，是多种因素相互博弈的结果。④

近几年来，不少国内学者也对西方生态女性主义理论进行了梳理性研究。

---

① 邱仁宗编《女性主义生命伦理学》，中国社会科学出版社，2006。
② 肖巍：《身体及其体验：女性主义哲学的探讨》，《山西师大学报》（社会科学版）2010 年第 6 期。
③ 屈明珍：《论波伏瓦女性主义伦理思想的当代价值》，《浙江学刊》2011 年第 1 期。
④ 参见米莉《中日"生殖健康与身体政治"国际学术研讨会综述》，《中华女子学院学报》2011 年 12 期。

有学者认为，这一理论主要包括三方面内容：从哲学认识论上说，它是一种由人类身体特点决定的或者说是躯体性的唯物主义，其首要目标是颠覆将男性置于女性和自然之上的欧洲认知传统，主张代之以一种作为整体存在的内部关系的辩证法，消除二元对立。从政治立场上说，它是对当代资本主义的文化价值和经济社会的批判，其政治分析的基本前提是认为生态危机是建立在统治自然和统治作为自然的女性基础上的欧洲中心主义、资本主义父权制文化不可避免的结果。从绿色变革的视角说，生态女性主义自称是历史的政治代理人，力图批评欧洲中心主义的资本主义父权制的文化与制度。① 同时，一些国内研究者也看到，生态女性主义反对在父权制世界观和二元式思维方式统治下对于女性和自然的各种压迫，倡导建立人与人、人与自然之间的一种新型关系；认为要建设生态文明，就需要推翻父权制，不仅要结束人对自然的主宰，也要结束男性对女性的压迫。生态女性主义从一个新的视角思考环境问题和生态危机的原因，并为解决这些问题提供了新的思路。②

3. "差异""性别差异"与平等

在许多西方女性主义学者看来，"差异已经占据当今女性研究项目的中心舞台"，③ "差异已经代替平等，成为女性主义关注的核心"。把女性呈现为一种"在除了性别之外的多种权力和身份维度中的社会存在已逐渐成为女性主义哲学的核心方案"。而"作为一种女性主义口号，'差异'关系到女性之间的社会差异——例如人种差异，或者性取向差异，或者阶级差异。在女性主义理论中，'差异'已经逐渐地象征由女性并不具有统一社会身份的社会观察所得出的所有复杂性"。④

女性主义哲学对于差异的讨论源自20世纪60年代的西方社会。当时，由于忽视女性内部的差异，白人中产阶级的排除性歧视导致了女性主义运动的分

---

① 郇庆治：《西方生态女性主义论评》，《江汉论坛》2011年第1期。
② 幸小勤：《生态女性主义视角下的生态文明观研究》，《重庆大学学报》2009年第4期。
③ Maxine Zinn and Bonnie Thornton Dill, Theorizing Difference from Multiracial Feminism, *Feminist Studies*, 22（2），Summer 1996, pp. 321 – 331, at p. 322.
④ Elizabeth Genoves-Fox, Difference, Diversity and Divisions in an Agenda for the Women's Movement, in Gay Young and Bette J. Dickerson（eds），*Colour*, *Class*, *and Country*: *Experience of Gender*, London: Zed Books, 1994, pp. 232 – 248, p. 232.

裂，加之女性主义发展政治哲学的要求，进而形成一股关注"差异"、探讨"差异"的政治力量。① 近几年来，国内学者也把研究"性别差异"作为当代哲学、当代女性主义哲学的重要使命。② 在女性主义哲学对于"差异"和"性别差异"的探讨中，后现代女性主义的表现无疑具有独特的视角，它不仅以解构的方式证明差异的存在，使"女性"不能再作为一个类别概念被运用，动摇了女性的政治联盟，同时也试图从"女性"观点出发，为最终沟通自我与"他者"之间的关系而努力。

众所周知，平等和差异的关系始终是女性主义哲学中的一个悖论性问题："女性主义一方面需要以自由主义公民资格之性别中立作为自己的前提，即坚持是否具有公民资格与性别无关；另一方面又需要正视自身的客观差异，避免以一种形式上的齐头式对待反而造成新的不平等。"③ 解构主义女性主义试图缓解这两者间的对立，强调"差异与平等从来就不是二元对立的，两者之间也并非是有前者就没后者，或是有后者就没有前者的对立关系。平等的对立词应是不平等，而差异的对立词应是单一身份认同。差异不应带来不平等，而平等也不必预设身份相同"。④ 而倘若女性主义哲学要坚持"性别差异"，势必要先对什么是"女性"进行界定，因而，国内一些学者也围绕着女性主义是否应当放弃"女性"概念、应当如何描述"女性"的性别特征，以及"性别差异"是否为一个本体论事实等问题展开讨论。一些学者强调女性主义不应放弃"女性"概念，因为如果一个女性没有"女性"的指称，便会失去自己应有的社会和话语空间，失去主体地位，成为根本不存在的人，放弃"女性"概念将会使女性主义理论和实践面临更大的危险。"女性"是可以通过避开"父权制二元对立思维结构"和"性别本质论"来定义的；⑤ 一些学者从性别"同质性差异"角度探讨女性主义哲学建立的可能性，强调20世纪后半叶兴

① 〔英〕米兰达·弗里克、詹妮弗·霍恩斯比编《女性主义哲学指南》，肖巍、宋建丽、马晓燕译，北京大学出版社，2010，第6页。
② 参见肖巍《学者的责任与使命——妇女与性别研究笔谈》，《山西师大学报》（社会科学版）2009年第1期等文章。
③ 宋建丽：《女性的社会平等与性别差异》，《河北学刊》2011年第2期。
④ 宋建丽：《女性的社会平等与性别差异》，《河北学刊》2011年第2期。
⑤ 参见肖巍《关于"性别差异"的哲学争论》，《道德与文明》2007年第4期等文章。

起的性别建构论正是从男女两性的社会差别在社会中的变化入手去阐明两性差别的社会性的，说明男女两性的社会差别是在男女两性自然差别基础上产生的人类社会实践活动的结果，并不能将男女两性的自然差别归结为先天的自然差别。①

此外，近几年来，对国外有关"差异"的女性主义理论的引介也进一步深化。如，有学者在考察了伊里加蕾的性别差异观后强调指出，她是在西方哲学和西方女性主义两大传统之中考察性别差异问题的，她在批判父权社会用单一的男性视角诠释世界，主张女性主体要独立于男性主体而存在的同时，也试图建构起尊重性别差异的主体交互性，以及理想的性别关系模式。②

二 女性主义哲学学科建设的努力

在主流哲学围绕着"女性主义哲学是否具有作为一门学科的合法性地位"，或者"女性主义哲学是否成立""女性主义哲学是哲学吗"等问题争论不休时，女性主义哲学已经以其越发丰厚的成果及其不断扩大的学术影响开始进行自身的学科建设，推进学科建设的发展。朱迪斯·巴特勒曾对于"女性主义哲学是哲学吗"等提问这样回应道："我的观点是，我们不应该接受这样的问题，因为它是错误的。如果非要提出一个正确的问题，那么这个问题就应该是：'哲学'这个词的复制何以成为可能，使得我们在这样古怪的同义反复中来探询哲学是否为哲学的问题。可能我们应当简单地说，从它的制度和话语发展历程来看，哲学即使曾经等同过自身，现在也不再是这个样子了，而且它的复制已经成为一个不可克服的问题。"③ 或许对于朱迪斯·巴特勒来说，当代哲学已经不可避免地呈现出一种"非制度化"倾向，因为它已经不再受控于那些希望定义并保护其领地的人们，而是面对着一种被称为"哲学"的事物，出现了一种"非哲学"——它并不遵守那些哲学学科原有的、看似明了

---

① 郭艳君：《性别：同质性中的差异——兼谈女性哲学建构之可能性》，《学习与探索》2009年第2期。
② 刘岩：《差异之美：伊里加蕾的女性主义理论研究》，北京大学出版社，2010。
③ 〔美〕朱迪斯·巴特勒：《消解性别》，郭劼译，上海三联书店，2009，第247页。

的学科规则，以及那些关于逻辑性和清晰性的标准。因此可以说，女性主义哲学的发展动摇和颠覆了人们对于"哲学"的理解，这意味着有一种被称为"女性主义哲学"的理论已超出原有的哲学话语机制而存在，但这并不是说它已经与自己得以产生的哲学"母体"完全脱离自成体系，而是表明当代哲学正在通过"非哲学"的方式迅速发展。

近几年来，在中国，为了论证发展女性主义哲学的可能性和必要性，一些学者做了以下研究。

一是探讨了女性主义哲学对于哲学学科发展的意义。认为这些意义主要体现在：第一，以女性主义理论，特别是社会性别视角及"他者"身份，对于传统哲学的体系、发展和演变历史、哲学家及哲学流派的思想进行审视和反思，做出一种完全不同于原有哲学的新解读和新诠释。第二，以女性主义理论，特别是社会性别视角及"他者"身份，对于当代哲学发展及一系列与现实有关的新哲学问题进行具有独创性、开创性的探讨，成为跻身当代哲学流派、与诸多哲学前沿问题密切相关的一个重要的哲学理论派别。第三，在进行哲学批判和建设的同时，还承担了对女性主义实践与研究进行哲学提升的工作，即对女性主义的认知方式、思维方式、研究方式、话语系统、世界观和方法论进行哲学的、认识论的、价值论的研究、概括与提升。①

二是试图澄清女性主义哲学的研究范围、历史使命，以及发展过程中的困境，旨在为女性主义哲学的学科建设提供思考空间。"一般来说，对于女性主义哲学，我们也可以给出一个简单的定义，即以女性主义思维方法论所从事的哲学批评、重建和创新研究，以及由此建构起来的哲学理论"。而"作为一个新生的学术领域，其宗旨在于揭露和批评哲学传统中的性别偏见，追求哲学中的性别平等与人类的解放。对于一种哲学是否具有女性主义属性，也可以有一个简单的判断标准：如果它能够以女性主义视角关注到社会中的性别不平等和压迫现象，以及哲学传统中的性别偏见，并能够以女性主义哲学方法论从事哲学批评、重建和创新，这种哲学就可以被称为女性主义哲学"。这些学者还认为，女性主义哲学拥有广阔的研究天地，因为它并不仅仅是一股哲学思潮或者

---

① 王宏维：《女性主义哲学对哲学学科发展的意义》，《中国社会科学院院报》2005 年第 3 期。

不同的流派，而是以一种新视角全方位地介入哲学学科，对其进行批评、改造、重建与创新。①

三是分析了当代女性主义哲学发展所面临的挑战。认为首先要关注女性哲学家的缺失，然后对传统哲学进行彻底的批判，包括对科学哲学、伦理学和政治哲学等的批判，再接下来是建构和发展女性主义哲学。女性主义哲学家在确立女性主义哲学价值的同时，也要尝试探索女性主义哲学发展的环境，改变女性主义哲学研究边缘化的现状。②

毫无疑问，国内女性主义哲学学科建设也需要调动和整合全国相关研究者的群体力量，开展宣传、交流和对话。同以往分散的、单个的研究方式不同，2006～2011年，国内女性主义哲学研究与教学者逐渐形成了学术共同体，开展相关的学术活动，凝集成了推动中国女性主义哲学学科建设的合力。如，作为全国性的妇女/社会性别学学科发展网络的优先发展学科之一，妇女/社会性别学学科发展网络之妇女/社会性别哲学子网络于2006年成立。在该子网络的推动和组织下，国内学术界先后举办了三次具有重要影响的、全国性的、以女性主义哲学和性别哲学为主题的专业论坛。其中，"性别与哲学对话平台"首届论坛会议2007年在清华大学举行。来自北京、石家庄、南京、武汉、广州、吉林等国内18所著名大学和学术机构以及一些学术刊物的专家学者共30余人参加论坛。与会者一致认为，在当今世界全球化和多元化文化背景下，在当代中国建设社会主义和谐社会的历史进程中，唤醒性别意识，促进两性在性别与哲学之间的对话，发展性别哲学研究，对于促进全球正义秩序的建构及和谐社会的建设都是至关重要的。③ 2010年9月，由妇女/社会性别学科发展网络主办、东北师范大学女性研究中心、东北师范大学马克思主义学院哲学系、清华大学哲学系承办的"关于性别研究的思维模式与价值观念论坛"在东北师范大学召开。来自全国12所高校、部分科研机构的教授、专家学者80多人参加

① 参见肖巍《女性哲学：当代哲学研究的一个新领域》，《河北学刊》2011年第2期等文章。
② 戴雪红：《性别与哲学——女性主义哲学的当代发展》，《山西师大学报》（社会科学版）2009年第5期。
③ 宋建丽、范伟伟、郝志伟：《"性别与哲学对话平台"——首届论坛会议综述》，《清华哲学年鉴》，2007。

了会议。22 位专家学者、有关部门领导及博士生代表进行了大会发言。在大会发言的学者中，有 10 位是男性，以东北师范大学马克思主义学院院长、著名哲学家胡海波教授等人为代表。他们的加入改变了女性主义哲学研究中女学者自说自话的边缘、自语困境，性别哲学对话开始在平等、尊重、活跃的气氛中进行。① 在全国第八届马克思主义哲学论坛上设立的"性别哲学视野与马克思主义哲学的中国化"分论坛中，与会者提出，"性别哲学视野"的外延既包括当代国外女性主义在哲学、认识论、伦理学、科技哲学等众多领域的研究，也包括中国国内依据本土资源、特别是在中国马克思主义哲学理论背景下展开的性别哲学研究。这一视野对于马克思主义哲学中国化具有重要的理论意义，不仅有助于对传统哲学精华的辨析和汲取，也有助于马克思主义哲学中国化的"世界向度"的构建。② 在 2006 年之前，鲜见全国性的、专题性的有关妇女/社会性别哲学的学术会议，会议的影响力也较弱。而这三次会议不仅参加者来自全国诸多高校、研究机构、学术刊物，人数较多，参加者的学术地位较高，且男女两性皆有，真正实现了男女两性哲学家之间的对话与交流，而会议综述也前所未有地在主流报刊，包括主流学术刊物，如《光明日报》《哲学研究》上发表，表明了女性主义哲学学科的学术地位获得主流的认同。因此可以说，这三次会议在中国妇女/社会性别哲学，尤其是女性主义哲学学科建设的进程中具有里程碑意义。

此外，近几年，中国的妇女/社会性别哲学研究也呈现出多学科和跨学科的态势。如，从事妇女/社会性别文学研究的学者荒林等在所著的《撩开你的面纱：女性主义与哲学的对话》一书中以男女对话的方式，从婚姻制度、独立思考的条件、欺骗话语、权力制度、女性主义策略等各个角度，探讨了一系列困扰我们这个时代的棘手问题。③ 而在一些全国性的妇女/社会性别研究会上，妇女/社会性别哲学、国内女性主义哲学的发展及中国的妇女/社会性别哲

① 王晶、胡晓红：《性别研究的思维模式与价值观念——第四届"性别哲学的对话"研讨会综述》，《妇女研究论丛》2008 年第 11 期。
② 王宏维：《"性别哲学视野"与马克思主义哲学中国化》，《光明日报》2008 年 1 月 18 日第 11 版。
③ 荒林、翟振明：《撩开你的面纱：女性主义与哲学的对话》，北京大学出版社，2008。

学学科建设等也往往是重要的讨论议题。例如 2008 年 11 月 28~30 日，在由中国妇女研究会主办、全国妇联妇女研究所承办、浙江省社会科学院妇女/性别研究与培训基地协办的主题为"改革开放 30 年中国妇女/性别研究"的中国妇女研究会年会上所设立的"中国妇女/社会性别学科建设进展"分论坛中，①就有一个时间段专门讨论了如何发展中国的女性主义哲学研究、推进中国的妇女/社会性别哲学学科建设等议题。全国人大常委会原副委员长、全国妇联主席、中国妇女研究会会长彭珮云参加了分论坛的讨论，并与全体与会者合影留念。

近年来，在女性主义哲学领域，中国学者的对外交流也日益增多，对国际对话的参与度增强，国际学界开始不断听到来自中国的妇女/社会性别哲学，尤其是女性主义哲学学者的声音。如，2008 年 7 月，中国学者参加了在韩国首尔举行的国际女哲学家协会第十三届专题研讨会，中国学者与其他与会者一起从哲学角度探讨了女性主义和多元文化之间的复杂关系，从本体论、认识论和伦理学等角度分析了"女性""女性主义"和"多元文化"概念，并对以下一系列重要议题进行了讨论：①当今多元文化和多元社会中女性的自我认识；②女性家庭角色的批判性反思；③传统与现代化进程之间的紧张关系，以及它们对不同文化背景下女性生活的影响；④全球化进程与各种形式的男女不平等的交会点，以及新兴的全球或跨国女性主义运动所面临的困境；⑤在把生物医学成就和现代科学技术应用到女性身体时，女性如何保持身体的完整性与对身体的自主权；⑥艺术、宗教和各种媒体对女性形象的塑造等。② 2009 年 12 月 14~15 日，中国学者参加了联合教科文组织在法国巴黎总部召开的"妇女哲学国际网络第一次集会"，与数十位来自不同国家的女性哲学家一同讨论了网络本身的组织策略、基础和未来发展，围绕着"男性哲学家如何看待女性哲学家？""谁是妇女，谁是男人，如何不强加任何标准地对其进行确定？""女性与哲学：联结的含义何在？"以及"当妇女哲学家正确提问时"等问题进行了辩论。

---

① 杨玉静：《改革开放 30 年中国妇女/性别研究——2008 年中国妇女研究会年会综述》，《妇女研究论丛》2009 年第 1 期。

② 新馨：《多元文化与女性主义——国际女哲学家协会第十三届专题研讨会》，《外国社会科学》2007 年第 6 期。

三　总结与展望

英国女性主义哲学家米兰达·弗里克等人认为，我们"没有必要去判断哲学中的女性主义是否仍处于襁褓之中"，因为正是这种看起来内部的不统一和参差不齐，才更能体现出女性主义哲学的多元性、异质性、差异性、包容性和开放性。① 同样地，"我们也有理由相信，作为当代哲学研究中最有活力和生机的新领域，女性主义哲学将在应对这些连同更多的挑战中，为自身发展及其方法论的完善创造更多的契机和可能性"。② 毫无疑问，女性主义哲学发展不仅对于人类的思维方式和伦理价值观变革具有深远的历史意义，对于社会变革和人类社会的和谐发展也具有不可替代的现实意义。在女性主义步入学术世界时，最初考察的是在现实生活中，从经验层面感受到的性别歧视和性别不平等，但在以波伏瓦等人为代表的女性主义哲学家把"女性问题"带入哲学领域后，哲学领域和女性本身都已经在潜移默化中发生了巨大改变。以往的哲学在追问"人是什么""女人是什么""两性关系应当如何"等问题时，无论提问还是回答，运用的都是男性的视角，呈现的都是男性的生活体验，与现实中的女性、与女性的生活体验并无太多的关联。而当代女性主义哲学把"女性问题"从经验层面提升到哲学形而上的意义上来考察，不仅对人类的哲学思维和社会发展做出了巨大贡献，也积极推动了女性和女性主义学术的发展。

就中国而言，2006~2011年，学者们紧跟当代国际女性主义哲学研究的步伐，为女性主义哲学研究的本土化作了大量的尝试和努力，其研究成果也越来越引起哲学领域和社会的关注。就总体而言，这期间国内女性主义哲学研究呈现出以下五个重要特点。

一是出版的译著、专著和论文数量不断增加，学术研究质量不断提高。

二是研究领域继续拓展，研究主题多样化。当人文社会科学领域的女性主义学术研究深入学科本质层面之后，几乎不约而同地都要回归到哲学研究上

---

① 〔英〕米兰达·弗里克、詹妮弗·霍恩斯比编《女性主义哲学指南》，肖巍、宋建丽、马晓燕译，北京大学出版社，2010，第5页。
② 肖巍：《女性哲学：当代哲学研究的一个新领域》，《河北学刊》2011年第2期。

来，这正如伊里加蕾所言："一个人必须质疑和困扰的实际上是哲学话语，因为它为所有其他话语制定了规则，因为它构成话语的话语。"①

三是本土化尝试的推进。随着女性主义哲学研究的深入，具有本土特色的论著不断问世，多学科和跨学科的本土研究成果日益增加。②

四是许多研究具有强烈的"问题意识"并进一步关注对话。这些对话包括女性主义哲学与主流哲学的对话，与非女性主义哲学的对话，与西方女性主义的对话，与中国古代哲学的对话，与马克思主义哲学的对话，与历史、现在、未来的对话，与国际社会的对话，以及理论与实践的对话，女性研究者之间的对话，不同性别研究者之间的对话，不同时代研究者之间的对话、不同学科之间的对话等。

五是教研队伍不断扩大，年轻学者不断增加，相关研究人员和教师都呈现出年轻化的趋势。

而在上述五个特点之中，最为突出的一点或许是，国内女性主义哲学发展已经步入真正的对话阶段，而这也意味着国内女性主义哲学研究已经取得前所未有的进步，引起学界主流和国际社会的关注。

就总体而言，女性主义哲学的学科使命可以概括为以下四个方面。

其一，分析批评"父权制"哲学知识论体系，重新思考和建构哲学知识，因为这些体系中存在边缘化、压迫、排挤和漠视女性和其他性别边缘人群的体验和利益的危险；

其二，把所有哲学概念框架和体系置于社会—历史的背景下加以分析，认为哲学思考应基于多元和差异的体验，哲学观念和知识本身必须是公正的、多层面的，必须呈现过程、历史和关系的特征；

其三，打破哲学领域的性别霸权，把女性和边缘人群的利益、体验和话语引入哲学主流；

其四，在哲学领域掀起一场观念上的革命，开辟平等和公正的思维空间，

---

① Triol Moi, *Sexual/Texual Politics*, Routledge2001，p. 128.

② 例如：王宏维：《谁来讲出关于女人的真理：哲学视域下的性别研究》，九州出版社，2010；肖巍：《在太阳找不到的地方行走》，九州出版社，2007；陈丽平：《刘向〈列女传〉研究》，中国社会科学出版社，2010；等等。

追求一个更为公平的人类社会。

由此，尽管就总体而言，国内女性主义哲学的发展仍处于起步阶段，存在诸如偏重译介、缺少创新、理论薄弱、地位边缘等各种不足之处，也有评论家尖锐地质疑国内女性主义哲学的研究水平和本土化程度，我们也应当看到，国内女性主义哲学研究者已经肩负起在中国现有的社会—文化以及哲学发展背景下开创和发展女性主义哲学的历史使命。如果说哲学之思在于真实的发问，那么可以说每一个女性主义哲学研究者都在以一种真诚的态度努力地去思考、发问和建构；如果说女性主义哲学更为关注女性的体验，那么也可以说生活在现代与后现代交错时代的女性主义哲学研究者都在讲述着自己的体验，并用它们来建构自己的主体性、性别和哲学。我们应当以一种博大的胸襟和历史发展的视野肯定国内女性主义哲学研究者的辛勤努力和成果，以及在其讲述的故事里所蕴含的深刻的文化和历史意义，以智者的眼光欣赏和期待"星火燎原"，进而开辟一个更为宽广和深邃的知识空间，并在国际学术界确立包括女性主义哲学在内的中国妇女/社会性别哲学应有的学术地位，向国际社会提供中国本土的，包括女性主义哲学在内的中国妇女/社会性别哲学的学科经验和知识。

从女性主义视角看，在人类思维发展中，哲学既是最基础、最坚固和最保守的父权制知识堡垒，也是最富有创造性和挑战性的知识空间，它不时地在思维中创造着各种可能性，使各种知识不停地运行在从边缘到主流、从主流到前沿或/及从前沿到主流、从主流到边缘的转换过程中。在女性主义哲学家看来，女性主义不是一种身份，女性主义可以被视为从对社会关系思考方式的变化中（即话语的变化）开辟出来的思维空间。在这一空间里，我们可以表达和争论各种新的、未来的可能性。如今，国内女性主义哲学研究正在奋力地挑战、突破传统哲学思维的框架，打破自我思维原有的边界，为开启哲学的新时代，创造更为公正、理想和和谐的社会而努力。

女性主义哲学——依旧在路上。

妇女/社会性别美术学*

潘宏艳　谢少强　祝 玲　赵 希**

摘　要：

中国的女性美术始于 1990 年代初期。二十余年来，女性美术与女性美术展览、女性美术批评与学术研究及女性美术课程建设交织呈现，也成为中国女性美术在这一时期的三个向度。本文梳理了中国女性美术发展的概况，并系统梳理了女性美术课程的建设与学术研究。

关键词：

女性美术　课程建设　学术研究

　　中国的女性美术始于 20 世纪 90 年代初期，这是美术学界的共识。而如果从 20 世纪 90 年代算起，中国的女性美术至今已经走过了 20 多年的路程。进一步看，包括女性美术学在内的"'女性艺术'无论是作为一个概念、作为一个话题，还是作为一个事实，它的真正的始发点是 1990 年代。在 1989 年的《中国现代艺术展》上有一个轰动一时的'枪击事件'，① 开枪者正是年轻的

---

* 从全书的统一性出发，主编对标题作此修改（采用妇女/社会性别的说法）。而从尊重作者出发，正文保留了作者的原命名——主编注。

** 潘宏艳，毕业于东北师范大学美术学院，副教授，现任东北师范大学美术学院美术教育系主任，硕士研究生导师，中国艺术人类学会会员；主要从事美术史论、美术教师教育研究。谢少强，毕业于东北师范大学美术学院，硕士研究生，现任黑龙江省美术馆理论研究部研究馆员；主要从事现当代艺术、美术馆学和美术史学史研究。祝玲，毕业于东北师范大学美术学院，硕士研究生，教师，现任辽宁省大连市长兴岛中小学素质教育实践基地教师；主要从事性别社会学、美术史学、中小学生素质教育研究。赵希，毕业于东北师范大学美术学院，硕士研究生，现任职于北京手工艺术协会；主要从事非物质文化遗产、手工艺术发展研究。

① 1989 年的"中国现代艺术展"上，女性艺术家肖鲁对着自己的装置作品《对话》连射两枪，从而成为"中国现代艺术展"中最轰动的事件之一。

女性艺术家肖鲁。现在想想那是一个多么意味深长的暗示：新潮艺术的谢幕和女性艺术的登场"。① 中国女性美术是伴随着 1980 年代西方思潮的涌入、女性意识的增强而诞生的，并与女性美术展览、女性美术批评和学术研究以及课程建设交织呈现的。贾方舟把新中国成立到 1980 年代末称为前女性艺术时期，② 而陶咏白则在《她们从边缘走出——中国女性艺术 30 年》一文中把整个 1980 年代称为包括女性美术在内的女性艺术的觉醒期，③ 正是把这一时期算在其中，才有了包括女性美术在内的中国女性艺术 30 年这一论题。但他们都认为，从性别的角度谈论艺术是 1990 年代的事情。当时，女性艺术家开始不再屈从于既有的艺术标准（或曰男性艺术标准），试图重建女性自己的艺术话语体系。在女性艺术批评、女性艺术实践与策展的推动下，女性艺术学科构建也成了 1990 年代中国当代艺术语境中不容忽视的事实：包括女性美术在内的女性艺术以一种怀疑的眼光反思"他设"的艺术史/美术史，而 1990年代及以后的女性艺术批评与研究在很大程度上是为女性艺术找寻一种存身的合法性。进入新千年以后，经过 1990 年代如火如荼的展览、研究与批评，包括女性美术在内的女性艺术进入了一个更为广阔的人文领域，真正在性别的文化批判中介入了有关人性的思考。"从女性的自我关注，到对人类的生命、生存、生态环境、人类与自然的和谐的关注。向着人性的深层探寻，彰显着人文主义的女性精神，在多元的文化空间中，创造着女性艺术新的审美品格。"④

以阶段分，1994 年以前，是中国女性美术的初始阶段，蓬勃推进的契机是 1995 年在北京召开的第四次世界妇女大会，这一年也形成了中国女性美术的第一个高潮。之后，中国女性美术进入了在探索中发展的新阶段。

① 贾方舟：《女性艺术与女性精神——中国女性艺术 20 年回顾》，《文景》杂志网，2010 年 7 月 26 日，网址：http://wjmagazine.blog.hexun.com/54201258_d.html。
② 陶咏白：《她们从边缘走出——中国女性艺术 30 年》，雅昌艺术网，2009 年 9 月 11 日，网址：http://comment.artron.net/show_news.php?column_id=10&newid=86875。
③ 陶咏白：《她们从边缘走出——中国女性艺术 30 年》，雅昌艺术网，2009 年 9 月 11 日，网址：http://comment.artron.net/show_news.php?column_id=10&newid=86875。
④ 陶咏白：《她们从边缘走出——中国女性艺术 30 年》，雅昌艺术网，2009 年 9 月 11 日，网址：http://comment.artron.net/show_news.php?column_id=10&newid=86875。

一 概况

（一）发展阶段

1995～2010年，中国女性美术发展可分为两个阶段：1995～2000年为第一阶段，2001～2010年为第二阶段。

1. 第一阶段（1995～2000年）

作为1980年代崛起的延续，在1995～2000年，中国的女性美术进一步努力走出男性预设的艺术规范，寻求女性特有的敏感和视角。1994年，徐虹在当时的《江苏画刊》上发表了《走出深渊——给女艺术家和女批评家的信》，① 这无疑是女性美术史上的一篇女性主义的宣言和檄文。随着1995年联合国第四次世界妇女代表大会在北京召开，中国女性艺术家和女性艺术展层出不穷，徐虹进一步在《女性：美术之思》一文中提到："中国女性艺术展览的空前活跃，是世界妇女大会在中国召开的1995年。同年，女艺术家展览多达30多个，不仅超过了新中国建国后到20世纪80年代末的40年里所有女性艺术展览的总和，也超过了中国有记载的女性艺术家公开展览的总数。"②

1998年，由贾方舟策划的"世纪·女性"美术展以其问题意识和入展标准成为1990年代有代表性的女性美术总结展。在此，贾方舟提出了以"女性特质""女性视角"作为遴选作品的标准，即以是否能体现这种特质和视角为标准来选择入选作品。

可以说，在当时，中国的女性美术已形成由美术批评、美术实践、美术研究三者共同构成的景观。对此，邹跃进在《新中国美术史》一书中指出："从整体上看，90年代艺术中的'女性主义'，基本上是由研究、创作和批评三大块构成的，它们之间形成一种互动关系，使'女性主义'成为一种备

---

① 徐虹：《走出深渊——给女艺术家和女批评家的信》，《江苏画刊》1994年第7期。
② 徐虹：《女性：美术之思》，江苏人民出版社，2003，第174页。

受关注的艺术现象。"① 这里的研究、创作和批评，其实包括两个向度：研究和展览。而所谓的研究是力图使女性美术形成一种公约性的原则，甚至和男性预设的美术规范并立于美术领域；女性的美术作品创作和对作品的批评是通过展览介入社会的，展览以其开放性记载着女性美术的共时特征和历时演变。

就美术批评而言，以陶咏白、贾方舟、徐虹、廖雯为主的女性主义美术批评家以其不同的立场对女性美术进行着不同角度的审视和阐释。其中，陶咏白的批评尝试寻找中国女性美术的内在逻辑；贾方舟作为一位男性的女性美术批评家，是从女性特质出发对女性经验予以关注的；廖雯以西方的女性主义和女权运动为参照，提出"女性方式"这一对中国女性美术特有的美术创作方式和思路进行界定的概念，认为中国的女性美术家在媒介选择上具有直接性、强调体验的过程、重视创作过程中的非理性和绵延的生命感觉等特征；徐虹无疑是中国女性艺术家中的女权主义者，其激进的学术立场在很大程度上已经涉及女性艺术家与男性的对抗，或者说超越了女性美术的时代特征，但其一贯的态度也使其成为中国女性艺术争取女性立场的鼓动者。

1995~2000年，中国女性美术一直努力突破男性预设的美术标准，女性美术家们对渗透在社会各个方面的男性霸权产生了质疑，并努力探寻着"女性之路"。在当时，女性美术虽然形成了一定的规模，拥有了不少成果，但对是否能够构建女性美术自己的话语体系还在不断讨论中，女性那种独特的情感呈现、高度的个人经验和特有的直觉体验是否完全是女性美术本身的典型特征还在商榷中。有学者认为，女性艺术的困境在于：一是女性自身的不自信，以及对问题认识的不深刻，对女性自我身份的遮蔽，使许多美术家不愿意去尝试在社会学、文化学领域里面争取女性身份的解放，甚至意识不到这种尝试的重要性；二是来自男性艺术家对女性艺术的误读。

2. 第二阶段（2001~2010年）

在经历了1990年代走出他设的历程后，从2001年开始，中国的女性美术

---

① 邹跃进：《新中国美术史》，湖南美术出版社，2002，第277页。

开始进入对性别的文化批判和反思之中，形成中国女性美术发展的第二阶段特征。

在这一时期，喻红、崔岫闻、闫平、申玲、傅晓东、徐晓燕、雷双、叶南、陈秋林等女性艺术家的创作透露出一种转折的信息。贾方舟在《女性艺术与女性精神——中国女性艺术 20 年回顾》中说："进入新的世纪，虽然'女性视角'这个基本特征没有变，但她们已经从'内心资源'中走出来，不再流连于纯粹自我表现的个人经验层面，而是从自我感悟出发，自觉进入一种更为宏观的社会—历史时空的思考，从关注自我到关注女性集体的生存状况，进而关注男性生存及至整个人类的生存问题。"① 无独有偶，陶咏白在《她们从边缘走出——中国女性艺术 30 年》中也指出："随着新世纪的到来，热闹过后的女艺术家沉静下来，进入了对'性别'含义的反思阶段，她们越来越意识到个体之于世界、之于整个宇宙的渺小；作为'人'的女性，她首先是生活在地球上占人类族群中一半的'人'，她所面对的是整个世界。她们与男性共同担负着创造未来文明的职责。"

或许女性艺术家们已认识到，对于中国女性美术来说，一味针对性别的不平等，试图在与男性的对抗上寻求突围并不是一种最好的选择，只有在"人性"这一层面进行建构，从而干预美术，展现女性特质，承认男性美术与女性美术在终极目标上的同一性，才能根本改变女性美术的处境。对此高名潞在《墙——中国当代艺术的历史与边界》一书中区分了女性主义艺术和女性艺术的差异，认为中国目前的女性缺少独立的中产阶级的经济和社会地位，所以中国目前还没有产生女性主义艺术的基础和条件。② 中国的女性和女艺术家所处的现实环境与西方女权主义产生的社会环境不同，作为有着深厚传统，同时处于迅速现代化进程中的第三世界国家，中国女性的性别身份问题有自己的根源，特别是在社会层面上存在整体性的现代性问题。③ 在这里，高名潞思考的

① 贾方舟：《女性艺术与女性精神——中国女性艺术 20 年回顾》，《文景》杂志网，2010 年 7 月 26 日，网址：http：//wjmagazine. blog. hexun. com/54201258_ d. html。
② 陶咏白：《她们从边缘走出——中国女性艺术 30 年》，雅昌艺术网，2009 年 9 月 11 日，网址：http：//comment. artron. net/show_ news. php？column_ id =10&newid =86875。
③ 高名潞：《墙——中国当代艺术的历史与边界》，中国人民大学出版社，2006。

女性艺术没有局限于女性作为性别群体如何独立于男性，创造多么不同于男性的美术作品。而是将女性美术纳入世纪转折期的文化建构中，使之面对各个国家不得不正视的现代性问题。中国女性美术的发展是否一定要模仿西方的女权主义对抗的模式才是正道？显然，高名潞给出的答案是否定的。新世纪的女性美术表现出来的大趋势与高名潞的分析产生了某种重合，正如陶咏白在《她们从边缘走出——中国女性艺术30年》一文中指出的："女性文化就具有两重性，她既是总体文化的成员，又有自己的领地。她们在反思中越来越意识到个体与整体的和谐统一，才是艺术充满着生命活力的生态环境。她们不再停留在纯粹（自我表现）的个人经验的层面，而是以开放的感觉和女性感性的敏感，跨越性别的界限，进行更为宏观的对社会、对历史、对人类的思考。"①

由于中国女性美术面临着复杂的社会转型和美术环境，由于中国女性美术是以女性美术家的创作实践、展览与批评为三大基点展开的，因此，女性美术学科的建设和发展也形成了自己的特色、路径和进程。

二 特征

（一）1980年代：女性美术自我意识的萌动

1995年之前的女性美术处于懵懂时期。"据不完全的统计，新中国成立以来只有女雕塑家举办过联展（时为1960年、1971年、1981年，这20年内总共3次），还没有一个女画家办过个人展览。直到新时期的1979年才有文化部和美协主办的'何香凝中国画遗作展览'，这无疑是个纪念展。1985年有浙江的刘苇、1986年有湖北荆州的李菁苹，分别是当地所在单位或美协为高龄女画家举办的个展。此时女版画家联展、女教师展及女书画家展等不同种类的展览逐渐多了起来。但她们似乎都以在体制内被组织召集审定的形式推出来，表

---

① 陶咏白：《她们从边缘走出——中国女性艺术30年》，雅昌艺术网，2009年9月11日，网址：http：//comment. artron. net/show_ news. php? column_ id = 10&newid = 86875。

明了女画家逐渐被权力机构（也可看作是男权）所重视，而作为女画家个人艺术探索展则在 1985 年后方出现，首先有周思聪在首都师大美术馆举办个展，1986 年庞涛在中央美术学院举办个展，她们大胆冲破艺术禁区，最先进行着现代艺术形式的探索，在当时具有相当的先锋性。其时生活在深圳的一些专业绘画工作者和爱好绘画的青年女性于 1985 年 5 月，受'新潮美术'的影响，自发地组织起来筹措了一个'深圳女画家画展'，但这种女画家自发的艺术行为为何独独发生在深圳，而不是别处？这与她们的生存环境分不开，当时深圳是中国改革开放的前沿，建立在新的游戏规则、新的秩序之中的各行各业，造成了竞争激烈的生存环境。青年女性清醒地意识到，没有救世主，只能靠自己解放自己，靠姐妹们团结一致的集体的力量，才能造成一种声势，来证明她们在深圳建设中存在的事实，同时也表明她们在参与'新潮美术'的运动中发出了自己的声音。这种自觉意识也同样促成了 1988 年山东省女书画家协会宣告成立；1991 年北京'五彩石'女美术家联谊会（后称为北京女画家协会）的成立，这是两个人数较多、也较为稳固的画会性组织。其后各地的女画家组织也渐渐浮出水面，她们意识到要团结起来，相互帮助、鼓励、切磋、共同进步，去开拓一片女性艺术发展的空间。"①

（二）1990~1994：当代女性美术初露端倪

"女画家的世界"美术作品展览是当代中国女性美术初露端倪的代表性展览。1990 年 5 月，8 位毕业于中央美术学院的年轻女画家在自己的母校，以"女画家的世界"为主题，也就是从自身的角度出发，用女性的眼光审视世界，同时抒发内心感受，画出她们的所思、所想，画出了她们的生活感受、生命感悟和情感世界，明确地亮出了女性美术的旗帜。人们常常将这次以"女画家的世界"为主题的展览，作为中国女性美术走向自觉的开端，认为这次画展吹响了女画家闯世界的号角。而随后的两次"女画家的世界"展览，也一直将这一理念作为作品的标准和理念。

---

① 陶咏白：《她们从边缘走出——中国女性艺术 30 年》，雅昌艺术网，2009 年 9 月 11 日，网址：http：//comment. artron. net/show_ news. php? column_ id = 10&newid = 86875。

1990年之后，女性美术创作与展览开始活跃起来。1993年4月，在北京当代美术馆举办了"栏子小凌画展"，即姜雪鹰和郭小凌两位画家的画展。她们的绘画在风格上具有明显的女性旨趣；同年5月，在中央美院画廊举办了"北京—科隆·女性艺术交流展"，参展美术家为中、德美术家各三位；10月，在中国美术馆举行了"'99心花'女画家五人油画联展"；1994年，在北京国际艺苑美术馆举办了"9女子油画展"；同年，在女画家的私人空间举办了"一二·一二女艺术家实验艺术展"；如此等等，不一而足。而这些展览无一例外地强烈彰显了女性特征和女性意识。

（三）1995～2000年：走出"他设"与性别身份的确认

1995年第四届世界妇女代表大会在北京的召开，使中国的"女性美术"成为燎原之火。在世妇会举行的1995年前后，中国女性美术作品展览层出不穷，如同潮涌，展现了当代中国女性的精神风貌和美术求索，以及与外部世界沟通的强烈愿望。而从事美术的女性们对世妇会的热情参与和世妇会上"妇女与艺术"论坛的成功举办，又带动了国内外美术界对于中国女性美术家及女性美术的关注。

1995～2000年，女性美术如春日之花在中国女性美术史上四处蓬勃绽放。女性美术在中国的蓬勃推进是在1990年代中期，而在1995年形成第一个高潮：中国艺术研究院"女性文化艺术学社"成立，《江苏画刊》第2期发表徐虹《女性意识的觉醒》一文，第4期为"女性艺术专辑"，发表了廖雯、汤荻、凯伦·史密斯、张琳等有关中外女性美术的评介文章。中国女性美术家的所有活动，几乎都是在明确的性别身份下展开。

1995年5月，"中国当代艺术中的女性方式"展在北京艺术博物馆举行。参展美术家共12人，策展人在前言中称，"女性方式"的意义恰恰在于超越公共化语言方式，强调作为"女性个人在感觉方式、表述方式上所进行的努力"。同时，蔡锦在美国亚特兰大举办了个人画展。同年6月，"学院氛围的女艺术家在当代艺术浪潮中的思考"展在杭州中国美术学院展出，潘公凯主持，研讨会就女性主义问题展开了激烈争论。8月，"中华女画家邀请展"在中国美术馆展出，由贾方舟、邓平祥策划，来自中国内地、港台及国外的中国女美术家 39 人参展；而"中国女美术家作品展"也同时在中国美术馆展出，文化部、全国妇联主办的"95 中国女画家作品邀请展"在广州同时举行，内地及港澳台女画家应邀参展；"女画家的世界"第二回展在北京国际艺苑美术馆同时展出。1996 年《美术研究》第二期发表贾方舟的《自我探寻中的女性话语——90 年代中国女性艺术扫描》一文。12 月，北京市女美术家联谊会和红地艺术中心合办的女美术家邀请展在北京举行，37 位女美术家的油画、中国画、水彩画参加展出。1997 年 3 月，中国当代女画家作品邀请展在天津举办，14 位女画家的七十余幅作品参加展出。同年 7 月，北京市女美术家联谊会与香港现代女画家协会在中国美术馆举办"97 联展"，参展作品 225 件，并召开学术研讨会、联谊恳谈等多项活动；"在自我与社会之间——中国当代女性艺术展"在美国芝加哥展出。同年 11 月"女性与花"5 人展在中央美院画廊展出。上述这些展览有政府举办的也有民间举办的，有个人展、联展，更有主题展，一时间女美术家备受关注。"可以看出 1995 年以后的女性美术在有意识和无意识间都强调着性别的差异性，这是在寻找女性自我的回归阶段，是一个因女艺术家群体参与所掀起的女性艺术的热潮"。①

但进一步看，这一期间的展览大都缺乏学术的目的性。直到 1998 年，女性美术才显现出其学术追求，进入了一个更为广阔的空间："三月份在北京的《世纪·女性艺术展》、四月份在台北的《意象与美学——台湾女性艺术展》，以及六月份在德国波恩的《半边天——中国女性艺术展》，这三个展览各自所具有的阵容和学术力度，足以构成世纪之交中国当代艺术中的一个重要景观。"②

1. "女性美术"成长的里程碑——《世纪·女性艺术展》

1998 年 3 月在北京策划并举办的《世纪·女性艺术展》对于中国女性艺术的成长和发展具有里程碑意义。该展览共分为四部分：一是文献展览——"陈列了自古至今的女性艺术家及作品的珍贵图片，首次呈现出了

---

① 陶咏白：《她们从边缘走出——中国女性艺术 30 年》，雅昌艺术网，2009 年 9 月 11 日，网址：http：//comment.artron.net/show_news.php? column_id = 10&newid = 86875。

② 贾方舟：《女性艺术与女性精神——中国女性艺术 20 年回顾》，《文景》杂志网，2010 年 7 月 26 日，网址：http://wjmagazine.blog.hexun.com/54201258_d.html。

中国女性艺术在近一个世纪来的发展史"；二是藏品展览——"展出当代女性艺术家的作品"；三是外围展览——展览"较具有女性主义观念的作品"；四是特展——展览"一家三代女性艺术家的作品，形象地展现中国女性艺术观念的转换"。展出的作品包括油画、版画、水墨画、雕塑、装置艺术、行为艺术和综合材料艺术等。文献部分包括 20 世纪初到 1980 年代最具影响力的女性艺术家的艺术简介，以及作品照片。本展览同时还举办了为期两天的《性别视角——文化变迁中的女性艺术与艺术女性》学术研讨会，在会议期间还诞生了"艺术社团——塞壬艺术工作室"这样一个高举鲜明的女性主义旗号的组织。"以'塞壬工作室'① 为代表的一些女艺术家受到西方女权主义的影响，关注起女性自身的体验和经验、生存状态和生命价值，探索'别样'的表达方式以超越公共语言的模式，由此拉开了女性主义艺术的序幕。"②

　　贾方舟在为展览画册编写的序言中指出，一个世纪的历史跨度和多种观念、风格、样式的包容度是这一展览的基本特征，而对整个展览结构的设计，也意在体现中国女性美术如何一步步演进至今以及未来的学术指向。这个展览的重要性在于，通过历史性的回顾和追溯，呈现出中国女性美术在一个世纪中的演进与求索。承认女性特质和女性视角的存在，成为女性美术创作成果和精神深度的历史性总结，同时也使"女性美术"这一概念在美术史的层面得以确立。可以说《世纪·女性艺术展》宣告了女性不再是一个"失声的群体"，她们从被看、被画、被书写转换为"自我书写"，标志着中国女性美术走向了女性的自觉。③

2. 中国女性美术的国际性——《半边天——中国女性艺术展》

　　《半边天——中国女性艺术展》是一次中国女性对男权意识的回击。德国波恩艺术博物馆在 1996 年的《中国!》艺术大展之中，展出了 30 位年轻的中

---

① 1998 年 3 月 2~8 日，《世纪·女性艺术展》在北京展出，展览期间诞生了一个以鲜明的女性主义为旗号的艺术社团——塞壬工作室。李虹、袁耀敏、奉佳丽、崔岫闻是其中的代表。

② 陶咏白：《她们从边缘走出——中国女性艺术 30 年》，雅昌艺术网，2009 年 9 月 11 日，网址：http：//comment. artron. net/show_ news. php? column_ id =10&newid =86875。

③ 陶咏白：《她们从边缘走出——中国女性艺术 30 年》，雅昌艺术网，2009 年 9 月 11 日，网址：http：//comment. artron. net/show_ news. php? column_ id =10&newid =86875。

国当代美术家的作品，但是在众多作品中，不见一件中国女性美术家的作品。当记者在招待会上问及为何没有女性美术家参展的时候，馆长迪特·伦特（Diete Ronte）教授做了一个"中国女艺术家的档次不足以入选此次艺术展"的回答。这一狂妄的回答引起了波恩妇女博物馆女工作人员们的愤怒，为了举出更多的实例来反驳这一观点，她们酝酿举办了 1998 年 6 月这一中国女性美术大展。来自中国内地、台湾以及海外的女美术家齐聚波恩妇女博物馆，向世界展示她们的思想以及作品，就像展会的名字"半边天"一样，这是中国女性美术家在海外最大规模的一次群展。参展的女美术家共 25 人，其中有 18 位来自内地，2 位来自台湾，5 位为旅居纽约、巴黎和柏林者。本次展览还与波恩大学联合召开了学术研讨会，中国内地美术批评家贾方舟、刘骁纯应邀参加。为了有别于 1996 年《中国！》艺术展的选题，本次展览特别突出了装置艺术。"二十世纪九十年代在大陆从事装置艺术创作的几位最为著名的女美术家，都参加了此次展览。展出的绝大部分装置作品，都是由女美术家本人在波恩妇女博物馆亲手创作完成的。比之单纯用集装箱运送作品，这些女美术家获得了更为充分的表现机会。"这些装置艺术指示了空间坐标与物体、诗情与粗糙、善意与罪恶、自然与异化，用人创作出的异样平衡，代替了自然的和谐。冲突与和谐、怪诞与诗意，在无法平衡的宁静中，用强意的做作，冲破中国传统风雅的概念，在这里获得了一种崭新的"现代风格"。①

而在 2000 年，最值得提及的展览是继前述的"女画家的世界"第一、二回展之后举办的《本色：女画家的世界》第三回展。本次的展览在战略上侧重于个人自身与个人风格之间的个人话语的发展，即个人的"本色"，进而继续展现着中国美术的女性方式。

尽管这一时期女性美术作品展览不断，进入美术评论视野的各类展览有 60 多个，并先后在比利时、美国、德国举办了中国女美术家作品展，但在世界各地先后举办的一系列中国美术展中，人们仍很少能够看到中国女性美术家的作品，相较于男性美术家，女性美术家的作品也较少引起美术评论界的关注。

---

① 黄凤祝：《现代、后现代与中国艺术》，《学术讲座》2009 年第 6 期。

（四）2001～2010：女性自觉与文化针对性

从 2001 年开始，女性美术开始走向新世纪的"自由"之路。"随着新世纪的到来，热闹过后的女艺术家沉静下来，进入了对'性别'含义的反思阶段，她们越来越意识到个体之于世界、之于整个宇宙的渺小；作为'人'的女性，她首先是生活在地球上占人类族群中一半的'人'，她所面对的是整个世界。她们与男性共同担负着创造未来文明的职责。……她们在反思中越来越意识到个体与整体的和谐统一，才是艺术充满着生命活力的生态环境。她们不再停留在纯粹'自我表现'的个人经验的层面，而是以开放的感觉和女性感性的敏感，跨越性别的界限，进行更为宏观的对社会、对历史、对人类的思考。从女性的自我关注，到对人类的生命、生存、生态环境、人类与自然的和谐的关注。向着人性的深层探寻，彰显着人文主义的女性精神，在多元的文化空间中，创造着女性艺术新的审美品格"。[①]

2001 年又是展览比较集中的一年。在新世纪第一年，女性艺术展览出现频率较高的关键词是"女性文化""观念""当代"等，代表性的展览首先是 3 月举办的"2001 北京新世纪国际妇女艺术展"。《人民日报海外版》报道说这次展览"是首次在中国北京举办的以女性为主的国际性艺术展览。该展展出的作品有世界各国驻华使馆的外交官及其他在北京工作和生活的外国女性艺术家的绘画、雕塑等。埃及、拉脱维亚、立陶宛、厄瓜多尔、斯洛文尼亚、匈牙利、英国、法国、美国、奥地利、新西兰、瑞典等国的 12 位美术家的 30 幅作品参加了本次展览。同时参展的还有 60 余位中国女性美术家的近 90 件优秀作品。这些作品不仅形式多样，题材广泛，准确地反映了参展者不同的文化背景、不同的民族风俗及不同的艺术形式，同时真实地表现了女性在实际生活中对社会的观察和感受"。同月，《与性别无关——沪宁青年女艺术家新世纪·新观念·新作品联展》先后在南京博物院现代艺术馆和上海美术馆（原馆）展出，参展的美术家共 29 人，展览期间还举办了"当代艺术中的女性文化"

---

① 陶咏白：《她们从边缘走出——中国女性艺术 30 年》，雅昌艺术网，2009 年 9 月 11 日，网址：http：//comment. artron. net/show_ news. php? column_ id = 10&newid = 86875。

研讨会。4月，《在场或缺席——重庆女性观念艺术展》在重庆展出，参展作品来自庞璇、包蕾、杨殊睿、廖若薇、刘岚、黄茹、刘明凤、石志洁（均系70年代出生）等美术家。同年10月，北京市女美术家联谊会组团赴日本与日本女画家在日本的中国现代美术馆联合举办画展。就总体而言，此时期的画展均以宏观主题为主，思考时代进程中的女性角色及其扮演。

以2001年的展览和讨论为开端，近十几年来，在各类展览（共20多个）中，女性美术家从不同的侧面呈现了自己的深层思考与创作。

1. 个人、家庭与社会——《目击成长——喻红作品展》等

2002年6月，《目击成长——喻红作品展》分别在北京远洋艺术中心和深圳何香凝美术馆举行；2003年4月，喻红个展《一个女人的生活——喻红的艺术》在北京中国美术馆举办，并巡展于美国南卡罗莱那州哈尔西美术馆以及美国纽约古德豪斯当代艺术画廊。2004年3月，《崔岫闻·阚萱影像展》在法国波尔多博物馆展览。这些展览都基于女性的生活经验，以女性的细腻与敏感触摸着社会的神经，强调着女性的观看与思考。"喻红从学生时代青春少女的图像开始，一直用画笔在追问人生的答案，史诗般的《目击成长》是她试图把一个人（自己）的成长放进时代进程去思考，……崔岫闻20世纪90年代初的《玫瑰与水薄荷》，带有愤青的反男性情绪。此后她从极端的性别'二元论'中走出，在DV《洗手间》、影像《天使》《他们》等作品中，表现出对底层、对少女，对这些弱势群体生存状态和命运的关注"。①

2. 展现女性意识——《艳色记录——当代女性艺术家邀请展》

2007年8月，《艳色记录——当代女性艺术家邀请展》在广东深圳关山月美术馆成功举办。展览邀请了八位1970年代及以后出生的女画家。策展人薛扬介绍，展览之所以用"艳色记录"作为主题，是因为所有参展美术家在艺术表达的时候都有一个共同的特征，就是她们的作品使用的都是比较艳丽的颜色，所以首先考虑到"艳"这个字。薛扬表示，由于受到后现代主义的影响，这些美术家对色彩的捕捉要更快些，在艺术表达的时候就很自然地选择用

① 陶咏白：《她们从边缘走出——中国女性艺术30年》，雅昌艺术网，2009年9月11日，网址：http：//comment. artron. net/show_ news. php？column_ id =10&newid =86875。

"艳色"来记录她们的心理、生活状态以及对社会的感悟等。薛扬称，举办此次展览的目的就是试图以一种中立、坚持的态度介入当代女性美术，发现和推介年轻女性美术家，关注女性美术家的成长以及由此带来的文化思考，呈现当代女性美术的多元面貌，推动中国女性美术的发展。①

3. 女性的内省与人文思考——《深度呼吸——中国当代女性艺术展》

2008 年 3 月，在上海举办的《深度呼吸——中国当代女性艺术展》集结了中国 19 位具有时代影响力的女性美术家的各类作品约 50 件，呈现了全球化背景下当代中国女性美术的发展形态和思想新倾向。

本次展览试图对现今中国女性美术的现状做一个内省性的梳理与修整。参展的 19 位女美术家，出生时间跨越 1950 年代至 1970 年代，个人对艺术的着眼点不尽相同。虽然她们的想象力和内省意识在艺术风格上具有差异性，但她们的艺术旨趣却保持着一致性。这体现出当代女性美术家已形成一种重要的创作力量，反映出中国女性美术发展的持续性和成熟度。"展览主题为'深度呼吸'，这具有以下三层含义：一、'深度呼吸'，显示一种积极地对待生命的态度和面对世界的方式；二、'深度呼吸'，代表一种穿透现实生活的表层，进入个人和世界的存在深处的思考和创作方式；三、'深度呼吸'，显现当代女性美术创作的内在动力和外在张力"。②

4. 女性艺术对社会与民生的关注——《时代芳华——中国女艺术家系列作品展》等

2009 年 3 月，在"三八"国际妇女节到来之际，北京画院美术馆以《时代芳华——中国女艺术家系列作品展》为题展览了 20 余幅 20 世纪中国美术史上著名的 12 位女性美术家，如溥韫娱、胡絜青、何香凝等著名女画家的作品，展现她们对 20 世纪中国美术史做出的特殊贡献。她们的作品设色优雅清秀，洋溢着女画家们典雅婉约、娟秀细腻的气质和美感。策展人安远远女士这样说："我们所展示的所谓女性绘画，并不是人们想象中女画家们那种小家碧玉

---

① 薛扬：《从性别差异到个性差异——写在"艳色记录——2007 当代女性艺术家邀请展"》，2009 年 9 月 26 日，艺术国际网，网址：http://blog.artintern.net/article/63295。

② 江梅：《"深度呼吸"中国当代女性艺术展简介》，2008 年 3 月 8 日，99 展览网，网址：http://exhibit.99ys.com/exhibit_area/460。

式的对事物的描绘。相反，女性只是一种身份，她们把那种小家碧玉式的细腻作为一种创作的天赋手段，而表达出与男性画家同样的对社会和民生的关注，也构成了她们作品独特的价值。"①

　　同年在 3 月举行的女性美术展览还有《她们——中国当代女艺术家联展》《"INLOOK" AND "OUTLOOK" 西安首个当代女性艺术家展》等。这些画展的一个共同话题是：女性对生存、发展以及人类繁衍的思考。其中，《她们——中国当代女艺术家联展》的作品呈现的是与当下女性以及全人类的普遍生存相关的主题，反映了女美术家探讨内心精神世界与当下现实生活的独特视角及相关的深刻阐释。同样有着对"生"的思考的《"INLOOK" AND "OUTLOOK" 西安首个当代女性艺术家展》所呈现的也是女性美术家自觉的内省精神和审视能力。

　　这些展览表明，女美术家们已经开始更深层次地思考性别之外的艺术和精神的本质，已经超越了个体情绪的经验或把私人感受视觉化的阶段，体现了女性美术家的独立思考。《"INLOOK" AND "OUTLOOK" 西安首个当代女性艺术家展》主题词中这样写道："本次策展主题并不强调'女性艺术家'这一性别身份，弱化的含义并非出于女权主义或对女性身份的歧义，更多的是出于坦然和释然。性别身份之间的对抗今天已不是女性美术家们的主要话题，她们希望大家关注性别身份之外的艺术内涵，即每位女性艺术家的内在艺术质量和精神实质。"② 在这一主题词中，我们能深切体会到中国女性美术已经从性别疑问转化为对整个宏观世界的思考。

　　在同年 11 月的展览《镜花水月——女性当代艺术展》中我们也可以看到女性美术家们的这一社会关怀——从女性视角观察中国具有活力的社会现实和多元、丰富的社会存在。这次展览共有参展作品约 50 件，表现手段十分多样。参展者突破常规模式，选择了与展览空间相关联的作品，突出地呈现了当代女性美术家特有的艺术方法论，在美术作品的呈现中表现了中国女性美术的独

　　① 王岩：《"时代芳华——中国女艺术家系列作品展" 开幕展讯》，2009 年 3 月 6 日，中国文化产业网，网址：http://www.cnci.gov.cn/shuhua/200936/news_40846.htm。

　　② 王檬檬：《"INLOOK" AND "OUTLOOK" 西安首个当代女性艺术家展展讯》，2009 年 7 月 8 日，博宝艺术网，网址：http://zx.artxun.com/html/exhibitions/galexh/200907/08-7990.html。

特性。

5. 中外女性的"说"与"看"——《女人说 Women On Women——8 位中外女艺术家邀请展》与《〈她视界〉——国际当代新锐女艺术家邀请展》

2010 年中国女性美术的第一个展览是《女人说 Women On Women——8 位中外女艺术家邀请展》。在这一展览中，参展的女性美术家不想表达宏大的主题，不想寻找深刻哲理，而是希望从日常生活入手获得灵感，表达一个共同的主题"Women On Women"。她们向大众发出这样的声音："我们非常的不同，我们有着不同的成长背景和文化背景，在我们的艺术作品中，我们运用不同的材料和手法来表现主题，但是我们都有一个相同的特性：我们都是女人。在这个展览中，我们从女性的视角，来表达我们各自对世界的看法。"①

由梁克刚策划的《〈她视界〉——国际当代新锐女艺术家邀请展》分别于2009 年 12 月在重庆江山美术馆、2010 年 3 月在成都洛带艺术粮仓举办。特别是 2010 年的展览，汇聚了 80 余名国内外新锐女美术家的作品，参展的美术家用多元的艺术形式，诠释女性视角下的当下社会百态、生活万象。对此，策展人认为，"当今女性艺术家们开始建立起一种对自身性别认同的自觉意识，开始从性别差异中发现自己的价值。当她们尝试从自身的审美经验出发，用'她视角'去诠释这个世界时，她们的作品不仅与男性艺术家不同，也与以往任何时代的女性艺术家的作品拉开了距离"。②

6. 女性美术的探讨与阶段性总结——《自我画像：女性艺术在中国（1920～2010）专题展》

2001 年以后，女性美术的发展在中国已经形成一种不可忽视的力量，尤其是以女性美术研究者陶咏白、贾方舟作为学术顾问的 2010 年 12 月 17 日在中央美术学院美术馆举行的《自我画像：女性艺术在中国（1920～2010）专题展》。该展以"自画像"为主题，阐述女性的自我观照，展现了女性美术家的重要性。

---

① 参见《女人说 Women On Women——8 位中外女艺术家邀请展展讯》，2010 年 2 月 27 日，中华美术网，网址：http://www.ieshu.com/Show/deital/dc82d632c9fcecb0778afbc7924494a6.html。
② 林琳：《〈她视界〉2009 国际当代新锐女艺术家邀请展展讯》，2009 年 12 月 18 日，博宝艺术网，网址：http://news.artxun.com/yishu-1532-7657511.shtml。

　　"自画像"形式是在20世纪早期,随着西方现代绘画方式传入中国的,是当时中国颇为流行的一类绘画题材,亦与这一时期中国人的个体主体意识觉醒有关。女性美术正是从自我观照和自我表达起步的,所以"自画像"也带给了女艺术家"我是我自己的"这一立足点和视角。"女性自我观照的问题,应该说,有着作为女性自身的历史及文化深层心理表露诸特征,以及女性的生理、个体心理、身体观、家庭观、社会角色和位置等等的交互关系的呈现"。"从自画像,我们可以看到那个时期中国女性自我观照及表达的诸种迹象,于其中不无包含微妙、复杂、潜在的文化心理和个人精神表征的内容。"①

　　该展览以"自我画像"一词为脉络,对20世纪的中国女性美术进行了一次梳理和展示。所谓的"自我画像"是一种自我审视、自我分析、自我塑造、以我命名的方式,这是一个概括中国女性美术本质特征的有效视角。该展览的作品选择人物肖像、人物雕塑以及综合材料装置等方式展示女性美术家的自我形象,带有女性自我摹写的特征,它的内倾性、自恋性以及自传性与中国女性美术发展的历史格局有着某种契合。20世纪以来,中国女性美术日新月异,但是女性美术作品却一直或多或少地带有自我画像的含义和意味,这是女性美术在一个世纪中对自我进行审视、觉醒、确立、发展的反映,是女性阴柔内倾的心理与性情的写照。该展览通过"部分女艺术家画像作品分阶段、分类型的展示,辅以背景性历史文献资料辑录,呈现一个世纪中国美术女性自我摹写的情形及其形象图式变化的轨迹,揭示女性自我画像背后'个人'与'时代'互为纠缠和生成的复杂关系"。②

　　总之,在20世纪以来中国女性艺术的百年风云路途中,女性美术的美术价值体现在对艺术个性与自由的追求中。女性美术从文化的边缘走向了文化的主流,与中国的发展大潮同步而行,马克思说:"自由自觉的活动恰恰是人类的特征。"还人一个自由的本质,让人的本质力量在自由的空间里得以观照,正是女性美术及其学科建设的意义。

---

① 王璜生:《自我观照——〈自我画像:女性艺术在中国(1920～2010)专题展〉前言》(之一),2011年1月5日,吴作人艺术基金会,网址 http://www.wuzuoren.org/? cat=5。
② 姚代玫:《自我观照——〈自我画像:女性艺术在中国(1920～2010)专题展〉前言》(之二),2011年1月5日,吴作人艺术基金会,网址 http://www.wuzuoren.org/? cat=5。

三　课程建设与发展

尽管女性美术展自 1990 年代以来如火如荼，但女性美术学科建设无论在美术学还是妇女/社会性别学中都相对滞后，可以说至今仍仅仅处于起步阶段。其中，有关女性美术的学术研究大多致力于国外女性主义艺术的介绍、国内女性美术的学理分析和批评研究；课程建设与发展则处于初始阶段，目前在国内高等院校中设置了包括女性美术在内的女性艺术课程的只有四川美院和中央美院两所，全国尚无通用的教材，教学参考资料也较少。

（一）相关课程简介

1. 中央美术学院

"西方女性艺术研究导论"是中央美术学院的研究生课程，由李建群教授讲授。李建群教授是一位女性艺术批评家，2002 年在英国进修西方女性艺术课程，回校后开始进行女性艺术研究并开设了相关课程。其有关女性艺术方面的主要著作、译著有：《拉美·英伦·女性主义——外国美术史丛谈》《西方女性艺术研究》《失落与寻回——为什么没有伟大的女艺术家》（译著）。主要论文有：《从诺克林到波洛克——女性主义艺术史理论及实践的发展》《性别关注——西方女性主义艺术史研究的新阶段》《觉醒的性别——当代中国女性艺术中的新趋向》等。[①] 其所开设的"西方女性艺术研究导论"课程的目标是力图使学生了解西方女性主义艺术和艺术发展史，进而开展相关研究。课程内容主要分三部分：为什么要研究女性艺术；女性主义艺术史发展概要和传统艺术史中的女性艺术家状况。

---

① 李建群：《拉美·英伦·女性主义——外国美术史丛谈》，中国人民大学出版社，2004；李建群、杭间、岛子：《西方女性艺术研究》，山东美术出版社，2006；〔美〕琳达·诺克林等：《失落与寻回——为什么没有伟大的女艺术家》，李建群译，中国人民大学出版社，2004；李建群：《从诺克林到波洛克——女性主义艺术史理论及实践的发展》，《文艺研究》2003 年第 2期；李建群：《性别关注——西方女性主义艺术史研究的新阶段》，《美术观察》2004 年第 3期；李建群：《觉醒的性别——当代中国女性艺术中的新趋向》，雅昌艺术网，2007 年 9 月 25日，网址：http://comment.artron.net/show_news.php?column_id=10&newid=86875。

2. 四川美院

四川美术学院开设的课程名称为：女性艺术，授课对象是本科生和研究生，课程性质为选修课。本课程的教学目的是通过课程学习使学生意识到历史上存在的性别偏见，并对这一偏见产生的原因和结果进行分析，了解性别偏见和英雄史观的联系，以及后现代主义理论和女权理论的关系，认识从女权主义到女性主义的发展脉络，并能结合社会学的角度，对历史上的女艺术家及其作品中的性别形象进行自己的分析，从而反思中国的当代艺术史和文化史。

本课程的主讲教师申子辰是女性文化的积极倡导者，曾在 2001 年策划《与性别无关画展》，成为中国当代美术独立策展人之一。2002 年，她在四川美术学院美术学系以女性文化为方向从事美术史教学、理论研究和展览策划，面向本科生和研究生开设了《古希腊艺术的性别特征》和《女性艺术》等课程。2003 年起，又先后发起成立"女性艺术之家"和"女性艺术小组"等组织，开展相关的活动。

就总体而言，通过女性美术课的学习，学生们可以认识到以往美术史和文化史教学中的性别偏见，对培养学生，尤其是女大学生健康而独立的艺术人格起到了关键作用，并使之认识到女性的主体性。那些接受过女性美术课程教学的学生能更自觉地把握自己在美术创作和生活中的方向，更好地投入美术研究、展览策划和美术创作中去，成为中国女性美术研究和创作的新生力量。

（二）教材和教参

目前，国内女性美术课程尚无统一的教材和教参，授课教师使用的是自己的讲义，而已出版的相关书籍，即使是公认的权威性书籍，也由授课教师自己决定是否作为教学参考资料向学生推荐。

就四川美术学院申子辰所使用的教师自己编写的讲义而言，主要内容如下：第一讲：和平女神与"女性的文明"；第二讲：女性艺术的原型；第三讲：战神来临和父系的开始；第四讲：父权社会下女性的失语困境；第五讲：女人革命——西方女权运动的三次浪潮；第六讲：女权运动对文学的影响——西方女权主义文论；第七讲：女权运动对哲学和史学的影响——后现代女性主义艺术史观；第八讲：为什么没有伟大的女艺术家——寻找历史上的女艺术家；

第九讲：反思大师作品中的女性形象；第十讲：西方女性艺术对中国的影响。

这一讲义以图、文和影像资料结合的方式，对女性美术的现象做一综述，其主要的特色表现在从女性主义视角出发，努力还原人类的文化史和美术史。即通过追溯人类的社会史和观念史，呈现女性文明和女性美术的原型，对20世纪批评界关于女性艺术（美术）的概念、特征的争论提供自己的答案；通过分析社会的变迁，指出在母系和父系的不同社会形态下，人类的文化、艺术与伦理遵循着两种不同的价值观、艺术观和生活观。

四 学术研究的进展

在中国，对女性美术的研究是与1990年代兴起的女性艺术同步推进的，相关研究以其鲜活性（即贴近美术家和美术本身的个案研究）和纯粹性（即真正站在女性艺术角度进行学理构建）的双重特质，与女性美术这一新生艺术互为推进，在传统的美术研究批评中开创了一个新领域，成为美术研究中不可或缺的重要内容。

从已有的研究看，中国女性美术研究的内容可以分为美术批评的个案研究和女性美术史（包括美术理论）的营建两大部分。其中，前者以论文和论文集的形式为主，后者以论文和专著的形式为主，而无论论文集还是专著，都包括对西方女性主义美术研究成果的翻译和介绍。从这个角度看，中国的女性美术研究从一开始就同西方的女性主义美术相关。

就研究者而言，以陶咏白、贾方舟、徐虹、申子辰、岛子、李建群、廖雯、邱敏等为代表的女性美术研究者，或致力于以策展、批评为一体的动态介入，或倾向于以教学、理论为一体的静态支撑。除了这些主要力量以外，朱朱、邵亦杨、耿幼壮、皮道坚、王静等都在不同程度上涉及了中国女性美术的不同研究层面，其中尤以美术批评居多。此外，近几年还出现了有关女性美术的博硕士学位论文，表明了女性美术研究在主流学科中地位的上升。

（一）学术论文

1995~2010年发表的比较有影响的女性美术学术论文有230余篇（见表1和表

2）。而对三个时期的比较表明，2006～2010年的论文数量明显增加，研究的重点集中在批评中国女性美术上。从研究者看，陶咏白、贾方舟、徐虹、申子辰、岛子、李建群、廖雯、邱敏等主流批评家和策展人的研究成果较多，余者多是一人一篇，比如丁宁的《艺术史的独特界面——西方女性主义艺术史观述评》，[①] 耿幼壮的《肯定性的艺术》，[②] 王静、叶红杏的《流转的女性艺术姿态》[③] 等。

表1 1995～2010年中国女性美术论文数量一览表

单位：篇

时间	研究生毕业论文	期刊	合计
1995～2000年	0	21	21
2001～2005年	硕士：4 博士：1	33	38
2006～2010年	硕士：55 博士：4	113	172
总　计	64	167	231

数据来源：笔者根据中国知网上的论文资源按照本文内容需要筛选、梳理制成。

表2 女性美术研究期刊论文研究方向一览表（1995～2010）

单位：篇

作者	中国女性艺术研究		西方女性主义研究（含译介）		合计
	批评研究	理论研究	理论研究	批评研究	
陶咏白	4	2			6
贾方舟	3	4			7
徐　虹	4	3			7
申子辰	4	3			7
岛　子	4	/			4
李建群	3	6	3	3	15
廖　雯	2	/			2
邱　敏	1	3			4
其　他	71	16	9	19	115
总　计	96	37	12	22	167

数据来源：笔者根据中国知网上的论文资源按照本文内容需要筛选、梳理制成。

---

① 丁宁：《艺术史的独特界面——西方女性主义艺术史观述评》，《新美术》1995年第11期。
② 耿幼壮：《肯定性的艺术》，《美术观察》2002年第12期。
③ 王静、叶红杏：《流转的女性艺术姿态》，《东方艺术》2008年第10期。

（二）学术专著

表 3 是本文搜索到的 1995～2010 年出版的相关专著一览表。从表中可见，2000 年以前出版的著作重在对中国女性美术历史的回顾（如陶咏白的《画坛：一位女评论者的思考》和《失落的历史——中国女性绘画史》），以及为女性美术正名（如廖雯的《女性主义作为方式》）。2000 年之后，有关女性美术的著作不仅明显增多，而且视角趋向多元、思考迈向深入。尤其是一些学者，如李建群、廖雯等，在出国访学和求学后，更将国内的女性美术研究引入全球美术情境中，使之在全球化的大背景下展开。如，廖雯的《不再有好女孩：美国女性艺术家访谈录》，周青的《另类尖叫——二十世纪世界艺术中的女性主义思潮》，徐虹的《女性艺术（女性艺术圈）》，李建群、杭间、岛子的《西方女性艺术研究》，彭峰的《流动艺术——女性艺术的自我镜像》等，在从国内和国际两种文化向度正视和解答中国女性美术有关问题的同时，也引荐了国外，尤其是欧美的女性主义美术研究成果；由李建群教授翻译的美国学者诺克林等著的《失落与寻回：为什么没有伟大的女艺术家》一书，更对中国女性美术的研究乃至女性美术本身具有推波助澜的作用。

表 3　1995～2010 年中国女性艺术相关专著一览表

	作者	著作名称	出版社	出版年代	简介
1	陶咏白	《画坛：一位女评论者的思考》	江苏美术出版社	1995 年 8 月	本书收录了陶咏白 1980～1990 年关于中国画坛的 40 篇文章，是一本 23 万字的美术评论集
2	廖雯	《女性主义作为方式》	吉林美术出版社	1999 年 5 月	本书试图以个人理解的"女性主义"作为一种批评方式，重新考察女性艺术的历史和现状，并提示出"方式"和"意识"对于女性艺术批评和创作的重要性
3	陶咏白、李湜	《失落的历史——中国女性绘画史》	湖南美术出版社	2000 年 6 月	本书为国内首部有关中国女性绘画历史的美术史著作
4	陆蓉之	《台湾（当代）女性艺术史》	艺术家出版社	2002 年	本书的目的是要为女性艺术家留下历史的见证，因此作者尽可能显现百年台湾女性艺术家的踪迹

续表

	作者	著作名称	出版社	出版年代	简介
5	廖雯	《不再有好女孩：美国女性艺术家访谈录》	河北教育出版社	2002年1月	本书收录了对20位美国当代女性艺术家的访谈，内容涉及家庭、交际、社会、个人成就等多方面，展现了女性主义对女孩，尤其是女性艺术家的影响
6	李建群	《拉美·英伦·女性主义——外国美术史丛谈》	中国人民大学出版社	2004年9月	本书包括拉丁美洲美术、英国美术和女性主义美术研究三部分内容。作者对女性主义的论述既包括理论的研究，也包括对当代中国一些女艺术家的研究。这些研究的论述既带来西方的研究成果，又使中国的美术研究位于世界的整体观照中
7	周青	《另类尖叫——二十世纪世界艺术中的女性主义思潮》	九州出版社	2005年1月	周青编译的这本画集，不仅较为全面地介绍了在西方女性主义艺术思潮中产生的一大批女性艺术家，而且还特别以一种全球性的视角，将中国自1990年代以来出现的女性主义艺术也囊括其中
8	叶梦、邹建平	《镜子中的鸟/女性艺术圈》	湖南美术出版社	2005年5月	这是一本图文书，展现的是充满女性魅惑迷醉的女性空间，许多是生活场景中无法发现的心路历程
9	徐虹	《女性艺术（女性艺术圈）》	湖南美术出版社	2005年6月	本书作者准确清晰地把握了女性艺术创作的发展脉络，同时揭示了最值得关注的女性艺术创作问题
10	徐虹	《女性：美术之思》	江苏人民出版社	2003年	本书以不同的主题分别成篇，说明女性艺术色彩斑斓的画面。本书作为以现代女性主义的视角质疑传统的美术史籍，挖掘和梳理了数千年来中国女性艺术的历史，希冀能稍许平衡过于倾向男性的美术史

续表

	作者	著作名称	出版社	出版年代	简介
11	徐虹	《女性艺术》	湖南美术出版社	2005 年	作者从 1990 年代女性艺术家的创作现象出发,重在把握 1990 年代女性艺术最值得关注的创作问题:如身体作为观念和语言在创作中的价值,作为女性生活中的感觉与艺术中创作方式的联系等。阐述了当代女性艺术的文化现实意义是毋庸置疑的
12	廖雯	《绿肥红瘦》	重庆出版社	2005 年 11 月	本书是中国女性艺术丛书之一。《中国女性艺术》系列丛书从批评家而非史论家的角度出发,以当代女性的价值观考察从历史到当代的女性艺术,集中体现了作者多年置身女性艺术批评中形成的观念
13	李建群、杭间、岛子	《西方女性艺术研究》	山东美术出版社	2006 年 5 月	本书描述了从中世纪、文艺复兴时期到 20 世纪的西方女性艺术家在不同的历史环境中的生存状况及独特的艺术成就,展示了传统艺术史所忽略的女性艺术史
14	崔岫闻	《私密空间(女性艺术圈)》	湖南美术出版社	2006 年 6 月	从《洗手间》到《地铁》,本书带着女性艺术家特有的那种"私密性",不断突破生活的表象,进入现实的内里,并以一种富有个性和勇气的方式来展示她对社会、人性、文化的隐蔽性观察心得
15	翟永明	《天赋如此——女性艺术与我们》	东方出版社	2008 年 2 月	全书分为两部分,第一部分为《我们是男/女性?》,第二部分为《水告诉了我们什么?》,展示了作者对女性艺术及其影响力的思考

续表

	作者	著作名称	出版社	出版年代	简介
16	彭峰	《流动艺术——女性艺术的自我镜像》	江西美术出版社	2009 年 9 月	本书以女性艺术史为脉络，以镜子为线索，发掘了艺术与现实生活间的悖论，提出了女性艺术独特的"无镜"状态，从而进一步探讨了女性艺术在当今社会的身份与发展
17	罗丽	《女性主义艺术批评》	九州出版社	2010 年 1 月	本书展示了性别视野下的当代中国艺术概貌，并从艺术史和批评史的角度，提出了女性主义艺术批评的必要性与意义所在

（三）研究课题

表 4 是本文搜集到的 1995 ~ 2010 年国家社科基金和部级有关女性主义美术的立项课题一览表。从表中可见，近十几年来，女性美术研究的立项课题还十分有限，且大多集中于中西方女性美术史方向，研究视角不够丰富。

表 4　1995 ~ 2010 年国家社科基金和部级有关女性美术的立项课题一览表

年份	立项批准号	课题名称	课题类别	课题负责人	课题负责人所在单位
2010	10BF051	二十世纪中国女性绘画的研究	国家社科基金一般课题	孔紫	中国国家画院
2009	09CF084	中国古代女性书法文化史	国家社科基金青年课题	常春	西安美术学院
"十五"规划 2005 年度课题	05EF130	明清女画家研究明清闺阁绘画研究	文化部重点课题	李湜	故宫博物院
2004		新时期中国女性艺术研究	重庆市教委青年项目	申子辰	四川美术学院
"十五"规划 2003 年度课题	03BF048	西方女性主义艺术史研究	国家社科基金一般课题	李建群	中央美术学院

相较于 1995 年以前，近十几年来中国的女性美术研究经历了由无到有的过程，在女性美术批评和理论研究两方面逐渐形成了一种以批评带动理论研

究、以理论研究促进批评的态势。而中国的女性美术研究在借鉴西方女性主义美术研究时，并没有照搬照抄西方女性主义艺术运动，而是始终在积极思索本土女性美术的独特性质。其中，贾方舟提出的"女性特质"和"女性视角"、廖雯提出的"女性方式"等颇具原创性的观点和概念，使中国的女性美术形成了自己的个性特征，不至于湮没在欧美的女性主义美术中。

五　结束语

在中国，女性美术创作和研究还在深化和探索过程中，特别是对西方女权主义和女性主义美术的研究、对中国的女性美术和美术史的研究，对中西女性美术的比较研究等还处于起步阶段，还需要加快和加深相关的研究；而国内美术院校对相关课程的设置还需要进一步加强认识。因此，中国的女性美术学科建设将需要一个较长的过程。

就总体而言，在学科建设的进程中，基于近十几年来由关注性别差异甚至对抗，转向清醒面对父权制社会的社会性别结构，中国的女性美术研究将倾向于拓展女性内心的精神境界和女性美术的包容性，以女性视角关注整个人类的命运。贾方舟在《导向未来的女性精神》中将这种视角称为"女性精神"，并断言"这种女性精神必将是一种关注整个人类命运并将整个人类导向美好未来的精神"。而在这一"女性精神"的导引下，中国的女性美术学科将具有更为多元和多样的美学品格，更为丰富和深邃的精神内涵。

B.18

妇女/社会性别体育学[*]

倪湘宏[**]

摘　要:

就总体而言,中国的女性体育学科建设虽然起步较晚,但随着体育发展观念的转变和国家相关政策支持力度的加大,近十几年来,"女性体育"的观念进入人们的视野,相关研究不断增多,课程建设也取得了一定的进展。在未来几年,在课程建设和学术研究的共同推进下,中国的女性体育学科发展将开创新的局面。

关键词:

女性体育学　学术研究　课程建设

一　女性体育学科发展概况

在全面实施国家《全民健身计划纲要》的过程中,近十几年来,体育学科的广度和深度随之拓展,"女性体育"这一提法进入人们的视野,相关的关注亦逐渐增多。但相对于其他体育类研究而言,女性体育仍处于本学科研究的边缘。

---

[*] 妇女/社会性别体育学至少应包括具有妇女/社会性别视角/立场的体育学/体育课程、具有妇女/社会性别视角/立场的体育学研究和具有社会性别知识、在社会性别性平等意识导引下的体育活动/体育类社会行动。因资料所限,本文作者仅限于对1995~2010年中国的妇女体育课程和研究进行梳理,且课程限于女生体育课程。而"妇女/社会性别体育学"的标题为主编从全书的统一性出发作的修改(采用妇女社会性别的说法)。而从尊重作者出发,正文中的课程、研究等的命名保留了作者的原命名——主编注。

[**] 倪湘宏,毕业于武汉体育学院,硕士学位,湖南工程学院体育教学部教授。主要从事女性体育研究和教学。

从目前有关"女性体育"的研究来看，无论是对体育运动实践的研究，还是学术层面的理论探讨，均多从社会学、历史学和文化学的视角切入，并以理论研究和论述性研究为主，从体育学角度进行的研究及实证性和应用性研究相对缺乏；在课程建设方面，随着学校体育改革的推进，作为学校体育组成部分的女生体育课虽然也在同步改进和发展，但基本上仍处于缺乏统筹规划的状态中。

近年来，随着妇女/社会性别学的渗透，女性体育研究者和实践者开始重新审视女性体育参与的现状与特征、体育教育中性别刻板印象的复制、体育运动和相关媒体报道中的性别差异等现象，具有社会性别视角的女性体育研究成果逐渐增多，相关课程内容也发生了变化。

就总体而言，中国的女性体育学科建设虽然起步较晚，但随着体育发展观念的转变和国家相关政策支持力度的加大，近几年来，女性体育研究和课程建设有了较大的发展。具体而言，1995～2010 年中国的女性体育研究和课程建设大致可分为以下两个阶段。

一是 1995～2001 年的第一个阶段。这一阶段，在宏观层面上，学校体育教育经历了从大纲式向标准化过渡的发展过程。从 1996 年国家教委颁布的《全日制普通高级中学体育教学大纲（试验）》到 2000 年教育部颁布的《九年义务教育小学、初中体育与健康教学大纲》和《全日制高级中学体育与健康教学大纲》，再到 2001 年教育部颁布的《全日制义务教育和普通高级中学体育与健康课程标准（实验稿）》，中国的学校体育完成了从体育教学大纲向体育课程标准的过渡。作为主要的组成部分，学校女生体育课程的改革也随之发生了较大的变革，出现了新现象和新问题，形成了新经验和新成果。因此，这一阶段的学术研究主要以介绍国内外女性体育的发展动态和对这一发展动态的相关研究为主。

二是 2002～2010 年的第二个阶段。在这一阶段，作为宏观层面学校体育课程改革进一步深化的组成部分，女性体育出现了新的变化：教育部于 2002 年印发的《全国普通高等学校体育课程教学指导纲要》和 2003 年重新制定并颁发的《全日制普通高级中学体育与健康课程标准（实验稿）》，提出了"健康第一"的指导思想，明确了学校体育课程的性质、结构和主体，扩展了课程内容，并强调课程评价的科学性，使学校的体育课程改革有了新的突破，学

校的体育课呈现出良性发展的局面，学校的女生体育课程也随之发生了相应的变化，形成教学手段多样化、教学内容和教学形式可选择的新态势。

与之相伴随，在这一阶段，女性体育的学术研究在广度和深度上呈现出质的飞跃，具体表现为：第一，2002 年，中国首个妇女体育研究中心——北京大学妇女体育研究中心成立，为中国女性体育研究的发展提供了平台；第二，自 2005 年至今，有关女性体育研究的著作和译著相继出版，这表明中国的女性体育研究学术化进程加快；第三，女性体育研究的视域逐渐开阔，涉及的领域不断拓展，研究成果逐年丰富，在主流学术界日益受到关注。

二 女生体育课程的建设

以学生为授课对象的学校体育课，2003 年之前，基本上是建立在对苏联体育教育模式的本土化改造基础上的，基本理念为"技术教育"（"三基"教育①）。2003 年，教育部提出了"健康第一"的体育教学新理念，并相继推行了"快乐体育""成功体育""情境体育"和"三自主"体育等教学实践活动。随着体育教学改革的深入，全国部分高等院校和有条件的一些重点中学根据男女学生青春期生理发展特点的差异，设置了以生理性别为划分依据的男女分堂体育课，女生体育成为区别于男生体育的学校课程。但女生体育课程尚无适用的教材，有针对性的女生体育教学大纲及相关的教学辅导、参考书，师资也较为缺乏。因此，无论作为学校体育的组成部分，还是作为一门独立的课程，女生体育课程都有待进一步开发和建设。

三 女性体育学术研究的进展

（一）1995~2010 年女性体育学术研究总体状况

2002 年成立的北京大学妇女体育研究中心是国内首家研究"妇女体育"

---

① 周登嵩：《学校体育学》，人民体育出版社，2004。

的专门机构，旨在借助北京大学多学科的人才优势，与相关机构以及专家、学者和同人志士携手合作，共同探索与妇女体育相关的问题/议题，促进体育领域的男女平等，鼓励和推动妇女全面参与体育活动、管理和决策过程。该中心分别于 2005 年 11 月和 2006 年 10 月成功举办了两届"中国女性与体育文化国际论坛"，激发了人们对女性与健康和体育议题的关心，推动了女性体育学科在中国的发展，增进了国内外有关女性体育研究的交流和合作，加快了与国际女性体育和健身研究及实践接轨的步伐，引起了社会各界和国际体育组织及研究机构对中国女性体育研究的关注。

2002 年之后，有关女性体育的著作和译著陆续出版，加强了国内女性体育研究的学术化，促进了中国女性体育研究的发展。近年来，中国的女性体育研究领域日趋广泛，内容涉及竞技体育、大众体育和学校体育等诸多方面。与此同时，有关女性体育研究的课题在国家哲学社会科学基金课题和省部级哲学社会科学规划课题中相继立项，而妇女/社会性别学理论在体育领域逐渐渗透，也为中国的女性体育学术研究带来了新的理念和方法，打开了新的思路，具有社会性别意识的相关研究成果不断增多。当然，尽管这些年女性体育学术研究有所突破，研究成果不断增多，但整体研究水平有待进一步提升。

（二）1995～2010 年女性体育学术研究的特征

1. 课题立项

从具有权威性和代表性的国家社会科学基金的立项课题看，全国哲学社会科学规划办公室网站[①]上的信息资料显示，1995～2010 年，立项的体育类课题共计 491 项，其中与女性体育相关的课题为 6 项（见表 1），仅占体育类立项课题的 1.22%。[①] 这表明，女性体育在体育研究领域处于边缘状态，地位较低。进一步看，所有立项的课题均为 2007 年及以后立项的，尤其在 2010 年，立项课题为 3 项，占女性体育立项课题总数的半数。这提示我们，在 2007 年以后，女性体育研究逐渐受到体育研究主流的关注，学术地位有较大的提升。

---

① 全国哲学社会科学规划办公室网站：http://www.npopss-cn.gov.cn/index.html。

表1 1995～2010年国家哲学社会科学基金女性体育相关立项项目一览表

序号	项目名称	项目类别	立项时间
1	中国女子体育项目发展状况研究	一般项目	2007
2	印象管理对女性健身活动的影响及其作用机制	青年项目	2007
3	论妇女与我国民族传统体育	一般项目	2008
4	全民健身与女性休闲健身文化推广普及研究	一般项目	2010
5	发展民族传统体育与促进湘鄂渝黔边区农村妇女健康研究	一般项目	2010
6	社会性别与女性休闲体育研究	青年项目	2010

2. 著作

有关女性体育研究的著作,近年来比较有代表性的有:(1)2005年出版的女性与体育的普及读物——《女性与体育:历史的透视》。该书介绍了较具代表性、较为普及的妇女体育项目和重要事件。作为普及性的读物,该书言简意赅、脉络清楚、层次分明,有助于人们对妇女体育的了解,唤起人们对妇女体育的兴趣和关注。[1]

(2)2007年出版的《她们撑起了大半边天——当代中国女子竞技体育透视》。该书全面介绍了中国女子竞技体育、中国女子竞技体育与中国妇女发展、体育和社会的关系,并从社会性别视角对以上现象和关系进行了审视,提出了自己的观点。[2]

(3)2007年出版的第一届和第二届"中国女性与体育文化国际论坛"的学术论文集——《女性·文化·体育研究动态》。该书为社会各界了解女性体育和女性体育文化提供了有用的文献资料,展示了中国女性体育文化研究和国际交流的成果。[3]

尽管近年来有不少有关女性体育的著作出版,但多为论文集或普及性读物,尚无有关女性体育的系统理论性专著问世。

3. 学术论文

以"女性体育""妇女体育""女子体育""女生体育"和"女子竞技体

---

[1] 董进霞:《女性与体育:历史的透视》,北京体育大学出版社,2005。

[2] 董进霞:《她们撑起了大半边天——当代中国女子竞技体育透视》,九州出版社,2007。

[3] 董进霞、张锐、王东敏主编《女性·文化·体育研究动态》,北京体育大学出版社,2007。

育"为关键词，通过对中国知网（http：//www.cnki.net/）期刊数据库的检索（检索时间区间为1981年1月1日至2010年12月31日），剔除重复文献后，本文共获得期刊论文1458篇。其中，1981～1995年为147篇，1995～2010年为1311篇。从研究成果的专业性和权威性出发，本文以1995～2010年的体育类核心期刊①中与女性体育相关的223篇研究性论文为样本进行文献统计分析，以展示1995～2010年女性体育学术研究的主要特征。

（1）文献量及年代分布

1995～2010年，体育类核心期刊上发表的论文共计42343篇，与女性体育相关的文献为223篇，占发表总量的0.53%；年平均发表量为13.9篇。可见，女性体育研究在体育学领域所占比例极低。但进一步看，在223篇核心期刊论文中，运用社会性别理论的论文共计50篇，占22.42%。这表明，社会性别理论已引起女性体育研究者较多的关注。

图1显示了1995～2010年中国女性体育研究文献量的变化。从图1可见，1995～2010年中国女性体育研究呈现波浪式发展的特征，并分别于2002年和2008年达到高峰。而这一发展特征的出现，无疑与《全民健身计划纲要》第二期工程②的全面实施、北京成功申办和举办2008年第29届夏季奥运会及我国社会经济的全面发展密切关联。进一步看，2007年以后，以社会性别为视角进行女性体育研究的论文数呈增长态势。这表明，2007年以后，社会性别理论已在中国的女性体育研究中占有了一席之地。

（2）主要研究对象和内容分布

从主要研究对象的分布看，1995～2010年，中国的女性体育研究对象呈现多样化特征，涉及古代女子、近代女子到当代的大学女生、职业女性、中老

---

① 本文所谓的体育类核心期刊是指《北京大学图书馆2000版—2008年版中文核心期刊目录》收录的期刊，包括：《体育科学》、《北京体育大学学报》、《武汉体育学院学报》、《体育与科学》、《成都体育学院学报》、《体育学刊》、《中国体育科技》、《上海体育学院学报》、《体育文化导刊》（前身为《体育文史》）、《西安体育学院学报》、《天津体育学院学报》、《广州体育学院学报》、《中国运动医学杂志》（2004年调整至医学类）和《山东体育学院学报》（2004年起收录），共十四种。

② 国家体育总局：《全民健身计划纲要》，http：//www.sport.gov.cn/n16/n1092/n16849/312943.html，2008－05－08。

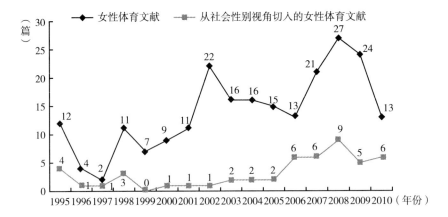

图1 1995～2010年女性体育研究论文年代分布

年妇女、女运动员、农村妇女和少数民族妇女等多种类型的妇女，但以中小学女生为对象的研究非常少。

从研究内容看，表2显示，1995～2010年，中国的女性体育研究内容丰富，主要涉及竞技体育、大众体育和学校体育等领域，涵盖了女性体育的历史沿革与发展、女子竞技体育训练、女性体育文化、体育运动和媒体报道中的性别差异、女性参与体育运动的现状与特征、女性体育消费、女生体育课程设置与教学改革等众多主题。其中，在所涉及的研究领域中，以大众体育的研究成果为最多；在所涵盖的主题范围中，女性体育的历史沿革与发展、女性参与体育运动的现状与特征这两者最为研究者所关注，研究成果亦最多。

表2 1995～2010年女性体育主要研究内容分布一览表

单位：篇

	主题	文章数	小计
竞技体育	运动训练	20	46（20.63%）
	相关技战术分析	13	
	现状	6	
	发展历程	6	
	其他	1	

续表

	主题	文章数	小计
大众体育	体育参与现状调查	38	77（34.53%）
	体育参与对参与者身心的影响	19	
	大众体育文化	13	
	体育消费	7	
学校体育	课程设置与教学改革	13	41（18.39%）
	女生体育现状	12	
	心理	8	
	生理卫生	4	
	其他	4	
体育综合	发展历程	33	59（26.46%）
	现状	8	
	媒体报道	6	
	女性体育文化	5	
	女性体育理论	1	
	其他	6	
合计		223（100%）	

（3）研究方法与论证方式

在研究方法的选用上，从所筛选出的223篇核心期刊论文看，女性体育研究用得最多的是文献资料法，其次是数据统计法，再次是逻辑分析法和问卷调查法，其他研究方法所占比例较少。

进一步看，运用社会性别理论的女性体育研究在研究方法的选用上与总体略有不同，虽应用最多的仍是文献资料法，但次多的是逻辑分析法（见表3）。

表3　1995~2010年女性体育研究主要方法一览表

排序	研究方法	使用频率（%）	
		女性体育	其中：具有社会性别视角的研究
1	文献资料法	81.61	100.00
2	数据统计法	55.61	18.37
3	逻辑分析法	49.78	77.55
4	问卷调查法	39.91	14.29
5	访谈法	15.70	12.24
6	比较研究法	13.00	12.24

注：因有的研究所用方法超过一种，所以本表百分比数据超过100%。

在所用研究方法的数量上，上述223篇女性体育论文中，多数采用2~4种及以上研究方法。其中，采用了两种方法的占45.29%，多为文献资料法和逻辑分析法合用；采用了四种及以上方法的占28.25%，多运用文献资料法、问卷调查法、实验法和数据统计法；采用了三种方法的占23.32%，多运用文献资料法、逻辑分析法和观察法。相比较而言，运用社会性别理论的女性体育研究采用两种方法的则高达75.51%，采用四种及以上方法的只占16.33%（见图2）。

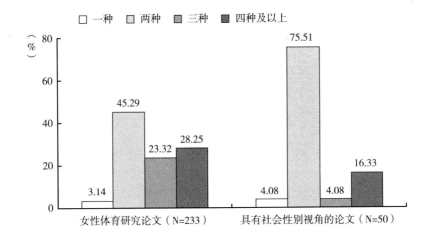

图2 1995~2010年女性体育文献研究方法使用种数比例分布

对研究方法的进一步分析显示，整体来看，1995~2010年中国的女性体育研究多以引用经典理论、他人观点、史实史料等的定性研究为主，占上述223篇论文数的43.50%；以定性研究为主，兼以定量研究的混合性研究占27.80%，大多侧重于用历史事件、他人的理论或观点兼以相关数据（包括调查数据）来佐证自己的观点；而侧重以数据分析来进行研究的定量研究所占比例为28.70%，略多于综合性研究。其中，运用社会性别理论的50篇女性体育研究论文中，采用定性研究的比例达81.63%，其论证方式多为"以史观助论"和"以实助论"；运用定量研究方法的论文比例仅为2.04%（见图3）。

这表明，1995~2010年中国的女性体育研究倾向于定性研究，其中，从社会性别视角切入进行分析的论文尤甚，深入基层的实地调查缺乏，基于确切

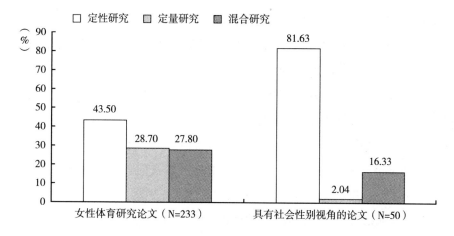

图3 1995～2010年女性体育研究具体方法应用分布

的调查数据的分析研究较少，这无疑对有关女性体育的研究带来了不利影响，削弱了女性体育学的学科建设与发展。

（四）女性体育研究主要成果

1995～2010年，中国的女性体育研究成果丰硕。限于篇幅，本文主要介绍研究成果较多、引起学术界较多关注的以下七大领域的研究成果：中国女性体育发展历程、女性体育理论与体育文化、女性与竞技体育、女性体育参与的现状与特征、女性与体育消费、女性与学校体育、大众传媒与女性体育。

1. 中国女性体育发展历程

从古至今，中国妇女体育的发展可分为古代、近代和现代三个时期，妇女体育在各时期的发展与妇女所处历史阶段的政治、经济、文化等大背景密切相关。

具体而言，有学者认为，在古代，中国妇女体育活动的空间总体上较为有限，活动项目多为秋千、踢毽、踏青等，但也曾出现过较为宽松的时期，如在唐代，社会就为女子参与强竞技活动提供了较为宽松的环境：盛唐时期，骑马、射箭、打猎、马球、蹴鞠、拔河、赛舟和舞蹈等竞技性很强的体育活动或融娱乐与健身于一体的体育活动在女子中均非常盛行，这与唐代早期唐太宗重视和提倡全民习武，中期女皇武则天给予女子一定的、与男子平等的权利，以

及在唐代，儒学对妇女的约束不如宋代以后严紧等密切相关。①

中国近代妇女体育的兴起与近代女性解放运动是联系在一起的，主要经历了三个阶段：第一阶段为1898～1903年，主要表现为男人对女性教育和体育的关照。梁启超先生于1896年在《论女学》中首先提出了中国的女学教育问题，明确指出了女学教育关系到国家的强弱盛衰。在他的鼓动和影响下，这一时期先后创办了多所近代女子学校，并均将体操列为正课教学。第二阶段为1904～1907年，主要表现为新知识女性群体对体育的自我觉悟。刘瑞莪、何亚希和秋瑾等新知识女性的代表均推崇尚武体育的理念，指出女学须开设体操课，女子体强则男子体强，并对有损妇女身心健康的缠足陋习进行了抨击。第三阶段为1907年后，晚清政府颁布的《女子师范学堂章程》和《女子小学堂章程》两个有关女学教育的重要政策，为近代中国女子体育的兴起提供了法律基础，引发了各级各类女子学校对体育师资需求的增加，各私学也先后举办了女子体操传习所和讲习会。1908年汤剑娥等人在上海创办了中国历史上的第一所女子体操学校，由此推动了中国近代女性体育的发展。②

1949年中华人民共和国成立后，男女平等成为主流意识形态，中国的女性体育也进入了新的发展阶段。其中，1949～1966年，中国不少年轻女性响应党和政府的号召，进入体育院校或运动队，参加各类竞技体育运动，并取得了优异成绩。1966～1976年的"文革"时期，女性体育与国家体育政策的变化和体育外交的展开相伴随形成了新的特点，"友谊第一、比赛第二"成为重要的体育精神。1978～1992年，改革开放的推进，带来国家政策和人们观念的变化，女性体育的发展跃上一个新的台阶。中国女子运动员在跳水、排球、田径、乒乓球等项目上的重大突破和取得的佳绩，在海内外华人中激起了强烈的爱国主义热情；中国女子竞技体育得到突飞猛进的发展，成为中国进军世界体坛的一支不可或缺的主力军。1993年至今，处于转型时期的中国，社会、经济、文化和教育等发生了巨大的变化，女性的观念和价值取向也发生了重大

---

① 庄华峰、王先进：《唐代妇女与体育》，《成都体育学院学报》2003年第5期；李金梅、薛廷利：《论唐代女子体育多元化兴起及开发唐代女子体育资源之现实意义》，《山东体育学院学报》2010年第3期。

② 罗时铭、王妍：《论近代中国女子体育的兴起》，《成都体育学院学报》2006年第1期。

的变化，女性的个人健康意识逐步增强，生活方式趋于多样化。邓亚萍、刘璇、伏明霞、郭晶晶等成功的女性运动员以个人的成功和独特的个性及个人魅力，为年轻的女性树立了榜样，并为我国女子体育项目的推广与普及做出了贡献。[①] 而群众性的妇女休闲体育、健身活动的兴起，也使体育进一步弱化了"精英性"，提升了"大众性"，开始回归其原本应有的社会价值。

2. 女性体育理论与体育文化

通过对 1995～2010 年国内关于女性体育研究成果的梳理可见，在中国，女性体育理论虽至今尚未形成获得公认的理论体系，但基于对女性体育理论体系重要性的认识，已有不少研究者从不同角度提出了自己的见解，成为中国女性体育理论的基石。

如，熊欢提出，女性主义体育理论从女性视角出发研究体育组织、体育制度、体育文化以及体育意识形态等社会现象和文化实践，认为女性体育研究的目的在于揭示身体、权力和性别在体育中的关系，而目前"女性主义体育理论的发展方向包括两大主流趋势，即第一种趋势是建构一个女性体育理论体系的框架；第二种趋势是向后现代主义转移，从更加具体的社会现象来分析女性体育权利社会化的问题"。王晓露则通过梳理后现代主义的理论渊源及女权主义的主张，描述了美国妇女体育研究与实践方面的现状，认为后现代女权主义拓宽了社会对妇女体育的认识，促使社会从更多的维度思考妇女的体育参与问题。而任海、张世春等也从不同的切入点阐述了各自有关女性体育文化的不同观点。

表4　女性体育理论及女性体育文化相关研究观点摘要

研究者/时间	论文题目	主要观点
熊欢(2010)	身体、权力与性别——女性主义体育理论发凡[①]	本文通过回顾女性主义体育理论的发展以及不同理论流派,认为女性主义体育理论从女性视角出发研究体育组织、体育制度、体育文化以及体育意识形态等社会现象和文化实践,研究目的在于揭示身体、权力和性别在体育中的关系。女性主义体育理论已成为体育社会学理论中不可缺少的组成部分,它不仅把女性从体育社会的边缘拉到了体育研究的中心,还拓展了观察和研究体育制度和体育文化的视角,也对女性主义理论的发展起到了积极作用

---

① 董进霞:《延续和变化的中国社会与女子体育》,《体育与科学》2006 年第 2 期。

研究者/时间	论文题目	主要观点
王晓露 (2010)	后现代女权主义与美国妇女体育评述②	本文认为，后现代女权主义拓宽了社会对妇女体育的认识，但如何更清晰地阐述体育对妇女的价值，如何与其他社会制度和思想进行协调以在体育领域促进和改善两性之间的关系，仍需要继续努力
徐长红、任海、吕赟(2009)	女性身体观对女性体育的影响③	本文认为，女性身体观是对女性身体的认知、情感态度和价值判断，可分为生物身体观、社会身体观和完美身体观三个维度，其对女性体育这种以女性身体为作用对象、以女性身体活动为手段、以女性身体改造进而全面发展为目的的社会文化活动起着导向、规范和动力的作用。女性体育在女性身体观规定的框架中发展，并不断地与女性身体观发生冲突
何远梅、刘成 (2008)	女性主义视野下体育参与机会均等研究④	本文认为，世界妇女体育因为"平等"观念的确立而发展到一个崭新的时代。女性主义理论给体育的启示是要促进体育参与机会的均等。目前在体育教育领域，体育教学成为性别刻板印象复制的强有力手段。在某种程度上，体育具有的某种"性别属性"体现了体育教学中另一种形式的不平等。体育教学需要给女性提供更多的选择机会。近十几年来，在竞技体育方面，女性参与机会与男性趋于接近。群众体育方面，越来越多的女性参与体育运动，体尝到体育带来的欢愉，并丰富了自身的文化生活
叶毅(2007)	现代体育运动中女性身体文化的内涵与特点⑤	本文从文化角度出发，认为在体育运动中，女性的身体文化由三个不同层面构成，即物质层面、心理层面和心物结合的层面。在体育领域，与男性表现力量的单一身体文化相比，女性身体文化不仅表现力量，还表现柔美、谦虚、高尚与典雅，是全面而和谐的文化。与此同时，体育运动中的女性身体能充分地体现体育艺术与人体艺术。服装和媒体日渐成为影响体育运动中女性身体文化的因素，它们对女性身体文化的作用可以是引导、重塑，也可以是展示。女性身体文化需要媒体的良性传播，更需要人们对其进行深层次的理解与探究
张世春、许万林、曾玉华 (2006)	东西方"女性主义"历史文化的分野与我国妇女体育文化建设本土化的思考⑥	本文通过对西方发达国家和中国"女性主义"历史文化的演进及其对妇女体育发展的影响进行比较研究后发现，东西方"女性主义"历史文化有着不同的发展过程，但对妇女体育文化的发展均产生了深远的影响；中国的妇女体育文化建设必须坚持多元生态文化视角，在坚持弘扬民族优秀文化的"本土化"策略的同时，对民族文化的不足进行弥补和改造

①熊欢：《身体、权力与性别——女性主义体育理论发凡》，《体育与科学》2010年第8期。

②王晓露：《后现代女权主义与美国妇女体育评述》，《成都体育学院学报》2010年第10期。

③徐长虹、任海、吕赟：《女性身体观对女性体育的影响》，《体育学刊》2009年第3期。

④何远梅、刘成：《女性主义视野下体育参与机会均等研究》，《广州体育学院学报》2008年第2期。

⑤叶毅：《现代体育运动中女性身体文化的内涵与特点》，《体育文化导刊》2007年第10期。

⑥张世春、许万林、曾玉华：《东西方"女性主义"历史文化的分野与我国妇女体育文化建设本土化的思考》，《广州体育学院学报》2006年第3期。

3. 女性与竞技体育

众多的研究表明，中国妇女对体育运动项目的推广、中国竞技体育的蓬勃发展、通过体育活动展现国家形象等功不可没。自中华人民共和国成立以来的60多年中，女子竞技体育得到很大发展，中国女子运动员在各类世界大赛中赢得无数荣誉，参加大赛的人数、获得的冠军数和金牌数均明显高于中国男子运动员，参加世界大赛的女性运动员人数占比也远高于世界各国的平均水平。

也有研究者认为，第一，虽然中国竞技体育呈现"阴盛阳衰"的表象，参与竞技体育也使中国女运动员获得了较高的荣耀，但大部分女性运动员退役后的发展状况不尽如人意；第二，中国女性通过参与竞技体育实现向上流动（由较低社会地位流动到较高社会地位）的障碍因素依然存在，这些障碍因素主要包括相关的人事制度、传统文化中"男尊女卑"和"男强女弱"的观念、家庭背景、自身健康状况等。①

随着女性体育的发展和妇女/社会性别学在各学科的渗透，女性体育学者开始从新的视角重新审视竞技体育中两性平等以及女性体育发展的相关议题。比如，女性在参与竞技体育方面虽然与过去相比有了诸多变化，但就平等的深层次内涵来看，人们更多地关注或鼓励发展的女性体育项目仍是表现女性的传统性别特征和性别之美的项目（见表5）。

表5 女性与竞技体育相关研究观点摘要

研究者/时间	论文题目	主要观点
李卫平、邹红、李舒雅（2007）	中国女子竞技体育的现状分析及对策研究①	本文通过统计发现，1988~2004的5届夏季奥运会中，在中国运动员所获奖牌总数中，女子运动员所获奖牌数超过半数，达到56.5%；荣获的金牌数占比将近七成，占69%。1996~2005年，中国女子运动员共获得世界冠军559.5次，占中国运动员总冠军数的59.2%；共超创世界纪录达279人次，占中国运动员超创世界纪录总数的87.1%。中国女子运动员在国际赛场取得的成绩远远超过了中国男子运动员，出现"阴盛阳衰""女子优势"的现象。但中国女子竞技体育也存在后备人才缺乏和退役队员安置体制不完善等问题

---

① 杨晓晨、叶加宝、李宗浩等：《服务型政府构建与竞技体育管理》，《西安体育学院学报》2008年第1期；卢元镇：《体育社会学》，高等教育出版社，2001，第240页。

续表

研究者/时间	论文题目	主要观点
张三梅(2008)	从社会流动视角看中国女性的竞技体育参与[②]	本文从社会流动视角分析了中国女性的竞技体育参与,认为部分女性可以通过参与竞技体育实现向上流动,但女性运动员向下流动的情况仍较多地存在,需要高度重视自致性因素在女性运动员的向上流动中起到的关键作用;而传统的社会性别观念、运动员身份不明确、个人综合素质较低等则是阻碍女性运动员向上流动的主要负面因素
肖金柱、李晓明、钟小燕(2008)	从社会学角度探析中国女子竞技体育快速发展的根由[③]	本文认为,多年来,中国女运动员获世界冠军数明显多于男运动员,打破世界纪录的次数出现波浪式发展,每年破世界纪录的次数均超过男运动员,显示出强大的竞技运动水平并出现"女子竞技体育优势"现象。而这种现象的出现与中国妇女的优秀品质、中国妇女乃至世界妇女解放运动、中国竞技体育的体制的优越性和中国竞技体育的价值取向等社会学因素有关
熊艳芳(2008)	女性主义对奥运会女子体育项目发展的影响[④]	本文通过审视奥运会女子项目的发展历程,分析女性主义运动在不同阶段对平等的理解,发现奥运会女子项目的发展受到女性主义运动与女性主义思想的深刻影响,并从性别平等意义上,认为奥运会女子项目未来的发展趋势将是更多关注并发展符合女性条件、表现其性别特征和女性之美的特有的女子体育项目
李慧林(2009)	国际视野下的中国竞技体育"阴盛阳衰"现象研究[⑤]	本文通过对欧美国家妇女体育和中国妇女体育的对比研究,认为中国竞技体育的"阴盛阳衰"现象是国内外环境多种因素的综合产物。这些因素包括:意识形态斗争的需要、国际性的历史机缘、政治需要、体制优势、文化影响、男女平等政策优势、妇女身体优势及媒体关注等
卢玲、孟范生(2010)	我国女性参与竞技体育的主体意识探析[⑥]	本文从女性主体意识角度考察了中国女性在参与竞技体育过程中的主体意识,认为在竞技体育中,女性的自主意识、竞争意识和进取意识虽得到一定的发展,但仍存在薄弱环节。可从加强女性自主意识、竞争意识、进取意识等基本意识的培养和引导女性学习及提高女性自身文化素质等方面着手,在竞技体育中加强对女性主体意识的培养

①李卫平、邹红、李舒雅:《中国女子竞技体育的现状分析及对策研究》,《体育与科学》2007年第4期。

②张三梅:《从社会流动视角看中国女性的竞技体育参与》,《广州体育学院学报》2008年第5期。

③肖金柱、李晓明、钟小燕:《从社会学角度探析中国女子竞技体育快速发展的根由》,《体育与科学》2008年第5期。

④熊艳芳:《女性主义对奥运会女子体育项目发展的影响》,《体育文化导刊》2008年第5期。

⑤李慧林:《国际视野下的中国竞技体育"阴盛阳衰"现象研究》,《武汉体育学院学报》2009年第3期。

⑥卢玲、孟范生:《我国女性参与竞技体育的主体意识探析》,《上海体育学院学报》2010年第6期。

4. 女性体育参与的现状与特征

在中国，与竞技体育中妇女的参与和强势形成鲜明对比的，是在大众体育中，妇女的参与较少，呈现出低参与率、低参与度的共性特征。但不同年龄、不同阶层、不同职业、不同民族、不同地域的女性之间也存在较大的差异。

对中国群众体育调查课题组有关中国（除港澳台、西藏地区）16 周岁以上的城乡居民参加群众性体育活动随机抽样调查数据的性别分析显示，根据年龄进行分层，女性的体育参与率以青少年（16~25 岁）为最多，老年人（55 岁以上）次之，中青年（26~55 岁）为最少，呈两头高中间低的马鞍型分布。[①] 不同年龄组内根据职业进行分层，青少年女性中以学生的参与率为最高，中青年女性中以教科文工作者参与率为最高，老年女性中以管理人员参与率为最高。而就总体来说，主要从事脑力劳动的教科文工作者和管理人员等，与主要从事体力劳动的工人、一线服务人员和农民在群众性体育的参与上存在较大差距。其中，前者的参与率较高，后者的参与率较低。[②] 另外，根据民族进行分层，回族等穆斯林民族妇女的体育活动参与率低于其他民族妇女；根据地区进行分层，城市妇女的体育锻炼参与率明显高于农村妇女，经济较发达地区妇女的体育锻炼参与率高于经济欠发达地区妇女。从内容看，女性最常参与的体育活动项目是行走、跑步、羽毛球、乒乓球、跳绳、各种健身操和交际舞；就活动场所而言，选择公共体育场所的人最多，选择收费体育场所的人最少；在参加体育锻炼的形式上，结伴同行的较多。[③]

5. 女性与体育消费

女性体育消费研究的相关结果表明：目前在中国，不同地域、收入水平、

① 孟文娣、郭永波、邹新娴等：《现阶段我国不同年龄段妇女参与大众体育的特征》，《体育文化导刊》2004 年第 10 期；孟文娣、郭永波、邹新娴等：《现阶段中国妇女大众体育参与总体状况的调查与研究》，《北京体育大学学报》2005 年第 3 期。

② 孟文娣、郭永波、邹新娴、祁国鹰：《现阶段我国不同年龄段妇女参与大众体育的特征》，《体育文化导刊》2004 年第 10 期。

③ 芦平生：《西北地区城镇回族女性参与体育健身活动的研究》，《西安体育学院学报》2008 年第 6 期；张选惠、李传国、杨慧馨等：《我国西部城市妇女参与民族传统体育的现状调查》，《成都体育学院学报》2010 年第 1 期。

年龄层次、学历层次女性体育消费的特征有所差异，而这与传统消费观念、体育认知水平和经济发展水平相关。

相关研究显示，16～35岁的女性群体、经济较发达地区妇女、城市妇女的年均体育消费额较高，这与她们对体育消费的认可度或对时尚体育的追求有关。相比较而言，55岁及以上的女性群体、经济欠发达地区妇女及农村妇女对体育消费的认可度较低，年均消费额亦较低。进一步看，目前在中国女性体育消费的支出分布中，以购买体育服装等一次性消费为主，在健身指导和场地器材租用等持续性消费方面的投入很少。就总体而言，虽然越来越多的女性对体育消费逐渐持肯定态度，但在体育消费方面的经费投入仍较少。而影响女性进行体育消费的因素主要有个人经济收入水平、体育认知水平、消费观念、体育产品质量、体育文化氛围和环境因素等。研究者们认为，应通过大力开展健身教育、科学规划和建设营利性及非营利性健身场地设施、构建多元化和多层次的健身项目体系、开发体育产品、提供高质量的健身服务、实时更新体育促销手段与方式等来改变这一现象（见表6）。

表6　女性体育消费相关研究观点摘要

研究者/时间	论文题目	主要观点
王景亮（2003）	西安市不同年龄妇女体育认知、体育动机和体育消费的现状调查[①]	西安市有体育消费行为的妇女比例较高，但月人均消费投入不足20元。体育消费动机以生理性需求为主，体育消费意向以购买体育服装等一次性消费为主，支付健身指导费和场地器材费等持续性消费很少。其中，60岁以上的妇女中，一次性消费的特点突出，从未进行体育消费的人比例较大，消费特征与其他年龄段妇女之间存在显著性差异
胡莉萍等（2004）	江苏省商业性体育健身场所女性消费者现状调查[②]	江苏省商业性体育健身场所的女性消费者年龄主要分布在18～30岁之间，且以大学本科学历的人居多，消费需求以生理性需求和心理性需求为主；月人均消费额在50～100元的人数量较多，消费支出方式以年票为主
谢小龙（2007）	我国知识女性体育消费影响因素分析及营销策略[③]	知识女性中以年人均体育消费500元以下者占多数，消费以运动服、鞋为主，体育消费水平偏低，体育消费结构不合理。影响其体育消费的因素主要有个人经济收入水平、个人体育能力、体育产品质量、体育文化氛围和环境因素等。因此，可通过体育产品开发、体育产品价格设计、促销设计等一系列的市场营销策略开拓女性体育消费市场

研究者/时间	论文题目	主要观点
张越(2008)	浙江城市女性休闲体育消费现状调查④	浙江城市女性居民体育消费观念较积极。其中,16~25岁和26~35岁这两个年龄群体对休闲体育消费的认可度最高,55岁以上群体的认可度最低,而文化程度较高的居民对休闲体育消费的认可度更高。对体育消费认可度的高低与家庭收入之间未呈现明显的相关关系。建议实施休闲体育教育、科学规划和建设休闲体育活动场地及设施、建立多样化的休闲体育项目体系、构建多层次且高质量的休闲体育服务体系,以促进女性休闲体育消费
杜熙茹等(2008)	广东省经济欠发达地区女性休闲体育消费状况分析⑤	在广东省经济欠发达地区和农村,女性的体育认知水平相对较低;同时,由于经济发展相对滞后,多数女性不愿为体育活动投入更多的经费,其体育消费支出少,且集中于体育服装的消费,具有偏物质性体育消费、轻精神性体育消费的倾向。建议优先发展娱乐性和参与性较强、易开展且花费少的活动项目,利用价格和促销策略重点开发中低档体育消费市场,开发体育旅游服务产业,根据女性不同群体开发"参与型"体育消费产品,以满足城乡女性的需求,开拓体育消费市场

注：①王景亮：《西安市不同年龄妇女体育认知、体育动机和体育消费的现状调查》,《天津体育学院学报》2003 年第 1 期。

②胡莉萍等：《江苏省商业性体育健身场所女性消费者现状调查》,《体育与科学》2004 年第 5 期。

③谢小龙：《我国知识女性体育消费影响因素分析及营销策略》,《北京体育大学学报》2007 年第 1 期。

④张越：《浙江城市女性休闲体育消费现状调查》,《北京体育大学学报》2008 年第 5 期。

⑤杜熙茹等：《广东省经济欠发达地区女性休闲体育消费状况分析》,《上海体育学院学报》2008 年第 4 期。

6. 女性与学校体育

有关女性与学校体育这一议题,研究者的研究主要包括以下四个方面。

第一,对学校的女生体育现状进行调研。有的研究结果表明,大学女生对体育锻炼的益处大多持肯定态度,但付诸实践的人数偏少。在体育兴趣和体育参与方面,大多女生对趣味性大、娱乐性强、培养自身气质、无身体直接接触和低强度的运动项目具有较大兴趣并能参与其中,而对速度与力量及对抗激烈的项目反应冷淡且参与人数较少。她们每周的体育锻炼以小团体形式居多,锻炼频率低、时间短、强度小,且即兴性较高,计划性较少。①

---

① 史燕、马云、罗建萍等：《高校女生体育意识及体育行为的调查研究》,《北京体育大学学报》2004 年第 11 期；张玉霞、鲁志文：《河南省高校女生课外体育活动现状调查与分析》,《北京体育大学学报》2007 年第 6 期。

第二，对学校女生体育现状的影响因素进行分析，主要包括生理因素、心理因素、行为环境因素和社会环境因素等四大方面。有的分析结果显示，在生理方面，相较于男生，女生在体育运动中更易疲劳；在心理方面，相较于男生，女生普遍存在吃苦耐劳精神和意志力较差，自卑心理、懒惰心理和依赖心理较强的现象；在行为环境上，场地器材供应的滞后是女生参与体育的主要障碍之一；而在社会环境方面，性别角色的认知对男女学生体育行为的不同作用、传统文化对男女学生参与体育活动的不同期望值，也直接或间接地对男女学生参与体育产生了不同的影响，成为女生参与体育活动的观念性障碍。[1] 另外，目前体育课的教学理念、课程设置方面存在的问题亦是导致女生体育学习与运动参与被动性的不利因素。[2]

第三，根据影响因素的分析结果提出相应的对策。如，有研究者提出，在体育教学中，教师应遵循女生的身心发展规律，根据她们体育锻炼的兴趣与动机因势利导，采取多样的教学方式与教学手段，加强对其自我体育锻炼能力的培养；同时，应加强女生课外体育锻炼的组织，创造良好的体育锻炼氛围，促进课堂教学与课外体育锻炼的一体化。

第四，对相关体育教学理念的更新与实施、教材内容的选配和教学方法的探讨等方面的改革进行实证研究。有研究表明，快乐体育教学理念的实施，能给女生创造宽松、和谐的体育学习环境；教材内容的合理选配有助于女生身体形态和机体生理机能的改善，增强其人际沟通和交往的能力；"分层次教学法"的尝试取得了因人施教、因材施教的教学效果。[3]

7. 大众传媒与女性体育

相关研究显示，大众传媒在报道量、形象树立和引导大众对男女运动员的关注点等方面，均存在较大的性别差异。如大众传媒在体育报道中，除了常见

---

[1] 陈爱莉：《中学女生体育活动行为研究》，《广州体育学院学报》2004年第3期；张宏伟、沈辉：《江苏省高校女生余暇体育现状分析》，《北京体育大学学报》2005年第7期。

[2] 何滢：《身体·女性·体育——关于大学女生体育意识培养的思考》，《湖南工程学院学报》（社会科学版）2010年第4期。

[3] 马冬花：《分层次教学对高中女生体育教学效果影响的研究》，《北京体育大学学报》2003年第2期。

的对有关男性和女性运动员进行传统性别角色框架内的评论外，女性还经常以"球星女友"和"篮球宝贝"等依附于男性的角色出场；在运动员的评价标准方面，对男运动员的评价多依据其所作所为，对女运动员的评价则多强调其外表，如性感与否、长相特色等。传媒的这些表现无疑是性别偏见在体育报道中的反映，忽视了女子体育具有的体育精神和体育特质，贬低了女子体育和女性运动员们应有的体育价值（见表7）。

表7　传媒与女性体育相关研究观点摘要

研究者/时间	论文题目	主要观点
米靖等（2003）	报纸的女子体育报道研究[①]	本文认为，无论是报道量、报道的字数，还是新闻图片的数量以及报道的版面位置，报纸的体育报道均存在巨大的性别差异，即对男子的报道远远多于、重要于、突出于女子，这反映了报纸对女子体育的忽视和偏见
卡尔·法斯丁（2005）	女子、体育运动和媒体[②]	本文认为，媒体对男子运动的报道远多于女子运动，并在宣传报道中明显降低了顶尖水平的女子体育运动的实际地位。更为严重的是，当许多媒体暗示女子不适合参加竞技运动，而女性运动员的长相似乎比她们的运动表现更为重要。同时，媒体对女子体育运动不切实际的报道很容易导致女子体育运动的"低潮"
唐东辉等（2006）	当代传媒话语权下对女性体育文化的思考[③]	本文认为，传媒利用各种媒介工具，使女性体育文化不间断地被继承、扬弃和塑造。在当今，一方面，传媒推动着女性体育文化为更多的人所知；另一方面，受社会父权制的影响，在收视率、点击率等因素的操纵下，媒体中有关女性体育内容的占有时间和版面均少之又少，女性原本薄弱的体育意识得不到强化，女性亦经常以相对男性处于辅助地位的角色出场，女性体育文化正被传媒扭曲、利用和淡化
马希敏（2008）	对大众传媒中女性体育形象"刻板印象"的解读[④]	本文认为，体育媒介对男性和女性的呈现有很大差别，存在对女性再现"刻板印象"的现象。女性形象在各类体育节目中总体数量低于男性；媒介对人们关注男女运动员时的引导点不同，更习惯于根据男运动员的所作所为来评价男运动员，而评价女运动员则往往以女运动员的外表为依据。在大众传媒中，女性难以寻找到清晰有力的女性运动形象，女性的运动参与必然受到限制

续表

研究者/时间	论文题目	主要观点
孙文艳(2008)	国外女性与体育传媒研究进展⑤	本文认为,作为传媒传播者,女体育记者与男体育记者的比例与有关女性参加体育的报道的不平等之间没有直接关系,但女体育记者在工作中受到了性别歧视是不争的事实。在以男性为主导地位的体育新闻媒介中,对妇女体育的报道数量较少,质量欠佳,也似乎不太为人们所关注。即使有了报道,也过于强调男性和女性的传统角色。另外,媒体报道给受众的印象是较之男子体育比赛,女子体育比赛竞争性小、不吸引人

注:①米靖、张传义:《报纸的女子体育报道研究》,《天津体育学院学报》2003年第3期。

②〔挪威〕卡尔·法斯丁:《女子、体育运动和媒体》,崔冬冬译,《体育文化导刊》2005年第2期。

③唐东辉、张文羽:《当代传媒话语权下对女性体育文化的思考》,《体育与科学》2006年第2期。

④马希敏:《对大众传媒中女性体育形象"刻板印象"的解读》,《成都体育学院学报》2008年第1期。

⑤孙文艳:《国外女性与体育传媒研究进展》,《体育文化导刊》2008年第1期。

四 结束语

从上述对中国女性体育学科建设与发展的总体状况进行的梳理可见,近十几年来,学校女生体育课程建设仍处在起步阶段,且主要是在学校体育建设框架中进行。与之相比较,有关女性体育的学术研究已全面推进,内容丰富,对象多样,涉及竞技体育、大众体育和学校体育等几大领域,在近几年进入了新的发展阶段。因此,总体而言,中国的女性体育学科建设尚处于初级发展阶段。

课程建设与学术研究的共同推进是中国女性体育学科发展的两大重要领域。对此,笔者认为,要更快更好地发展中国的女性体育学,在未来几年应从以下几个方面进行突破。

第一,女生体育课程的内涵应注重身体发展、人文关怀和人格健全的融合,以体现课程的健康价值、文化价值和社会价值;

第二,具体的课程设置要注重教学理念、授课时数、教材和教学内容等的统筹安排和合理规划；

第三，学术研究应注重定性与定量方法的有机结合，并加强多学科和跨学科的研究，从"广度探索"向"深度开发"推进；

第四，加大建构女性体育理论体系以及具体研究范式的力度；

第五，进一步加强对女性的体育参与在社会发展中的价值、意义和作用的研究。

附 录

Appendices

B.19

最早提出妇女学的人

邓伟志*

摘 要：

> 20世纪80年代初，主持《妇女工作》杂志的老一辈妇女理论
> 工作者侯狄同志，提出并赞成用"妇女学"的概念。指出要重
> 视妇女问题的社会调查和理论研究，以逐步改变妇女活动落后
> 于妇女工作实践的局面。20多年后妇女学的发展证明了这一点。

关键词：

> 妇女学 马克思主义妇女观 中国妇女学的特色

在庆贺云南民族大学建校55周年的时候，我想借《云南民族大学学报》
的一角公开我早想公开的一件鲜为人知的事情。那就是：很多文章讲我是在中
国第一个提出妇女学的，殊不知还有一位比我更早，那就是侯狄同志。

---

* 邓伟志，男，1935年生，上海大学社会学系教授，博士生导师，中国妇女研究会副会长。

早在 1981 年下半年，我在中国大百科全书出版社上海分社工作的时候，被抽到总社工作。到了总社不久，又被家住大百科总社对门的中国大百科全书总编委副主任于光远同志临时借调到他那里工作。全国妇联获悉于光远同志手里有毛泽东与张闻天合写的、没有发表过的《巩固家庭，变革家庭》一文手稿。全国妇联的同志很想见识见识这份手稿，也很想约于光远同志写篇有关手稿来龙去脉的文章。就是这个缘故，于光远同志向侯狄同志介绍说我是在复旦大学分校讲授家庭社会学的。

　　侯狄同志是老妇联、老革命，"文革"中吃尽了苦头。"文革"后又回到全国妇联，主持研究室工作，主编《妇女工作》。大家都很尊敬这位老大姐。20 世纪 80 年代初，妇女刊物很少，《妇女工作》是妇女界，尤其是妇女干部中富有指导性的刊物。她约我为《妇女工作》撰写家庭方面的文章。

　　当时的《中国妇女》杂志社，与于光远同志的家在一个胡同。全国妇联也就在胡同口外几步远。大家联系比较方便。谈论的话题大多是妇女理论研究。鉴于这时中国大百科全书正副总编辑姜椿芳、阎明复等同志正在为民族卷奔波。没想到同在一个大院里的两家研究机构，一家主张用"民族学"作卷名，一家主张用"民族问题理论"作卷名。大百科倾向于用"民族学"，因为民族研究已有独特的研究对象，已形成不少独有的概念和范畴，同时也有了自己独特的研究方法，至少有一部分方法是自己的，可是，要把民族研究称为民族学一时统一不了。姜椿芳、阎明复都是很愿意团结人又很会团结人的领导同志。他们就来了个"兼容并包"。卷名用"民族"，不用"民族学"。在条目里既有"民族学"，也有"民族问题理论"。当时《社会学》卷还没有提到大百科的议事日程，不过是迟早的事。要编《社会学》，妇女理论一定在其中。出于职业习惯，我便与侯狄大姐讨论起妇女理论研究能不能称得上"妇女学"的问题。令人欣慰的是，富有学术素养的侯狄大姐完全赞成用"妇女学"。她一口气讲了马克思、列宁对妇女理论的贡献，讲了中国共产党的领袖们的妇女研究体系。这给了我很大的鼓舞。过了几天，我把妇女学的理论框架画了个图，拿给她看。她提了些看法，鼓励我赶快写成文章。不巧得很，也就在这个时候，我又奉调回上海，于是便把妇女学文章的事搁置下来。只在 1982 年发表于《解放日报》上的短文中，提了一句："重男轻女思想的回潮，要求我们

加倍重视妇女学研究。"① 后来收入《妇女问题杂议》，由云南科技出版社1995年出版。

后来，在北京的一次会议上，又遇到了侯狄大姐。她再一次提出我那张图的事，她说："快把图变成文章寄给我。"我说："还很不成熟！"她在热情鼓励我的同时，又提醒我强调中国妇女学的"社会主义特色"，我答应了。回上海不久，便把题为《完善和发展妇女学问题》的文章寄给了她。文章分三部分：第一，妇女学将在中国应运而生；第二，妇女学的框架；第三，中国妇女学应有的特色。第一部分是我与侯狄大姐共同议论过的。第二部分是根据侯狄同志称赞的我那张图变出来的。第三部分是遵照侯狄同志的提示写下的。

很快，我就收到了发表这篇文章的刊物。令我备感兴奋的是编者还加了一个很长的按语。按语写道："当前，全国妇联和省、市、自治区妇联，把妇女问题的社会调查和理论研究，摆上了重要议事日程，以逐步改变妇女运动理论落后于妇女工作实践的局面。因此本刊从这期起刊登一些理论文章，对妇女运动中出现的问题进行探讨。我们欢迎各级妇女干部和热心妇女问题的同志积极地进行研究，并踊跃给本刊投稿。"② 后来才知道这按语是侯狄大姐亲自加的。

有了侯狄大姐和她主编的《妇女工作》的支持，我的积极性越来越高。1985年春我应浙江省妇联的邀请，讲授《中外妇女学的研究状况》，其中讲道："'妇女学'起源于20世纪60年代的美国的女性讲座运动……"③ 后来，又陆续到江苏、甘肃、辽宁等地讲授妇女学。1986年我又在《中国妇女报》上发表了《迎接妇女学的黄金时代》④ 一文。

不料，一个多月以后，一位领导侯狄大姐这一摊工作的更老的大姐在纪念"三八节"的时候，在《经济日报》1986年3月8日写了篇大块文章，严厉地指出："'妇女学'的研究起源于60年代美国"，"同事实不符"，后面又说："我们的妇女解放理论，同美国、日本等国60年代兴起的所谓'妇女学'无论在思想体系、服务对象、奋斗目标等方面，都是不同的。"接着，又传出了

① 邓伟志：《妇女问题杂议》，《解放日报》1982年11月26日。
② 邓伟志：《完善和发展妇女学问题》，《妇女工作》1984年第9期。
③ 邓伟志：《中外妇女学和研究状况》，《浙江学刊》1985年第6期。
④ 邓伟志：《迎接妇女学的黄金时代》，《中国妇女报》1986年1月27日。

这位老大姐更尖锐的批评："妇女学是资产阶级的。""建立一门新学科，要经中央批准……"这些话很快在一些省、市、自治区妇女干部中传开。当时，社会上有几个人正在批判人道主义，批判异化，批判资产阶级自由化，各个学科领域都在找靶子，于是妇女学就成了"异化"。这时，我首先想到的是侯狄大姐。因为，我是业余妇女学，有回旋余地；她是妇联专职干部，会怎么样？我为她的处境担心……。怎么办呢？作为一个文人，没有别的办法，也不愿采取别的办法"求饶"，只有拿起笔来继续为妇女学正名。我写了《中国应该有妇女学》，指名道姓批评那位老大姐，说她"不慎重"，"自相矛盾"。我写道："我相信：不用多久，'妇女学'一词将为妇孺皆知，将收入中国的百科辞典。"[1] 该文被收入《妇女问题杂议》中。

20 年过去了，在妇女学蓬勃发展的今天，我不应该再把侯狄大姐在妇女学上对我的教导，继续隐秘下去。不说，总觉得憋得慌。说了，还想加一句：祝侯狄大姐健康长寿！

至于说，另一位大姐，我 20 年前可以点名与她商榷，今天为什么却避而不提了呢？一则是老大姐刚刚驾鹤而去，再则是她，尤其是她的丈夫，后来也被人扣过什么"化"的帽子。我同情他俩！她丈夫晚年在天津出版的回忆录，写得那么真，那么好，我佩服！

往事并不如烟，往事也如烟。一时不如烟，久了也如烟。如烟不如烟，让广大的读者去判断。

2006 年 7 月 17 日

---

① 邓伟志：《中国应该有妇女学》，《社会报》1986 年 11 月 26 日。

B.20
妇女研究学科化的百年历程

邓伟志*

一百年来，在妇女运动光辉实践的基础上，中国的妇女理论蒸蒸日上。

20 世纪上半世纪妇女理论开始冲破封建牢笼

早在芝加哥 1909 年妇女罢工之前的 1904 年 4 月，中国的《妇女界》便发表了《女子家庭革命说》，《神州女报》发表了《女子家庭革命论》，严厉谴责封建社会压迫妇女的"三从四德"。也就在哥本哈根会议上把 3 月 8 日确定为"国际妇女节"的时候，1909 年中国出版了《女论》，大声疾呼"革男尊女卑之恶习"。在辛亥革命中，有许多著作为妇女争教育权、参政权。

在 1919 年的"五四"新文化运动中，陈独秀、李大钊等人发表多篇文章，批判"女子的一方完全牺牲于男子"。这一时期妇女理论的特点是超前的妇女理论转化成为轰轰烈烈的妇女运动，反对妇女缠足，抨击男女授受不亲，批判男女分校。可是，当时有些人的理论也有矫枉过正，从一个极端走向另一个极端的倾向，比如"废除家庭派"的理论便是误导。

在中国共产党领导的新民主主义革命中，陈独秀、李大钊、毛泽东、瞿秋白、张闻天、董必武都写文章，批判压在妇女头上的"四权"，大声疾呼男女平等。1944 年 8 月毛泽东和张闻天一起，用为《解放日报》写社论的形式，大谈"家庭民主"。紧接着，毛泽东又于 1944 年 8 月 31 日致信博古，"提供'走出家庭'与'巩固家庭'的两重政策"。这一时期妇女研究的主要特点是

---

* 邓伟志，男，1935 年生，上海大学社会学系教授，博士生导师，中国妇女研究会副会长，上海市社会学学会会长。

妇女理论转化成了保障妇女自由的法规。在中国共产党领导的苏区，于 1931 年颁布了《中华苏维埃婚姻条例》。1939 年又公布了《陕甘宁边区婚姻暂行条例》。中华人民共和国成立前夕，由妇女理论家和妇女活动家共同组成的婚姻法起草小组，在大量调查研究、充分听取男性和女性意见的基础上，经过 40 次修改后，于 1950 年 4 月将婚姻法草案提交中央人民政府委员会第七次会议讨论、通过。同年 5 月共和国颁布了这部《中华人民共和国婚姻法》。婚姻法采用了妇女理论的精华，洋溢着男女平等的思想，曾被人赞为"女性圣经"。

20 世纪 80 年代初"妇女学"在中国破土而出

新中国成立不久，有 20 多个省区市分别办起了妇女刊物。刊物宣传妇女自立自强，宣传结婚离婚自由，宣传男女同工同酬。随着妇女参政理论的普及，20 世纪 70 年代，妇女在人民代表、在省市领导班子中的比例占到了 25%。

党的十一届三中全会以后，妇女理论的研究进一步解放了思想。1982 年 11 月 26 日的《解放日报·新论》所载的《妇女问题杂议》一文指出："重男轻女思想的回潮，要求我们加倍重视妇女学研究。"此文两次使用"妇女学"这一概念。这是在中国的理论报刊上第一次出现"妇女学"这一学科名称。1984 年由全国妇联主办的《妇女工作》第 9 期上又发表了《完善和发展妇女学问题》。文章分三部分，"一、妇女学将在中国应运而生"；"二、妇女学的框架"；"三、中国妇女学应有的特色"。《妇女工作》的编者为此文加了一个很长的按语。这个框架提出的"妇女的特点""妇女的地位和作用""妇女解放的道路""妇女的教育""妇女的组织""妇女运动史""妇女学说史""研究方法"等八个方面，尽管比较粗糙，但在当时是有新意的。后来有些《妇女学概论》《中国妇女学》之类的专著也参考并吸收了这个框架的有用成分。可是，当时也有人反对提"妇女学"，认为"妇女学"是西方的，坚持在中国只能用"马克思主义妇女理论研究"。有位理论家在纪念"三八"节的文章中，指责"妇女学""是资产阶级的"，以致有些地区一度免谈妇女学，回避妇女学。

1986 年 1 月 27 日《中国妇女报》经过精心准备之后，发表了题为《迎接妇女学的黄金时代》的文章。《中国妇女报》为此文加了一个比上面提到的《妇女工作》1984 年的那个按语还要长的四百多字的按语。《中国妇女报》的《编者按》指出："我们相信，经过一个自下而上、从自发到自觉、从零碎到系统的探索之后，一门新的综合研究妇女问题的学科一定会产生。为了探索与发展，本版特辟'理论探讨'专栏，以发表研究者的各种见解，集思广益，促进这门学科的尽早建立。"

按语是战鼓，是春雷。随着全国妇联一报一刊的两个按语而来的是，妇女学如雨后春笋，苗壮成长，蓬勃发展。

世纪之交妇女学研究的五大飞跃

历史进入 20 世纪末叶和 21 世纪初叶这段时期，妇女学界年年都开几次全国性的研讨会。31 个省区市加起来，每年都举办数十次有关妇女学的专题研讨会。有关妇女学的国家级课题由每年的几十个增加到每年百余个。1999 年中国妇女研究会成立。地方也有相应的妇女研究社团百余个。仅中国妇女研究会的团体会员就有 111 家。

近一二十年，中国的妇女学研究在展翅高飞。

从妇女学讨论的重点看，重点正在由 20 世纪 80 年代对妇女与家庭、妇女与生活方式的讨论，转移到妇女与经济、妇女与法律方面，进而实现了向社会性别研究的飞跃。在社会性别研究方面又有从应用性理论为主，转向应用理论和基础理论齐飞的趋势。这表现在研究成果的出版方面，在 20 世纪末叶和 21 世纪初叶的一二十年中，全国有关女性的论文每年都有二百多篇，其中有关性别社会学的占 60% 上下。每年出版的有关女性的专著五六十部，其中有关妇女学学科的占一半以上。

从妇女学理论著作的覆盖面看，不仅妇联系统的报刊和出版社发表妇女学作品，中央级、省市级的综合性刊物中有关女性的论文，也在实现从无到有、从少到多的飞跃。被认为是"男性主流意识较强"的学术刊物，如政治学、经济学一类的刊物，也开始刊登有关性别社会学的论文，实现了零的突破。

从妇女学理论教学与研究的覆盖面看，在20世纪末叶和21世纪初叶的一二十年中，妇女学的理论教学与研究实现了从凤毛麟角到遍地开花的飞跃。许多高校、党校、科研单位都开设了妇女学课程（含女性学、性别学、社会性别学）。中国还有独立建制的女性学系。大江南北有以妇女、女子命名的大学多所。

从妇女学的外来与本土的比较看，在20世纪末叶和21世纪初叶的一二十年中，对西方妇女学的观点虽然继续引进，但更多的是在消化之后，实现了向质疑、挑战和批判的飞跃。翻译外国专著的绝对数虽然仍在增加，但相对数在减少。本土妇女学与外来妇女学有交流、交锋、交融的趋势。中国妇女学的原创性理论在强化。

从妇女学与相关学科的关系看，妇女学同社会学、经济学、哲学、文学、人口学、历史学、政治学、党史党建、科学社会主义都有很高的相关性。妇女学在20世纪末叶和21世纪初叶的一二十年中，实现了从充实、添加到相关学科之中，形成交叉学科，向妇女学界另辟蹊径，重新定义，自成体系的跨越。妇女学在新语境中，形成了很多新概念、新范畴，如"劳动性别分工""社会性别与发展"等。妇女学适应网络化和新媒体的发展，产生了不少新方法，正在成为一门朝阳学科。

妇女学学科体系日臻完善

妇女学是个开放的系统，只有起点，永无终点。现在看，专门以妇女为研究对象的妇女学已形成根深叶茂、经纬交织、一以贯之的学术链。

从对妇女活动的各个领域的研究看，妇女参与社会，有妇女社会学；妇女参与经济，有妇女经济学（含妇女消费学）；妇女参与政治，有妇女政治学；妇女参与文化，有妇女文化学；把各大领域概括起来，又有妇女哲学。

从对妇女自身的研究看，有妇女心理学、妇女生理学、妇女生殖学、性学。

从对妇女自身成长过程的研究看，有老年妇女学、青年妇女学。

从对妇女发展的研究看，有妇女与发展理论、妇女人口学、妇女教育学、妇女组织学、家庭学、贫困妇女学、妇女与美学、妇女文学、妇女法学、妇女未来学。

从对妇女学的演化过程的研究看，有妇女学学（关于妇女学的学说）、妇女学史（妇女学说史）。

妇女问题是永恒的话题。妇女事业是永不枯竭的理论源泉。课堂上有开不完的妇女学课程，论坛上有说不完的妇女学论据和论点。妇女学永远是一门耀眼的显学，它既是女性的理论武装，也是男性的理论武装。时代发展到今天，现代女性如果不懂妇女学成不了杰出女性，现代男人如果不懂妇女学也成不了杰出男性。中国妇女学的学科建设，今后依然需要男女肩并肩、手拉手把妇女学培育成世界学术之林中的"东方杉"（东方杉，树名，是刚刚通过杂交培育出的四季常青、造型美观的新树种，是上海世博园区最为引人注目的新树种）！

从妇女研究到性别研究

——李小江教授*访谈录

刘 宁 刘晓丽**

导 语:

20世纪80年代,伴随着我国改革开放的脚步和妇女问题的大量出现,一大批学者和妇女实际工作者开始了妇女学研究领域的拓荒工作。经过20多年的发展,妇女学在国际交流和本土探索并重的实践中,各种学术观点纷呈,已经成为一门具有批判性、开放性、跨学科特点的新兴学科,正逐步从边缘走向主流、走向成熟。

李小江教授是我国妇女学的学科奠基人和学术带头人之一,自20世纪80年代以来,她在妇女研究领域进行了全方位的拓荒工作,在理论探索的同时,从事学科建设,组织课题研究,普及女性知识教育,建立相关的学术机构,集结科研队伍,主办学术会议等,成就卓越。她的《夏娃的探索》《性沟》《女人:一个悠远美丽的传说》《女性审美意识探微》《女人的出路》《走向女人》《女性/性别的学术问题》等著作在学术界产生了深远的影响。主编"妇女研究丛书""性别与中国""二十世纪妇女口述史丛书""性别研究丛书",并创建了妇女博物馆。

---

* 李小江教授简介:李小江,女,1951年9月出生,江西九江人,现为大连大学人文学部首席教授,性别研究中心主任。曾为加拿大麦吉尔大学人类学系(1991)、美国国家自然博物馆(1991)、美国东北大学历史系(1992)、美国哈佛大学费正清东亚研究中心(1995)、日本御茶水大学性别研究所(2004)访问学者和特聘教授。已出版专著、文集20余部,主编大型丛书和著作20余种,发表论文100余篇。

** 刘宁:《中共山西省委党校学报》主编、研究员;刘晓丽,山西省社科院历史所副研究员。

李小江在妇女学理论上的最重要贡献，是改革开放初期在《马
克思主义研究》上发表的《人类进步与妇女解放》，首次质疑中
国的妇女解放道路，对"男女都一样"的理论与实践提出挑战，
引起巨大反响。今天，李小江在这篇文章中阐述的观点在学界
已成共识。

访谈时间：2007 年 3 月 22 日

访谈地点：大连大学性别研究中心

（采访者刘宁简称刘，刘晓丽简称丽，被采访者李小江简称李。）

"走向女人"是一个新的起点

刘：李老师，很久没有见面了，很想念您。上个世纪 80 年代初，伴随着新
时期的到来，社会科学各领域处于重新梳理和整合的过程中，妇女研究在当时还
是一片空白，您是怎样开始妇女研究的？这是否与您当时自身的困惑有关？您是
否遵循了从关注女性个体到女性群体、再到关注女性在社会经济发展中的命运和
地位这样一个研究脉络？我们也多少看了一些您的著作，想请您亲自谈一下。

李：我们这一代女性，出生和成长在"男女都一样"的环境中，与历史
上传统的妇女有很大不同。过去讲男尊女卑，可我们这一代把男女平等看作是
天经地义的事。从"男女平等"推进到"男女都一样"，在我们的观念里，就
是所有男孩子能做的事情女孩子也能做。我们所经历的少年时代、青少年时
代、包括青年时代初期，先是接受平等教育，然后是搞运动，上山下乡，这些
基本上都是没有什么性别界限的。我不知道以后还会不会有这种情况。我们这
一两代人，就是这样奇特地掉在了一个意识形态的襁褓中，这个襁褓就是我们
这个社会、民族国家、社会主义革命的环境。共和国建立了，这个共和国是社
会主义的，以马克思主义为指导思想，这就使得我们出生成长的环境既不同于
中国传统社会，也不同于西方已经有了一百多年历史的女权主义的处境。我们
的女性意识觉醒是从"寻找女人"开始的。我们这一代男性和女性，社会背
景都一样，对女性而言，认识到女人的不同，最直接的冲击来自婚姻和生育。

如果不结婚，不生孩子，我们仍然可以保持在社会生活中（男女）都一样。那时还没有搞市场经济，在就业等方面大家都一样。家庭中也是这样，母亲一般都要参加工作，没有家庭主妇阶层，除了姥姥奶奶在家里带孩子外，年轻的和中年妇女如果在社会上什么事都不做，会被人另眼相看。历史走到这里，好像江河入湖一样，弯了这个弯，又流走了，而这个湾流形成的湖水正好构成了我们一代人的生长环境。我为什么要特别强调这个过程呢？就是因为这么一个过程，使得中国妇女的历史和今后她的内涵就不一样了，不仅与唐朝、宋朝、清末的妇女不一样，和民国初年以后的女权运动也不一样。我们走的是一条不同的路，与西方女权主义道路判然有别。我们今天几乎所有的问题都仍然在这个起点上，既不是西方女权主义的，也不是中国传统社会的。

刘：从您的学术经历看，上个世纪 80 年代是您学术研究的第一个高峰期，在这期间，您相继推出了几部专著，还主编了新时期国内第一部大型妇女研究丛书，这部丛书从作者队伍、学术水准和涉猎学科范围来说，直到今天都无人超越。您这一时期的主要学术思考是什么？

李：（上个世纪）80 年代初期，我为什么写《走向女人》？那是一个阶段的总结。因为在我看来，上世纪 80 年代的所谓"妇女研究运动"可以告一段落了。从那以后，我主动从这个运动的中心退出来了，转向历史和文化研究。上世纪 80 年代的运动表现了我们的觉醒，我们发出了自己的声音，组织了自己的队伍，而且有我们中国自己的特色，不像西方女权主义那样到街上去要什么选举权、堕胎权，不是以抗议、结社那种形式，而是教育和启蒙。我们这个社会有一个特点，立法在先，"男女平等"是法权上的一个前提。女人应该是和男人一样平等的人，但男女仍然不一样。有很多因素是不能改变的。首先因为你的自然生理条件，你承担的使命就不一样，人类延续你能说仅仅是个人的使命吗？几千年的历史已经造就了不同文化属性的人，今天我们说的女人，不论中外，一定都是有历史内涵的，其中积淀了很多集体无意识的东西，已经融进每一个人的生命基因中。一个是自然的因素，一个是历史的因素，都已经不能改变了，我是在这个意义上强调女人与男人的不同。

你们问我为什么会走上这条路？在当时，这虽然是个人行为，却牵扯出了很大很大的一个社会背景，是因为这条道路正好承载着很多新时代的东西。没

有人给你答案，在西方女权主义那里你找不到答案，因为我们走的不是一条路。传统的也不行，那您怎么办呢？你可能提出的挑战一定是那种你已经接受了的东西，就是男女平等，男女都一样，还有妇女解放。所谓"解放"的标准，就是看女人是不是参加了社会工作、拿多少钱，从政的程度、有多少人做官，男人的活儿女人也能干……，我们接受的就是这种标准。从我个人来讲，可能比其他孩子更典型。因为我出生在一个干部家庭，从小住幼儿园住校，更加没有家庭的传统，男女平等的思想更顽固，像野小子一样的，有男孩子一样的性格和经历。参加工作没问题，恋爱时也没有太大问题，关键问题就是婚姻。

刘：尤其是有了孩子以后……

李：不是有了孩子以后，而是有孩子这件事本身。在当时，我们根本不知道恋爱是要有结果的，恋爱中会有性行为，这我们也不知道，更不知道怀孕和生孩子会彻底改变一个女人的命运。为什么性行为结束后男人可以不直接承担那个"苦果"？你想不通。在怀孕面前，多少革命口号和理想都没有用，甚至不管你的家庭出身，"性"的结果会改变一个女人的命运。这太可怕了。我们这一代人有过很多这样的经历，特别是下乡女知青，她为什么跟农民结婚？并不一定是因为爱情，而是不知道性行为要承担后果。

刘：恋爱和后来发生的事情都是自然而然的，并不是你能用理智或者什么能束缚的。也不问对方的家庭，不问对方的父母是干什么的。

李：是啊，在困难的时候给你一点儿温暖，在孤独的时候能多说两句话，你就会动情。最难受的时候，在老乡家里的热炕上坐一坐；吃不上饭的时候，老乡把饭做好了等你上桌，人就恨不得天天在他家里待着。那不一定是爱，而是出于人生最基本的需求，衣食温饱，舒服的日子，谁不想啊？这样就可能有感情，有感情了做任何事情都是值得的。但是你怎么会知道后边的结果？男人和女人的事情以及历史上从来有的那样一种规矩，我们都不知道。我们这一代人没有接受过传统的性别教育，唯一的性别观念就是意识形态上的男女平等。

刘：就像您刚才谈到的，您在书里也写到了，我们小时候特别像男孩子，而且还以像男孩子为荣。

李：对，觉得那简直是比三好学生、五好学生还高的荣誉。所以你想，我们这一代的家庭，哪个母亲敢去教你（男女有别）这些东西呀？再说那时代已经变了，连母亲都要去参加工作，恨不得那些过去的东西一点儿都不要留下来。我们这一代女人的成长环境在中国历史上是很奇特的……

刘： 既背负着传统，又面对现代。

李： 我们实际上没有传统，我们是在成年了以后，在女性角色不请自来的时候，用自己的生命去寻找传统。那个时候我们都是社会的人，不是家庭的人；都是大我，不是小我，各种运动，还有学校这个环境，把我们保护起来了。一旦进入私人空间，反差很大。私人空间是什么？要么是家庭，要么就是由恋爱引起的结果，一系列被深深隐藏在社会后边的东西，不管是传统的还是自然的，在私人空间中全都显现出来了。因此，我做的一件事情就是质疑：怎么这个社会告诉我男女都一样，可它其实是不一样的！我是从思想认识上的质疑开始的，不是因为受到了什么具体的压迫，因此你很自然地就会到书本里去寻找答案，这是我与许多西方女权主义者不一样的起点。前面没有榜样，你想怎么可能有啊！我起初是做文学研究的，发现文学作品中的妇女形象和现实生活中的女人有天壤之别。我企图在史书中寻找女人的历史，却发现妇女未载史册。哲学也一样，哲学家中百分之九十九点九都是男性，很多人不结婚，但都有女人（比如他们的母亲或姐妹或家乡的什么人）来照顾他们的生活。他们著作中写的"人"都是以男性为主体的，基本上就是男人。你说人类是男女共同组成的，那你所有关于人的学问和历史中怎么能没有女人的位置呢？这对我来说是个巨大的冲击：我发现我们一向信奉的哲学、历史，还有科学，其实都是有缺陷的，这些个庞然大物不过都是跛足巨人。

我写的第一本书《女人：一个悠远美丽的传说》，就是想要为女人寻找历史。由于女人在社会生活中失落，哲学中没有女人，史学上也没有女人的位置，那么谁记载了女人呢？就只有文学，从神话传说一直到今天，从未间断。我因此给自己一个巨大的任务，要把女人的历史从文学作品中淘出来。当时还没有特别鲜明的批判意识，只是想把她找回来，各国的神话传说和小说，只要有中文的，全都拿来看，这是我在读研究生期间干的一件事情。然后就比较妇女争取解放的道路，美国是怎样的，英国是怎样的，……不同国别，一直到我们（中国大陆）解放以后。我们有那么多困惑，美国女人的困惑是什么，苏联妇女的困惑是什么，……写成了这样一本书，实际上是以文学的形式和以文

学为素材写历史。1990 年代以后，我为什么用大量时间和精力做历史？跟这个起点有很大的关系。因为我意识到，女人如果没有历史，你就没由来，根本无从认识自己。

"八十年代"是重要的历史课题

李：还有一个问题，是意识形态层面上的。当时，社会上没有一个人敢说女人跟男人不一样，这也会被看作是反马克思主义。你要质疑妇女解放的历程，那就是反动。我在全国开始有影响并不是因为《女人：一个悠远美丽的传说》，而是一篇关于马克思主义的理论文章，由此带来了政治上的风风雨雨。

刘：是哪一篇？

李：《人类进步与妇女解放》，登在《马克思主义研究》1983 年第 2 期上，后来还有一篇，发在《马克思主义研究》1984 年第 1 期上，《论马克思主义妇女解放的理论框架与历史逻辑》。你知道的，这个刊物当时是很有分量的。

刘：是的，特别有名的一个刊物。

李：实际上它是上世纪 80 年代思想启蒙的一个阵地。我在《身临其境：性别、学问、人生》（江苏人民出版社，2000 年）中详细介绍了这件事。我看中国的 1980 年代呀，将来会是一个很大的历史研究课题，可能比我们现在说的"五四"还有更大的嚼头。很多话现在还不是说的时候，没有那个空间。将来说起来你们会发现，像我们做的妇女研究这一块，是"八十年代"中一个非常辉煌的内容，我们走出了自己。过去的四千年中，中国妇女也一直在成长，不能说她没有解放就没有成长。我们当然可以以秋瑾为一个起点，她办报啊，结社啊，呼吁妇女解放，但她的"解放"是有条件的，以反满为前提，没有脱离开"民族革命"这个旋律。到了 1919 年的五四运动，中国知识女性已经脱离了"反满清"这样一个内部政治革命的框架，已经有了自我意识的觉醒，但也仍然是和社会改造、民族解放紧紧联系在一起的。你看五四时期的文章就可以发现这一点，这和西方女权运动不一样，西方女权运动是特别强调要和阶级、和民族都分离开的。一直到 1980 年代，我们才真正从民族的和社会的宏大叙事中突围，真正走出了自我。在中国历史和中国妇女解放史上，将来怎么评价1980年代的"妇女研究运动"？这是一个很大的研究课题。我自己也常常反省，不断会有新的认识。我们觉醒的起点是个体生命的体验，而不再是那个大社会和大民族。因此可以说，1980年代妇女的觉醒在中国历史上承载着一个非常重要的意义：作为自主的主体，中国妇女的"女性意识"真正觉醒；作为有独立意志的社会群体，"女人"真正站起来了——这是我给1980年代中国"妇女研究运动"的历史定位。有趣的是，正是在这个起点上，我们在价值观上与西方女权运动接轨了。弗吉尼亚·伍尔夫有一句名言"女人是没有国家的"。西方女权运动从一开始就是要和阶级、民族、国家都划清界限的。1980年代中后期，为什么那么多国外的女权主义者来找我？为什么她们把我看作是中国的波伏瓦？中国终于有了这么一个声音，终于有了这么一支力量，她们可以在中国这个土地上找到共鸣。那时候几乎就是孤军奋战，从各个方面出击，很累人的，这种情况差不多持续到1991年。

刘：这完全是自发形成的，没有什么人领导。

李：没有男人领导，没有官方领导。我们这个学科的发展，至少到1994年以前几乎完全没有官方支持，包括"20世纪中国妇女口述史"这么大的动作，没有从政府拿一分钱。1980年代不是各个学科都复苏吗？将来总结我们的妇女研究与1980年代其他学科不同的地方，就是这种纯粹的民间色彩，从这个角度看，它还真就是一种政治运动呢。

丽：您在1980年代主编的"妇女研究丛书"，我从1987年毕业以后就一直在看，现在还在看，还有《性别与中国》里您写的序，我都能背下来。

李：谢谢！这我很高兴。主编这套书，带出了一支队伍，比如孟悦、载锦华、康正果、潘绥铭等等，都是"妇女研究丛书"的作者。

丽：还有杜芳琴。

李：杜芳琴在妇女史领域做了不少工作。还有人口学领域的领军人物朱楚珠和蒋正华（现任全国人大常委会副委员长），都是这套丛书的作者。我们那时候的队伍真是非常庞大，真的是呼风唤雨，无论哪一个省哪一个地方，包括基层妇联，全都能调动起来，这里边有很多动人的人间故事。另外一支力量来自西方，把我们的这种做法看作是一种发自民间的政治作为，包括我本人，也

被看作是非政府组织的代表。1991年我参加美国加利福尼亚大学中国研究中心的年会，他们给我的演讲题目就是"公共空间的创造"。在一个所谓集权统一、一党制、意识形态控制、官本位而且封建积累那么多的社会中，你怎么能开拓出这样一个公共空间？还能开创得如此之大！一支是国内民间学界的力量，另一支是海外的政治力量，这样两支力量从1980年代中后期开始一直对我有影响。过去我面对的是我们的意识形态传统，是社会主义和马克思主义；从这个时候开始，我就不得不面对海外的资本主义和西方女权主义了。尤其是1990年代初期出去以后，我发现，西方认同我，接纳我，可是他们误解了我。他们只是在自己的框架中解释你，你因此就得不断地对他们说"NO"，像是很不识抬举。他们先是给了我一顶"马克思主义"帽子，后来又给我一顶"民族主义"帽子。这样一来，你成了个怪物，与自己的社会和外面的世界都有距离。

刘：这也是我很佩服您的地方，永远有自己的思想和自己坚持的东西。

李：接触多了，我还真没觉得他们都正确，起点不同，道路也不同，怎么可能会有一个共同的发展模式？过去，好像西方走在了前头一点，因为它开放得早，以枪炮开道占领世界，它的世界观因此更宏大一些，它所有的学科，包括人类学、社会学，甚至历史和哲学，都和帝国主义侵略有关系。而我们中国很久以来都只是单一民族的世界观，民族主义本身也是一种局限。但是1989年以后特别是全球化以来，世界发生了很大的变化，再没有什么人能给你一个现成的答案，世界上所有的学科和所有的学者都必须还原到一个新的起点上，重新整合知识结构，以便重新认识这个巨变中的新世界。一个人所拥有的自信，尤其是一个学者，一定跟他的认识起点和占有资料的多少有关系。你的起点高，视野就会开阔一些；你占有的资料多了，就会左右逢源，结论就会比较客观，这时候你连争论都懒得去争。

那么，我占有的资料和起点在哪儿呢？第一，因为我是一个女人，我得学习男人积累的知识；当我搞了妇女研究，把女人的认识纳入其中，就比男人多了一个视角。第二，我是一个东方人，西方的学问我必须学。现在这个世界是被西方主导的，你不学它的你怎么站在世界这个讲台上说话？但是，东方是我的基础，它所有的文化和它的历史于我是与生俱来的，这就比西方学者多了一个视角。第三，我是中国人，在社会主义体制中生活，今天中国开放了，我到西方来考察，了解西方的资本主义，比较社会主义制度和资本主义的运作，你因此可以同时占有两个角度。你看，就是这样，男人的知识和女人的视角，西方文明和东方的文化底蕴，还有资本主义社会和我们自己经历的社会主义实践，共同构成了我的认识基础，都是我的资源。你想想，如果这些东西全都融进了你的知识结构，帮助你认识世界，认识生活，认识周围的人，该是多少丰厚有力啊！这样再看什么现代的、后现代的、结构的或解构的，不过是拿概念做做游戏，怎么可能完全把你勾引走呢？没有什么力量比生活和生命本身的力量更强大。哪一个真正的哲学家不是从经验中走出来的呢？

刘：我们从书本上可以得到一点，但是这种生命的体验更重要。

李：这个时候如果把女人的东西带进去，你看到的她就不再是弱势了。你从事了妇女研究，这很好，但你的认识不能停留在原来的经验上，你停留你就没出息了。因为没有一种真知仅仅是为哪个局部的利益服务或只是代表一部分人说话的——如果那样，那是政治。真正好的学问一定是能让这个世界上所有的人，无论肤色、种族、性别、年龄……都能分享，而不是离间和打仗。

丽：我有一个想法。我们 1960 年代出生、1980 年代大学毕业的女性，比起你们这一代人，是不是在女性意识上有所倒退？因为你们那一代的女性意识是从家庭开始的，是自发的；1980 年代我们面临着女大学生分配难、就业难，我们是被迫考虑女性在社会中的地位的。

李：这个问题很好。你带进来了一个新的视角，所以你就可以理解了，1990 年代以后为什么整个中国妇女的状况和妇女研究又有所倒退了。

刘：是的。这一代人没有咱们那种坚定的女性自主意识，这和社会对她们的影响是直接相关的。

李：你看我们的觉醒，不是因为社会给我们的压力，而是来自我们个体的生命体验，与婚姻家庭有很大关系。而你们呢，最突出是就业问题，生存问题，又回到社会这个层面上了，可见历史的前行未必都是进步和福音。

丽：你们那一代当时就没有这个双重角色困惑？

李：我们的双重角色困惑是在已经做了母亲以后，而你们是在就业这个起点上。我当时为什么出了那本《女子与家政》？其中有一句话就是，妇女走出了家庭，但是并没有扔掉家庭，我们是背着家庭这个包袱走上社会的。

妇女研究与性别研究

刘："从妇女研究到性别研究"这个提法是不是合适？

李：这两个不同，不可以替代，性别研究不可以替代妇女研究，但是从我个人的研究历程来看，是从妇女研究走到性别研究的。实际上，我的起点本来就是性别研究，后来被迫走到妇女研究。妇女研究某种程度上就是政治运动，是一种文化领域中的政治，它的目标和立场都非常鲜明地带有某一群体的利益，on women 和 for women，就是站在妇女的立场上以妇女解放为目标。妇女研究的群体特征也很明显，它很大程度上就是女性学者的事儿。男人也可以做妇女研究，但它是不一样的，包括立场和方法，都不太一样。当初搞妇女研究，并不是因为我自己有了什么具体的妇女问题，而是一种认识层面上的东西，质疑那个长期以来我成长过程中的一个符号"男女都一样"。男女平等，这没有问题；男女都一样，这就有问题。"男女平等"其实也不是一个放之四海而皆准的尺度，它是一种基本法权，要有界定。你不能把"男女平等"放在母亲和儿子身上，也不能简单地用在家庭生活中。但在当时，主要质疑的是"男女都一样"。

刘：男女肯定是不一样的。

李：我开始做妇女研究的时候起点很高，是马克思主义理论起点，在"解放全人类"的理想中包含了一种博大的人文关怀。这也是一个哲学起点，想在认识的高度找回女人。后来美国一些女权主义学者批判我，说我的立场是本质主义的，这也不是没有道理，我当时就是想弄清女人的不同特质是什么，"我是谁"——这个"我"不是单一的"自我"，而是女人。但是我没有想到，这也是政治。在我们这样的国家，政治的东西经常会不请自来。惹祸的就是我那篇《人类进步与妇女解放》。那是一个特别宏大叙事的文章，以马克思主义为基础，但我对几个基本问题提出质疑，比如，我认为男女的进化轨迹不一样、历史的存在不一样……。与以往的说法不同，但根基仍然是马克思主义的，直到今天，偏离马克思主义也不是很远。2005 年我在《读书》上发的《重理"宗师"遗产》谈的还是这个问题，很像是你们说的"回到马克思"，是在新的认识基点上清理了马克思主义和女性的关系，这篇文章反响挺大。

我原来的学业基础是西欧文学，学习欧洲的历史和文化，对西方的东西比较清楚一些。研究生毕业后，我干了一件很重要的事情，1984 年一年时间做社会实地考察，到了农村、工厂、矿区，去了法院和街道办事处、居委会，跟"秦香莲"上访团座谈，写了一篇很重要的文章《论中国妇女解放的道路》，厘清了中国妇女解放的道路不同于西方的女权主义。从这以后，实地考察成为我做研究一个非常重要的方法。说到今天的自信，这就是基础，是因为我做研究的资料很大部分来自我自己亲手采集到的第一手资料。

丽：能不能从性别研究方面再说一下。

李：妇女研究和性别研究究竟是一个什么关系？可以从两个角度讲。如果从我个人来说，有一个道路的选择问题。我为什么特别打出了"性别研究"的旗帜呢？与这个选择有关。在原来开拓的那个妇女研究领域，我可以一直做下去，可以做一个非常地道的中国女权主义的领袖。但那不是我个人的意愿。妇女研究不是我的起点，也不会是我的终点。就我作为学者的生涯而言，妇女研究像一条歧路，一个插曲，是被迫的。因为在当时我已经非常清楚地认识到，身为女人，如果你不能在认识论和历史这两个高度上把女人找回来，你根本做不了一个真正的学者。在此之前，无论从整个价值体系上还是身为一个女学者，你总要到男性中心社会中去找标准，到以男人为首领的学者中去寻找支持，获得他们的首肯。所以说，妇女研究对我来说是一段弯路，但是它成全了我，把我带出了男性中心价值一统天下的阴霾，找到一个与自己的性别身份同一的认知起点，这对女性学者来说非常重要，不仅找到自信，也看到了一般男性学者看不到的另外一块天地，视野更开阔了。

另一个角度是比较客观的说法，可以在方法论的层面上界定它们的区别。所谓"真知"通常是不分阶级、年龄、性别……，所有的人都可以共同分享的。你比如一加一等于二，人人都认可这个结论。人文科学中也有很多东西是大家能够共享的，比如阶级分析方法，生态意识，还有自由、平等的理念等等。那么妇女研究的状况如何？它难道仅仅是一种批判的武器、只是为"妇女解放"服务的工具吗？作为政治，可以；作为知识，就很不够。"妇女研究"的名称、方法、起源、立场和目标，都定位在一个特定群体利益上，它

可以不涉及男人，甚至可以完全不顾忌男性的利益得失，作为实用理性工具，可以；却永远无法成为纯粹理性工具进入方法论范畴。性别研究就不一样。"性别"是人类所具有的一种基本的规定性，生到这个世界上，不管你认不认同自己的性别，你一定是有性别的，这种"分化/分工"不仅是自然的，也是社会的，它因此可以成为认识论的一个基本范畴。

丽：领域又拓宽了。

李：就妇女研究而言，从认识论的高度看，我们可以说它提供了一个视角，丰富了我们对人类的认识。进入到性别研究，就不仅仅是认识论问题，也是方法论问题。方法论是什么呢？是认识的工具。比如说，马克思主义讲究人的阶级属性，由此分离出阶级分析方法；弗洛伊德讲究人性深处的性意识，由此分离出精神分析方法，这都大大地丰富了方法论体系。性别研究也是这样，它从妇女研究而来，强调人的性别属性，由此分离出一种新的认识方法，就是性别分析方法。性别分析一旦进入我们的知识领域，可以和所有的人、所有的人类现象发生关系，也和所有的人文/社会科学有关，从而带出了一种全新的认知蓝图。它最了不起的地方，就是跨越了社会和自然的鸿沟，在天、人之间架起了一个互通互利而不再是对立和相互排斥的桥梁。在这里，自然是重要的，却不是唯一的；性别是重要的，也不是唯一的。因此我很反对"社会性别"这种说法。在我的《女性/性别的学术问题》一书中有一篇《关键词辨析：性别》，质疑"社会性别"（gender）这种译法。

刘：我们也想问这个问题。"性别"和"社会性别"的不同，是因为翻译的原因还是理解的原因？

李：我这篇文章非常详细地谈到了两个语境中的词源和词义。汉语中的"性别"其实就是 gender 这个词的意思，译成"社会性别"在理论上是错误的。兼顾到两者，我一般会使用"女性/性别"这种表述。我注意到全国妇联近几年也开始用"妇女/性别"这种表述了。"社会性别"理论在一个领域可以用得比较好，就是史学，放到文学、社会学、人类学等其他人文学科中就不行。史学领域我们确实可以把生理因素抛开看，因为历史更多是记录社会而不是单一个人的发展进程。西方女权主义在剥去自然成分的前提下推出了 gender（社会性别），是针对 sex（生理性别）而言的，这是策略性的。它一旦变成理论核心，就很可怕，又回到过去我们那种情况，把人的生理／自然特性都抛到一边去了，这在我们这里是倒退，在西方女权主义那里则是一种进步。在以生理为本质因素的性别刻板环境中，她们发现了 gender 这个词，用它去抵抗 sex，确实是一个很大的进步。到过西方你们就会知道，在人与人的相处中，在整个社会中，到处都弥漫着 sex 的影响，所以她们找到 gender 这个词，希望能通过更换话语符号达到改变意识形态的目的。可是在咱们中国，本来就有"性"和"性别"两个词，"性别"本来就是一个社会概念，是一种以自然为基础的社会概念。你说"社会性别"，明摆着是把自然／生理因素排除在外了，有这个必要吗？它是客观存在的，是性别差异的基础，你怎么能把它排除在理论认识之外呢？

性别分析与阶级分析

刘：社会性别分析方法和你刚才说的性别分析方法，完全是两回事。

李：完全不同，所谓"社会性别分析"仍然只是一种批判的武器，在理论上有先天的缺陷，不过是女权主义的变种。而性别分析属于方法论，是可以和阶级分析方法相类比的。"性别"可以作为一个视角，就像我们说"阶级"也是一种视角，都可以用作分析工具。所谓"阶级分析"，并不一定要求你站在谁的立场上替谁说话，但阶级分析的结果在政治上会倾向于对"被压迫阶级"有利，成为阶级斗争的工具。性别分析也有这同样的性能，它的分析结果一般也会在政治上倾向于对女人有利，成为妇女争取解放的理论武器；但在本质上，它的立场是双向的，不过就是一种看社会、看人生、看世界的方法。我们现在用性别分析看人世间的方方面面，比较过去的阶级分析、精神分析等等，多了一个视角，在认识论上是一个人的提高。这种分析方法建立在尊重自然和尊重个人的基础上，跨越了人和自然的鸿沟，可以延伸到一切人的领域。阶级分析恰恰相反，它恰恰是建立在超越自然和超越个体的基础上，讲究社会属性和群体利益，可以完全不考虑生理的问题。

丽：您的书中谈到"性别压迫先于阶级压迫"，这个我不太理解。

刘：马克思主义认为，阶级产生以后女性才变成奴仆的这种地位，是有了

阶级以后才产生了性别压迫。

李： 实际上马克思的著作里边不是这样讲的，这是马克思主义者们后来的杜撰。马克思本人的著作中并没有完整的妇女解放理论，它主要引用了傅立叶的观点。恩格斯对妇女做出比较完整论述的《家庭、私有制和国家的起源》，实际上也不是研究妇女的，而是对当时的人类学研究成果的理论回应，主要是研究家庭和私有制的关系，其中有 1/3 的篇幅特别谈到了女性。这里有个什么问题呢？就是阶级分析方法。恩格斯完全接受了马克思的阶级斗争学说，企图用马克思的学说来解释摩尔根他们的人类学成果，因此其中的很多观点和用词，比如妇女受压迫呀，历史性的失败呀，用的都是阶级分析方法。但其实，在女性和性别问题上并不完全适用阶级分析方法，因为性别差异的存在先于阶级分化，它是阶级分化的一个基础，而不是它的结果。阶级分析方法基于社会生产关系的变化，而两性关系在最初阶段主要与人类自身生产相关联。早在《性沟》（三联书店，1989）中我就讲过："性别"和"阶级"同是人类的属性，却不同范畴。前者属于本体论范畴，是人的基本规定性之一；后者属于历史范畴，是社会生产关系演变的结果。

刘： 是这样的，首先有了婚姻家庭关系，才有了私有制，并不是有了私有制以后才有了婚姻家庭。

李： 对。两性的关系基于自然关系，它并不是依附于社会生产和生产力的发展。两性之间是不是一种压迫的关系？我看不能这样讲，因为你讲"压迫"，就把"阶级"带进去了，当阶级还没有产生的时候，你如何去用阶级分析方法解释那个还没有阶级的社会呢？你解释不通的。

刘： 您的《性沟》就是讲两性的关系，两性的差异。

李： 两性的差异首先肯定是自然差异，这是它的基础。性别的"别"就意味着差异，两性的生理结构不一样，因此处处"男女有别"。生理结构的不同为了什么？很简单，为了人类的繁衍。大自然中任何有生命的东西，最根本的需求无非两个：一是自存，一是存种，这是从单细胞到高级生命体都存在的问题。我在《性沟》中谈到了这个，人类存种的问题最早是通过男女两性分工完成的，这是最重要的问题。人类几千年的文明史，我们所谓的"自我"，就是建立在存种的焦灼已经缓解的基础上的。如果存种的问题不缓解，你活了这辈子没下辈子，谁都不要去谈什么自我发展。你没有自己的孩子也没有所谓祖宗，你要永垂不朽干什么？

丽：只有个人生命的延续才能有人类的发展。

李：不，是早期人类已经把存种问题放在一个合适的模式中以后，才有了我们作为个体生命的"自我发展"的可能，才有了后来的文明史。实际上，长期以来我们所谓的"文明"，究其本质，就是在个体生命的意义上不断拓宽"自我"发展的路子，自由、平等、民主等价值体系都是在这个过程中不断建立起来的。之所以能这样，就是因为人类在社会发展初期就解决了存种的问题。怎么解决的？就是两性分工，让女人退回到家里去。女人曾经是这个世界上最宝贵的东西，她是人类存种的工具。人们让男人去打仗，去送死，男人的命是不值钱的。有十个男人，如果没有一个女人，他就没有后代；只要有一个女人，就意味着地球上可能会布满人，人们因此要拼死保住那个能存种的人。可以说，基于自然的性别分工是早期人类社会最聪明的一个选择，它把那些有存种能力的（女）人用一个个"家庭"保护起来了。正因为女人身上担负着族群绵续和部落壮大的使命，社会就一定会用某一种形式（比如父权制家庭）保障她的生存。这也是一个漫长的过程，直到父权制家庭的建立和完善，把存种繁衍的责任具体落实到了每一个有（男性）姓氏的家庭。这种做法很有些像我们推行的"生产责任承包制"呢！在生存的意义上，女人被男人供养，是占了自然的便宜；但对不起，你既然承担着人类的"类"的责任，你的自我发展空间就会受到很多限制。男人也同样，看似有很多自我发展的空间，但最终还是服务于种的绵续和繁衍，不过每一个"种"都有了一个像是属于他自己的特定"符号"（姓氏）罢了。

刘：几千年的文明史，没有女人的声音，从哲学上历史上，女人缺位了。

李：对呀，因为所有这些制度都是建立在社会中，而所有的价值观念都是以活跃在社会生活中的男人为主体建构起来的。很多人说历史上女性中没有哲学家，这不奇怪。哲学家他必须有一个宏大的世界观，能够去思考人类的问题。你那个世界根本就没有对女人开门，怎么能说女人先天不具备哲学家的素质？历史上的女人生活在家庭范围内，主要就是思考家人的问题；她不占有世界，也不必思考人类问题。现在这个世界已经对女人开放了，再有十几年、几

十年，一定会有很多杰出的女哲学家、女思想家，就像现在已经有了越来越多的女政治家、女企业家一样。

刘：除了承担"种"的繁衍回到家庭以外，女性的历史性缺位是不是还有其他原因？

李：还有一个很重要的原因，是史学本身的问题。女性在历史上其实从来就没有缺位，她只不过是在被记录的史书和史学中缺位了。我们要反省的不是女人少了什么，而是这个历史本身的价值观有问题，你为什么不记录女人？

刘：我们走过来了，但是没有被记录。

李：对呀，你不必用考古去证明历史上有没有女人，我们活到了今天，我们就是女人"在场"的证明。为什么历史记录缺了这一部分？是因为历史学家也几乎全都是男性。

刘：他们觉得这一块不值得记载。

李：还因为他们其实不了解女人的生活，就像那时候的女人不懂社会生活中很多事情一样，包括怎么去养育生命的这个过程，他们也不懂。这样反过来看，我为什么不支持女权主义？女权主义本身有一个很大的错误，就是你要的这些权利，其实全都是男人过去拥有的权利。你觉得不平，就是你有我没有。但是，当你超越了"权利诉求"这个阶段就会发现，相比之下，男人在历史上活得更可怜。因为社会还会因为珍惜生命而珍惜女人，可没有什么人珍惜男人。仗打起来了，你要保护妇女儿童，你干吗不说也要保护父亲和丈夫呢？男人生下来就是应该送死的，给你个"英雄"桂冠，你就可以死得其所。而且，男人为什么要有养家活口的责任？他为什么要为养活别人而活着呢？这是很悲哀的一件事。历代男人总是要这样被告知的：你是男人，你生下来就背负着很多责任，要养家活口，要传宗接代，要舍身求义，要保家卫国，这都是很艰难的事。今天，当女人和男人一样成为所谓"社会人"的时候，我们才发现，什么压力最大？生存的压力最大。因此你才有可能去体会历史上男人的压力和疾苦。女权主义说了半天，你要的还是男人仅有的那点东西，追求的还是男人不得已而为之的那些价值，诸如你在社会上有没有地位？有多少机会？能挣多少钱？有多少人能当官？能当多大的官？一边高喊着和平口号，一边又炫耀着我有多少女人能当兵而且做了军官，这真是很无趣的。

刘：您走的是自己一条独立的路，既不是西方的，也不是纯粹的马克思主义的。

李：是这样。只有走出妇女研究，由性别研究走进人类生活的细节，才可以有这样的见识。我看中国妇女，整体上讲，比西方妇女的胸怀要宽广得多。为什么？因为我们有马克思主义，有解放全人类的胸怀，西方女权主义也没想解放全人类，就是解放女人就行了。

刘：西方好像也有获得男性支持的情况。

李：她们骨子里是性别战线，基本上一直是女人的孤军奋战，在策略上也会争取男性的支持。中国就很不同，我们始终没有把男性作为一个对立面来看，所以我总说，中国的女权主义都是虚假的，表里不一。女权主义在我们这个社会中最理想的生存空间主要有两个：一是大城市中的知识女性，她因此可以有较多的生活方式的选择，可以独身，可以做同性恋。还有就是在文本中，作为一种批评方法，它很犀利，有开疆拓土的作用。我们这里，男性与妇女解放之间的关系一直非常模糊，近代以来，第一声嚷嚷着要解放妇女的是男人，办女学，反对缠足，都是男人发起的。写《女界钟》的金一也是男人。马克思主义意识形态中的男女平等，还有后来我们的社会主义妇女解放实践，都是男性主导的，在争取社会权利方面，这对妇女都是难能可贵的资源；但在思想和文化中却可能产生负（面）作用，使得我们对男性中心的东西失去敏感，文化传统中很多对女性不利的糟粕长久得不到清理。这方面人家西方做得就很好，女权主义那个大棒一旦挥动起来，秋风落叶，横扫一片。直到目前，我们的文化传统还远没有被好好地清理，因此，女权主义作为一种破冰的利器，在文化／文本这个阵地上还是很有用武之地的。

但是，它仍然不能用作一个科学分析的工具。要用作工具的话，你就必须加入性别分析。比如你怎么看"七出"？放在当时的历史背景中去看，它在某种程度上是对妇女的保护。类似这样的情况还有很多，比如刚刚说到养家的责任，你用性别分析的方法去解构，得出的结论就不一样。1980 年代末期加拿大人类学家宝森在中国考察，研究中国农村的女性化问题，认为男性农民进城了，加入了现代化的行列，而妇女留守乡村，又回到前现代化去了，我就不同意这个结论。为什么？你看女人留在家里了，你就说她们被现代化淘汰了，说

她们生活很苦，很值得同情，那你就错了；那你首先认为"留下"是低，"出去"是高，这还是男性中心社会的传统观念。但如果你做性别分析和比较，就每天的生活质量看，结论就不一样：男人走出去了，女人自己当家做主，决策的机会多了，在村子里的政治地位也高了。你再看那些走出去打工的男人，几十个人住工棚，吃大锅饭，夏天晒着，冬天冻着，工作条件和生活环境都极其恶劣。相比之下，乡下的女人住在自己家里，睡热炕，吃小锅饭。男人身边没有亲人，没有性生活；女人虽然也少了性生活，但是她天天可以和自己的亲人在一起呀！如果我们从日常生活质量看，你就不能从单一的性别立场上去做简单的是非判断。这跟女权主义比较，是不是不一样？

丽：是的，我原来不是很明白性别分析和社会性别分析的不同在哪儿，听了这些就明白了。

李：这和做妇女研究也不一样。妇女研究就是以妇女为研究对象，站在她的立场，以妇女获得更好的生活为目标。性别分析需要一个更高的起点，也需要一个更加宽阔的胸怀。一旦进入性别研究，你的研究对象就不会再停留在"女人"这个范畴内，立场也会不断地置换，无论在政治上还是在文化上，对妇女研究都起着一种消解的作用。因此，在很长时间内，只要妇女这一群体的特殊利益还存在，还有她特殊的问题需要特别关照，妇女研究和性别研究就会并存，不可相互替代。

妇女博物馆与妇女口述史

刘：我们当初准备采访提纲的时候，就说到妇女博物馆了，想问您创建妇女博物馆的初衷是什么？现在的发展状况怎样？

李：创建妇女博物馆的一个重要原因，是想抢救妇女的历史和文化，因为女性的很多历史印记是通过民间文化的形式保存和传承的。我们那个妇女博物馆现在已经蛮有规模了，馆址在西安的陕西师范大学。当时就想把它留在大学里，让它日后有一个被客观解释的理性空间，而不想让它变成仅仅是宣传妇女业绩的展品。为什么它没跟我一起到大连来？我前期对大连做了考察，大连太洋气了，与那些物品完全不是一个格调，很不协调。陕西那个地方和它的文化韵味是吻合的。既然你想保存它，还是让它在自己比较熟悉的气氛中待着好一些。做妇女博物馆很不容易，从无到有，巨大的工程，一直跑前沿，那四百多件东西几乎件件都是从我手上过的，亲自下去考察，边疆山区，少数民族村寨，搞了好几年，做得很辛苦。

做妇女博物馆的过程是和做妇女口述史同时进行的。我当时是三件事情并行，用的是一笔钱，是美国福特基金会给我做生育健康项目的钱。这个事情是他们主动找到我的，让我帮助云南的项目组。当时正发愁没有钱做那两件事情，就在福特的项目里多了一个心思，请云南妇干校和广西妇干校一批老师帮忙，既做了生育健康考察，也做成了自己想做的事。那些老师因此也成长起来，她们是做妇女口述史的先驱，也是妇女博物馆最早的创建人。差不多两三年，她们和我一起钻山沟，跑田野，第一手的东西都是那个时候弄出来的。这是在寻找女人的历史，发现女性文化，同时也深入认识了不同层面不同民族的"中国妇女"，好几件一起做成了。

刘：除了这四百多件展品之外，还有些什么东西？

李：现在又征集了不少，好像有一千多件吧。

丽：咱们这个博物馆可以说是世界上最完整的妇女博物馆了吧？

李：不能这么说，只能说各有特色。世界上的妇女博物馆我参观了好几所，最大的是美国华盛顿的妇女艺术博物馆，好大一个楼呢，但它主要展出妇女艺术品，办一些女艺术家的展览。最早成立的在丹麦的阿胡斯市，我也去了，规模很小，展出一些妇女日常生活用品和女性的设计。名气比较大一点的是德国波恩的妇女博物馆，7个女艺术家自己创建的，利用了一个废弃厂房，好几层楼，得到政府一些资助。我去的时候她们正办"1930年代纳粹统治时期波恩的妇女生活"展览，形式很生动，有震撼力，参观的人很多，学校也组织学生参观受教育。她们宣传做得比较好，现在世界各地都知道它。还有一个是美国的妇女历史博物馆，在纽约州，搜集了一些美国女权主义者的遗物。越南也有一个，主要展出抗美战争中女英雄的事迹。

丽：咱们的博物馆内容比较全吧？

李：也不能说全，只能说我们有自己的特色。第一，我们的历史厚重，有非常浓厚的历史韵味，这个她们的几乎都没有。第二是民族特色，我们征集了

很多少数民族服饰，全都是原汁原味的，很多元化。第三，我们有独特的民间女性文化。国外展出的几乎都是女艺术家的作品，而我们的艺术品几乎全部来自民间。比如"女书"，就是女性的文字，这在世界范围是独一无二的。还有"女字"，女人把字织成被面或背带，用以寄托自己独特的审美情操。西方的女性民间工艺品我也看过，有很多拼布壁挂，讲究色彩和构图，像我们这样有丰富人文内涵的并不多。还有剪纸文化，其中有很多人间故事，比如我在旬邑库淑兰家里征集她的剪纸，她当时把那 12 幅图摆在炕沿上，从头唱到尾一口气给我唱下来了，都是她自己的人生故事。她的剪纸带有印象派风格，在海外很受推崇。搞妇女博物馆，一个很重要的事就是文化阐释。你在采集物品的时候就要同时征集相关的人间故事，给"阐释"积累资源。那些物品如果没有得到必要的阐释，就可能什么都不是，不过一堆花花绿绿好看的服饰而已。当时我坚持要把妇女博物馆建在大学里，就是这个意思，想办法找到最适合它的"娘家"，为可能的阐释留出空间。

整个 1990 年代，我除了在海外做大量的考察以外，回国以后就在内地考察。我们国家 56 个民族，我去了 33 个民族的聚居区几百个村落，都是进到家里头，深入访谈，你这才能知道那些物件中隐含着的生动故事，在少数民族妇女的服饰上发现"符号"的意义。你比如说傣族的筒裙，它为什么要有一条狗血红色的腰带？不同的阶层穿什么样的衣服、有怎样的标记？景颇族的文化符号是什么？纳西族女人为什么穿"披星戴月"衣？在认识这些东西的时候我发现了女人的"书写"方式，很不同于男性文人，她们是在织物和绣品上记录历史，我因此给它一个名字，叫作"织物上的历史"。过去我们只知道有文字历史，有口头历史，从来就没有想过织物上也是有历史的。谁织啊？世世代代是女人在织。谁穿啊？人人都穿。通过女人，世世代代的人们就在衣食住行中把历史的符号传播开去，传承下来了。这里面实在有太多可以挖掘的东西，如果能再活一辈子，我一定会拿一辈子时间去做这件事。

刘：这些都可以申报非物质文化遗产。

李：但这样一来就没有意思了，加进了很多很多功利的东西，泥沙俱下，不好玩了。我去做这件事的时候，没有任何官方背景，也没有什么市场，到处都还是所谓的原生状态，人也淳朴，无论走到哪里，总会让你惊奇，不断给你展示一个个新的天地，让你的思维永远处在亢奋的状态下。现在做已经很困难了，那些最有价值的东西在原生地也都很难找到了。现在的丽江，纳西族那个老城，连他们自己都很少进去，让给外来人去摆摊挣钱了。还有摩梭人的泸沽湖，当时那里真安静，完全没有商业化，湖四周连一家旅社都没有。我们是自己带着车下去的，就住在湖边人家的二楼木板地上，每人收了我们一块钱，盖的那个被子像铁一样，夜晚湖周围一盏灯都没有，那是一种什么感觉呀！一路下来我做了大量考察笔记，国内国外的，有好几百万字吧，我总想安静下来以后把这些东西都整理出来。现在看它们都已经很远，都成历史了。

（女）人学与学科渗透问题

刘：妇女学是一门跨学科、跨专业的综合学科，包涵了历史学、人类学、文学、美学等学科。

李：其实妇女学也叫女人学，把那个"女"字括起来，它就是（女）"人学"。女人是人类的一半，你从补课的角度也得把它放进去吧？你原来有多少社会人文学科，就需要在多少学科中把它放进去。

刘：这各个学科之间有相互养育、相互渗透的有利因素，也有相互排斥、相互消长的不利因素，有没有呢？

李：我觉得不利因素在个人，不在学科本身。因为学科的界限是可以跨越的，你不跨越，你就做不了妇女研究。在女人这个课题上，我们谈到社会问题，就会扯到生理因素；谈一个现实问题，就得扯到历史；谈一个女人的事，往往就得说到群体。如果仅仅谈女性文学，把历史和社会学都抛开，你连文学都研究不了。妇女研究本身就要求你跨学科，要说有问题，那问题就出在研究者自己身上。

刘：大连大学性别研究中心是全国高校中第一所确立以性别为自身研究方向的学术机构，性别研究具有更为科学的内涵，是这样吗？

李：是这样的，它现在已经融化在我们整个校园生活和教学科研中。因为它没有什么人群界限，也没有特定的政治目标。我们这里也有很多活动是专门

针对女孩子的，比如我们开设的"女性自我认识"课程，主要是帮助女孩子成长的，还有一些扶助贫困女生的活动；但最主要的还是做"渗透"，把"性别"这个视角、这种分析方法渗透到各个学科和校区活动的各个领域。比如我们组织学生搞"性别论坛"，第一个题目是"我有一个梦"，这题目完全没有性别色彩，但我们是以不同性别的方式来组织的，男生和女生分开来做。第一个礼拜是女生举办的，哎呀，上去讲的，都是哭哭啼啼的，说妈妈怎么样、我家庭怎么样，悲悲切切。男孩子允许去听但不能发言。男生本来一点儿兴趣都没有，听过以后就不一样，下个礼拜是男生的论坛，他们很积极，把马克思、乔丹、邓小平的照片挂了一教室，艺术系的弹琴，体育系的捧场，会场上又活跃又快乐，女孩子也去听了。第三个礼拜，我们组织讨论，让他们自己谈性别差异，"异"在什么地方，这一下子可解决问题了。包括我们让学生参与做口述史，利用暑假和寒假，自愿报名。本来的题目是"听妈妈讲过去的故事"，后来我们改叫"听长辈讲过去的故事"，题目上没有性别区分，但你一定要带着性别意识去访问。你访问的是男的，问些什么；你访问女的，一定要问什么什么……。这些资料现在都保存在我们中心。去年我们组织做"我记忆中的日本人"，也是这样做的。这就是渗透，把性别分析方法带进各个学科，带进校园活动，就像阶级分析方法，谁掌握了都能用。大连大学是个以理工科为主的综合大学。我 2000 年来的时候，是我们学校第一个特聘教授，挂起了"性别研究"这个牌子，很多人不理解，说这是干什么的？但是现在，你看看，谈论性别或做女性/性别研究在我们这里很自然，很坦然。你找遍世界上任何一个大学，从校长到教工和学生，都找不到像我们学校这样对性别研究能如此理解和支持的。在我们这里，女性/性别研究根本就没有什么"主流化"问题，它已经融在主流学科里面，成为其中一个有机的成分。

丽：已经在学科中渗透了，也在男生中渗透了。

李：在各种活动中渗透，在工作中渗透，在教学中渗透，在科研中渗透。举一个教学的例子，我们学校有师范的课程，把性别意识带到教学法课程中去，讲男教师和女教师在教学方法上的区别，现在成了师范生一门非常重要的公共课。还有我们的共和国史，是一门大课，如果你专门讲妇女，怎么讲啊？我们用渗透的方法，从第一部婚姻法讲起，它是共和国的第一部大法（1950年颁布，是中华人民共和国第一部法典），我们就讲它对妇女解放的意义。还有土改，过去只说穷人分土地，没有说女人也分土地，现在就要强调这个内容。历史上除了洪秀全（在《天朝田亩制度》中提到过给女人分土地之外），没有任何一个时代给女人分土地的。还有，我们讲大跃进，讲人民公社，过去都是批判，但是换个角度呢？人民公社的吃食堂，尽管后来解体了，大家都饿得要死，但在人类历史上这毕竟是第一次把妇女从灶台上解放出来了，那么多人，那样热情，为什么会这样？经验和教训分别在那里？把妇女的角度加进去，你就讲活了，整个共和国史就变成了一部活生生的"人史"。

刘：如果你不从这个角度考虑的话，吃食堂只有坏处；换一个角度考虑，就完全不一样了。

李：对啊！女人当时特别高兴，把锅都砸了，那可不是强制的，她再也不用围着锅台转了。再比如生育问题，1950年代的"英雄母亲"，1980年代的计划生育，这都是共和国历史中的大事，你怎么可以忽略不计？我在跟美国人对话的时候特别讲到这一点，他们说计划生育不人道，可我说，新中国成立以来，这是继男女平等、妇女参加工作之后中国妇女的第二次大解放。你比如说我们怀孕了，就一个孩子，过去谁敢去堕胎？家里谁会支持你？你哪儿能那么理直气壮啊！你不想要那么多孩子，你就得跟自己的丈夫或婆婆作斗争，被迫成为女权主义者。就因为有了这个"计划生育"，借助国家的力量，我们很顺利地摆脱了生育负担，也先验地跨越了女权主义阶段，这在我们这个一向崇尚生育、讲究多子多福的国家是一件很难为、很了不起的事。不然我们这一代女人很多都会生好几个孩子，你得搭进去你的一生啊！

刘：您说您的治学道路是"理论上的'走山脊'和学术上的'走下去'"。

李：是这样的，理论上的"走山脊"，就是要涉猎很多学科，把握主导学科的发展脉络。比如哲学、史学和文学，这都是我的基础。所谓"走下去"，就是实地考察。我的"走下去"和一般社会学家的眼光不大一样。我是带着历史的眼光，把当下的东西当作历史来看的，而不是像社会学家那样讲究为现实服务。我从来没有为自己的研究设立什么具体的目标，也不要求研究成果能

解决什么具体问题。当然，事实上我的研究得到了很多女人的认同，其实还是在为现实服务，但这只不过是你认真做研究的结果而已，并不是你刻意追求的目标。要想做一个诚实的学者，你也只能这样，这样才能心安，心静，专注于自己的学问而少受干扰。

刘：李老师，谢谢您专门接受我们的采访。你的学术勇气和探讨精神将会使我们终身受益的。

B.22
妇女/社会性别研究学科建设述评（2006～2010年）[*]

陈 方^{**}

摘 要：

本文从学术共同体建设、学术研究活动和成果、学位教育三个
方面系统地分析了2006～2010年的5年间中国妇女/性别研究的
学科建设和发展，认为这5年间中国的女性/性别学学科建设出
现了前所未有的新局面，迈上了新的台阶，但同时所面临的新
挑战也更加尖锐。

关键词：

妇女/社会性别学　学科建设

2006～2010年（以下简称5年间），中国社会的进一步改革开放，国际国
内进一步推进性别平等的社会实践，为中国女性学成长开拓了广阔的社会前
景。继纪念联合国第四次世界妇女大会十周年的"95＋10"纪念大会之后，
2006年8月，联合国消除对妇女一切形式歧视委员会第三十六届会议对中国
执行《消除对妇女一切形式歧视公约》（简称《消歧公约》）第五次、第六次
定期报告进行了审议，并提出结论，要求中国加强履行缔约国义务。5年间，
中国政府进一步推进男女平等基本国策的落实，国务院和有关部门出台了直接

---

* 从全书统一性出发，主编对标题作此修改（采用妇女/社会性别的说法）。而从尊重作者出发，
正文保留了作者所有的原命名。——主编注

** 陈方，现任中华女子学院女性学系教授，系副主任，上海大学兼职教授。20多年先后在物理学、
哲学和女性学等领域从事科研和教学工作，具有多学科的知识和跨学科的视野。

惠及妇女儿童民生的 30 多项政策措施,① 同时加强监测 2001～2010 年中国妇女发展纲要的各项指标,以确保妇女儿童发展纲要各项目标任务如期实现。在 2008 年,中共中央政治局常委、国务院总理温家宝出席了第四次全国妇女儿童工作会议,并发表重要讲话,进一步促进了男女平等国策的实施。

　　5 年来的妇女发展和性别平等的社会实践,一方面为中国女性学的发展提供了良好的社会环境,另一方面也呈现出许多有待研究的新的女性/性别议题,吸引更多的研究者致力于女性/性别研究,客观上拓宽了女性学研究领域,催生出更多的研究成果和专业人才。因而,5 年间,中国女性学学科建设出现了前所未有的新局面,可以说迈上了新的台阶,同时,中国女性学学科建设面临的新挑战也更加尖锐。本文将从女性学学术共同体建设、女性/性别研究学术活动和成果及女性学学位教育三方面,评述 2006～2010 年中国女性学学科建设的进程。

一　学术共同体建设

　　学术共同体是指"人们在共同条件下结成的集体"。所谓学术共同体,指的是一群志同道合的学者,遵守共同的道德规范,相互尊重、相互联系、相互影响,推动学术的发展,从而形成的集体。② 也有学者称之为"知识群落"。妇女/性别研究学术共同体不是实体的社会机构,而是学者与其他人相互依靠、探究、交流和协作的一种学术活动方式或平台。在妇女/性别研究领域,学术共同体成员共享男女平等的价值理念,共享先进的性别平等文化,分享各自的见解,鼓励探究以达到深层的理解与认同。与人文社会科学领域许多专业相比,妇女/性别研究具有更明显的两大特征,一是跨学科性,二是实践性。由此,妇女/性别研究学术共同体既强调"学",更突出"联"和跨越"界"。所谓"联"是指汇聚学者智慧,凝聚学术力量,相互作用,相互激发;至于跨越"界"强调的是跨越学科界限,积极推动跨学科知识的交叉与融合,跨

---

① 黄晴宜在"2001～2010 年中国妇女儿童发展纲要全面达标协调会"上的讲话,2009 年 9 月 14 日。

② 韩启德:《学术共同体当承担学术评价重任》,《光明日报》2009 年 12 月 12 日。

越学界与政府相关部门和社会团体合作，跨单位进行资源共享与合作。

中国妇女/性别研究学术共同体的核心要素包括专业学会、学术期刊系统和同行评议制度等如下三方面。

（一）专业学会系统

在组织层面，中国妇女/性别研究学术共同体的实体机构主要为中国妇女研究会。中国妇女研究会建构了中国女性/性别研究专业的学会系统，是中国最大的具有集党校、高校、社科研究机构和妇联"四位一体"特色的研究共同体。2008 年召开的中国妇女研究会第三届理事会共产生理事 177 位。这一届理事以学者为主体，其中，具备高级专业技术职称者 108 人，占总数的61%；博士生导师 32 人，占学者理事的 22%。理事中来自高校者 72 人，占理事总数的 41%，居首位；其次是来自妇联系统者 65 人，占理事总数的37%；社科院系统者 15 人，占理事总数的 8%，党校系统者 7 人，占理事总数的 4%，分别居第三位和第四位；其他各类理事 18 人，占理事总数的 10%。中国妇女研究会共有 112 个团体会员，遍布全国 32 个省、自治区、直辖市和3 个计划单列市。其中有高等院校妇女研究中心 47 个，由全国妇联及各省、自治区、直辖市、计划单列市组织的妇女学会、妇女研究会、妇女研究所和研究中心 42 个，社科院系统妇女研究中心 9 个，党校妇女研究中心 2 个，其他妇女研究组织 12 个。5 年间，这 112 个团体会员构成了中国妇女/性别研究领域基本的科研力量。①

作为一个专业学会，5 年间，中国妇女研究会从多方面建设妇女/性别研究学术共同体。在学术共同体外部，中国妇女研究会在争取政府研究资金特别是国家社会科学基金、承接国家有关妇女研究的科研任务、引导妇女研究广泛深入地开展、为政府政策和妇女工作决策提供科学依据，以及沟通国内外妇女研究信息、促进妇女研究的中外合作与交流等方面发挥了重要作用。在学术共同体内部，中国妇女研究会进一步协调和组织全国的妇女研究资源和力量，规划妇女研究工作，采用年会制开展学术活动，每年组织学术研讨会，集合全国

---

① 据中国妇女研究会 2009 年统计资料。

妇女/性别研究的专家学者进行广泛深入的学术交流；常年组织业务培训，促进科研成果的转化和应用；设立妇女/性别研究优秀博士、硕士学位论文奖，以鼓励妇女/性别研究新生力量的成长，推动中国妇女/性别研究事业发展。为了加强四位一体研究网络的合作，推动妇女/性别研究机制创新，2006 年，中国妇女研究会牵头，21 个大专院校、科研机构、党校和省妇联与全国妇联和中国妇女研究会共同建立了第一批妇女/性别研究与培训基地，为妇联系统与高校系统、社科院系统、党校系统及地方妇联的进一步合作搭建了新平台，促进了资源整合和机制创新，共同推动妇女/性别研究与培训，取得了互利共赢的社会效果。

中国妇女/性别研究专业学会系统具有鲜明的专业特色，且充分发挥了集聚专业人才、开展学术交流的“召集人”的作用，但是，该系统面临的挑战也较明显。其中，主要挑战之一是由于缺乏足够的和多元的资金，中国妇女研究会难以资助和奖励更多的项目、课题，学术共同体内的女性/性别研究学者所从事的研究活动仍然过多地依赖于所在机构的资源，而难以与中国妇女研究会这一专业学会紧密相连。这在一定程度上弱化了妇女/性别研究的吸引力，也减弱了中国妇女研究会对学者的凝聚力。谋求和筹集更多包括政府资助和民间资助在内的研究经费，进一步为研究者和教学者拓宽资金来源渠道，也许是中国妇女研究会未来的重要任务之一。

女性/性别研究学术共同体除了专业学会的形式，还有一些以项目/课题为核心形成的学术平台。如已坚持了数年的由北京大学、武汉大学、东北师范大学、中华女子学院、云南民族大学和厦门大学等高校牵头建立的高校女性学研究和教学交流会议制；还有在 2006 年以“发展中国大陆妇女/社会性别学学科”项目为基础形成的全国性的妇女/社会性别学学科发展网络。该网络以师资培训和课程建设为主要工作目标之一，在不同的分支领域和地区建立了诸多子网络，聚集了 30 多所院校、20 多所研究机构及党校、妇联和其他部门的专家学者，在这 5 年间不定期地研讨和交流妇女/性别研究和女性学教学的信息和经验，尤其对推动女性学教学发挥了积极作用。5 年间，女性学教学科研人员之间初步形成了相互支持的关系，各类女性学机构之间或以研究课题和项目为纽结形成跨地区跨单位的研究网络，或者根据课程结成教学网络等，但与女性学学科建设的需要相比，机构之间、专业人员之间的合作和交流仍然较少。例如，课程教学是需要经常交流的，许多学校都开设女性学导论课程以及与妇女/性别相关的其他课程，如女性社会学、妇女史学、女性主义伦理学等，但在全国范围内和地区范围内，教师们却少有机会聚集在一起讨论教材、课程和教学方法。

（二）学术刊物系统

学术刊物系统是学者进入学术共同体、参与并建立正式学术交流网络的关键平台，对学者的学术生涯和学术共同体的运行至关重要。5 年间，女性/性别研究领域的专业学术刊物已构成一个系统，除了一些不定期和不设专栏的登载女性/性别研究论文的学术刊物之外，该系统主要包括专业学术期刊和专栏学术期刊两类。

其中，以妇女/性别研究为主要内容的专业学术期刊，目前有 4 种：①《妇女研究论丛》，主要栏目有：理论探索与争鸣、观察与调查、热点问题讨论、史学研究与反思、妇运观察（含妇女工作研究）、项目之窗、学科建设、妇女/性别文化研究、国外妇女/性别研究、研究动态与信息、国外妇女/性别研究杂志导读、读书与思考、图书推介等。②《中华女子学院学报》，具体栏目有：马克思主义妇女理论研究、社会主义市场经济与妇女、妇女教育与改革、国外妇女研究、女性与社会、妇女与法律、女性文学研究、妇女史、女性心理、妇联工作研究、学前教育等。③《山东女子学院学报》，主要栏目有：性别平等理论研究、女性与社会发展研究、调查与思考、妇女史研究、女性文化研究、女性文学研究等。④《妇女研究》（人大复印报刊资料），常设栏目有：理论探讨、性别研究、妇女就业、妇女发展、妇女史，另有一些机动的栏目。

现有或曾有妇女/性别研究专栏的学术期刊较多，如《浙江学刊》的"妇女研究"专栏，《南开学报》（哲学社会科学版）的"性别视角下的中国文学与文化"栏目、《山西师大学报》（社会科学版）的"妇女与性别研究"栏目、《中共宁波市委党校学报》的"妇女与社会"栏目、《云南民族大学学报》（哲学社会科学版）的"女性社会学"栏目、《徐州工程学院学报》（社会科学版）的"女性主义与性别文化研究"栏目，等等。

（三）同行评议制度

学术期刊是女性/性别研究学术共同体成员展示学术成果和进行学术交流的基本通道，并在导引研究者步入中国女性/性别研究领域，增长和创新中国女性/性别研究的知识，促成学术共同体的形成，拓展妇女/性别研究的社会影响方面发挥了不可或缺的作用。然而学术期刊系统也同样面临学术挑战，其中最大的挑战之一是像中国多数学术期刊一样，女性/性别研究领域的学术期刊系统尚未真正实施同行评议制度。所谓同行评议制度，是指有关学术论文发表和学术资源配置的制度，这是一种学术同行在学术成果质量认可中发挥着关键作用、由"内行人"进行评价和管理的学术制度。[1] 较为完善的同行评议制度可以提供资源公平分配的环境，促进学术知识创新，因而是学术期刊系统发挥作用的关键所在。在中国女性/性别研究的学术期刊系统中，学术论文能否发表一般由学术期刊的编辑决定，编辑的女性/性别研究专业素养在其中起着重要作用。对于一些编辑和主编而言，是否有新思想可能不是论文是否得以刊发的首要条件，转载率和引用率被置于优先地位；而学者出于职称晋升、业绩考核、申报课题等方面的考虑，也会在一定程度上追求在所谓高层次的期刊上而不是在一般的女性/性别研究专刊或专栏中发表论文。这两种因素的交织导致在较大程度上女性/性别研究学术共同体的同行认可不得不让位于基于计量的评价机构的认可，从而在较大程度上妨碍了学术知识创新，导致了中国女性/性别研究领域学术创新的不足。因此，学术期刊系统建立更为完善的同行评议制度应是中国妇女/性别研究共同体未来几年的一大重要工作。

中国女性/性别研究学术共同体既是开放的，又是自成一体的。与其他学术共同体相似，它在某种意义上是一个自说自话的、以学术活动为中心的互利互惠的圈子。正因如此，学术共同体内部相关制度一旦得以建立和实施，便可以推动研究个体的相互作用，从而在学术规范上取得进步。另外，妇女/性别

---

[1] 张斌：《我国学术共同体运行的现状——问题与变革路径》，《中国高教研究》2012 年第 11 期。

研究的跨学科性和实践性，决定了该学术共同体必须时时与学术共同体之外的学界和社会各子系统进行对话交流，以发现新问题，探索合作研究的新途径，增强学术共同体的活力，从而发展妇女/性别研究的新知识。

二 学术活动和研究成果

与过去相比，2006～2010年，中国妇女/性别研究领域在研究课题、学术活动和研究成果等方面都取得了明显进步，数量和质量都有较大的提高。

（一）学术活动

按笔者所获学术刊物中有关研讨会的报道，对相关学术会议初步统计如下：中国召开的全国和国际性的妇女/性别研究的学术研讨会，在2006年、2007年、2008年、2009年和2010年，总计依次为36次、37次、36次、56次和42次，其中国际会议依次为9次、10次、8次、14次和10次。以年度划分，2009年度的学术研讨会最多，这与次年纪念联合国第四次世界妇女大会召开15周年的活动有关。

5年间，就会议规模和社会影响而论，以下两次会议最为突出。

一是2008年召开的中国妇女研究会年会暨"改革开放三十年中国妇女/性别研究"研讨会。大会从"改革开放以来中国妇女发展与性别平等的重大问题""改革开放以来国家立法与公共政策对妇女发展和性别平等的影响""改革开放以来妇女/性别研究的理论进展"以及"改革开放以来中国妇女/性别学科建设进展"四个方面，分9个专题进行了16场深入研讨，来自全国27个省、自治区、直辖市的妇女/性别研究专家、学者和妇女工作者，部分省、自治区、直辖市主管研究工作的妇联主席、副主席，全国妇联、中国妇女研究会21个妇女/性别研究与培训基地的负责人及部分所在机构负责人，有关新闻媒体的记者等200余人参加了会议，全国妇联名誉主席、中国妇女研究会名誉会长彭珮云三次到会听取大会发言和专题讨论。

二是2010年11月在北京举行的中国妇女研究会年会暨"北京＋15"论坛。论坛旨在纪念联合国第四次世界妇女大会召开15周年，总结回顾15年来

中国贯彻落实《北京行动纲领》和《中国妇女发展纲要》的成功经验，客观分析面临的问题和挑战，研讨进一步推动性别平等和妇女发展的对策建议。来自党和政府有关部门、全国妇联和中国妇女研究会的有关领导和负责同志、联合国性别主题工作组的负责人、高校和科研机构的专家学者等近 300 人出席会议，并在大会发言和专题研讨中分享研究成果，为促进中国性别平等和妇女发展建言献策。这些科研活动，一方面扩大和加深了妇女/性别研究的学术交流，宣传了理论研究成果，另一方面也推动了研究成果的转化，不少研究者的对策和建议引起了政府有关部门的重视，得以转化为可操作的政策措施，促进了男女平等基本国策的贯彻。

（二）立项课题

5 年间，中国妇女/性别研究所获得的海外资金资助减少，同时，接受政府资助的资金增长幅度较大。其中，在国家层面上，国家自然科学基金对妇女/性别研究课题的资助有了重大突破，5 年中共有 10 个课题立项，资助资金总计 162.5 万元人民币；教育部人文社会科学基金资助的妇女/性别研究课题仅 2006～2008 年 3 年就高达 114 项；国家哲学社会科学基金所资助的妇女/性别研究课题 5 年间共 102 项，包括重点课题 3 项，一般课题 55 项，青年课题 44 项。按分支领域看，5 年间获得国家哲学社会科学基金资助较多的妇女/性别研究领域依次为社会学（22 项）、人口学（16 项）、文学（15 项）、历史学（14 项）、法学（10 项）、政治学（7 项）和体育学（6 项）。而在前一个 5 年间（2001～2005 年），国家哲学社会科学基金所资助的妇女/性别研究课题共计仅 28 项，这 28 项妇女/性别研究课题主要属于社会学、人口学和文学领域，个别项目为哲学、政治学、法学及民族研究领域的课题。①

2006～2010 年，中央政府资助妇女/性别研究项目的数量也大幅攀升，反映出国家层面对妇女/性别研究的重视，以及中国妇女/性别研究社会影响力的不断扩大。

尽管获得政府资助的妇女/性别研究课题和项目的数目和资金额度都在增

---

① http：//gp. people. com. cn/yangshuo/skygb/sk/index. php/Index/login.

长，但与中国社会对于妇女/性别研究的需求相比，与该领域知识增长的态势相比，妇女/性别研究所获资助的范围和力度仍然较小。妇女/性别研究具有多学科、跨学科的特色和优势，研究对象覆盖面广、研究内容极其广泛，学科背景和研究方法与其他学科既相互交融，又不能简单替代，因而可在其中进行立项研究的学科领域很多。但实际上，妇女/性别研究立项的项目和课题主要集中于教育学、社会学、人口学、文学和历史学等领域。另外，更值得注意的是，中国妇女/性别研究资金来源渠道较窄。与前一个 5 年前相比，后一个 5 年中，国际资助明显减少，现在主要靠政府财政拨款资助。能否以及如何扩大科研资助的来源，比如借鉴其他国家妇女/性别研究发展的经验，以某些方式从民间募集研究经费等，将直接影响中国妇女/性别研究的可持续发展。

（三）研究成果

2006～2010 年妇女/性别研究成果可分为专著/教材与学术论文两类。其中，据不完全统计，5 年间出版的专著/教材约 700 部。按既有的《妇女研究年鉴》的分类法，这些专著/教材分布于如下领域：妇女/性别研究理论 32 部；学科建设 21 部；妇女组织与工作 13 部；妇女与政治 15 部；妇女与法律/人权 56 部；妇女与经济 36 部；妇女与社会/人口 105 部；妇女与健康 16 部；妇女与教育/科技 35 部；妇女与文化/体育 75 部；妇女与文学/艺术 69 部；妇女历史 40 部；国外妇女/性别研究 15 部；译著 85 部；调研报告及论文集 49 部；其他领域 9 部。由此可见，专著/教材类成果最多的前三个分支领域依次是妇女与社会/人口（105 部）、译著（85 部）和妇女与文化/体育（75 部）。①

学术论文难以计数，笔者仅以中国知网上登载的资料为据，收集 5 年间博士论文、优秀硕士论文和核心期刊中所有有关妇女/性别研究的论文标题加以计算，获得以下数据：以妇女/性别研究为选题的博士论文有一百多篇，其中，女性与文学、妇女与历史、国外女性研究、性别与性别角色、女性社会学 5 个分支领域成果最多，分别为 72 篇、30 篇、17 篇、12 篇和 9 篇；以妇女/性别研究为选题的优秀硕士论文一千多篇。其中，女性与文学、性别与性别角色、

---

① 根据中国妇女研究会提供的资料（2011 年）整理分类。

女性与传媒、妇女与历史、女性与教育/科技这5个分支领域的成果较多，依次为538篇、206篇、142篇、127篇和119篇。从学术论文来看，总体而言，学术论文篇数总计最多的领域依次是女性与文学（818篇）、性别与性别角色（303篇）、女性与教育/科技（244篇）、妇女与历史（220篇）、女性社会学（209篇）；而在核心刊物论文中，女性与文学、女性与教育科技、女性社会学、性别与性别角色和女性与经济等5个分支领域的研究成果较多，依次为208篇、119篇、95篇、85篇和78篇。详情参见表1。

表1　2006～2010妇女/性别研究研究论文分布一览表

	博士论文	优秀硕士论文	核心刊物论文	合计
妇女与历史	30	127	63	220
女性与心理学	5	37	48	90
女性社会学	9	105	95	209
女性与教育/科技	6	119	119	244
女性与经济	3	115	78	196
女性与传媒	7	142	57	206
女性与文学	72	538	208	818
女性与人口学/人类学	1	15	55	71
性别与发展	0	39	30	69
性别与健康	3	69	47	119
妇女法与妇女人权	0	80	47	127
女性与管理	2	42	42	86
性别与婚姻家庭	0	51	19	70
国外女性研究	17	108	46	171
性别与性别角色	12	206	85	303
女性学理论和方法	4	64	20	88
女性与政治	6	60	31	97
性别与语言	3	92	29	124
女性学学科建设	0	6	6	12
女性与哲学	4	50	19	73

资料来源：中国知网之博士论文库、优秀硕士论文库和核心期刊论文库。表中数据为笔者进行分类整理后所得。

由上述可知，第一，5年间中国妇女/性别研究成果相对集中，主要集中在女性与文学、性别与性别角色、女性与传媒、女性与历史、女性与教育/科技、女性社会学、女性与经济等七个分支领域；第二，5 年间研究者的学术兴趣明显偏好于这七个分支领域；第三，5 年间高校为妇女/性别研究，尤其是列居前五的 5 个分支学科，培养了一大批年轻的高层次专业人才，为中国的妇女/性别研究提供了可持续发展的学术力量。

三　女性学课程设置与学位教育

中国女性学成为教育领域新专业的主要标志之一，是女性学课程设置、教学与女性学学位教育以及专业人才培养规模等获得了高等教育体制性的认可。① 早在 2000 年，《中国妇女发展纲要（2001～2010 年）》就指出，在高校开设女性学课程是女性事业发展的重要目标，"国家的人才发展战略要体现男女平等原则，将妇女教育的主要目标纳入国家的教育发展规划"，"在课程、教育内容和教学方法改革中，把社会性别意识纳入教师培训课程，在高等教育相关专业中，开设妇女学、马克思主义妇女观、社会性别与发展等课程，增强教育者和被教育者的社会性别意识"。② 5 年间，不同层次、多种多样的女性学课程逐渐普及，据不完全统计，到 2010 年，中国已有一百多所高校开设了女性学及相关课程，这些课程面向专科、本科、硕士和博士各个层次的学生，涵盖了公共选修和必修、专业选修和必修以及素质教育、博雅课程、通识教育等各类课程。高校开设女性学及相关课程，一方面增强了大学生的性别平等意识，改变了传统的性别价值观念，另一方面通过学位教育，培养了一批女性/性别专业人才。

女性/性别研究学位教育始于 1998 年。当年，教育部批准北京大学社会学专业点招收女性学方向硕士研究生。之后，2006 年，教育部批准中华女子学院招收女性学本科生；同年，经教育部批准，北京大学设立女性学硕士点；2007 年，南京师范大学金陵女子学院设立女性教育学硕士点；2008 年，厦门大学公共管理学院设立女性研究硕士点。5 年间，一批高校依靠本校女性学研

---

① 陈方：《摸着石头过河：学科建设背景下的女性学教育》，《中华女子学院学报》2007 年第 6 期。

② 国务院：《中国妇女发展纲要（2001～2010 年）》，国务院妇女儿童工作委员会网站，2000。

究和教学的力量，根据教学发展和社会需求，相继在原有学科专业的硕博士点上扩大招收女性/性别研究方向的研究生，以"北大方式"迅速将中国女性学学位教育加以扩展。截至2010年，在中国设有硕士点和/或博士点的90所大学和研究所中，已有101个硕士学位点招收女性/性别研究方向的硕士研究生，26个博士学位点招收女性/性别研究方向的博士研究生，涉及哲学、文学、史学、法学、管理学、教育学、艺术学和医学等八大学科门类。[①]

按中国高等教育的学科门类，上述女性学学位教育在人文社科和艺术学七大学科门类中的分布情况如下：第一，法学门类居首位，为女性/性别研究学位教育最集中的领域。法学门类共有法学、社会学、政治学、人类学、人口学和民族学六个一级学科，每个一级学科均有包含女性/性别研究方向的学位点。其中有50个硕士点以54个研究方向招收女性/性别方向的硕士研究生；有10个博士点以14个研究方向招收女性/性别方向的博士研究生。

第二，语言学门类居次位。在语言学门类的中国语言文学、外国语言文学和新闻传播学三个一级学科中，共有20个硕士点以21个研究方向招收女性/性别方向的硕士研究生，6个博士点以6个研究方向招收女性/性别方向的博士研究生。

第三，历史学门类居第三位。在历史学门类的考古学、中国史和外国史三个一级学科中，共有10个硕士点以10个研究方向招收女性/性别方向的硕士研究生，4个博士点以4个研究方向招收女性/性别方向的博士研究生。

第四，教育学门类居第四位。在教育学门类的教育学、心理学两个一级学科中，共有11个硕士点以15个研究方向招收女性/性别方向的硕士研究生，2个博士点以2个研究方向招收女性/性别研究方向的博士研究生。

第五，管理学门类居第五位。其中共有6个硕士点以8个研究方向招收女性/性别研究方向的硕士生；有2个博士点以2个研究方向招收女性/性别方向的博士研究生。

第六，哲学门类居第六位。其中，有3个硕士点以2个方向招收女性/性别研究方向的硕士生；有2个博士点以2个研究方向招收女性/性别研究方向

---

① 笔者据 http://www.chinaedu.edu.cn/资料逐年逐校检索相关资料并分类整理所得。

的博士生。

第七，艺术学门类居第七位。其中，中国艺术研究院艺术学硕士点招收女性学研究方向的硕士生。

此外，在医学门类中，全国医科大学有数百个妇科学、产科学的硕士点、博士点招收相关专业方向的学生：安徽医科大学的营养与食品卫生学专业、少儿卫生与妇幼保健学专业分别招收妇幼营养和营养与疾病方向、循证妇幼保健方向的硕士研究生；青岛大学的妇产科学专业招收计划生育和优生优育方向的硕士研究生；苏州大学法医学专业招收少儿卫生与妇女保健学方向的硕士研究生；等等。

由此可见，5 年间，中国高等院校的女性/性别学及其分支学科教育已出现了前所未有的扩容现象，除医学领域原有的专业外，涌现出 101 个硕士学位点招收女性/性别研究方向的硕士研究生、26 个博士学位点招收女性/性别研究方向的博士研究生，还有一个本科层次的女性学专业。高校女性学及其分支学科教育的扩展，为中国的女性/性别研究培养了一大批高层次的专门人才，为妇女/性别研究的可持续发展注入了新的活力。

2006~2010 年，中国高校的妇女/性别学教育呈现出前所未有的景观，但也面临着一些亟待解决的问题。其中，较重要的问题有：一是女性/性别学教育尚缺乏充分的交流与对话。同一分支领域、名称相同的学位点，在研究和教学上应有更多的相互讨论和切磋，以更好地分享教材和教学方法。因此，加强高校女性/性别学教学与研究的交流与对话，应成为中国妇女/性别研究逐渐规范化的一条重要途径。二是独立的女性/性别学学位点太少。目前妇女/性别学学位教育主要依托其他学科的学位点，在招收女性/性别研究方向的硕士研究生的 101 个硕士学位点中，仅有两个女性学硕士点、一个女性教育学硕士点，其余 90 个学位点均非专门的妇女/性别研究硕士点；而招收女性/性别研究方向博士研究生的 26 个博士学位点中，还没有一个专门的妇女/性别研究博士点。争取设立更多的女性/性别学学位点，是发展女性/性别学教育的需要，也是妇女/性别研究学科建设的需要，更是推动性别平等和妇女发展的需要。

B.23

女子院校女性学学科建设回顾

黄　河*

摘　要：

高校的女性学学科建设尚处于起步阶段，女子院校的女性学建设担负着重要的使命，在学科建制与学科内规范的建立方面均有了一定的发展，学术合法化日益受到重视。从国家政策及教育机构的支持角度看，其社会合法化正逐步提高，系、所、专业及学科的设立使得其行政合法化也有了实质的推进，但在政策投入力度、学理探讨、机制深化、学科课程设置以及跨校合作等方面亟待解决的问题还很多。

关键词：

女性学　学科建设　学科建制　学科制度

中国的女性学起步于问题研究，20 世纪 80 年代在大陆兴起，20 世纪 90 年代中后期开始着重于学科建设。作为一门新兴学科，女性学尚处于发展的起步阶段，真正学科意义上的女性学学科建设在 21 世纪初才具雏形，跨学科跨校际的"发展中国的妇女与社会性别学"课题的启动是其重要标志，致力于在教育领域尤其是高校系统建立以课程建设为重点的全国性联网和跨校际合作，以全面开展教材建设和人才培养等方式推进妇女与社会性别学的主流化。

相对于一般高校，女子院校是为适应社会对女性高等教育和专门职业教育的需求而设立的。女子院校的女性学学科建设现状如何？面临着哪些挑战？对这一问题的探讨，无疑会增进我们对该学科理论与实践方面的深入探索。

---

* 黄河，女，1976 年生，中华女子学院女性学系讲师，主要研究方向：性别研究、高等教育研究。

一 学科建设的进展

根据学科制度化的历史经验，一门学科能否被冠之以"学科"的尊称，主要是看其学科制度和学科建制两个层面。缺少任何一方面，都不能称之为真正的学科。学科制度应主要指学科的内在制度，即学科的规范化、制度化，意在强调学科的思想传统、理论体系与研究范式。与之对应，学科建制则主要是指学科的组织机构、行政编制、资金资助等方面的建设，意在强调学科的学术组织性与行政合法化。[①]

（一）学科建制

1. 争取社会合法化

"合法化"是由"合法性"发展而来的，最早属于政治学范畴，但在社会科学领域中，合法化问题并不是一个是否符合法律的问题，社会合法化侧重于在特定的社会、文化价值观上，社会赞许、接纳、认可及参与所达到的程度。

（1）国家政策的支持。1994年2月，《中华人民共和国执行〈到2000年提高妇女地位内罗毕前瞻性战略〉国家报告》明确指出："2000年前逐步在大学开设妇女学选修课。"2001年国务院颁布的《中国妇女发展纲要（2001~2010年）》也明确提出："在课程、教育内容和教学方法改革中，把社会性别意识纳入教师培训课程之中，在高等教育相关专业中开设妇女学、马克思主义妇女观、社会性别与发展等课程，增强教育者和被教育者的社会性别意识。"

（2）教育规划、社科基金的资助。国家社会科学规划对学科的建设与发展具有积极的指导意义。近年来，国家、地方教育行政部门在教育规划和社科基金资助中加大了对妇女/性别研究的支持力度。北京市教育科学规划办公室在教育科学"九五"规划中设立了"高校妇女学学科建设"课题，鼓励专门研究和论证高等院校建立女性学学科的必要性。据全国妇联妇女研究所统计，

---

① 王建华：《学科、学科制度、学科建制与学科建设》，《江苏高教》2003年第3期。

在2000～2005年的5年中,国家哲学社会科学基金资助项目中,与妇女相关的研究课题有28项,共涉及9个学科领域,相比上一个五年,实现了零的突破。在2006年度国家社会科学基金课题指南中,22个学科领域中有10个学科明确列入了12个直接与妇女/性别研究相关的选题方向。这一切无不说明,将妇女/性别研究纳入中国社会科学研究主流开始成为一种可能的趋势。

从中国女性学20多年的发展可以看到,重要的政策性文件的陆续出台标志着国家决策层面把社会性别纳入教育主流的决心与目标,社会层面对女性学的认可程度也有所提高,这是一个可喜的进步。

2. 争取行政合法化

在教育体制内谋求本学科的合法化生存是女性学得以长足发展的必然要求和首要任务。

(1)设置专业、学科。在中国,学科的设置基本上可以被视为一种行政行为,它与学科自身的合法性(特别是学理合法性)关系并不太大。正是这种体制使学科设置在高等教育中增加相应建制具有合法性,只有诉诸这种行政性的学科设置,它才有可能在大学里获得人员编制、资金资助等学科发展的必要条件。①

目前,中国女子院校有四种存在形式:一是独立设置的女子高校,如中华女子学院、湖南女子职业大学、广东女子职业学院;二是附设于普通高校的二级女子学院,如同济大学女子学院、南京师范大学金陵女子学院、大连大学女子学院、天津师范大学女子学院;三是专修学院等民办教育形式,如浙江女子专修学院、竞男女子专修学院;四是自学助考、成人教育形式,如宁波大学女子学院。二级女子学院依托其所属大学以本科层次办学为主,独立设置的女子院校只有中华女子学院是本科层次,其他大多为普通专科或高职,还有一小部分是成人教育。

在学科建设中,学位点建设与研究生培养是一个重要指标。1998年,教育部将女性学作为三级学科纳入国家研究生专业目录,北京大学在社会学系建立了第一个女性学方向的硕士点,标志着中国女性学在行政合法化的进程中迈

---

① 王珺:《学科制度视角下的妇女学》,《妇女研究论丛》2005年第S1期。

出了关键性的第一步。此后，南京师范大学金陵女子学院增设性别社会学、女性教育学两个硕士点和方向。2002 年，中华女子学院与香港中文大学和美国密歇根大学合作，开办了中国第一个女性学研究生班。在此基础上，2007 年，中华女子学院与东北师范大学签订协议，联合培养女性学专业方向的研究生。

然而研究生专业的出现、研究生的培养，毕竟是"跨越式发展"，要使女性教育从边缘走入主流，使更大范围的女性群体受益，实现本科专业的突破尤为重要。2001 年，中华女子学院成立了全国第一个女性学系。2006 年，经教育部批准，中华女子学院女性学系面向全国招收首届女性学专业本科生，这是中国大陆新建的首个女性学本科专业点。

此外，值得关注的是，同济大学女子学院作为全国重点大学中首个开设女子学院的高校，开设了计算机科学与技术（电脑艺术方向）专业、动画专业等专业，在学科设置上改变了女子高校在学科设置上偏重于所谓"适合"女性学科的倾向，并强调女性接受高等教育可涉及几乎所有的学科。①

（2）构建课程、教材体系。课程发展与学科发展是相伴而行的。性别教育和女性课程的开设，促进了女性学的发展，深化了女性学研究；女性学研究的新成果又不断反映到课程之中，使其内容逐步更新、丰富和充实。在办学宗旨上，女子院校的一个共同特点是培养具有"自尊、自信、自立、自强"的优秀女性人才。为了培养女大学生的"四自"精神，一贯重视在课程中渗透性别意识。女性相关课程是其特色课程，课程设置的方式也多种多样，如全校公共选修课、其他学科中的女性相关课程、全校公共必修课、女性学专业辅修课及女性学专业主修课程。

多数女子院校开设了丰富多彩、门类齐全的女性学选修课，如中华女子学院、湖南女子职业大学、大连大学女子学院、金陵女子学院等院校的女性课程在社会学、心理学、法学、文学、管理学、艺术、健康、礼仪等领域均有所涉猎。

在选修课的基础上，一些院校致力于推进必修课程的建设。如浙江女子专修学院开设了《女性学基础》必修课程；2003 年，湖南女子职业大学将《女性学》作为全校必修课，2006 年该课程被列为学校精品课程，2007 年该课程

---

① 杜祥培：《我国女子大学的历史、现状和未来》，《当代教育论坛》2007 年第 3 期。

成为湖南省精品课程；1996 年，中华女子学院将《女性学导论》作为全校公共必修课，2007 年该课程被列为学校精品课程。

女性学本科专业的设立推动了女性学专业课程的建设。自 2006 年招收首届女性学专业本科生以来，中华女子学院形成了目前极具层次性和开放性的女性学本科专业课程体系。自此，该校已建立了包括全校公共必修课、全校公共选修课、女性学本科专业课和其他学科专业选修课在内的全方位、动态的课程体系。

大连大学女子学院经过十多年的探索，女性/性别课程体系设计思想历经"注重女性特色、引入性别观念、强调以人（女性）为本"三个阶段，形成了"女性/性别必修课程、女性/性别选修课程、女性系列专业课面向全校学生、女性/性别渗透课程"四个层次。①

课程体系的不断完善带动了教材的系统建设。虽然国内多所高校已经开设了女性学相关课程，但课程选用教材较零散，标准不统一，无体系。中华女子学院作为全国唯一开设女性学本科专业的院校，教材的系统建设无疑迫在眉睫。该校从《女性学导论》教材②入手，在此基础上又编写了《中外妇女运动史教程》《妇女与非政府/非营利组织发展》《性别与发展》《女性文学的革命》《妇女法的基本问题研究》《中韩现代女作家作品的内在意识比较》等专业教材。

（3）学术机构及基地建设。在大学不仅要建立专业和院系，而且要设立与之相联系的研究机构。在女性学的学科发展中，这些学术性的研究机构起着带头、协调和交流的作用。如中华女子学院设有性别研究信息中心；南京师范大学金陵女子学院设有金陵妇女发展研究中心；广东女子职业技术学院设有女性教育研究中心；同济大学女子学院与该校陈香梅女性人才研究中心合作开展妇女教育等问题的理论研究和实践探索；大连女子学院与大连大学性别研究中心、大连妇女研究所保持密切的合作，女性课程建设也由三家联

---

① 单艺斌：《对适合女性发展的女性/性别课程体系的探索——以大连大学女子学院课程设置为例》，《妇女研究论丛》2003 年第 1 期。
② 中华女子学院主要出版了《女性学》两种版本的教材：（1）罗慧兰：《女性学》，中国国际广播出版社，2002；（2）韩贺南、张健主编《女性学导论》，教育科学出版社，2004。该教材作为北京市教委教学改革项目的成果，2006 年被评为北京市高等教育精品教材，全国高校出版社优秀畅销书一等奖。此外，韩贺南、张健主编的《女性学导论新编》，首都经贸大学出版社，也已于 2008 年底出版。

合承担。

基地建设是进行学科建设应具备的最基本的条件和依托，也是学科发展水平的重要标志。2006年，中华女子学院、南京师范大学金陵女子学院、湖南女子职业大学等一些女子院校成为全国妇联"妇女/性别研究与培训基地"。这些基地从机制上推动妇女/性别研究、教学、学科建设及人才培养，成为女性学发展的推动力。

（4）出版学术刊物。学科的独立性，要求有自己的学术交流和成果发表园地。在女子院校中，中华女子学院拥有自己的女性学学术刊物——《中华女子学院学报》。该刊立足妇女教育、关注妇女研究最新理论动态、刊登研究妇女问题的研究成果，突出女性特色，在国内性别研究学界产生了积极的影响。此外，学校性别研究信息中心所编季刊《思考与关注——妇女信息动态》，是对各地新闻及网络媒体中的妇女问题相关报道进行采集、汇总和提炼而成的综合性学术刊物，成为对从事和关注女性事业的人士具有参考意义的信息源，为广大女性实务工作者和研究者提供了有益的服务与帮助。

（5）项目建设。现代科学研究首先要立项。只有通过项目研究，才能多出高水平的科研成果，提高学科的整体发展水平。项目建设是学科建设的载体。女子院校纷纷抓住机遇，从早期以参与国际合作项目为主，到后来的运作方式多样，力争进入国家、地方的立项决策，积累了丰富的学术资源，促进了女性学学科的发展。

如湖南女子职业大学2005~2006年承担了中国—欧盟基金项目"社会性别意识教育与推广"，通过开设社会性别意识教育课程和举办培训班等多种方式，对高校教师、女大学生、非政府组织人员等不同群体进行社会性别意识教育，联合不同学科、行业的各界力量形成了一支具有社会性别推广能力的合作团队；2006年，主持湖南省教育厅教改课题"参与式教学法在女性学课程中的运用"；同年，与湖南省妇联、湖南商学院联合承担福特基金会资助项目"湖南妇女/社会性别学科发展子网络"，有效地集结了各高校社会性别研究团队的力量，促进了湖南妇女/社会性别学科的建设与发展。

中华女子学院参与福特基金会资助项目"发展中国的妇女与社会性别学"，于2001年、2004年分别制作了女性学辅助教学片《熟视无睹的性别偏差——媒体中的性别》和《耳濡目染的民俗文化——人生旅程中的性别》。2002 年主办了"妇女学教学本土化——亚洲经验"国际研讨会，就妇女学理论、教材、方法等的本土化问题进行讨论，并出版了论文集。2006 年，完成北京市教委教学改革项目"参与式教学方法及多媒体教学手段在女性学教学中的应用"，制作了第三个辅助教学片《女性学——女性学的兴起与研究对象》。2005～2006 年主持北京市教委共建项目"女性学学科建设"，围绕基础性研究、课程建设及教学活动、机制建设三个层面完成了五项工作：①获批女性学本科专业招生点；②召开女性学专业建设和课程建设国际研讨会，就女性学专业培养目标、课程设置、实践教学、女性学研究成果与课程开发等议题进行了广泛而深入的探讨；③赴台湾进行学术交流，听取女性主义理论、女性主义研究方法等十几门课程，考察台湾清华大学、世新大学和实践大学的女性研究和教学状况；④编写出版女性学专业教材；⑤建立"女性学与性别研究数据库"。

此外，女性研究是中华女子学院的特色，每年学校都要对新进教师进行诸如"关于社会性别意识""社会性别在教学中的应用"等社会性别岗前培训，每月还定期举办学术沙龙，邀请校内外各领域的专家学者从教育学、社会学、经济学、法学、文学等领域跨学科地主讲与性别有关的议题，教师的社会性别敏感度不断提高。分析学校 2006～2007 年院级立项课题可以发现，妇女理论与实践研究已成为该校科研的一个重要组成部分。与 2006 年相比，2007 年含性别的院级青年课题所占比例提高至 2 倍，院级总课题中含性别的课题数量也有近 10 个百分点的增加（见表 1）。

表 1　中华女子学院 2006、2007 年院级含性别课题

院级课题　　　　年度		2006～2007		2007～2008	
一般课题	含性别	3	30%	1	33.3%
	小计	10	100%	3	100%
青年课题	含性别	3	25%	9	56.3%
	小计	12	100%	16	100%
重点课题	含性别	7	70%	8	47.1%
	小计	10	100%	17	100%
合　计	含性别	13	40.6%	18	50%

（二）学科制度

学科的合法化需要获得行政、社会和学术上的认可。学科内在制度的建设，即学术合法化，取得学科同行及从业者的认同，是学科合法化的核心，是学科合法性完成的最后任务。①

由于女性学多学科、跨学科的复杂特性使其难以在传统的学术科层体制中准确地找寻到自己的位置，因此，就女性学本身进行学科性质、研究对象、概念体系、分析范畴、理论框架等的梳理和探讨显得更为必要。

女子院校的研究学者从对女子院校的历史与现状、办学定位、人才培养模式、专业设置、教学改革等宏观层面的探讨逐渐具体深入到对女性学学科性质、学科理论、知识论、女性学课程教学以及女性学学科建设的多方位审视，形成了一些研究成果，如论文集《中国妇女学学科与课程建设的理论探讨》，学术论文"中国妇女学学科与课程建设研究综述""对适合女性发展的女性/性别课程体系的探索——以大连大学女子学院为例""从女性主义视角反思本土妇女学的建立""关于女性学课程整合的思考""建设中国本土的妇女学理论——教学实践的感悟""女性学学科规范化的悖论：边缘与中心""关于中国女性学学科建设的几点思考""摸着石头过河：学科建设视野下的女性学教育"等。

在上述成果中，有不少是针对本土女性学学科规范化建设引发的思考，在了解国外的女性主义理论、女性学发展历程的基础上尝试对既有的女性学知识进行批判性反思和重建，力图勾画出本土女性学发展的大致轨迹。但这些论述尚未形成不同学派的不同争论，在学科方法与方法论、女性学与其他学科的关系、学科群建设等方面尚未问津，一定程度上影响了女性学学理探讨的广度与深度。

二 学科建设面临的挑战

女性学学科从无到有取得了长足的进展，但也存在不少问题。

---

① 王建华：《高深学问——高等教育学学科合法性的基础》，《江苏高教》2004 年第 6 期。

（一）国家政策的支持力度需进一步增强

尽管国家社科基金对妇女/性别研究项目的支持逐年增加，尤其是以特别委托项目的形式进行支持，但总体来看，支持力度还是不够大。1999～2004年，除了特别委托项目以外，国家社科基金所有立项课题为5275项，共涉及23个学科领域，其中，与妇女和性别研究相关的课题有28项，涉及9个学科领域，仅占0.5%，而资源最多的经济学未有妇女/性别研究立项。全国更多的妇女/性别研究立项大多来自国外基金的支持。由于受到传统文化观念等因素影响，政策实施层面与目标层面有所脱节，对女性学接纳的范围仍较为有限。

（二）学科制度的规范性较为欠缺，女性学的学术合法化亟待推动

不少女子院校虽开设了女性学和女性研究课程，但理论和术语的含混，课程的质量参差不齐，直接影响了教育的效果和人才的培养。具有原创性的理论研究和普适性的实证研究非常缺乏，[①] 容易照搬、移植、复制西方女性主义理论，同时忽略其他异质声音，尚未从反女性主义及其他质疑、对抗女性主义的多元理论中去发现女性学及女性研究未来可能存在的发展空间。在女性学研究领域，关于学科性质及学科建设的探讨已日益引起研究者的重视，但是将女性学研究领域本身作为对象进行反省的研究却鲜少见，既缺乏对既有的女性学研究文献进行的搜集、汇总和比较分析（如比较问题意识与研究方法，比较理论视角、历史分期与议题分类等），也缺乏对研究者的角色、身份、立场等进行的比较，如反省研究者的历史背景、生活经验与专业训练对女性学研究活动、学科建设所造成的影响等。

（三）学科建制的深入性不够，有待进一步推进

虽然与一般高校相比，女子院校在推进女性学学科建设方面存在一些便利

---

① 魏国英：《跨越式发展与本土经验——女性学学科建设的十年回顾》，《妇女研究论丛》2006年第1期。

条件，但也有一些学者缺乏自觉主体意识，认为在女子院校，只要围绕女性学开展学术研究，将研究成果汇集起来，建立知识体系，就是在进行女性学学科建设，并不积极地推进学科建制的深入，不主动影响主流决策层。此外，从开设女性学课程到单独设置系所、专业和学科，从拥有三无编制的女性研究虚体学术机构到实体机构，从女性学专业期刊极度匮乏到拥有较权威的、多样性的专业期刊，可以看到，女子院校仍有较长的路要走。

（四）在课程内容的设置上不尽合理

由于以女性就业为中心的女校和以女性发展为中心的女校并存，授课教师的社会性别意识也不尽相同，因此，强调社会性别平等意识、理论及方法训练的课程与"适合"女性生活、迎合社会市场需求的课程并存，导致课程范畴虽多样却显得宽泛繁杂，特征不够鲜明，体系不够清晰。女性学分支学科课程中的交叉重复现象仍然存在。这些在一定程度上为女性学学科到底向着何种方向迈进披上了一层朦胧的面纱。

（五）各女子院校间缺乏联盟

女子院校与其他高校间缺乏高度密切的合作，无法较快、较好地形成资源共享，这也进一步影响了女子院校女性学研究与学科成果的巩固，以及在主流教育中对更多地域、专业的覆盖和渗透。

当然，有理由相信，随着社会对女子院校存在价值及意义的日益肯定，随着女子院校在未来的实践中愈发凸显自己的女性学特色，促进与其他院校、研究团体更多的研究、合作与交流，女性学的学科建设必然会取得新的进展。

B.24
全国妇联　中国妇女研究会
妇女研究优秀成果奖一览表

第一届妇女研究优秀成果奖、优秀组织奖获奖名录

一　优秀成果奖

一等奖

（一）专著类（2部）

1. 孟宪范主编《转型社会中的中国妇女》，中国社会科学出版社，2004年6月出版。

2. 汪玢玲著《中国婚姻史》，上海人民出版社，2001年8月出版。

（二）论文类（4篇）

1. 叶文振等"中国女性的社会地位及其影响因素"，《人口学刊》，2003年第5期发表。

2. 苏智良、陈丽菲 "A Brief Discussion of the Institution of 'Comfort Women' Among Japanese Invading Armies in China"（"侵华日军慰安妇制度略论"），*Social Sciences in China*（《中国社会科学》），2000年第1期发表。

3. 徐安琪"婚姻权力模式：城乡差异及其影响因素"，台湾大学《社会学刊》，2001年2月发表。

4. 朱玲"农地分配中的性别不平等"，《经济研究》，2000年第9期发表。

（三）调查研究报告类（3部/篇）

1. 全国妇联妇女研究所《关于对"建立阶段就业制度"的社会反映及我们的建议》，上报中共中央办公厅，2001年2月9日。

2. 仝志辉、颜烨、刘淑静《当前中国提高妇女当选村委会成员比例的促

进政策与实践》，上报民政部基层政权和社区建设司，2003 年 10 月。

3. 徐佩莉主编《面向 21 世纪的上海妇女发展》，中国妇女出版社，2003 年 12 月出版。

（四）学术普及读物（含教材）类

（空缺）

二等奖

（一）专著类（6 部）

1. 裔昭印著《古希腊的妇女——文化视域中的研究》，商务印书馆，2001 年 1 月出版。

2. 巫昌祯主编《婚姻法执行状况调查》，中央文献出版社，2004 年 6 月出版。

3. 德吉卓玛著《藏传佛教出家女性研究》，社会科学文献出版社，2003 年 2 月出版。

4. 刘梦著《中国婚姻暴力》，商务印书馆，2003 年 11 月出版。

5. 王金玲著《社会转型中的妇女犯罪》，浙江人民出版社、浙江教育出版社，2003 年 6 月出版。

6. 杜芳琴著《妇女学和妇女史的本土探索——社会性别视角和跨学科视野》，天津人民出版社，2002 年 12 月出版。

（二）论文类（4 篇）

1. 潘锦棠"养老社会保险制度中的性别利益"，《中国社会科学》，2002 年第 2 期发表。

2. 张洪英"妇女组织的社会资本和个人社会资本及其资源动员——以‘热心大嫂'服务中心为例"，《妇女研究论丛》，2003 年第 1 期发表。

3. 丁娟、黄桂霞"先进性别文化与先进文化的同构"，《思想战线》，2003 年第 5 期发表。

4. 姜秀花"对女性身体再造行为的文化评析"，《妇女研究论丛》，2002 年第 5 期发表。

（三）调查研究报告类（4 部/篇）

1. 中国社会科学院公务员退休年龄研究课题组《男女公务员同龄退休立

法研究》，以《中国社科院要报》形式上报党和国家领导同志，中央、国务院有关部委，2004 年 2 月。

2. 孙良媛《农村产业结构调整对农村妇女的影响——基于广东农村产业结构调整的实证分析》，上报广东省妇联，2002 年 12 月。

3. 高福明等 8 人《农村妇女劳动力外出打工后回流情况研究报告》，上报全国妇联、中国妇女研究会，省委、省政府、省委组织部等，2001 年 12 月。

4. 安树芬《面向 21 世纪女性高等教育研究》，高等教育出版社，2002 年 2 月出版。

（四）学术普及读物（含教材）类（3 部）

1. 李银河著《女性主义》，台湾五南图书出版公司，2004 年 1 月出版。

2. 杜芳琴、王政主编《中国历史中的妇女与性别》，天津人民出版社，2004 年 6 月出版。

3. 魏国英主编《女性学概论》，北京大学出版社，2000 年 12 月出版。

三等奖

（一）专著类（7 部）

1. 崔凤垣、张琪主编《妇女社会地位评价指标体系研究》，中国妇女出版社，2003 年 3 月出版。

2. 王菊芬著《未婚先孕及其结果选择》，中国人口出版社，2002 年 8 月出版。

3. 王周生著《关于性别的追问》，学林出版社，2004 年 1 月出版。

4. 柏志英主编《战略机遇期妇女发展与妇女工作》，南京大学出版社，2003 年 12 月出版。

5. 石彤著《中国社会转型时期的社会排挤——以国企下岗失业女工为视角》，北京大学出版社，2004 年 6 月出版。

6. 李明舜著《妇女权益法律保障研究》，国家行政学院出版社，2003 年 8 月出版。

7. 董进霞著 *Women, Sport and Society in Modern China: Holding Up More than Half the Sky*（《现代中国的妇女、体育与社会：撑起大半边天》），Frank

Cass Publishers，London，2003 年出版。

（二）论文类（11 篇）

1. 杨慧锦、梁丽萍"制度与文化的张力与冲突——建国以来中国妇女权力参与的透视"，《山西大学学报》（哲学社会科学版），2004 年第 1 期发表。

2. 张瑗"倾斜的'真实'与'审美'——报告文学中的妇女问题及男权意识"，《文艺理论与批评》，2003 年第 5 期发表。

3. 程郁"民国时期妾的法律地位及其变迁"，（日文）（日本）昭和女子大学女性文化研究所纪要第 25 号，2000 年 1 月发表；（中文）《史林》，2002 年第 2 期发表。

4. 许洁明"论劳动就业的社会性别差异——以欧盟为参照兼具云南问题"，《世纪之交的中国妇女社会地位》，当代中国出版社，2003 年 8 月出版。

5. 汤亚平"从部分女旁构形的汉字管窥古代妇女的社会地位"，《学术探索》，2003 年第 8 期发表。

6. 傅守祥"女性主义视角下的广告女性形象探析"，《思想战线》，2003 年第 5 期发表。

7. 张丽萍"农村妇女发展障碍的经济学分析"，《世纪之交的中国妇女社会地位》，当代中国出版社，2003 年 8 月出版。

8. 金敏等 8 人"完善生育保险制度促进妇女公平就业"，《迈入新世纪的浙江人口》（第二卷），中国统计出版社，2003 年 6 月出版。

9. 徐海燕"传媒与传统文化中的女性性别角色"，《北国论坛》，2003 年第 2 期发表。

10. 王宏维"论西方女性主义教学论对传统知识论的挑战"，《哲学研究》，2004 年第 1 期发表。

11. 王小波"女性休闲——解析女性新视角"，《浙江学刊》，2002 年第 5 期发表。

（三）调查研究报告类（7 部/篇）

1. 郑晓瑛《妇女组织在社区建设中的组织形式和工作方法研究》，上报中国妇女研究会，2002 年 7 月。

2. 孙小迎《来自"3.17"贩婴大案的调查及相关调查的报告》，上报广

西自治区政协，2003 年。

3. 鹿立《山东农村女性教育收益实证研究》，《市场与人口分析》，2001年第 5 期发表。

4. 李新建《中国女性劳动权益保护研究》，上报中国妇女研究会，2002年 4 月。

5. 张一兵、辛湲、邵志杰《农村城市化中的夫妻关系》，《学术交流》，2003 年第 1 期发表。

6. 蒋月等 8 人《城市外来妇女权益保障现状与对策研究》，上报福建省妇联、省人民政府、厦门市人民代表大会，2004 年 3 月。

7. 金一虹《入世对妇女就业的影响和对策》，上报南京劳动社会保障局和中德合作"下岗失业妇女再就业项目"办公室，2003 年。

（四）学术普及读物（含教材）类（3 部）

1. 王红旗主编《女性·社会焦点问题报告》：《中国女性在演说》、《中国女性在对话》、《中国女性在行动》、《中国女性在追梦》（中国女性文化大系丛书之一），中国时代经济出版社，2003 年 6 月出版。

2. 朱易安、柏桦著《女性与社会性别》（邓伟志、夏玲英总主编《新世纪性别教育读本》之一），上海教育出版社，2003 年 1 月出版。

3. 啜大鹏主编《女性学》，中国文联出版社，2001 年 2 月出版。

注：工具书类和译（文）著类一、二、三等奖均空缺

二 优秀组织奖

（一）优秀组织奖（4 名）
上海市妇女学学会
福建省妇女理论研究会
天津师范大学妇女研究中心
北京大学中外妇女问题研究中心
（二）组织奖（8 名）
江苏省妇女学研究会
广西妇女理论研究会

东北师范大学女性研究中心

云南民族大学少数民族女性与社会性别研究中心

广东妇女学研究会

山东省妇女理论研究会

安徽省妇女学学会

中国社会科学院妇女研究中心

第二届中国妇女研究优秀成果和优秀组织获奖名录

一　优秀成果

一等奖

（一）专著类（4部）

1. 蒋永萍主编、全国妇联妇女研究所课题组著《社会转型中的中国妇女地位》，中国妇女出版社，2006年11月。

2. 陈明侠、夏吟兰、李明舜、薛宁兰主编《家庭暴力防治法基础性建构研究》，中国社会科学出版社，2005年8月。

3. 莫文秀主编《妇女教育蓝皮书：中国妇女教育发展报告 NO. 1（1978～2008）》，社会科学文献出版社，2008年10月。

4. 刘思谦著《"娜拉"言说——中国现代女作家心路纪程》，河南大学出版社，2007年9月。

（二）调查研究报告类（2部/篇）

1. 肖扬《对高层决策者社会性别意识的调查与分析》，《新华文摘》，2005年1月。

2. 重庆市女检察官协会、重庆市妇女理论研究会调研组《关于对重庆市农村留守女性遭受性侵犯情况的调研报告》，《现代法学》2008年增刊，上报重庆市市委、市政府。

（三）论文类

（空缺）

（四）学术普及读物（含教材）类

（空缺）

（五）工具书类

（空缺）

（六）译著类

（空缺）

二等奖

（一）专著类（6 部）

1. 丁娟著《男女平等基本国策研究》，中国妇女出版社，2005 年 3 月。

2. 王金玲主编《跨地域拐卖或拐骗——华东五省流入地个案研究》，社会科学文献出版社，2007 年 7 月。

3. 夏吟兰著《离婚自由与限制论》，中国政法大学出版社，2007 年 10 月。

4. 刘霓、黄育馥著《国外中国女性研究——文献与数据分析》，中国社会科学出版社，2009 年 6 月。

5. 郭景萍著《情感社会学：理论·历史·现实》，上海三联书店，2008 年 3 月。

6. 杨雪燕、李树茁著《社会性别量表的开发与应用》，社会科学文献出版社，2008 年 6 月。

（二）调查研究报告类（6 部/篇）

1. 中国社会科学院妇女/性别研究中心《他们的生存状况及权利保障——多学科视角下的妇女儿童状况调查》，刊登在《中国社会科学院要报》（2007 年第 8 期、2008 年第 18 期、2008 年第 19 期及 2008 年第 20 期）。

2. 裔昭印主编《社会转型与都市知识女性》，中国社会科学出版社，2005 年 3 月。

3. 陕西省人民政府妇女儿童工作委员会办公室，魏掌志、赵银侠执笔《关于在陕西省实行农村孕产妇免费住院分娩的可行性调研报告》，入选陕西省人民政府《陕西妇女调研报告集（2003～2007）》。

4. 陈苇、杜江涌《中国农村妇女土地使用权与物权法保障研究》，《家事法研究》（2005 年卷），群众出版社，2006 年 1 月。

5. 苏州市妇联、苏州市妇女干部学校《苏州市家政服务业现状调查及发展趋向分析》，《江苏妇运》，2006 年第 11～12 期。

6. 刘伯红、张永英、李亚妮《工作和家庭的平衡：中国的问题与政策研究报告》，国际劳工组织出版，2008 年 5 月。

（二）论文类（7 篇）

1. 金一虹"铁姑娘再思考——中国文化大革命期间的社会性别与劳动"，《社会学研究》，2005 年第 1 期。

2. 谭深"改革与妇女地位的变迁"，载于李强主编《中国社会变迁 30 年》（第八章），社会科学文献出版社，2008 年 11 月。

3. 徐安琪"夫妻权力和妇女家庭地位的评价指标：反思与检讨"，《社会学研究》，2005 年第 4 期。

4. 马忆南"离婚救济制度的评价与选择"，《中外法学》，2005 年第 2 期。

5. 郑丹丹"身体的社会型塑与性别象征——对阿文的疾病现象学分析及性别解读"，《社会学研究》，2007 年第 2 期。

6. 侯杰、陈晓曦"事件·文本·解读——以民国时期'双烈女事件'为中心"，《近代史研究》，2008 年第 3 期。

7. 刘筱红"以力治理、性别偏好与妇女参加——基于女性参与乡村治理的地位分析"，《华中师范大学学报》，2006 年第 4 期。

（四）学术普及读物（含教材）类（1 部）

佟新著《社会性别研究导论——两性不平等的社会机制分析》，北京大学出版社，2005 年 7 月。

（五）工具书类（1 部）

全国妇联妇女研究所编《中国妇女研究年鉴 2001～2005》，社会科学文献出版社，2007 年 11 月。

（六）译著类（1 部）

侯晶晶译《始于家庭：关怀与社会政策》，教育科学出版社，2006 年 9 月。

三等奖

（一）专著类（9 部）

1. 乔以钢著《中国当代女性文学的文化探析》，北京大学出版社，2006 年 12 月。

2. 林建军著《妇女法基本问题研究》，中国社会科学出版社，2007 年 5 月。

3. 刘明辉著《女性劳动和社会保险权利研究》，中国劳动社会保障出版社，2005 年 10 月。

4. 肖巍著《女性主义教育观及其实践》，中国人民大学出版社，2007 年 10 月。

5. 马珏玶著《中国古典小说女性形象源流考论》，南京师范大学出版社，2008 年 11 月。

6. 沈文捷著《她们嫁给城市——城市外来农村媳妇生活状况透视》，学林出版社，2007 年 11 月。

7. 陈丽菲著《日军慰安妇制度批判》，中华书局，2006 年 11 月。

8. 钱虹著《文学与性别研究》，同济大学出版社，2008 年 4 月。

9. 赵叶珠著《美日中三国女子高等教育比较》，厦门大学出版社，2007 年 12 月。

（二）调查研究报告类（10 部/篇）

1. 全国妇联发展部《农村妇女是建设社会主义新农村的重要力量——万名农村妇女参与新农村建设问卷调查》，2006 年 12 月。

2. 全国妇联妇女研究所"双学双比"活动评估项目组《具有中国特色的妇女运动实践探索——"双学双比"活动评估报告》，《妇女研究论丛》，2008 年第 2 期。

3. 天津市妇联课题组《天津市贫困单亲母亲家庭社会救助长效机制研究》，上报天津市人民政府办公厅，2007 年 1 月。

4. 王晶《吉林省百村老年妇女生存状况调查研究》，上报吉林省妇联、老龄委、民政厅、统计局，2009 年 6 月。

5. 蔡巧玉著《关于深圳和香港构建女性社区服务网络的比较研究》，深

圳蓝皮书《深圳社会发展报告（2008）》，社会科学文献出版社，2008 年 8
月。

6. 陕西省妇女联合会、西安交通大学妇女/性别研究与培训基地《社会资
助对贫困地区女大学生接受高等教育的作用和影响——以红凤工程为例》，载
于中共陕西省委政策研究室、陕西省人民政府研究室编《2007 年度全省党政
领导干部优秀调研成果汇编》，2008 年 3 月。

7. 湖北省妇联、湖北省政府发展研究中心、湖北省统计局《万名下岗妇
女就业状况调查报告》，上报中共湖北省委政策研究室，2007 年 9 月。

8. 上海社会科学院妇委会、上海社会科学院妇女研究中心编《性别与家
庭调研报告》，上海社会科学院出版社，2008 年 8 月。

9. 贵州省妇联、贵州财经学院联合课题组《换届后贵州县、乡两级妇女
干部参政议政情况及存在问题研究》，上报省级领导被采纳，下发了《关于进
一步加强"党建带妇建"工作的意见》。

10. 邱立明、尚健纯、范威、张欣春、刘鑫《辽宁省农村贫困母亲救助问
题的调查与思考》，收入 2006～2007 年辽宁省优秀调研成果文集《振兴的实
践与探索》，辽宁人民出版社，2008 年 7 月。

（三）论文类（23 篇）

1. 中国电视女性频道/栏目研究课题组"电视女性频道/栏目的生存状况
与发展障碍——关于 5 个电视女性栏目的访谈资料和文本分析"，载于《中国
妇女发展报告 No.3》，社会科学文献出版社，2007 年 12 月。

2. 石彤"构建女大学生发展性德育模式"，《妇女研究论丛》，2008 年第 1
期。

3. 马焱"从性别平等的视角看出生婴儿性别比"，《人口研究》，2004 年
第 5 期。

4. 李玲"女性文学主体性论纲"，《南开大学学报》，2007 年第 4 期。

5. 薛宁兰"性骚扰侵害客体的民法分析"，《妇女研究论丛》，2006 年 8
月增刊。

6. 周玉"未竟的性别平等——一项基于权力职场的考察"，《东南学术》，
2008 年第 6 期，人大复印报刊资料《妇女研究》2009 年第 2 期全文转载。

7. 郭少榕"农村留守女童：一个被忽视的弱势群体——福建农村留守女童问题调查分析"，《福州大学学报》（哲社版），2006 年第 3 期。

8. 叶文振、葛学凤、叶妍"流动妇女的职业发展及其影响因素——以厦门市流动人口为例"，《人口研究》，2005 年第 1 期。

9. 韩贺南"对五四时期妇女解放思潮中'男性本质'建构的研究"，《妇女研究论丛》，2007 年第 6 期，人大复印报刊资料《妇女研究》2008 年第 2 期全文转载。

10. 吉国秀"婚姻支付变迁与姻亲秩序谋划：辽东 Q 镇的个案研究"，《社会学研究》，2007 年第 1 期，《中国社会科学文摘》2007 年第 3 期选摘。

11. 王纯菲"女神与女从——中国文学中女性伦理表现的两极性"，《南开学报》2006 年第 6 期，《中国社会科学文摘》2007 年第 3 期选摘。

12. 王春荣、吴玉杰"反思、调整与超越：21 世纪初的女性文学批评"，《文学评论》，2008 年第 6 期。

13. 李琴、孙良媛"失地妇女就业及其收入的影响因素"，《世界经济文汇》，2007 年第 3 期。

14. 尹旦萍"新农村建设公共政策的社会性别分析——兼论社会性别主流化的实现途径"，《妇女研究论丛》，2007 年第 4 期。

15. 陈琼、刘筱红"保护性政策与妇女公共参与——湖北广水 H 村'性别两票制'选举试验观察与思考"，《妇女研究论丛》2008 年第 1 期。

16. 施国庆、吴小芳"社会性别视角下的农村妇女土地保障状况——基于温州三个村的调查研究"，《浙江学刊》，2008 年第 6 期，人大复印报刊资料《妇女研究》2009 年第 1 期全文转载。

17. 吴玲、施国庆"论城市贫困女性的社会资本"，《江海学刊》，2005 年第 4 期。

18. 张立敏"印象管理对成年女性健身活动的影响"，《天津体育学院学报》，2008 年第 7 期

19. 畅引婷"中国妇女与性别学科的发展演变及本土特征"，《晋阳学刊》，2009 年第 1 期。

20. 董江爱"农村妇女土地权益及其保障"，《华中师范大学学报》，2006

年第 1 期。

21. 刘宁"推进农村女性家庭式迁移的实践与探索——来自山西省北录树企业集团的调查报告",《中共山西省委党校学报》,2007 年第 5 期,《中国社会科学文摘》2007 年第 6 期转载。

22. 姚先国、谭岚:《家庭收入与中国城镇已婚妇女劳动参与决策分析》,《经济研究》,2005 年第 7 期。

23. 肖文、汤相萍:《失地农村妇女的社会保障问题研究》,《浙江大学学报》,2005 年第 5 期。

(四)学术普及读物(含教材)类(2 部)

1. 中共江苏省委宣传部、中共江苏省委党史工作办公室、江苏省妇联《巾帼英杰》,江苏人民出版社,2009 年 1 月。

2. 董进霞主编《女性与体育:历史的透视》,北京体育大学出版社,2005 年 2 月。

(五)工具书类(2 部)

1. 卜卫编著《社会性别与儿童报道培训手册》,国务院妇女儿童工作委员会办公室、联合国儿童基金会,2006 年 6 月。

2. 谢玉娥编《女性文学研究与批评论著目录总汇(1978~2004)》,河南大学出版社,2007 年 3 月。

(六)译著类

(空缺)

二、优秀组织

(一)优秀组织奖(6 个)

福建省妇女理论研究会

上海市妇女学学会

中国社科院妇女/性别研究中心

北京大学中外妇女问题研究中心

东北师范大学女性研究中心

武汉大学妇女与性别研究中心

（二）组织奖（6个）

厦门大学妇女/性别研究与培训基地

中华女子学院妇女/性别研究与培训基地

陕西省委党校妇女/性别研究与培训基地

辽宁省妇女研究会

江苏省妇女学研究会

新疆维吾尔自治区妇女理论研究会

（中国妇女研究会办公室提供）

中国妇女研究会妇女/性别研究优秀博士、硕士学位论文奖一览表

第一届妇女/性别研究优秀博士、硕士学位论文评选获奖博士论文名录（共14篇）

一等奖：2篇

1. 论文题目：性别表述与现代认同——中国大陆当代小说的另一种解读

作　　者：王　宇

毕业学校：南京大学

申报单位：江苏省妇女学研究会

2. 论文题目：北京双职工家庭中的婚姻冲突：社会性别的视角

作　　者：张李玺

毕业学校：香港理工大学

申报单位：北京妇女理论研究会

二等奖：4篇

1. 论文题目：中国农村招赘婚姻及其影响的系统研究——基于三个县的比较分析

作　　者：靳小怡

毕业学校：西安交通大学

申报单位：陕西省妇女理论婚姻家庭研究会

2. 论文题目：电视剧：叙事与性别

作　　者：张兵娟

毕业学校：河南大学

申报单位：河南省妇女问题理论研究会

3. 论文题目：从美国女性频道看社会性别与媒介传播

    作　　者：刘利群

    毕业学校：中国传媒大学

    申报单位：北京妇女理论研究会

4. 论文题目：民国时期上海女子教育口述研究（1912～1949）

    作　　者：杨　洁

    毕业学校：华东师范大学

    申报单位：陕西省妇联

三等奖：8 篇

1. 论文题目：从彰显到渐隐——20 世纪前 50 年中国女性文学话语流变

    作　　者：常　彬

    毕业学校：中山大学

    申报单位：海南省妇女儿童问题研究会

2. 论文题目：妇女社会地位评价方法研究

    作　　者：单艺斌

    毕业学校：东北财经大学

    申报单位：辽宁省妇联

3. 论文题目：父权制与当代资本主义批判——马克思主义的女性主义哲
            学审视

    作　　者：戴雪红

    毕业学校：南京大学

    申报单位：江苏省妇女学研究会

4. 论文题目：英国妇女选举权运动

    作　　者：陆伟芳

    毕业学校：南京大学

    申报单位：江苏省妇女学研究会

5. 论文题目：新文化运动时期的女性主义思潮

    作　　者：尹旦萍

    毕业学校：武汉大学

    申报单位：湖北省妇女理论研究会

6. 论文题目：走向自由和谐的两性关系——社会变迁中性别观念的变革

    作　　者：胡晓红

    毕业学校：吉林大学

    申报单位：吉林省妇联　吉林省妇女学会

7. 论文题目：择偶形态：对生存环境的适应方式——对西北一个村庄择偶问题的研究

    作　　者：孙淑敏

    毕业学校：南京大学

    申报单位：上海市妇女学学会

8. 论文题目：女性主义科学观探究

    作　　者：董美珍

    毕业学校：复旦大学

    申报单位：上海市妇女学学会

（中国妇女研究会办公室提供）

第一届妇女／性别研究优秀博士、硕士学位论文评选
获奖硕士论文名录（共 14 篇）

一等奖：1 篇

1. 论文题目：师生互动的性别行动研究——以小学数学课堂为例

    作　　者：陈　萍

    毕业学校：北京师范大学

    申报单位：北京妇女理论研究会

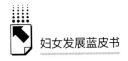

二等奖：4 篇

1. 论文题目："五四"女作家的女性观及其创作

  作 者：王 爽

  毕业学校：南开大学

  申报单位：天津市妇联

2. 论文题目：一种"僭越"和"突围"的写作——八十年代中期以来女性小说探析

  作 者：廖冬梅

  毕业学校：厦门大学

  申报单位：福建省妇女理论研究会

3. 论文题目：论陈家林导演的女性审美理想及性别文化心理

  作 者：张 杰

  毕业学校：中国传媒大学

  申报单位：北京妇女理论研究会

4. 论文题目：增权模式——虐妻之社会工作应对

  作 者：张 洁

  毕业学校：上海大学

  申报单位：上海市妇女学学会

三等奖：9 篇

1. 论文题目：论中国近代产业女工（1872～1937）

  作 者：谷正艳

  毕业学校：郑州大学

  申报单位：河南省妇女问题理论研究会

2. 论文题目：飞翔与穿越——90年代台湾女性小说论

  作 者：李 娜

  毕业学校：南开大学

  申报单位：天津市妇联

3. **论文题目：**配偶继承权制度研究——兼论女性配偶继承权的保护

作　　者：张剑芸

毕业学校：厦门大学

申报单位：福建省妇女理论研究会

4. **论文题目：**惠东婚俗的变迁——以大岞村为例

作　　者：吴建梅

毕业学校：厦门大学

申报单位：福建省妇女理论研究会

5. **论文题目：**女大学生自信心发展状况的研究——女子院校与男女共学
院校之比较

作　　者：王丽馨

毕业学校：厦门大学

申报单位：福建省妇女理论研究会

6. **论文题目：**农村女性职业流动中的社会资本研究

作　　者：刘莫鲜

毕业学校：武汉大学

申报单位：湖北省妇女理论研究会

7. **论文题目：**从女性主义视角探索我国女性道德发展存在的问题及其解
决对策

作　　者：李　慧

毕业学校：华中师范大学

申报单位：湖北省妇女理论研究会

8. **论文题目：**村委会选举制度的演进对农村妇女当选的影响——来自宜
昌 J 村的调查

作　　者：向常春

毕业学校：华中师范大学

申报单位：湖北省妇女理论研究会

9. **论文题目：**女性主义安全理论研究——以国家安全、经济安全和生态
安全为例

作　　者：彭习华

毕业学校：复旦大学

申报单位：上海市妇女学学会

（中国妇女研究会办公室提供）

第二届妇女／性别研究优秀博士、硕士学位论文评选获奖博士论文名录（共 8 名）

一等奖：空缺

二等奖：3 名

1. **论文题目**：中国城市下岗失业贫困妇女求助和受助经验的叙述分析

　　作　　者：马凤芝

　　毕业院校：香港中文大学

　　报送单位：北京妇女理论研究会

2. **论文题目**：宋代士人阶层女性研究——秩序、规范与女性生活

　　作　　者：铁爱花

　　毕业院校：武汉大学

　　报送单位：湖北省妇女理论研究会

3. **论文题目**：女性主义科学史的编史学研究

　　作　　者：章梅芳

　　毕业院校：清华大学

　　报送单位：北京妇女理论研究会

三等奖：5 名

1. **论文题目**：已婚女性的时间配置研究

　　作　　者：石红梅

　　毕业院校：厦门大学

报送单位：福建省妇女理论研究会

2. **论文题目**：中国 20 世纪"失踪女性"数量估计与人口后果分析

    作　　者：姜全保

    毕业院校：西安交通大学

    报送单位：陕西省妇联

3. **论文题目**："成家"与"立业"：青年白领女性的工作家庭冲突研究

    作　　者：唐美玲

    毕业院校：南京大学

    报送单位：福建省妇女理论研究会

4. **论文题目**：清至民国的蓄妾习俗与社会变迁

    作　　者：程　郁

    毕业院校：复旦大学

    报送单位：上海市妇女学学会

5. **论文题目**：美日中三国女子高等教育比较研究

    作　　者：赵叶珠

    毕业院校：厦门大学

    报送单位：福建省妇女理论研究会

（中国妇女研究会办公室提供）

第二届妇女／性别研究优秀博士、硕士学位论文评选
获奖硕士论文名录（共 13 名）

一等奖：1 名

1. **论文题目**：女性创业的现状与促进对策研究——以镇江市为例

    作　　者：居凌云

    毕业院校：江苏大学

    报送单位：江苏省妇女学研究会

二等奖：4名

1. **论文题目**：吕碧城：擅旧词华，具新理想——清末民初男权社会中女性新形象的构建

   作　　者：秦　方

   毕业院校：南开大学

   报送单位：天津市妇联

2. **论文题目**：宋代士人妇女在家庭经济运营中的作用

   作　　者：戚良艳

   毕业院校：上海师范大学

   报送单位：上海市妇女学学会

3. **论文题目**：生平情境与再社会化：城乡夹缝中的生存与适应——对北京市 H 区女农民工的个案研究

   作　　者：杨　可

   毕业院校：北京大学

   报送单位：北京妇女理论研究会

4. **论文题目**：女性主义视野下的和平研究

   作　　者：钱亚平

   毕业院校：复旦大学

   报送单位：上海市妇女学学会

三等奖：8名

1. **论文题目**：生命历程与应付策略——一项下岗失业女工的研究

   作　　者：黄　凤

   毕业院校：北京大学

   报送单位：北京妇女理论研究会

2. **论文题目**：媒体与民国时期女性主体性的建构——以天津《益世报·妇女周刊》为例

   作　　者：李净昉

毕业院校：南开大学

　　报送单位：天津市妇联

3. **论文题目**：以女性主义视角看科学的世界新图景

　　作　　者：彭克慧

　　毕业院校：海军工程大学

　　报送单位：湖北省妇女理论研究会

4. **论文题目**："五四"前后的妇女解放思潮——1920～1925年《妇女杂志》述评

　　作　　者：张　静

　　毕业院校：厦门大学

　　报送单位：福建省妇女理论研究会

5. **论文题目**：现代性、父权制共同塑造下的女性身体——对北京市美发一条街时尚美发消费行为的分析

　　作　　者：李　捷

　　毕业院校：北京大学

　　报送单位：北京妇女理论研究会

6. **论文题目**：历年辛苦不寻常——晚年单士釐研究

　　作　　者：黄湘金

　　毕业院校：南京师范大学

　　报送单位：江苏省妇女学研究会

7. **论文题目**：农村老年妇女贫困问题研究——以河南省岗村为例

　　作　　者：崔学华

　　毕业院校：郑州大学

　　报送单位：河南省妇女问题理论研究会

8. **论文题目**：家事劳动价值之立法研究——以婚姻家庭法为视角

　　作　　者：张　颖

　　毕业院校：厦门大学

　　报送单位：福建省妇女理论研究会

（中国妇女研究会办公室提供）

第三届妇女／性别研究优秀博士、硕士学位论文评选
获奖博士论文名录（共 19 名）

一等奖：2 名

1. 论文题目： 现代文学家庭书写新论——性别视角下的考察

　　作　　者： 陈千里

　　毕业院校： 南开大学

　　报送单位： 天津市妇女发展研究中心

2. 论文题目： 清末民初女性犯罪研究（1901～1919）

　　作　　者： 艾　晶

　　毕业院校： 四川大学

　　报送单位： 辽宁省妇女研究会

二等奖：5 名

1. 论文题目： 儒家女性观研究

　　作　　者： 彭　华

　　毕业院校： 南京大学

　　报送单位： 黑龙江省妇女发展学会

2. 论文题目： 中国农村居民生殖健康行为社会性别公平影响机制研究

　　作　　者： 张　莹

　　毕业院校： 西安交通大学

　　报送单位： 山西省妇女研究会

3. 论文题目： 甘青宁回族女性传统社会文化变迁研究

　　作　　者： 骆桂花

　　毕业院校： 兰州大学

　　报送单位： 青海省妇联

4. 论文题目： 浮出历史地表之前：女学生与现代妇女写作的发生（1898～

1925）

作　　者：张　莉

毕业院校：北京师范大学

报送单位：天津市妇女发展研究中心

5. 论文题目："完整生存"——后殖民英语国家女性创作研究

作　　者：方　红

毕业院校：苏州大学

报送单位：江苏省妇女学研究会

三等奖：12 名

1. 论文题目：社会性别视角下的中国女性参政研究

作　　者：鲍　静

毕业院校：北京大学

报送单位：中国行政管理学会

2. 论文题目：婚姻家庭法之女性主义分析

作　　者：黄　宇

毕业院校：西南政法大学

报送单位：重庆市妇女理论研究会

3. 论文题目：性别再生产中的传统与变迁——城市独生子女性别角色社会化研究

作　　者：张艳霞

毕业院校：南京大学

报送单位：河南省妇女问题理论研究会

4. 论文题目：婚姻迁移者的城市新生活——城市外来农村媳妇生活状况研究

作　　者：沈文捷

毕业院校：南京大学

报送单位：江苏省妇女学研究会

5. 论文题目：索玛花的叙事——四川凉山彝族女性研究

作　者：刘世风

毕业院校：中央民族大学

报送单位：北京妇女理论研究会

6. 论文题目：欧盟层面家庭政策研究（1952～2004 年）

作　者：吕亚军

毕业院校：云南大学

报送单位：云南省妇女理论研究会

7. 论文题目：正式和非正式制度中的乡村性别关系——以河北红村为例

作　者：王冬梅

毕业院校：中国农业大学

报送单位：北京妇女理论研究会

8. 论文题目：中韩女性教育比较研究

作　者：金香花

毕业院校：东北师范大学

报送单位：吉林省妇女学会

9. 论文题目：中国科技女性职业发展影响因素研究

作　者：李乐旋

毕业院校：中国科学院科技政策与管理科学研究所

报送单位：中华女子学院

10. 论文题目：古典时期雅典家庭研究

作　者：孙晶晶

毕业院校：上海师范大学

报送单位：上海市妇女学学会

11. 论文题目：中国当代战争小说中的情爱叙事研究

作　者：赵启鹏

毕业院校：山东师范大学

报送单位：山东女子学院

12. 论文题目：性别、权利与社会转型：1927～1937 年上海女性自杀问题
研究

作　　者：侯艳兴

毕业院校：复旦大学

报送单位：上海市妇女学学会

（中国妇女研究会办公室提供）

第三届妇女／性别研究优秀博士、硕士学位论文评选 获奖硕士论文名录（共 21 名）

一等奖：1 名

1. **论文题目**：画中有话：晚清《人镜画报》的文化构图——性别、国族 和视觉表述

　　作　　者：李　钊

　　毕业院校：南开大学

　　报送单位：天津市妇女发展研究中心

二等奖：5 名

1. **论文题目**：称谓・家族・婚姻・宗法——《尔雅・释亲》的文化学研 究

　　作　　者：王雪燕

　　毕业院校：内蒙古大学

　　报送单位：内蒙古妇女儿童研究会

2. **论文题目**：当代女大学生性心理结构及发展特点

　　作　　者：张　楠

　　毕业院校：沈阳师范大学

　　报送单位：辽宁省妇女研究会

3. **论文题目**：论西方女性主义文学批评的"双性同体"观

　　作　　者：陶　慧

毕业院校：陕西师范大学

报送单位：陕西省妇女理论婚姻家庭研究会

4. 论文题目： 从社会性别视角看征地村妇女的家庭地位——以山西 S 煤矿区 Y 村为例

作　　者：周　莺

毕业院校：河海大学

报送单位：江苏省妇女学研究会

5. 论文题目： 当西方传教女性遭遇近代上海

作　　者：瞿晓凤

毕业院校：上海师范大学

报送单位：上海市妇女学学会

三等奖： 15 名

1. 论文题目： 我国女性旅游安全研究

作　　者：范向丽

毕业院校：华侨大学

报送单位：福建省妇女理论研究会

2. 论文题目： 女企业家与女公务员能力建设需求及对比研究——以杭州市为例

作　　者：苏　洁

毕业院校：浙江理工大学

报送单位：浙江省妇女研究会

3. 论文题目： 欧盟性别政策的发展与实践初探（1957～）

作　　者：张炳贵

毕业院校：云南大学

报送单位：云南省妇女理论研究会

4. 论文题目： 支持农村妇女参与村民自治的制度变迁研究——以湖北省 C 乡为例

作　　者：刘术泉

毕业院校：华中师范大学

　　　　报送单位：湖北省妇女理论研究会

5. **论文题目：**3~6 岁幼儿的性别角色建构探析——以焦作市 Y 幼儿园为
　　　　　　　　例

　　　　作　　者：王晓莉

　　　　毕业院校：郑州大学

　　　　报送单位：河南省妇女问题理论研究会

6. **论文题目：**当代女大学生职业理想探析

　　　　作　　者：陈姗姗

　　　　毕业院校：复旦大学

　　　　报送单位：上海市妇女学学会

7. **论文题目：**社会性别视角下的农村妇女权益保障问题研究——上海市
　　　　　　　　嘉定区为例

　　　　作　　者：沈雅玲

　　　　毕业院校：复旦大学

　　　　报送单位：上海市妇女学学会

8. **论文题目：**方舟沉浮——20 世纪 90 年代以来女性小说姐妹情谊阐释

　　　　作　　者：李校争

　　　　毕业院校：河南大学

　　　　报送单位：河南省妇女问题理论研究会

9. **论文题目：**新疆维吾尔族与汉族生育文化比较研究

　　　　作　　者：高　卉

　　　　毕业院校：石河子大学

　　　　报送单位：新疆维吾尔自治区妇女理论研究会

10. **论文题目：**王端淑研究

　　　　作　　者：张　敏

　　　　毕业院校：南京师范大学

　　　　报送单位：江苏省妇女学研究会

11. **论文题目：**矛盾的纠缠——居斯塔夫·莫罗笔下女性绘画形象研究

作　　者：黄　敏

毕业院校：南京艺术学院

报送单位：江苏省妇女学研究会

12. 论文题目：女大学生自爱及其与父母养育方式关系研究

作　　者：周友焕

毕业院校：苏州大学

报送单位：江苏省妇女学研究会

13. 论文题目："奇观"与"叙事"——性别视角下的《满城尽带黄金甲》

作　　者：朱华煜

毕业院校：厦门大学

报送单位：福建省妇女理论研究会

14. 论文题目：论欧美新移民女作家书写的"自我东方主义"现象

作　　者：董静怡

毕业院校：厦门大学

报送单位：福建省妇女理论研究会

15. 论文题目：希腊化时期埃及妇女研究

作　　者：徐海晴

毕业院校：上海师范大学

报送单位：上海市妇女学学会

（中国妇女研究会办公室提供）

第四届妇女／性别研究优秀博士、硕士学位论文评选获奖博士论文名录（共15名）

一等奖：2名

1. 论文题目：西部农村留守妇女婚姻质量研究——以四川两县农村为例

作　　者：许传新

毕业院校：南京大学

报送单位：江苏省妇女学研究会

2. 论文题目：晚清文学中的女性形象及其传统再构

作　　者：刘　堃

毕业院校：南开大学

报送单位：天津市妇联

二等奖：5 名

1. 论文题目：媒体·消费·性别：民国时期都市女性身体研究——以天津《北洋画报》为中心

作　　者：李从娜

毕业院校：南开大学

报送单位：江西省妇女研究会

2. 论文题目：贝尔·胡克斯黑人女性主义文学批评研究

作　　者：赵思奇

毕业院校：山东大学

报送单位：河南省妇女问题理论研究会

3. 论文题目：论我国非婚同居的二元法律规制——从个人自由与国家干预的关系视角

作　　者：但淑华

毕业院校：中国政法大学

报送单位：中华女子学院

4. 论文题目：当代新疆文学的性别书写及其文化内涵

作　　者：王志萍

毕业院校：南开大学

报送单位：天津市妇联

5. 论文题目：农村独生子女与性别平等

作　　者：肖富群

毕业院校：南京大学

报送单位：江苏省妇女学研究会

三等奖：8 名

1. **论文题目：**调适与应对：天主教婚姻家庭伦理在华处境研究——以天
   津《益世报》为中心的考察（1915～1937）

   作　　者：赵秀丽

   毕业院校：南开大学

   报送单位：山东省妇女理论研究会

2. **论文题目：**中国老年教育参与者性别失衡研究——基于社会性别视角
   的分析

   作　　者：贾云竹

   毕业院校：中国人民大学

   报送单位：全国妇联妇女研究所

3. **论文题目：**中国城镇居民收入的代际差距研究

   作　　者：杨　慧

   毕业院校：中国人民大学

   报送单位：全国妇联妇女研究所

4. **论文题目：**论基于性别的家庭暴力的民法规制——中国法与美国法之
   比较研究

   作　　者：秦志远

   毕业院校：西南政法大学

   报送单位：重庆市妇女理论研究会

5. **论文题目：**中国电子显微学发展的社会性别研究

   作　　者：宋　琳

   毕业院校：北京科技大学

   报送单位：北京妇女理论研究会

6. **论文题目：**现代性视域下的女性解放问题研究

   作　　者：马芳平

毕业院校：中国人民大学

报送单位：陕西省妇联

7. 论文题目：女性领导力研究

    作　　者：蒋　莱

    毕业院校：华东师范大学

    报送单位：上海市妇女学学会

8. 论文题目：清末女性才德观研究——以上海为中心（1897～1907）

    作　　者：刘丽娟

    毕业院校：复旦大学

    报送单位：上海市妇女学学会

（中国妇女研究会办公室提供）

第四届妇女／性别研究优秀博士、硕士学位论文评选
获奖硕士论文名录（共 13 名）

一等奖：1 名

1. 论文题目：十七年"家务劳动"话语研究——以《中国妇女》
           （1949～1966）为中心

    作　　者：张　弛

    毕业院校：首都师范大学

    报送单位：北京妇女理论研究会

二等奖：2 名

1. 论文题目：社会性别预算：理念、实践与路径选择

    作　　者：季仲赟

    毕业院校：中国社科院研究生院

    报送单位：全国妇联妇女研究所

2. 论文题目：全球化浪潮下在华跨国公司的性别政治研究——以花旗银
行为例

  作 者：赵丹丹

  毕业院校：复旦大学

  报送单位：上海市妇女学学会

三等奖：10 名

1. 论文题目：论新世纪底层文学中的"新'青楼'女性"

  作 者：董蓬蓬

  毕业院校：山东师范大学

  报送单位：山东省妇女理论研究会

2. 论文题目：女大学生村官职业生涯发展研究——以河南省为例

  作 者：张 冰

  毕业院校：郑州大学

  报送单位：河南省妇女问题理论研究会

3. 论文题目：农村妇女选举权行使的社会性别分析——以乡镇基层选举
为例

  作 者：刘玉强

  毕业院校：云南大学

  报送单位：云南省妇女理论研究会

4. 论文题目：地方志中的女性形象——以民国时期华北地区为中心的考
察

  作 者：陈文君

  毕业院校：南开大学

  报送单位：天津市妇联

5. 论文题目：婚恋观转变与基层行政——以 1953 年北京贯彻婚姻法运动
月为中心

  作 者：李二苓

  毕业院校：首都师范大学

报送单位：北京妇女理论研究会

6. 论文题目：古典时期雅典悲剧中的女性形象

　　作　　者：陈佳寒

　　毕业院校：上海师范大学

　　报送单位：上海市妇女学学会

7. 论文题目：试论邓颖超妇女解放思想

　　作　　者：刘梦娟

　　毕业院校：广西大学

　　报送单位：广西妇女理论研究会

8. 论文题目：福建城市女性慈善参与状况的研究——基于福建三个城市
　　　　　　　的调查

　　作　　者：吕蓉蓉

　　毕业院校：福州大学

　　报送单位：福建妇女理论研究会

9. 论文题目：社会性别视角下的社会保障政策公平性研究——基于福建
　　　　　　　省的分析

　　作　　者：苏映宇

　　毕业院校：福建师范大学

　　报送单位：福建妇女理论研究会

10. 论文题目：当代女研究生性别角色教育的研究

　　作　　者：季　瑾

　　毕业院校：南京师范大学

　　报送单位：江苏省妇女学研究会

（中国妇女研究会办公室提供）

B.26
妇女/社会性别学学科发展网络（Network of Women/Gender Studies）简介

我们的历史

"妇女/社会性别学学科发展网络"（NWGS）成立于2006年8月。由来自全国高校、科研机构、党校、妇联以及其他民间组织的教师、研究人员等组成，目前有成员1000余人。在过去三年，本网络努力发展子网络、开发课程、组织师资培训，取得了令人瞩目的成绩。

我们不断探索更有效的工作方式，为网络的可持续发展打下了基础。首先，我们完善了各项规章制度与工作流程，使各项工作有章可循；其次，我们于2009年7月通过民主选举进行了换届，完善了组织架构；最后，我们与国内外相关机构、组织建立并发展了良好的关系。经过三年的努力，我们的工作方式与成果获得了社会的肯定，逐渐建立起独特的品牌形象。

我们的名字体现我们的理念、目标与使命

"妇女/社会性别学学科发展网络"的命名体现了我们的理念、目标与使命，简要阐释如下。

1. 本网络是学术性的民间组织，在工作中体现平等、参与、民主、公开、共享、服务与高效的理念。本网络的核心力量是人，一位成员就是网络的一个结点，共同联结起来组成一个开放、多元、富于创造力的网络。

2. "妇女/社会性别学学科"的跨学科和多学科性质预示了它有拓展学科边界的潜能，也使它具有丰沛活力，能够在与其他学科的结合与碰撞中，产生

新的学术以及社会行动增长点。

3. 学科发展是本网络的主要目标，这需要凝聚各方、各地、各个学科的力量逐步发展。"网络"的组织方式就是探索并发展一个相互沟通、交流、合作、资源共享和共同发展的平台。

4. 我们的使命是挑战学术界的男性霸权，倡导性别公平和公正，让妇女/社会性别学的知识进入学科知识体系，进而更好地参与社会文化的革新，保障妇女权益和社会公正，促进社会和谐发展。

我们的工作围绕我们的使命

1. 子网络建设工作组

我们通过发展子网络的方式来凝聚各方的力量，扎根本土，促进学科的发展。已有的十五个子网络中，有广西、广东、湖南、福建、新疆、江苏、浙江、东北三省等区域性的子网络，也有历史学、文化研究、教育学、哲学、传媒研究、民族学、社会学等学科性子网络。如今，我们在发展新的子网络的同时，也与各子网络一起探讨如何发挥优势、整合资源、发展壮大。

2. 师资培训工作组

师资培训的主要目标是传播新知、活跃学术，培养高校妇女/社会性别学学科的师资力量。在福建、山西、上海举办的培训中，已有来自全国各地的数百名高校教师参与了培训。同时，我们邀请本学科的名师与专家学者组建了讲师团，他们的课程大纲挂网公开，子网络或团体成员可以按需"点将"。我们将会持续增强讲师团的力量，为开展高质高效的培训搭桥牵线。

3. 课程建设工作组

课程建设是学科发展的基石。网络鼓励并资助开发具有网络特色的"研究—教学—行动"三联动新课程等方法，向参与妇女/社会性别学学科建设的研究者、教学者和行动者提供了经验和范本。学科网络已资助、收购、开发优秀课程 21 门，教材/教参 6 部，并首次在全国范围内开展了妇女/社会性别学优秀课程评选活动。

4. 可持续发展工作组

三年风雨兼程、携手并进，网络已经成为很多成员的精神家园，我们有热情与信心继续建设这个家园。可持续发展工作组将通过申请项目、开发培训课程、募集资金、整合网络资源等方式，为网络的发展提供资源与其他发展平台。

5. 网站

网站于 2009 年进行了改版，版面更简洁直观，栏目依据网络的组织架构与主要工作来设计，及时展示总网和各工作组的工作动态；网站还设立了资料库，为科研与教学提供资源。

网址：http：//www. chinagender. org/。

妇女/社会性别学学科发展网络个人会员相关课程开设一览表

编号	姓名	开设课程	课程数	学科	单位
1	刘萍	妇女与法律	1	法学	广西妇女干部学校
2	李瑞	女性犯罪心理学	1	法学	湖南司法警官职业学院
3	赵兰	女性罪犯的教育与矫治	1	法学	湖南司法警官职业学院
4	梁丽霞	社会性别研究	1	妇女/社会性别学	济南大学法学院
5	李容芳	大学生性别社会学	1	妇女/社会性别学	贵州省黔西南民族师范高等专科学校
6	韩梅	妇女社会学	1	妇女/社会性别学	河北科技大学
7	张李玺	妇女社会学	1	妇女/社会性别学	中华女子学院
8	祝平燕	妇女与性别专题讲座、性别社会学、妇女/性别研究学术前沿	3	妇女/社会性别学	华中师范大学社会学系
9	周美珍	两性关系工作坊	1	妇女/社会性别学	上海市妇女干部学校
10	郐玉玲	两性社会学、妇女社会工作	2	妇女/社会性别学	浙江理工大学
11	张江娜	两性社会学、妇女社会工作	2	妇女/社会性别学	浙江理工大学
12	章立明	两性社会学、家庭与婚姻、性别与发展	3	妇女/社会性别学	云南大学社会学系
13	陈慧	女性社会学	1	妇女/社会性别学	广东农工商职业技术学院
14	王金玲	女性社会学	1	妇女/社会性别学	浙江省社会科学院社会学所
15	畅引婷	女性社会学	1	妇女/社会性别学	山西师范大学
16	许红霞	女性社会学	1	妇女/社会性别学	河南师范大学公共事务学院
17	万琼花	女性社会学	1	妇女/社会性别学	中南大学行政与政治学院

续表

编号	姓名	开设课程	课程数	学科	单位
18	陈桂蓉	女性社会学、社区职业化管理与女大学生社区职业发展	2	妇女/社会性别学	福建师范大学公共管理学院
19	杨柳	女性学	1	妇女/社会性别学	上海大学文学院
20	周乔木	女性学	1	妇女/社会性别学	黑龙江中医药大学人文与管理学院
21	马英华	女性学	1	妇女/社会性别学	黑龙江中医药大学人文与管理学院
22	陈榕芝	女性学	1	妇女/社会性别学	福建泉州华侨大学文明办
23	周天枢	女性学	1	妇女/社会性别学	广东女子职业技术学院
24	王勤芳	女性学	1	妇女/社会性别学	集美大学政法学院
25	杨雪云	女性学	1	妇女/社会性别学	安徽大学社会学系
26	胡桂香	女性学	1	妇女/社会性别学	湖南女子职业大学女性教育研究中心
27	秦阿琳	女性学	1	妇女/社会性别学	湖南女子职业大学女性教育研究中心
28	战成秀	女性学	1	妇女/社会性别学	长春税务学院学生工作处
29	黄美萍	女性学	1	妇女/社会性别学	青岛大学医学院护理学院
30	易晓晴	女性学	1	妇女/社会性别学	湖南长沙师范学校
31	王凤华	女性学	1	妇女/社会性别学	湖南女子职业大学
32	李桂燕	女性学、女大学生求职就业与创业	2	妇女/社会性别学	中华女子学院山东分院
33	刘霞	女性学、性别与发展	2	妇女/社会性别学	青岛农业大学妇女研究中心
34	闫晓梅	女性学、中国女性问题专题研究	2	妇女/社会性别学	集美大学政法学院
35	石红梅	女性学导论	1	妇女/社会性别学	厦门大学公共事务学院
36	黄河	女性学导论	1	妇女/社会性别学	中华女子学院女性学系
37	王晶冰	女性学导论	1	妇女/社会性别学	太原理工大学文法学院法学系
38	冯爱红	女性学导论	1	妇女/社会性别学	太原理工大学文法学院法学系
39	宋谷萍	女性学导论	1	妇女/社会性别学	太原理工大学文法学院法学系
40	李学利	女性学导论	1	妇女/社会性别学	太原理工大学文法学院法学系

续表

编号	姓名	开设课程	课程数	学科	单位
41	陈凤兰	女性学导论	1	妇女/社会性别学	福州大学人文学院社会学系
42	梁飞琴	女性学导论	1	妇女/社会性别学	福建医科大学研究生处
43	胥莉	女性学导论、女性社会学	2	妇女/社会性别学	太原师范大学政法系
44	韩贺南	女性学导论、女性学理论	2	妇女/社会性别学	中华女子学院
45	刘希岩	女性学概论	1	妇女/社会性别学	广西大学管理学院
46	卢霞辉	女性学概论	1	妇女/社会性别学	浙江中医药大学
47	吴沁芳	女性学专题系列	1	妇女/社会性别学	集美大学女性发展研究中心
48	许悦	女性与社会	1	妇女/社会性别学	福建师范大学福清分校
49	石小玲	社会性别学	1	妇女/社会性别学	广西医科大学
50	李郁风	社会性别学	1	妇女/社会性别学	广西医科大学
51	莫税英	社会性别学	1	妇女/社会性别学	广西医科大学学工处
52	伍慧玲	社会性别学	1	妇女/社会性别学	湖南机电职业技术学院
53	彭何芬	社会性别学与女性学	1	妇女/社会性别学	浙江工商大学公共管理学院社会工作系
54	樊欢欢	社会性别研究	1	妇女/社会性别学	中央财经大学社会学系
55	胡晓红	社会性别研究、性别社会学	2	妇女/社会性别学	东北师范大学国际关系学院
56	张超	社会性别与大学生发展	1	妇女/社会性别学	华中科技大学历史研究所
57	王晶	性别社会学	1	妇女/社会性别学	东北师范大学
58	王晓莉	性别社会学	1	妇女/社会性别学	商丘师范学院
59	揭爱花	性别社会学、性别与社会	2	妇女/社会性别学	浙江大学社会学系
60	甘品元	性别社会学概论	1	妇女/社会性别学	广西民族大学
61	骆晓戈	性别研究	1	妇女/社会性别学	湖南商学院女性研究中心
62	关凤利	性别与社会	1	妇女/社会性别学	东北师范大学女性研究中心
63	雷湘竹	社会性别与教育公正、性健康教育	2	妇女/社会性别学、教育学	广西师范学院教育系
64	沈奕斐	社会性别与发展、社会性别研究、社会性别教育、视觉文化与社会性别	4	妇女/社会性别学、教育学、文化研究	复旦大学社会学系
65	郑丹丹	性别社会学与妇女工作、家庭社会学、社会统计学	3	妇女/社会性别学、社会学、统计学	华中科技大学社会学系

编号	姓名	开设课程	课程数	学科	单位
66	金一虹	性别社会学,性别、社会与文化	2	妇女/社会性别学、文化研究	南京师范大学金陵女子学院
67	金花善	性别文化、中朝韩女性文化比较	2	妇女/社会性别学、文化研究	延边大学女性研究中心
68	刘文菊	女性学概论、女性文学研究	2	妇女/社会性别学、文学	广东省韩山师范学院中文系
69	王琼	女性学概论、性别与文学	2	妇女/社会性别学、文学	广东技术师范学院
70	王宇	女性学、女性健康管理概论	2	妇女/社会性别学、医学	黑龙江中医药大学人文与管理学院
71	王丽琴	女性学、女性交际语言学、女性语言与中国文化	3	妇女/社会性别学、语言学	中华女子学院山东分院
72	李芳	管理心理学、大学生心理健康教育、秘书心理学	3	管理学、教育学、心理学	南宁职业技术学院
73	李丹	全球化与女性发展	1	国际政治	厦门大学公共事务学院政治学系
74	曾本友	女性心理与成才	1	教育学	广西师范学院教育系
75	赵叶珠	女性与发展、女子高等教育研究	2	教育学	厦门大学教育研究院
76	黎君	社会性别教育	1	教育学	广西教育学院
77	许艳丽	社会性别理论与方法	1	教育学	天津大学职业技术教育学院
78	郭葆玲	社会性别文化与两性心理健康	1	教育学	陕西师范大学教育科学学院
79	赵秀娥	性别教育导论	1	教育学	广西财经学院
80	王珺	性别与教育、女性与战争	2	教育学	华中师范大学教育学院博士后流动站
81	张莉莉	教育、心理和社会性别,女性主义研究方法,女性主义视角下的教育研究	3	教育学、妇女/社会性别学	北京师范大学教育学院
82	吴宏洛	女性就业与社会保障、劳动与社会保障问题性别研究	2	经济学	福建师范大学公共管理学院
83	范若兰	20世纪的中国妇女:影像、文本和口述的历史	1	历史学	中山大学

续表

编号	姓名	开设课程	课程数	学科	单位
84	杨秋梅	妇女史专题	1	历史学	山西师范大学历史与旅游文化学院
85	车效梅	妇女史专题	1	历史学	山西师范大学历史与旅游文化学院
86	徐家玲	世界女性史概览	1	历史学	东北师范大学
87	殷俊玲	中国近代妇女生活史	1	历史学	太原师范学院社科部
88	白路	美学概论·社会性别与审美文化	1	美学	天津工业大学艺术学院
89	郝秀艳	女性与审美、女生形体艺术训练	2	美学、体育	哈尔滨工业大学体育部
90	伍琼华	少数民族传统社会与妇女发展	1	民族学	云南民族大学
91	马林英	西南少数民族妇女与发展、女性学、中国婚姻与家庭、社会性别研究	4	民族学、妇女/社会性别学	西南民族大学民族研究院
92	杨国才	西南边疆少数民族妇女问题、性别社会学、女性学、性别与健康、少数民族女性学	5	民族学、社会学、妇女/社会性别学	云南民族大学人文学院
93	于光君	传统文化与中国妇女	1	人类学	中华女子学院
94	李玉平	国外妇女	1	人类学	福建师范大学外语学院
95	张晓	性别视角下的文化多样性	1	人类学	贵州大学
96	何玲	妇女工作实践与创新	1	社会学	广西妇女干部学校
97	彭凤萍	妇女社会工作	1	社会学	长沙民政职业技术学院
98	章秀英	妇女社会工作	1	社会学	浙江师范大学法政与公共管理学院
99	蒋美华	妇女社会工作	1	社会学	郑州大学
100	杨婕娱	妇女社会工作,家庭、妇女社会工作	2	社会学	长沙民政职业技术学院社会工作系
101	杨皓然	婚姻法解读	1	社会学	广西玉林市委党校
102	陈晓丽	婚姻继承法	1	社会学	山西师大政法学院
103	李艳梅	婚姻家庭法	1	社会学	广西师范大学
104	隋悦	婚姻家庭法、妇女权益保障法	1	社会学	吉林省委党校
105	藤洁贞	婚姻家庭与子女教育	1	社会学	广西妇女干部学校

续表

编号	姓名	开设课程	课程数	学科	单位
106	许放明	婚姻与家庭	1	社会学	浙江师范大学妇女发展研究中心
107	蔡慧玲	家庭社会工作	1	社会学	广西师范大学法学院
108	徐安琪	家庭社会学	1	社会学	上海社会科学院社会学所
109	董金平	家庭社会学	1	社会学	上海大学社会学系
110	郝玉章	家庭社会学	1	社会学	华中科技大学社会学系
111	周健	女性心理健康教育、女性社会学、大学生婚恋与学业	3	社会学	广西妇女干部学校
112	祖群英	女性与消费	1	社会学	中共福建省委党校
113	李晓凤	女性主义社会工作、家庭社会学、女性成长心理辅导、社会性别与女性发展	4	社会学	武汉大学社会学系
114	刘成斌	人口社会学	1	社会学	南京大学社会学系
115	林丽芬	社会学导论	1	社会学	集美大学政法学院
116	李洪河	现代中国婚姻家庭制度改革研究	1	社会学	河南师范大学政治与管理科学学院
117	刘永明	性别与生活	1	社会学	西北师范大学政法学院
118	石彤	中国妇女问题研究、中国妇女地位与发展、女性犯罪、女性社会学	4	社会学	中华女子学院社会工作系
119	巨东红	妇女社会工作、女性学专题、女性学	3	社会学、妇女/社会性别学	集美大学政法学院
120	段塔丽	婚姻家庭社会学、女性与社会、性别社会学、妇女学	4	社会学、妇女/社会性别学	陕西师范大学政治经济学院
121	石磊	女大学生成才与职业规划	1	思想政治教育	山西大学政治与公共管理学院
122	袁敏	女性成功学	1	思想政治教育	黑龙江大学马克思主义学院
123	闫玉	女性修养	1	思想政治教育	长春师范学院政法学院
124	陈慧杰	女性修养与身心健康	1	思想政治教育	广西妇女干部学校
125	倪湘宏	女生体育	1	体育学	湖南工程学院
126	潘建	弗吉尼亚·伍尔夫:性别差异与女性写作研究	1	文学	湖南商学院
127	王巧凤	女性文化欣赏	1	文学	山西太原师范学院文学院

续表

编号	姓名	开设课程	课程数	学科	单位
128	柯倩婷	女性文学研究,女性学与当代社会,妇女、性别与文化再现,性别、身体与文化再现	4	文学	中山大学中文系
129	梁晓萍	女性文学专题	1	文学	山西师范大学文学院
130	胡泓	性别视角下的美国小说	1	文学	华中科技大学外国语学院
131	罗雪松	性别文化专题研究	1	文学	广西玉林师范学院中文系
132	孙萍萍	性别与文化研究	1	文学	渭南师范学院
133	杜芳琴、郝艳华	中国古代经典文献的社会性别解读	1	文学	天津师范大学
134	陈纯洁	中国女性文学研究	1	文学	广东技术师范学院文学院
135	林丹娅	中国女性写作史、土风计划普米小组"校园行动"	2	文学	厦门大学
136	马蓁	女性文化研究、影视文化与女性形象	2	文学/文化研究	湖南人文科技学院
137	陈沙麦	女性心理学	1	心理学	福州大学人文社会科学学院
138	罗慧兰	女性心理学	1	心理学	中华女子学院
139	方刚	女性心理学、性与性别心理学、两性关系与两性文化	3	心理学、社会学	北京林业大学心理学系
140	卢小飞	妇女新闻舆论引导力探究	1	新闻学	中国妇女报社
141	贺艳	媒介文化与性别	1	新闻学	西南政法大学新闻传播学院
142	张敬捷	媒介与女性专题研究	1	新闻学	中国传媒大学媒介与女性研究中心
143	卢泰琦	女大学生生理卫生保健知识	1	医学	集美大学医疗中心
144	秦桂秀	医学生与社会性别学	1	医学	广西医科大学
145	宋素凤	视觉艺术与性别再现,妇女、性别与文化研究,酷儿理论,女性主义与文化研究	4	艺术学、文学/文化研究	中山大学中文系
146	王卫平	女性发展与潜能开发	1	哲学	福建医科大学人文学院
147	刘翠	性学课程、性·爱情·婚姻	2	哲学	华侨大学人文与公共管理学院

续表

编号	姓名	开设课程	课程数	学科	单位
148	黄再萍	职业与人生	1	哲学	广西广播电视大学
149	罗蔚	生态女性主义、伦理学专题	2	哲学/伦理学	华南师范大学政治与行政学院
150	王宏维	西方女权主义研究的当代学术价值、后现代主义与女权主义、生态女权主义、女性学导论	4	哲学/马克思主义理论	华南师范大学政治与行政学院
151	刘云	家庭社会学	1	政治学	新疆大学妇女研究中心
152	刘秀丽	性别、身体与政治	1	政治学	湖南商学院女性研究中心
153	宋少鹏	西方女性主义理论导读、二十世纪女性史、中国共产党和中国妇女	3	政治学、历史学	中国人民大学中共党史系

B.28
妇女/社会性别学学科发展
网络资助课程一览表

1. 教材/教辅

负责人	申请单位	课题名称
王晶	东北师范大学	性别文化的解析（教参）
何钟华	丽江市玉龙县民族文化与社会性别研究会	纳西族社会性别观念的演变（教参）
古丽加马力·买买提明	新疆大学人文学院	维吾尔女性文学研究（教参）
张超	华中科技大学	民国娼妓史（教参）
尹旦萍	湖北省行政学院	当代土家族女性婚姻变迁：以埃山村为例（教参）
董美珍	南京师范大学哲学系	女性主义科学观探究（教参）
郑丹丹	华中科技大学	女性主义研究方法解析（教材）

2. 课程建设

负责人	申请单位	课程名称	课程性质
金一虹	南京师范大学金陵女子学院	性别社会学	本科课程
杜芳琴 郝艳华	天津师范大学性别与社会发展中心	中国古代经典文献的社会性别解读	研究生课程
揭爱花	浙江大学社会学系	性别与社会	研究生课程
关凤利	东北师范大学女性研究中心	性别与社会	本科提升课程
罗蔚	华南师范大学	生态女性主义	研究生课程
陈桂蓉	福建师范大学女性学研究所	社区职业化管理与女大学生社区职业发展	本科课程
郑丹丹	华中科技大学	社会统计学	研究生课程
张莉莉 郑新蓉	北京师范大学教育学院	女性主义视角下的教育研究	研究生课程
冯爱红	太原理工大学	女性学导论	本科课程

续表

负责人	申请单位	课程名称	课程性质
郅玉玲	浙江理工大学	两性社会学	本科提升课
伍琼华	云南民族大学妇女/性别研究与培训基地	少数民族传统社会与妇女发展	研究生课程
王宇	黑龙江中医药大学	女性健康管理概论	本科课程
石彤	中华女子学院	女性社会学	本科课程
吴宏洛	福建师范大学	劳动与社会保障问题性别研究	研究生课程
赵莹	东北师范大学	妇女心理学	本科课程
刘永明	西北师范大学	性别与生活	本科课程
方刚	北京林业大学人文社会科学学院	女性心理学	本科课程
林丹娅	厦门大学中文系	中国女性写作史	研究生课程
张菁	南京师范大学社会发展学院	女性学导论	本科课程

3. 三联动课程

负责人	申请单位	课题名称
张晓	贵州大学	性别视角下的文化多样性
方刚	北京林业大学	北京高校学生社会性别心理课程情景剧教学
林丹娅	厦门大学	厦门大学性别与文学研究小组——土风计划普米小组性别研究教学剧开发

B.29

妇女/社会性别学学科发展
网络优秀课程奖一览表

第一批优秀课程

奖项	负责人	申请单位	课程名称
一等奖	张李玺	中华女子学院	妇女社会学
二等奖	郑丹丹	华中科技大学	社会性别与大学生发展
	王宇	黑龙江中医药大学	女性健康管理概论
	徐家玲	东北师范大学	世界女性史概览
三等奖	方刚	北京林业大学	性与性别心理学
	王凤华	湖南女子职业大学	女性学
	林丹娅	厦门大学	中国女性写作史
优秀奖	闫玉	长春师范学院	女性修养
	王丽琴	中华女子学院山东分院	女性语言与中国文化
	刘文菊	广东韩山师范学院	女性学概论

第二批优秀课程

奖项	负责人	申请单位	课程名称
一等奖	金一虹	南京师范大学金陵女子学院	性别、社会与文化
	韩贺男	中华女子学院	女性学理论
	华中科技大学课程组	华中科技大学	性别问题专题
二等奖	范若兰	中山大学	20世纪的中国妇女：影像、文本和口述的历史
	杨国才	云南民族大学人文学院	少数民族女性学
	畅引婷、王小平	山西师范大学	妇女学导论
	王凤华	湖南女子职业大学	女性学
	王晶	东北师范大学	性别社会学
	秦桂秀	广西医科大学	医学生与社会性别学
	梁丽霞	济南大学法学院	社会性别研究

续表

奖项	负责人	申请单位	课程名称
三等奖	刘文菊	广东韩山师范学院	女性学概论
	罗慧兰	中华女子学院	女性心理学
	王宇	黑龙江中医药大学	女性学
	李洪河	河南师范大学	现代中国婚姻家庭制度及改革
	彭何芬	浙江工商大学	社会性别与女性学
	李艳梅	广西师范大学	婚姻家庭法
	甘品元	广西民族大学民族学与社会学学院	性别社会学概论
	王琼	广东技术师范学院	性别与文学
	蒋美华	郑州大学公共管理学院	妇女社会工作
	王晓莉	商丘师范学院	性别社会学
创新奖	白路	天津工业大学艺术学院	美学概论·社会性别与审美文化
	倪湘宏	湖南工程学院体育教学部	女生体育
设计奖	赵兰	湖南司法警官职业学院	女性罪犯的教育与矫治
	李瑞	湖南司法警官职业学院	女性犯罪心理学

B.30

妇女/社会性别学学科发展网络
优秀科研成果奖一览表

第一届学术研讨会获奖论文名单

按姓氏拼音顺序排序

教师：

1. 陈力，女，黑龙江省艺术研究所，"二人转的'旦'与性别文化"；

2. 方亚中，男，武汉工业学院外语系副教授，"依利加雷性差异伦理学的非'一'意象"；

3. 贺艳，女，西南政法大学新闻传播学院，"社会转型中的'夫妇之伦'及其性别建构——以90年代以来家庭伦理剧为例"；

4. 李洪河，男，河南师范大学政治与管理科学学院，"建国初期贯彻婚姻法运动中的妇女死亡问题研究——以河南省为例"；

5. 李勤，女，云南民族大学人文学院，"滇西北地区少数民族妇女在多样性文化中的地位和贡献"；

6. 孔海娥，女，江汉大学政法学院，"二度母亲：当前农村女性角色变化研究——以湖北省浠水县两个村庄为例"；

7. 骆桂花，女，青海民族学院民族学与人类学学院，"多元社会视野下的民族生育文化变迁——以甘青宁回族社区为例"；

8. 马藜，女，湖南人文科技学院，"对影视剧中传播的女性生育文化的理性思辨"。

9. 石彤、王献蜜，女，中华女子学院社会与法学院社会工作系，"大学生就业质量的性别差异"；

10. 夏增民，男，华中科技大学历史研究所，"从张家山汉简《二年律令》推论汉初妇女地位"。

学生：

1. 丁玉，女，中华女子学院女性学系 2006 级，"农村留守妇女的子女教育——对安徽省淮南市 T 村进行的个案研究"；

2. 林秀玲，女，韩山师范学院中文系 2006 级，"关于当代潮汕女性婚姻家庭地位的调查研究"；

3. 刘秀丽，女，中山大学人类学系 2007 级博士生，"女性与民族文化重构——一种反思视角"；

4. 苗青青，女，云南民族大学人文学院硕士生，"社会性别视角下的女性生殖道感染"；

5. 马芳平，女，中国人民大学哲学院 2007 级博士生，"女性文化自觉"；

6. 马小淙，女，中央财经大学社会发展学院研究生，"度尽劫波伤痕在，爱情何能泯恩仇？——从交友暴力来看两性问题"；

7. 齐佳，女，华中科技大学哲学系本科生，"尴尬的代母怀孕技术——代母怀孕技术在我国的尴尬处境及其解决途径的思考"；

8. 王浩，男，广西师范学院中文学院硕士研究生，"论当下网络文学的性别倾向"；

9. 王文、于涛，女，东北师范大学女性研究中心教育科学学院 2007 级心理系研究生，"走向双性化的性别角色教育"；

10. 吴迪，女，华中科技大学社会学系 2006 级硕士生，"耽美现象背后的女性诉求——一项对耽美作品及同人女的考察"；

11. 解佳，女，龚瑶，男，南京大学新闻传播学院本科生，"'凸透镜'下的女性身材——一项基于受众调查的减肥产品广告效果研究及其批判"；

12. 徐锐，女，华南师范大学政治与行政学院本科生，"性别和谐：高校思想政治教育的新理念"。

（第二届学术研讨会资料不全，略）

妇女/社会性别学学科发展网络资助出版《妇女与性别研究参考书系》入选著作一览表

作者	单位	书名	出版社	出版时间	备注
尹旦萍	武汉省委党校	《当代土家族女性婚姻变迁:以埃山村为例》	社会科学文献出版社	2009.7	
张超	华中科技大学	《民国娼妓盛衰》	社会科学文献出版社	2009.8	
董美珍	南京师范大学	《女性主义科学观探究》	社会科学文献出版社	2010.2	
郑丹丹	华中科技大学	《女性主义研究方法解析》	社会科学文献出版社	2011.7	
祝平燕	华中师范大学	《社会转型期妇女参政的社会支持系统研究》			修改中
佟新	北京大学	《国家、市场与女性职业发展》			修改中
王晶	东北师范大学	《性别文化的解析》			修改中
何钟华	丽江市玉龙县民族文化与社会性别研究会	《纳西族社会性别观念的演变》			修改中
古丽加马力·买买提明	新疆大学	《维吾尔女性文学研究》			修改中

B.32
妇女/社会性别学学科发展
网络子网络一览表

编号	子网络名称	编号	子网络名称
01	社会学子网络	12	东北三省妇女/社会性别学子网络
02	妇女与性别史子网络	13	妇女/性别与传媒学子网络
03	性别与哲学对话平台	14	妇女/性别与民族学子网络
04	江苏省高校子网络	15	女性与教育子网络
05	浙江省高校子网络	16	政治学子网络
06	新疆高校子网络	17	心理学子网络
07	福建子网络	18	江西省子网络
08	湖南省子网络	19	山东省子网络
09	广西省子网络	20	性别与法律子网络
10	广东省子网络	21	四川省子网络
11	性别与文化子网络	22	河南省子网络

后 记

在中国大陆，妇女/社会性别学的学科发展也是妇女发展的一个重要组成部分，在某种程度上甚至可以说是妇女运动的产物，乃至其本身就是一种妇女运动。由此，将妇女/社会性别学学科发展的内容纳入妇女发展蓝皮书便是必须也是必然的了。

自1980年代初正式公开提出学科建设的倡议后，30余年来，中国大陆的妇女/社会性别学的学科建设和发展取得了显著的成就，显现出自己的发展特色，形成了自己的发展经验，彰显了自己的发展优势，凝集了自己的发展能力，拓展了自己的发展空间，成长起自己的发展力量，逐步构建着具有本土特色的妇女/社会性别学学科知识（包括理论、概念、观点和方法），在境内外学术界建立了相应的学术地位，研究成果和教学成果产生了一系列的社会效益，引起了较大的社会反响。尽管与妇女/社会性别学学科建设先行一步的国家/地区相比，与成熟学科相比，与社会需求相比，中国大陆的妇女/社会性别学学科建设与发展存在诸多不足，但梳理30余年来，尤其是'95世妇会以来的20年间取得的成就，把握30余年来，尤其是'95世妇会以来的20年间的特征和规律，总结30余年来，尤其是'95世妇会以来的20年间形成的经验，厘清自己的不足和面临的挑战，明晰今后的突破点，无疑有利于中国大陆的妇女/社会性别学进一步了解自己的优势、存在的不足及发展的空间，提高学科自信心，认知学科发展的前景，增强学科建设和发展的主体性动力，加大对学科建设和发展的推进力。

在中国大陆，妇女/社会性别学学科是一门全新的学科。从妇女发展蓝皮书的连续性出发，根据出版社的要求，考虑到在妇女/社会性别学学科发展网络中承担的责任，我担任了本蓝皮书的主编之职。基于可行性，从学科分布、知识积累、编辑经验、国际视野和学科新兴力量成长及可持续发展出发，本书

确定了杨国才、畅引婷和张健三位为副主编。其中，杨国才为云南民族大学教授、《云南民族大学学报》（哲学社会科学版）副主编；畅引婷为山西师范大学教授、《山西师大学报》（社会科学版）主编；张健为中华女子学院女性学系副教授。全书的分工如下：我作为主编，负责全书和各章框架的设计、全书的统稿和终编、评估指标的设计及总评估；杨国才、畅引婷和张健分别负责社会科学领域、人文科学领域、美术和体育相关篇章作者的选择和组织联络、首编及综述，而各章作者的选择也是基于可行性，对学科分布、知识积累、学术地位、对本学科发展情况的了解、性别分布、年龄分布等各因素进行综合考虑后最后确认的。由于未能及时联系上或对相关学者/教师的不熟悉，本书缺少了对人文社科领域中的一些学科，以及自然科学领域妇女/社会性别学学科建设与发展的梳理和经验总结的相关内容，这是从学科全面性角度讲本书最大的不足，希望以后能加以弥补。

作为浙江省社会科学院的重点课题，本书的写作与出版得到了浙江省社会科学院的资助。浙江省社会科学院领导一直十分重视妇女/社会性别研究，在经费和人力资源上给予了诸多的支持。这是继《妇女发展蓝皮书No.3：妇女与健康》之后，浙江省社会科学院资助的第二部妇女发展蓝皮书，而浙江省社科院科研处也为此提供了重要的帮助。我代表课题组在此表示衷心感谢！

此外，浙江省社科院社会学所的高雪玉副研究员承担了繁杂的版式编辑工作和其他事务性工作，姜佳将助理研究员对本书所需的有关妇女/社会性别学学科发展网络等附件资料进行了收集和整理，王平副研究员帮助翻译了本书的简介，在此一并感谢！

本书的完成也离不开作为全国性的妇女/社会性别学学科发展网络成员的各位作者的大力支持。各章的作者/主要作者都是在其所属的主流学科和妇女/社会性别学分支学科、妇女/社会性别学学科中颇有造诣者，有不少人有在他国/地区学习、进修妇女/社会性别学及相关分支学科的经历，对本学科（包括主流学科和妇女/社会性别学分支学科）的发展情况也较为熟悉。能请她/他们作为相关篇章的作者，是本书的荣幸，十分感谢各位作者对本书做出的贡献！而正因为此，本书的出版无疑也可视为妇女/社会性别学学科发展网络的一次集体亮相和集体发声！

妇女/社会性别学学科发展网络成立于 2006 年，第一笔工作经费来自美国福特基金会的资助，美国福特基金会北京办事处文化教育项目官员何进博士一直十分关心和支持该网络的工作。本书的得以问世以网络的工作和成就为基础，依靠网络人力资源的支持，我代表课题组在此向美国福特基金会及何进博士表示衷心感谢！

第一部和第二部妇女发展蓝皮书是在全国性的"社会性别与发展在中国网络"（GAD 网络）的直接运作中、在香港乐施会的直接资助下出版的。近十余年来，GAD 网络和香港乐施会一直或直接或间接、或多或少地支持着蓝皮书项目。而在香港乐施会的资助下，GAD 网络也将负责召开《中国妇女发展报告 No.5：妇女/社会性别学学科建设与发展》的成果发布会。我代表课题组在此向 GAD 网络和香港乐施会表示衷心感谢！

需感谢的还有社会科学文献出版社的谢寿光社长、社会科学文献出版社的王绯主任及相关的编辑。说实话，本书的总报告——"中国的妇女/社会性别学评估指标及评估"——就是在谢社长的严格要求下产生的。作为全书的总"纲"，该指标体系的建立及总体性的评估使全书从原本的碎片化分布态势变为一个具有综合性的整体；没有王绯主任的催促和指点，我难以集中主要精力和时间于蓝皮书有关工作；而责编的工作无疑也是本蓝皮书得以提高质量、顺利出版所不可或缺的。

如前几卷蓝皮书一样，《中国妇女发展报告 No.5：妇女/社会性别学学科建设与发展》也未能包括香港、澳门、台湾地区的相关内容。对此，课题组深感遗憾。期待通过两岸四地进一步的交流和合作，我们能更为全面和完整地呈现中国妇女的发展状况。

王金玲

2013 年 12 月 8 日

社会科学文献出版社

皮书系列

"皮书"起源于十七、十八世纪的英国，主要指官方或社会组织正式发表的重要文件或报告，多以"白皮书"命名。在中国，"皮书"这一概念被社会广泛接受，并被成功运作、发展成为一种全新的出版形态，则源于中国社会科学院社会科学文献出版社。

皮书是对中国与世界发展状况和热点问题进行年度监测，以专业的角度、专家的视野和实证研究方法，针对某一领域或区域现状与发展态势展开分析和预测，具备权威性、前沿性、原创性、实证性、时效性等特点的连续性公开出版物，由一系列权威研究报告组成。皮书系列是社会科学文献出版社编辑出版的蓝皮书、绿皮书、黄皮书等的统称。

皮书系列的作者以中国社会科学院、著名高校、地方社会科学院的研究人员为主，多为国内一流研究机构的权威专家学者，他们的看法和观点代表了学界对中国与世界的现实和未来最高水平的解读与分析。

自 20 世纪 90 年代末推出以《经济蓝皮书》为开端的皮书系列以来，社会科学文献出版社至今已累计出版皮书千余部，内容涵盖经济、社会、政法、文化传媒、行业、地方发展、国际形势等领域。皮书系列已成为社会科学文献出版社的著名图书品牌和中国社会科学院的知名学术品牌。

皮书系列在数字出版和国际出版方面成就斐然。皮书数据库被评为"2008~2009 年度数字出版知名品牌"；《经济蓝皮书》《社会蓝皮书》等十几种皮书每年还由国外知名学术出版机构出版英文版、俄文版、韩文版和日文版，面向全球发行。

2011 年，皮书系列正式列入"十二五"国家重点出版规划项目；2012 年，部分重点皮书列入中国社会科学院承担的国家哲学社会科学创新工程项目；2014 年，35 种院外皮书使用"中国社会科学院创新工程学术出版项目"标识。

法 律 声 明